空天力学系列教材

# 空气动力学基础

曾　明　刘　伟　邹建军　编

科学出版社

北　京

## 内 容 简 介

本书讲述空气动力学的基础内容。全书分 7 章，第 1～3 章为基本概念和基本原理，包括流体的物理属性及流体静力学、流体运动学基础、流体动力学的基本方程组，第 4～6 章讨论各类简化流动的数学求解、基本流动规律和主要应用，包括理想不可压平面无旋流动、无黏可压缩流动、黏性不可压流动与边界层。第 7 章简要介绍翼型和细长旋成体在低速、亚声速和超声速时的气动力特性计算方法。

本书可作为力学与航空航天类专业的本科教材，也可供有关专业的研究生、教师、科研人员和工程技术人员作为基础参考书。

**图书在版编目（CIP）数据**

空气动力学基础 / 曾明，刘伟，邹建军编. —北京:科学出版社，2016.2
空天力学系列教材
ISBN 978-7-03-047181-9

Ⅰ. ①空… Ⅱ. ①曾… ②刘… ③邹… Ⅲ. ①空气动力学－教材
Ⅳ. ①V211.1

中国版本图书馆 CIP 数据核字（2016）第 008713 号

责任编辑：潘斯斯 / 责任校对：郭瑞芝
责任印制：赵 博 / 封面设计：迷底书装

科学出版社 出版
北京东黄城根北街 16 号
邮政编码：100717
http://www.sciencep.com

北京华宇信诺印刷有限公司印刷
科学出版社发行 各地新华书店经销
*
2016 年 2 月第 一 版 开本：787×1092 1/16
2025 年 9 月第十五次印刷 印张：23 1/4
字数：490 000

**定价：79.00 元**

（如有印装质量问题，我社负责调换）

# 前　言

本书是为力学与航空航天类专业本科生编写的简明空气动力学教材，着重于空气动力学基础知识和理论及基本应用。在阐述流体物理属性和流体运动学基本概念的基础上，应用三大守恒定律建立流体动力学基本方程组，之后讨论各类简化流动的数学求解和流动规律，最后作为应用基础知识初步解决实际问题的实践，介绍薄翼型和细长旋成体在低速、亚声速和超声速时的气动力特性计算方法。

本书计划学时为 36～72 学时。不同学时的教学内容中在廓清基本事实、建立基本概念和阐明物理规律方面一致。但在流动问题的数学模型建立方面，少学时教学可从物理直观角度或以简化一维流动为例导出基本方程，多学时教学则可采用更复杂的数学工具和更严密的推导论证。少学时教学中，对各类简化流动及最后关于翼型与旋成体气动特性计算的学习可酌情取舍。

本书根据作者在国防科学技术大学多年讲授空气动力学课程的讲稿编写而成。国防科学技术大学在开设“空气动力学”课程的历史中，早期使用的是“中国人民解放军军事工程学院”编写的内部讲义，20 世纪 80 年代使用过北京航空学院、南京航空学院和西北工业大学三院校的统编教材，后来多年使用徐华舫编著的《空气动力学基础》和童秉纲等编著的《气体动力学》，2008 年以来又选用了钱翼稷编著的《空气动力学》和李凤蔚等编著的《空气与气体动力学引论》。作者在教学中还采用了陈懋章编著的《粘性流体动力学基础》，吴望一编著的《流体力学》、丁祖荣编著的《流体力学》，张兆顺、崔桂香编著的《流体力学》等（详见书后所列文献）作为参考书。编者的讲稿正是在继承国防科学技术大学空气动力学教学前辈（特别是瞿章华教授）成果和理解学习这些优秀教材的基础上，结合近年来学校的培养目标和学生特点，并融入自己的教学实践经验完成的。在编写本书时，还直接采用了这些教材中的一些习题和示意图。这里谨向敬爱的前辈和上述教材的作者表示深深的谢意。

大连理工大学的刘君教授和国防科学技术大学的易仕和教授审阅了本书初稿，提出了宝贵意见，在此表示衷心感谢。

本书由曾明、刘伟、邹建军编写，最后由曾明统编定稿。作为在教学一线近 20 年的教师，作者力求简明扼要以贴合教学课时压缩的实际，力求清晰易懂以有利于学生自主学习。但力有未逮，且由于水平所限，不当之处在所难免，恳请读者批评指正。

作者联系方式：E-mail: ming_z@163.com。

曾　明

2015 年 11 月于国防科学技术大学

# 目　　录

# 绪　论

## 0.1　空气动力学的研究对象、范围及分类

空气动力学是研究空气与物体之间有相对运动时，空气的运动规律及作用力(包括空气内部的和空气与物体之间的相互作用)所服从规律的一门学科。它是现代流体力学的一个分支，是随着航空事业的发展，将流体动力学应用于研究飞行器运动而发展起来的。

空气动力学是航空航天最重要的科学技术基础之一。许多重要的物理现象，例如，飞行器的升力和阻力及其形成机理，都可通过空气动力学加以阐明、分析和计算。能载人的实用飞机自从 20 世纪初出现以来，发展极其迅速。到 50 年代末期，有了人造地球卫星；60 年代末期已经实现了往返月球的宇宙飞行。尽管人造卫星和宇宙飞船的主要活动区域远远超出了大气层，可这些太空飞行器的起飞和返航仍要穿越大气层。所以，所有这些飞行器的研制和发展，都需要研究空气动力学。

除了传统的飞行器空气动力学之外，现代工业有许多用到气流来工作或与气流打交道的场合，这些方面也要应用流体动力学的原理对问题做深入研究，因而逐渐形成了一门工业空气动力学。它处理的问题范围很广：例如，地面高速交通关键技术中的减阻、稳定和降噪问题；涡轮机、轴流式或离心式压气机等叶片机中的气动力问题，鼓风机和高炉中的气流问题，大建筑物中的暖气通风问题，高大建筑物的风压问题，还有自然界的气象问题也有很大一部分是气流——风的问题。另外，空气动力学在体育(如球类运动)等方面也有应用。

飞行器空气动力学又可按照飞行速度范围进行更为细致的分类。以声速为标准来划分飞行器的速度范围，前人引入了一个重要的参数——马赫数，它定义为飞行速度(或空气流过飞行器的速度) $V$ 与声速 $a$ 的比值：

$$Ma = \frac{V}{a} \tag{0.1-1}$$

按照飞行马赫数，可将飞行器空气动力学分为低速空气动力学($Ma<0.3$)和高速空气动力学，高速空气动力学又可分为亚声速（$0.3 \leqslant Ma < 0.8$）、跨声速（$0.8 \leqslant Ma \leqslant 1.2$）、超声速($1.2 < Ma < 5$)和高超声速（$Ma \geqslant 5$）。进行这样的划分是因为不同速度范围内空气的运动规律不同，例如，空气动力学研究的相互作用最早只是指作用力，但到速度较高以后，还需要研究热的作用；又例如，当速度远大于声速，即高超声速条件下时，会出现一般超声速飞行没有的许多新问题。注意上述划分界限并非严格绝对的，具体表现出哪个范围的流动特征还与飞行器的具体形状等因素有关。另外，与“空气动力学”相关的一个学科名称是气体动力学。气体动力学是专门研究高速气体运动规律的学科，因此

只有高速空气动力学属于气体动力学范畴，当然气体动力学中流体介质不再限于空气。

空气动力学研究的问题：一类是空气对物体(如飞行器)的绕流，称为外部流动问题；另一类问题是研究气流在通道中的流动问题，例如，研究喷气式发动机、压气机、涡轮机等内部的流动，统称为内部流动问题。

本书作为空气动力学的入门教材，主要限于讲述飞行器空气动力学，包括低速空气动力学、亚声速空气动力学和超声速空气动力学几个方面的基础知识。涉及的流动除高速气体在变截面管道内的流动外，一般为外部流动问题。

## 0.2 历 史 概 述

空气动力学是流体力学发展到后期才出现的学科分支。这里从流体力学历史开始重点介绍空气动力学发展史上的一些典型事件和相关人物。

### 0.2.1 公元前到19世纪的流体力学发展

人类研究流体运动的历史可以追溯到公元前 2280 年我国的大禹治水、春秋战国时期兴建的大型水利工程，公元前4世纪古罗马建造的城市供水系统，公元前3世纪阿基米德(Archimedes，公元前 287 年)发现浮力定律。阿基米德对流体静力学作出了卓越的贡献，其名著《论浮体》(公元前 250 年)是最早的关于流体力学的著作。其实三国时代曹冲称象的故事说明，浮力定律很早就被我们的祖先利用。

公元后至 17 世纪，流体力学的发展属于定性描述阶段。建造飞行器的最初的工作是意大利文艺复兴时期的科学和艺术全才达芬奇(Da Vinci，1452—1519)进行的。这位伟大的思想家研究了鸟类的飞行、鸟类翅膀的结构及其在飞行中运动的机理，他所作的很多鸟类翅膀的图画和各种带翼飞行器的草图证明了这点。他第一个设计了顶端带有螺旋桨的飞行机器——直升飞机的雏形。牛顿(Newton，1643—1727)把流体看成相互之间没有作用力的粒子，与物体进行相互作用时，切向动量保留，法向动量消失，由此证明，物面上压力系数与物面倾角(即物面相对来流方向的角度)的正弦的平方成正比。虽然牛顿理论对于一般流体力学问题的误差很大，但对于高超声速流动可以给出很好的预测结果。

18 世纪，随着牛顿运动定律和微积分方法的建立，流体成为数学家应用微积分的最佳领域，流体力学也迈入理性发展的阶段。由于人类最常接触的流体(水和空气)的黏性都很小，这一时期的学者忽略流体的黏性，按照无黏性的理想流体进行研究。1738 年瑞士的物理学家、数学家和医学家伯努利(Bernoulli，1700—1782)出版了《流体力学》一书，将微积分方法引进流体力学中，建立了分析流体力学的理论体系，提出无黏性流动流速和压强的关系式，即伯努利方程。1775 年瑞士数学家欧拉(Euler，1707—1783)建立了理想流体运动的微分方程组，即欧拉方程。1744 年法国著名的物理学家、数学家和天文学家达朗贝尔(D‘Alembert，1717—1783)研究了物体在液体中所受的阻力，发现按理想无黏理论会得出等速运动物体不受阻力的结论(但实测结果有阻力，并且在流速较高时，阻力大致与速度成正比)，这就是著名的“达朗贝尔疑题(佯谬)”。达朗贝尔还引入了液体流动质量守恒的原则，建立了质量守恒方程即连续方程。

19 世纪，流体力学全面奠定基础。人们开始认识黏性流体动力学的基本问题。1826 年法国工程师纳维(Navier, 1785—1836)将欧拉运动微分方程加以推广，加入了摩擦力项(黏性项)，导出了黏性流体运动方程。1845 年爱尔兰数学家斯托克斯(Stokes，1819—1903)经过更严格的数学推导，采用黏性系数(现称黏度) $\mu$，也得到了黏性流体运动方程，并建立了现代流体力学理论。现在黏性流体运动微分方程称为纳维-斯托克斯方程，简称 N-S 方程。19 世纪前叶人们已发现流体的运动可以分为两种本质不同的类型：一种是很光滑的流动，即流体的速度、压力等物理参数随时间和空间的变化都很平滑，这种流动称为层流；另一种是很不规则的流动，即流体的速度、压力等随时间和空间都以很不规则、很不光滑的方式变化，这种流动称为湍流或紊流。1883 年英国工程师兼物理学家雷诺(Reynolds，1842—1921)首先用圆管流动试验表明，决定流动是层流还是湍流的最重要的因素是这样一个无量纲参数：

$$Re = \frac{\rho UL}{\mu} \tag{0.2-1}$$

式中，$\rho$ 为流体密度，$\mu$ 为流体的黏度，$U$ 和 $L$ 分别为某一特征速度和特征长度。为纪念雷诺，该无量纲参数后来命名为雷诺数。雷诺的研究表明，小的 $Re$ 数对应于层流，大的 $Re$ 数对应于湍流。1895 年他导出了湍流时均流动的动量方程，称为雷诺平均的 N-S 方程。

### 0.2.2　20 世纪：空气动力学建立完整体系

1903 年 12 月 27 日美国发明家奥维尔·莱特(Orville Wright，1871—1948)驾驶由他和兄长威尔伯·莱特(Wilbur Wright，1867—1912)设计制造的“飞行者一号”飞机首次试飞成功，这是人类历史上第一架有动力、载人、持续、稳定、可操纵的飞行器，从此开创了飞行的新纪元。其后，飞机的发展推动了空气动力学的迅速发展。

19 世纪创立的 N-S 方程虽然奠定了近代黏性流体力学的基础，但是由于方程的非线性，求解在数学上非常困难，并未得到有实际意义的结果。1904 年德国哥廷根大学教授普朗特(Prandtl，1875—1953)发表的边界层理论改变了上述状况。普朗特提出，黏性很小的流体绕流固体时，黏性作用主要局限在固体壁面附近很薄的一层流动中，这个薄层称为边界层。边界层外部流动则可按理想无黏流动处理。普朗特由 N-S 方程根据边界层很薄的特点导出的边界层方程在数学上有很大的简化，这种做法又得出了与实际相符合的结果，解决了流动阻力和能量损失等重大的黏性流动问题。在诸多工程领域中，航空工程是首先应用边界层理论并在技术上取得重大突破的领域。

俄国数学家和空气动力学家儒科夫斯基(Joukowski，1847—1921)创建了试验与理论相统一的空气动力学。他于 1902 年在莫斯科大学领导建造的风洞是世界上较早的风洞之一，1907 年他运用环量的概念阐明了升力产生的原理并提出升力计算公式(升力环量定理)。他还最先应用数学方法画出一系列机翼翼型，这些翼型被称为儒科夫斯基翼型。

从第一次世界大战到 20 世纪 30 年代末期是低速空气动力学得到重大发展并对航空

事业作出重大贡献的时期，真正实用的低速飞机也相继问世。1919 年，普朗特提出了大展弦比机翼升力线理论。1939 年，戈泰特(Gothert)提出亚声速三维机翼的相似法则。1944 年，冯·卡门(Karman，1881—1963)和钱学森(1911—2009)提出更为准确的亚声速相似律公式。第二次世界大战时期及战后，由于喷气发动机的问世及其技术不断提高，飞机飞行速度由亚声速提高到高亚声速，并最终突破“声障”，达到了超声速。与之相适应，空气动力学也发展到超声速空气动力学分支。与低速不同，高速情况下，流动中空气的密度会发生变化。超声速流动中还会出现激波和膨胀波及气动热问题。介于亚声速和超声速流动之间的跨声速流动，由于流动的复杂性及流动方程的非线性性质，与之对应的跨声速空气动力学，有其特殊、复杂的问题需要解决。

由于火箭技术的发展，20 世纪 50～60 年代，出现了飞行马赫数大于 5 的飞行器，并推动了高超声速空气动力学的发展。1957 年苏联发射了第一颗人造地球卫星，1961 年第一艘载人飞船“东方号”升空，被认为是空间时代的开始。人造卫星及航天飞机的成功飞行，又推动了解决飞行器在稀薄空气中飞行的空气动力问题的稀薄气体动力学的发展。卫星、飞船、航天飞机返回地球时，飞行器周围气流出现高温，要考虑空气介质在高温下发生的物理、化学变化，对应地又发展了高温气体动力学(或气动热力学)分支。

进入 21 世纪，航空航天事业的新发展又给空气动力学发展提出了许多具有挑战性的课题。飞行器以外，空气动力学对一系列其他领域，如能源、交通、建筑、环保等关系到 21 世纪经济和社会可持续发展的领域，同样起着十分重要的作用，这些领域的需求也对空气动力学的发展起着巨大的推动作用。

## 0.3 空气动力学的研究方法

空气动力学的研究方法和物理学其他分支的研究方法一样，有理论分析方法、试验方法和数值方法三种。这三种方法并不是互相排斥的，而是相互取长补短、相互促进、彼此影响的。

### 0.3.1 理论分析方法

理论分析过程一般是：建立力学模型(通常是对实际流动问题的合理简化)；运用物理学的基本定律结合流动的特点推导相应的数学方程；用数学分析方法结合初始与边界条件求解方程；检验和解释求解结果。正确的理论分析结果可揭示流动的本质特性和规律，因此具有普适性。本书主要采用这种方法，在引入一些基本假设后，应用三大守恒定律建立描述流体运动的基本方程。但由于流体动力学方程组是复杂的非线性偏微分方程组，只能在一些特定的情况下求得精确解，而无法求得适用于一般情况的解析解。因此人们在流体动力学研究中，常常根据具体流动特点进一步引入不同程度的简化和近似，建立简化流动的方程，进而求解获得反映流体运动主要规律的基础理论结果。本书在建立一般流体运动的基本方程后，将逐步导出各类简化流动(包括无黏不可压流动、无黏可压缩流动、黏性不可压流动、边界层流动)的方程，讨论其数学求解和基本流动规律。

### 0.3.2 试验方法

到目前为止，能完全用理论分析方法解决的实际流动问题仍然有限，大量的复杂流动问题要靠试验或试验与理论相结合的方法来解决。空气动力学试验研究的过程一般是：在相似理论的指导下，建立模型试验装置和开展试验；用流动测量技术测量模型试验中的流动参数；处理和分析试验数据并将它们归纳为经验公式。

典型的空气动力学试验装置是风洞，它应用了相对运动原理，即当飞行器以某一速度在静止空气中运动时，飞行器与空气的相对运动规律和相互作用力，与飞行器固定不动而让空气以同样大小和相反方向的速度流过飞行器的情况是等效的。人们在风洞中刮起人造的“暴风”，将飞行器模型固定不动安置在风洞中，让直匀气流流过模型，观察流动现象，测量模型受到的空气动力，进行试验空气动力学研究。根据风洞中空气的相对速度的大小，有低速风洞（$Ma<0.3$）、亚声速风洞（$0.3\leqslant Ma<0.8$）、跨声速风洞（$0.8\leqslant Ma\leqslant 1.2$）、超声速风洞（$1.2<Ma<5$）、高超声速风洞（$Ma\geqslant 5$）、高焓风洞等。高焓风洞是能够模拟飞行器周围高温气流中发生的物理化学现象的风洞。除风洞试验外，地面的试验还有自由飞试验和高速轨道车试验等。

试验研究也可通过飞行试验进行，包括缩比模型的试飞和全尺寸飞行器试验。全尺寸的飞行试验可以提供充分可靠的信息，但由于飞行试验经费昂贵，而且只有在详细的设计、研究和制造完成以后才可能进行，所以大量的试验研究还是在地面设备中进行的。本书不专门介绍试验研究方法，相关内容可参阅空气动力学试验技术类书籍。

### 0.3.3 数值方法

随着电子计算机及计算技术的迅猛发展，无法解析求解的流体力学偏微分方程组现在可以用数值方法求解。数值研究方法的一般过程是：对流体动力学方程组进行数值离散化，编制程序进行数值计算，将计算结果与试验或理论解析结果比较。常用的方法有：有限差分法、有限体积法、有限元法、谱分析法等。采用数值方法解决流体力学问题已经形成了计算流体力学这一新的分支学科。目前，利用高性能计算机、现代计算求解技术及空气动力学知识，不仅可以实现从飞行器部件、组合体到全机(弹)的复杂绕流流动计算，计算结果的精确度与可靠性也随着计算机、计算技术及空气动力学、流体力学理论知识以及试验验证技术的进步与完善而不断地提高。数值计算的结果可直接应用于飞行器设计，大大缩短了新型飞行器研制的周期并大幅度降低了研制成本。本书基本不涉及空气动力学的数值研究方法，相关内容可参阅计算流体力学类书籍。

# 第 1 章　流体的物理属性及流体静力学

流体包括气体和液体。流体力学和空气动力学中常用“介质”这个名词表示所处理的流体。本书中介质主要是指空气。但本章介绍流体的一些共同属性，用介质这个词来统一称呼。

流体具有一些重要的物理属性：如易变形性(易流动性)、黏性、可压缩性等，在研究流体力学问题之前需要对它们做进一步的理解。本章要引入非常重要的“连续介质”、“流体质点”和“流体微团”的概念。复习完全气体的热力学特性和流体内部压强的特点，分析作用在流体微团上的力，由此导出流体的静平衡方程——欧拉静平衡方程。最后介绍大气的压力、温度、密度随高度的变化特点和国际标准大气的规定。

## 1.1　流体的连续介质模型

### 1.1.1　连续介质假设

在日常生活中可以发现，流体运动时是连续不断的。例如，没有发现河水流动时出现间隙；空气流动形成的风，人们感觉也是连续地吹来，而不是像沙子一样(一个个分子)打在脸上的。欧拉在 1753 年提出了连续介质假设，认为流体充满一个体积时是不留任何自由间隙的，流体的特性也是连续变化的。如果从数学上描述连续介质假设，则是：假设 $f(\boldsymbol{x},t)$ 代表时刻 $t$ 位于 $\boldsymbol{x}$ 处的介质的某种性质，那么它们都是 $(\boldsymbol{x},t)$ 的连续函数，而且可以微分多次。这样就可以应用牛顿在 1687 年创立的微积分了。

提出连续介质假设时，还没有建立系统严格的关于分子、分子间隙及分子随机运动的理论。而后来建立的理论指出，无论是液体还是气体，都是由大量不断随机运动着的分子组成的。下面对连续介质假设的适用性做进一步分析。

### 1.1.2　分子平均自由程

分子之间是有间隙的。对于气体，通常用“分子平均自由程”这个参数来表征分子之间的间隙，它是指一个气体分子在随机运动过程中两次碰撞之间所走过的距离的平均值。直观上这个参数也能很好地代表间隙，分子间隙越大，其值肯定也越大。海平面大气条件下($1.01325\times10^5$ Pa 、温度 15℃)，空气分子的数密度为 $2.7\times10^{19}/\text{cm}^3$，平均自由程为 $10^{-8}$m 量级。

另一方面，考虑空气介质的宏观运动。空气宏观运动是飞行器运动造成的，空气状态发生显著变化的范围一般来说也和飞行器的尺寸(一般是 m 的量级)属于同一量级。即使退一步，把空气特性(如速度)发生显著变化的范围缩小到飞行器壁面附近的边界层区域(黏性起重要作用的薄层)，采用边界层厚度作为特征长度，至少也是 mm 的量级。

以 $L$ 代表飞行器的某个特征长度，$\lambda$ 代表分子平均自由程，可见以海平面大气为例，有

$$\frac{\lambda}{L} \ll 1 \tag{1.1-1}$$

在这种情况下，分子间距可以忽略不计，即可以认为空气介质是无间隙的。

### 1.1.3　流体的宏观特性及流体物理量

由于分子间存在间隙，且分子本身在作随机运动，分子之间碰撞频繁，所以从微观的角度来看，流体的物理量随时间和空间的变化都是不连续的，这是流体的微观特性。但是若将研究对象扩大到“大量分子的集合”，按分子运动论的观点“集合”性质表现为分子的统计特性。只要“集合”包含的分子数足够多，其物理量的统计平均值在时间上是确定的，在空间上是连续的，这是流体的宏观特性。

下面来观察一个很有启发性的实验结果。如图 1-1 所示，取包含 $P(x,y,z)$ 点的一个小体积 $\Delta V$，在 $\Delta V$ 内的流体质量为 $\Delta m$，那么体积 $\Delta V$ 内的流体平均密度为

$$\bar{\rho}_P = \frac{\Delta m}{\Delta V} \tag{1.1-2}$$

绕 $P$ 点取大小不同的微元体积 $\Delta V$，测出其中质量 $\Delta m$，计算平均密度。实测结果如图 1-2 所示。在包含 $P$ 点的微小体积 $\Delta V$ 逐渐收缩向 $(\Delta V)_0$ 趋近的过程中，其平均密度逐渐趋近于一个相当稳定的极限值 $\rho_P$，$\Delta V$ 继续缩小到略微小于 $(\Delta V)_0$ 时，平均密度也保持不变，也就是说，分子的个性并未显示出来。但是当 $\Delta V$ 再继续缩小下去，小于 $(\Delta V)_0$ 后并向零趋近时，平均密度出现了波动。这说明此时 $\Delta V$ 内所包含的流体分子数就已减少到这样的程度，进入和飞出的分子数不能随时平衡，因此 $\Delta V$ 中的分子数将随机波动，从而引起其中流体平均密度的随机波动，这时流体表现出分子的个性。

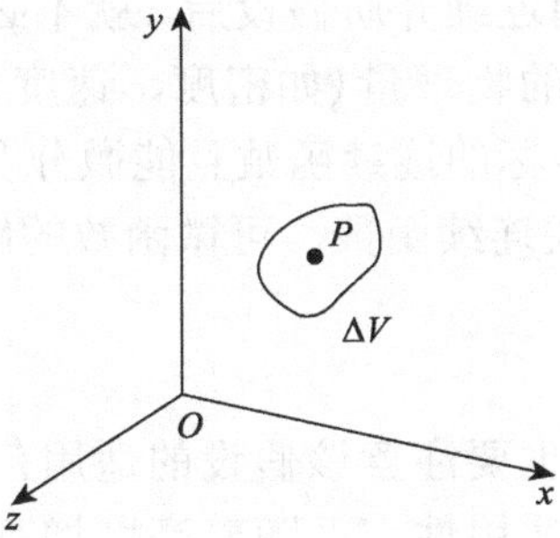


图 1-1　一点处密度的定义

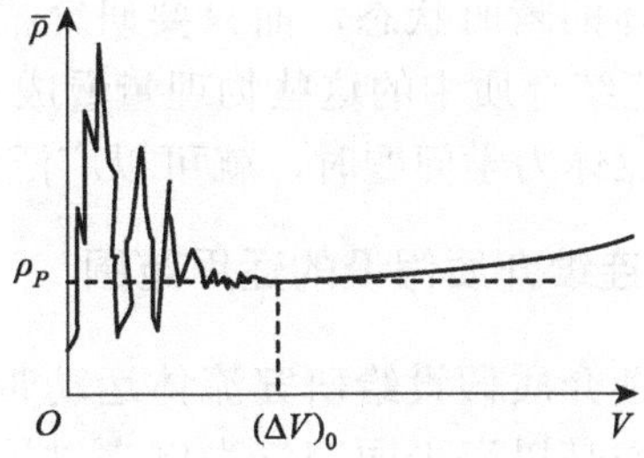


图 1-2　平均密度与 $\Delta V$ 的关系

由此可见，$(\Delta V)_0$ 是一个极限体积，它是几何尺寸很小但包含了足够多分子的一个体积。它的尺寸与所研究物体的特征尺寸相比是微不足道的，可以看成空间点；它同时包含足够多的分子数，使得此体积所包含的“分子集合”能表现出该“点”流体的宏观特性，也就是该体积中的分子的统计平均特性。微小体积 $(\Delta V)_0$ 中的所有流体分子的总体称为流体质点。因此，有

$$\lim_{\Delta V\to(\Delta V)_0}\frac{\Delta m}{\Delta V}=\rho_P \tag{1.1-3}$$

即位于 $P(x,y,z)$ 点的流体质点的密度。

有了流体质点这个概念后，连续介质模型又可描述为：流体是由连续分布的流体质点所组成的，流体流动空间中每一点都被相应的流体质点占据。而空间任意点上的流体物理量(如密度、温度、速度等)就是指位于该点的流体质点的物理量。例如，空间某点的流体密度的数学定义为

$$\rho=\lim_{\Delta V\to 0}\frac{\Delta m}{\Delta V} \tag{1.1-4}$$

注意：式(1.1-4)与之前定义的流体密度式(1.1-3)略有差别。但由于 $(\Delta V)_0$ 小得可以看作零(针对具体研究的物理问题)，所以这两个定义表达式是统一的。为利用数学分析这一有利工具，今后就采用式(1.1-4)定义。

在任意时刻，空间任意点上的流体质点的密度都有确定的数值，因此密度是坐标点 $(x,y,z)$ 及时间 $t$ 的函数：

$$\rho=\rho(x,y,z,t)$$

密度只是流体许多宏观物理量中的一个。类似地，可以定义连续介质中某点的压强、温度和速度(流体质点的宏观速度)，这些物理量也都是坐标点 $(x,y,z)$ 及时间 $t$ 的函数：

$$p=p(x,y,z,t)$$

$$T=T(x,y,z,t)$$

$$\boldsymbol{V}=\boldsymbol{V}(x,y,z,t)$$

流体力学的任务是研究流体的宏观运动规律。采用连续介质假设后，就不必研究大量分子个体的瞬时状态，而只要研究描述流体宏观状态的物理量(如密度、速度、压强等)就行；连续介质中的这些物理量看成空间坐标和时间坐标的连续函数且能微分多次，因而在处理流体力学问题时，就可以广泛地应用数学上有关连续函数、可微函数的解析方法。

### 1.1.4 连续介质假设的适用范围

连续介质假设给研究流体运动带来很大方便，但也要注意该假设的适用范围。

前面是以海平面空气为例来讨论连续介质假设的适用性。而随着高度增高，空气密度逐渐降低，自由程增大。按照空气大约每升高 15km 密度降低一个量级估算，60km 时，$\lambda\sim10^{-4}\,\text{m}$；80km 时，$\lambda\sim10^{-3}\,\text{m}$。一般到 80km 高空以上时，空气就不能再认为是连续介质。这些领域属于稀薄气体动力学的研究范围，本书将不予讨论。

还有一种情况，就是所研究问题的特征尺寸 $L$ 变小时。比如研究激波内部结构时就不能用连续介质假设了，因为激波的厚度接近于分子自由程的量级。另外，在一些微流动研究中，特征尺寸减小，也需要检查连续介质假设是否成立。

为便于判断连续介质假设的适用范围，人们定义了一个无量纲参数：

$$Kn = \frac{\lambda}{L} \tag{1.1-5}$$

$Kn$ 称为努森(Knudsen)数。当 $Kn \ll 1$ 时，认为连续介质假设成立。在工程上规定 $Kn < 0.01$ 时，可采用连续介质假设。根据 $Kn$ 数范围，可将流动状态划分为几个区域，如表 1-1 所示。要说明的是，这个划分界限并非严格和绝对的。

**表 1-1　流动分区与 *Kn* 数关系**

| $Kn = \lambda / L$ | 流动状态 |
|---|---|
| $Kn < 0.01$ | 连续介质 |
| $0.01 \leqslant Kn < 0.1$ | 滑　流 |
| $0.1 \leqslant Kn < 3.0$ | 过渡状态 |
| $Kn \geqslant 3.0$ | 自由分子流 |

在本书涉及的范围内，均认为连续介质假设成立。

### 1.1.5　流体质点与流体微团

除流体质点外，流体力学中还引入了“流体微团”的概念。前面已指出，流体质点是大量分子的集合，但它在宏观上足够小，可以作为几何点来处理，因此是可以忽略线性尺度效应(如膨胀、变形、转动等)的最小单元。流体微团则是由大量流体质点所组成的，具有线性尺度效应的微小的流体团，不过它的尺度很小，是微分 d$x$ 的量级。

## 1.2　流体的流动性、黏性与理想无黏流体

### 1.2.1　流体的流动性

从力学分析的意义上看，流体与固体的主要差别是它们对外力的抵抗能力不同。固体能抵抗一定的拉力、压力和剪切力。当外力作用于固体时，它将产生相应的变形以抵抗外力。而流体则不然，它不能承受拉力，处于静止状态的流体不能抵抗剪切力。流体在很小的剪切力作用下将发生连续不断的变形(图1-3)。流体的这种属性称为易变形性，也称为流动性。流动性是流体与固体的主要区别标志，也是液体和气体没有固定形状的原因，并统称为流体的重要依据。

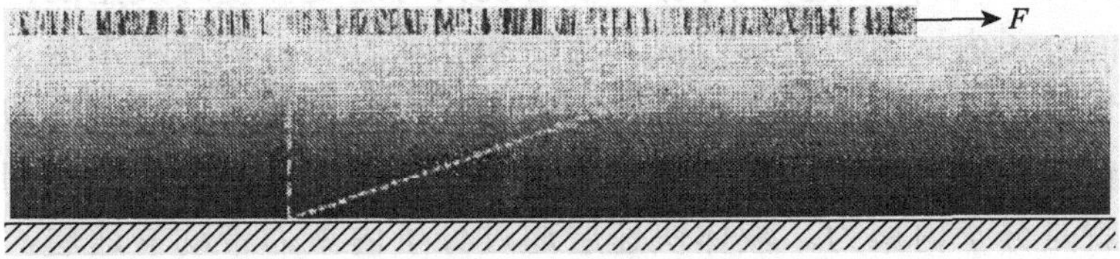


图 1-3　流动在剪切力作用下的变形

### 1.2.2 流体黏性的表现

静止流体不能承受切应力。如果受到切应力作用，流体就会连续变形，表现出流动性；而流体一旦运动，流体内部就具有抵抗剪切变形的特性，以内摩擦力的形式抵抗流层之间的相对运动，这就是黏性。实际流体都有黏性，不过有大有小。空气和水的黏性都很小，因此日常生活中人们不理会它的作用。但如果仔细观察，还是可以发现黏性的作用的。例如，河里的流水，靠岸处的就要比河中心的水流得慢些，这一点可以从水面上漂浮的草叶等物的速度差别看出来。

让均匀气流流过平板，测量平板附近气流速度的分布，就可以发现空气的黏性。如图 1-4 所示，气流在没有流到平板以前速度是均匀的，一流到平板上，直接贴着平板面的那层气流，速度就降为零了；沿平板法线往外走，气流速度逐渐由零一点点变大起来，要到离平板一定距离的地方，流速才和原来的气流速度 $V_\infty$ 没有显著差别。速度有这样的下降变化正是气体有黏性的表现。直接挨着板面的一层气体完全贴附在板面上，速度为零。稍外的一层气体受到气体层与气体层之间的摩擦作用，被紧挨板面的那层气体所牵制，速度也下降到接近于零，但多少还有点速度。牵制作用就这样一层层向外传开，离板面越远，受到的牵制越小。

流体黏性还表现在其对固体表面具有黏附作用。由于流体的易变形性，流体可以深入固体表面的任何凹坑内，实现分子量级的接触，如图 1-5 所示。分子间的内聚力将流体黏附在固体表面上，随固体一起运动或静止。这也是图 1-4 中紧挨板面的气体速度为零的原因。常把这种现象称为流体在固体表面的无滑移条件。

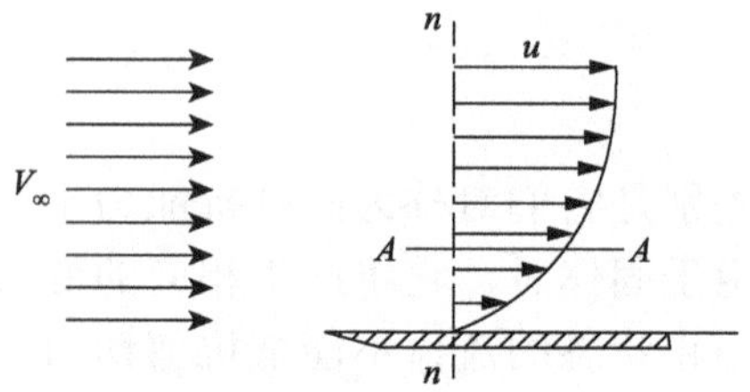


图 1-4 黏性流体流过物面时的速度分布

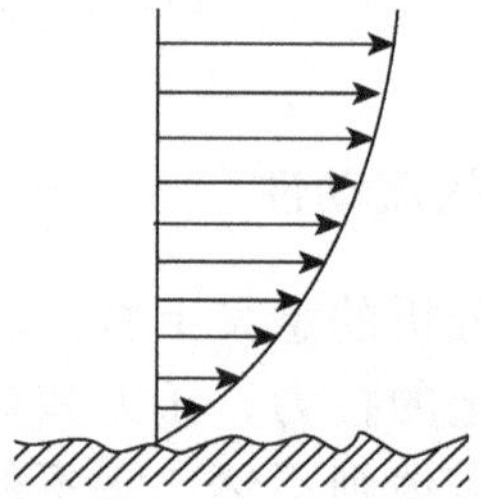

图 1-5 流体在固体表面上的黏附

流体层之间的摩擦力就是黏性摩擦力。它是因为流体有黏性，同时相邻流体层之间有相对运动(运动流体层各层速度不同)，或者说具有速度梯度时发生的。对于液体，黏性是两层流体间分子内聚力的宏观表现。实验和计算表明，在常温常压下静止液体分子间的平均距离保持为平衡距离（$d_0 = 10^{-10}$ m），即处于分子吸引力和排斥力相互平衡的状态。当两层液体做相对运动时，两层液体分子间的平均距离加大，分子间的作用力表现为吸引力，这就是分子内聚力。液体快速层通过分子内聚力带动慢速层，慢速层通过分子内聚力阻滞快速层的运动，表现为内摩擦力，如图 1-6 所示。对于气体，黏性则是分子通过随机运动在相邻流体层之间输运宏观动量的表现。一般条件下，气体分子间的距离远远超过平衡距离，内聚力作用极其微弱。但气体分子的随机运动剧烈，流层之间的分子交换频繁。当两层气体分子做相对宏观运动时，快速层中动量较大的分子跃入慢速层后，给慢速层增加了动量；慢速层中动量较小的分子跃入快速层后，给快速层减少了动量。如图 1-7 所示，根据动量定律，两流层间的动量交换表现为力的作用。

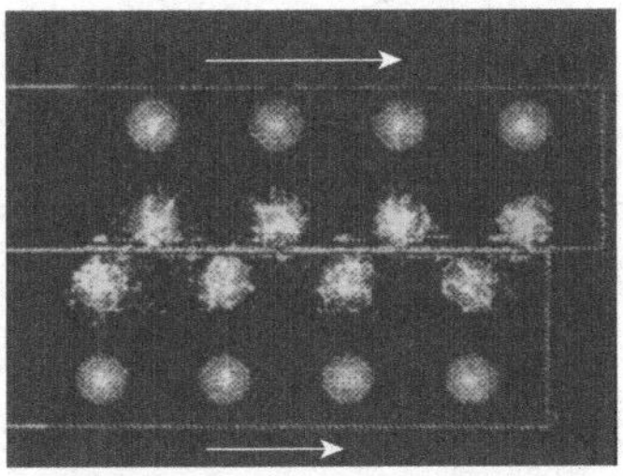
图 1-6　液体黏性产生原因示意图

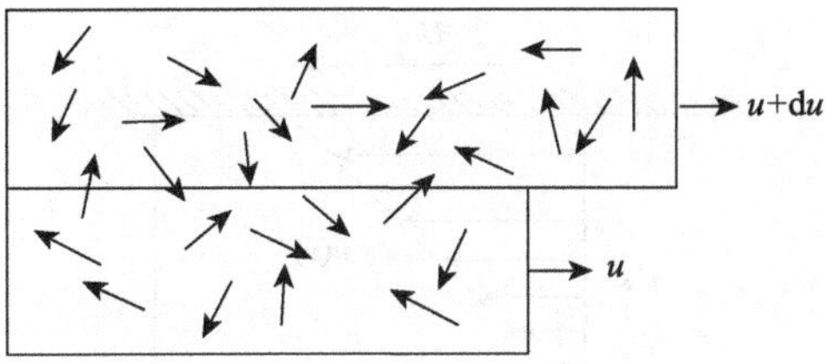

图 1-7　气体黏性产生原因示意图

### 1.2.3　牛顿内摩擦定律

流体内摩擦的概念最早在 1687 年由牛顿提出。他在《自然哲学的数学原理》中指出，“流体的两部分由于缺乏润滑而引起的阻力，同流体两部分彼此分开的速度成正比”。

单位面积上的黏性摩擦力称为黏性切应力，记为$\tau$。黏性切应力与速度梯度之间的关系可由平行平板间的黏性流体流动试验得到。如图 1-8 所示，有两块很长的平行放置的平板，两平板间距离为 $h$，平板间充满均匀的有黏性流体。平板面积足够大，以致可以忽略平板四周边界的影响。平板间的流体内压强为常数。下层平板固定不动，上层平板以恒速 $U$ 平行运动。由试验发现，流动具有以下特点。

(1) 与上板接触的流体黏在板上，并以速度 $U$ 随上板运动；与固定板接触的流体也黏在板上，速度为零；两板之间的流体流动速度呈线性分布，为

$$u(y)=\frac{y}{h}U \tag{1.2-1}$$

(2) 对于某些流体(如水和空气)，平板和流体受到的切应力$\tau$与速度 $U$ 成正比，与两板间距离成反比，即$\tau \propto U/h$，记为

$$\tau=\mu\frac{U}{h} \tag{1.2-2}$$

式中，$\mu$为比例系数。

(3) 进一步试验证明，可以把这个结果推广到任意层流直线运动中去。如图 1-9 所示，取 $y$ 位置上厚度为 $\mathrm{d}y$ 的薄层，薄层下表面的流速为 $u$，上表面的流速为$u+\mathrm{d}u$，则该薄层内流体之间的切应力为

$$\tau=\mu\frac{u+\mathrm{d}u-u}{\mathrm{d}y}=\mu\frac{\mathrm{d}u}{\mathrm{d}y}$$

即

$$\tau=\mu\frac{\mathrm{d}u}{\mathrm{d}y} \tag{1.2-3}$$

式(1-8)通常称为牛顿黏性切应力公式。

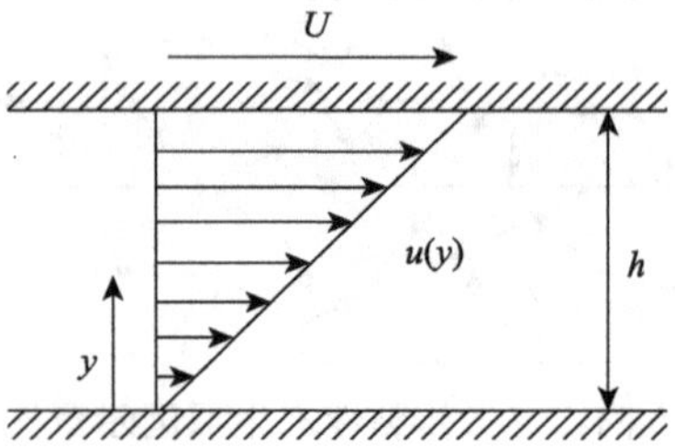


图 1-8　压强均匀的平行平板间的层流运动

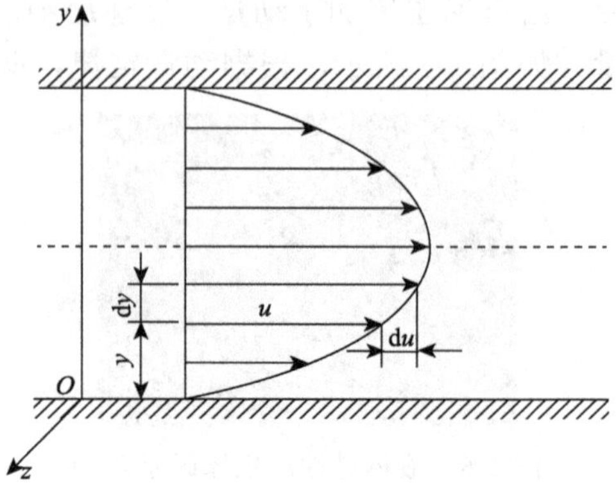


图 1-9　两静止平行平板间的层流运动

牛顿黏性应力公式给出了切应力与速度梯度(或称为剪切应变率)的线性关系，满足这种关系的流体称为牛顿流体。大量试验证明，一般气体和分子结构简单的液体都是牛顿流体，如空气和水等。否则为非牛顿流体，如油漆、牙膏、血液等。本书仅讨论牛顿流体。

### 1.2.4　黏度(黏性系数)

黏性应力公式中的比例系数 $\mu$ 称为黏度或动力黏度，也称为黏性系数或动力黏性系数，其国际单位为 $N\cdot s/m^2$ 或 $Pa\cdot s$ 或 $kg/(m\cdot s)$。黏度反映了流体抵抗剪切应变率的能力，是介质自身属性，与流体是否有宏观运动无关。

1. 黏性系数随温度变化特点及原因

不同介质的黏度 $\mu$ 值不同，液体的黏度比气体的大得多。同一种介质的 $\mu$ 值则随温度变化。对于液体，黏度随温度升高而减小，对于气体则随温度升高而增大。例如，水在 1 个大气压下 0℃时 $\mu=1.785\times10^{-3}\,Pa\cdot s$，50℃时 $\mu=0.549\times10^{-3}\,Pa\cdot s$；干空气在 1 个大气压下 15℃时 $\mu=1.789\times10^{-5}\,Pa\cdot s$，50℃时 $\mu=1.961\times10^{-5}\,Pa\cdot s$。各种介质黏度随温度 $T$ 的变化有试验数据可查。

黏度随温度的变化规律是由流体黏性的微观机制决定的。液体的黏性起因于分子内聚力，当温度升高时，液体分子运动幅度增大，使分子间平均距离增大，而分子间吸引力是随间距增大而减小的，因此内聚力减小，黏度相应减小。气体的黏性起因于分子热运动，当温度升高时，分子热运动加剧，气体通过热运动进行宏观动量交换的能力增强，黏度也相应增大。

2. 黏度计算公式

空气黏度随温度 $T$ 的变化关系有多种近似式，最常用的是苏士南(Sutherland)公式：

$$\frac{\mu}{\mu_0}=\left(\frac{T}{T_0}\right)^{1.5}\left(\frac{T_0+C}{T+C}\right) \tag{1.2-4}$$

式中，$\mu_0$ 是 $T = T_0 = 288.15\text{K}$（1K=−272.15℃）时的值，$C$ 为苏士南常数，等于 110.4K。更简单地，也可以采用幂次公式计算：

$$\frac{\mu}{\mu_0} \approx \left(\frac{T}{T_0}\right)^n \tag{1.2-5}$$

指数 $n$ 在不同温度范围应取不同的值。例如

$$90\text{K} < T < 300\text{K}\ 时，\ n = \frac{8}{9}；\ 400\text{K} < T < 500\text{K}\ 时，\ n = \frac{3}{4} \tag{1.2-6}$$

另外，在流体力学中也常用到运动黏度(也称为运动黏性系数) $\nu$：

$$\nu = \frac{\mu}{\rho} \tag{1.2-7}$$

式中，$\rho$ 为流体密度。运动黏度 $\nu$ 的单位为 $\text{m}^2/\text{s}$。水的 $\nu = 1.792\times10^{-6}\,\text{m}^2/\text{s}$，标准状态下(1atm、288K)空气的 $\nu = 1.46\times10^{-5}\,\text{m}^2/\text{s}$。

### 1.2.5　理想无黏性流体

一般流体(如水和空气)的黏度都很小，在流动的速度梯度不太大时，黏性力也就不大。如果黏性力比作用在流体上的其他力小得多，可以认为黏性力为零，忽略黏性的影响。作为一种抽象模型，就以黏度 $\mu = 0$ 来代表这种黏性力为零的情况，将流体视为“无黏流体”。无黏流体的概念提供了一个既简单又接近实际的理想化模型，所以无黏流体也称为理想流体。其英文用“ideal”或“inviscid”。注意，在物理学、化学和热力学中一般将“perfect gas”(不考虑分子间力和分子体积的气体)译为“理想气体”。然而在大多数流体力学和空气动力学书中，“理想”一词是指无黏性，所以通常把“perfect gas”译为“完全气体”。

许多实际流动是符合“无黏流体”近似条件的。例如，对大 $Re$ 数流动，只在物面附近很薄的区域中速度梯度比较大，流体显示出较大的黏性力。物面附近的这一区域称为边界层，边界层内需要考虑黏性影响。而在边界层外，流体的速度梯度很小因而黏性力也很小，可以略去黏性影响，采用无黏流体模型。需要注意的是，将流体在边界层内视为黏性流体，而在边界层外视为无黏流体，并不是说流体的黏度(这是介质的自身属性)在边界层外比边界层内小得多，而是黏性力(黏度与速度梯度的乘积)在边界层外比边界层内小得多。

历史上采用无黏流体模型的另一个原因是当时建立和求解黏性流体运动方程的数学工具还没有准备好，因此人们转向研究无黏流体。无黏流体理论在描述无旋流动、升力问题、液面波浪运动等方面是非常成功的。由于忽略黏性的存在给流体运动的数学描述和处理带来很大方便，那么在某些情况下，首先用无黏性流体模型来代替真实流体，可以较为清晰地揭示运动流体的主要特性，较为方便地求出流体运动的规律；然后根据需要考虑黏性的影响，对无黏性流理论分析的结果加以修正。

### 1.2.6 气体的导热性

当气体中沿某个方向$n$存在温度梯度时，热量就会由温度高的区域传向温度低的区域。气体具有的这种性质称为导热性。单位时间内通过垂直于$n$方向的单位面积所传递的热量$q$按傅里叶导热定律确定：

$$q=-k\frac{\partial T}{\partial n} \tag{1.2-8}$$

式中，$\partial T/\partial n$为温度梯度，$k$为热传导系数，单位为W/(m·K)，负号表示热量的传递方向永远与温度梯度的方向相反。

气体导热性的物理本质与黏性类似。温度较高的气体层内的气体分子内能比温度较低的气体层内分子内能大。由于分子的随机热运动，不同温度的气体层之间有分子交换，结果导致从“热层”向“冷层”有内能的净输运，这就是热传导。气体的热传导系数反映了气体分子通过随机运动输运内能的能力。

和气体的黏度一样，气体的热传导系数也是随温度的增高而增大的。另外，气体热传导系数的数值也非常小，例如，空气在0℃时$k$=0.02415W/(m·K)。

## 1.3 完全气体的热力学特性

### 1.3.1 完全气体状态方程

气体流动时，各点的热力学参数(温度、压强、密度等)可以是不同的。处于热力学平衡态的气体，其压强、密度和温度之间存在着某个函数关系：

$$p=p(\rho,T) \tag{1.3-1}$$

该函数关系称为气体的状态方程。对于远离液态的气体，也就是在温度不是特别低、压力不是特别高时，可以采用完全气体(Perfect Gas)的模型给出状态方程。完全气体模型假设气体分子为完全弹性的微小球形粒子，不考虑分子之间的内聚力和分子本身的体积，仅考虑分子的热运动(包括分子间的碰撞)。完全气体的状态方程为

$$p=\rho\frac{\bar{\mathcal{R}}}{\mathcal{M}_r}T \tag{1.3-2}$$

式中，$\bar{\mathcal{R}}$是普适气体常数，为8314J/(kmol·K)或8.314J/(mol·K)；$\mathcal{M}_r$是该气体的摩尔质量，数值为其相对分子质量，单位为kg/kmol或g/mol。例如，氧气的摩尔质量为32.0kg/kmol。式(1.3-2)中压强、密度和温度都采用国际单位，分别为Pa、kg/m$^3$和K。

空气动力学中常用的完全气体状态方程为

$$p=\rho RT \tag{1.3-3}$$

式中，$R$则是特定气体的气体常数：

$$R = \frac{\bar{\mathcal{R}}}{\mathcal{M}_r} \tag{1.3-4}$$

单位为 J/(kg·K)。例如，空气是混合气体，其平均摩尔质量由各组分的摩尔质量按质量分数平均得到，$\mathcal{M}_r$=28.97kg/kmol，则空气的气体常数为 $R$=287.06J/(kg·K)。

完全气体假设不成立的情况是：极高压或低温。对于空气，在 $T \ll$ 室温，或 $p \sim$ 1000atm(1atm=101325Pa)时就不能作为完全气体。在空气动力学研究问题范畴中，完全气体假设一般是适用的。即使对发生了化学反应的高温气体(常称为高温“真实气体”)，也是将其视为完全气体的化学反应混合物，当然，其摩尔质量或者说特定气体常数 $R$ 会发生变化。特别地，称未发生化学反应的完全气体(单纯组分的完全气体或组成固定的完全气体混合物)为热完全气体。

### 1.3.2　气体的内能

气体的内能是气体分子热运动的能量、分子间相互作用的能量和分子内部的能量的总和。对于热完全气体，由于被假定只有分子热运动，不计分子间的相互作用，内能就是分子热运动的能量，包括分子的平动能、转动能、振动能和电子激发能。这些能量可以用量子统计的方法计算出来，下面直接给出结果。

对单位质量的双原子分子气体，各模式内能分别为

平动能
$$e_{\text{tr}} = \frac{3}{2}RT \tag{1.3-5}$$

转动能
$$e_{\text{rot}} = RT \tag{1.3-6}$$

振动能
$$e_{\text{vib}} = \frac{R\Theta_v}{e^{\frac{\Theta_v}{T}} - 1} \tag{1.3-7}$$

式中，$R$ 就是特定气体的气体常数，$\Theta_v$ 为振动特征温度。在温度不是特别高(未达万度)的情况下，电子激发能的贡献很小，可以忽略。因此单位质量双原子分子的总内能为

$$e_{\text{双原子}} = \frac{3}{2}RT + RT + \frac{R\Theta_v}{e^{\frac{\Theta_v}{T}} - 1} \tag{1.3-8}$$

对于单原子分子气体，不计分子的转动和振动，因此其内能只有平动能：

$$e_{\text{单原子}} = \frac{3}{2}RT \tag{1.3-9}$$

可见热完全气体的内能 $e$ 仅是温度 $T$ 的函数。

在温度不高($T \ll \Theta_v$)时，$e_{\text{vib}}$ 很小，可以认为振动能也没有激发，视其为零。这时的气体称为量热完全气体，双原子分子的内能为

$$e_{\text{双原子}} = \frac{5}{2}RT \tag{1.3-10}$$

单原子分子的内能仍为 $3RT/2$。本书主要考虑量热完全气体，对于空气，在 800K 以下

可以视为量热完全气体。

### 1.3.3 热力学第一定律、焓和比热容

1. 热力学第一定律

热力学第一定律是能量守恒定律在热能和机械能相互转换的情况中的应用。

考察固定质量的静止气体系统(为简单起见，取单位质量的系统)。系统以外的区域定义为环境，系统和环境的分界面称为边界。$\delta q$ 是外界通过边界传给系统的热量，$\delta w$ 是外界对系统做的功，则热力学第一定律可用微分形式表示为

$$\delta q+\delta w=\mathrm{d}e \tag{1.3-11}$$

式中，内能 $e$ 是状态变量，$\mathrm{d}e$ 是全微分，其值仅取决于初始和终了状态，与过程无关。而 $\delta w$、$\delta q$ 是过程量。

对于准静态无摩擦这样的可逆过程，外界对系统做功就是压力做功，为

$$\delta w=-p\mathrm{d}\left(\frac{1}{\rho}\right)$$

则

$$\delta q=\mathrm{d}e+p\mathrm{d}\left(\frac{1}{\rho}\right) \tag{1.3-12}$$

2. 气体的焓

热力学中还定义了另一个状态函数——焓：

$$h=e+\frac{p}{\rho} \tag{1.3-13}$$

将完全气体状态方程式(1.3-3)代入式(1.3-13)，有

$$h=e+RT \tag{1.3-14}$$

对于 800K 以下的空气，有

$$e_{空气}=\frac{5}{2}R_{空气}T,\quad h_{空气}=\frac{7}{2}R_{空气}T \tag{1.3-15}$$

引入焓后，在只有压力做功的情况下热力学第一定律也可写为

$$\delta q=\mathrm{d}h-\frac{1}{\rho}\mathrm{d}p \tag{1.3-16}$$

3. 比热容与比热容比

1) 比热容与比热容比定义

比热容(原称为比热)是热力学中衡量物质吸收热量和其温度升高之间关系的量。气体的比热容与具体的热力学过程有关，因为吸热引起气体温度的变化还与吸热过程中气

体的压力和体积变化有关。

比定容热容（原称为定容比热）是指保持气体体积（比容）不变的情况下，单位质量气体升高一摄氏度所需吸收的热量，表示为 $c_v$：

$$c_v = \frac{\delta q|_{v=\text{const}}}{\mathrm{d}T} \tag{1.3-17}$$

式中，下标 $v$ 代表比容（单位质量的体积，$v = 1/\rho$）。比定压热容（原称为定压比热）是指保持气体压强不变的情况下，单位质量气体升高一摄氏度所需吸收的热量，表示为 $c_p$：

$$c_p = \frac{\delta q|_{p=\text{const}}}{\mathrm{d}T} \tag{1.3-18}$$

比热容比（原称为比热比）定义为

$$\gamma = \frac{c_p}{c_v} \tag{1.3-19}$$

2）内能和焓与比热容的关系

依据准静态无摩擦过程的热力学第一定律表达式(1.3-12)，则有

$$c_v = \left(\frac{\partial e}{\partial T}\right)_v \tag{1.3-20}$$

依据表达式(1.3-16)，则有

$$c_p = \left(\frac{\partial h}{\partial T}\right)_p \tag{1.3-21}$$

根据热完全气体的内能计算式(1.3-8)及焓与内能的关系式(1.3-14)，可知比定压热容和比定容热容都是温度的函数。

由焓与内能的关系式(1.3-14)，还可推出热完全气体的 $c_p$ 和 $c_v$ 之间有如下关系：

$$c_p - c_v = R \tag{1.3-22}$$

再据 $\gamma = c_p/c_v$，得

$$c_p = \frac{\gamma R}{\gamma - 1}, \quad c_v = \frac{R}{\gamma - 1} \tag{1.3-23}$$

3）量热完全气体的比热容

对于量热完全气体，内能和焓都与温度成正比，因此比定容热容和比定压热容都是常数，为

$$c_{v,\text{双原子}} = \frac{5}{2}R, \quad c_{v,\text{单原子}} = \frac{3}{2}R \tag{1.3-24}$$

$$c_{p,\text{双原子}} = \frac{7}{2}R, \quad c_{p,\text{单原子}} = \frac{5}{2}R \tag{1.3-25}$$

内能和焓与温度的关系可写为

$$e = c_v T, \quad h = c_p T \tag{1.3-26}$$

这时比热容比也为常数：

$$\gamma_{双原子} = \frac{c_p}{c_v} = 1.4, \quad \gamma_{单原子} = \frac{c_p}{c_v} = \frac{5}{3} \tag{1.3-27}$$

有时就用“比热容和比热容比为常数的气体”这个性质来定义量热完全气体。

空气是双原子分子的混合物，在 800K 以下可视为量热完全气体，其比热容和比热容比分别为

$$c_{v,空气} = \frac{5}{2} R_{空气}, \quad c_{p,空气} = \frac{7}{2} R_{空气}, \quad \gamma_{空气} = 1.4 \tag{1.3-28}$$

### 1.3.4 热力学第二定律和熵

热力学第一定律是规定热力学过程中能量守恒的定律。热力学第二定律则是决定过程向哪个方向进行的定律。

1. 熵的定义与热力学第二定律

在经典热力学中定义了一个状态函数——熵：

$$\mathrm{d}s = \frac{\delta q_{\mathrm{rev}}}{T} \tag{1.3-29}$$

式中，$s$ 是单位质量系统的熵，$\delta q_{\mathrm{rev}}$ 是可逆过程中外界传给该系统的热量，$T$ 是热源的温度(可逆过程中，系统和热源温度相等)。注意，熵是状态量，式(1.3-29)左端是全微分，从状态 1 到状态 2 熵的变化 $\mathrm{d}s$ 是与从状态 1 到状态 2 的具体热力学过程无关的，它等于一个特殊的热力学过程(可逆过程)中系统吸收的热量除以系统的温度。

如果从状态 1 到状态 2 经历的是一个不可逆过程，则熵的变化依然是 $\mathrm{d}s$，但它和该不可逆过程中系统吸热量 $\delta q$ 之间的关系为

$$\mathrm{d}s = \frac{\delta q}{T} + \mathrm{d}s_{\mathrm{irrev}} \tag{1.3-30}$$

式中，$\delta q/T$ 又称为熵流，它是过程量，不是全微分。$\mathrm{d}s_{\mathrm{irrev}}$ 是不可逆熵增，它也是与过程有关的量而不是全微分，采用符号“d”表达只是习惯。$\mathrm{d}s_{\mathrm{irrev}}$ 是不可逆过程中，系统由于黏性摩擦耗散、热传导(不可逆的，有温差的热传导)、质量扩散等而产生的熵增。这些耗散现象总是使熵增加的，即

$$\mathrm{d}s_{\mathrm{irrev}} \geqslant 0 \tag{1.3-31}$$

式(1.3-31)取等号时是可逆过程，即没有耗散现象发生的过程。

热力学第二定律通常的表达为

$$\mathrm{d}s \geqslant \frac{\delta q}{T} \tag{1.3-32}$$

等号用于可逆过程，大于号用于不可逆过程。特别地，对于绝热过程，有

$$ds \geqslant 0 \tag{1.3-33}$$

可见，热力学第二定律指出，任意热力学过程中系统的熵增大于或等于系统吸收的热量除以热源温度，而绝热过程中系统(即孤立系统)的熵永不减小。

2. 熵的计算式

根据熵的定义，可逆过程中的熵增与系统吸收的热量之间关系为

$$\delta q_{\text{rev}} = T\text{d}s$$

分别代入热力学第一定律表达式(1.3-12)和式(1.3-16)，得

$$T\text{d}s = \text{d}e + p\text{d}\left(\frac{1}{\rho}\right) \tag{1.3-34}$$

和

$$T\text{d}s = \text{d}h - \frac{1}{\rho}\text{d}p \tag{1.3-35}$$

这是两个非常重要的热力学微分关系式。它们表达了热力学状态量熵、内能、比容的微分之间的关系，熵、焓、压强的微分之间的关系。虽然这两个微分关系式是从可逆过程这样一个特殊的过程下的热力学第一定律导出的，但它们表达的是状态量的微分之间的关系，与过程无关，同样适用于有摩擦的不可逆过程。

利用这两个热力学微分关系式中的任意一个都可以导出熵的计算式，将熵表达为温度、比容或温度、压强的函数。

对于热完全气体，有 $\text{d}e = c_v\text{d}T$ 和 $p = \rho RT$，代入式(1.3-34)，得

$$\text{d}s = c_v\frac{\text{d}T}{T} + \frac{p}{T}\text{d}\left(\frac{1}{\rho}\right) = c_v\frac{\text{d}T}{T} - R\frac{\text{d}\rho}{\rho}$$

对于某一热力学过程从初态 1 到终态 2 积分，得

$$s_2 - s_1 = \int_{T_1}^{T_2} c_v\frac{\text{d}T}{T} - \int_{\rho_1}^{\rho_2} R\frac{\text{d}\rho}{\rho} \tag{1.3-36}$$

特别地，对于量热完全气体，$c_v = R/(\gamma-1)$ 为常数，则

$$s_2 - s_1 = \frac{R}{\gamma-1}\int_{T_1}^{T_2}\frac{\text{d}T}{T} - R\int_{\rho_1}^{\rho_2}\frac{\text{d}\rho}{\rho} = \frac{R}{\gamma-1}\ln\left[\frac{T_2}{T_1}\left(\frac{\rho_1}{\rho_2}\right)^{\gamma-1}\right] = c_v\ln\frac{T_2/\rho_2^{\gamma-1}}{T_1/\rho_1^{\gamma-1}} \tag{1.3-37}$$

类似地，将 $\text{d}h = c_p\text{d}T$ 和 $p = \rho RT$ 代入式(1.3-35)，积分后得

$$s_2 - s_1 = \int_{T_1}^{T_2} c_p\frac{\text{d}T}{T} - \int_{p_1}^{p_2} R\frac{\text{d}p}{p} \tag{1.3-38}$$

对于量热完全气体，$c_p = \gamma R/(\gamma-1)$，则

$$s_2 - s_1 = \frac{\gamma}{\gamma-1}R\int_{T_1}^{T_2}\frac{\text{d}T}{T} - R\int_{p_1}^{p_2}\frac{\text{d}p}{p} = \frac{R}{\gamma-1}\ln\left[\left(\frac{T_2}{T_1}\right)^{\gamma}\left(\frac{p_2}{p_1}\right)^{-\gamma+1}\right] = c_v\ln\frac{p_2/\rho_2^{\gamma}}{p_1/\rho_1^{\gamma}} \tag{1.3-39}$$

3. 熵含义的理解

熵其实是系统“无序性”的度量。对于系统来说，有以下理解。

(1)升高温度 $T$，粒子热运动速度增加，找到某个粒子更难，系统“无序度”升高，熵 $s$ 增大。从熵的计算式(1.3-36)和式(1.3-38)都可以看出这一点。

(2)增大体积，亦即减小密度 $\rho$，粒子可活动范围增大，找到某个粒子更难，系统“无序度”升高，熵 $s$ 增大。从式(1.3-36)也可看出这一点。

(3)升高压强 $p$，分子间距离减小，找到某个粒子更容易，系统“无序度”降低，熵 $s$ 减小，与式(1.3-38)一致。

上述 3 个定性特点与熵的定义式(1.3-29)也是一致的。熵的定义表明，可逆吸热过程会使系统熵增加。以热完全气体的两个热力学过程为例，说明具体过程。

(1)等温吸热过程中 $\delta q = \mathrm{d}e + p\mathrm{d}(1/\rho) > 0$，因等温 $\mathrm{d}e = 0$，故 $\mathrm{d}(1/\rho) > 0$，即密度 $\rho$ 减小，由状态方程 $p = \rho RT$ 可知压强 $p$ 也减小，“无序度”增高，熵增加。

(2)等容吸热过程 $\delta q = \mathrm{d}e + p\mathrm{d}(1/\rho) > 0$，因等容 $\mathrm{d}(1/\rho) = 0$，于是 $\mathrm{d}e > 0$，说明温度 $T$ 升高，“无序度”增高，熵增加。

### 1.3.5　等熵关系式

由上面得到的量热完全气体的熵计算式，很容易得出等熵热力学过程中系统压强、温度和密度之间的关系。

根据式(1.3-37)可知，等熵过程中，有

$$\frac{T}{\rho^{\gamma-1}} = \mathrm{const} \text{ 或 } \frac{T_2}{T_1} = \left(\frac{\rho_2}{\rho_1}\right)^{\gamma-1} \tag{1.3-40}$$

而根据式(1.3-39)又可知等熵过程中

$$\frac{p}{\rho^{\gamma}} = \mathrm{const} \text{ 或 } \frac{p_2}{p_1} = \left(\frac{\rho_2}{\rho_1}\right)^{\gamma} \tag{1.3-41}$$

综合式(1.3-40)和式(1.3-41)，得

$$\frac{p_2}{p_1} = \left(\frac{\rho_2}{\rho_1}\right)^{\gamma} = \left(\frac{T_2}{T_1}\right)^{\frac{\gamma}{\gamma-1}} \tag{1.3-42}$$

式(1.3-42)是量热完全气体等熵过程的一个基本热力学关系式，非常重要。

### 1.3.6　声速

对弹性介质(包括流体和固体)施加一个任意的小扰动，就会在介质中引起微小的压力增量(或应力增量)，并以波的形式向四周传播，这种小扰动波称为声波，而小扰动波的传播速度就称为声速。物理学中给出了声速关系式：

$$a = \sqrt{\frac{E_s}{\rho}} \tag{1.3-43}$$

式中，$E_s$ 为等熵过程的体积弹性模量，下标 $s$ 代表等熵。通常认为声波的传播过程为等熵过程，因为流体因受到声波作用而产生的压缩或膨胀过程极其短暂，来不及与环境之间进行热交换。

对于气体，根据弹性模量的定义，可将声速关系式写为

$$a=\sqrt{\left(\frac{\partial p}{\partial \rho}\right)_s} \tag{1.3-44}$$

利用气体的热力学关系式：

$$\left(\frac{\partial p}{\partial \rho}\right)_s=\gamma\left(\frac{\partial p}{\partial \rho}\right)_T \tag{1.3-45}$$

可得

$$a^2=\gamma\left(\frac{\partial p}{\partial \rho}\right)_T \tag{1.3-46}$$

式中，$\gamma$ 为比热容比，一般是温度和压力的函数。但热完全气体的 $\gamma$ 只是温度的函数，量热完全气体的 $\gamma$ 则为常数。再根据状态方程 $p=\rho RT$，可以进一步导出：

$$a=\sqrt{\gamma RT} \tag{1.3-47}$$

可见对于热完全气体，声速只与温度有关。

声速是热力学参数的导数，它也是介质自身的属性，与宏观流速无关，而是与分子热运动状态有关。分子运动论给出分子平均热运动速率为

$$\bar{C}=\sqrt{\frac{8RT}{\pi}} \tag{1.3-48}$$

对比式(1.3-47)和式(1.3-48)可知声速能够反映分子热运动速度。声速的平方与温度成正比，前面已知量热完全气体的内能与温度成正比，可见声速的平方也可以作为气体分子热运动内能的度量。

## 1.4　流体的可压缩性与不可压流动

### 1.4.1　流体的可压缩性和可压缩系数

流体的可压缩性指的是流体的体积(或密度)在压力的作用下发生改变的性质。

液体的可压缩性通常用可压缩系数 $\beta$ 来表示，它表示在一定温度下升高一个单位压强时，液体体积的相对缩小量，即

$$\beta=\frac{-\dfrac{\mathrm{d}v}{v}}{\mathrm{d}p}=-\frac{1}{v}\frac{\mathrm{d}v}{\mathrm{d}p} \tag{1.4-1}$$

前有一负号，是因为压强增加则体积减小，用负号后可压缩系数为正。式中，$v$ 为比容，

表示单位质量流体的体积，$v=1/\rho$。可压缩系数也可写为

$$\beta=\frac{1}{\rho}\frac{\mathrm{d}\rho}{\mathrm{d}p} \tag{1.4-2}$$

对于气体，由于其密度随压强的变化和热力过程紧密相关，所以可压缩系数常要指明压缩过程的特点，例如，等温或等熵过程的可压缩系数分别定义为

$$\beta_T=\frac{1}{\rho}\left(\frac{\partial\rho}{\partial p}\right)_T,\quad \beta_s=\frac{1}{\rho}\left(\frac{\partial\rho}{\partial p}\right)_s \tag{1.4-3}$$

### 1.4.2 流体的弹性和弹性模量

流体抵抗压缩变形的能力和特性称为弹性，可用体积弹性模量来表征。体积弹性模量定义为产生单位的体积相对变化(减小)所需的压强增量：

$$E=\frac{\mathrm{d}p}{-\dfrac{\mathrm{d}v}{v}}=-v\frac{\mathrm{d}p}{\mathrm{d}v}=\rho\frac{\mathrm{d}p}{\mathrm{d}\rho}=\frac{1}{\beta} \tag{1.4-4}$$

可见流体的体积弹性模量 $E$ 就是可压缩系数的倒数。体积弹性模量越大，说明该流体越不易被压缩，可压缩系数越小。

常温下水的体积弹性模量为

$$E_{水}=2.1\times10^9\,\mathrm{Pa} \tag{1.4-5}$$

则当压强增加 1atm 时，水的密度相对变化为

$$\left(\frac{\Delta\rho}{\rho_1}\right)_{水}=\frac{\Delta p}{E_{水}}=\frac{1.01\times10^5}{2.1\times10^9}\approx0.5\times10^{-4}=0.005\% \tag{1.4-6}$$

式中，$\rho_1$ 为起始密度。由此可见水是很难压缩的，其他液体的弹性模量也很大。

气体的弹性模量则小得多。以空气的等温弹性模量为例，应用完全气体状态方程可得

$$E_{T,空气}=\rho\left(\frac{\partial p}{\partial\rho}\right)_T=\rho RT=p \tag{1.4-7}$$

则等温过程中有

$$\frac{\mathrm{d}\rho}{\rho}=\frac{\mathrm{d}p}{p} \tag{1.4-8}$$

标准条件下(即起始压强 $p_1$ 为 1atm)，当 $\Delta p$ =1atm 时，空气的密度变化为

$$\left(\frac{\Delta\rho}{\rho_1}\right)_{空气}=\frac{\Delta p}{p_1}=100\% \tag{1.4-9}$$

可见气体比液体容易压缩得多。

### 1.4.3　不可压流体/流动与可压缩流体/流动

一般液体很难压缩，因此研究液体运动时将它们当作不可压流体，其密度在整个流场为常数。气体一般是不能当作不可压流体处理的。不过如果在研究的具体问题中，压强变化很小，那么虽然气体的弹性模量较小(可压缩系数较大)，但密度的变化：

$$\frac{\Delta\rho}{\rho}=\frac{\Delta p}{E} \tag{1.4-10}$$

也很小，就可以将气体作为不可压流体来处理，认为其密度为常数。

在以后的学习中会知道，如果流动中各点的密度差只是由速度差引起的压力差造成的，而速度差又不大，则相应的密度差也不会大。例如，若飞机飞行的速度低于 70m/s，则飞机周围气体的密度变化将小于 2%，其影响可以忽略不计。需要说明的是，低速时可将气体视为不可压流体，不是低速时气体弹性模量变大了，而是气体的压强变化小因而密度变化小到可忽略不计，是一种抽象近似模型。低速流动又称为不可压流动。

但高速运动的气流中将出现大的压力梯度，气体的密度变化 $|\mathrm{d}\rho/\rho|$ 常会超过 5%的低限，需要考虑密度的变化及其对流动产生的影响。所以高速时，必须将气体视为可压缩流体。同样，不是高速时气体的弹性模量变小了，而是其压强变化大因而密度变化大。高速流动又称为可压缩流动。

### 1.4.4　采用马赫数划分流动范围的物理内涵

上面指出对于高速运动的气体必须考虑其可压缩性。在空气动力学中气体运动的速度范围是根据马赫数来划分的。马赫数是飞行速度与声速之比，或说气流速度与声速之比：

$$Ma=\frac{V}{a} \tag{1.4-11}$$

$Ma<0.3$ 时流动为低速(不可压)流动，$Ma>0.3$ 时为高速(可压缩)流动。可以从两方面来理解采用马赫数划分流动范围所蕴涵的物理意义。

一方面，声速的平方可以作为分子随机热运动内能的度量，所以马赫数的平方就可以反映气流的宏观动能与内能的比较。对于量热完全气体，单位质量气体的内能为

$$e=c_vT=\frac{RT}{\gamma-1} \tag{1.4-12}$$

则气流宏观动能与内能之比为

$$\frac{\frac{1}{2}V^2}{e}=\frac{\gamma-1}{2}\frac{V^2}{RT}=\frac{\gamma(\gamma-1)}{2}\frac{V^2}{\gamma RT}=\frac{\gamma(\gamma-1)}{2}Ma^2 \tag{1.4-13}$$

当气流 $Ma<0.3$ 时，气体宏观流动动能相对于分子随机热运动内能很小，因此流速的改变对热力学状态(如密度)的影响可以忽略不计，流动视为不可压流动。

另一方面，根据声速与弹性模量的关系 $E_s=\rho a^2$，可见声速作为介质的属性，能够

表征流体的可压缩性，声速越大表明流体越不容易被压缩。再根据密度变化与压强变化的关系式(1.4-10)，知流动中密度的变化为

$$\frac{\Delta\rho}{\rho}=\frac{\Delta p}{E_s}=\frac{\Delta p}{\rho a^2} \tag{1.4-14}$$

流动中压强的变化由速度变化引起，根据量纲关系可以估计 $\Delta p \sim \rho V^2$，则

$$\frac{\Delta\rho}{\rho}\sim\frac{\rho V^2}{\rho a^2}=Ma^2 \tag{1.4-15}$$

可见马赫数越小，密度变化越小，后面第 5 章中对可压缩流动中密度随马赫数变化的计算确实表明，当 $Ma<0.3$ 时，可以不考虑气体密度的变化，将流动视为不可压流动。

## 1.5 作用在流体微团上的力

在研究流体的运动规律和动力学之前，需要了解作用在流体上的力。质点系中的质点受到两种力，一是紧临的其他质点对它的作用力，称为内力；另一种是外力场(如重力场等)作用在此质点上的力，称为外力。作用在流体微团上的力也是如此，按照作用力的性质和作用方式，可分为彻体力和表面力两类，彻体力是由外力场施加的，表面力则是与微团表面接触的其他流体或物体施加的。

### 1.5.1 彻体力

由外力场作用于流体微团的质量中心、大小与微团质量成正比的非接触力称为彻体力，也称为体积力或质量力。重力、惯性力，还有带电气体在电磁场中运动时受到的电磁力等，都属于彻体力。

由于彻体力与质量成正比，故一般用单位质量的彻体力 $\boldsymbol{f}$ 表示，写为分量形式为

$$\boldsymbol{f}=f_x\boldsymbol{i}+f_y\boldsymbol{j}+f_z\boldsymbol{k} \tag{1.5-1}$$

$\boldsymbol{f}$ 在数值上就等于加速度(如重力加速度)，$\boldsymbol{i}$、$\boldsymbol{j}$、$\boldsymbol{k}$ 分别表示沿坐标轴 $x$、$y$、$z$ 的单位矢量，$f_x$、$f_y$、$f_z$ 则分别表示单位质量彻体力在坐标轴 $x$、$y$、$z$ 方向的分量。在重力场中，彻体力为

$$\boldsymbol{f}=-g\boldsymbol{j} \tag{1.5-2}$$

### 1.5.2 表面力

由物体或相邻流体作用在流体微团的外表面上的、大小与微团表面积成正比的接触力，称为表面力。如图 1-10 所示，在流体中划取一小块六面体的流体微团。微团要受到周围流体对它的作用力，这些力对整个流体而言是内力，但对于所取的微团是外力，是它所受的表面力。表面力布满在微团表面，单位面积上的表面力称为应力，单位是 Pa，即 $N/m^2$。

表面力的方向一般与受力表面成一定角度，如图 1-11 所示。为分析方便，常将其分

解成与表面垂直的法向力 $\Delta F_n$ 和与表面平行的切向力 $\Delta F_\tau$，切向力 $\Delta F_\tau$ 就是前面提到的黏性摩擦力。或者说，将表面应力分解为法向应力和切向应力。1.2 节给出的黏性切应力 $\tau = \mu \mathrm{d}u/\mathrm{d}y$ 就是切向应力。对于理想流体，抽象为 $\mu = 0$，$\tau = 0$；对于静止的黏性流体，$\mathrm{d}u/\mathrm{d}y = 0$，也有 $\tau = 0$。所以在静止的流体和运动的理想无黏流体中，表面力中的切向应力为零。

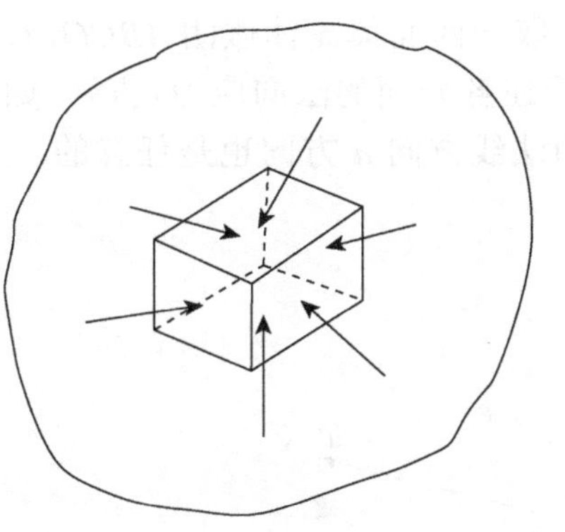

图 1-10　流体微团受力对象

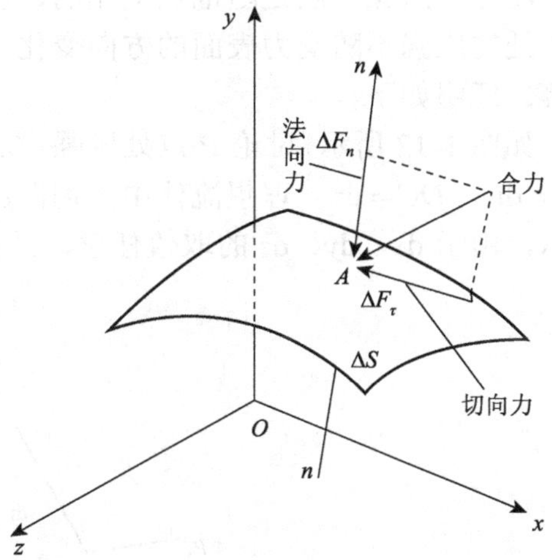


图 1-11　流体所受的表面力

### 1.5.3　流体内一点处的压强

1. 压强定义

对于无黏流体或静止流体，只有垂直于表面的法向力。

如图 1-11 所示，在流体中任取一点 $A$，$A$ 点所在的微元面积 $\Delta S$ 上作用有法向力 $\Delta F_n$。单位面积上所受的法向力即 $\Delta S$ 上的平均压强：

$$\overline{p} = \frac{\Delta F_n}{\Delta S} \tag{1.5-3}$$

则 $A$ 点的压强为

$$p_A = \lim_{\Delta S \to (\Delta S)_0} \frac{\Delta F_n}{\Delta S} \tag{1.5-4}$$

式中，$(\Delta S)_0$ 是与 1.1.3 节中引入的极限体积 $(\Delta V)_0$ 含义类似的极限面积。采用连续介质假设后，$A$ 点的压强在数学上可表达为

$$p_A = \lim_{\Delta S \to 0} \frac{\Delta F_n}{\Delta S} = \frac{\mathrm{d}F_n}{\mathrm{d}S} \tag{1.5-5}$$

流体中压强永远指向作用面(沿着内法线方向，因为流体不能承受拉力)。压强的国际单位为 Pa，工程实际中还常用标准大气压(atm)和托(torr)的单位：

$$1\mathrm{atm} = 760\ \mathrm{torr} = 1.013 \times 10^5\ \mathrm{Pa} \tag{1.5-6}$$

$$1\text{torr}=1\text{mmHg}=133.3\text{Pa} \tag{1.5-7}$$

流体力学和空气动力学中，一般将“压力”和“压强”的概念混用，谈压力时其实就是指的“压强”。

2. 理想流体压强的方向无关性

流体中压强一般是随地点变化的，但对理想无黏流体(不论是静止还是运动的)，任一点处的压强不随受力表面的方向变化，也就是说，同一点的各个不同方向上的压强值相等。证明如下。

如图 1-12 所示，讨论 $P$ 点处压强。在 $P$ 点周围取一四面体流体微团 $ABCO$，$OA=\mathrm{d}x$，$OB=\mathrm{d}y$，$OC=\mathrm{d}z$。理想流体中无切向应力，作用在各表面的法向应力(压强)如图 1-12 所示，由于 d$x$、d$y$、d$z$ 的取值任意，故面 $ABC$ 的法线方向 $\boldsymbol{n}$ 方向也是任意的。

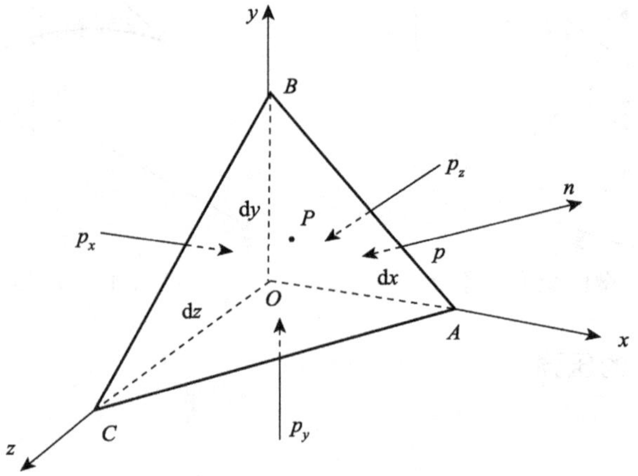


图 1-12 静止的四面体流体微团受力示意图

设作用在 $BOC$ 面上的压强为 $p_x$，$AOC$ 面上的压强为 $p_y$，$AOB$ 面上的压强为 $p_z$，而作用在斜面 $ABC$ 上的压强为 $p$。分别沿 $x$、$y$、$z$ 三个方向建立力的平衡关系。$x$ 方向有

$$p_x\frac{1}{2}\mathrm{d}y\mathrm{d}z-p\cos(\boldsymbol{n},x)\mathrm{d}S=\rho\frac{1}{6}\mathrm{d}x\mathrm{d}y\mathrm{d}z\left(a_x-f_x\right) \tag{1.5-8}$$

式中，$a_x$ 为微团中位于 $P$ 点的质点的 $x$ 向加速度，可作为微团整体的平均 $x$ 向加速度；$f_x$ 为 $x$ 向彻体力。由于微元面 d$S$ 在 $x$ 方向的投影就是 $1/2\mathrm{d}y\mathrm{d}z$，所以方程式(1.5-8)左端等于：

$$p_x\frac{1}{2}\mathrm{d}y\mathrm{d}z-p\frac{1}{2}\mathrm{d}y\mathrm{d}z$$

方程右端为三阶小量，可以略去。因此得

$$p_x=p \tag{1.5-9}$$

同理可得

$$p_y = p \text{，} \quad p_z = p$$

所以

$$p_x = p_y = p_z = p \tag{1.5-10}$$

因为图 1-12 中的 $\boldsymbol{n}$ 方向为任取，故理想流体压强的方向无关性得证。

对于静止的黏性流体，由于其所受表面力和理想无黏流体一样只有法向应力(压强)，因此上述压强的方向无关性结论同样成立。

# 1.6　流体静力学

流体静力学是研究流体处于平衡状态时的力学规律。平衡状态包括绝对平衡(静止)和相对平衡。相对平衡是指流体整体相对地球是运动的(匀速或有加速度)，但流体内部各质点间并没有相对运动，也称为相对静止。根据 1.5 节的讨论可知，流体处于平衡状态时，受到的力只有彻体力(质量力)与压力。因此，流体静力学实际上就是研究流体处于平衡状态时，其内部压力与彻体力的关系，并由此确定流体内部压力的分布规律及流体对周围固体壁面的作用力。

## 1.6.1　流体静力学的基本方程——欧拉静平衡方程

1. 静平衡方程推导

欧拉静平衡方程就是关于压力和彻体力关系的方程。下面根据微团的受力平衡条件来导出该方程。

在平衡流体中建立一个坐标系，坐标轴的方位可以任意取，如图 1-13 所示。在流体内取定一点 $P(x_0, y_0, z_0)$，并以 $P$ 为中心，划出一个边长分别为 $dx$、$dy$、$dz$ 的正交六面体流体微团。由于微团处于平衡状态，其受到的合力为零。

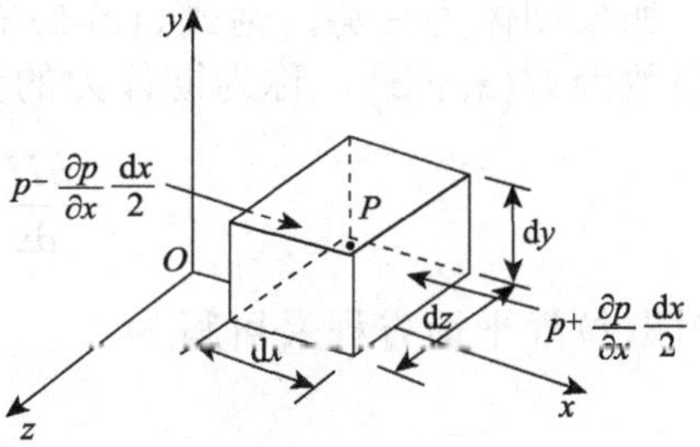

图 1-13　欧拉静平衡方程推导示意图

以 $x$ 方向的力平衡关系为例进行分析。记点 $P(x_0, y_0, z_0)$ 的压强为 $p$，则微团左侧微元面中心的压强为 $p-\dfrac{\partial p}{\partial x}\dfrac{dx}{2}$，右侧微元面中心的压强为 $p+\dfrac{\partial p}{\partial x}\dfrac{dx}{2}$。微元面中心的压强可作为该微元面的平均压强，于是左、右侧微元面上受到的压力分别为(沿 $x$ 正向的为正)

$$\left(p-\frac{\partial p}{\partial x}\frac{dx}{2}\right)dydz \text{，} \quad -\left(p+\frac{\partial p}{\partial x}\frac{dx}{2}\right)dydz$$

微团受到的 $x$ 方向的彻体力为

$$\rho f_x dxdydz$$

根据微团在 $x$ 方向的受力平衡，得

$$\frac{\partial p}{\partial x}=\rho f_x \tag{1.6-1}$$

类似可得

$$\frac{\partial p}{\partial y}=\rho f_y\text{，}\quad \frac{\partial p}{\partial z}=\rho f_z \tag{1.6-2}$$

式(1.6-1)和式(1.6-2)就是流体静力学的基本方程，它们描述了静平衡时压强、密度和单位质量的彻体力之间的关系。写成矢量形式为

$$\nabla p=\rho \boldsymbol{f} \tag{1.6-3}$$

.2. 静平衡方程的其他形式

将三个方向的静平衡方程[式(1.6-1)和式(1.6-2)]分别乘以 d$x$、d$y$、d$z$，然后相加得

$$\frac{\partial p}{\partial x}\mathrm{d}x+\frac{\partial p}{\partial y}\mathrm{d}y+\frac{\partial p}{\partial z}\mathrm{d}z=\rho\left(f_x\mathrm{d}x+f_y\mathrm{d}y+f_z\mathrm{d}z\right) \tag{1.6-4}$$

可见左端是 $p$ 的全微分 d$p$，所以式(1.6-4)又可写为

$$\mathrm{d}p=\rho\left(f_x\mathrm{d}x+f_y\mathrm{d}y+f_z\mathrm{d}z\right) \tag{1.6-5}$$

这是流体静平衡方程的另一种形式，一般称为静压力差公式。它给出了静止流体中位置变化为 d$x$、d$y$、d$z$ 时对应的压强变化。

如果彻体力有势，则式(1.6-5)右端括号内的和项也可由某个函数的全微分表示。记该函数为 $\varPi(x,y,z)$，称为彻体力的势函数，它与彻体力的关系为

$$f_x=-\frac{\partial \varPi}{\partial x},\quad f_y=-\frac{\partial \varPi}{\partial y},\quad f_z=-\frac{\partial \varPi}{\partial z} \tag{1.6-6}$$

此时欧拉静平衡方程又可写为

$$\mathrm{d}p=-\rho\mathrm{d}\varPi \tag{1.6-7}$$

特别地，彻体力有势，密度又不变时，积分式(1.6-7)得

$$p=-\rho\varPi+C \tag{1.6-8}$$

式中，常数 $C$ 可由某点的压强和彻体力势函数 $\varPi$ 的值确定。如果已知某点的压强值 $p_0$ 和势函数值 $\varPi_0$，则任何其他点的压强和势函数之间的关系便可表示为

$$p=p_0-\rho\left(\varPi-\varPi_0\right) \tag{1.6-9}$$

可见确定某点压力需要该点势函数时，只需要知道它与已知点势函数值的差，也就是说，式(1.6-9)中用到的势函数取相对值即可。

3. 非惯性系中的静平衡方程

前面建立了欧拉静平衡方程式(1.6-3)。它不仅适用于惯性系(流体绝对静止或整体

匀速运动时)，也可用到流体整体具有加速度的运动情况，只要建立以流体整体运动为基准的非惯性系，在彻体力中包含惯性力就行了。此时的欧拉静平衡方程为

$$\nabla p=\rho \boldsymbol{f}=\rho\left(\boldsymbol{f}_g+\boldsymbol{f}_a\right) \tag{1.6-10}$$

式中，$\boldsymbol{f}_g$ 为流体受到的真实的彻体力，即惯性系中的彻体力；$\boldsymbol{f}_a$ 则是单位质量流体在加速度为 $\boldsymbol{a}$ 的非惯性系中受到的惯性力，为

$$\boldsymbol{f}_a=-\boldsymbol{a} \tag{1.6-11}$$

可见非惯性系中的静平衡方程和惯性系中是类似的，只是彻体力中要包含惯性力。对于做匀加速运动或匀角速度转动的相对平衡流体，采用上述非惯性系中的流体静平衡方程往往很方便。

### 1.6.2　静平衡方程的应用举例

欧拉静平衡方程建立了流体静止时压强、密度和彻体力之间的关系，它是流体静力学的基础。根据这个方程可以解决流体静力学中的许多问题。

**例 1-1**　湿式大气压力计的工作原理。

**解：**湿式大气压力计是用汞柱的高度来表达大气压数值的。它由一根上端封闭的长玻璃管和一个盛汞的底盒组成。玻璃管竖立，管中有汞与底盒中的汞连通，玻璃管中汞柱的上端是真空的，底盒汞液面通大气。

如图 1-14 所示，将坐标平面 $xy$ 置于管中汞柱的上表面，则该处的 $y_0=0$、$p_0=0$。玻璃管下面与盒中汞液面等高的 $A$ 处 $y_A=-h$，压强记为 $p_A$。则根据式(1.6-9)有

$$p_A=0-\rho_{汞}g\left(-h-0\right)=\rho_{汞}gh$$

由于盒中汞液面通大气，所以液面压强为大气压(大气压强常用 $p_{\mathrm{a}}$ 表示)，即 $p_A=p_{\mathrm{a}}$。于是，有

$$p_{\mathrm{a}}=\rho_{汞}gh$$

这样，要确定大气压值时，只需将气压表上读下来的汞柱高度(m)乘以汞的密度再乘以重力加速度即可，因此大气压的读数往往只说汞柱高度(常用 mm)。一个标准大气压是 760mm 汞柱：

$$p_{\mathrm{a}}=\rho_{汞}gh=13.595\times9.8067\times10^3\times0.76=1.013\times10^5\left(\mathrm{Pa}\right)$$

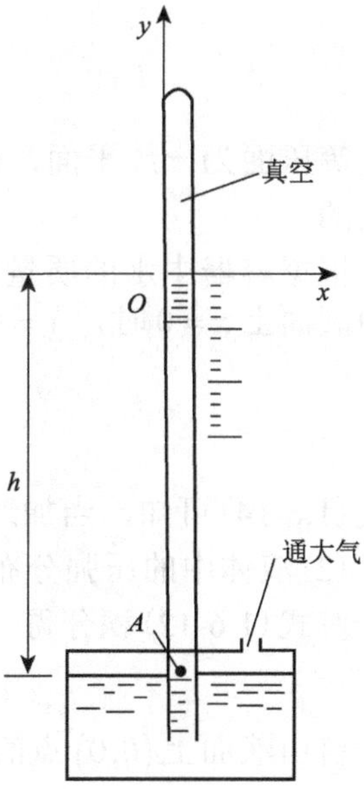

图 1-14　湿式大气压力计

**例 1-2**　盛水容器高 $H$、宽 $2b$，静止时水深为 $h$。容器以等加速度 $\boldsymbol{a}$ 作水平运动。求自由液面的形状及水内部的压强分布。假设水未溢出也不见底。

**解：**如图 1-15 所示，取与容器固连在一起的运动坐标系，坐标原点放在容器静止时自由液面的中心，$y$ 轴垂直向上，$x$ 轴与 $\boldsymbol{a}$ 方向一致。

在该非惯性系中，单位质量流体受到的彻体力为

$$f_x = -a\,,\quad f_y = -g\,,\quad f_z = 0$$

由静平衡方程式(1.6-5)得

$$\mathrm{d}p = \rho\left(f_x\mathrm{d}x + f_y\mathrm{d}y\right) = -\rho(a\mathrm{d}x + g\mathrm{d}y) \tag{1.6-12}$$

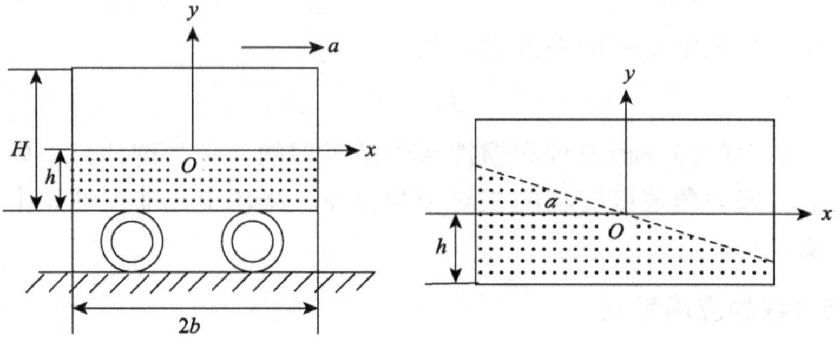


图 1-15　等加速度水平运动容器中的液体

(1)自由液面

自由液面是一个等压面。首先确定等压面方程。令 $\mathrm{d}p = 0$，得

$$a\mathrm{d}x = -g\mathrm{d}y$$

因此等压面方程为

$$y = -\frac{a}{g}x + C \tag{1.6-13}$$

可见等压面为一簇平面，$C$ 取不同数值时对应不同的等压面。而总的彻体力是垂直于等压面的。

根据容器中水的质量守恒，可知自由液面是过原点的等压面，如图 1-15(b)所示。自由液面上 $x = 0$ 时，$y = 0$。于是当式(1.6-13)中常数 $C$=0 时即得自由液面方程：

$$y = -\frac{a}{g}x \tag{1.6-14}$$

由式(1.6-14)可知，当加速度 $a$ 越大，自由液面的斜率越大。

(2)液体中的压强分布

对式(1.6-12)积分得

$$p = -\rho(ax + gy) + C$$

根据自由液面上 $(0,0)$ 点的压强 $p = p_\mathrm{a}$，求出常数 $C = p_\mathrm{a}$。从而液体内压强分布为

$$p = p_\mathrm{a} - \rho g\left(\frac{a}{g}x + y\right)$$

前面已得出 $y = -ax/g$ 是自由液面方程。令 $y_0 = -ax/g$，则

$$p = p_\mathrm{a} + \rho g\left(y_0 - y\right) \tag{1.6-15}$$

$y_0-y$ 表示液体内任一点到自由液面的竖直距离，记 $h_y=y_0-y$，则有

$$p=p_a+\rho g h_y \tag{1.6-16}$$

式(1.6-16)说明，这种在非惯性坐标系中静止的流体，其内部某点的压强也只与该点到自由液面的距离 $h_y$ 有关，形式上与惯性系中的静止流体内部压强分布一样。这是因为这里的惯性力是沿 $x$ 方向，只会影响沿 $x$ 方向的压强变化。压强沿 $y$ 方向的变化原因仍然是重力，所以流体内某点压强与 $p_a$ 的差别也只与竖直方向的高度差有关，是 $\rho g h_y$。当然，由于压强沿 $x$ 方向变化，所以 $y$ 坐标相同而 $x$ 坐标不同的位置压强不同。

**例 1-3**　半径为 $R$ 的圆柱形容器，静止时容器内水深为 $H$。容器以等角速度 $\omega$ 绕其中心轴旋转，其中的水也随之做等角速度转动。求平衡后的自由液面方程及流体内的压强分布。假设水未溢出也未见底。

**解**：如图 1-16 所示，建立与容器固连的非惯性坐标系，将坐标原点放在旋转轴与容器底面的交点上。容器内水除重力外还受到离心力，单位质量水所受到的总彻体力为

$$f_x=\omega^2 x,\quad f_y=\omega^2 y,\quad f_z=-g$$

由静平衡方程式(1.6-5)得

$$\mathrm{d}p=\rho\left(f_x\mathrm{d}x+f_y\mathrm{d}y+f_z\mathrm{d}z\right)=\rho\left(\omega^2 x\mathrm{d}x+\omega^2 y\mathrm{d}y-g\mathrm{d}z\right) \tag{1.6-17}$$

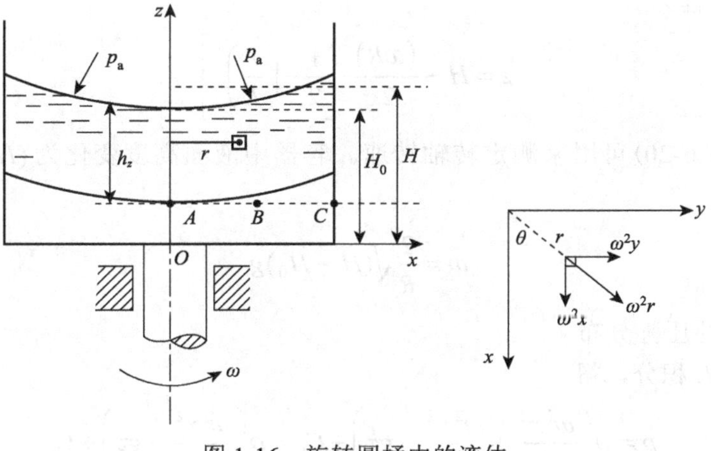


图 1-16　旋转圆桶中的液体

(1) 自由液面

令式(1.6-17)中 $\mathrm{d}p=0$，并积分，得到等压面方程为

$$\frac{\omega^2 x^2}{2}+\frac{\omega^2 y^2}{2}-gz=C$$

式中，$C$ 为积分常数。令 $r^2=x^2+y^2$，则有

$$\frac{\omega^2}{2}r^2-gz=C \tag{1.6-18}$$

它表明等压面是一族旋转抛物面，不同的等压面有不同的 $C$ 值。

自由液面也是一个等压面。如图 1-16 所示，记自由液面最低点的高度为 $H_0$，则最低点的$(r, z)$坐标为

$$r=0, \quad z=H_0$$

代入式(1.6-18)，得 $C=-gH_0$。因此，自由液面方程为

$$\frac{\omega^2}{2}r^2-g(z-H_0)=0$$

或

$$z=H_0+\frac{\omega^2 r^2}{2g} \tag{1.6-19}$$

式(1.6-19)中的 $H_0$ 根据容器中的水质量保持不变确定。旋转前后的流体体积相同，即

$$\pi R^2 H=\int_0^R z2\pi r\mathrm{d}r$$

将式(1.6-19)代入可得

$$H_0=H-\frac{\omega^2 R^2}{4g} \tag{1.6-20}$$

从而自由液面方程为

$$z=H-\frac{(\omega R)^2}{2g}\left[\frac{1}{2}-\left(\frac{r}{R}\right)^2\right] \tag{1.6-21}$$

另外，式(1.6-20)可用来测定转轴转速。容器中液面高度变化为$(H-H_0)$时对应的旋转角速度为

$$\omega=\frac{2}{R}\sqrt{(H-H_0)g} \tag{1.6-22}$$

(2)流体中的压强分布

对式(1.6-17)积分，得

$$p=\rho\left(\frac{\omega^2 x^2}{2}+\frac{\omega^2 y^2}{2}-gz\right)+C_1=\rho\left(\frac{\omega^2 r^2}{2}-gz\right)+C_1 \tag{1.6-23}$$

式中，常数 $C_1$ 由边界条件确定。自由液面上的压强为 $p_{\mathrm{a}}$，即

$$r=0, \quad z=H_0\text{时}, \quad p=p_{\mathrm{a}}$$

代入式(1.6-23)，得

$$C_1=p_{\mathrm{a}}+\rho g H_0$$

从而流体中的压强分布为

$$p=p_{\mathrm{a}}+\rho g\left[\left(H_0+\frac{\omega^2 r^2}{2g}\right)-z\right] \tag{1.6-24}$$

令

$$h_z = \left(H_0 + \frac{\omega^2 r^2}{2g}\right) - z \tag{1.6-25}$$

则流体中的压强分布又可写为

$$p = p_a + \rho g h_z \tag{1.6-26}$$

式中，$h_z$为自由液面以下的竖直深度。与例 1-2 一样，这里流体内某点的压强只与该点到自由液面的竖直距离 $h_z$ 有关，在形式上与惯性坐标系的结果完全一样。压强沿 $z$ 方向的变化原因仍然是重力，流体内某点压强与自由液面压强 $p_a$ 的差别也只与竖直方向的高度差有关，为 $\rho g h_z$。因惯性力影响压强沿 $r$ 方向变化，$z$ 坐标相同而 $r$ 不同处(如图 1-16 中的 $A$、$B$、$C$ 点)的压强不同，这与 $z$ 坐标相同而 $r$ 不同处的 $h_z$ 不同是一致的。

## 1.7　国际标准大气

包围整个地球的空气总称为大气，通常也称为大气层。所有的飞机都要在大气层中飞行，一切以空气中的氧气作为氧化剂进行燃料燃烧的发动机都只能在大气中工作，因此大气的情况对于飞机和发动机的研究都十分重要。本节首先介绍大气分层情况及各层特点，然后进行大气参数的计算，这也是欧拉静平衡方程的一个重要应用。

大气的压强和温度等参数，除随高度变化之外，还随纬度、季节和昼夜而有所变化，每天每时也都有些变化。在航空实践中，无论做飞行器设计还是做试验研究，经常要用到大气参数。为便于比较，需要规定一个标准，国际航空界以中纬度地区的全年平均大气参数为参考，进行了统一规定，这就是国际标准大气。这样，做计算时都依此标准条件进行计算；做试验整理试验数据时，将数据也换算成标准条件下的结果。

### 1.7.1　大气分层情况及各层特点

经过多年的研究和探测，人们对大气层的结构及其变化规律已基本清楚了。

1. 大气温度变化和分层概况

大气温度在水平上均匀，但随高度变化，如图 1-17 所示。大气温度随高度变化的原因复杂，主要因素有：地表吸收太阳热量、臭氧层吸热与电离放热、空气或宇宙尘埃受短波辐射升温等。

按其特征，大气可以划分为五层，不过层与层之间的分界并不很清晰。国际气象组织规定大气分为：①对流层；②平流层；③中间层；④高温(电离)层；⑤外层大气。对流层、平流层、中间层有时又称为低层大气，低层大气是匀质的，其中 $N_2$ 体积占 78.1%，$O_2$ 体积占 21%。

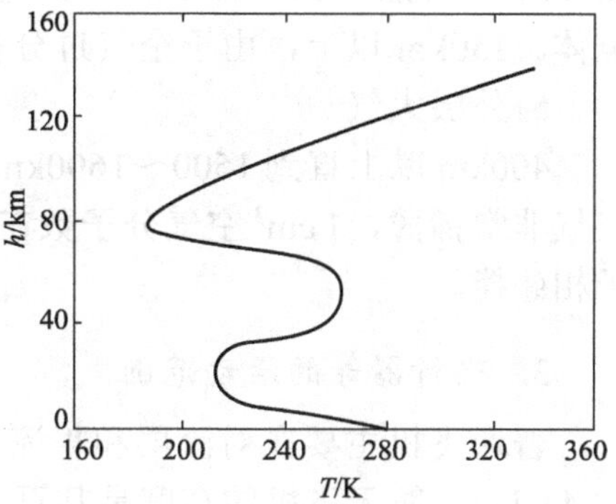

图 1-17　大气温度随高度的变化

## 2. 各层特点

1) 对流层

这层空气受地面加热和地形变化的影响，温度随高度上升而下降。下面的热空气上升，上面的冷空气下降，形成对流，因此空气有上下方向的流动，常发生风、雨、雷、电等现象。对流层空气稠密，它包含了整个大气层空气质量的 3/4。由于地球自转的影响，两极大气较薄，赤道附近较厚。赤道上对流层厚度为 16～18km，中高纬度上为 8～12km。

在对流层内大气温度随高度增加线性下降，高度每增加 1km，大气温度下降 6.5K，即

$$0\text{m} \leqslant h \leqslant 11000\text{m}:\quad T = 288.15 - 0.0065h \quad (\text{K}) \tag{1.7-1}$$

式中，$h$ 为距离海平面的高度，单位为 m。这里将对流层范围取为中纬度地带的平均值。

2) 平流层

对流层之上到 32km 为止是平流层，平流层中所包含的空气质量约占整个大气的 1/4。这层气体比较稀薄，且只有水平方向的流动，平流层因此而得名。平流层中没有雷雨等气象变化。平流层中 11～20km 温度不变，称为同温层，温度约为

$$11000\text{m} \leqslant h \leqslant 20000\text{m}:\quad T = 216.65 \quad (\text{K}) \tag{1.7-2}$$

20～32km，温度随高度增加有所上升，高度每增加 1km，温度上升 1K，即

$$20000\text{m} \leqslant h \leqslant 32000\text{m}:\quad T = 216.65 + 0.001(h - 20000) \quad (\text{K}) \tag{1.7-3}$$

3) 中间大气层

高度为 32～80km 称为中间大气层，其空气质量只占整个大气层空气质量的 1/3000。由于空气稀薄，靠空气动力飞行几乎不可能，只能靠火箭飞行达到此高度。中间大气层空气温度先是随高度增加而上升，到 53km 处达到 282.66K，以后又下降，在 80km 处降到 196.86K。

4) 高温层

80～400km 是高温层。这里温度又随高度上升而增高，到 400km 处达到 1500～1600K。这是由于直接受到太阳的短波辐射。短波辐射还使空气分解和电离以致能导电和反射无线电波。该区域中，有好几个集中的电离层：D 层(60～80km)，E 层(100～120km)，$F_1$ 层(180～220km)；$F_2$ 层(300～350km)。100km 以上高空的空气是很好的导电体。150km 以上，由于空气过分稀薄，可闻的声音已经不存在了。

5) 外层大气

400km 以上直到 1500～1600km 是外层大气，这层的空气质量只占全部大气的 $10^{-11}$。空气非常稀薄，1 $\text{cm}^3$ 空气分子数在 $10^5$ 个以下，空气分子有机会逸入太空而不与其他分子相碰撞。

## 3. 飞行器等的活动范围

普通飞机主要在对流层和平流层内活动。飞机的最高记录是 39km，探空气球曾达到 44 km。航天飞机的高度是几百 km。人造地球卫星的轨道，近地点是一百多 km，远地点是几千 km。定点的通信卫星距地面 35000km。陨石向地面冲来时，开始发光在 100～

160km 的高度上，大多数陨石消失在 40～60km 的高度上，极光发生在 80～1100km 的空间。

### 1.7.2　国际标准大气条件计算

国际标准大气是以中纬度地区的全年平均大气参数为参考统一规定的大气条件。下面根据大气温度随高度变化的规律，进行国际标准大气参数(密度、压强)的计算。

1. 计算方法

温度随高度变化的函数 $T=T(h)$ 已知，其中对流层和平流层的已在式(1.7-1)~式(1.7-3)给出。空气被看成热完全气体，大气的相对湿度为零，可采用完全气体状态方程：

$$p=\rho RT$$

以海平面作为高度的计算起点($h=0\,\mathrm{m}$)。在海平面处有

$$T_{\mathrm{a}}=288.15\,\mathrm{K},\quad p_{\mathrm{a}}=1.01325\times10^{5}\,\mathrm{Pa},\quad \rho_{\mathrm{a}}=1.225\mathrm{kg/m^{3}} \tag{1.7-4}$$

已知温度随高度的变化，又知道压强、密度和温度的关系(完全气体状态方程)，再补充一个关系式即可得到压强和密度随高度的变化。

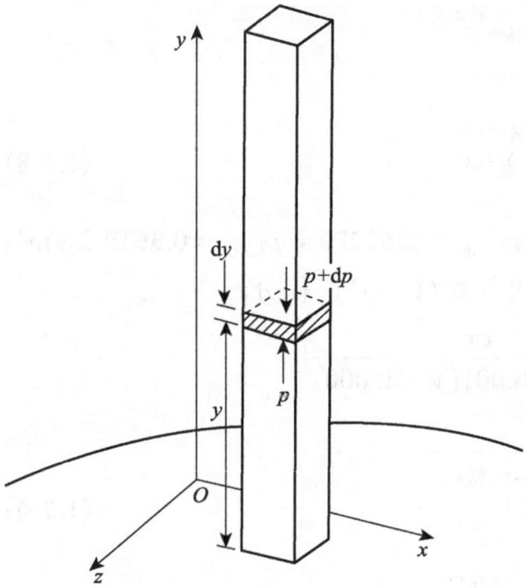

图 1-18　大气压强示意图

某个高度上的大气压强可以看成面积为 $1\mathrm{m}^2$ 的一根上端无界的空气柱的重量压下来所造成的，如图 1-18 所示。将坐标原点取在海平面上，建立如图 1-18 所示的坐标系。

单位质量空气受到的彻体力分量为

$$f_x=0,\quad f_y=-g,\quad f_z=0$$

代入静平衡方程式(1.6-5)，得

$$\mathrm{d}p=-\rho g\mathrm{d}y$$

再将完全气体状态方程 $p=\rho RT$ 代入上式，得

$$\mathrm{d}p=-\frac{p}{RT}g\mathrm{d}y$$

$T$ 是高度 $y$ 的已知函数，严格来说，$g$ 也随 $y$ 有所变化，但在对流层和平流层范围内其影响极小，可以视为常数，取值 $9.80665\mathrm{m/s^2}$。所以对上面的微分方程分离变量，即得

$$\frac{\mathrm{d}p}{p}=-\frac{g}{RT}\mathrm{d}y \tag{1.7-5}$$

这样通过积分就可以得到不同高度下的压强，再由完全气体状态方程进一步求得密度。

2. 对流层标准大气压强、密度变化函数

对流层内(0～11km)，温度随高度变化已由式(1.7-1)给出，代入微分方程式(1.7-5)

并积分：

$$\int_{p_a}^{p_h}\frac{\mathrm{d}p}{p}=-\frac{g}{R}\int_0^h\frac{\mathrm{d}y}{288.15-0.0065y}$$

得到压强随高度变化的函数为

$$\frac{p_h}{p_a}=\left(\frac{288.15-0.0065h}{288.15}\right)^{5.25588}=\left(\frac{T_h}{T_a}\right)^{5.25588} \tag{1.7-6}$$

则密度变化函数为

$$\frac{\rho_h}{\rho_a}=\left(\frac{T_h}{T_a}\right)^{4.25588} \tag{1.7-7}$$

式中，下标 $h$ 代表高度为 $h$ 处的大气参数。这样，根据地面的标准大气参数，即可得出对流层某高度 $h$ 处压强和密度分布。

3. 平流层标准大气压强、密度变化函数

平流层内的同温层(11～20km)中，$T=216.65\ \mathrm{K}$，代入式(1.7-5)积分：

$$\int_{p_{11\mathrm{km}}}^{p_h}\frac{\mathrm{d}p}{p}=-\frac{g}{RT}\int_{11\mathrm{km}}^{h}\mathrm{d}y$$

结果为

$$\frac{p_h}{p_{11\mathrm{km}}}=\frac{\rho_h}{\rho_{11\mathrm{km}}}=\mathrm{e}^{-\frac{h-11000}{6341.62}} \tag{1.7-8}$$

式中，$p_{11\mathrm{km}}$ 和 $\rho_{11\mathrm{km}}$ 由式(1.7-6)和式(1.7-7)确定，$p_{11\mathrm{km}}=22632\mathrm{Pa}$，$\rho_{11\mathrm{km}}=0.3639\ \mathrm{kg/m^3}$。平流层内在 20～32km 范围，温度为式(1.7-3)，代入式(1.7-5)，积分：

$$\int_{p_{20\mathrm{km}}}^{p_h}\frac{\mathrm{d}p}{p}=-\frac{g}{R}\int_{20\mathrm{km}}^{h}\frac{\mathrm{d}y}{216.65+0.001(y-20000)}$$

结果为

$$\frac{p_h}{p_{20\mathrm{km}}}=\left(\frac{T_h}{216.65}\right)^{-34.1632} \tag{1.7-9}$$

$$\frac{\rho_h}{\rho_{20\mathrm{km}}}=\left(\frac{T_h}{216.65}\right)^{-35.1632} \tag{1.7-10}$$

式中，$p_{20\mathrm{km}}$ 和 $\rho_{20\mathrm{km}}$ 由式(1.7-8)确定为 $p_{20\mathrm{km}}=5474.9\mathrm{Pa}$，$\rho_{20\mathrm{km}}=0.08803\mathrm{kg/m^3}$。

4. 标准大气参数变化曲线与标准大气简表

这样计算出的大气参数(压强、密度、温度等的总称)列成国际标准大气表。书末的附录 A 给出了 1976 年公布的美国标准大气表。表中给出了各高度大气的压强、温度、密度、黏度和声速，其中压强、密度和黏度给出的是与海平面参数的比值，表中下标“SL”表示海平面。

# 第 2 章　流体运动学基础

流体运动学运用分析和几何描述方法研究流体的运动规律。它只研究流体运动的几何性质，不涉及介质的物理属性，因此对任何流体(理想无黏流体或真实黏性流体，气体或液体)都适用。

由于流体的易变形性，相对于刚体而言，流体的运动形态更为复杂，描述方法也有不同。描述流体运动的方法有拉格朗日方法和欧拉法，后者更加常用。本章将首先建立流场的概念，确定欧拉描述法中加速度和速度的关系。然后介绍对流体运动进行几何描述的流线和迹线。通过分析流体微团的运动，导出微团运动的亥姆霍兹速度分解定理，将微团运动分解为平动、旋转和变形。最后对有旋流动，进一步引入环量、涡通量等概念，并讨论旋涡的运动学规律。

## 2.1　流体运动的描述方法和流场

有两种描述流体运动的方法，即采用“随体”观点的拉格朗日法和采用“当地”观点的和欧拉法，详述如下。

### 2.1.1　拉格朗日法

拉格朗日法沿用了描述刚体运动的办法。它着眼于流体质点(或流体微团)，跟踪质点的运动，记录质点在运动过程中各种物理量的变化规律。跟踪所有的流体质点，便可了解整个流体运动的全貌。

1. 描述函数形式与拉格朗日坐标

流体是包含无穷多个质点的连续介质。拉格朗日法需要给每个质点一个标记来识别和区分它们。通常是以某一时刻(如 $t=t_0$)流体质点所在空间位置的坐标 $(a,b,c)$ 来表征它。如图 2-1 所示，$(a_1,b_1,c_1)$ 就代表 $t=t_0$ 时刻位于位置 $(a_1,b_1,c_1)$ 的那个流体质点，其他质点类似。标识完流体质点后，接下来跟踪它。描述质点 $(a_1,b_1,c_1)$ 在空间的运动，就是将它的坐标表示为时间 $t$ 的函数，即

$$\begin{cases} x = x(a_1,b_1,c_1,t) \\ y = y(a_1,b_1,c_1,t) \\ z = z(a_1,b_1,c_1,t) \end{cases} \tag{2.1-1}$$

式(2.1-1)就是质点 $(a_1,b_1,c_1)$ 的轨迹方程。这里的自变量是时间 $t$，$(a_1,b_1,c_1)$ 是标记质点的常数。该轨迹方程在图 2-1 中就体现为自点 $(a_1,b_1,c_1)$ 出发的曲线，即质点 $(a_1,b_1,c_1)$ 的轨迹线。

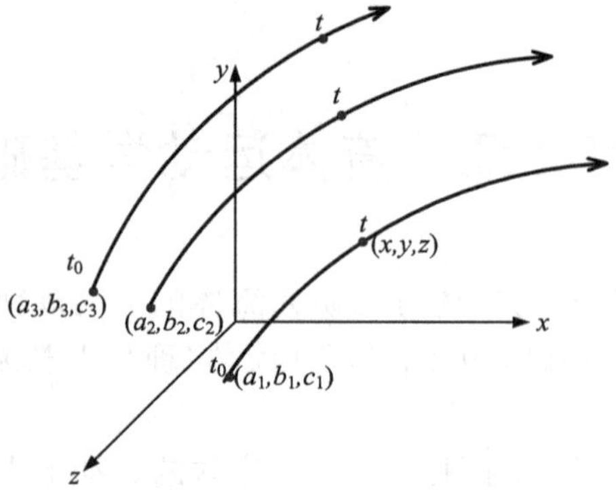


图 2-1　拉格朗日描述法示意图

类似地，可以描述任意流体质点 $(a,b,c)$ 的运动规律，写出其轨迹方程：

$$\begin{cases} x = x(a,b,c,t) \\ y = y(a,b,c,t) \\ z = z(a,b,c,t) \end{cases} \tag{2.1-2}$$

对于不同流体质点，$(a,b,c)$ 是不同的，因此 $a$、$b$、$c$ 也是式(2.1-2)中各函数的自变量，$a$、$b$、$c$、$t$ 四个参数称为**拉格朗日坐标**或**拉格朗日变数**。若用矢径 $\boldsymbol{r} = x\boldsymbol{i} + y\boldsymbol{j} + z\boldsymbol{k}$ 表示流体质点的位置，则上述任意质点的轨迹方程可写为

$$\boldsymbol{r} = \boldsymbol{r}(a,b,c,t) \tag{2.1-3}$$

式(2.1-2)和式(2.1-3)中，当 $(a,b,c)$ 固定而 $t$ 变化时，方程就给出了某个确定流体质点的运动轨迹(该质点任意时刻所处的位置)。当 $t$ 固定而 $(a,b,c)$ 变化时，方程就给出了确定的 $t$ 时刻不同流体质点的位置分布。可见从上述轨迹方程可以知道任意时刻、任意流体质点所处的位置，也就是说，拉格朗日法给出的方程 $\boldsymbol{r} = \boldsymbol{r}(a,b,c,t)$ 能够描述整个流体运动的全貌。

流体的其他物理量，如密度、压强、温度等也可写成 $a$、$b$、$c$、$t$ 的函数，即

$$\rho = \rho(a,b,c,t), \quad p = p(a,b,c,t), \quad T = T(a,b,c,t) \tag{2.1-4}$$

式(2.1-4)给出了 $t_0$ 时刻位于任意 $(a,b,c)$ 位置的流体质点在 $t$ 时刻的物理量值。

2. 拉格朗日法中速度与加速度

质点的轨迹方程式(2.1-2)或式(2.1-3)描述了流体质点在任一时刻的位置。现在从式(2.1-3)出发来描述流体质点的速度和加速度。假设式(2.1-3)确定的函数具有二阶连续偏导数。速度和加速度是同一质点的单位时间内位移的变化率和速度的变化率。既然对同一质点而言，$a$、$b$、$c$ 不变，因此速度和加速度都应是位移函数 $\boldsymbol{r}(a,b,c,t)$ 对时间 $t$ 求偏导数，即

$$\boldsymbol{V} = \frac{\partial \boldsymbol{r}(a,b,c,t)}{\partial t} \tag{2.1-5}$$

$$\boldsymbol{a}=\frac{\partial^2 \boldsymbol{r}(a,b,c,t)}{\partial t^2} \tag{2.1-6}$$

在直角坐标系中，它们的各分量为

$$u=\frac{\partial x}{\partial t},\quad v=\frac{\partial y}{\partial t},\quad w=\frac{\partial z}{\partial t} \tag{2.1-7}$$

$$a_x=\frac{\partial^2 x}{\partial t^2},\quad a_y=\frac{\partial^2 y}{\partial t^2},\quad a_z=\frac{\partial^2 z}{\partial t^2} \tag{2.1-8}$$

流体质点其他物理量随时间的变化率在拉格朗日法中的表示与速度和加速度类似。

3. 拉格朗日法的应用

流体是由无数多个流体质点组成的连续介质，工程上更关心的是由流体质点群构成的流体系统的运动规律及其造成的作用。但是用拉格朗日法描述流体质点群的运动远比描述刚体和固体质点系的运动复杂。由于流体的易变形性，所有流体质点可能发生规律不同的运动，每个流体质点的物理量均可随时间连续变化，用拉格朗日坐标描述质点群运动的数学方程将十分复杂，以致无法求解。拉格朗日法的另一个缺点是：不能直接给出流体质点速度的空间分布。

因此，流体力学研究中除了极少数需要描述个别流体质点运动的问题外，很少采用拉格朗日方法。但经常用到拉格朗日观点，即着眼于流体质点或流体微团的观点。拉格朗日观点是定义流体物理量的基础，速度、加速度、密度、温度等物理量，描述的都是流体质点的物理量。物理学基本定律也是按拉格朗日观点，以描述流体质点或质点群(有固定质量的**体系**)的方式给出的。例如，牛顿第二定律 $\boldsymbol{F}=m\boldsymbol{a}$ 中，$\boldsymbol{F}$ 是流体质点受到的力，$\boldsymbol{a}$ 是质点的加速度。另外，流体力学中还常用到由同一批流体质点组成的流体线、流体面和流体系统的概念。

### 2.1.2 欧拉法

欧拉法着眼于空间点。设法在空间中的每一点上描述出流体运动随时间的变化状况，知道每一点的流体运动后，也就清楚了整个流体运动的全貌。

1. 描述函数形式和欧拉坐标

如图 2-2 所示，欧拉法记录某一空间固定点 $(x_1,y_1,z_1)$ 上，不同时刻 $t$ 位于该点的流体质点当时的特性，例如，流体质点的速度为

$$\boldsymbol{V}=\boldsymbol{V}(x_1,y_1,z_1,t) \tag{2.1-9}$$

它表示 $t$ 时刻位于点 $(x_1,y_1,z_1)$ 上的流体质点当时的速度。

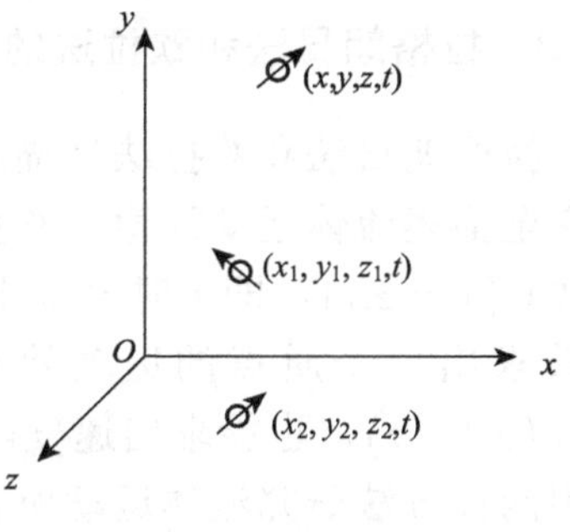


图 2-2　欧拉描述法示意图

对任意空间点 $(x,y,z)$，都可以这样记录不同时

刻 $t$ 位于该点的不同流体质点当时的运动情况，例如，$t$ 时刻位于点 $(x,y,z)$ 上的流体质点当时的速度为

$$\boldsymbol{V}=\boldsymbol{V}(x,y,z,t) \tag{2.1-10}$$

$t$ 时刻位于点 $(x,y,z)$ 上的流体质点当时的密度、压力、温度分别为

$$\rho=\rho(x,y,z,t),\quad p=p(x,y,z,t),\quad T=T(x,y,z,t) \tag{2.1-11}$$

式(2.1-10)和式(2.1-11)中，由于空间点是任取的，所以其中的位置坐标 $(x,y,z)$ 就不再是时间 $t$ 的函数，而是独立变量(这与拉格朗日法中不一样)。$x$、$y$、$z$、$t$ 称为**欧拉坐标或欧拉变数**。欧拉法中，各个物理量都是空间坐标 $(x,y,z)$ 和时间 $t$ 的函数。

上述采用欧拉法给出的函数中，当 $(x,y,z)$ 固定而 $t$ 变化时，表示一固定空间点上，不同时刻流过该点的不同流体质点的速度等特性。当 $t$ 固定而 $(x,y,z)$ 变化时，则表示某一确定时刻，位于不同空间点上的流体质点的速度等特性。可见，欧拉法给出的速度函数 $\boldsymbol{V}=\boldsymbol{V}(x,y,z,t)$ 也能够描述整个流体运动的全貌。

**需要特别注意的是：**欧拉法中，$x$、$y$、$z$、$t$ 是四个独立变数。如果不另外赋以意义，则不能有 $\mathrm{d}x/\mathrm{d}t$ 、$\mathrm{d}^2x/\mathrm{d}t^2$ 这类表达式。

2. 欧拉法的特点和优点

欧拉法是在选定的空间点观察不同时刻流过该点的不同流体质点的物理量，不需要识别特定的流体质点。它考查的对象是空间点，可进一步扩展到空间的面或体。

但欧拉法建立方程相对困难。因为物理学基本定律(质量守恒、动量守恒、能量守恒)是针对质点或质点群(有固定质量的**体系**)的，正好符合拉格朗日法的观点；所以建立方程时，需要采用拉格朗日观点，再做一定的转换(应用雷诺输运定理，详见后面的 3.1.4 节)，得到欧拉法表述的方程。这样避开了拉格朗日法中需求解无穷多质点方程的难题，而欧拉法表述的方程求解要容易得多。并且，欧拉法关注指定空间区域的流动而非单个质点详细情况的思路是符合实际问题需要的。例如，求流体流过一物体表面时的作用力，只要分析物体表面上的速度分布和压强分布就够了，不必了解物体表面以外区域中每个流体质点的运动情况。

在流体力学研究中一般采用欧拉法。

### 2.1.3 拉格朗日法和欧拉法的转换

拉格朗日法和欧拉法是描述流体运动的两种不同方法。两种方法采用任何一种，均可完全描述流体运动规律。欧拉法中没有明显给出单个质点的运动规律，但给出了速度函数 $\boldsymbol{V}(x,y,z,t)$，即 $t$ 时刻位于点 $(x,y,z)$ 处的流体质点的速度，那么可以通过上述速度函数求出单个质点的运动轨迹。反过来也一样，根据拉格朗日法给出的轨迹方程 $\boldsymbol{r}=\boldsymbol{r}(a,b,c,t)$，也能求出速度函数 $\boldsymbol{V}(x,y,z,t)$。拉格朗日描述法和欧拉描述法可以转换，采用两种方法研究流体运动所得结论也是一致的。下面举例说明它们的转换。

**例 2-1** 已知 $t=0$ 时位于 $(a,b,c)$ 的流体质点的运动轨迹为

$$x=a\mathrm{e}^{kt},\quad y=b\mathrm{e}^{-kt},\quad z=c\text{，}k\text{ 为常数}$$

求流体质点的速度、加速度，并采用欧拉法表述速度和加速度分布。

**解**：采用拉格朗日方法，根据轨迹方程求得质点速度为

$$u=\frac{\partial x}{\partial t}=ak\mathrm{e}^{kt},\quad v=\frac{\partial y}{\partial t}=-bk\mathrm{e}^{-kt},\quad w=\frac{\partial z}{\partial t}=0 \tag{2.1-12}$$

联合轨迹方程，得

$$u=kx,\quad v=-ky,\quad w=0 \tag{2.1-13}$$

此即欧拉法描述的速度分布。

采用拉格朗日方法求得质点加速度为

$$a_x=\frac{\partial^2 x}{\partial t^2}=ak^2\mathrm{e}^{kt},\quad a_y=\frac{\partial^2 y}{\partial t^2}=bk^2\mathrm{e}^{-kt},\quad a_z=\frac{\partial^2 z}{\partial t^2}=0 \tag{2.1-14}$$

再联合轨迹方程，可将加速度表达成 $\boldsymbol{a}=\boldsymbol{a}(x,y,t)$ 的形式：

$$a_x=k^2x,\quad a_y=k^2y,\quad a_z=0 \tag{2.1-15}$$

此即欧拉法描述的加速度分布。

**例 2-2**　用欧拉法表示的流体运动的速度分量为

$$u=x+t,\quad v=-y+t,\quad w=0$$

试求 $t=0$ 时位于位置 $(a,b,c)$ 的流体质点的运动轨迹。

**解**：将已知的 $t$ 时刻位于坐标点 $(x,y,z)$ 的质点的速度代入拉格朗日法中速度与位移函数的关系式(2.1-7)，得

$$\begin{cases}\dfrac{\partial x(a,b,c,t)}{\partial t}=x(a,b,c,t)+t\\ \dfrac{\partial y(a,b,c,t)}{\partial t}=-y(a,b,c,t)+t\\ \dfrac{\partial z(a,b,c,t)}{\partial t}=0\end{cases} \tag{2.1-16}$$

式中，$x$、$y$、$z$ 为质点的位移函数。对于选定的质点，$(a,b,c)$ 为常数，$x$、$y$、$z$ 均只是时间 $t$ 的函数，式(2.1-16)就是一个关于 $t$ 的一阶常微分方程组，可改写为

$$\begin{cases}\dfrac{\mathrm{d}x}{\mathrm{d}t}=x+t\\ \dfrac{\mathrm{d}y}{\mathrm{d}t}=-y+t\\ \dfrac{\mathrm{d}z}{\mathrm{d}t}=0\end{cases}$$

积分得

$$\begin{cases} x = C_1 e^t - t - 1 \\ y = C_2 e^{-t} + t - 1 \\ z = C_3 \end{cases}$$

式中，常数 $C_1$、$C_2$、$C_3$ 根据初始条件 $[t=0$ 时 $(x,y,z)=(a,b,c)]$ 确定。从而得到 $t=0$ 时位于位置 $(a,b,c)$ 的流体质点的轨迹方程为

$$\begin{cases} x = (a+1) e^t - t - 1 \\ y = (b+1) e^{-t} + t - 1 \\ z = c \end{cases} \tag{2.1-17}$$

### 2.1.4 流场

根据上述欧拉法对流体运动的描述，可以引出“流场”的概念。

1. 流场的概念

流体作为连续介质，布满了它所进行运动的空间。或者说流体运动所处的空间区域内各点都被流体质点所占据。对于各流体质点，有许多描述其特性的物理量，称为流动参数，如质点的速度、加速度、密度、压强、动量、动能等。那么，被流体质点布满的空间也可看成被这些物理量布满的空间。例如，空间各点都被速度矢量布满：某一时刻 $t$，空间点 $(x,y,z)$ 被速度矢量 $\boldsymbol{V}(x,y,z,t)$ 占据，此速度矢量就是时刻 $t$ 位于该点的流体质点的速度。

物理学上，称一个布满了某种物理量的空间为“场”，所以可将上述流体运动所处的空间，也就是被流体质点布满的空间或者说被流动参数布满的空间，称为一个流场。描述流场就是描述不同时刻 $t$ 各空间点 $(x,y,z)$ 上的流动参数值，即当时占据该点的流体质点的流动参数值。也可以说，描述流场就是描述流动参数在空间的分布情况和随时间的变化情况。分开来说，一个流场也可说是一个速度场、一个压强场、一个温度场等。

可见采用欧拉法描述流动参数，就是给出流场的分布。

2. 速度场

速度场是由流动空间各坐标点上的速度矢量构成的场，不仅描述速度矢量的空间分布，而且描述这种分布随时间的变化。在直角坐标系中速度场可表示为

$$\boldsymbol{V}(x,y,z,t) = u(x,y,z,t)\boldsymbol{i} + v(x,y,z,t)\boldsymbol{j} + w(x,y,z,t)\boldsymbol{k} \tag{2.1-18}$$

式中，$u$、$v$、$w$ 是速度在三个直角坐标方向的分量，它们都既是空间坐标又是时间的函数。图 2-3 给出了 $xy$ 平面的一个速度场，在各点画出了该点的速度矢量和 $x$、$y$ 方向的速度分量 $u$、$v$。

速度场是流体力学中最基本的场。流场的许多属性都可以从速度场直接或间接导出，例如，从速度矢量的空间分布可直接反映流体质点的运动状态，从速度分布函数 $\boldsymbol{V}(x,y,z,t)$ 可分析流体微团的运动、变形和旋转特性，当已知流体的本构关系（应力与应

变率的关系)后，从速度场可计算流体的应力场。因此，常将速度场等同于流场。

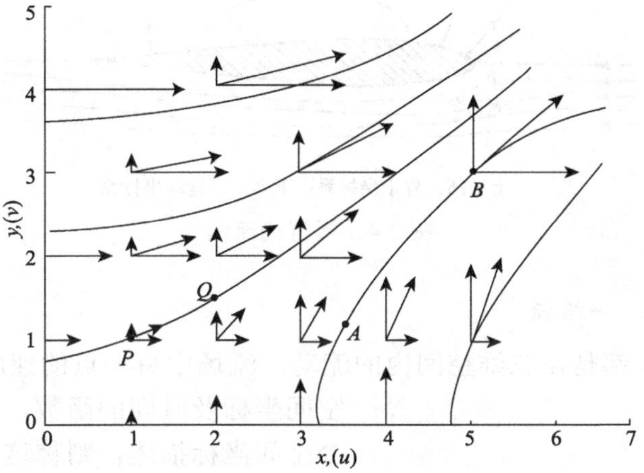


图 2-3　一个速度场

3. 定常流与非定常流

若在流场的每一个空间点处流动参数都不随时间变化，或者说流场只是空间坐标的函数而与时间无关，这样的流场就称为定常流场，流动称为定常流动。否则为非定常流场和非定常流动。设流动参数为 $B(x,y,z,t)$，定常流动的数学定义为

$$\frac{\partial B}{\partial t}=0 \tag{2.1-19}$$

如果 $B$ 是矢量，定常流动是指其大小和方向都不随时间变化。例如，定常速度场表达为

$$\boldsymbol{V}=\boldsymbol{V}(x,y,z) \tag{2.1-20}$$

流动是否定常并非完全由流动本身的特点所决定，选择适当的坐标系有可能使非定常流动问题化为定常流动问题，举例说明如下。一个物体在原来静止的大气中做匀速直线运动，在静止的坐标系中看物体所产生的扰动显然是非定常的。取空间某固定点，在物体未来到该点之前、最接近该点时和远离该点后，该点的气体速度是不同的。但如果将坐标系固定在物体上，在匀速前进的坐标系中，原来静止的大气变成了以物体运动速度源源不断向物体迎面流来的均匀来流，在物体周围因受其影响气流速度发生变化，不同位置的速度不同，但不随时间变化。如图 2-4 所示的上半部是一个机翼剖面以 $V_\infty$ 匀速向左直线运动时形成的非定常流场，下半部则是机翼静止不动，气流以 $V_\infty$ 匀速从左向右流过机翼时形成的定常流场。

与非定常流动相比，定常流动中的流动参数少了时间变量，描述和分析相对简单。因此只要有可能，就应将流动转为定常的来研究。例如，在风洞和水洞试验段中，飞机和潜艇模型均被固定，空气或水匀速地流过模型。按运动相对性原理，测得的绕流阻力和升力与模型在静止流体中运动时相等，但前者是定常流场，便于测量和控制。对于某些非定常流动问题的研究，也可先从定常流动开始，然后再加入非定常因素。

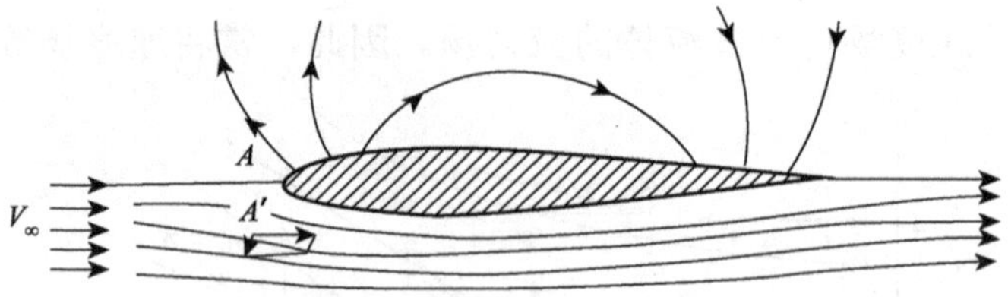


上半部：静止坐标系；下半部：运动坐标系

图 2-4　翼型绕流图

4. 三维、二维、一维流

所有的实际流动都是在三维空间内的流动，流场中每一点的速度都可以表示成三个空间坐标及时间的函数。如果速度场必须用三个空间坐标描述，则称这种流动为三维流动。在某些特定情况下，如果速度场可简化表示为两个或一个空间坐标的函数，就称流动为二维流动或一维流动。

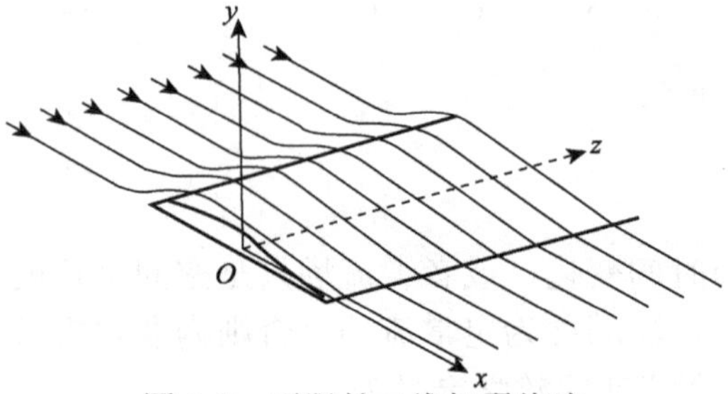


图 2-5　无限长二维机翼绕流

如图 2-5 所示的气流绕一个展向无限长机翼的流动是二维流动的典型例子。$z$ 轴为翼展方向，$xy$ 平面与翼展方向垂直。设流场在 $z$ 方向的速度分量保持为零，空间各点的速度都位于 $xy$ 平面内，于是整个流场只需要用 $x$ 和 $y$ 两个坐标表示：

$$u = u(x, y, t), \quad v = v(x, y, t), \quad w = 0 \tag{2.1-21}$$

属于二维流动。由于在垂直于 $z$ 轴的所有的 $xy$ 平面上的流动均相同，用某一个 $xy$ 平面上的流动即可代表整个流场，因此该流动又称为平面流动。实际的机翼是有限长的，但如果机翼展长($z$ 方向的长度)远远大于机翼弦长($x$ 方向的长度)，仍可将流场近似为 $xy$ 平面上的二维流动，只是在翼端部区域要考虑上下翼面之间的三维流动效应造成的影响(端部效应)。平面流动代表流体垂直流过无穷长柱体的情况(如圆柱绕流、机翼绕流)，它的结果可以近似用于足够长的物体。除平面流动外，还有一种轴对称流动也是二维流动。这种流动在通过某一直线(对称轴)的任何半平面上的流动都相同，如均匀气流沿物体对称轴方向流过轴对称物体(如圆球和圆锥)。在柱坐标系 $(x, r, \theta)$ 下，轴对称流动的速度场就可以只用 $x$、$r$ 两个空间坐标表达。

一维流动的速度场只需要一个空间坐标表达。例如，直径变化和缓、轴线基本为直线的圆管内的定常流动，速度场为

$$u = u(x), \quad v = 0, \quad w = 0 \tag{2.1-22}$$

此时 $x$ 为沿管道轴线的坐标，$u$ 为横截面上的平均速度。这种流动称为一维流动(管道横截面积不变)或准一维流动(管道横截面积沿 $x$ 变化)。

### 2.1.5　随体导数(物质导数、实质导数、质点导数)

1. 随体导数定义

物理学三大守恒定律的原始形式都是对“系统”写出来的，属于随体观点，对应于拉格朗日描述方法。例如，$\boldsymbol{F}=m\boldsymbol{a}$ 中，$\boldsymbol{a}$ 是流体质点在运动过程中，其速度 $\boldsymbol{V}$ 对时间的变化率。它是“物质质点(或微团)”的物理量的导数，所以称为物质导数或实质导数；它是追随“微团”的物理量的导数，所以也称为随体导数。随体导数(或物质导数)的详细定义是：某个封闭流体“系统”(如流体微团)在运动过程中，它所具有的物理量(如 $\boldsymbol{V}$、$\rho$、$e$、$T$、$p$ 等)对时间的变化率。

由于在欧拉法中流动特性是空间和时间的函数，例如，$\boldsymbol{V}=\boldsymbol{V}(x,y,z,t)$，某个质点的随体导数没法直接给出，需要从物理意义出发进行分析，写出随体导数在欧拉法中的表述形式。由于物理量不仅是时间 $t$ 的函数，因此其随时间的变化率不再用 $\mathrm{d}/\mathrm{d}t$，而专门采用 $\mathrm{D}/\mathrm{D}t$ 符号表示。

2. 欧拉法中加速度公式

下面以流体质点速度的随体导数——加速度为例，导出欧拉法中随体导数的表达式。

如图 2-6 所示，设流体质点在流场中沿运动轨迹 $\mathcal{L}$ 运动。$t$ 时刻质点位于点 $M(x,y,z)$，$t+\mathrm{d}t$ 时刻质点到达点 $N(x+\mathrm{d}x,y+\mathrm{d}y,z+\mathrm{d}z)$。“流体质点”的加速度是质点速度经过 $\mathrm{d}t$ 这段时间的变化除以时间 $\mathrm{d}t$：

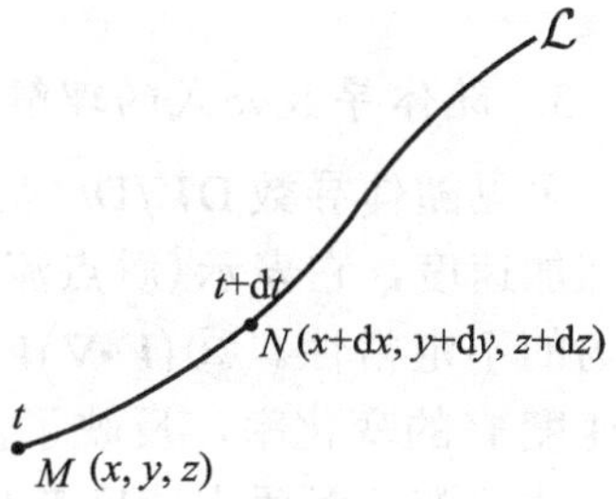

图 2-6　流体质点的运动轨迹

$$\boldsymbol{a}=\frac{\mathrm{D}\boldsymbol{V}}{\mathrm{D}t}=\frac{\boldsymbol{V}_{N,t+\mathrm{d}t}-\boldsymbol{V}_{M,t}}{\mathrm{d}t} \tag{2.1-23}$$

在欧拉描述法中，流体速度是空间和时间的函数：

$$\boldsymbol{V}_{M,t}=\boldsymbol{V}(x,y,z,t),\quad \boldsymbol{V}_{N,t+\mathrm{d}t}=\boldsymbol{V}(x+\mathrm{d}x,y+\mathrm{d}y,z+\mathrm{d}z,t+\mathrm{d}t)$$

所以 $\mathrm{d}t$ 时间段速度的变化 $\mathrm{D}\boldsymbol{V}$ 为

$$\begin{aligned}\mathrm{D}\boldsymbol{V}&=\boldsymbol{V}(x+\mathrm{d}x,y+\mathrm{d}y,z+\mathrm{d}z,t+\mathrm{d}t)-\boldsymbol{V}(x,y,z,t)\\&=\frac{\partial \boldsymbol{V}}{\partial t}\mathrm{d}t+\frac{\partial \boldsymbol{V}}{\partial x}\mathrm{d}x+\frac{\partial \boldsymbol{V}}{\partial y}\mathrm{d}y+\frac{\partial \boldsymbol{V}}{\partial z}\mathrm{d}z\end{aligned} \tag{2.1-24}$$

从数学上说，$\mathrm{D}\boldsymbol{V}$ 是多元函数的全微分；从物理意义上说，$\mathrm{D}\boldsymbol{V}$ 不仅与不同时刻有关(相差 $\mathrm{d}t$)，还与质点在不同时刻分别处于不同位置有关。需要注意的是，$\mathrm{d}t$ 时间内质点位置的变化 $(\mathrm{d}x,\mathrm{d}y,\mathrm{d}z)$ 并不是任意的，是沿着质点运动轨迹 $\mathcal{L}$ 的变化。因此，它们分别是质点在各方向的速度分量乘以时间 $\mathrm{d}t$，即

$$\mathrm{d}x=u\mathrm{d}t,\quad \mathrm{d}y=v\mathrm{d}t,\quad \mathrm{d}z=w\mathrm{d}t$$

所以

$$\mathrm{D}\boldsymbol{V}=\frac{\partial \boldsymbol{V}}{\partial t}\mathrm{d}t+\frac{\partial \boldsymbol{V}}{\partial x}u\mathrm{d}t+\frac{\partial \boldsymbol{V}}{\partial y}v\mathrm{d}t+\frac{\partial \boldsymbol{V}}{\partial z}w\mathrm{d}t \tag{2.1-25}$$

加速度为

$$\frac{\mathrm{D}\boldsymbol{V}}{\mathrm{D}t}=\frac{\partial \boldsymbol{V}}{\partial t}+u\frac{\partial \boldsymbol{V}}{\partial x}+v\frac{\partial \boldsymbol{V}}{\partial y}+w\frac{\partial \boldsymbol{V}}{\partial z}=\frac{\partial \boldsymbol{V}}{\partial t}+(\boldsymbol{V}\cdot\nabla)\boldsymbol{V} \tag{2.1-26}$$

注：$\nabla$ 为哈密尔顿算子：

$$\nabla=\frac{\partial}{\partial x}\boldsymbol{i}+\frac{\partial}{\partial y}\boldsymbol{j}+\frac{\partial}{\partial z}\boldsymbol{k} \tag{2.1-27}$$

哈密顿算子是具有矢量和微分双重性质的符号，可进行矢量运算，也可进行微分运算。

$$(\boldsymbol{V}\cdot\nabla)=(u\boldsymbol{i}+v\boldsymbol{j}+w\boldsymbol{k})\cdot\left(\frac{\partial}{\partial x}\boldsymbol{i}+\frac{\partial}{\partial y}\boldsymbol{j}+\frac{\partial}{\partial z}\boldsymbol{k}\right)=u\frac{\partial}{\partial x}+v\frac{\partial}{\partial y}+w\frac{\partial}{\partial z} \tag{2.1-28}$$

3. 随体导数公式的理解

可见随体导数 $\mathrm{D}\boldsymbol{V}/\mathrm{D}t$ 包括两部分：① $\partial\boldsymbol{V}/\partial t$ 称为当地时间导数，也称当地加速度或局部加速度，它表示(质点流过的)空间某固定点上，物理量 $\boldsymbol{V}$ 对时间的变化率，反映了流场的不定常性。② $(\boldsymbol{V}\cdot\nabla)\boldsymbol{V}$ 称为迁移导数。它代表质点在流场中移动几何位置所引起的速度 $\boldsymbol{V}$ 的变化率，反映了流场的不均匀性。

这两部分对质点速度变化的贡献可通过将(2.1-24)中的 $\mathrm{D}\boldsymbol{V}$ 分成两部分来区分：

$$\begin{aligned}\mathrm{D}\boldsymbol{V}&=(\boldsymbol{V}_{N,t+\mathrm{d}t}-\boldsymbol{V}_{N,t})+(\boldsymbol{V}_{N,t}-\boldsymbol{V}_{M,t})\\&=\left[\boldsymbol{V}(x+\mathrm{d}x,y+\mathrm{d}y,z+\mathrm{d}z,t+\mathrm{d}t)-\boldsymbol{V}(x+\mathrm{d}x,y+\mathrm{d}y,z+\mathrm{d}z,t)\right]\\&\quad+\left[\boldsymbol{V}(x+\mathrm{d}x,y+\mathrm{d}y,z+\mathrm{d}z,t)-\boldsymbol{V}(x,y,z,t)\right]\\&=\left(\frac{\partial \boldsymbol{V}}{\partial t}\mathrm{d}t\right)+\left(\frac{\partial \boldsymbol{V}}{\partial x}\mathrm{d}x+\frac{\partial \boldsymbol{V}}{\partial y}\mathrm{d}y+\frac{\partial \boldsymbol{V}}{\partial z}\mathrm{d}z\right)\end{aligned}$$

$(\boldsymbol{V}_{N,t+\mathrm{d}t}-\boldsymbol{V}_{N,t})$ 部分可视为质点呆在 $N$ 处不动，纯粹因为时间变化而产生的速度变化(待在 $M$ 处不动因时间而产生的速度变化和这个的差别是高阶小量)，这部分反映了流场的不定常性；$(\boldsymbol{V}_{N,t}-\boldsymbol{V}_{M,t})$ 部分视为同一时刻，质点如果在两个不同位置的速度差异(该时刻取为 $t$ 或 $t+\mathrm{d}t$ 引起的差别是高阶小量)，反映了流场的不均匀性。

上述将随体导数分解为当地时间导数和迁移导数之和的方法可以推广到任何物理量(标量或矢量，如 $\boldsymbol{V}$、$\rho$、$e$、$T$、$p$ 等)，$\mathrm{D}/\mathrm{D}t$ 称为随体导数算子或物质导数算子：

$$\frac{\mathrm{D}}{\mathrm{D}t}=\frac{\partial}{\partial t}+(\boldsymbol{V}\cdot\nabla)=\frac{\partial}{\partial t}+u\frac{\partial}{\partial x}+v\frac{\partial}{\partial y}+w\frac{\partial}{\partial z} \tag{2.1-29}$$

**例 2-3** 已知二维速度场：

$$u=kx,\quad v=-ky,\quad k\text{ 为常数}$$

求加速度 $\boldsymbol{a}$。

**解：**

$$a_x = \frac{\mathrm{D}u}{\mathrm{D}t} = \frac{\partial u}{\partial t} + (\boldsymbol{V} \cdot \nabla) u = \frac{\partial u}{\partial t} + u\frac{\partial u}{\partial x} + v\frac{\partial u}{\partial y}$$
$$= 0 + kx \cdot (k) - ky \cdot 0 = k^2 x \tag{2.1-30}$$

$$a_y = \frac{\mathrm{D}v}{\mathrm{D}t} = \frac{\partial v}{\partial t} + u\frac{\partial v}{\partial x} + v\frac{\partial v}{\partial y} = 0 + kx \cdot 0 - ky \cdot (-k) = k^2 y \tag{2.1-31}$$

从而有

$$\boldsymbol{a} = k^2 x\boldsymbol{i} + k^2 y\boldsymbol{j} \tag{2.1-32}$$

式(2.1-32)与**例 2-1** 中采用拉格朗日方法求得的加速度式(2.1-15)是一样的。

## 2.2　流体运动的几何描述

2.1 节介绍的拉格朗日描述法和欧拉描述法，主要给出了流体运动的描述函数。拉格朗日法给出流体质点的矢径随时间变化的函数 $\boldsymbol{r} = \boldsymbol{r}(a,b,c,t)$，欧拉法则给出任意时刻流场的速度分布函数 $\boldsymbol{V} = \boldsymbol{V}(x,y,z,t)$。本节采用几何图形来描绘流动中质点的路径和运动方向，这些对流体运动的几何描述将有助于对流场结构的定性认识和定量分析。

### 2.2.1　迹线

迹线就是流体质点的运动轨迹，它反映相当长时间内某一流体质点的运动情况。对流动中的某一流体质点作标记，将其在不同时刻所在的位置点连成线就是该流体质点的迹线，如图 2-7(a)所示。图 2-7(b)中烟火的轨迹也是迹线，另外，喷气式飞机喷出的白烟在天空中画出的线也是迹线。对某个做了标记的流体质点用照相机做长时间曝光后印出的照片，即可显现该流体质点的迹线。

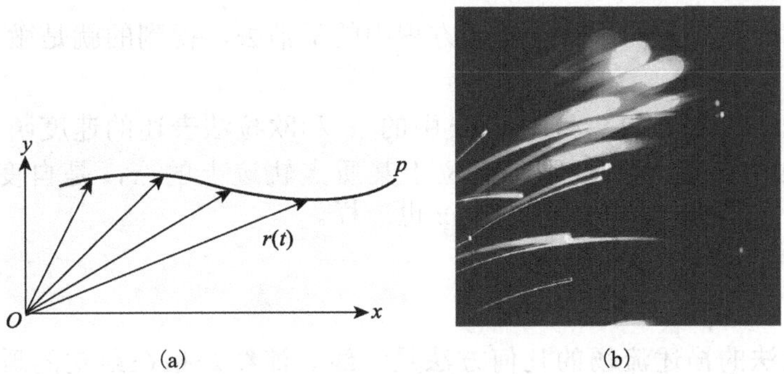


图 2-7　迹线

迹线是流场中实际存在的线。迹线具有持续性，它随时间的增长不断延伸。在定常流场中通过某一固定点的迹线只有一条，但在非定常流场中，通过同一点的迹线可以有多条，不同时刻经过该点的流体质点可以走不同的轨迹线。

迹线的概念代表了拉格朗日观点，事实上用拉格朗日坐标表示的流体质点的矢径方程(2.1-2)和(2.1-3)就是该流体质点的轨迹方程：

$$\begin{cases} x = x(a,b,c,t) \\ y = y(a,b,c,t), \quad \boldsymbol{r} = \boldsymbol{r}(a,b,c,t) \\ z = z(a,b,c,t) \end{cases}$$

对指定的流体质点，上式中 $a$、$b$、$c$ 为常数，$t$ 为自变量。上两式也称为含参数 $t$ 的轨迹方程。若能将参数 $t$ 消去，就可得到迹线的曲线方程，看出流动轨迹形状来。

欧拉描述法中，给出了流场的速度分布，或者说给出了速度场：

$$\boldsymbol{V}(x,y,z,t) = u(x,y,z,t)\boldsymbol{i} + v(x,y,z,t)\boldsymbol{j} + w(x,y,z,t)\boldsymbol{k}$$

可以像**例 2-2** 那样，由速度分布函数导出拉格朗日法描述的矢径方程。也可以根据速度矢量和位移矢量微分的关系，直接由速度分布函数导出迹线方程。迹线上的微小位移矢量为

$$\mathrm{d}\boldsymbol{r} = \mathrm{d}x\boldsymbol{i} + \mathrm{d}y\boldsymbol{j} + \mathrm{d}z\boldsymbol{k} \tag{2.2-1}$$

这就是速度矢量乘以微小的时间 $\mathrm{d}t$，即

$$\mathrm{d}\boldsymbol{r} = \boldsymbol{V}\mathrm{d}t \tag{2.2-2}$$

写成分量形式为

$$\begin{cases} \mathrm{d}x = u(x,y,z)\mathrm{d}t \\ \mathrm{d}y = v(x,y,z)\mathrm{d}t \\ \mathrm{d}z = w(x,y,z)\mathrm{d}t \end{cases} \tag{2.2-3}$$

式(2.2-3)也可写为

$$\frac{\mathrm{d}x}{u(x,y,z,t)} = \frac{\mathrm{d}y}{v(x,y,z,t)} = \frac{\mathrm{d}z}{w(x,y,z,t)} = \mathrm{d}t \tag{2.2-4}$$

这就是微分形式的迹线方程。若能将该方程中的 $t$ 消去，得到的就是微分形式的迹线曲线方程。

**注意**：式(2.2-3)和式(2.2-4)中，$\mathrm{d}x$ 中的 $x$ 和欧拉法表述的速度函数中的自变量 $x$ 都是拉格朗日法中**某质点**的位置，是位于某质点轨迹上的 $x$，是自变量 $t$ 的函数，$x = x(a,b,c,t)$，而非独立欧拉坐标。$y$、$z$ 也一样。

### 2.2.2 流线

对应于欧拉法的描述流场的几何方法是流线。流线是指在给定的瞬间 $t$ 流场中的假想曲线，该曲线上各点处的切线方向都与流场该点处的速度矢量 $\boldsymbol{V}$ 方向一致(相重合)，或者说与此时位于该点处的流体质点的速度方向一致，如图 2-8 所示。流线可直观形象地描述流场的速度分布，类似于描述电场的电力线和描述磁场的磁力线。许多流线构成流谱，在流谱上可定出任一空间点处速度的方向，因而可以看出流动的趋势。

如果已知任一瞬时 $t$ 流场中的速度分布 $\boldsymbol{V}=\boldsymbol{V}(x,y,z,t)$，则过流场中任一点的流线，可以按如图 2-9 所示的方法作出：首先绘出某时刻该点的流速矢量，顺着这一点的 $\boldsymbol{V}_1$ 指向画一个微分段到达邻点 2；然后按邻点 2 在同一瞬时的速度 $\boldsymbol{V}_2$ 指向再画一个微分段，一直画下去，当取的微分段趋于零时，便得到一条光滑的曲线，这条曲线就是某时刻的流线。

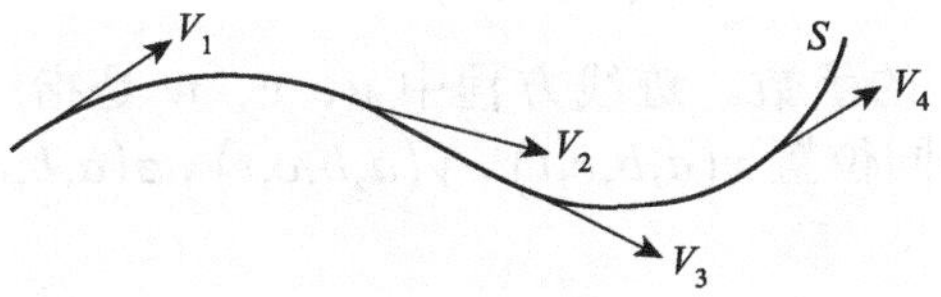


图 2-8　流线

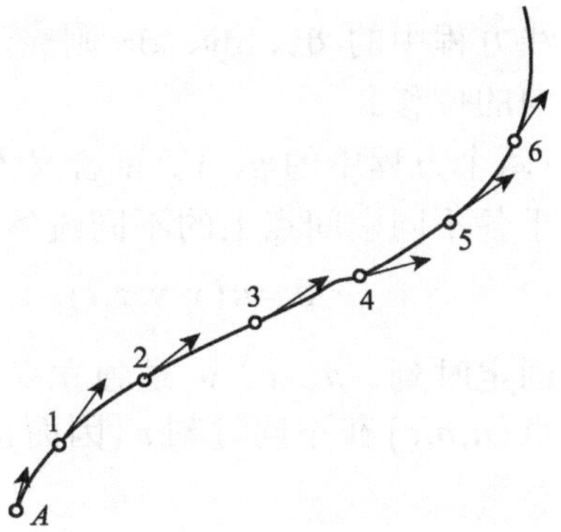


图 2-9　流线画法

1. 流线方程及其与迹线方程区别

已知速度场为

$$\boldsymbol{V}(x,y,z,t)=u(x,y,z,t)\boldsymbol{i}+v(x,y,z,t)\boldsymbol{j}+w(x,y,z,t)\boldsymbol{k}$$

空间曲线上某点的切线方向可表示为

$$\mathrm{d}\boldsymbol{r}=\mathrm{d}x\boldsymbol{i}+\mathrm{d}y\boldsymbol{j}+\mathrm{d}z\boldsymbol{k} \tag{2.2-5}$$

流线上各点的切线方向与该点的速度矢量方向一致，即

$$\mathrm{d}\boldsymbol{r}\,//\,\boldsymbol{V} \tag{2.2-6}$$

则

$$\frac{\mathrm{d}x}{u(x,y,z,t)}=\frac{\mathrm{d}y}{v(x,y,z,t)}=\frac{\mathrm{d}z}{w(x,y,z,t)} \tag{2.2-7}$$

式(2.2-7)就是微分形式的流线方程。

微分形式的流线方程(2.2-6)和迹线方程(2.2-4)在形式上相同，但两方程及其中各量的物理含义有本质区别。流线方程反映的是某一固定时刻 $t$，位于流场中各不同空间点 $(x,y,z)$ 的不同的流体质点的速度方向。迹线方程反映了某特定流体质点 $(a,b,c)$ 在不同时刻 $t$[因而到达不同位置 $x(a,b,c,t)$、$y(a,b,c,t)$、$z(a,b,c,t)$]的速度方向。它们的区别可从下面三点来详细理解。

(1)流线方程是针对某一固定时刻 $t$ 的。方程中的 $t$ 只是不变的参数，$x$、$y$、$z$ 是独立的变量，代表空间任一位置。对于非定常流动，不同时刻 $t$，流线的方程不同。而迹线方程是针对特定流体质点的。方程中 $t$ 是自变量，$x$、$y$、$z$ 均是 $t$ 的函数：

$$x = x(a,b,c,t),\quad y = y(a,b,c,t),\quad z = z(a,b,c,t)$$

它们代表特定流体质点$(a,b,c)$在不同时刻$t$所处的位置，方程中$(a,b,c)$是参数。对于不同的质点，即不同的$(a,b,c)$，迹线的方程不同。

(2) 两个方程中 d$x$、d$y$、d$z$ 的含义不同。流线方程中 d$x$、d$y$、d$z$ 是同一时刻流线上两点(该两点由两个不同流体质点占据)之间的微元距离在 $x$、$y$、$z$ 三个坐标轴上的投影。迹线方程中的 d$x$、d$y$、d$z$ 则表示同一个流体质点在 d$t$ 微元时间间隔内在 $x$、$y$、$z$ 三个方向的位移。

(3)两个方程中的 $u$、$v$、$w$ 含义不同。流线方程中 $u$、$v$、$w$ 是指某一固定时刻 $t$，流场中位于各不同空间点上的不同流体质点的速度分量：

$$u = u(x,y,z,t),\quad v = v(x,y,z,t),\quad w = w(x,y,z,t)$$

在某一固定时刻，$u$、$v$、$w$ 是独立变量 $x$、$y$、$z$ 的函数。迹线方程中 $u$、$v$、$w$ 是指同一流体质点$(a,b,c)$在不同时刻$t$［因而也到达了不同位置$x(a,b,c,t)$、$y(a,b,c,t)$、$z(a,b,c,t)$］的速度分量：

$$u = u\left[x(a,b,c,t), y(a,b,c,t), z(a,b,c,t), t\right]$$

对某一特定流体质点，其实 $u$、$v$、$w$ 只是 $t$ 的函数。

2. 流线的性质

1)流线的不相交性

一般情况下，流线不能相交或分叉。因为空间每一点由一个流体质点占据，在某一瞬时一个质点的速度方向是唯一确定的，因此不可能有两条流线同时通过一点。但有三种例外情况：在速度为零的点，如图 2-10(a)所示的 $A$ 点，通常称为驻点；在速度无限大的点，如图 2-10(b)所示的点源 $O$ 点（点源流动将在第 4 章进一步讨论)；在流线相切的点，如图 2-10(a)所示的 $B$ 点，上下两条流线在 $B$ 点相切。

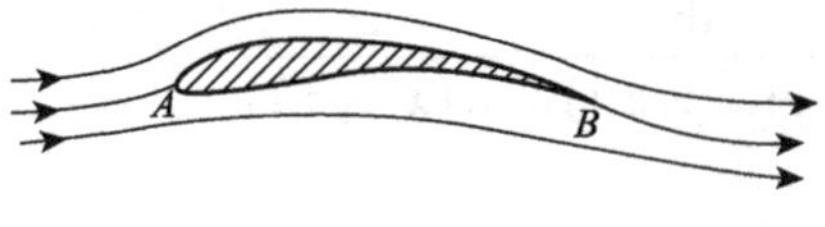


(a)

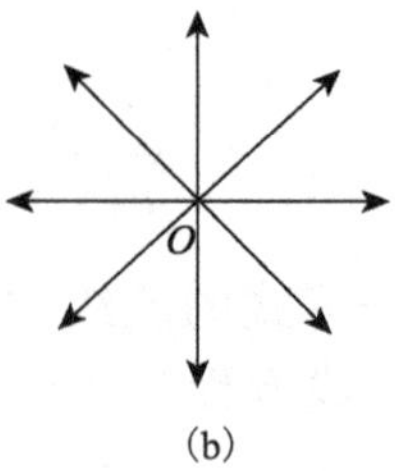


(b)

图 2-10　流线示例

2)流线的瞬时性

流线是瞬时线。非定常流场中每一瞬时的流线形状均不相同，流线是随时间变化的。因此很难用试验方法直接演示流线，只能用上述数学方法建立流线方程，流线更多地只是一种数学概念。但由于流线直接反映速度场(流体力学最重要最基本的场)，所以用流线来描述流场也是最常用的方法之一。

3) 定常流动中流线与迹线的关系

幸运的是，在定常流动中，流线与迹线重合，形状不变，因此可以用显示迹线的方法显示流线。下面从迹线和流线的定义证实这一点。

如图 2-11 所示画出了 $t_0$ 时刻位于 $(a_0,b_0,c_0)$ 的流体质点的迹线。已知用欧拉法表述的质点速度场为 $\boldsymbol{V}=\boldsymbol{V}(x,y,z,t)$。则

时刻 $t_0$：质点 1 位于点 $(a_0,b_0,c_0)$，速度为 $\boldsymbol{V}_0=\boldsymbol{V}(a_0,b_0,c_0,t_0)$

时刻 $t$：质点 1 到达迹线上的点 $(x,y,z)$，速度为 $\boldsymbol{V}=\boldsymbol{V}(x,y,z,t)$

质点在某点的速度方向是和其迹线在该点的切线方向(即轨迹改变的方向)重合的，图 2-11 中在迹线上 $(a_0,b_0,c_0)$ 点用虚线标识出质点 1 在 $t_0$ 时刻的流速，在 $(x,y,z)$ 点用实线标识出质点 1 在 $t$ 时刻的流速，它们都与迹线相切。

另外，由于流场是定常的，则在流场的同一空间点上，不同时刻(流过此点的不同流体质点)的流速相同，即

$$\boldsymbol{V}(x,y,z,t_0)=\boldsymbol{V}(x,y,z,t)$$

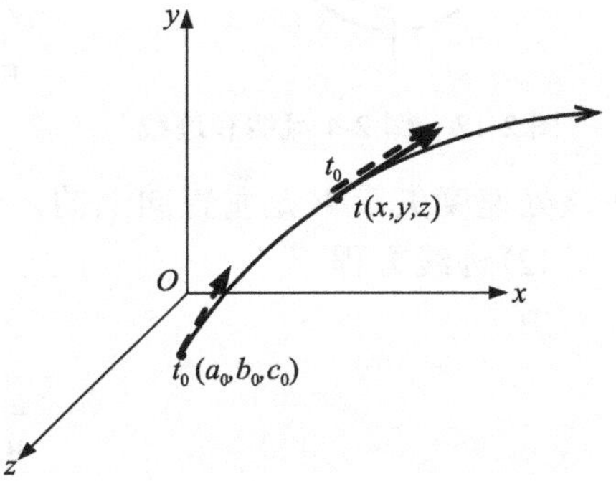


图 2-11　定常流中流线和迹线关系示意图

也就是说，$t_0$ 时刻位于流场中 $(x,y,z)$ 处的另一个质点 2 $(x,y,z)$ 的流速[用虚线在点 $(x,y,z)$ 处标出，虚线代表 $t_0$ 时刻]，与质点 1 $(a_0,b_0,c_0)$ 在 $t$ 时刻的流速[已用实线在点 $(x,y,z)$ 处标出]相同，则点 $(x,y,z)$ 处的虚线速度线($t_0$ 时刻该点的速度)和实线速度线重合，也与质点 1 $(a_0,b_0,c_0)$ 的迹线相切。

对这条迹线上的任意一点，都有同样的结论，即曲线上任一点处的切线方向都与 $t_0$ 时刻该点处的流速方向重合。所以说，这条曲线既是质点 1 $(a_0,b_0,c_0)$ 的迹线，又是 $t_0$ 时刻流线，而因为流动定常，这条曲线也是其他任何时刻的流线。当然，作为迹线和流线，它们的含义是不同的。稍微严格一点，可将迹线和流线的关系表述为：定常流动中，$t_0$ 时刻位于 $(a_0,b_0,c_0)$ 的质点的迹线与 $t_0$ 时刻经过点 $(a_0,b_0,c_0)$ 的流线重合，也与任何时刻经过该点的流线重合，因为定常流动中流线不随时间变化。

4) 定常流动中流线的不可跨越性

由于流线上各点的切线方向都与该点的流速方向一致，说明各点处流速在流线的法向没有分量。所以说定常流动中，流体质点是沿着流线运动的，流线是流体不可跨越的线。

上面详细讨论了流线和迹线的概念。下面通过两个例子进一步理解流线和迹线的特点及其区别。

**例 2-4**　设流场的速度分布为

$$u=-Ry,\quad v=Rx,\quad w=0,\quad R\ 为正的常数$$

试求流线方程和迹线方程。

**解**：此为一定常的平面二维流动。

（1）流线方程

$$\frac{\mathrm{d}x}{u(x,y)}=\frac{\mathrm{d}y}{v(x,y)}，\quad 即\ \frac{\mathrm{d}x}{-Ry}=\frac{\mathrm{d}y}{Rx}$$

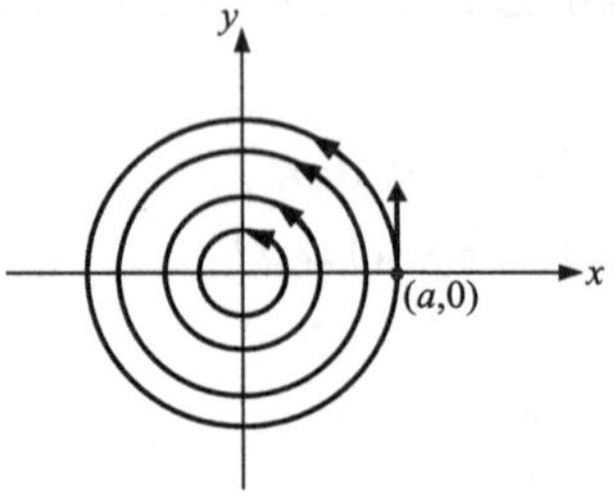


图 2-12　例 2-4 流线和迹线

解得

$$x^2+y^2=C \tag{2.2-8}$$

如图 2-12 所示，流线簇是一组以原点为圆心的同心圆，常数 $C$ 取不同值代表经过不同点的流线。再看流动的方向，选定 $x$ 轴正半轴上一点 $(a,0)$，由 $u=-Ry$、$v=Rx$ 可得该点处速度为

$$u=0，\quad v=Ra>0$$

即该处速度矢量 $\boldsymbol{V}$ 是垂直向上的，于是可以判断该流动是沿逆时针方向。

（2）迹线方程

由

$$\frac{\mathrm{d}x}{u(x,y)}=\frac{\mathrm{d}y}{v(x,y)}=\mathrm{d}t$$

得到常微分方程组为

$$\begin{cases}\dfrac{\mathrm{d}x}{\mathrm{d}t}=-Ry\\[2mm]\dfrac{\mathrm{d}y}{\mathrm{d}t}=Rx\end{cases}$$

积分得

$$\begin{cases}x=C_1\cos Rt+C_2\sin Rt\\ y=C_1\sin Rt-C_2\cos Rt\end{cases}$$

上式即迹线方程。或消去 $t$ 得

$$x^2+y^2=C_1^2+C_2^2 \tag{2.2-9}$$

式中，$C_1$、$C_2$ 由指定质点在某一特定时刻的位置确定。

积分求解迹线方程也可直接对微分形式的迹线方程进行。由

$$\frac{\mathrm{d}x}{u(x,y)}=\frac{\mathrm{d}y}{v(x,y)}=\mathrm{d}t$$

得

$$\frac{\mathrm{d}x}{-Ry}=\frac{\mathrm{d}y}{Rx}$$

上式中不显含 $t$，可以直接根据 $x$、$y$ 的微分关系求得 $x$、$y$ 的函数关系，得

$$x^2+y^2=C \tag{2.2-10}$$

常数 $C$ 由具体流体质点在特定时刻的位置决定。

可见迹线和流线都是圆心在原点的圆。其实根据定常流动中过同一点的流线和迹线重合这一特点就可推知这个结果。不过流线方程中的常数 $C$ 取不同值代表经过不同点的流线；迹线方程中的常数 $C$ 取不同值对应于不同质点的迹线。需要注意的是，虽然定常流中流线和迹线方程形式相同，过同一点的流线和迹线重合，但它们的含义是不同的。

**例 2-5**　设已知流体运动的各速度分量为

$$u = x + t, \quad v = -y + t, \quad w = 0$$

试求：①流线族，在 $t=0$ 时刻过点 $(-1,-1)$ 的流线；②$t=0$ 时过点 $(-1,-1)$ 的质点的迹线方程。

**解**：这是一个非定常的平面二维流动。

(1) 流线方程

$xy$ 平面的流线方程为

$$\frac{\mathrm{d}x}{x+t} = \frac{\mathrm{d}y}{-y+t}$$

注意，流线是针对某一瞬时而言的，所以流线方程中的时间 $t$ 是不变的参数。积分上式可得

$$\ln(x+t) = -\ln(-y+t) + C_1$$

即

$$(x+t)(y-t) = C_2 \tag{2.2-11}$$

可见任一瞬时的流线族是一双曲线族，中心在 $(-t,t)$。

$t=0$ 时刻的流线族如图 2-13 所示，图中标出了常数 $C_2$ 的取值和流动方向。其中过点 $(-1,-1)$ 的流线，由 $x=-1$ 时 $y=-1$，可得式 (2.2-11) 中 $C_2=1$，则此流线方程为

$$xy = 1 \tag{2.2-12}$$

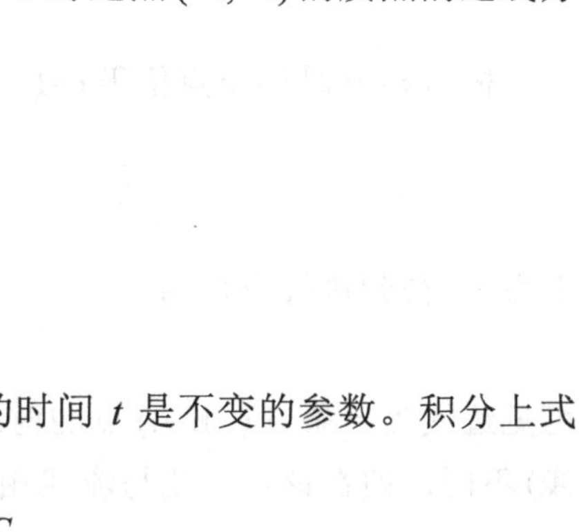


图 2-13　例 2-5 流线和迹线

(2) 迹线方程

非定常流动中求流线方程时，是将时间 $t$ 当作不变的参数。求迹线方程则完全不同。微分形式的迹线方程为

$$\frac{\mathrm{d}x}{x+t} = \frac{\mathrm{d}y}{-y+t} = \mathrm{d}t$$

注意，式中，$x$、$y$ 均是变量 $t$ 的函数。要对上面的微分方程中消去变量 $t$ 并不容易，还是转为先由欧拉法给出的速度分布求出拉格朗日法描述的轨迹方程。在**例 2-2** 中已做过类似工作：

由

$$\begin{cases}\dfrac{\mathrm{d}x}{\mathrm{d}t}=x+t\\ \dfrac{\mathrm{d}y}{\mathrm{d}t}=-y+t\end{cases}$$

求得

$$\begin{cases}x=C_1\mathrm{e}^t-t-1\\ y=C_2\mathrm{e}^{-t}+t-1\end{cases}$$

根据 $t=0$ 时刻质点位于 $(-1,-1)$ 点，得出该质点的轨迹方程为

$$\begin{cases}x=-t-1\\ y=t-1\end{cases}$$

消去 $t$，得到迹线方程为

$$x+y=-2 \tag{2.2-13}$$

可见迹线为一条过 $(-1,-1)$ 点的射线，由图 2-13 可见，它与 $t=0$ 时刻过该点的流线(双曲线)不同，但在该点迹线与流线相切。

### 2.2.3 流管和流面

与流线密切相关的，还有流管和流面这样两个概念。在流场中任意画一条不是流线的封闭曲线，在同一时刻过此曲线上的每一点作流线，由这些相邻流线所构成的管状曲面称为流管，如图 2-14(a)所示。前面已知道，流线上任何一点的流速都是与流线相切的，定常流动中流体不会穿越流线。所以定常流动中流管内的流体也不能穿越流管，并且流管形状不随时间改变，像一根具有实物管壁一样的固定管道，把管内外的流体分隔开来。

流面的范围更广，是指通过一条非流线的曲线(不封闭或封闭的)上每一点所作的那些相邻流线组成的曲面。通过不封闭的曲线所作的流面是不合拢的；通过封闭曲线所作的流面，可以是合拢的(如上面流管的侧表面)，也可以是不合拢的，当封闭曲线就在流面上时，如图 2-14(b)中的曲线 $KML$。定常流动中，流面同样是流动不能穿越的面。在定常理想无黏流动中，常常将壁面当作流面来处理。

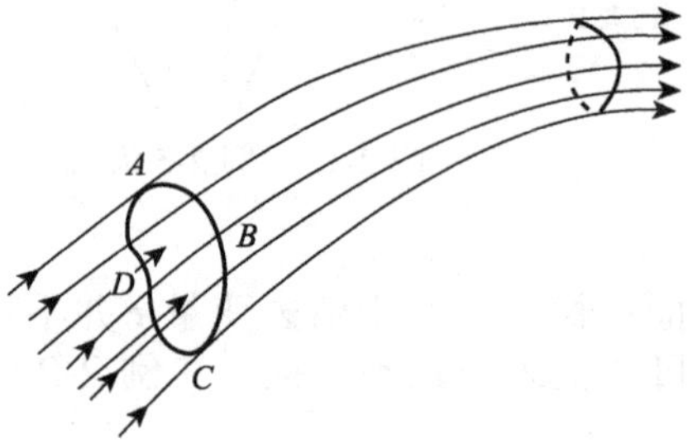


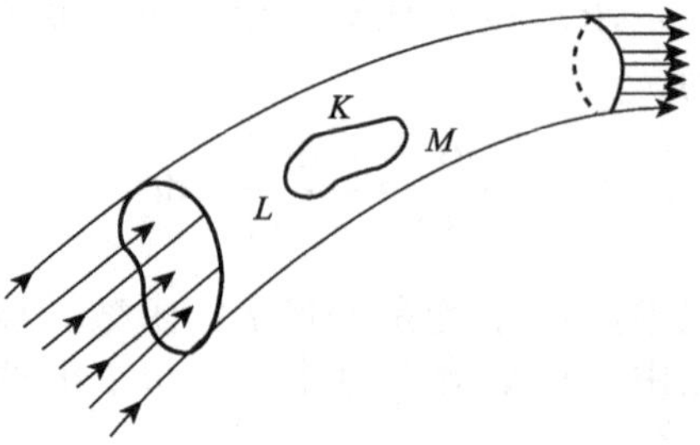


图 2-14　流管

### 2.2.4　脉线

脉线是在一段时间内相继通过空间某固定点的很多流体质点连成的线。在流场固定点连续施放染色剂(水中)或烟(气体中)，某瞬时用照相机拍摄下的从固定点出发的染色剂或烟的脉络线就是脉线。脉线又称色线、染色线、烟线或条纹线。在流场中取一固定点，如图 2-15 中的点 1。考虑从 $t_1$ 时刻开始到 $t_2$ 时刻的时间段 $t_2-t_1$ 内所有通过点 1 的流体质点，图 2-15 中显示了 $t_2$ 时刻这些质点到达的位置，其中质点 $A$ 是 $t_1$ 时刻经过点 1 的，质点 $B$ 是紧随其后经过点 1 的，质点 $C$ 又是在质点 $B$ 之后经过点 1 的。那么 $t_2$ 时刻这些质点依次连接成的线就是脉线。

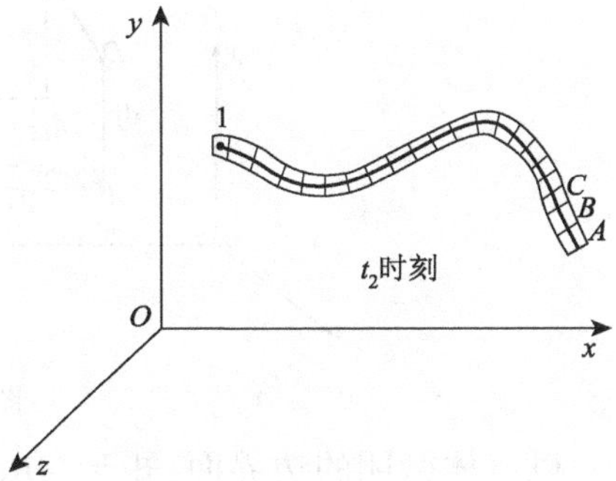

图 2-15　脉线示意图

在定常流动中脉线的形状不变，与流线、迹线重合，因此常用它来代表流线。但在非定常流中脉线与流线不重合。由于脉线容易在试验中实现和观察，而且在定常流中又代表流线，因此脉线是流动显示试验中最常用的线。

## 2.3　流体微团的运动分析

流体在运动中存在变形，不宜像刚体那样进行整体的运动分析，但可以研究其局部运动情况，即研究运动中的流体微团。流体微团是由大量连续分布的流体质点组成的，具有线性尺度效应的微小的流体团，其尺寸是微分的量级。本节首先分析流体微团在运动过程中，经过微小时间 d$t$ 后的形状变化特点；然后对照质点和刚体的运动形式，讨论流体微团可能存在的基本运动形式；通过考查流体微团中毗邻两点的速度的关系，分析微团各种基本运动形式的数学表达；在此基础上，可导出亥姆霍兹速度分解定理，将微团的一般运动分解为各种基本运动形式的组合。

### 2.3.1　流体微团运动过程中形状变化特点

首先引入流体线和流体面的概念。同一时刻由确定的一组连续排列的流体质点组成的线为流体线，组成的面则为流体面。可见流体微团的边界面是流体面，边界线是流体线。若流体线处处可微，则称作连续流体线；若流体面处处光滑，则称作光滑流体面。当连续介质假设成立时，流体运动具有连续流体线的保持性和光滑流体面的保持性，即连续可微的流体线在运动过程中始终保持为连续可微的流体线，并且其上的流体质点的排列顺序不随时间变化，流体线两端的质点仍保持在流体线两端；光滑流体面在运动过程中始终保持为光滑流体面，其上流体质点的排列顺序也不随时间变化。

一般来说，流体微团在运动过程中，形状和大小都会发生变化。如图 2-16 所示，时刻 $t$ 在流场中任取一正交六面体的流体微团，经过微小的时间间隔 d$t$ 后，微团移动到新的位置。下面证明，原来正交的六面体微团在 d$t$ 时间间隔后变成斜平行六面体微团。

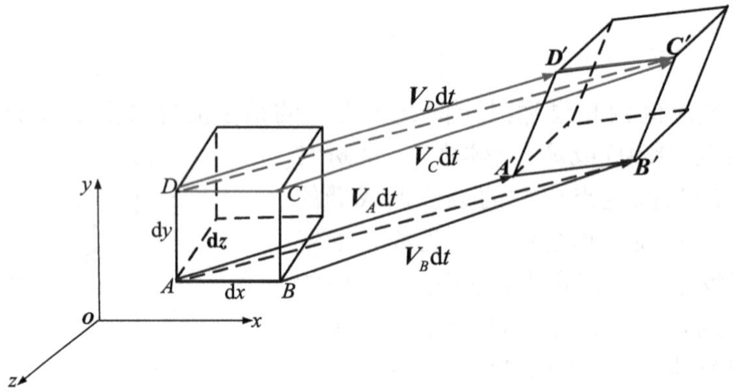


图 2-16　流体微团运动

以流体微团的边界面：矩形 $ABCD$ 流体平面为例，分析其运动 $\mathrm{d}t$ 时间后的形状变化。

位于点 $A$ 的质点以速度 $\boldsymbol{V}_A$ 运动，$\mathrm{d}t$ 时间后到达位置 $A'$，$\overrightarrow{AA'}=\boldsymbol{V}_A\mathrm{d}t$；位于点 $B$ 的质点以速度 $\boldsymbol{V}_B$ 运动，$\mathrm{d}t$ 时间后到达位置 $B'$，$\overrightarrow{BB'}=\boldsymbol{V}_B\mathrm{d}t$。流体线 $\overrightarrow{AB}$ 经 $\mathrm{d}t$ 时间后变为流体线 $\overrightarrow{A'B'}$，根据如图 2-16 所示的几何关系，有

$$\overrightarrow{A'B'}=\overrightarrow{AB}+\overrightarrow{BB'}-\overrightarrow{AA'}=\mathrm{d}x\boldsymbol{i}+\boldsymbol{V}_B\mathrm{d}t-\boldsymbol{V}_A\mathrm{d}t$$

$\boldsymbol{V}_B-\boldsymbol{V}_A$ 即微团中毗邻点 $A$、$B$ 间的速度差，可以由速度的导数表示，从而有

$$\overrightarrow{A'B'}=\mathrm{d}x\boldsymbol{i}+\frac{\partial \boldsymbol{V}}{\partial x}\mathrm{d}x\mathrm{d}t+\cdots \tag{2.3-1}$$

类似地，流体线 $\overrightarrow{DC}$ 经 $\mathrm{d}t$ 时间后变为 $\overrightarrow{D'C'}$。同理得

$$\overrightarrow{D'C'}=\overrightarrow{DC}+\overrightarrow{CC'}-\overrightarrow{DD'}=\mathrm{d}x\boldsymbol{i}+\boldsymbol{V}_C\mathrm{d}t-\boldsymbol{V}_D\mathrm{d}t=\mathrm{d}x\boldsymbol{i}+\frac{\partial \boldsymbol{V}}{\partial x}\mathrm{d}x\mathrm{d}t+\cdots \tag{2.3-2}$$

对比式(2.3-1)和式(2.3-2)可见，当不计高阶小量时，$\overrightarrow{A'B'}=\overrightarrow{D'C'}$。

再看流体线 $\overrightarrow{A'D'}$ 与 $\overrightarrow{A'B'}$ 的关系。由

$$\overrightarrow{A'D'}=\overrightarrow{AD}+\overrightarrow{DD'}-\overrightarrow{AA'}=\mathrm{d}y\boldsymbol{j}+\boldsymbol{V}_D\mathrm{d}t-\boldsymbol{V}_A\mathrm{d}t=\mathrm{d}y\boldsymbol{j}+\frac{\partial \boldsymbol{V}}{\partial y}\mathrm{d}y\mathrm{d}t+\cdots$$

因此 $\overrightarrow{A'D'}$ 与 $\overrightarrow{A'B'}$ 的点积为

$$\overrightarrow{A'D'}\cdot\overrightarrow{A'B'}=\left(\mathrm{d}x\boldsymbol{i}+\frac{\partial \boldsymbol{V}}{\partial x}\mathrm{d}x\mathrm{d}t\right)\cdot\left(\mathrm{d}y\boldsymbol{j}+\frac{\partial \boldsymbol{V}}{\partial y}\mathrm{d}y\mathrm{d}t\right) \tag{2.3-3}$$

一般情况下，式(2.3-3)不等于零。也就是说，$\overrightarrow{A'D'}$ 与 $\overrightarrow{A'B'}$ 不垂直。

综上可知，$A'B'C'D'$ 是一斜平行四边形。类似地还可以证明，其余五个流体面也具有同样的性质。因此正交的六面体微团，运动微小时间 $\mathrm{d}t$ 后，变成斜平行六面体微团。

### 2.3.2　流体微团的基本运动形式

质点是无体积大小的点，只有平移运动，即平动。刚体具有一定的体积和大小，其运动除平动外，还有整体的旋转运动(转动)，但没有变形。将流体微团作为一个整体考虑，微团则除了能像刚体那样平移和转动外，还有变形运动。

分析微团运动时，选取的流体微团在初始时刻具有一定的质量和体积，但形状可根据需要任取。以平面流动为例，可以在流场中任取一个矩形流体微团。它能发生像刚体一样的整体平移和旋转，如图 2-17(a)和(b)所示。还能发生变形运动，根据 2.3.1 节的分析可知该矩形微团通过变形运动，在 d$t$ 时间后变成一斜平行四边形。其实变形运动又可分为两种：一种是线变形[图 2-17(c)]，即微团边界流体线的伸长或缩短，与此相应的是微团面积(体积)的膨胀或压缩，但微团整体仍保持长方形形状；另一种是角变形[图 2-17(d)]，即原正交的两条流体边界线之间的夹角的变化，与此相应的是微团整体形状的变化。可以说，流体微团运动的基本运动形式包括平动、转动、线变形运动和角变形运动。微团的一般运动是这几种基本运动形式的组合。

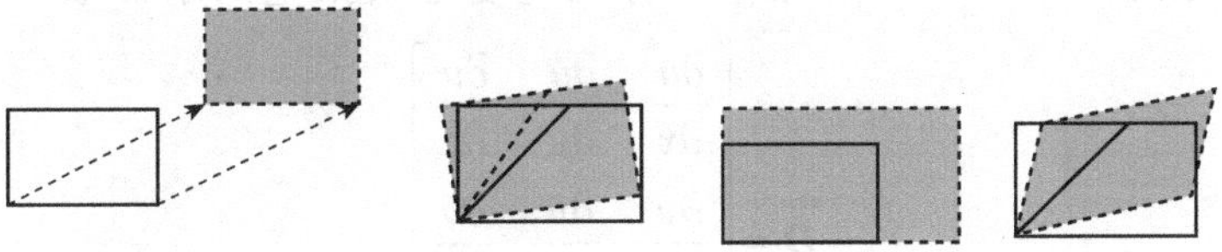

(a)平动　(b)转动　(c)线变形　(d)角变形

图 2-17　流体微团基本运动形式和形状大小的变化

### 2.3.3　流体微团中毗邻点的速度关系

流体微团的平动，就是微团内各质点以相同的速度运动。而流体微团之所以除平动外，还会发生变形和旋转，是因为微团内各点的速度不同。也就是说，微团的各种运动形式是和微团内各点的速度关系是密切相关的。下面考查流体微团中毗邻两点的速度关系，如图 2-18 所示。

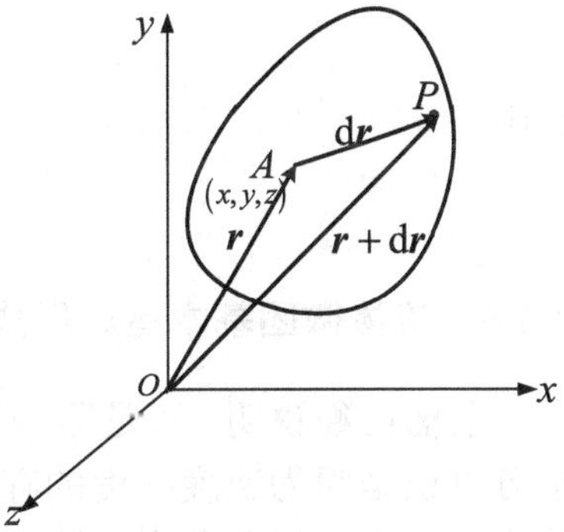


图 2-18　流体微团中毗邻两质点的速度关系

假设流场的速度分布是坐标的**连续**函数。$t$ 时刻微团上点 $A(x,y,z)$ 的速度 $\boldsymbol{V}_A$ 为

$$\boldsymbol{V}_A(x,y,z,t)=u_A(x,y,z,t)\boldsymbol{i}+v_A(x,y,z,t)\boldsymbol{j}+w_A(x,y,z,t)\boldsymbol{k}$$

同一时刻另一点 $P(x+\mathrm{d}x,y+\mathrm{d}y,z+\mathrm{d}z)$ 的速度 $\boldsymbol{V}_P$ 可用 $\boldsymbol{V}$ 在 $A$ 点的泰勒级数表示为

$$\begin{aligned}\boldsymbol{V}_P&=\boldsymbol{V}_A+\left(\frac{\partial \boldsymbol{V}}{\partial x}\right)_A\mathrm{d}x+\left(\frac{\partial \boldsymbol{V}}{\partial y}\right)_A\mathrm{d}y+\left(\frac{\partial \boldsymbol{V}}{\partial z}\right)_A\mathrm{d}z\\&=\left[u_A+\left(\frac{\partial u}{\partial x}\right)_A\mathrm{d}x+\left(\frac{\partial u}{\partial y}\right)_A\mathrm{d}y+\left(\frac{\partial u}{\partial z}\right)_A\mathrm{d}z\right]\boldsymbol{i}\\&\quad+\left[v_A+\left(\frac{\partial v}{\partial x}\right)_A\mathrm{d}x+\left(\frac{\partial v}{\partial y}\right)_A\mathrm{d}y+\left(\frac{\partial v}{\partial z}\right)_A\mathrm{d}z\right]\boldsymbol{j}\\&\quad+\left[w_A+\left(\frac{\partial w}{\partial x}\right)_A\mathrm{d}x+\left(\frac{\partial w}{\partial y}\right)_A\mathrm{d}y+\left(\frac{\partial w}{\partial z}\right)_A\mathrm{d}z\right]\boldsymbol{k}\end{aligned}\tag{2.3-4}$$

这里展开式只取到一阶微量。也可将速度矢量用列向量表达，式(2.3-4)改写为

$$\begin{bmatrix} u_p \\ v_p \\ w_p \end{bmatrix} = \begin{bmatrix} u_A \\ v_A \\ w_A \end{bmatrix} + \begin{bmatrix} \frac{\partial u}{\partial x} & \frac{\partial u}{\partial y} & \frac{\partial u}{\partial z} \\ \frac{\partial v}{\partial x} & \frac{\partial v}{\partial y} & \frac{\partial v}{\partial z} \\ \frac{\partial w}{\partial x} & \frac{\partial w}{\partial y} & \frac{\partial w}{\partial z} \end{bmatrix}_A \cdot \begin{bmatrix} \mathrm{d}x \\ \mathrm{d}y \\ \mathrm{d}z \end{bmatrix} \tag{2.3-5}$$

由此可见，$P$ 点的速度可用 $A$ 点的速度及各速度分量的偏导数来表示。

这 9 个偏导数组成了一个二阶张量，称为速度导数张量，用 $\overline{\overline{\boldsymbol{D}}}$ 表示：

$$\overline{\overline{\boldsymbol{D}}} = \begin{bmatrix} \frac{\partial u}{\partial x} & \frac{\partial u}{\partial y} & \frac{\partial u}{\partial z} \\ \frac{\partial v}{\partial x} & \frac{\partial v}{\partial y} & \frac{\partial v}{\partial z} \\ \frac{\partial w}{\partial x} & \frac{\partial w}{\partial y} & \frac{\partial w}{\partial z} \end{bmatrix} \tag{2.3-6}$$

在这 9 个偏导数中，有 3 个同名偏导数：$\partial u/\partial x$ 、$\partial v/\partial y$ 、$\partial w/\partial z$ ；6 个异名偏导数：$\partial u/\partial y$ 、$\partial u/\partial z$ 、 $\partial v/\partial x$ 、 $\partial v/\partial z$ 、 $\partial w/\partial x$ 、 $\partial w/\partial y$ 。$P$ 点的速度 $\boldsymbol{V}_P$ 可采用速度导数张量 $\overline{\overline{\boldsymbol{D}}}$ 表述为

$$\boldsymbol{V}_P = \boldsymbol{V}_A + \overline{\overline{\boldsymbol{D}}}_A \cdot \mathrm{d}\boldsymbol{r} \tag{2.3-7}$$

其中

$$\mathrm{d}\boldsymbol{r} = \mathrm{d}x\boldsymbol{i} + \mathrm{d}y\boldsymbol{j} + \mathrm{d}z\boldsymbol{k} \tag{2.3-8}$$

### 2.3.4 流体微团基本运动形式的分析(数学表达)

前面已经说明，正是因为流体微团上各点的速度不同，才导致微团发生旋转和变形。也可以说是因为速度梯度的存在导致了微团的旋转和变形。接下来就逐一考查流体微团的旋转、线变形和角变形这几种基本运动形式各自和哪些速度导数分量相关。以平面流动中的矩形流体微团的运动为例进行分析，三维流动只需类推即可。

1. 线变形

首先考虑矩形流体微团只有线变形的情况。此时微团的边界流体线没有方位变化。

如图 2-19 所示，$t$ 时刻取一矩形流体微团 $\overline{A}\overline{B}\overline{C}\overline{D}$ 。经微小时间间隔 $\mathrm{d}t$ 后，微团移至 $AB'C'D'$ 。若微团只有平移，则应整体移至 $ABCD$ 。现在除了整体平移外，边界线 $\overline{AB}$ (和 $AB$ 长度相等)还伸长到 $AB'$ ，但方位没变，这说明：

$$v_{\overline{B}} = v_{\overline{A}}，\quad 即 \frac{\partial v}{\partial x} = 0$$

$\overline{AD}$ (和 $AD$ 长度相等)伸长到 $AD'$ ，同样，它的方位也不变。这说明：

$$u_{\bar{D}} = u_{\bar{A}}, \quad 即 \frac{\partial u}{\partial y} = 0$$

所以说只有线变形的情况是异名偏导数为零的情况。

再来看变形量。$x$ 方向上的变形是由 $\overline{A}\overline{B}$ 伸长到 $AB'$，这是因为 $\bar{B}$ 点沿 $x$ 方向的速度比 $\bar{A}$ 点的大。伸长量 $BB'$ 为

$$\left(u_{\bar{B}} - u_{\bar{A}}\right) \cdot \mathrm{d}t = \frac{\partial u}{\partial x} \cdot \mathrm{d}x \cdot \mathrm{d}t \tag{2.3-9}$$

单位长度上的线变形量，即线应变为

$$\frac{\partial u}{\partial x} \cdot \mathrm{d}t \tag{2.3-10}$$

单位时间的线应变即线应变率，记作 $\varepsilon_x$，为

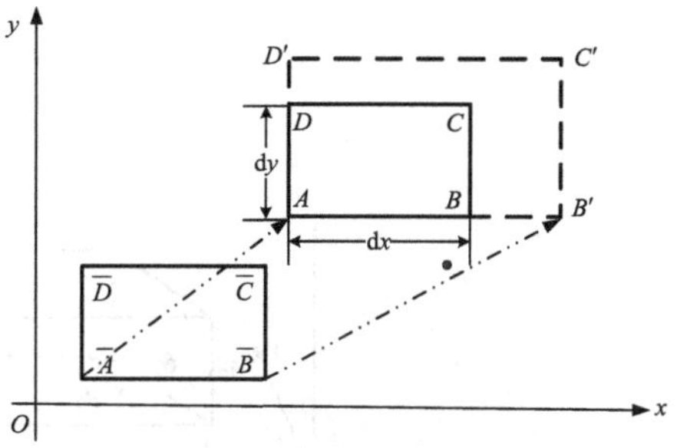


图 2-19　流体微团拉伸变形图

$$\varepsilon_x = \frac{\partial u}{\partial x} \tag{2.3-11}$$

类似地，$y$ 方向上伸长量 $DD'$、线应变、线应变率 $\varepsilon_y$ 分别为

$$\left(v_{\bar{D}} - v_{\bar{A}}\right) \cdot \mathrm{d}t = \frac{\partial v}{\partial y} \cdot \mathrm{d}y \cdot \mathrm{d}t, \quad \frac{\partial v}{\partial y} \cdot \mathrm{d}t, \quad \varepsilon_y = \frac{\partial v}{\partial y} \tag{2.3-12}$$

三维情况下 $z$ 方向上的线变形量、线应变和线应变率 $\varepsilon_z$ 分别为

$$\frac{\partial w}{\partial z} \cdot \mathrm{d}z \cdot \mathrm{d}t, \quad \frac{\partial w}{\partial z} \cdot \mathrm{d}t, \quad \varepsilon_z = \frac{\partial w}{\partial z} \tag{2.3-13}$$

也就是说，速度导数中三个同名偏导数 $\partial u/\partial x$、$\partial v/\partial y$、$\partial w/\partial z$ 分别对应着微团在 $x$、$y$、$z$ 三个方向的线应变率 $\varepsilon_x$、$\varepsilon_y$、$\varepsilon_z$。

微团边界的伸长或缩短，会导致其体积的变化。进一步考虑一个正交六面体微团在只有线变形时的体积变化，如图 2-20 所示。相邻的三条边界流体线经过时间 $\mathrm{d}t$ 后分别变为

$$\mathrm{d}x \to \left(\mathrm{d}x + \frac{\partial u}{\partial x}\mathrm{d}x\mathrm{d}t\right), \quad \mathrm{d}y \to \left(\mathrm{d}y + \frac{\partial v}{\partial y}\mathrm{d}y\mathrm{d}t\right), \quad \mathrm{d}z \to \left(\mathrm{d}z + \frac{\partial w}{\partial z}\mathrm{d}z\mathrm{d}t\right)$$

微团的体积由 $\mathrm{d}x\mathrm{d}y\mathrm{d}z$ 变为

$$\mathrm{d}x\left(1 + \frac{\partial u}{\partial x} \cdot \mathrm{d}t\right) \cdot \mathrm{d}y\left(1 + \frac{\partial v}{\partial y} \cdot \mathrm{d}t\right) \cdot \mathrm{d}z\left(1 + \frac{\partial w}{\partial z} \cdot \mathrm{d}t\right) = \mathrm{d}x\mathrm{d}y\mathrm{d}z\left[1 + \left(\frac{\partial u}{\partial x} + \frac{\partial v}{\partial y} + \frac{\partial w}{\partial z}\right) \cdot \mathrm{d}t\right]$$

略去高阶小量后，体积应变率（即单位体积在单位时间内的变化）为

$$\frac{\mathrm{d}x\mathrm{d}y\mathrm{d}z \cdot \left(\dfrac{\partial u}{\partial x} + \dfrac{\partial v}{\partial y} + \dfrac{\partial w}{\partial z}\right) \cdot \mathrm{d}t}{\mathrm{d}x\mathrm{d}y\mathrm{d}z \cdot \mathrm{d}t} = \frac{\partial u}{\partial x} + \frac{\partial v}{\partial y} + \frac{\partial w}{\partial z} = \nabla \cdot \boldsymbol{V} \tag{2.3-14}$$

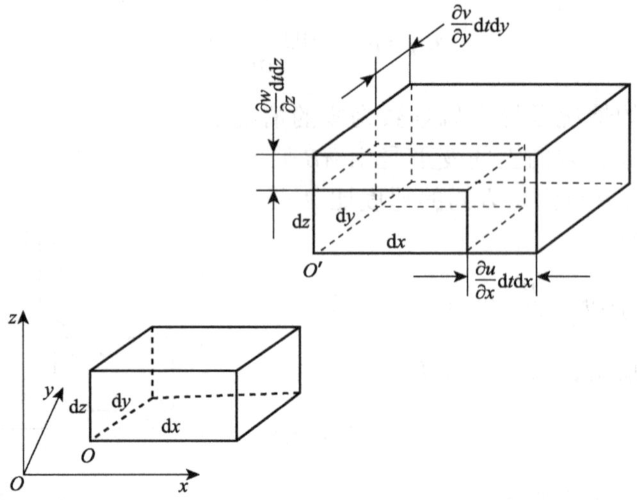


图 2-20　流体微团的体积变化

可见速度的散度，也就是三个同名偏导数之和，对应着微团的体积应变率，又称为体膨胀率。它也是微团在三个方向的线应变率之和：

$$\nabla \cdot \boldsymbol{V} = \varepsilon_x + \varepsilon_y + \varepsilon_z \tag{2.3-15}$$

这里是对正交六面体微团情况导出的结论，其实利用数学中的奥氏定理可以证明，对任意形状的微团都有这个结论。

2. *角变形与旋转*

上面讨论了矩形微团的边界流体线无方位变化的情况，对应于速度的异名偏导数为零。这里再看异名偏导数不为零的情况，不再考虑微团的平移，并设此时的同名偏导数为零，即微团没有线变形。从微团的基本运动形式知道，去掉平移和线变形后，微团还有角变形和旋转。速度的异名偏导数不为零正是微团存在角变形和旋转运动的原因。

微团的旋转是指**微团整体像刚体一样的旋转**，微团形状不变。如图 2-21(a)所示，经过时间 $\mathrm{d}t$ 后微团 $ABCD$ 整体旋转了角度 $\mathrm{d}\alpha$，于是微团的 $AB$ 边、$AD$ 边以及 $\angle DAB$ 的角平分线 $AE$，均绕 $A$ 点逆时针旋转了角度 $\mathrm{d}\alpha$，微团整体到达 $AB'C'D'$。微团的角变形指的是微团两正交边界流体线之间夹角的变化。如图 2-21(b)所示，经过时间 $\mathrm{d}t$，微团 $ABCD$ 有角变形 $2\mathrm{d}\beta$，可以看成两正交的 $AB$ 边和 $AD$ 边的夹角 $\angle DAB$ 的平分线 $AE$ 方位保持不变，$AB$ 边和 $AD$ 边均向 $AE$ 旋转角度 $\mathrm{d}\beta$，分别到达 $AB''$、$AD''$，夹角变为

$$\angle D''AB'' = \angle DAB - 2\mathrm{d}\beta \tag{2.3-16}$$

下面将微团的旋转和角变形的效果合起来考虑。如图 2-22 所示的矩形流体微团 $ABCD$，经过微小时间间隔 $\mathrm{d}t$ 后，整体旋转了 $\mathrm{d}\alpha$ 并且有角变形 $2\mathrm{d}\beta$。也就是说，首先 $ABCD$ 整体逆时针旋转角度 $\mathrm{d}\alpha$ 到 $AB'C'D'$，角平分线 $AE$ 旋转到 $AE'$；然后角平分线 $AE'$ 保持不动，$AB'$ 边逆时针旋转角度 $\mathrm{d}\beta$ 到 $A\tilde{B}$，$AD'$ 边顺时针旋转角度 $\mathrm{d}\beta$ 到 $A\tilde{D}$。旋转和角变形合起来的效果是：$AB$ 到达 $A\tilde{B}$，转过的角度微量为 $\mathrm{d}\alpha + \mathrm{d}\beta$，小角度情况下有

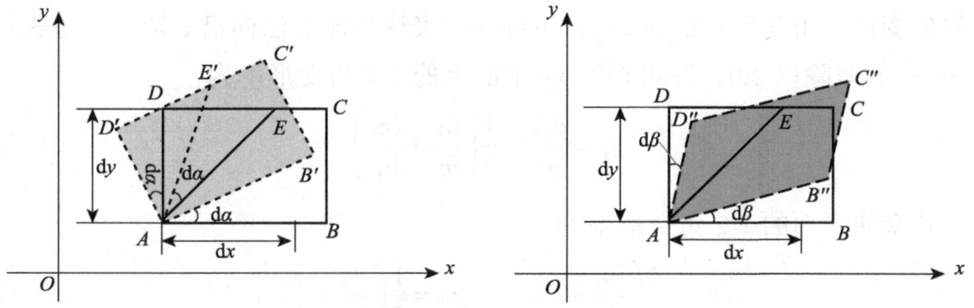


(a)　　　　　　　　　　　　　　　　(b)

图 2-21　流体微团的转动和角变形

$$\mathrm{d}\alpha+\mathrm{d}\beta=\frac{B\tilde{B}}{AB}=\frac{\left(v_B-v_A\right)\cdot\mathrm{d}t}{\mathrm{d}x}=\frac{\partial v}{\partial x}\mathrm{d}t \tag{2.3-17}$$

$AD$ 到达 $A\tilde{D}$，转过的角度为 $\mathrm{d}\alpha-\mathrm{d}\beta$：

$$\mathrm{d}\alpha-\mathrm{d}\beta=-\frac{D\tilde{D}}{AD}=-\frac{\left(u_D-u_A\right)\cdot\mathrm{d}t}{\mathrm{d}y}=-\frac{\partial u}{\partial y}\mathrm{d}t \tag{2.3-18}$$

微团的旋转角速度可由式(2.3-17)与式(2.3-18)的和除以 $2\mathrm{d}t$ 得到，为

$$\omega_z=\frac{\mathrm{d}\alpha}{\mathrm{d}t}=\frac{1}{2}\left(\frac{\partial v}{\partial x}-\frac{\partial u}{\partial y}\right) \tag{2.3-19}$$

这是 $xy$ 平面上微团的角速度。如果将角速度矢量记做 $\boldsymbol{\omega}$，则上述 $xy$ 平面上的角速度为分量 $\omega_z$。其余两分量分别为

$$\omega_x=\frac{1}{2}\left(\frac{\partial w}{\partial y}-\frac{\partial v}{\partial z}\right),\quad \omega_y=\frac{1}{2}\left(\frac{\partial u}{\partial z}-\frac{\partial w}{\partial x}\right) \tag{2.3-20}$$

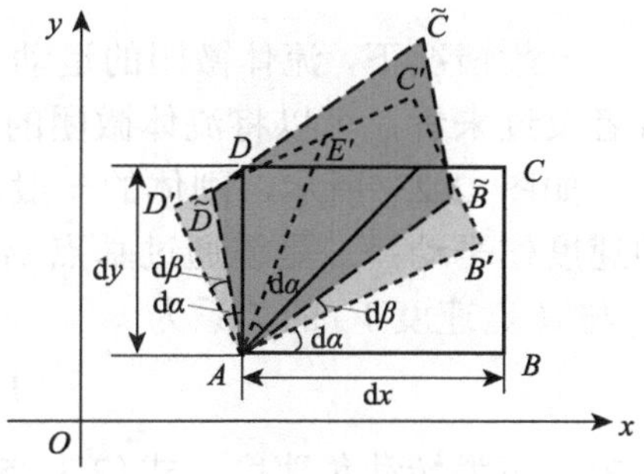


图 2-22　流体微团转动和角变形的合效果

可见微团的角速度可由异名偏导数的差来表示。另外，角速度其实就是速度旋度的一半：

$$\boldsymbol{\omega}=\frac{1}{2}\mathrm{rot}\boldsymbol{V}=\frac{1}{2}\nabla\times\boldsymbol{V} \tag{2.3-21}$$

速度旋度的计算公式为

$$\mathrm{rot}\boldsymbol{V}=\nabla\times\boldsymbol{V}=\begin{vmatrix}\boldsymbol{i} & \boldsymbol{j} & \boldsymbol{k}\\ \dfrac{\partial}{\partial x} & \dfrac{\partial}{\partial y} & \dfrac{\partial}{\partial z}\\ u & v & w\end{vmatrix}=\left(\frac{\partial w}{\partial y}-\frac{\partial v}{\partial z}\right)\boldsymbol{i}+\left(\frac{\partial u}{\partial z}-\frac{\partial w}{\partial x}\right)\boldsymbol{j}+\left(\frac{\partial v}{\partial x}-\frac{\partial u}{\partial y}\right)\boldsymbol{k} \tag{2.3-22}$$

角速度矢量 $\boldsymbol{\omega}$ 的方向按右手定则确定，即涡量在某一方向的分量为正时，代表绕该方向轴线逆时针旋转。

关于微团的角变形运动，定义单位时间内一个直角的变化量为角变形率。对于 $xy$

平面内的角变形，角变形率记作 $2\gamma_z$，下标 $z$ 代表该平面的法向沿 $z$ 轴。于是式(2.3-17)与式(2.3-18)的差除以 2d$t$，即可得到 $xy$ 平面上的 1/2 角变形率为

$$\gamma_z = \frac{\mathrm{d}\beta}{\mathrm{d}t} = \frac{1}{2}\left(\frac{\partial v}{\partial x} + \frac{\partial u}{\partial y}\right) \tag{2.3-23}$$

类似地，其余两平面的 1/2 角变形率为

$$\gamma_x = \frac{1}{2}\left(\frac{\partial w}{\partial y} + \frac{\partial v}{\partial z}\right), \quad \gamma_y = \frac{1}{2}\left(\frac{\partial u}{\partial z} + \frac{\partial w}{\partial x}\right) \tag{2.3-24}$$

可见微团的角变形率可由异名偏导数的和项来表达。

上面将微团的旋转和角变形分开，分别给出了其角速度和角变形率。实际流动中微团的旋转和角变形一般是同时进行的，没有线变形的情况下，微团上任一流体线的转动是微团整体旋转和角变形叠加的结果。考察微团的整体转动可以通过同时考查两条相互垂直的流体线，根据前面对微团旋转和角变形的定义可以看出，微团整体的旋转角度其实就是微团上两条互相垂直流体线的转角的平均值。

### 2.3.5 亥姆霍兹速度分解定理

一般情况下，流体微团的运动是平移、旋转、线变形和角变形四种基本运动的叠加，或者反过来看，可以将流体微团的一般运动分解为四种基本运动。

如图 2-23 所示，刚体的一般运动可分解为两种基本运动：一是整个刚体以基点 $A$ 的速度作平动；二是绕通过基点 $A$ 的某瞬时轴作转动。因此，刚体上任一点 $E$ 的速度 $\boldsymbol{V}_E$ 与 $A$ 点速度 $\boldsymbol{V}_A$ 的关系为

$$\boldsymbol{V}_E = \boldsymbol{V}_A + \boldsymbol{\omega} \times (\boldsymbol{r}_E - \boldsymbol{r}_A) \tag{2.3-25}$$

式中，$\boldsymbol{\omega}$ 为转动角速度。式(2.3-25)即刚体的速度分解定理。

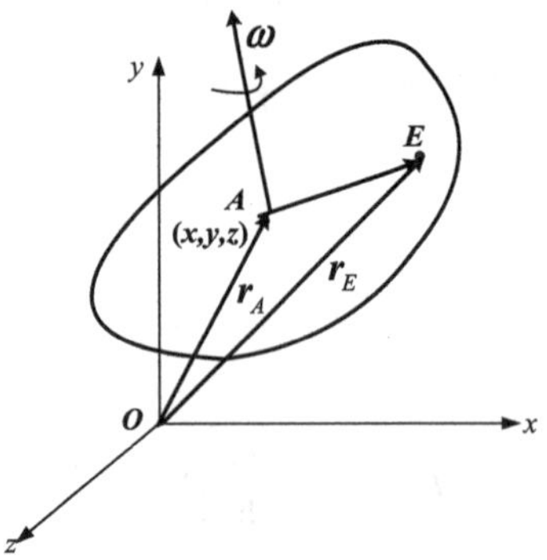


图 2-23　刚体运动速度分解示意图

对如图 2-18 所示的流体微团，以 $A$ 点为基点，可导出类似的速度分解关系式。不过微团中 $A$ 点的某毗邻点 $P$ 点的速度 $\boldsymbol{V}_P$ 和 $A$ 点速度 $\boldsymbol{V}_A$ 的差别除来源于微团的旋转外，还有来源于微团变形运动的部分。2.3.3 节中已将微团中毗邻点的速度关系由速度导数张量表达，在 2.3.4 节又知道了速度导数的分量或其和、差分别对应着微团的线应变率、角变形率、转动角速度，可见能够在微团中毗邻点的速度关系式的基础上，通过分解速度导数张量导出类似于式(2.3-25)的微团速度分解定理。

1. 速度导数张量的分解

2.3.3 节中已得到微团中毗邻点的速度关系式(2.3-7)：

$$\boldsymbol{V}_P=\boldsymbol{V}_A+\overline{\overline{\boldsymbol{D}}}_A\boldsymbol{\cdot}\mathrm{d}\boldsymbol{r}\quad 或\quad \boldsymbol{V}_P=\boldsymbol{V}_A+\begin{bmatrix}\dfrac{\partial u}{\partial x} & \dfrac{\partial u}{\partial y} & \dfrac{\partial u}{\partial z}\\ \dfrac{\partial v}{\partial x} & \dfrac{\partial v}{\partial y} & \dfrac{\partial v}{\partial z}\\ \dfrac{\partial w}{\partial x} & \dfrac{\partial w}{\partial y} & \dfrac{\partial w}{\partial z}\end{bmatrix}\cdot\begin{bmatrix}\mathrm{d}x\\ \mathrm{d}y\\ \mathrm{d}z\end{bmatrix}$$

上式中，右端第一项代表微团整体(包括 $P$ 点)跟随 $A$ 点以速度 $\boldsymbol{V}_A$ 平移；第二项则是通过速度导数张量 $\overline{\overline{\boldsymbol{D}}}$，将微团线变形、角变形和旋转所造成的 $P$ 点与 $A$ 点速度差别全包含在内了。下面就尝试将 $\overline{\overline{\boldsymbol{D}}}$ 分解为对应于变形的部分和对应于旋转的部分。

根据张量分解定理，$\overline{\overline{\boldsymbol{D}}}$ 可分解为一对称张量与一反对称张量的和：

$$\overline{\overline{\boldsymbol{D}}}=\overline{\overline{\boldsymbol{S}}}+\overline{\overline{\boldsymbol{A}}} \tag{2.3-26}$$

其中对称张量为

$$\overline{\overline{\boldsymbol{S}}}=\frac{1}{2}\left(\overline{\overline{\boldsymbol{D}}}+\overline{\overline{\boldsymbol{D}}}^{\mathrm{T}}\right) \tag{2.3-27}$$

反对称张量为

$$\overline{\overline{\boldsymbol{A}}}=\frac{1}{2}\left(\overline{\overline{\boldsymbol{D}}}-\overline{\overline{\boldsymbol{D}}}^{\mathrm{T}}\right) \tag{2.3-28}$$

2. 对称张量——应变率张量 $\overline{\overline{\boldsymbol{S}}}$

分解 $\overline{\overline{\boldsymbol{D}}}$ 得到的对称张量 $\overline{\overline{\boldsymbol{S}}}$ 的各分量为

$$\overline{\boldsymbol{S}}=\frac{1}{2}\left(\overline{\boldsymbol{D}}+\overline{\boldsymbol{D}}^{\mathrm{T}}\right)=\begin{bmatrix}\dfrac{\partial u}{\partial x} & \dfrac{1}{2}\left(\dfrac{\partial u}{\partial y}+\dfrac{\partial v}{\partial x}\right) & \dfrac{1}{2}\left(\dfrac{\partial u}{\partial z}+\dfrac{\partial w}{\partial x}\right)\\ \dfrac{1}{2}\left(\dfrac{\partial u}{\partial y}+\dfrac{\partial v}{\partial x}\right) & \dfrac{\partial v}{\partial y} & \dfrac{1}{2}\left(\dfrac{\partial v}{\partial z}+\dfrac{\partial w}{\partial y}\right)\\ \dfrac{1}{2}\left(\dfrac{\partial u}{\partial z}+\dfrac{\partial w}{\partial x}\right) & \dfrac{1}{2}\left(\dfrac{\partial v}{\partial z}+\dfrac{\partial w}{\partial y}\right) & \dfrac{\partial w}{\partial z}\end{bmatrix} \tag{2.3-29}$$

可见 $\overline{\overline{\boldsymbol{S}}}$ 主对角线上的分量就是微团的线应变率，其余分量则是角变形率，即

$$\overline{\overline{\boldsymbol{S}}}=\begin{bmatrix}\varepsilon_x & \gamma_z & \gamma_y\\ \gamma_z & \varepsilon_y & \gamma_x\\ \gamma_y & \gamma_x & \varepsilon_z\end{bmatrix} \tag{2.3-30}$$

也就是说对称张量 $\overline{\overline{\boldsymbol{S}}}$ 对应着变形，所以它也称为应变变化率张量。$\overline{\overline{\boldsymbol{S}}}$ 主对角线上分量的和为三个正交方向上的线应变率之和，就是微团的体积应变率，也是速度矢量的散度，即

$$\frac{\partial u}{\partial x}+\frac{\partial v}{\partial y}+\frac{\partial w}{\partial z}=\nabla\cdot\boldsymbol{V}=\varepsilon_x+\varepsilon_y+\varepsilon_z \tag{2.3-31}$$

3. 反对称张量 $\overline{\overline{\boldsymbol{A}}}$

分解 $\overline{\overline{\boldsymbol{D}}}$ 得到的反对称张量 $\overline{\overline{\boldsymbol{A}}}$ 的各分量为

$$\overline{\overline{\boldsymbol{A}}}=\frac{1}{2}\left(\overline{\overline{\boldsymbol{D}}}-\overline{\overline{\boldsymbol{D}}}^{\mathrm{T}}\right)=\begin{bmatrix} 0 & \frac{1}{2}\left(\frac{\partial u}{\partial y}-\frac{\partial v}{\partial x}\right) & \frac{1}{2}\left(\frac{\partial u}{\partial z}-\frac{\partial w}{\partial x}\right) \\ \frac{1}{2}\left(\frac{\partial v}{\partial x}-\frac{\partial u}{\partial y}\right) & 0 & \frac{1}{2}\left(\frac{\partial v}{\partial z}-\frac{\partial w}{\partial y}\right) \\ \frac{1}{2}\left(\frac{\partial w}{\partial x}-\frac{\partial u}{\partial z}\right) & \frac{1}{2}\left(\frac{\partial w}{\partial y}-\frac{\partial v}{\partial z}\right) & 0 \end{bmatrix} \tag{2.3-32}$$

可见 $\overline{\overline{\boldsymbol{A}}}$ 其实只包含三个分量的信息，它们分别对应于微团旋转角速度矢量的三个分量，即

$$\overline{\overline{\boldsymbol{A}}}=\begin{bmatrix} 0 & -\omega_z & \omega_y \\ \omega_z & 0 & -\omega_x \\ -\omega_y & \omega_x & 0 \end{bmatrix} \tag{2.3-33}$$

4. 速度分解定理

将速度导数张量分解后，毗邻点的速度关系可进一步表达为

$$\boldsymbol{V}_P=\boldsymbol{V}_A+\overline{\overline{\boldsymbol{D}}}_A\cdot\mathrm{d}\boldsymbol{r}=\boldsymbol{V}_A+\overline{\overline{\boldsymbol{A}}}_A\cdot\mathrm{d}\boldsymbol{r}+\overline{\overline{\boldsymbol{S}}}_A\cdot\mathrm{d}\boldsymbol{r} \tag{2.3-34}$$

再根据二阶张量与矢量点乘的关系式，可导出：

$$\overline{\overline{\boldsymbol{A}}}_A\cdot\mathrm{d}\boldsymbol{r}=\boldsymbol{\omega}\times\mathrm{d}\boldsymbol{r}$$

所以

$$\boldsymbol{V}_P=\boldsymbol{V}_A+\boldsymbol{\omega}\times\mathrm{d}\boldsymbol{r}+\overline{\overline{\boldsymbol{S}}}_A\cdot\mathrm{d}\boldsymbol{r} \tag{2.3-35}$$

式中，右端第一项是 $P$ 点跟随基点 $A$ 的平移速度 $\boldsymbol{V}_A$，第二项为流体微团整体绕过 $A$ 点的某轴转动对应的速度(微团转动所致的 $A$ 点邻近点的速度与 $A$ 点速度之差)，第三项为微团变形所对应的速度(微团变形所致的 $A$ 点邻近点速度与 $A$ 点速度之差)。式(2.3-35)在直角坐标系中的展开形式为

$$\begin{cases} u_P=u_A+\left(\omega_y\mathrm{d}z-\omega_z\mathrm{d}y\right)+\left(\varepsilon_x\mathrm{d}x+\gamma_z\mathrm{d}y+\gamma_y\mathrm{d}z\right) \\ v_P=v_A+\left(\omega_z\mathrm{d}x-\omega_x\mathrm{d}z\right)+\left(\varepsilon_y\mathrm{d}y+\gamma_x\mathrm{d}z+\gamma_z\mathrm{d}x\right) \\ w_P=w_A+\left(\omega_x\mathrm{d}y-\omega_y\mathrm{d}x\right)+\left(\varepsilon_z\mathrm{d}z+\gamma_y\mathrm{d}x+\gamma_x\mathrm{d}y\right) \end{cases} \tag{2.3-36}$$

式(2.3-35)和式(2.3-36)即流体微团的速度分解定理，是德国物理学家亥姆霍兹(Helmholtz，1821—1894)在 1858 年提出的。它从数学上严格证实了流体微团运动确实

可以分解为平移、旋转和变形，其中变形包括线变形和角变形。图 2-24 给出了上述分解的示意图。应指出的是，除了变形运动外，流体微团的速度分解定理和刚体的速度分解定理还有一个重要的差别。刚体速度分解定理对整个刚体都成立，因此是整体性定理；而**流体速度分解定理只是对流体微团成立，是局部性定理**。例如，刚体的角速度是刻画整个刚体转动的一个整体特征量，而流体的旋转角速度是刻画流体微团转动的一个局部性特征量，不同的微团其旋转角速度不同。

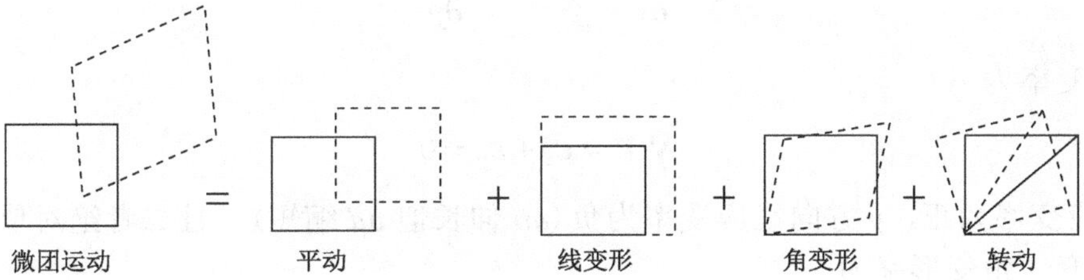


图 2-24　微团运动的分解

### 2.3.6　流动实例分析

**例 2-6**　设有一个定常二维流场，其速度分布为

$$u = kx,\quad v = -ky,\quad k \text{ 为正的常数}$$

①写出流线方程并画出流线；②求线应变率、角变形率、体积应变率和旋转角速度。

**解：**

(1) 流线方程

$$\frac{\mathrm{d}x}{u} = \frac{\mathrm{d}y}{v},\quad \text{即} \frac{\mathrm{d}x}{kx} = \frac{\mathrm{d}y}{-ky}$$

积分得

$$xy = C \tag{2.3-37}$$

常数 $C$ 取一系列不同值，画得一系列的流线如图 2-25 所示，流线为等边双曲线。

(2) 应变率和角速度

各速度偏导数为

$$\frac{\partial u}{\partial x} = k,\quad \frac{\partial v}{\partial y} = -k,\quad \frac{\partial v}{\partial x} = 0,\quad \frac{\partial u}{\partial y} = 0$$

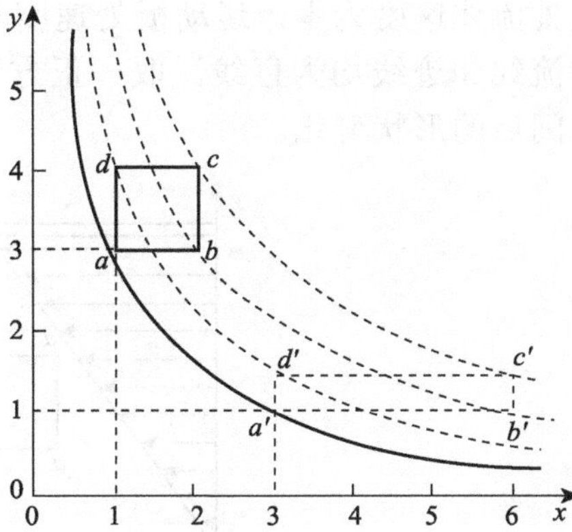


图 2-25　例 2-6 流动

将它们代入式 (2.3-11)、式 (2.3-12)、式 (2.3-23) 和式 (2.3-19)，即可求出线应变率、角变形率和角速度。不过作为对上述公式的复习和进一步理解，下面先取一个流体微团，分析其在 $\mathrm{d}t$ 时间内的形状变化和各速度偏导数间的关系。如图 2-25 所示，考察正方形微团 $abcd$，它从左上方沿双曲线迹线流向右下方。异名偏导数全为零，说明

微团边界线的方位不变，微团既没有旋转，也没有角变形，原正方形微团形状保持为矩形。同名偏导数不为零，说明微团有线变形。$\partial u/\partial x = k > 0$，说明 $u_b > u_a$，如图 2-25 所示，d$t$ 时间后边界线 $ab \to a'b'$，有伸长；$\partial v/\partial y = -k < 0$，说明 $v_d < v_a$，d$t$ 时间后 $ad \to a'd'$，有缩短。

流体微团的线应变率为

$$\varepsilon_x = \frac{\partial u}{\partial x} = k, \quad \varepsilon_y = \frac{\partial v}{\partial y} = -k \tag{2.3-38}$$

则体积应变率为

$$\nabla \cdot \boldsymbol{V} = \varepsilon_x + \varepsilon_y = 0 \tag{2.3-39}$$

$x$ 方向线应变率为正，$y$ 方向线应变率为负（$ab$ 伸长但 $ad$ 缩短），且二者绝对值相等，因此体积不变。角变形率为

$$2\gamma_z = \frac{\partial v}{\partial x} + \frac{\partial u}{\partial y} = 0 \tag{2.3-40}$$

$(x, y)$ 平面的二维流动的角速度仅有 $z$ 向分量，为

$$\omega_z = \frac{1}{2}\left(\frac{\partial v}{\partial x} - \frac{\partial u}{\partial y}\right) = 0 \tag{2.3-41}$$

可见流动无旋。

**例 2-7** 对二维流动：

$$u = ky, \quad v = 0, \quad k \text{ 为正的常数}$$

求线应变率、体积应变率、角变形率和旋转角速度。

**解**：该流动为两平行平板间的定常黏性流体运动，下板静止，上板匀速运动，流动纯粹因上板拖动形成。流动简称为简单库埃特流动，第 6 章中会进一步分析，这里只讨论其运动学性质。图 2-26 画出了速度剖面，即不同 $y$ 位置处速度的大小及方向。在静止板处流体速度为零，运动板处速度与板速相同，流体内部速度随 $y$ 线性增加，可见流动的流线和迹线均为直线。取一正方形微团 $abcd$，微团沿直线迹线向右流动，考察其 d$t$ 时间后的形状变化。

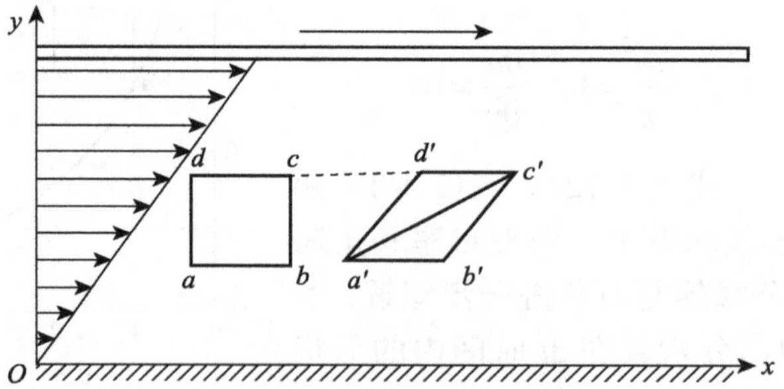


图 2-26　简单库埃特流动

各速度偏导数为

$$\frac{\partial u}{\partial x}=0,\quad \frac{\partial v}{\partial y}=0,\quad \frac{\partial u}{\partial y}=k,\quad \frac{\partial v}{\partial x}=0$$

同名偏导数全为零，说明微团没有线变形，线应变率和体积应变率均为零：

$$\varepsilon_x=0,\quad \varepsilon_y=0,\quad \nabla\boldsymbol{\cdot}\boldsymbol{V}=0$$

如图 2-26 所示，d$t$ 时间后微团边界线 $ab\to a'b'$，$ad\to a'd'$，长度都应保持不变。需要说明的是 $ad$ 边方位有变后长度有高阶小量的变化，图中对此的显示有放大。

根据式(2.3-23)求得微团的角变形率为

$$\gamma_z=\frac{1}{2}\left(\frac{\partial u}{\partial y}+\frac{\partial v}{\partial x}\right)=\frac{k}{2} \tag{2.3-42}$$

在图 2-26 中可见，原正交的边界线 $ab$ 和 $ad$ 在 d$t$ 时间后成为 $a'b'$ 和 $a'd'$，夹角减小了。根据式(2.3-19)求得角速度($z$ 向分量)为

$$\omega_z=\frac{1}{2}\left(\frac{\partial v}{\partial x}-\frac{\partial u}{\partial y}\right)=-\frac{k}{2} \tag{2.3-43}$$

可见该流动是有旋流动。虽然流动中各质点均沿直线运动，但微团中不同质点速度不同，微团整体有绕自身“中心轴”的旋转。

下面进一步分析微团角变形和微团整体旋转与边界线旋转的关系。异名偏导数中 $\partial v/\partial x=0$，说明 $v_b=v_a$，在图 2-26 中可见微团边界线 $ab$ 方位不变，记其旋转角度为

$$\mathrm{d}\alpha_1=\frac{\partial v}{\partial x}=0 \tag{2.3-44}$$

异名偏导数 $\partial u/\partial y=k$，说明 $u_d>u_a$，$ad$ 方位有变化，其旋转角度为

$$\mathrm{d}\alpha_2=-\frac{(u_d-u_a)\mathrm{d}t}{\mathrm{d}y}=-\frac{\partial u}{\partial y}\mathrm{d}t \tag{2.3-45}$$

微团角变形率定义为单位时间直角的减小量(记为 $2\gamma_z$)，这里即单位时间内 $ab$ 边和 $ad$ 边夹角的减小量，亦即两正交的边界线单位时间内旋转角度的差：

$$2\gamma_z=\frac{(\mathrm{d}\alpha_1-\mathrm{d}\alpha_2)}{\mathrm{d}t}=\frac{\partial v}{\partial x}+\frac{\partial u}{\partial y} \tag{2.3-46}$$

式(2.3-46)与角变形率的定义式(2.3-23)是一致的。而联合分析微团角速度的定义式(2.3-19)和式(2.3-44)、式(2.3-45)，可见微团整体的旋转角速度就是两条正交边旋转角速度的平均值：

$$\omega_z=\frac{1}{2}\left(\frac{\mathrm{d}\alpha_1+\mathrm{d}\alpha_2}{\mathrm{d}t}\right)=\frac{1}{2}\left(\frac{\partial v}{\partial x}-\frac{\partial u}{\partial y}\right) \tag{2.3-47}$$

另一方面，微团中每条流体线方位的变化是微团整体旋转和微团角变形的合效果。因为有角变形，每条流体线旋转的角度是不同的。例如，$ab$ 边跟随微团整体旋转 $\mathrm{d}\alpha_2/2$，再

因为角变形旋转 $-\mathrm{d}\alpha_2/2$（向角平分线旋转，逆时针），总体效果为方位不变；$ad$ 边则是跟随整体旋转 $\mathrm{d}\alpha_2/2$，再因为角变形旋转 $\mathrm{d}\alpha_2/2$（向角平分线旋转，顺时针），总体效果为旋转了 $\mathrm{d}\alpha_2$。

**例 2-8** 对二维流动：

$$u=-ky,\quad v=kx,\quad k\text{ 为常数}$$

考察微团在运动过程中是否有变形，流动是否有旋。

**解**：微团的线应变率为

$$\varepsilon_x=\frac{\partial u}{\partial x}=0,\quad \varepsilon_y=\frac{\partial v}{\partial y}=0 \tag{2.3-48}$$

角变形率为

$$\gamma_z=\frac{1}{2}\left(\frac{\partial u}{\partial y}+\frac{\partial v}{\partial x}\right)=\frac{1}{2}(-k+k)=0 \tag{2.3-49}$$

可见该流动既没有线变形，也没有角变形。

微团的角速度为

$$\omega_z=\frac{1}{2}\left(\frac{\partial v}{\partial x}-\frac{\partial u}{\partial y}\right)=\frac{1}{2}(k+k)=k \tag{2.3-50}$$

流动是有旋的。

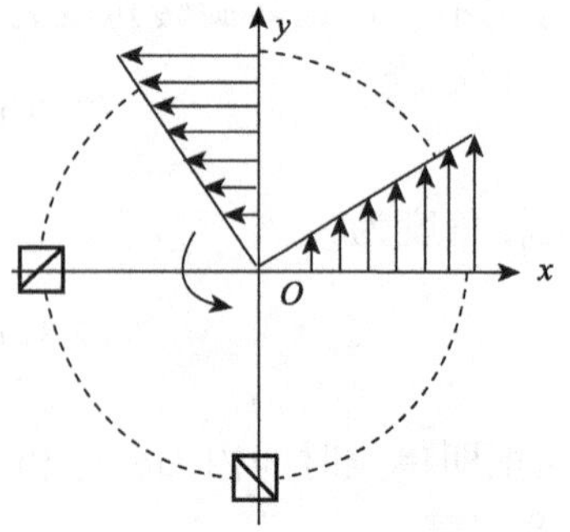


图 2-27 刚性涡流动

图 2-27 画出了该流动的速度剖面(取 $k$ 为正常数)。可见流线为圆周，各流体质点均绕原点旋转。上面已知该流动中微团没有变形，且流动有旋，所以流体是像刚体一样旋转的。这种流动称为刚性涡流动，也称为强迫涡流动。

**例 2-9** 柱坐标系 $(r,\theta,z)$ 下，$V_r$、$V_\theta$、$V_z$ 分别代表 $(r,\theta,z)$ 三个方向，即径向、周向、轴向的速度分量。对二维流动：

$$V_r=0,\quad V_\theta=\frac{C}{r},\quad C\text{ 为常数}$$

考察微团是否有变形，流动是否有旋。

**解**：该流动只有圆周方向的速度，流线为圆周。每个流体质点绕原点做圆周运动，速度大小与半径成反比。原点处速度无穷大，下面考察原点以外的流动。

(1) 直角坐标系下应变率和角速度的求解

根据两种坐标系的转换关系，可由柱坐标系下的速度分布得到直角坐标系下的速度分布为

$$u=V_r\cos\theta-V_\theta\sin\theta=-\frac{C}{r}\frac{y}{r}=\frac{-Cy}{x^2+y^2}$$

$$v = V_r \sin\theta + V_\theta \cos\theta = \frac{C}{r}\frac{x}{r} = \frac{Cx}{x^2 + y^2}$$

速度偏导数的各分量为

$$\frac{\partial u}{\partial x} = \frac{2Cxy}{\left(x^2 + y^2\right)^2}, \quad \frac{\partial u}{\partial y} = -\frac{C\left(x^2 - y^2\right)}{\left(x^2 + y^2\right)^2}, \quad \frac{\partial v}{\partial x} = -\frac{C\left(x^2 - y^2\right)}{\left(x^2 + y^2\right)^2}, \quad \frac{\partial v}{\partial y} = -\frac{2Cxy}{\left(x^2 + y^2\right)^2}$$

可见微团既有线变形又有角变形。线应变率为

$$\varepsilon_x = \frac{\partial u}{\partial x} = \frac{2Cxy}{\left(x^2 + y^2\right)^2}, \quad \varepsilon_y = \frac{\partial v}{\partial y} = -\frac{2Cxy}{\left(x^2 + y^2\right)^2} \tag{2.3-51}$$

体积应变率为

$$\nabla \cdot \boldsymbol{V} = \varepsilon_x + \varepsilon_y = \frac{\partial u}{\partial x} + \frac{\partial v}{\partial y} = 0 \tag{2.3-52}$$

角变形率为

$$\gamma_z = \frac{1}{2}\left(\frac{\partial u}{\partial y} + \frac{\partial v}{\partial x}\right) = -\frac{C\left(x^2 - y^2\right)}{\left(x^2 + y^2\right)^2} \tag{2.3-53}$$

角速度的 $z$ 向分量为

$$\omega_z = \frac{1}{2}\left(\frac{\partial v}{\partial x} - \frac{\partial u}{\partial y}\right) = 0 \tag{2.3-54}$$

可见流动无旋。

(2) 柱坐标系下应变率和角速度的求解

柱坐标系 $(r,\theta,z)$ 下，径向应变率和周向应变率分别为

$$\varepsilon_{rr} = \frac{\partial V_r}{\partial r} = 0, \quad \varepsilon_{\theta\theta} = \frac{1}{r}\frac{\partial V_\theta}{\partial \theta} + \frac{V_r}{r} = 0 \tag{2.3-55}$$

平面流动的体积应变率即二者之和：

$$\nabla \cdot \boldsymbol{V} = \varepsilon_{rr} + \varepsilon_{\theta\theta} = 0$$

或采用柱坐标系下矢量的散度公式，得

$$\nabla \cdot \boldsymbol{V} = \frac{1}{r}\left[\frac{\partial\left(rV_r\right)}{\partial r} + \frac{\partial V_\theta}{\partial \theta}\right] = \frac{1}{r}\left[\frac{\partial\left(r \cdot 0\right)}{\partial r} + \frac{\partial\left(\dfrac{C}{r}\right)}{\partial \theta}\right] = 0 \tag{2.3-56}$$

$(r,\theta)$ 平面的切变率为

$$\varepsilon_{r\theta} = \frac{1}{2}\left[\frac{1}{r}\frac{\partial V_r}{\partial \theta} + r\frac{\partial}{\partial r}\left(\frac{V_\theta}{r}\right)\right] = -\frac{C}{r^2} \tag{2.3-57}$$

角速度的 $z$ 方向分量为

$$\omega_z=\frac{1}{2r}\left[\frac{\partial(rV_\theta)}{\partial r}-\frac{\partial V_r}{\partial\theta}\right]=\frac{1}{2r}\left[\frac{\partial\left(r\dfrac{C}{r}\right)}{\partial r}-0\right]=0 \tag{2.3-58}$$

可见流动为无旋流动。

(3) 分析和讨论

该流动中每个流体质点绕原点做圆周运动，流线为圆周，但流动却是无旋的。下面取一流体微团进行分析。图 2-28 画出了几条流线，在内外两条虚线流线之间取一近似的正方形微团 $ABCD$，边界线 $AD$ 位于内圆周，$BC$ 位于外圆周。微团各边界点上的速度有如下关系：

$$V_{\theta,D}=V_{\theta,A}>V_{\theta,B}=V_{\theta,C}$$

经 d$t$ 时间后，$AD\to A'D'$，$A'D'$ 仍在内圆周上，由于 $V_{\theta,D}=V_{\theta,A}$，$A'D'$ 长度与 $AD$ 相等，但它相对于 $AD$ 逆时针旋转了一个角度 $\delta$：

$$\delta=\frac{V_{\theta,A}\mathrm{d}t}{r_A}=\frac{C\mathrm{d}t}{r_A^2}$$

$AB\to A'B'$，由于 $(V_\theta)_B<(V_\theta)_A$，$B'$ 落后于 $A'$，$A'B'$ 相对于 $AB$ 也旋转了一个角度，为

$$\delta_2=\frac{(V_{\theta,B}-V_{\theta,A})\mathrm{d}t}{r_B-r_A}=\frac{\left(\dfrac{C}{r_B}-\dfrac{C}{r_A}\right)\mathrm{d}t}{r_B-r_A}=-\frac{C\mathrm{d}t}{r_Br_A}$$

可见 $\delta_2\approx-\delta$，即 $A'B'$ 相对于 $AB$ 顺时针旋转了角度 $\delta$。根据微团整体的旋转角速度就是两条正交边旋转角速度的平均值，可知微团整体的角速度为零。可以说微团的两部分向相反的方向旋转，合效果是微团有了角变形，而微团整体没有绕自身轴线的旋转，流动无旋。在后面 2.4 节会发现该流动在原点处旋度无限大，而这里已知除原点外流动无旋，因此该流动称为点涡流动。与刚性涡又称为强迫涡对应，点涡流动又称为自由涡流动。

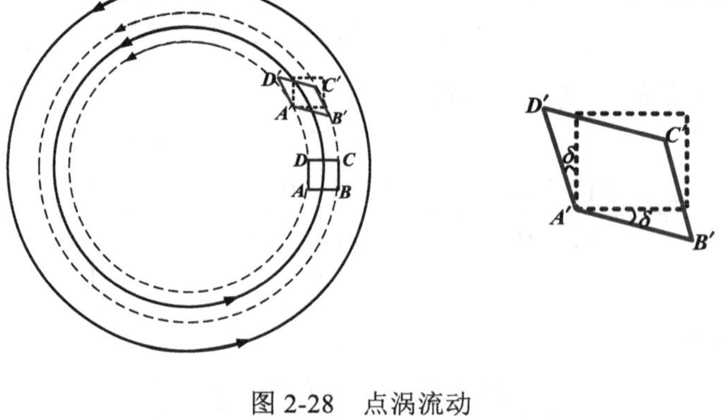


图 2-28　点涡流动

从上述流动实例看到，流体运动是否有旋，取决于微团是否有绕自身某轴的旋转运

动，而非其运动轨迹。判断流动有旋或无旋，不能根据迹线或流线形状，而应根据微团的角速度或速度矢量的旋度。

## 2.4　有 旋 流 动

经过 2.3 节对流体微团运动的分析可知，微团的旋转是用角速度矢量$\boldsymbol{\omega}$表征的，它是速度矢量的旋度的 1/2。速度的旋度又称为涡量，记作$\boldsymbol{\Omega}$：

$$\boldsymbol{\Omega} = \mathrm{rot}\boldsymbol{V} = \nabla \times \boldsymbol{V} = 2\boldsymbol{\omega} \tag{2.4-1}$$

角速度$\boldsymbol{\omega}$或涡量$\boldsymbol{\Omega}$在流体力学中是十分重要的量，根据$\boldsymbol{\omega}$或$\boldsymbol{\Omega}$是否为零，可将流动分为无旋和有旋流动。这一节对相对复杂的有旋流动，通过涡量并进一步引入速度环量，研究其运动特点。

### 2.4.1　有旋流动的一般概念、涡线和涡管

1. *有旋流动和涡量场*

如果一个流场各处的角速度$\boldsymbol{\omega}$（或涡量$\boldsymbol{\Omega}$）基本上不为零，则该流场为有旋流场，流动为有旋流动。有旋流动也称为旋涡流动。

涡量$\boldsymbol{\Omega}$和速度各分量的关系为

$$\boldsymbol{\Omega} = \mathrm{rot}\boldsymbol{V} = \nabla \times \boldsymbol{V} = \left(\frac{\partial w}{\partial y} - \frac{\partial v}{\partial z}\right)\boldsymbol{i} + \left(\frac{\partial u}{\partial z} - \frac{\partial w}{\partial x}\right)\boldsymbol{j} + \left(\frac{\partial v}{\partial x} - \frac{\partial u}{\partial y}\right)\boldsymbol{k}$$

即

$$\Omega_x = \frac{\partial w}{\partial y} - \frac{\partial v}{\partial z},\quad \Omega_y = \frac{\partial u}{\partial z} - \frac{\partial w}{\partial x},\quad \Omega_z = \frac{\partial v}{\partial x} - \frac{\partial u}{\partial y} \tag{2.4-2}$$

在连续介质假设成立的前提下，欧拉描述法中涡量矢量是空间坐标和时间的连续函数，也构成一矢量场，称为涡量场。

2. *涡线*

研究速度场时曾引入了流线、流管的概念，作为对速度场的几何描述。类似地，对涡量场的几何描述是涡线和涡管。

涡线是在某一瞬时有旋流场中的假想曲线，曲线上每一点的切线方向就是位于该点的流体微团的转动角速度的方向。涡线上每一点的涡量$\boldsymbol{\Omega}$都与涡线相切，如图 2-29 所示。涡线可以看成流体微团的瞬时转动轴线，流体微团好像带孔的小珠，穿在涡线上，绕涡线转动。

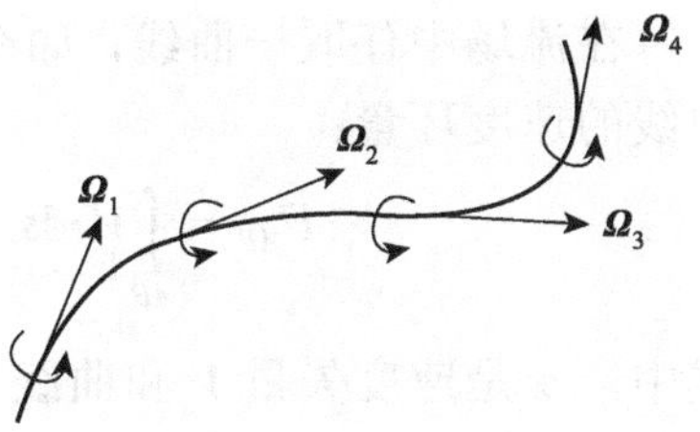


图 2-29　涡线

由涡线定义，涡线上微段 d$\boldsymbol{r}$ 与涡量$\boldsymbol{\Omega}$平行，即 $\mathrm{d}\boldsymbol{r} // \boldsymbol{\Omega}$，则涡线方程为

$$\mathrm{d}\boldsymbol{r}\times\boldsymbol{\Omega}=0,\quad 即\ \frac{\mathrm{d}x}{\Omega_x(x,y,z,t)}=\frac{\mathrm{d}y}{\Omega_y(x,y,z,t)}=\frac{\mathrm{d}z}{\Omega_z(x,y,z,t)} \tag{2.4-3}$$

与流线方程类似。

3. 涡管和涡面

在有旋流场中取一条非涡线的封闭曲线 $L$，通过 $L$ 上各点作瞬时 $t$ 的涡线，这些涡线所围成的管状面称为瞬时 $t$ 通过曲线 $L$ 的涡管，如图 2-30(a)所示。涡线可以看成截面积趋于零的涡管。

涡面是给定瞬时，通过某一曲线(本身不是涡线)的所有涡线构成的曲面，如图 2-30(b)所示。当该曲线是封闭曲线且不位于涡面上时，此涡面就成了涡管。

4. 涡通量

如图 2-31 所示，涡量 $\boldsymbol{\Omega}$ 穿过流场中任一开口曲面 $A$ 的通量，称为涡通量，记为 $I$：

$$I=\iint_A \boldsymbol{\Omega}\cdot\boldsymbol{n}\mathrm{d}A \tag{2.4-4}$$

式中，$A$ 为任意给定曲面，$\boldsymbol{n}$ 为曲面微元 $\mathrm{d}A$ 法线方向的单位矢量。涡通量又称为旋涡强度，可用它来衡量旋涡的强弱。

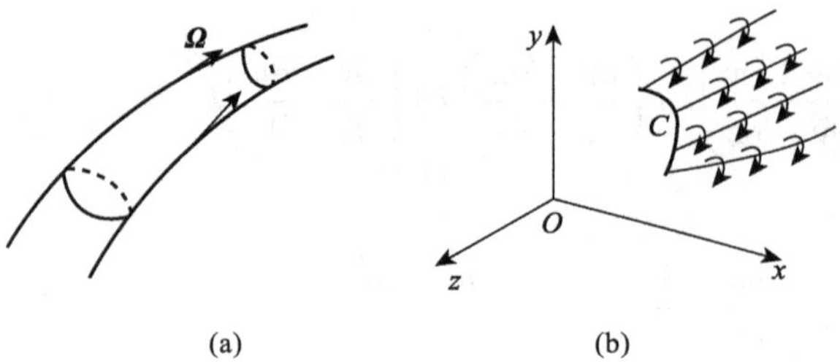


图 2-30　涡线、涡面

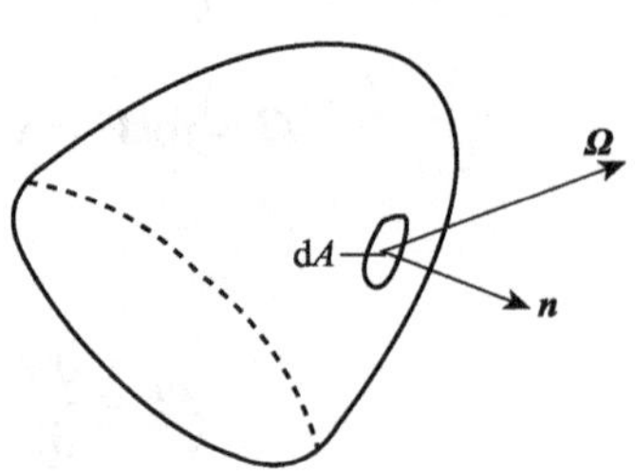


图 2-31　涡通量

## 2.4.2　速度环量及其与涡通量的关系

环量是研究流动时常用到的一个重要概念，是 1869 年汤姆逊(Thomson)首先引进的。

1. 速度环量定义

在流场中任取一曲线，如图 2-32(a)所示的 $\overset{\frown}{AB}$ 曲线，速度沿该曲线的线积分称为沿曲线的速度环量：

$$\Gamma_{AB}=\int_{\overset{\frown}{AB}}\boldsymbol{V}\cdot\mathrm{d}\boldsymbol{s}=\int_{\overset{\frown}{AB}}V\cos\alpha\mathrm{d}s=\int_{\overset{\frown}{AB}}V_s\mathrm{d}s=\int_{\overset{\frown}{AB}}u\mathrm{d}x+v\mathrm{d}y+w\mathrm{d}z \tag{2.4-5}$$

式中，$\alpha$ 是速度矢量 $\boldsymbol{V}$ 和曲线微元 $\mathrm{d}\boldsymbol{s}$ 的夹角。环量是个标量。要注意曲线是有方向的，由 $A$ 至 $B$ 的环量 $\Gamma_{AB}$ 和由 $B$ 至 $A$ 的环量 $\Gamma_{BA}$ 数值相等，符号相反，为

$$\Gamma_{AB}=\int_{\overset{\frown}{AB}}\boldsymbol{V}\cdot\mathrm{d}\boldsymbol{s}=-\Gamma_{BA}=-\int_{\overset{\frown}{BA}}\boldsymbol{V}\cdot\mathrm{d}\boldsymbol{s} \tag{2.4-6}$$

大多数情况下，需要计算的是绕封闭曲线的环量，如图 2-32(b)所示。这时有

$$\Gamma_L = \oint_L \boldsymbol{V} \cdot \mathrm{d}\boldsymbol{s} = \oint_L \left(u\mathrm{d}x + v\mathrm{d}y + w\mathrm{d}z\right) \tag{2.4-7}$$

对于绕封闭曲线的环量，规定积分时的绕行方向是逆时针方向，即封闭曲线所包围的区域总在行进方向的左侧。当沿顺时针方向积分时，式(2.4-7)前要加负号。

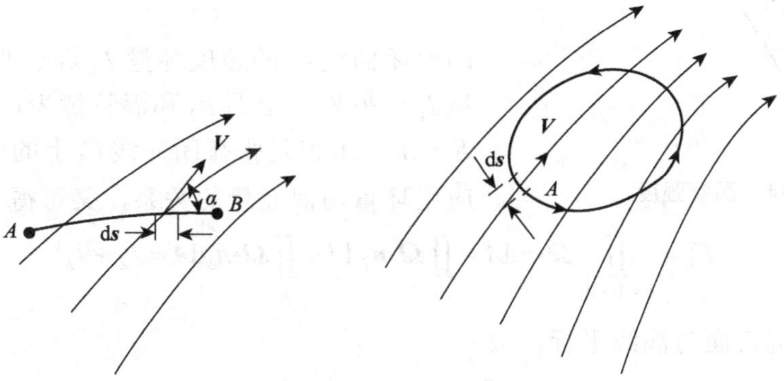


图 2-32　速度环量

2. 速度环量与涡通量的关系

根据数学中的斯托克斯定理可以确定速度环量与涡通量之间的关系。如图 2-33 所示，流场中曲面 $S$ 为张在封闭曲线 $L$ 上的任意连续开口曲面，$S$ 的外法向单位矢量 $\boldsymbol{n}$ 与 $L$ 的正向构成右手系。则速度矢量沿封闭曲线 $L$ 的环量等于涡量矢量通过曲面 $S$ 的涡通量，即

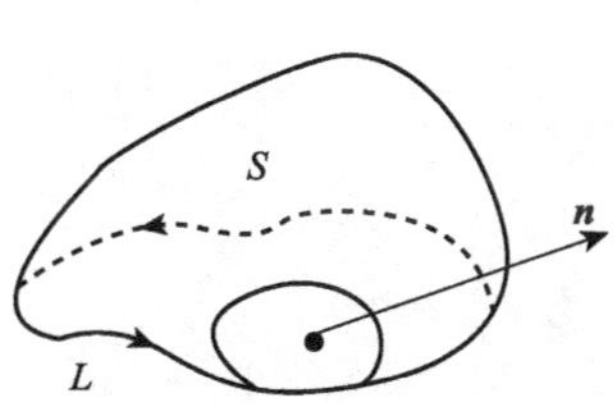


图 2-33　环量与涡通量关系用图

$$\Gamma_L = \oint_L u\mathrm{d}x + v\mathrm{d}y + w\mathrm{d}z = \iint_S \left(\frac{\partial w}{\partial y} - \frac{\partial v}{\partial z}\right)\mathrm{d}y\mathrm{d}z + \left(\frac{\partial u}{\partial z} - \frac{\partial w}{\partial x}\right)\mathrm{d}x\mathrm{d}z + \left(\frac{\partial v}{\partial x} - \frac{\partial u}{\partial y}\right)\mathrm{d}x\mathrm{d}y \tag{2.4-8}$$

或采用矢量写为

$$\Gamma_L = \oint_L \boldsymbol{V} \cdot \mathrm{d}\boldsymbol{l} = \iint_S (\nabla \times \boldsymbol{V}) \cdot \boldsymbol{n}\mathrm{d}S = \iint_S \boldsymbol{\Omega} \cdot \boldsymbol{n}\mathrm{d}S = I \tag{2.4-9}$$

### 2.4.3　涡管强度守恒定理及推论

涡管强度守恒定理是关于旋涡的运动学定理。

1. 涡管强度守恒定理

涡管强度守恒定理：同一瞬时，沿涡线或涡管的旋涡强度(或涡通量)不变。

**证明**：在某一时刻，取一段涡管，如图 2-34 所示。与涡管相交的任意两个曲面 $A_1$ 和

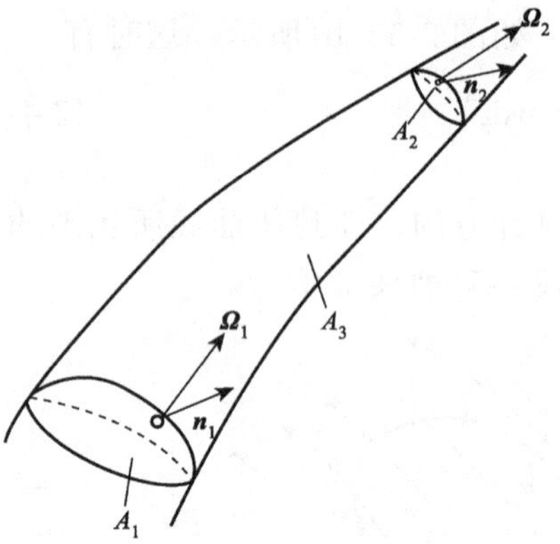


图 2-34 涡管强度

$A_2$，其边界线分别为绕涡管面的闭曲线 $C_1$ 和 $C_2$，$A_3$ 为涡管段的侧表面。

设沿曲线 $C_1$ 的速度环量为 $\Gamma_1$，面 $A_1$ 是张在 $C_1$ 上的曲面，则由环量和涡通量的关系，有

$$\Gamma_1 = \iint_{A_1} \boldsymbol{\Omega}\cdot\boldsymbol{n}_1 \mathrm{d}A = I_1 \tag{2.4-10}$$

即沿闭曲线 $C_1$ 的速度环量 $\Gamma_1$ 等于通过面 $A_1$ 的涡通量 $I_1$。另外，由面 $A_2$ 和涡管侧表面 $A_3$ 组成的曲面 $S = A_2 + A_3$ 也是张在闭曲线 $C_1$ 上的曲面，对 $C_1$ 和 $S$ 应用环量与涡通量的关系，又可得

$$\Gamma_1 = \iint_{S=A_2+A_3} \boldsymbol{\Omega}\cdot\boldsymbol{n}\mathrm{d}A = \iint_{A_2} \boldsymbol{\Omega}\cdot\boldsymbol{n}_2\mathrm{d}A + \iint_{A_3} \boldsymbol{\Omega}\cdot\boldsymbol{n}_3\mathrm{d}A = I_2 + I_3 \tag{2.4-11}$$

由于涡管侧表面与涡线平行，故

$$\boldsymbol{\Omega}\cdot\boldsymbol{n}_3 = 0, \quad I_3 = 0 \tag{2.4-12}$$

从而有

$$I_1 = I_2$$

同时，截面 $A_2$ 是张在闭曲线 $C_2$ 上的曲面，通过它的涡通量也等于沿曲线 $C_2$ 的环量 $\Gamma_2$，即

$$\Gamma_2 = \iint_{A_2} \boldsymbol{\Omega}\cdot\boldsymbol{n}\mathrm{d}A = I_2 \tag{2.4-13}$$

所以

$$\Gamma_1 = I_1 = I_2 = \Gamma_2 \tag{2.4-14}$$

上面证明了涡通量(旋涡强度)沿涡管不变，并且绕涡管上的任意一条不与涡线共面的曲线的环量相等。所以说，对于一涡管，不论在什么地方计算它的环量(涡通量、旋涡强度)，值都是相同的。此涡通量就称为涡管的强度。应当指出，该定理不涉及流体的介质属性，它是运动学定理，对有黏和无黏流体都适用。还应注意的是，该定理只关系到同一时刻在涡管不同截面上的涡通量守恒的问题，不能用于涡通量随时间的变化。

### 2. 涡管强度守恒定理的推论

涡管旋度守恒定理指出，涡强沿涡管不变。那么如果涡管到某处突然中止了，涡强也就应该随之变为零，而这是违反涡管强度守恒定理的，所以得到推论：涡管不能在流体中中断。

一根涡管在流体中不可能中断，可以伸展到无限远去，可以自相连接成一个涡环(不一定是圆环)，也可以止于边界，包括固体的边界或自由边界(如自由液面)。涡管的上述

三种存在形式，都有实际的例子。三维机翼上的涡线(与翼展同向的)在左右两端折转向后，成为尾涡，向后伸展到无限远的后方去。在二维风洞中做翼型的试验时，翼型上的涡线(翼展方向的)止于两侧的洞壁。图 2-35 也给出了一些涡管的例子。

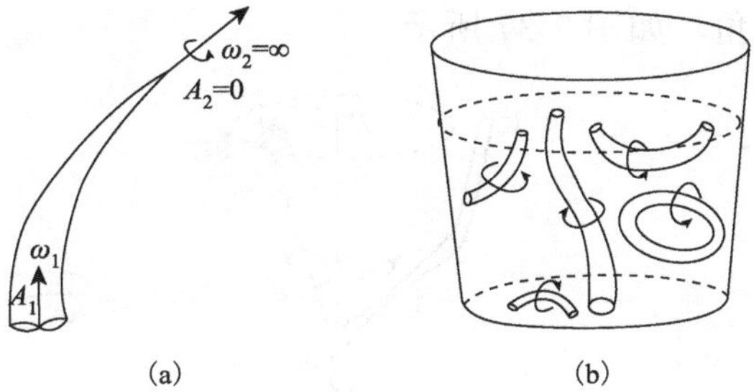


图 2-35　涡管存在形式

## 2.4.4　旋涡的诱导速度

旋涡的存在对应着流体中有一定的速度分布，该速度称为“诱导”速度。虽称为诱导速度，但其实旋涡和其对应的速度场是同时出现和存在的，并没有先后之分和因果关系。不能按字面的意思认为“诱导”速度是旋涡带动流体运动而引起的。

同时出现的涡量场和速度场之间存在如下关系：

$$\boldsymbol{\Omega}(x,y,z,t)=\nabla\times\boldsymbol{V}(x,y,z,t)$$

$$\Gamma_L=\oint_L\boldsymbol{V}\cdot\mathrm{d}\boldsymbol{l}=\iint_S(\nabla\times\boldsymbol{V})\cdot\boldsymbol{n}\mathrm{d}S=\iint_S\boldsymbol{\Omega}\cdot\boldsymbol{n}\mathrm{d}S=I$$

前面根据上述关系，由速度场求得对应的涡量场和速度环量或旋涡强度，本小节则讨论一个反问题，根据上述关系，由涡量场或旋涡强度确定对应的速度场，即旋涡的“诱导”速度。下面直接给出相关结果，详细推导见潘文全编的《流体力学基础》。

### 1. 线涡的诱导速度

实际流场中存在这样的情况：涡量集中分布在一条曲线的附近区域中，而在这个区域之外的流动是无旋的。龙卷风、深水旋涡等就类似于这样的流场。对于这种情况，可以设想涡量集中分布在截面积 $\Delta A'$ 很小的涡管中，如图 2-36 所示。涡管的强度为

$$\iint_{\Delta A'}\boldsymbol{\Omega}\cdot\boldsymbol{n}\mathrm{d}A=\Gamma$$

式中，$\Gamma$ 是该细涡管的涡通量，也是沿绕细管的曲线的环量。由于涡管很细，在考虑与其有一定距离的区域中的流场时，可以认为 $\Delta A'\to 0$，即以一条涡线来代替该细涡管，涡线要达到该细涡管的效果，即线涡的强度仍是 $\Gamma$ 。

涡线上的微段 $\mathrm{d}s$ 对线外某点 $P(x,y,z)$ 产生的诱导速度为

$$\mathrm{d}\boldsymbol{V}(x,y,z)=\frac{\Gamma}{4\pi}\frac{\mathrm{d}\boldsymbol{s}\times\boldsymbol{r}}{r^3} \tag{2.4-15}$$

式中，$\boldsymbol{r}$ 是由涡线微段 $\mathrm{d}\boldsymbol{s}$ 至点 $P$ 的矢径，速度 $\mathrm{d}\boldsymbol{V}$ 垂直于 $\mathrm{d}\boldsymbol{s}$ 和 $\boldsymbol{r}$ 组成的平面，方向采用

右手定则确定。写成标量形式为

$$\mathrm{d}V=\frac{\Gamma}{4\pi}\frac{\mathrm{d}s}{r^2}\sin\theta \tag{2.4-16}$$

式中，$\theta$ 是 $\mathrm{d}\boldsymbol{s}$ 和 $\boldsymbol{r}$ 的夹角，如图 2-37 所示。

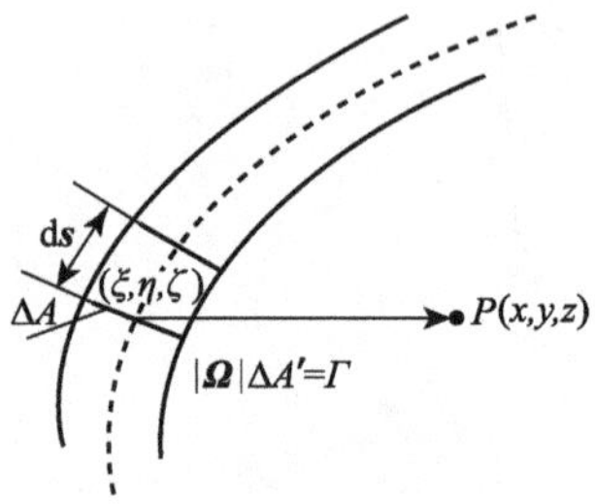


图 2-36　线涡

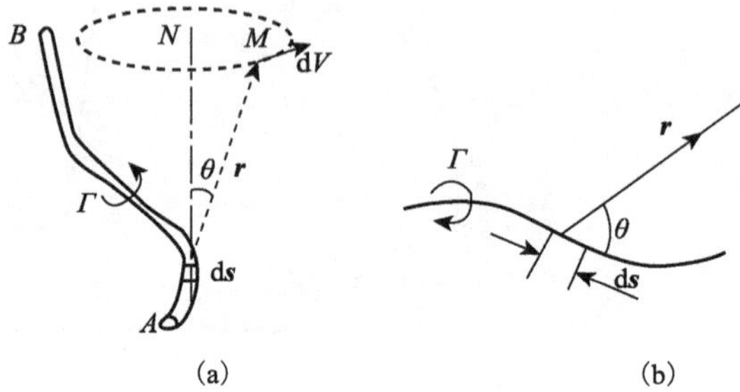


图 2-37　涡的诱导速度

上述线涡的速度场公式，又称毕奥-萨瓦公式，因为它与电磁理论中的电流感应磁场的毕奥-萨瓦公式类似。正是由于这个类比关系，在流体力学中，也常常把线涡对应的速度场称为线涡引起的诱导速度。需要注意的是，式(2.4-16)和式(2.4-17)说明的是流场运动量(速度和旋涡强度)之间的关系，但不是因果关系，而是流体运动学固有的关系。

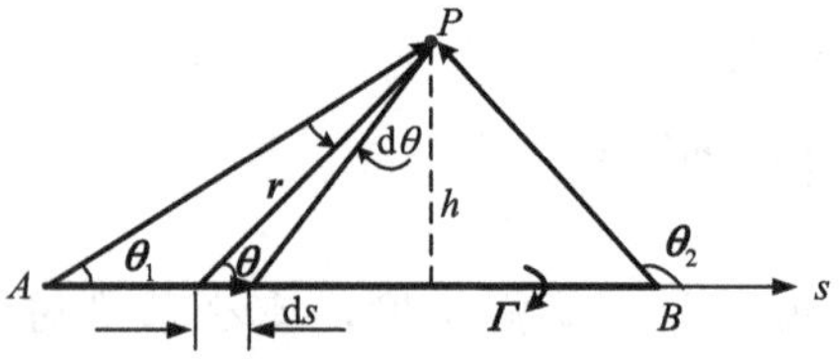


图 2-38　直线涡的诱导速度

2. 直涡线的诱导速度

特别地，当涡线是直线时，可积分得到简单的诱导速度公式。

如图 2-38 所示，$AB$ 是涡线，$P$ 为线外一点，$P$ 到 $AB$ 的距离为 $h$。对式(2.4-16)沿 $AB$ 积分，即可得到整个涡线 $AB$ 在 $P$ 点产生的“诱导”速度为

$$V=\frac{\Gamma}{4\pi}\int_{AB}\frac{\mathrm{d}s}{r^2}\sin\theta=\frac{\Gamma}{4\pi}\int_{AB}\frac{\mathrm{d}s}{\left(\dfrac{h}{\sin\theta}\right)^2}\sin\theta \tag{2.4-17}$$

设法将 $\mathrm{d}s$ 用 $\mathrm{d}\theta$ 表示为

$$\mathrm{d}s=h\cot\theta-h\cot(\theta+\mathrm{d}\theta)=-h\mathrm{d}(\cot\theta)=h\csc^2\theta\mathrm{d}\theta$$

代入式(2.4-17)，得

$$V=\frac{\Gamma}{4\pi}\int_{\theta_1}^{\theta_2}\frac{h\csc^2\theta\mathrm{d}\theta}{\left(\dfrac{h}{\sin\theta}\right)^2}\sin\theta=\frac{\Gamma}{4\pi}\int_{\theta_1}^{\theta_2}\frac{\sin\theta\mathrm{d}\theta}{h}=\frac{\Gamma}{4\pi h}(\cos\theta_1-\cos\theta_2) \tag{2.4-18}$$

式中，$\theta_1$、$\theta_2$ 分别为涡线两端点 $A$、$B$ 与 $P$ 的连线 $\overrightarrow{AP}$、$\overrightarrow{BP}$ 与 $\overrightarrow{AB}$ 之间的夹角。速度的方向根据右手定则确定，按图 2-38 中涡线方向，此速度应垂直于纸面向外。

如果涡线一头是无限长的，例如，图 2-39 中 $B$ 到达无穷远，则

$$V=\frac{\Gamma}{4\pi h}\left(\cos\theta_1+1\right) \tag{2.4-19}$$

如果涡线是半无限长的，且 $P$ 点至涡线的垂足 $N$ 与涡线的一端点 $A$ 重合，则

$$V=\frac{\Gamma}{4\pi h} \tag{2.4-20}$$

如果涡线两端都伸展到无限远，则

$$V=\frac{\Gamma}{2\pi h} \tag{2.4-21}$$

这里式(2.4-18)~式(2.4-20)给出了有限长直涡线的诱导速度。要注意的是，涡线是不能在流体中中断的。上述有限长涡线的诱导速度公式只是反映了该涡段对诱导速度的贡献，计算实际流场速度时要计及所有涡段的影响。

# 第 3 章　流体动力学的基本方程组

本章首先根据三大守恒定律建立流体运动的质量、动量和能量方程，包括微分形式的和积分形式的。这些基本方程组是后续学习或解决流动问题的基础。在适当的定解条件下求解基本方程组就可以获得详细的流场参数分布，当然一般情况下非线性偏微分方程组的求解并不容易。不过有时并不要求得到详细的流场参数分布，例如，只需要知道流体对物体作用的合力，或者有些参数还可以测量得到，又可以对流动问题做些简化，这类情况下就能够根据这些方程的积分形式，包括积分形式的质量、动量和能量方程和欧拉方程的伯努利积分，比较方便地解决流动问题，这是本章的另一个任务。最后本章还根据动量方程研究“旋涡”的动力学问题，导出开尔文环量守恒定理和亥姆霍兹旋涡定理。

## 3.1　引　　言

### 3.1.1　动力学任务与基本原则

空气动力学是研究“空气与物体之间有相对运动时，空气的运动规律及作用力(包括空气与物体之间的和空气内部的)”的学科。研究运动规律，除了从几何上知道各运动量之间的关系，这是运动学的内容；更希望知道产生或改变运动的物理原因(即流体运动时的相互作用)，也就是要研究流体运动和相互作用之间的一般关系，这是动力学的内容。流体运动和相互作用(力、热)之间的一般关系就是流体运动需要遵循物理学三大守恒定律，即质量守恒定律、动量守恒定律(牛顿第二定律)和能量守恒定律。这一章中要建立的流动动力学基本方程组，就是针对流体的这三大定律的数学表述。它们将给出联系诸流动参数(如速度 $\boldsymbol{V}$、压强 $p$、密度 $\rho$、温度 $T$)之间的数学关系式。

根据质量守恒定律，系统的质量不随时间变化，对流体系统则是质量的随体导数为零，即

$$\frac{\mathrm{D}m}{\mathrm{D}t}=0 \tag{3.1-1}$$

以牛顿第二定律表达的动量守恒定律就是

$$\boldsymbol{F}=m\boldsymbol{a}=m\frac{\mathrm{D}\boldsymbol{V}}{\mathrm{D}t} \tag{3.1-2}$$

式中，加速度 $\boldsymbol{a}$ 是第 2 章“流体运动学”中已经讨论过的，是质点速度的随体导数。流体的受力有表面力和彻体力，其中表面力包括压力和黏性应力。采用热力学第一定律表述的能量守恒定律为：单位时间内外界传给系统的热量，等于系统的总能量的增加率加

上系统对外界输出的功率，即

$$\dot{Q}=\frac{\mathrm{D}E_{系统}}{\mathrm{D}t}+\dot{W}_{系统输出}$$

式中，$\dot{Q}$ 为单位时间内外界传给系统的热量，$\mathrm{D}E_{系统}/\mathrm{D}t$ 为系统的总能量(包括内能与动能)随时间的变化率，$\dot{W}_{系统输出}$ 为系统对外界的做功率。或写为

$$\frac{\mathrm{D}E_{系统}}{\mathrm{D}t}=\dot{Q}+\dot{W} \tag{3.1-3}$$

这里 $\dot{W}$ 为外界对系统的做功率，包括彻体力的做功率和表面力的做功率。

流体动力学的基本方程组就是由上述式(3.1-1)~式(3.1-3)导出的。

### 3.1.2　系统(流体微团)与控制体(微元体)

研究流体运动有两种流体模型。

一是“随体”观点的模型，它认定某个有确定质量的流体团，称为封闭“系统”。系统以外的一切，统称为外界。系统的特点是：①系统的体积 $\Omega(t)$ 和界面积 $S(t)$ 随流体运动而随时变化；②在系统的界面上，只有能量交换，没有质量交换；③在系统的边界上，系统受到外界对其作用的表面力。无限小的流体“系统”称为“流体微团”。对应于“系统”模型的描述流体运动的方法，是拉格朗日方法。

另一种是“当地”观点的模型，它在流体空间认定一个固定的控制面所包围的区域，称为“控制体”，研究该控制体内的流体。其特点是：①控制体的体积 $\Omega$ 和界面积 $S$ 是固定不变的；②在控制体的界面上，既有能量交换，又有质量交换。③在控制体的界面上，控制体内流体受到控制体以外的流体对其作用的表面力。无限小的流体“控制体”称为“微元体”。对应于“控制体”模型的描述流体运动的方法是欧拉方法。

三大守恒定律的原始形式都是针对“系统”给出的，是拉格朗日观点。而在流体力学中采用欧拉描述法，因此采用“控制体”的模型更方便。本章首先写出三大定律针对“系统”的表达式，再经过一定的变换以得到适用于“控制体”的基本方程。

### 3.1.3　微分形式和积分形式的基本方程

分析流体运动时，主要有两种方式：第一种是描述流场中每一点的流动细节，另一种是针对一个有限区域，通过研究某物理量流入和流出的平衡关系来确定总的作用效果，如作用在这个区域上的力、力矩、总能量交换等。其中前一种方法也称为微分方法，而后一种称为积分方法。

基本方程既可以用微分形式表示，也可以用积分形式表示。微分形式的方程是针对无限小的流体微团，或无限小体积的微元体，描述流场每点细节；积分形式的方程针对有限大体积的系统，或有限大体积的控制体、区域。它们在本质上是一样的，但在应用方面却有区别。微分形式的基本方程给出的是流场中每一流体质点或微团的各物理量之间的关系，当要求了解流场各点细节时，需要采用微分形式的基本方程。但是，如果流动过程在某处参数发生不连续变化，该处微分形式的基本方程失效，就必须采用积分形

式的方程。当只要求了解流体动力学问题的总体性能关系(如流体作用在物体上的合力、总的能量传递等)，而不要求了解流动过程的详细情况时，可用积分形式的基本方程求解，这种方法简单方便。并且积分形式的方程只要求积分本身存在，因而也适用于有间断的流场。

### 3.1.4 雷诺输运定理

雷诺输运定理解决了将描述“系统”的基本方程转化成描述“控制体”的方程的问题。上述针对“系统”的基本方程都是物理量变化率(即物理量的随体导数)的关系式。雷诺输运定理需要将“系统”物理量的随体导数用“控制体”中物理量的当地时间导数和单位时间从“控制体”界面流入流出的物理量来表达。

1. 研究的“系统”和控制体

如图 3-1(a)所示，在流场中任意取一个有限大小的有流体流过的控制体$(ABCD)$，体积为$\Omega(ABCD)$，控制体的表面为$S(ABCD)$。以 $t$ 瞬时位于该控制体内的流体作为研究的“系统” $M(ABCD,t)$，如图 3-1(b)所示的位于控制体内的灰色实体。可见在 $t$ 瞬时“控制体”与“系统”占据相同的空间。经过 $\mathrm{d}t$ 时间间隔后，系统顺流移到新的位置，形状也与 $t$ 时刻的不同，如图 3-1(c)所示，为 $AB'CD'$。但控制体仍在原来的位置上。

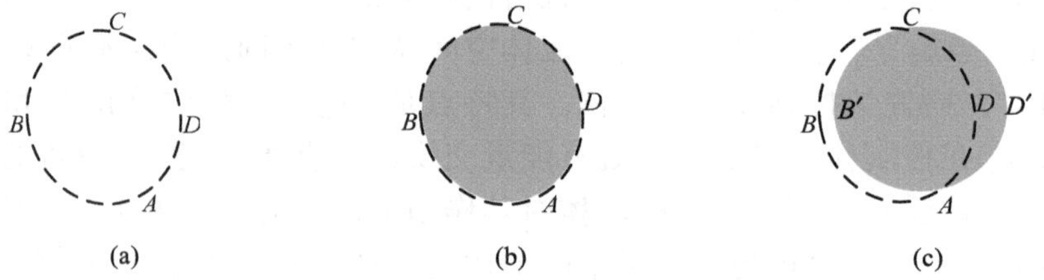


图 3-1 雷诺输运定理示意图

以 $N$ 表示与“系统”体积有关的任意随流物理量，例如，“系统”内流体所具有的质量、内能、动能、动量、动量矩等。以 $\eta$ 表示“系统”内单位体积流体所具有的随流物理量，如密度、单位体积动能、动量等。因此，$N$ 与 $\eta$ 之间有如下关系：

$$N=\iiint_{\Omega(t)}\eta(x,y,z,t)\,\mathrm{d}\Omega \tag{3.1-4}$$

$\eta$ 与 $N$ 一般情况下是空间坐标和时间坐标的函数，它们可以是标量也可以是矢量。

2. “系统”物理量随时间的变化率——随体导数

“系统”随流物理量 $N$ 对时间的变化率为

$$\lim_{\Delta t\to 0}\left(\frac{\Delta N}{\Delta t}\right)_{系统}$$

它是一个随体导数(物质导数、实质导数)，应用随体导数符号记为

$$\frac{\mathrm{D}}{\mathrm{D}t}\left(\iiint\limits_{\Omega(t)}\eta\mathrm{d}\Omega\right)=\lim_{\Delta t\to 0}\frac{\Delta N}{\Delta t}=\frac{\mathrm{D}N}{\mathrm{D}t}=\frac{N\left(AB'CD',t+\mathrm{d}t\right)-N\left(ABCD,t\right)}{\mathrm{d}t} \tag{3.1-5}$$

式中，$\mathrm{D}N$ 为

$$\begin{aligned}\mathrm{D}N&=N\left(AB'CD',t+\mathrm{d}t\right)-N\left(ABCD,t\right)\\&=N\left(AB'CD,t+\mathrm{d}t\right)+N\left(ADCD',t+\mathrm{d}t\right)-N\left(AB'CD,t\right)-N\left(ABCB',t\right)\end{aligned} \tag{3.1-6}$$

3. $\mathrm{d}t$ 时间内固定区域$(AB'CD)$中物理量的变化

考查固定的区域$(AB'CD)$，$t$ 时刻其中的物理量为 $N(AB'CD,t)$，$t+\mathrm{d}t$ 时刻为 $N(AB'CD,t+\mathrm{d}t)$，则 $N(AB'CD,t+\mathrm{d}t)-N(AB'CD,t)$ 是该固定区域内物理量在 $\mathrm{d}t$ 时间段内的变化：

$$\begin{aligned}&N\left(AB'CD,t+\mathrm{d}t\right)-N\left(AB'CD,t\right)\\&=\iiint\limits_{\Omega(AB'CD)}\eta\left(x,y,z,t+\mathrm{d}t\right)\delta\Omega-\iiint\limits_{\Omega(AB'CD)}\eta\left(x,y,z,t\right)\delta\Omega=\mathrm{d}t\iiint\limits_{\Omega(AB'CD)}\frac{\partial\eta\left(x,y,z,t\right)}{\partial t}\delta\Omega\end{aligned}$$

注意，$t$ 时刻和 $t+\mathrm{d}t$ 时刻位于这块固定区域$(AB'CD)$内的不一定是同样的一些质点，积分是针对固定区域内的那些空间坐标进行的，不管它们被哪些质点占据。为了表明是对固定的空间坐标的积分，上式中用 $\delta\Omega$ 代替 $\mathrm{d}\Omega$，以示区别。每个固定点上质点的物理量 $\eta(x,y,z,t)$ 从 $t$ 时刻到 $t+\mathrm{d}t$ 时刻发生的变化是 $\partial\eta/\partial t\cdot\mathrm{d}t$。

做一个近似：在 $\mathrm{d}t$ 这样的微分时间间隔内，固定区域$(AB'CD)$和控制体$(ABCD)$及两者之内流体物理量的差别是一阶小量，那么可以用 $\iiint\limits_{\Omega(ABCD)}\frac{\partial\eta}{\partial t}\delta\Omega$ 代替 $\iiint\limits_{\Omega(AB'CD)}\frac{\partial\eta}{\partial t}\delta\Omega$，这样在上式中引起的差别是二阶小量。所以上式进一步化为

$$N\left(AB'CD,t+\mathrm{d}t\right)-N\left(AB'CD,t\right)=\mathrm{d}t\iiint\limits_{\Omega(ABCD)}\frac{\partial\eta\left(x,y,z,t\right)}{\partial t}\delta\Omega \tag{3.1-7}$$

4. $t+\mathrm{d}t$ 时刻区域$(ADCD')$中物理量和 $t$ 时刻$(ABCB')$中物理量的差别

$t+\mathrm{d}t$ 时刻的区域$(ADCD')$：其内的流体物理量是 $N(ADCD',t+\mathrm{d}t)$。这些流体是从 $t$ 到 $t+\mathrm{d}t$ 的时间段 $\mathrm{d}t$ 内通过界面 $S(CDA)$ 流出的，随流体同时携带了物理量，于是有

$$N\left(ADCD',t+\mathrm{d}t\right)=\mathrm{d}t\iint\limits_{S(CDA)}\eta\left(x,y,z,t\right)\boldsymbol{V}\left(x,y,z,t\right)\cdot\boldsymbol{n}\delta S$$

$t$ 时刻的区域$(ABCB')$：其内的流体物理量是 $N(ABCB',t)$。这些流体会在从 $t$ 到 $t+\mathrm{d}t$ 的时间段 $\mathrm{d}t$ 内通过界面 $S(AB'C)$ 流到区域$(AB'CD)$中（随流体同时携带了物理量），则

$$N\left(ABCB',t\right)=-\mathrm{d}t\iint\limits_{\substack{S(AB'C)\\ \approx S(ABC)}}\eta\left(x,y,z,t\right)\boldsymbol{V}\left(x,y,z,t\right)\boldsymbol{\cdot}\boldsymbol{n}\delta S$$

式中，界面$S\left(AB'C\right)$的外法线方向与流速方向相反。这里再做一个近似：在$\mathrm{d}t$这样的微分时间间隔内，界面$S\left(AB'C\right)$及其上的随流物理量和流速与界面$S\left(ABC\right)$及其上相应量的差别是一阶小量，因此若以$\iint\limits_{S(ABC)}\eta\boldsymbol{V}\boldsymbol{\cdot}\boldsymbol{n}\delta S$代替$\iint\limits_{S(AB'C)}\eta\boldsymbol{V}\boldsymbol{\cdot}\boldsymbol{n}\delta S$，在上式中引起的差别也只是二阶小量，于是有

$$N\left(ABCB',t\right)=-\mathrm{d}t\iint\limits_{S(ABC)}\eta\left(x,y,z,t\right)\boldsymbol{V}\left(x,y,z,t\right)\boldsymbol{\cdot}\boldsymbol{n}\delta S$$

综上可知，$t+\mathrm{d}t$时刻区域$\left(ADCD'\right)$中物理量和$t$时刻$\left(ABCB'\right)$中物理量的差别为

$$\begin{aligned}&N\left(ADCD',t+\mathrm{d}t\right)-N\left(ABCB',t\right)\\&=\mathrm{d}t\iint\limits_{S(CDA)}\eta\left(x,y,z,t\right)\boldsymbol{V}\left(x,y,z,t\right)\boldsymbol{\cdot}\boldsymbol{n}\delta S+\mathrm{d}t\iint\limits_{S(ABC)}\eta\left(x,y,z,t\right)\boldsymbol{V}\left(x,y,z,t\right)\boldsymbol{\cdot}\boldsymbol{n}\delta S\\&=\mathrm{d}t\oiint\limits_{S(ABCD)}\eta\left(x,y,z,t\right)\boldsymbol{V}\left(x,y,z,t\right)\boldsymbol{\cdot}\boldsymbol{n}\delta S\end{aligned}\tag{3.1-8}$$

5. 雷诺输运定理

联立式(3.1-6)~式(3.1-8)，得到系统$M\left(ABCD,t\right)$的物理量$N$在$\mathrm{d}t$时间段内的变化$\mathrm{D}N$为

$$\begin{aligned}\mathrm{D}N&=N\left(AB'CD',t+\mathrm{d}t\right)-N\left(ABCD,t\right)\\&=\mathrm{d}t\iiint\limits_{\Omega(ABCD)}\frac{\partial\eta}{\partial t}\delta\Omega+\mathrm{d}t\oiint\limits_{S(ABCD)}\eta\left(x,y,z,t\right)\boldsymbol{V}\left(x,y,z,t\right)\boldsymbol{\cdot}\boldsymbol{n}\delta S\end{aligned}$$

则

$$\frac{\mathrm{D}}{\mathrm{D}t}\left(\iiint\limits_{\Omega(t)}\eta\left(x,y,z,t\right)\mathrm{d}\Omega\right)=\iiint\limits_{\Omega}\frac{\partial\eta\left(x,y,z,t\right)}{\partial t}\delta\Omega+\oiint\limits_{S}\eta\left(x,y,z,t\right)\boldsymbol{V}\left(x,y,z,t\right)\boldsymbol{\cdot}\boldsymbol{n}\delta S\tag{3.1-9}$$

这就是雷诺输运定理的数学表达式。式中的物理量$\eta$既可以是标量，例如，单位体积的质量即密度$\rho$；也可以是矢量，例如，单位体积的动量$\rho\boldsymbol{V}$。

式(3.1-9)左端是有限质量的“系统”的某物理量的总和在系统运动过程中随时间的变化率，即随体导数；右端第一项是与该系统此时占据空间重合的“控制体”内物理量的当地时间导数，表征了流场的非定常特性；右端第二项是单位时间内，通过“控制体”的界面“控制面”净流出的物理量，是由于流场的不均匀性引起的。综合起来说，雷诺输运定理的物理含义是：某瞬间“系统”中某一随体物理量随时间的变化率，等于同一瞬间与该“系统”重合的控制体中所含同一物理量的当地增加率与该物理量通过控制面的净流出率之和。

## 3.2 质 量 方 程

质量方程是质量守恒定律在流体运动中的具体表现形式。质量守恒定律用随体观点可表述为：封闭“系统”内流体的质量既不能产生，也不能消失，即“系统”的质量随时间的变化率为零。用当地观点则应表述为：“控制体”内的流体质量经过某时间段后的变化(增加)应等于该时间段内通过控制面净流入“控制体”的质量。本节分别采用随体观点和当地观点导出流体运动的质量方程，包括以流体微团或微元体为对象的质量方程(又称为连续方程)和以有限大的“系统”或“控制体”为对象的积分形式的质量方程。

### 3.2.1 微分形式的质量方程(连续方程)

1. 随体观点的连续方程

1) 连续方程的导出

采用“系统”的观点，取一流体微团，其体积为 $\mathrm{d}\Omega(t)$，界面积为 $\mathrm{d}A(t)$，均随时间变化。但流体微团是封闭系统，其质量守恒，即

$$\frac{\mathrm{D}\left[\rho(x,y,z,t)\mathrm{d}\Omega(t)\right]}{\mathrm{D}t}=0$$

展开为

$$\frac{\mathrm{D}\rho}{\mathrm{D}t}\mathrm{d}\Omega(t)+\rho\frac{\mathrm{D}\left[\mathrm{d}\Omega(t)\right]}{\mathrm{D}t}=0 \tag{3.2-1}$$

式(3.2-1)第二项为密度乘以微团体积的变化率。在 2.3.4 节中知道 $\nabla\cdot\boldsymbol{V}$ 为微团的体积应变率，则 $\nabla\cdot\boldsymbol{V}$ 乘以微团体积后就是微团体积的变化率，即

$$\frac{\mathrm{D}\left[\mathrm{d}\Omega(t)\right]}{\mathrm{D}t}=\nabla\cdot\boldsymbol{V}\mathrm{d}\Omega$$

代入式(3.2-1)后得

$$\frac{\mathrm{D}\rho}{\mathrm{D}t}+\rho\nabla\cdot\boldsymbol{V}=0 \tag{3.2-2}$$

这就是微分形式的流体质量方程，又称为连续方程。它的含义是：流体运动过程中单位体积流体微团的质量变化率为零。方程左端第一项是由密度变化引起的单位体积流体微团的质量变化率，第二项为体积应变率与密度的乘积，是由微团体积变化引起的质量变化率。

2) 不可压流的连续方程

对于不可压流，流体的密度在流动过程中保持不变，则

$$\frac{\mathrm{D}\rho}{\mathrm{D}t}=0,\quad 即\ \frac{\partial\rho}{\partial t}+\boldsymbol{V}\cdot\nabla\rho=0 \tag{3.2-3}$$

这就是不可压流动的连续方程。需要注意的是，不可压指的是每个流体质点的密度在流动过程中保持不变（$\mathrm{D}\rho/\mathrm{D}t=0$），而不是指流场的密度不随空间和时间变化（$\rho=\mathrm{const}$）。举例来说，如果初始时刻流场密度分布不均匀（$\nabla\rho\neq0$），各质点密度不同，而在不可压流动过程中各质点保持自己的初始密度不变，则任意时刻流场依然是不均匀的（$\nabla\rho\neq0$），并且由式(3.2-3)还可进一步知道，对流场某当地点，其密度也可能随时间变化（$\partial\rho/\partial t\neq0$）。当然，对于初始时刻密度均匀分布的流场，流动不可压的情况下就是$\rho=\mathrm{const}$。

联合式(3.2-2)和式(3.2-3)，也可将不可压流的连续方程写成另一种形式：

$$\nabla\cdot\boldsymbol{V}=0,\quad 即\ \frac{\partial u}{\partial x}+\frac{\partial v}{\partial y}+\frac{\partial w}{\partial z}=0 \tag{3.2-4}$$

也就是说，不可压流中流体速度的散度为零。速度的散度就是微团的体积应变率，因此式(3.2-4)其实是直接表达了不可压流动中微团的体积不变这一特点。

2. 当地观点的连续方程

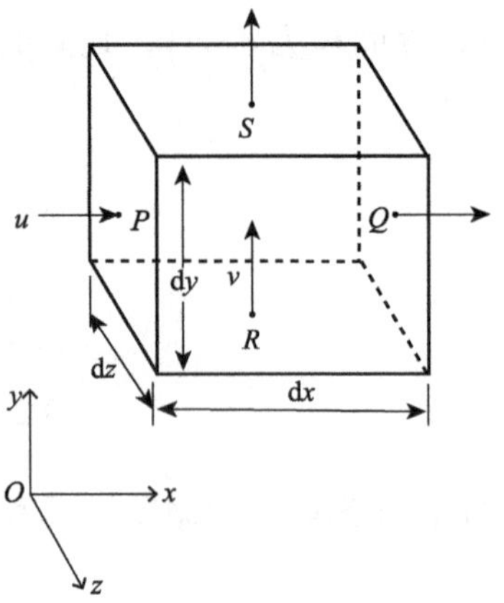

图 3-2　微元控制体

如图 3-2 所示，在流场中划定一个三边分别为 d$x$、d$y$、d$z$ 的正交六面体区域，即取定了正交六面体形状的微元(控制)体。微元体的体积是 d$x$d$y$d$z$。采用当地观点考查微元体内质量的变化。假定微元体不存在内部源，即微元体内部既没有产生质量的源，也没有吞噬质量的洞。于是微元体内质量的变化就等于从微元体表面流入的质量减去流出的质量，或者说等于通过微元体表面的净流入质量。

1) 微元体内质量的变化

微元体中心点的坐标是$(x,y,z)$，$t$ 时刻在此中心点的流体质点的密度是$\rho(x,y,z,t)$，以此点的密度作为整个微元体中流体的平均密度，则 $t$ 时刻微元体中流体的质量为

$$\rho(x,y,z,t)\mathrm{d}x\mathrm{d}y\mathrm{d}z$$

$t+\mathrm{d}t$ 时刻的质量为

$$\rho(x,y,z,t+\mathrm{d}t)\mathrm{d}x\mathrm{d}y\mathrm{d}z$$

从而 d$t$ 时间段内微元体中质量的变化(增加)为

$$\left(\frac{\partial\rho}{\partial t}\mathrm{d}t\right)\mathrm{d}x\mathrm{d}y\mathrm{d}z \tag{3.2-5}$$

2) 从微元面流入微元体的质量

流入(流出)的质量＝密度×流入(流出)体积＝密度×截面积×垂直于截面的流速×d$t$。对于微元面，可以取各面上中心点的密度和速度作为该面的平均密度和速度来计算。

如图 3-2 所示，垂直于 $x$ 轴的左边的 d$y$d$z$ 微元面的中心点为 $P$，该点处的 $x$ 方向流

速和密度分别为

$$u(x,y,z,t)+\frac{\partial u}{\partial x}\left(-\frac{\mathrm{d}x}{2}\right),\quad \rho(x,y,z,t)+\frac{\partial \rho}{\partial x}\left(-\frac{\mathrm{d}x}{2}\right)$$

则 d$t$ 时间段内从该微元面流入的质量为

$$\left(\rho-\frac{\partial \rho}{\partial x}\frac{\mathrm{d}x}{2}\right)\left(u-\frac{\partial u}{\partial x}\frac{\mathrm{d}x}{2}\right)\mathrm{d}y\mathrm{d}z\mathrm{d}t=\left[\rho u-\frac{\partial(\rho u)}{\partial x}\frac{\mathrm{d}x}{2}\right]\mathrm{d}y\mathrm{d}z\mathrm{d}t \tag{3.2-6}$$

上面略去了高阶小量。类似地，可得出 d$t$ 时间段内从下边的 d$x$d$z$ 微元面和后边的 d$x$d$y$ 微元面流入的质量分别为

$$\left[\rho v-\frac{\partial(\rho v)}{\partial y}\frac{\mathrm{d}y}{2}\right]\mathrm{d}x\mathrm{d}z\mathrm{d}t,\quad \left[\rho w-\frac{\partial(\rho w)}{\partial z}\frac{\mathrm{d}z}{2}\right]\mathrm{d}x\mathrm{d}y\mathrm{d}t \tag{3.2-7}$$

3) 从微元面流出微元体的质量

d$t$ 时间段内从垂直于 $x$ 轴的右边的 d$y$d$z$ 微元面流出的质量为

$$\left(\rho+\frac{\partial \rho}{\partial x}\frac{\mathrm{d}x}{2}\right)\left(u+\frac{\partial u}{\partial x}\frac{\mathrm{d}x}{2}\right)\mathrm{d}y\mathrm{d}z\mathrm{d}t=\left[\rho u+\frac{\partial(\rho u)}{\partial x}\frac{\mathrm{d}x}{2}\right]\mathrm{d}y\mathrm{d}z\mathrm{d}t \tag{3.2-8}$$

类似地，d$t$ 时间段内从上边的 d$x$d$z$ 微元面和前边的 d$x$d$y$ 微元面流出的质量分别为

$$\left[\rho v+\frac{\partial(\rho v)}{\partial y}\frac{\mathrm{d}y}{2}\right]\mathrm{d}x\mathrm{d}z\mathrm{d}t,\quad \left[\rho w+\frac{\partial(\rho w)}{\partial z}\frac{\mathrm{d}z}{2}\right]\mathrm{d}x\mathrm{d}y\mathrm{d}t \tag{3.2-9}$$

4) 连续方程

根据上面得出的式(3.2-6)~式(3.2-9)，可知 d$t$ 时间段内通过微元体表面的净流入质量(流入−流出)为

$$-\left[\frac{\partial(\rho u)}{\partial x}+\frac{\partial(\rho v)}{\partial y}+\frac{\partial(\rho w)}{\partial z}\right]\mathrm{d}x\mathrm{d}y\mathrm{d}z\mathrm{d}t$$

它等于微元体在 d$t$ 时间段内的当地质量变化[式(3.2-5)]，即

$$\left(\frac{\partial \rho}{\partial t}\mathrm{d}t\right)\mathrm{d}x\mathrm{d}y\mathrm{d}z=-\left[\frac{\partial(\rho u)}{\partial x}+\frac{\partial(\rho v)}{\partial y}+\frac{\partial(\rho w)}{\partial z}\right]\mathrm{d}x\mathrm{d}y\mathrm{d}z\mathrm{d}t$$

整理为

$$\frac{\partial \rho}{\partial t}+\frac{\partial(\rho u)}{\partial x}+\frac{\partial(\rho v)}{\partial y}+\frac{\partial(\rho w)}{\partial z}=0 \tag{3.2-10}$$

或采用散度符号写为

$$\frac{\partial \rho}{\partial t}+\nabla\cdot(\rho \boldsymbol{V})=0 \tag{3.2-11}$$

这是连续方程的另一种形式，其含义：单位体积的微元体内质量的当地变化率与通过微元面的质量净流出率之和为零。利用随体导数公式，也可将式(3.2-11)改写成(3.2-2)的形式。

### 3.2.2 积分形式的质量方程

1. 方程的导出

对于有限大的封闭流体系统，质量守恒是指系统的质量在运动过程中保持不变：

$$\frac{\mathrm{D}}{\mathrm{D}t}\left(\iiint\limits_{\Omega(t)}\rho(x,y,z,t)\mathrm{d}\Omega\right)=0 \tag{3.2-12}$$

这可以说是采用随体观点的积分形式的质量方程。式中积分针对系统的体积 $\Omega(t)$ 进行，系统的体积和界面积在运动过程中都可能发生变化。

雷诺输运定理已将系统物理量随时间的变化率表达为控制体内当地变化率与通过控制面的净流出率之和[式(3.1-9)]：

$$\frac{\mathrm{D}}{\mathrm{D}t}\left(\iiint\limits_{\Omega(t)}\eta(x,y,z,t)\mathrm{d}\Omega\right)=\iiint\limits_{\Omega}\frac{\partial\eta(x,y,z,t)}{\partial t}\delta\Omega+\oint\!\!\!\oint\limits_{S}\eta(x,y,z,t)\boldsymbol{V}(x,y,z,t)\boldsymbol{\cdot}\boldsymbol{n}\delta S$$

式中，$\eta(x,y,z,t)$ 为单位体积的物理量。这里考虑系统的质量，单位体积的物理量即为流体的密度 $\rho(x,y,z,t)$。对式(3.2-12)应用雷诺输运定理，得

$$\iiint\limits_{\Omega}\frac{\partial\rho(x,y,z,t)}{\partial t}\delta\Omega+\oint\!\!\!\oint\limits_{S}\rho(x,y,z,t)\boldsymbol{V}(x,y,z,t)\boldsymbol{\cdot}\boldsymbol{n}\delta S=0 \tag{3.2-13}$$

式(3.2-13)就是常用的积分形式的质量方程。式中第一项是对控制体的体积 $\Omega$ 进行积分，第二项是对控制体的外界面进行面积分，控制体的体积和界面积都固定不变。

积分形式的质量方程用于控制体整体。由于它不描述每个单独点的细节，不仅适用于连续流动，也适用于内部包含不连续流动的控制体。特别地，将积分形式的质量方程应用于连续流动，并根据高斯定理将曲面积分化为体积分，可得

$$\iiint\limits_{\Omega}\left[\frac{\partial\rho}{\partial t}+\nabla\boldsymbol{\cdot}(\rho\boldsymbol{V})\right]\delta\Omega=0 \tag{3.2-14}$$

该式对任何大小的控制体都成立，因此被积函数必须为零。由此也能得到当地观点的连续方程(3.2-11)。

2. 特殊流动情况下的积分形式质量方程

在一些特殊的流动情况下，积分形式的质量方程有特殊的简单形式。

1)密度为常数的流动

对不可压均值流体(即 $\rho=\mathrm{const}$)的流动，式(3.2-13)成为

$$\oint\!\!\!\oint\limits_{S}\boldsymbol{V}(x,y,z,t)\boldsymbol{\cdot}\boldsymbol{n}\delta S=0 \tag{3.2-15}$$

将控制面分解为流体流入的面和流出的面，即 $S=S_{\mathrm{out}}+S_{\mathrm{in}}$，并注意到式(3.2-15)中 $\boldsymbol{n}$ 沿控制面外法向，则有

$$-\iint_{S_{\text{in}}} \boldsymbol{V}\bullet\boldsymbol{n}\delta S = \iint_{S_{\text{out}}} \boldsymbol{V}\bullet\boldsymbol{n}\delta S \tag{3.2-16}$$

式中，$\boldsymbol{n}$ 依然是沿封闭曲面 $S$ 的外法向。式(3.2-16)表明，对不可压均值流体流动，当不存在内部源时，通过控制面流进和流出控制体的流体体积流量相等。这对定常流和非定常流都是适用的。

2) 定常可压流动

当 $\partial\rho/\partial t = 0$ 时，式(3.2-13)成为

$$\oiint_S \rho(x,y,z,t)\boldsymbol{V}(x,y,z,t)\bullet\boldsymbol{n}\delta S = 0$$

可改写为

$$-\iint_{S_{\text{in}}} \rho\boldsymbol{V}\bullet\boldsymbol{n}\delta S = \iint_{S_{\text{out}}} \rho\boldsymbol{V}\bullet\boldsymbol{n}\delta S \tag{3.2-17}$$

这说明对于定常的可压流动，流进控制体的质量流量等于流出控制体的质量流量。

3. 应用举例

**例 3-1**　如图 3-3 所示，有一储气罐，罐中的空气经管道向外界排出。已知管道出口处气流密度和压强为均匀分布，而速度则按抛物线规律分布，即

$$V = V_m\left(1-\frac{r^2}{r_m^2}\right)$$

储气罐和管道的总容积为 $0.32\text{m}^3$，排气管半径为 $r_m = 0.025\text{m}$，当储气罐中空气压强 $p_0 = 1.4\times10^5\,\text{Pa}$，温度 $T_0 = 277.8\text{ K}$ 时，测得管道出口处气流最大速度 $V_m = 32\,\text{m/s}$，试求此时储气罐和排气管中空气密度的时间变化率。

**解**：管道中气体流动速度很低，故可以认为储气罐和排气管道中空气密度相同，即气流密度在空间上是均匀的(流速变化引起压强变化的影响可以忽略)，但在时间上是非定常的(因为有气体从管道流出)。取如图 3-3 所示的虚线所围空间为控制体。对控制体应用积分形式质量方程(3.2-13)，并根据控制体范围内密度在空间上的均匀性，得

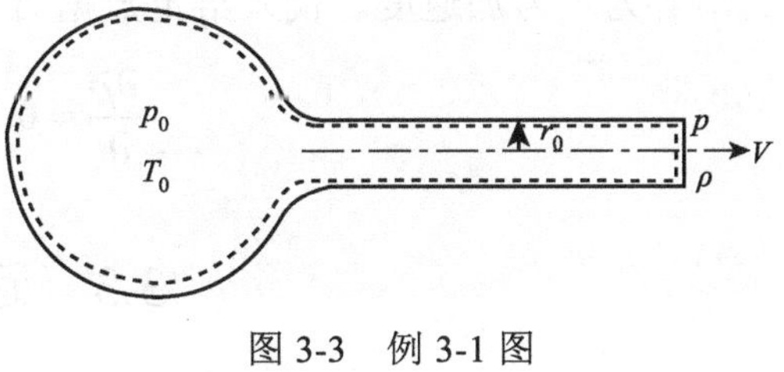


图 3-3　例 3-1 图

$$\frac{\partial\rho}{\partial t}\varOmega = -\rho\oiint_A \boldsymbol{V}\bullet\boldsymbol{n}\delta A = -\dot{m} \tag{3.2-18}$$

式中，$\dot{m}$ 为单位时间通过控制面流出的气体质量流量。

根据储气罐和排气管道中空气密度相同，则出口处气流密度可从气罐中已知压强和温度这一条件求出，即

$$\rho = \rho_0 = \frac{p}{RT_0} \tag{3.2-19}$$

由于管道出口处气流的速度与出口截面相垂直，所以有

$$\dot{m}=\iint_{A_{\text{out}}}\rho\boldsymbol{V}\bullet\boldsymbol{n}\delta A=\int_0^{r_m}\rho V_m\left(1-\frac{r^2}{r_m^2}\right)2\pi r\mathrm{d}r=\rho V_m\frac{\pi}{2}r_m^2 \tag{3.2-20}$$

将式(3.2-19)代入式(3.2-20)得

$$\dot{m}=\frac{\pi r_m^2V_m p_0}{2RT_0} \tag{3.2-21}$$

再联合式(3.2-18)，得

$$\frac{\partial\rho}{\partial t}=-\frac{\dot{m}}{\Omega}=-\frac{\pi r_m^2V_m p_0}{2RT_0\Omega} \tag{3.2-22}$$

代入给定数据后，求得储气罐和管道中气体密度随时间的变化率(当地时间导数)为

$$\frac{\partial\rho}{\partial t}=-0.1725\left[\mathrm{kg}/\left(\mathrm{m}^3\cdot\mathrm{s}\right)\right] \tag{3.2-23}$$

负号表示气体密度是随时间持续下降。

**例 3-2** 一段输气管道直径为 150mm，在相距 8m 的两个截面上同时测量数据，单位时间的重量流量分别为 2N/s 和 1.8N/s，问这段管道内气体的平均密度随时间的变化率有多大？

**解**：这是一个非定常问题，流入与流出质量不相等，造成控制体内质量增加。取这段管道内空间为控制体。应用积分形式质量方程(3.2-13)，得

$$\frac{\partial\bar{\rho}}{\partial t}=\frac{-\oiint_S\rho g\boldsymbol{V}\bullet\boldsymbol{n}\delta S}{g\Omega}$$

式中 g 为重力加速度。代入给定数据后求得

$$\frac{\partial\bar{\rho}}{\partial t}=0.144\left[\mathrm{kg}/\left(\mathrm{m}^3\cdot\mathrm{s}\right)\right] \tag{3.2-24}$$

## 3.3 运动微分方程

流体力学中的动量方程就是动量守恒定律在运动流体上的应用。动量方程有微分形式和积分形式两种，本节从牛顿第二定律出发导出微分形式的动量方程，即流体的运动微分方程。

### 3.3.1 应力形式的运动微分方程

流体的运动微分方程是以“流体微团”为分析对象建立的。可表述为：流体微团的质量与加速度的乘积等于该微团所受外力的合力。1.5 节已经讨论过“作用在流体微团上的力”，一类是与流体的质量成正比的彻体力(如重力、惯性力、电磁力等)；另一类为

表面力(如压力、黏性力)。单位面积上的表面力称为应力，下面首先进一步讨论流体的表面应力。

1. 流体中的应力状态

理想无黏流体和静止的黏性流体微团受到的表面力就是压力，垂直于微团表面指向内，如图 3-4(a)所示。而运动的黏性流体则除受到垂直于表面的压力外，还受到平行于表面的黏性切应力和垂直于表面的黏性正应力，如图 3-4(b)所示。

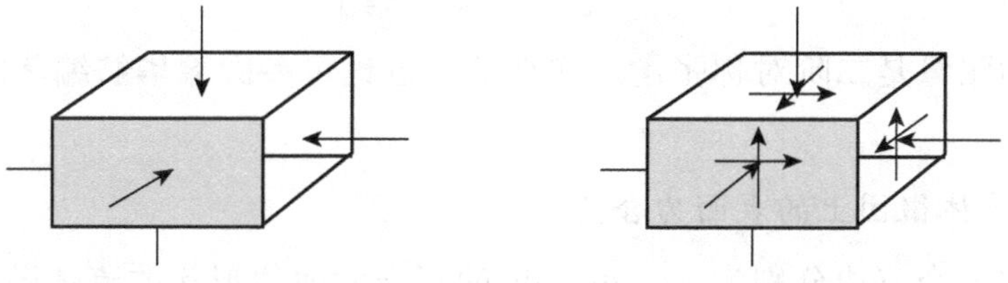

(a)理想流体或静止的黏性流体　　(b)运动的黏性流体

图 3-4　流体的应力状态

如图 3-5 所示，在流场中取一正交六面体形状的流体微团。以该微团的 dydz 表面为例进行应力分析，作用于其上的表面应力记做 $\boldsymbol{P}_x$(下标 $x$ 代表表面的法向)。对于理想无黏流体和静止的黏性流体，表面力就是压力，因此 $\boldsymbol{P}_x$ 垂直于该界面，只有 $x$ 方向的分量。但对运动的黏性流体，由于还有黏性应力存在，$\boldsymbol{P}_x$ 并不垂直于被作用表面，如图 3-5 所示。可将 $\boldsymbol{P}_x$ 沿三个坐标方向分解为

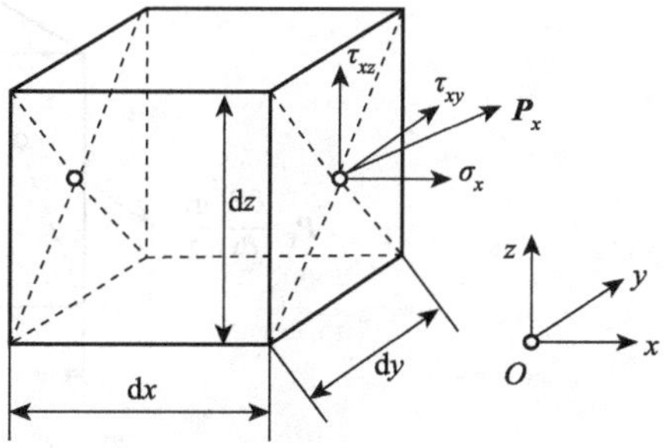


图 3-5　流体微团上的表面应力

$$\boldsymbol{P}_x = \sigma_x \boldsymbol{i} + \tau_{xy} \boldsymbol{j} + \tau_{xz} \boldsymbol{k} \tag{3.3-1}$$

式中，$\sigma_x$ 为垂直于作用面的力，称为正应力，是压力和黏性正应力之和；$\tau_{xy}$ 和 $\tau_{xz}$ 是平行于作用面的力，称为切应力。这里正应力 $\sigma$ 的下标代表应力作用面的法向，也代表正应力的方向；切应力 $\tau$ 的第一个下标代表切应力作用面的法向，第二个下标代表切应力的方向，例如，$\tau_{xy}$ 代表作用在法向沿 $x$ 轴的表面上的沿 $y$ 方向的切应力。同理，作用在微团的法向沿 $y$ 轴的表面上和法向沿 $z$ 轴的表面上的应力分别为

$$\boldsymbol{P}_y = \tau_{yx} \boldsymbol{i} + \sigma_y \boldsymbol{j} + \tau_{yz} \boldsymbol{k} \tag{3.3-2}$$

$$\boldsymbol{P}_z = \tau_{zx} \boldsymbol{i} + \tau_{zy} \boldsymbol{j} + \sigma_z \boldsymbol{k} \tag{3.3-3}$$

应力的正负规定如下。正应力 $\sigma$ 以沿作用面外法向为正，即以拉为正，压为负。对切应力 $\tau$ 来说，作用面的外法向沿坐标轴正向时，则取沿坐标轴正向的 $\tau$ 为正，反之取沿坐标轴负向的 $\tau$ 为正。例如，作用在微团左右两表面(即法向沿 $x$ 轴的两表面)上的 $\tau_{xy}$，左边表面的外法向指向 $x$ 轴负向，则正的 $\tau_{xy}$ 是指向负 $y$ 向；右边表面的外法向指向 $x$ 轴正向，则正的 $\tau_{xy}$ 是指向正 $y$ 向。这样的规定是符合物理意义的：表面力是由相邻的两微

团在相邻的界面上互相施加给对方的，分属于两微团的相邻界面的外法向正好相反，于是作用于两微团相邻界面上的应力(同样的数值和正负号)对两微团来说受力的方向相反，符合两微团各自受到的表面力本来就是一对作用力与反作用力的本质。

表面应力 $\boldsymbol{P}_x$、$\boldsymbol{P}_y$、$\boldsymbol{P}_z$ 的各分量也可用一个二阶张量来表示，称为应力张量，记为

$$\overline{\overline{\boldsymbol{\Pi}}}=\begin{bmatrix}\sigma_x & \tau_{xy} & \tau_{xz}\\ \tau_{yx} & \sigma_y & \tau_{yz}\\ \tau_{zx} & \tau_{zy} & \sigma_z\end{bmatrix} \tag{3.3-4}$$

可以证明，应力张量是二阶对称张量。详细证明过程可参阅徐华舫编著的《空气动力学基础》。

2. 作用于流体微团上的表面力合力

在流体中取一个三边分别为 dx、dy、dz 的正交六面体形状的流体微团，如图 3-6 所示。在某时刻 $t$，六面体微团中心点 $O_c$ 的坐标为 $(x,y,z)$。

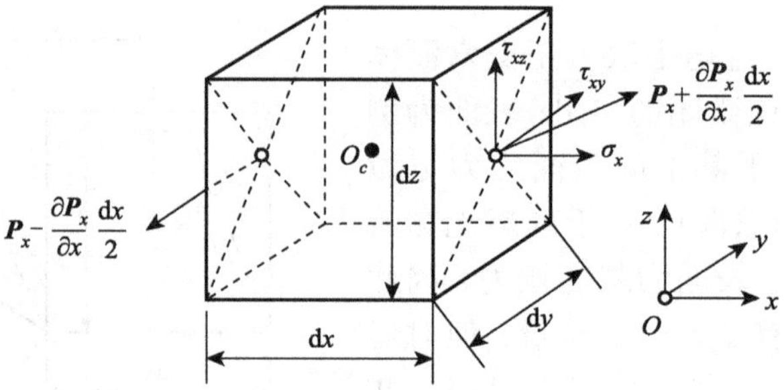


图 3-6　流体微团上的表面应力

微团中心点处的各表面应力矢量为

$$\boldsymbol{P}_x=\boldsymbol{P}_x(x,y,z,t),\quad \boldsymbol{P}_y=\boldsymbol{P}_y(x,y,z,t),\quad \boldsymbol{P}_z=\boldsymbol{P}_z(x,y,z,t)$$

在法向沿 $x$ 轴的左右两微元表面的中心点上，分别作用有应力矢量：

$$-\left(\boldsymbol{P}_x-\frac{\partial \boldsymbol{P}_x}{\partial x}\frac{dx}{2}\right)dydz \quad 和 \quad \left(\boldsymbol{P}_x+\frac{\partial \boldsymbol{P}_x}{\partial x}\frac{dx}{2}\right)dydz$$

左边表面的外法向沿负 $x$ 方向，其各应力分量为正时方向与坐标轴正向相反，所以应力矢量前加了负号。左右两表面上表面力的合力为

$$\frac{\partial \boldsymbol{P}_x}{\partial x}dxdydz \tag{3.3-5}$$

类似地，在法向沿 $y$ 轴的两个表面上分别作用的应力矢量及两面的合力分别为

$$-\left(\boldsymbol{P}_y-\frac{\partial \boldsymbol{P}_y}{\partial y}\frac{dy}{2}\right)dxdz,\quad \left(\boldsymbol{P}_y+\frac{\partial \boldsymbol{P}_y}{\partial y}\frac{dy}{2}\right)dxdz,\quad 合力\ \frac{\partial \boldsymbol{P}_y}{\partial y}dxdydz \tag{3.3-6}$$

在法向沿 $z$ 轴的两个表面上作用的应力矢量及两面的合力分别为

$$-\left(\boldsymbol{P}_z-\frac{\partial \boldsymbol{P}_z}{\partial z}\frac{\mathrm{d}z}{2}\right)\mathrm{d}x\mathrm{d}y,\quad \left(\boldsymbol{P}_z+\frac{\partial \boldsymbol{P}_z}{\partial z}\frac{\mathrm{d}z}{2}\right)\mathrm{d}x\mathrm{d}y,\quad 合力\ \frac{\partial \boldsymbol{P}_z}{\partial z}\mathrm{d}x\mathrm{d}y\mathrm{d}z \tag{3.3-7}$$

综合式(3.3-5)~式(3.3-7)可得，作用在流体微团上的表面力的总合力为

$$\boldsymbol{F}_{P合}=\left(\frac{\partial \boldsymbol{P}_x}{\partial x}+\frac{\partial \boldsymbol{P}_y}{\partial y}+\frac{\partial \boldsymbol{P}_z}{\partial z}\right)\mathrm{d}x\mathrm{d}y\mathrm{d}z \tag{3.3-8}$$

再根据式(3.3-1)~式(3.3-3)将式(3.3-8)展开为分量形式，即

$$\boldsymbol{F}_{P合}=\mathrm{d}x\mathrm{d}y\mathrm{d}z\left[\left(\frac{\partial \sigma_x}{\partial x}+\frac{\partial \tau_{yx}}{\partial y}+\frac{\partial \tau_{zx}}{\partial z}\right)\boldsymbol{i}+\left(\frac{\partial \tau_{xy}}{\partial x}+\frac{\partial \sigma_y}{\partial y}+\frac{\partial \tau_{zy}}{\partial z}\right)\boldsymbol{j}+\left(\frac{\partial \tau_{xz}}{\partial x}+\frac{\partial \tau_{yz}}{\partial y}+\frac{\partial \sigma_z}{\partial z}\right)\boldsymbol{k}\right] \tag{3.3-9}$$

3. 牛顿第二定律：微团质量×微团加速度＝微团受力

仍对图 3-6 中的流体微团进行分析。时刻 $t$ 位于微团中心点 $O_c(x,y,z)$ 的流体质点的速度为 $\boldsymbol{V}(x,y,z,t)$，各分量分别为 $u(x,y,z,t)$、$v(x,y,z,t)$、$w(x,y,z,t)$，密度为 $\rho(x,y,z,t)$。以中心点处质点密度作为整个微团的平均密度，则时刻 $t$ 微团的质量为 $\rho\mathrm{d}x\mathrm{d}y\mathrm{d}z$。对微团应用牛顿第二定律，得

$$\rho\mathrm{d}x\mathrm{d}y\mathrm{d}z\frac{\mathrm{D}\boldsymbol{V}}{\mathrm{D}t}=微团上彻体力+表面力合力 \tag{3.3-10}$$

将作用在单位质量流体微团上的彻体力记做 $\boldsymbol{f}$，则中心点处单位质量流体受到的彻体力为 $\boldsymbol{f}(x,y,z,t)$，整个微团受到的彻体力可采用该值与微团质量的乘积，即 $\rho\boldsymbol{f}\mathrm{d}x\mathrm{d}y\mathrm{d}z$。微团受到的表面力合力为式(3.3-8)。代入式(3.3-10)后得

$$\rho\frac{\mathrm{D}\boldsymbol{V}}{\mathrm{D}t}\mathrm{d}x\mathrm{d}y\mathrm{d}z=\rho\boldsymbol{f}\mathrm{d}x\mathrm{d}y\mathrm{d}z+\left(\frac{\partial \boldsymbol{P}_x}{\partial x}+\frac{\partial \boldsymbol{P}_y}{\partial y}+\frac{\partial \boldsymbol{P}_z}{\partial z}\right)\mathrm{d}x\mathrm{d}y\mathrm{d}z$$

即

$$\rho\frac{\mathrm{D}\boldsymbol{V}}{\mathrm{D}t}=\rho\boldsymbol{f}+\frac{\partial \boldsymbol{P}_x}{\partial x}+\frac{\partial \boldsymbol{P}_y}{\partial y}+\frac{\partial \boldsymbol{P}_z}{\partial z} \tag{3.3-11}$$

各分量方程为

$$\rho\frac{\mathrm{D}u}{\mathrm{D}t}=\rho f_x+\frac{\partial \sigma_x}{\partial x}+\frac{\partial \tau_{yx}}{\partial y}+\frac{\partial \tau_{zx}}{\partial z} \tag{3.3-12}$$

$$\rho\frac{\mathrm{D}v}{\mathrm{D}t}=\rho f_y+\frac{\partial \tau_{xy}}{\partial x}+\frac{\partial \sigma_y}{\partial y}+\frac{\partial \tau_{zy}}{\partial z} \tag{3.3-13}$$

$$\rho\frac{\mathrm{D}w}{\mathrm{D}t}=\rho f_z+\frac{\partial \tau_{xz}}{\partial x}+\frac{\partial \tau_{yz}}{\partial y}+\frac{\partial \sigma_z}{\partial z} \tag{3.3-14}$$

### 3.3.2　牛顿流体的应力与应变率关系

1. 牛顿内摩擦定律

对如图 3-7 所示的黏性流体运动，根据牛顿内摩擦定律可知切应力为

$$\tau_{yx}=\mu\frac{\partial u}{\partial y} \tag{3.3-15}$$

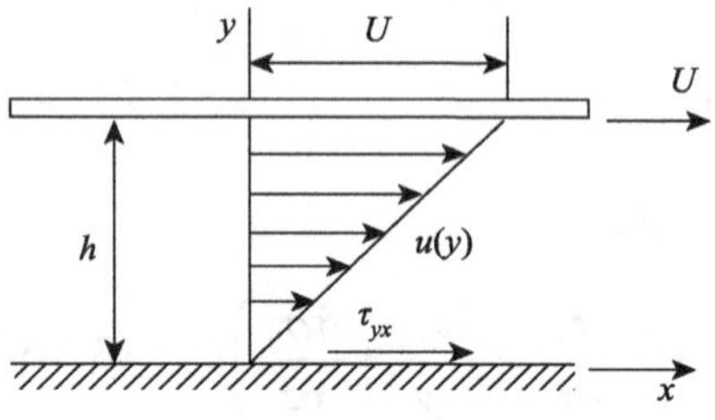


图 3-7　两平板间直线层状流动

$\tau_{yx}$ 的下标 $y$ 代表切应力作用面的法向沿 $y$ 轴，下标 $x$ 代表切应力的方向沿 $x$ 轴。该流动 $\tau_{yx}>0$，据此判断应力方向：在固定壁处，固壁的外法向向上(沿正 $y$)，则固壁受到流体施加的切应力沿正 $x$ 方向；固定壁处流体微团表面的外法向向下(沿负 $y$)，则流体受到固壁施加的切应力指向负 $x$ 方向。可见前面对应力正负的规定(详见 3.3.1 节)和物理含义是一致的。

在 2.3 节中已经导出了速度梯度与微团线应变率或角变形率的关系。所以说式(3.3-15)给出的应力与速度梯度的关系实际上就是应力与应变率的关系。对于 $xy$ 平面内的流动，应变率张量 $\overline{\overline{\boldsymbol{S}}}$ [见后面的式(3.3-20)]的分量 $s_{yx}$ 为

$$s_{yx}=\frac{1}{2}\left(\frac{\partial v}{\partial x}+\frac{\partial u}{\partial y}\right) \tag{3.3-16}$$

而对上述直线层状流动，$\partial v/\partial x=0$，所以式(3.3-15)右端的速度梯度 $\partial u/\partial y$ 实际上是应变率 $s_{yx}$ 的 2 倍。因此，式(3.3-15)可改写为

$$\tau_{yx}=2\mu s_{yx} \tag{3.3-17}$$

即应力与应变率成比例。式(3.3-15)和式(3.3-17)通常称为牛顿黏性应力公式。

2. 斯托克斯推广

牛顿黏性应力公式是针对直线层状流动提出的，斯托克斯将它推广到黏性流体的任意流动情形中。他提出以下假设。

(1)流体是连续的，它的应力张量是应变率张量的线性函数。

(2)流体是各向同性的，也就是说流体的性质与方向无关。因此无论怎样选取坐标系，应力与应变率的关系相同。

(3)当流体静止，即应变率为 0 时，流体中的应力就是流体静压力，即

$$\overline{\overline{\boldsymbol{\Pi}}}=-p\overline{\overline{\boldsymbol{E}}}=-p\begin{bmatrix}1&0&0\\0&1&0\\0&0&1\end{bmatrix} \tag{3.3-18}$$

式中，负号表示压力方向与微团表面的外法向相反。

根据第(1)条假设，并参照牛顿黏性应力公式 $\tau_{yx}=2\mu s_{yx}$，最简便的想法是假设存在如下的应力-应变率关系式：

$$\overline{\overline{\boldsymbol{\Pi}}}=2\mu\overline{\overline{\boldsymbol{S}}} \tag{3.3-19}$$

式中，$\overline{\overline{\boldsymbol{S}}}$ 为第 2 章中已讨论过的应变率张量，现将其各分量名称改写为

$$\overline{\overline{S}}=\begin{bmatrix}\dfrac{\partial u}{\partial x} & \dfrac{1}{2}\left(\dfrac{\partial u}{\partial y}+\dfrac{\partial v}{\partial x}\right) & \dfrac{1}{2}\left(\dfrac{\partial u}{\partial z}+\dfrac{\partial w}{\partial x}\right)\\ \dfrac{1}{2}\left(\dfrac{\partial u}{\partial y}+\dfrac{\partial v}{\partial x}\right) & \dfrac{\partial v}{\partial y} & \dfrac{1}{2}\left(\dfrac{\partial v}{\partial z}+\dfrac{\partial w}{\partial y}\right)\\ \dfrac{1}{2}\left(\dfrac{\partial u}{\partial z}+\dfrac{\partial w}{\partial x}\right) & \dfrac{1}{2}\left(\dfrac{\partial v}{\partial z}+\dfrac{\partial w}{\partial y}\right) & \dfrac{\partial w}{\partial z}\end{bmatrix}=\begin{bmatrix}s_{xx} & s_{xy} & s_{xz}\\ s_{yx} & s_{yy} & s_{yz}\\ s_{zx} & s_{zy} & s_{zz}\end{bmatrix} \tag{3.3-20}$$

但是，式(3.3-19)违背了第(3)条假设(它要求应变率为零时，应力张量的主对角线上元素为 $-p$ )。所以应该在式(3.3-19)中加上一项影响主对角线上元素的量。由此假设：

$$\overline{\overline{\boldsymbol{\Pi}}}=2\mu\overline{\overline{\boldsymbol{S}}}+b\overline{\overline{\boldsymbol{E}}}=2\mu\overline{\overline{\boldsymbol{S}}}+b\begin{bmatrix}1 & 0 & 0\\ 0 & 1 & 0\\ 0 & 0 & 1\end{bmatrix} \tag{3.3-21}$$

式中，$b$ 为某待定标量。斯托克斯根据第(1)和第(2)条假设，并假设黏性流体运动时的平均压力等于热力学压强，即

$$\overline{p}=-\frac{\sigma_x+\sigma_y+\sigma_z}{3}=p \tag{3.3-22}$$

导出

$$b=-\frac{2}{3}\mu\nabla\cdot\boldsymbol{V}-p \tag{3.3-23}$$

导出 $b$ 的详细过程可参阅陈懋章著的《粘性流体动力学基础》。从而有

$$\overline{\overline{\boldsymbol{\Pi}}}=2\mu\overline{\overline{\boldsymbol{S}}}-\left(\frac{2}{3}\mu\nabla\cdot\boldsymbol{V}\right)\overline{\overline{\boldsymbol{E}}}-p\overline{\overline{\boldsymbol{E}}} \tag{3.3-24}$$

式(3.3-24)就是牛顿流体的应力应变率关系式，也称为广义的牛顿黏性应力公式。

3. *表面应力具体公式*

将应变率张量 $\overline{\overline{\boldsymbol{S}}}$ 式(3.3-20)代入式(3.3-24)，就可得到应力张量 $\overline{\overline{\boldsymbol{\Pi}}}$ 各分量的具体公式如下：

$$\sigma_x=2\mu\frac{\partial u}{\partial x}-\frac{2}{3}\mu\nabla\cdot\boldsymbol{V}-p \tag{3.3-25}$$

$$\sigma_y=2\mu\frac{\partial v}{\partial y}-\frac{2}{3}\mu\nabla\cdot\boldsymbol{V}-p \tag{3.3-26}$$

$$\sigma_z=2\mu\frac{\partial w}{\partial z}-\frac{2}{3}\mu\nabla\cdot\boldsymbol{V}-p \tag{3.3-27}$$

$$\tau_{xy}=\tau_{yx}=\mu\left(\frac{\partial u}{\partial y}+\frac{\partial v}{\partial x}\right) \tag{3.3-28}$$

$$\tau_{xz}=\tau_{zx}=\mu\left(\frac{\partial u}{\partial z}+\frac{\partial w}{\partial x}\right) \tag{3.3-29}$$

$$\tau_{yz}=\tau_{zy}=\mu\left(\frac{\partial v}{\partial z}+\frac{\partial w}{\partial y}\right) \tag{3.3-30}$$

### 3.3.3 纳维–斯托克斯方程

纳维–斯托克斯方程是纳维(Navier)于 1823 年在法国，斯托克斯(Stokes)于 1845 年在英国各自独立导出的黏性流体运动微分方程(微分形式的黏性流体动量方程)，简称 N-S 方程。

1. N-S 方程的一般形式

将广义牛顿黏性应力公式(3.3-25)~公式(3.3-30)代入应力形式的运动微分方程(3.3-12)~式(3.3-14)，即得到三个方向的 N-S 方程：

$$\rho\frac{\mathrm{D}u}{\mathrm{D}t}=\rho f_x-\frac{\partial p}{\partial x}+\frac{\partial}{\partial x}\left(2\mu\frac{\partial u}{\partial x}\right)+\frac{\partial}{\partial y}\left[\mu\left(\frac{\partial u}{\partial y}+\frac{\partial v}{\partial x}\right)\right]+\frac{\partial}{\partial z}\left[\mu\left(\frac{\partial u}{\partial z}+\frac{\partial w}{\partial x}\right)\right]-\frac{2}{3}\frac{\partial}{\partial x}(\mu\nabla\cdot\boldsymbol{V}) \tag{3.3-31}$$

$$\rho\frac{\mathrm{D}v}{\mathrm{D}t}=\rho f_y-\frac{\partial p}{\partial y}+\frac{\partial}{\partial x}\left[\mu\left(\frac{\partial u}{\partial y}+\frac{\partial v}{\partial x}\right)\right]+\frac{\partial}{\partial y}\left(2\mu\frac{\partial v}{\partial y}\right)+\frac{\partial}{\partial z}\left[\mu\left(\frac{\partial v}{\partial z}+\frac{\partial w}{\partial y}\right)\right]-\frac{2}{3}\frac{\partial}{\partial y}(\mu\nabla\cdot\boldsymbol{V}) \tag{3.3-32}$$

$$\rho\frac{\mathrm{D}w}{\mathrm{D}t}=\rho f_z-\frac{\partial p}{\partial z}+\frac{\partial}{\partial x}\left[\mu\left(\frac{\partial u}{\partial z}+\frac{\partial w}{\partial x}\right)\right]+\frac{\partial}{\partial y}\left[\mu\left(\frac{\partial v}{\partial z}+\frac{\partial w}{\partial y}\right)\right]+\frac{\partial}{\partial z}\left(2\mu\frac{\partial w}{\partial z}\right)-\frac{2}{3}\frac{\partial}{\partial z}(\mu\nabla\cdot\boldsymbol{V}) \tag{3.3-33}$$

2. 黏度 $\mu$ 为常数时的 N-S 方程

当黏度 $\mu$ 为常数时，可将它从求导算子中取出，再进行一定变换，使方程形式得到简化。

将 $x$ 向方程(3.3-31)变换为

$$\begin{aligned}\rho\frac{\mathrm{D}u}{\mathrm{D}t}=&\rho f_x-\frac{\partial p}{\partial x}-\frac{2}{3}\mu\frac{\partial}{\partial x}(\nabla\cdot\boldsymbol{V})\\&+\mu\frac{\partial}{\partial x}\left(\frac{\partial u}{\partial x}\right)+\mu\frac{\partial}{\partial x}\left(\frac{\partial u}{\partial x}\right)+\mu\frac{\partial}{\partial y}\left(\frac{\partial u}{\partial y}\right)+\mu\frac{\partial}{\partial y}\left(\frac{\partial v}{\partial x}\right)+\mu\frac{\partial}{\partial z}\left(\frac{\partial u}{\partial z}\right)+\mu\frac{\partial}{\partial z}\left(\frac{\partial w}{\partial x}\right)\end{aligned}$$

继续整理为

$$\begin{aligned}\rho\frac{\mathrm{D}u}{\mathrm{D}t}&=\rho f_x-\frac{\partial p}{\partial x}-\frac{2}{3}\mu\frac{\partial}{\partial x}(\nabla\cdot\boldsymbol{V})+\mu\left(\frac{\partial^2 u}{\partial x^2}+\frac{\partial^2 u}{\partial y^2}+\frac{\partial^2 u}{\partial z^2}\right)+\mu\frac{\partial}{\partial x}\left(\frac{\partial u}{\partial x}+\frac{\partial v}{\partial y}+\frac{\partial w}{\partial z}\right)\\&=\rho f_x-\frac{\partial p}{\partial x}+\mu\nabla^2 u+\frac{\mu}{3}\frac{\partial}{\partial x}(\nabla\cdot\boldsymbol{V})\end{aligned} \tag{3.3-34}$$

式中，$\nabla^2$ 是拉普拉斯算子，也常记为 $\Delta$：

$$\nabla^2 = \Delta = \frac{\partial}{\partial x^2} + \frac{\partial}{\partial y^2} + \frac{\partial}{\partial z^2}$$

类似地，$y$ 向方程(3.3-32)、$z$ 向方程(3.3-33)可整理为

$$\rho \frac{\mathrm{D}v}{\mathrm{D}t} = \rho f_y - \frac{\partial p}{\partial y} + \mu \nabla^2 v + \frac{\mu}{3} \frac{\partial}{\partial y}(\nabla \cdot \boldsymbol{V}) \tag{3.3-35}$$

$$\rho \frac{\mathrm{D}w}{\mathrm{D}t} = \rho f_z - \frac{\partial p}{\partial z} + \mu \nabla^2 w + \frac{\mu}{3} \frac{\partial}{\partial z}(\nabla \cdot \boldsymbol{V}) \tag{3.3-36}$$

三个方向的方程合起来写成矢量形式为

$$\rho \frac{\partial \boldsymbol{V}}{\partial t} + \rho(\boldsymbol{V} \cdot \nabla)\boldsymbol{V} = \rho \boldsymbol{f} - \nabla p + \mu \nabla^2 \boldsymbol{V} + \frac{\mu}{3} \nabla(\nabla \cdot \boldsymbol{V}) \tag{3.3-37}$$

3．黏度为常数时不可压流的 N-S 方程

对于不可压流，$\nabla \cdot \boldsymbol{V} = 0$，N-S 方程更加简单，为

$$\rho \frac{\partial \boldsymbol{V}}{\partial t} + \rho(\boldsymbol{V} \cdot \nabla)\boldsymbol{V} = \rho \boldsymbol{f} - \nabla p + \mu \nabla^2 \boldsymbol{V} \tag{3.3-38}$$

在方程两边除以密度，写成直角坐标系下的分量形式，为

$$\frac{\partial u}{\partial t} + u\frac{\partial u}{\partial x} + v\frac{\partial u}{\partial y} + w\frac{\partial u}{\partial z} = f_x - \frac{1}{\rho}\frac{\partial p}{\partial x} + \nu \nabla^2 u \tag{3.3-39}$$

$$\frac{\partial v}{\partial t} + u\frac{\partial v}{\partial x} + v\frac{\partial v}{\partial y} + w\frac{\partial v}{\partial z} = f_y - \frac{1}{\rho}\frac{\partial p}{\partial y} + \nu \nabla^2 v \tag{3.3-40}$$

$$\frac{\partial w}{\partial t} + u\frac{\partial w}{\partial x} + v\frac{\partial w}{\partial y} + w\frac{\partial w}{\partial z} = f_z - \frac{1}{\rho}\frac{\partial p}{\partial z} + \nu \nabla^2 w \tag{3.3-41}$$

式中，$\nu$ 为运动黏度。

柱坐标系 $(r,\theta,z)$ 下，速度分量为 $V_r$、$V_\theta$、$V_z$。不可压流 N-S 方程分量形式为

$$\frac{\partial V_r}{\partial t} + V_r\frac{\partial V_r}{\partial r} + \frac{V_\theta}{r}\frac{\partial V_r}{\partial \theta} + V_z\frac{\partial V_r}{\partial z} - \frac{V_\theta^2}{r} = f_r - \frac{1}{\rho}\frac{\partial p}{\partial r} + \nu\left(\frac{\partial^2 V_r}{\partial r^2} + \frac{1}{r}\frac{\partial V_r}{\partial r} + \frac{1}{r^2}\frac{\partial^2 V_r}{\partial \theta^2} + \frac{\partial^2 V_r}{\partial z^2} - \frac{2}{r^2}\frac{\partial V_\theta}{\partial \theta} - \frac{V_r}{r^2}\right) \tag{3.3-42}$$

$$\frac{\partial V_\theta}{\partial t} + V_r\frac{\partial V_\theta}{\partial r} + \frac{V_\theta}{r}\frac{\partial V_\theta}{\partial \theta} + V_z\frac{\partial V_\theta}{\partial z} + \frac{V_r V_\theta}{r} = f_\theta - \frac{1}{\rho}\frac{\partial p}{r\partial \theta} + \nu\left(\frac{\partial^2 V_\theta}{\partial r^2} + \frac{1}{r}\frac{\partial V_\theta}{\partial r} + \frac{1}{r^2}\frac{\partial^2 V_\theta}{\partial \theta^2} + \frac{\partial^2 V_\theta}{\partial z^2} - \frac{V_\theta}{r^2} + \frac{2}{r^2}\frac{\partial V_r}{\partial \theta}\right) \tag{3.3-43}$$

$$\frac{\partial V_z}{\partial t} + V_r\frac{\partial V_z}{\partial r} + \frac{V_\theta}{r}\frac{\partial V_z}{\partial \theta} + V_z\frac{\partial V_z}{\partial z} = f_z - \frac{1}{\rho}\frac{\partial p}{\partial z} + \nu\left(\frac{\partial^2 V_z}{\partial r^2} + \frac{1}{r}\frac{\partial V_z}{\partial r} + \frac{1}{r^2}\frac{\partial^2 V_z}{\partial \theta^2} + \frac{\partial^2 V_z}{\partial z^2}\right) \tag{3.3-44}$$

## 3.4 积分形式的动量方程

微分形式的动量方程适用于流场中每一点。但对有些问题，要弄清楚每一点的流动情况太复杂，有时是做不到的。而所要求的又只是总合的作用力，这时就可以转为研究有限大体积的流体系统或控制体，建立积分形式的动量方程来解决问题。

### 3.4.1 积分形式动量方程的推导

1. 流体系统的动量守恒定律

如图 3-8 所示，在流场中任意取一有限大小的有流体流过的控制体，控制体体积为 $\Omega$，控制体的外表面为 $S$，$\Omega$ 和 $S$ 均为固定的。注意，流体中有固体物体，其表面为 $S_1$。

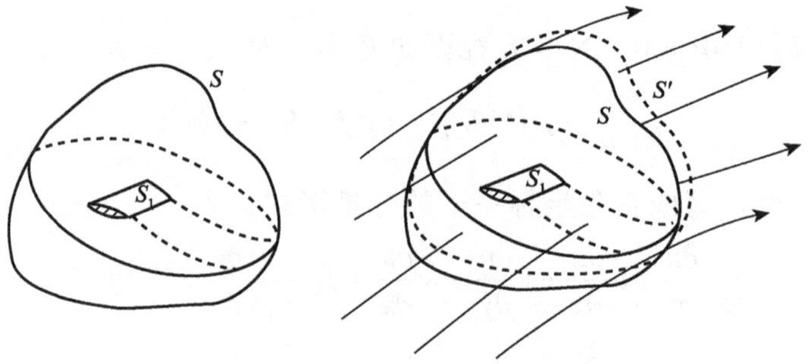


图 3-8 控制体与系统

三大守恒定律都是针对“系统”给出的，这里需要取定一个“流体系统”。以 $t$ 瞬时位于该控制体内的流体作为研究的“系统”，因此在 $t$ 瞬时“控制体”与“系统”占据相同的空间，但系统占据的体积会随时间变化。将动量守恒定律应用于流体系统，得

$$\frac{\mathrm{D}}{\mathrm{D}t}\left(\iiint_{\Omega(t)}\rho(x,y,z,t)\boldsymbol{V}(x,y,z,t)\mathrm{d}\Omega\right)=\sum\boldsymbol{F} \tag{3.4-1}$$

该式的含义可表述为：流体系统所具有的动量对时间的变化率，等于作用在其上的所有外力合力。下面把它转变成适用于控制体的形式。

2. 动量守恒定律的控制体表述

在雷诺输运定理[式(3.1-9)]中令 $\eta=\rho\boldsymbol{V}$，得

$$\frac{\mathrm{D}}{\mathrm{D}t}\left(\iiint_{\Omega(t)}\rho\boldsymbol{V}\mathrm{d}\Omega\right)=\iiint_{\Omega}\frac{\partial(\rho\boldsymbol{V})}{\partial t}\delta\Omega+\oint\!\!\!\oint_{S+\not{S_1}}(\rho\boldsymbol{V})\boldsymbol{V}\cdot\boldsymbol{n}\delta S$$

注意，上式右端的第二项(通过控制面的动量净流出率)只对控制体外表面 $S$(图 3-8)进行了积分，因为表面 $S_1$ 上法向速度为零。将上式代入式(3.4-1)，得

$$\iiint_{\Omega}\frac{\partial(\rho\boldsymbol{V})}{\partial t}\delta\Omega+\oiint_{S}(\rho\boldsymbol{V})\boldsymbol{V}\cdot\boldsymbol{n}\delta S=\sum\boldsymbol{F} \tag{3.4-2}$$

该式左边的第一项表示控制体内流体的动量随时间的当地变化率，对于定常流，这一项等于零。第二项表示穿过控制体表面流体动量的净流出率，它等于单位时间内流出控制体的流体所带走的动量与流进控制体的流体所带入的动量之差。因此，对于控制体，动量方程可陈述为

控制体内动量随时间的当地变化率＋通过控制面的动量净流出率

＝作用在控制体内的流体的所有外力合力

这个也是很好理解的，在控制体上施加了力，一方面导致控制体内动量变化，另一方面导致动量的输出。另外注意这里作用于"控制体内流体"的所有外力合力就是作用于"系统"的合力，因为系统就是 $t$ 时刻控制体内的流体。

3. 控制体内流体受力

$\sum\boldsymbol{F}$ 为作用于控制体内流体上的所有外力的合力，包括作用在控制体内所有流体质点上的彻体力和作用在控制面上的表面力。若以 $\boldsymbol{f}$ 表示单位质量流体所受到的彻体力，则作用于控制体内流体的彻体力合力为

$$\boldsymbol{F}_{体}=\iiint_{\Omega}\rho\boldsymbol{f}\,\delta\Omega$$

表面力是控制体外的物体(包括流体与固体)通过直接接触的形式作用于控制面的力，包括压力和黏性表面力。在控制面 $S_1$ 上固体物体对控制体内流体施加表面力，需对 $S_1$ 面上的压力和黏性应力积分，这里只考虑总的效果，记为 $\boldsymbol{F}_{物}$：

$$\boldsymbol{F}_{S_1面}=\boldsymbol{F}_{物}$$

在控制面 $S$ 上是控制体外流体施加作用力，这里将压力和黏性力的积分贡献分开：

$$\boldsymbol{F}_{S面}=-\oiint_{S}p\boldsymbol{n}\delta S+\boldsymbol{F}_{S面,\,黏性力}$$

则作用在控制体内流体上的总合力为

$$\sum\boldsymbol{F}=\iiint_{\Omega}\rho\boldsymbol{f}\,\delta\Omega-\oiint_{S}p\boldsymbol{n}\delta S+\boldsymbol{F}_{物}+\boldsymbol{F}_{S面,\,黏性力} \tag{3.4-3}$$

4. 适用于控制体的积分形式动量方程

将合力表达式(3.4-3)代入式(3.4-2)，就得到适用于控制体的动量方程：

$$\iiint_{\Omega}\frac{\partial(\rho\boldsymbol{V})}{\partial t}\delta\Omega+\oiint_{S}(\rho\boldsymbol{V})\boldsymbol{V}\cdot\boldsymbol{n}\delta S=\iiint_{\Omega}\rho\boldsymbol{f}\,\delta\Omega-\oiint_{S}p\boldsymbol{n}\delta S+\boldsymbol{F}_{物}+\boldsymbol{F}_{S面,\,黏性力} \tag{3.4-4}$$

当控制面 $S$ 远离固体表面时，其上作用的黏性力很小，式(3.4-4)中的 $\boldsymbol{F}_{S面,\,黏性力}$ 可以略去。另外，式中的 $\boldsymbol{F}_{物}$ 是"物体对流体"的作用力，而具体应用时一般需要求"流体对物体"的作用力，即 $-\boldsymbol{F}_{物}$，且常用三个分量表示为

$$-\boldsymbol{F}_{物} = X\boldsymbol{i} + Y\boldsymbol{j} + Z\boldsymbol{k}$$

式中，$X$、$Y$、$Z$ 分别是物体受力的三个分量。用它们表述的略去了 $\boldsymbol{F}_{S面,\,黏性力}$ 的积分形式动量方程为

$$\iiint\limits_{\Omega} \frac{\partial(\rho u)}{\partial t}\delta\Omega + \oiint\limits_{S}(\rho u)\boldsymbol{V}\cdot\boldsymbol{n}\delta S = \iiint\limits_{\Omega}\rho f_x\delta\Omega - \oiint\limits_{S} p\cos(\boldsymbol{n},x)\delta S - X \tag{3.4-5}$$

$$\iiint\limits_{\Omega} \frac{\partial(\rho v)}{\partial t}\delta\Omega + \oiint\limits_{S}(\rho v)\boldsymbol{V}\cdot\boldsymbol{n}\delta S = \iiint\limits_{\Omega}\rho f_y\delta\Omega - \oiint\limits_{S} p\cos(\boldsymbol{n},y)\delta S - Y \tag{3.4-6}$$

$$\iiint\limits_{\Omega} \frac{\partial(\rho w)}{\partial t}\delta\Omega + \oiint\limits_{S}(\rho w)\boldsymbol{V}\cdot\boldsymbol{n}\delta S = \iiint\limits_{\Omega}\rho f_z\delta\Omega - \oiint\limits_{S} p\cos(\boldsymbol{n},z)\delta S - Z \tag{3.4-7}$$

流体力学中的彻体力一般是指流体所受重力。对空气而言，它与表面力相比很小，所以常略去不计。对于液体，一般是要考虑的，当所取坐标系 $z$ 轴背向地球球心时，则 $f_x = f_y = 0$，$f_z = -g$，$g$ 为重力加速度。

### 3.4.2 积分形式动量方程的应用

积分形式的动量方程[式(3.4-4)或式(3.4-5)~式(3.4-7)]左端的体积分项表示控制体内流体动量的当地时间变化率，一般情况下很难确定，所以方程通常是应用于定常流动，这时体积分项等于零。积分形式的动量方程是流体力学中最常用的基本方程之一，其优点在于：流动定常的情况下，只要知道控制体进出口(控制面)的流动情况，就可以求得总合的作用力，而无须知道控制体内部的流动细节。

方程有以下几种应用方法。第一种是在控制体内包有一个物体(如机翼)，需求的是作用在这个物体上的合力(既包括压力，也包括黏性力)。由于控制体外表面 $S$ 上的黏性力可以忽略，这时只要知道外表面 $S$ 上的流速及压强分布情况，根据式(3.4-5)~式(3.4-7)就能计算出物体的受力。第二种用法是气流流经一段管道，管内可以有其他物体(如喷气发动机中的压气机、燃烧室、涡轮等)，也可以是空的(如风洞的一段)，这时管壁和管内机件表面合起来作为控制面 $S_1$(物体表面)，进口和出口两个截面合起来为式(3.4-5)~式(3.4-7)中的控制面 $S$，只要知道了进出口两个截面上的流动参数，就可以求得管壁和管内机件受到的合力。第三种用法是在超声速气流中的激波前后，在第 5 章的 5.3 节“正激波”中会详细阐述。

**例 3-3** 有一种尾迹详测法可用来测量二维物体的型阻。型阻是由黏性直接地或间接地造成的物体阻力。对如图 3-9 所示的翼型，分析需要测量哪些量，然后怎样使用积分形式的动量方程求得物体所受阻力。

**解：** 采用积分形式的方程解决问题时，控制体的选取是关键。一般原则是：控制面必须是封闭的，必须包围研究对象；控制面形状尽可能简单，尽可能利用全部已知量；尽可能便于计算，例如，采用流线或流面做控制面、用对称边界面、取平面边界等。

如图 3-9 所示，控制面 $S$ 由在物体的前方相当远的地方取的截面 $I-I'$，物体后面一定距离的地方取的截面 $II-II'$，以及在远离物体的地方取的上下两根连结流线 $I-II$、

$I'-II'$ 组成。截面 $I-I'$ 取在离物体相当远的地方，那里的气流基本上还没有受到物体影响，流速和静压都和自由来流值一样。截面 $II-II'$ 取在物体后面一定距离的地方，那里气流的静压已经和来流静压没什么区别了，但尾迹区速度分布仍然受到影响。据经验，这个截面取在距物体的后端 $0.12l$（$l$ 为物体在 $x$ 向的尺寸）的距离即可。另外上下两根连接流线远离物体，那里的流速和静压也就与自由流相同。

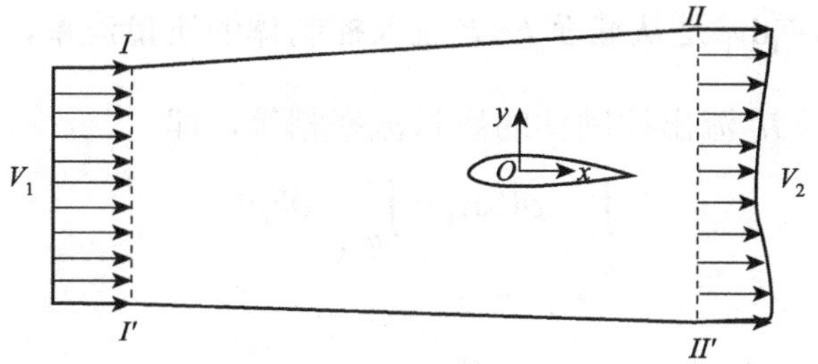


图 3-9　动量法测型阻

设翼型受到的阻力为 $X$，可根据 $x$ 向动量方程(3.4-5)计算：

$$\iiint_{\Omega}\frac{\partial(\rho u)}{\partial t}\delta\Omega+\oiint_{S}(\rho u)\boldsymbol{V}\cdot\boldsymbol{n}\delta S=\iiint_{\Omega}\rho f_x\delta\Omega-\oiint_{S}p\cos(\boldsymbol{n},x)\delta S-X$$

设流动定常，方程左端的体积分项为零；气流中彻体力可略去不计；另外根据上面分析，控制面 $S$ 上的静压相同，则压力积分的结果为零。于是有

$$X=-\oiint_{S}(\rho u)\boldsymbol{V}\cdot\boldsymbol{n}\delta S$$

控制面 $S$ 中上下边界是流线，没有气流穿过，也就没有动量进出，于是需要计算动量流量的只有截面 $I-I'$ 和截面 $II-II'$，即

$$X=-\iint_{I\ I'}(\rho u)\boldsymbol{V}\cdot\boldsymbol{n}\delta S-\iint_{II\ II'}(\rho u)\boldsymbol{V}\cdot\boldsymbol{n}\delta S \tag{3.4-8}$$

如图 3-9 所示，截面 $I-I'$ 上流速 $V_1$ 是常数，等于自由来流；截面 $II-II'$ 上的速度 $V_2$ 则需要测量。可见只要详细测出截面 $II-II'$ 上的速度分布，就可根据式(3.4-8)求得翼型阻力 $X$。前面已提到流线 $I-II$ 、$I'-II'$ 取在远离物体地方，说明截面 $II-II'$ 的速度分布要测到流速基本等于自由来流速度的地方。

式(3.4-8)中在截面 $I-I'$ 上，流速方向与控制面外法向相反，$\boldsymbol{V}\cdot\boldsymbol{n}=-u=-V_1$；在截面 $II-II'$ 上，流速方向与外法向相同，$\boldsymbol{V}\cdot\boldsymbol{n}=u=V_2$。从而有

$$X=\iint_{I-I'}(\rho V_1)V_1\delta S-\iint_{II-II'}(\rho V_2)V_2\delta S$$

对二维流动情况，上式中的 $\delta S=\mathrm{d}y\times 1$，于是有

$$X=\int_{-\infty\ I-I'}^{\infty}\rho V_1^2\mathrm{d}y_1-\int_{-\infty\ II-II'}^{\infty}\rho V_2^2\mathrm{d}y_2 \tag{3.4-9}$$

由于上下流线都取得远离物体，式(3.4-9)中积分限采用了 $(-\infty,\infty)$，但要注意截面 $I-I'$ 和

$II-II'$ 的积分限是不同的(图 3-9)。

式(3.4-9)中第一项为从截面 $I-I'$ 流入控制体的动量流率，由于 $V_1$ 在截面上均匀分布，故

$$\int_{-\infty}^{\infty}\limits_{I-I'} \rho V_1^2 \mathrm{d}y_1 = V_1 \int_{-\infty}^{\infty}\limits_{I-I'} \rho V_1 \mathrm{d}y_1$$

上式右端项中的 $\int_{-\infty}^{\infty}\limits_{I-I'} \rho V_1 \mathrm{d}y_1$ 是从截面 $I-I'$ 流入控制体的质量流率，根据积分形式的质量方程，它和从截面 $II-II'$ 流出控制体的质量流率相等，即

$$\int_{-\infty}^{\infty}\limits_{I-I'} \rho V_1 \mathrm{d}y_1 = \int_{-\infty}^{\infty}\limits_{II-II'} \rho V_2 \mathrm{d}y_2$$

于是有

$$\int_{-\infty}^{\infty}\limits_{I-I'} \rho V_1^2 \mathrm{d}y_1 = V_1 \int_{-\infty}^{\infty}\limits_{I-I'} \rho V_1 \mathrm{d}y_1 = V_1 \int_{-\infty}^{\infty}\limits_{II-II'} \rho V_2 \mathrm{d}y_2$$

代入式(3.4-9)，得到物体所受的阻力为

$$X = \int_{-\infty}^{\infty}\limits_{II-II'} (V_1 - V_2) \rho V_2 \mathrm{d}y_2 \tag{3.4-10}$$

**例 3-4** 外界大气压为 $p_{\mathrm{a}}$，已知火箭发动机出口截面上的压力 $p_e$、密度 $\rho_e$、速度 $V_e$ 和出口截面积 $A_e$。求火箭发动机的推力。

**解**：图 3-10 给出了简单的计算示意图，选取如图 3-10 所示虚线所围的控制体。

假设流动定常；气流的彻体力略去不计；可将大气压强在整个控制面上的合力(为零)去除，则只需考虑出口截面上的表压 $(p_e - p_{\mathrm{a}})$；控制面除出口截面外，其他截面上无动量流出。发动机受到气流的推力记为 $X$。则 $x$ 方向的积分形式动量方程(3.4-5)成为

$$\iint\limits_{A_e} (\rho u) \boldsymbol{V} \cdot \boldsymbol{n} \delta S = -\iint\limits_{A_e} (p - p_{\mathrm{a}}) \cos(\boldsymbol{n}, x) \delta S - X \tag{3.4-11}$$

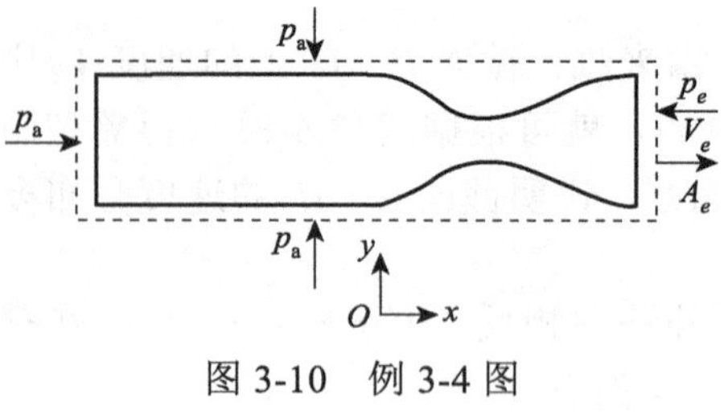

图 3-10 例 3-4 图

即

$$\rho_e V_e V_e A_e = -(p_e - p_{\mathrm{a}}) A_e - X$$

从而有

$$X = -\left[\rho_e V_e^2 A_e + (p_e - p_{\mathrm{a}}) A_e\right] \tag{3.4-12}$$

根据图示坐标轴方向，$X$ 值为负代表推力方向向前。

### 3.4.3 积分形式的动量矩方程及应用

积分形式的动量方程适用于流体的直线运动或一般曲线运动。当流体绕定轴旋转时采用动量矩方程更为方便。当不仅想知道作用力，还想知道合力作用点时，也需要用到动量矩方程。

动量矩守恒定理表述为：系统对某点的动量矩随时间的变化率，等于此时作用在系统上的所有外力对该点的力矩之和。应用于有限大小的流体系统，则为

$$\frac{\mathrm{D}\boldsymbol{M}_r}{\mathrm{D}t}=\frac{\mathrm{D}}{\mathrm{D}t}\left[\iiint\limits_{\Omega(t)}\boldsymbol{r}\times(\rho\boldsymbol{V})\mathrm{d}\Omega\right]=\sum\boldsymbol{r}\times\boldsymbol{F}=\iiint\limits_{\Omega(t)}\boldsymbol{r}\times(\rho\boldsymbol{f})\mathrm{d}\Omega-\oiint\limits_{S(t)}\boldsymbol{r}\times(p\boldsymbol{n})\mathrm{d}S+\boldsymbol{r}\times\boldsymbol{F}_{物} \quad (3.4\text{-}13)$$

根据雷诺输运定理，很容易将上面针对系统的动量矩方程表达为适用于控制体的形式：

$$\iiint\limits_{\Omega}\frac{\partial}{\partial t}\left[\boldsymbol{r}\times(\rho\boldsymbol{V})\right]\delta\Omega+\oiint\limits_{S}\boldsymbol{r}\times(\rho\boldsymbol{V})\boldsymbol{V}\bullet\boldsymbol{n}\delta S$$
$$=\iiint\limits_{\Omega}\boldsymbol{r}\times(\rho\boldsymbol{f})\delta\Omega-\oiint\limits_{S}\boldsymbol{r}\times(p\boldsymbol{n})\delta S+\boldsymbol{r}\times\boldsymbol{F}_{物} \quad (3.4\text{-}14)$$

式(3.4-14)的物理含义是：控制体内流体动量矩随时间的当地变化率与通过控制面的流体动量矩的净流出率之和，等于外界作用在控制体内流体上的所有外力矩（彻体力矩、控制面 $S$ 上压力力矩、物体施加力矩）之和。

下面通过例题说明如何综合应用动量方程与动量矩方程。

**例 3-5**　如图 3-11 所示，一宽度为 $a$ 的平面射流以匀速 $V$ 向无穷长平板斜向射来，接触平板后分成两支沿平板方向流动。至远处变为宽为 $a_1$、$a_2$ 的两股射流。设流体是理想不可压的，流动是定常的，$V$ 很大，可忽略重力。求：①流体对平板的作用力；②射流宽度比 $a_1/a_2$；③流体对平板合力的作用点。

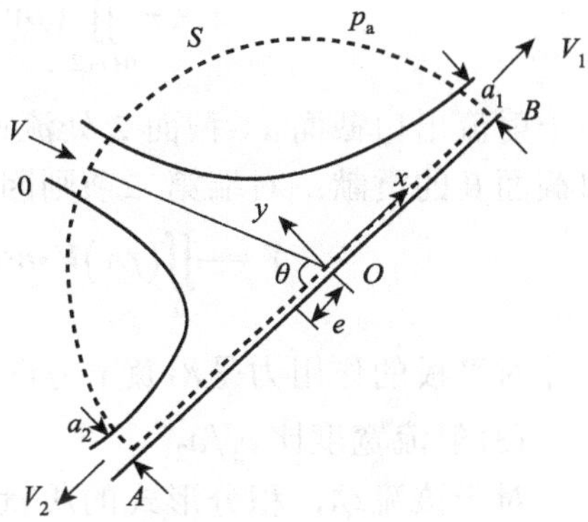

图 3-11　例 3-5 图

**解**：设入射射流的中心轴线与平板的交点为 $O$，夹角为 $\theta$。以 $O$ 点为原点建立坐标系，$x$ 轴沿板方向向右，$y$ 轴沿垂直于板的方向向上。取包括入口和出口三支射流截面和平板上 $\overline{AB}$ 在内的封闭曲线 $S$ 为控制面(图 3-11 中虚线)。

假设流动定常，不计彻体力，对理想流体，流体在控制面上只受到压力，其中 $\overline{AB}$ 上为平板施加的压力；控制面中仅三支射流截面上有动量流率。入口记为截面 0，出口为截面 1 和截面 2，则积分形式动量方程(3.4-4)在该流动条件下成为

$$\iint\limits_{0+1+2}(\rho\boldsymbol{V})\boldsymbol{V}\bullet\boldsymbol{n}\delta S=-\iint\limits_{S-\overline{AB}}(p-p_{\mathrm{a}})\boldsymbol{n}\delta S-\iint\limits_{\overline{AB}}(p-p_{\mathrm{a}})\boldsymbol{n}\delta S$$

上式对压力积分时将大气压强 $p_{\mathrm{a}}$ 去除($p_{\mathrm{a}}$ 部分的积分为零)了。右端的第二项就是平板对流体的作用力，则流体对平板的作用力(记作 $X\boldsymbol{i}+Y\boldsymbol{j}$)为

$$X\boldsymbol{i}+Y\boldsymbol{j}=\iint\limits_{\overline{AB}}(p-p_{\mathrm{a}})\boldsymbol{n}\delta S=-\iint\limits_{0+1+2}(\rho\boldsymbol{V})\boldsymbol{V}\bullet\boldsymbol{n}\delta S-\iint\limits_{S-\overline{AB}}(p-p_{\mathrm{a}})\boldsymbol{n}\delta S \quad (3.4\text{-}15)$$

由于不计黏性力，流体对平板的作用力垂直于板面(沿 $y$ 方向)，所以这里的 $X=0$。下面首先分析各截面上流速和压强，再联合应用积分形式的质量方程和动量矩方程解决问题。

(1)出口截面流速

三支射流在离 $O$ 点很远处速度都是均匀的，射流入口截面 0、出口截面 1 和截面 2 以及自由面(边缘两条流线)上的压力皆为大气压 $p_a$。对于理想不可压定常流动，可以应用后面 3.5 节将要导出的伯努利方程确定截面 1 处、截面 2 处流速。分别沿上下两根边缘流线列不计重力的伯努利方程：

$$p_a+\frac{1}{2}\rho V^2=p_a+\frac{1}{2}\rho V_1^2,\quad p_a+\frac{1}{2}\rho V^2=p_a+\frac{1}{2}\rho V_2^2$$

得

$$V_1=V_2=V \tag{3.4-16}$$

(2)作用力

不计黏性时流体对平板的作用力为 $Y\boldsymbol{j}$。应用式(3.4-15)的 $y$ 向分量方程，即

$$Y=-\iint\limits_{0+1+2}(\rho v)\boldsymbol{V}\cdot\boldsymbol{n}\delta S-\iint\limits_{S-\overline{AB}}(p-p_a)\cos(\boldsymbol{n},y)\delta S$$

由于射流出口截面 1、截面 2 处流速均沿板面($x$ 方向)，上式右端第一项中只剩下射流入口截面 0 的贡献；右端第二项则因为控制面上均为大气压导致积分为零。于是有

$$Y=-\iint\limits_{0}(\rho v)\boldsymbol{V}\cdot\boldsymbol{n}\delta S=-(-\rho V\sin\theta)(-V)a=-\rho V^2a\sin\theta \tag{3.4-17}$$

流体对平板的作用力是沿负 $y$ 方向，即垂直指向平板。

(3)射流宽度比 $a_1/a_2$

对于该流动，积分形式的质量方程为

$$\rho aV=\rho a_1V_1+\rho a_2V_2$$

前面已得到 $V_1=V_2=V$，于是有

$$a_1+a_2=a \tag{3.4-18}$$

再应用动量方程(3.4-15)的 $x$ 向分量方程，并注意到 $X=0$，压力积分为零，得

$$0=-\iint\limits_{0+1+2}(\rho u)\boldsymbol{V}\cdot\boldsymbol{n}\delta S=-(\rho V\cos\theta)(-V)a-\rho V_1V_1a_1-(-\rho V_2)V_2a_2$$

即

$$\rho aV^2\cos\theta-\rho V_1^2a_1+\rho V_2^2a_2=0$$

将 $V_1=V_2=V$ 代入后得

$$a\cos\theta=a_1-a_2 \tag{3.4-19}$$

联立式(3.4-18)和式(3.4-19)，得

$$a_1=\frac{1+\cos\theta}{2}a,\quad a_2=\frac{1-\cos\theta}{2}a \tag{3.4-20}$$

于是射流宽度比为

$$\frac{a_1}{a_2}=\frac{1+\cos\theta}{1-\cos\theta} \tag{3.4-21}$$

由于速度相等，这也是流量比。

(4) 合力的作用点

如图 3-11 所示，设合力的作用点距 $O$ 点的距离为 $e$，即位于 $(-e,0)$ 点。对坐标原点取矩，以逆时针方向为矩的正方向。该流动条件下，积分形式的动量矩方程(3.4-14)成为

$$\iint\limits_{0+1+2} \boldsymbol{r}\times(\rho\boldsymbol{V})\boldsymbol{V}\bullet\boldsymbol{n}\delta S=-\boldsymbol{r}\times Y\boldsymbol{j}$$

即

$$0-\frac{a_1}{2}(\rho V_1)V_1a_1-\frac{a_2}{2}(-\rho V_2)V_2a_2=-(-e)Y$$

整理为

$$\frac{1}{2}\rho V_1^2a_1^2-\frac{1}{2}\rho V_2^2a_2^2=-eY$$

将 $V_1=V_2=V$ 和前面得到的式(3.4-17)、式(3.4-20)代入上式，得

$$ea\sin\theta=\frac{a_1^2-a_2^2}{2}=\frac{a^2(1+\cos\theta)^2-a^2(1-\cos\theta)^2}{8}=\frac{a^2}{2}\cos\theta$$

从而有

$$e=\frac{a}{2}\cot\theta \tag{3.4-22}$$

式(3.4-22)说明平板对流体的合力作用点的位置和射流宽度、射流与平板的夹角 $\theta$ 有关。仅当 $\theta=\pi/2$ 时，$e=0$，合力的作用点才通过 $O$ 点；当 $\theta$ 由 $\pi/2$ 减至 0 时，$e$ 由 0 趋于 $\infty$。总之，平板偏离与射流垂直的方向时，射流的作用力会产生一力矩，此力矩力图使平板绕 $O$ 点旋转，回复到与射流垂直的位置。平板偏离垂直方向越厉害，回复力矩越大。

## 3.5　理想流体的欧拉方程及其积分

### 3.5.1　理想流体的欧拉方程

对于理想无黏流体，黏性力为零，这时 N-S 方程(3.3-31)~式(3.3-33)简化为欧拉方程：

$$\frac{\partial u}{\partial t}+u\frac{\partial u}{\partial x}+v\frac{\partial u}{\partial y}+w\frac{\partial u}{\partial z}=-\frac{1}{\rho}\frac{\partial p}{\partial x}+f_x \tag{3.5-1}$$

$$\frac{\partial v}{\partial t}+u\frac{\partial v}{\partial x}+v\frac{\partial v}{\partial y}+w\frac{\partial v}{\partial z}=-\frac{1}{\rho}\frac{\partial p}{\partial y}+f_y \tag{3.5-2}$$

$$\frac{\partial w}{\partial t}+u\frac{\partial w}{\partial x}+v\frac{\partial w}{\partial y}+w\frac{\partial w}{\partial z}=-\frac{1}{\rho}\frac{\partial p}{\partial z}+f_z \tag{3.5-3}$$

写成矢量形式为

$$\frac{\partial \boldsymbol{V}}{\partial t}+(\boldsymbol{V}\cdot\nabla)\boldsymbol{V}=-\frac{1}{\rho}\nabla p+\boldsymbol{f} \tag{3.5-4}$$

柱坐标系$(r,\theta,z)$下的分量形式为

$$\frac{\partial V_r}{\partial t}+V_r\frac{\partial V_r}{\partial r}+\frac{V_\theta}{r}\frac{\partial V_r}{\partial \theta}+V_z\frac{\partial V_r}{\partial z}-\frac{V_\theta^2}{r}=-\frac{1}{\rho}\frac{\partial p}{\partial r}+f_r \tag{3.5-5}$$

$$\frac{\partial V_\theta}{\partial t}+V_r\frac{\partial V_\theta}{\partial r}+\frac{V_\theta}{r}\frac{\partial V_\theta}{\partial \theta}+V_z\frac{\partial V_\theta}{\partial z}+\frac{V_rV_\theta}{r}=-\frac{1}{\rho}\frac{\partial p}{r\partial \theta}+f_\theta \tag{3.5-6}$$

$$\frac{\partial V_z}{\partial t}+V_r\frac{\partial V_z}{\partial r}+\frac{V_\theta}{r}\frac{\partial V_z}{\partial \theta}+V_z\frac{\partial V_z}{\partial z}=-\frac{1}{\rho}\frac{\partial p}{\partial z}+f_z \tag{3.5-7}$$

这就是理想无黏流体的运动微分方程，它对定常和非定常流动、可压和不可压流动均适用。

欧拉运动微分方程给出了压强的变化、速度的变化以及彻体力之间的关系。需要指出的是，在空气动力学中，重力作为一种彻体力一般可以忽略不计。例如，飞行器在空气中运动时，大气高度每相差 1m，若按地面标准状态计算，由重力场引起的压强差仅为 12Pa。这个量比因流动引起的压强差要小几个量级，完全可以忽略。但是对于某些问题，彻体力不能忽略。例如，在叶轮机中，离心力场所产生的彻体力很大，可能成为气流压强变化的主要因素。

欧拉运动微分方程在特定的条件下可以积分，其结果将流体的速度和压强以十分简单的方式联系起来，远比微分方程容易处理。例如，在实际问题中有着广泛应用的伯努利积分。为便于积分，下面首先将欧拉运动微分方程改写成另一形式。

### 3.5.2 兰姆-葛罗米柯方程

兰姆方程是显式地包含速度旋度的理想流体运动微分方程，它是将欧拉方程中速度的迁移导数进行分解，将其中与旋度有关部分分离出来后导出的。

1. 兰姆方程的导出

根据矢量恒等式

$$\boldsymbol{V}\times(\nabla\times\boldsymbol{V})=\nabla\left(\frac{\boldsymbol{V}\cdot\boldsymbol{V}}{2}\right)-(\boldsymbol{V}\cdot\nabla)\boldsymbol{V}$$

就可将矢量形式的欧拉方程(3.5-4)改写为

$$\frac{\partial \boldsymbol{V}}{\partial t}+\nabla\left(\frac{V^2}{2}\right)-\boldsymbol{V}\times\boldsymbol{\Omega}=-\frac{1}{\rho}\nabla p+\boldsymbol{f} \tag{3.5-8}$$

式(3.5-8)通常称为兰姆型运动方程。其中 $\boldsymbol{\Omega}$ 为速度的旋度，也是涡量，$\boldsymbol{\Omega}=2\boldsymbol{\omega}=\mathrm{rot}\boldsymbol{V}$。

兰姆方程是另一种形式的欧拉方程，其适用对象仍然是理想无黏流。但对于无旋流动，使用兰姆方程比较方便，因这时旋度项消失，方程得到简化。

2. 含有涡量及压力函数的动力学方程——葛罗米柯方程

上面已将欧拉方程改写为了含有涡量(旋度)的兰姆方程，再引入以下假定。

(1)彻体力是有势的，即

$$\boldsymbol{f}=-\nabla\Pi \tag{3.5-9}$$

式中，$\Pi$ 是彻体力 $\boldsymbol{f}$ 的势能函数。

(2)流体是正压的，即密度只是压力的函数：

$$\rho=\rho(p)$$

这样的情况如：不可压流体运动，$\rho=\rho(p)=\mathrm{const}$；运动过程是等温的，$\rho=Cp$；运动过程是绝热等熵的，对量热完全气体有 $p=C\rho^{\gamma}$。当密度只是压力的单值函数时，可以引进压力函数 $\mathcal{P}$：

$$\mathcal{P}=\int\frac{\mathrm{d}p}{\rho(p)}\ \text{或}\ \nabla\mathcal{P}=\frac{1}{\rho}\nabla p \tag{3.5-10}$$

压力函数是作用在单位质量流体上压差力的势函数，类似于彻体力 $\boldsymbol{f}$ 的势能函数 $\Pi$。

将式(3.5-9)和式(3.5-10)代入兰姆方程(3.5-8)，便得到葛罗米柯方程：

$$\frac{\partial \boldsymbol{V}}{\partial t}-\boldsymbol{V}\times\boldsymbol{\Omega}=-\nabla\left(\mathcal{P}+\Pi+\frac{V^2}{2}\right)=-\nabla H \tag{3.5-11}$$

其中

$$H=\mathcal{P}+\Pi+\frac{V^2}{2} \tag{3.5-12}$$

$H$ 可视为单位质量流体的总机械能。

### 3.5.3　欧拉方程的积分

1. 伯努利积分

如果理想流体运动时满足以下条件：①定常运动，即 $\partial\boldsymbol{V}/\partial t=0$，且流线和迹线重合；②有旋的；③彻体力是有势的；④流体是正压的。这时葛罗米柯方程(3.5-11)可写为

$$\boldsymbol{V}\times\boldsymbol{\Omega}=\nabla\left(\mathcal{P}+\Pi+\frac{V^2}{2}\right) \tag{3.5-13}$$

可见式中的$\nabla\left(\mathcal{P}+\Pi+V^2/2\right)$是由速度矢量$\boldsymbol{V}$和涡量矢量$\boldsymbol{\Omega}$叉乘后得到的新矢量，它既垂直于速度矢量$\boldsymbol{V}$，又垂直于涡量矢量$\boldsymbol{\Omega}$。因此它在流线或涡线上的投影都等于零，即

$$\boldsymbol{V}\cdot\nabla\left(\mathcal{P}+\Pi+\frac{V^2}{2}\right)=0,\quad \boldsymbol{\Omega}\cdot\nabla\left(\mathcal{P}+\Pi+\frac{V^2}{2}\right)=0$$

所以有

$$\mathcal{P}+\Pi+\frac{V^2}{2}=C\left(\text{沿流线}\right) \tag{3.5-14}$$

$$\mathcal{P}+\Pi+\frac{V^2}{2}=C\left(\text{沿涡线}\right) \tag{3.5-15}$$

式中，$C$为常数。式(3.5-14)和式(3.5-15)就是对理想、定常、有旋流动导出的伯努利积分，适用于某条流线或涡线。式中的积分常数$C$称为伯努利常数，沿同一流线，积分常数才相等，对不同流线或涡线，积分常数互不相同。

对于不可压流，$\rho=\text{const}$时，伯努利积分成为

$$\frac{p}{\rho}+\Pi+\frac{V^2}{2}=C\left(\text{沿流线}\right) \tag{3.5-16}$$

如果彻体力只是重力，设$z$表示相对于某个选定的参考平面的高度，则伯努利积分成为

$$z+\frac{p}{\rho g}+\frac{V^2}{2g}=C\left(\text{沿流线}\right) \tag{3.5-17}$$

式(3.5-17)是水力学中应用最广的伯努利方程。它的意义可以从几何和能量两个角度说明。从几何意义上说，伯努利方程是指位置高度(流体质点在流线上所处位置)、压力高度(液柱底面上压力为$p$的液柱高度)和速度高度(流体质点在真空中以速度$V$铅直向上运动所能达到的高度)三者之和在同一条流线上不变。从能量意义上说，伯努利方程是指同一条流线上单位质量流体的位置势能、压力势能和动能之和，亦即总机械能保持不变。

2. 欧拉积分(无旋流的伯努利方程)

欧拉积分是伯努利积分在流动无旋时的特例，其条件是：定常、无旋、彻体力有势、流体正压。

流动定常、无旋时，葛罗米柯方程(3.5-11)成为

$$\nabla\left(\mathcal{P}+\Pi+\frac{V^2}{2}\right)=0$$

则

$$\mathcal{P}+\Pi+\frac{V^2}{2}=C\left(\text{全流场}\right) \tag{3.5-18}$$

对不可压流，有

$$\frac{p}{\rho}+\Pi+\frac{V^2}{2}=C(\text{全流场}) \tag{3.5-19}$$

式(3.5-18)、式(3.5-19)分别与一般的有旋流动的伯努利积分式(3.5-14)、式(3.5-16)形式相同，但要注意，式(3.5-18)、式(3.5-19)是适用于全流场的，全流场的 $C$ 为一个常数；而有旋流的伯努利积分常数 $C$ 则是适用于一条流线的，流线改变后，常数 $C$ 要变。欧拉积分通常也称为伯努利积分，作为其特例。

对不可压气体流动，若彻体力只是重力，欧拉积分式(3.5-19)中的势能函数 $\Pi$ 可以略去，成为

$$p+\frac{1}{2}\rho V^2=C \tag{3.5-20}$$

式(3.5-20)是在低速气流中经常使用的伯努利公式。$C$ 常写为 $p_0$，称为总压，则

$$p_0=p+\frac{1}{2}\rho V^2 \tag{3.5-21}$$

相应地，称 $p$ 为静压，$\rho V^2/2$ 为动压(也称为速度头)。总压可看成在速度滞止为零时全部动能转化为压力势能后的总机械能。

### 3.5.4　应用举例

**例 3-6**　测量低速气流速度的风速管原理。

**解**：风速管的构造见图 3-12，由一段横管和一根托柄组成。横管是一根直圆管，前端呈半球形，中间开一个测总压的孔，孔径用 $0.3d$($d$ 是直管的外径)；在距前端 $3d$ 处开一周圈的缝隙以测静压，这些缝隙称为静压孔。管内部有两条通路传递压力，一路连总压孔，一路连静压孔，两通路最后从托柄通出两根管子来。测量时使横管的纵轴线与来流的方向一致。总压孔对准来流，来流撞在孔上速度降为零，相应的压强达到了总压 $p_0$；而静压孔处(距前端 $3d$)气流速度接近于来流，测得的是来流压强，即静压 $p$。测量中不分开量总压和静压，而是把二者接在一根 $U$ 形测压计的两支上，看二者的差 $(p_0-p)$ 即可。

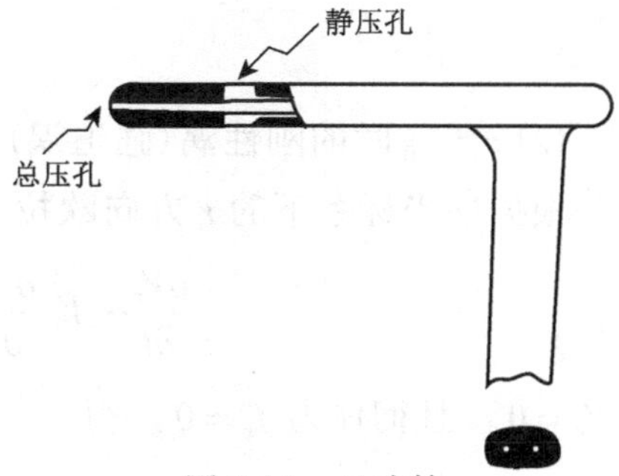

图 3-12　风速管

根据式(3.5-21)，可由总压与静压差计算速度 $V$，即

$$V=\sqrt{\frac{2(p_0-p)}{\rho}} \tag{3.5-22}$$

实际流动中由于有黏性影响，常需要对式(3.5-22)作修正：

$$V=\sqrt{\frac{2\xi(p_0-p)}{\rho}} \tag{3.5-23}$$

修正系数$\xi$是经校准确定的，其值一般都很接近于1.0。

**例 3-7** 根据下面给出的极坐标系$(r,\theta)$下的二维流场速度分布：

$$V_r=0,\quad \begin{cases} V_\theta=\omega r, & r\leqslant r_0 \\ V_\theta=\dfrac{\omega r_0^2}{r}, & r\geqslant r_0 \end{cases}$$

在定常、理想不可压流假设下，求流场的压强分布。其中$\omega$、$r_0$为常数，无穷远处压强为$p_\infty$。

**解：** 该二维流动是$r<r_0$的圆内刚性涡(也称为强迫涡，参见例2-8)流动与$r>r_0$的圆外点涡(也称为自由涡，参见例2-9)流动组合而成的兰金组合涡流动。在$r<r_0$内是有旋流动，而在$r>r_0$区域为无旋流动。两个区域的速度在$r=r_0$处匹配。

(1) $r\geqslant r_0$时的点涡(自由涡)流场

根据流动无旋，应用无旋情况下的伯努利方程：

$$p_\infty+\frac{1}{2}\rho V_\infty^2=p+\frac{1}{2}\rho V^2$$

得

$$p=p_\infty-\frac{1}{2}\rho V_\theta^2=p_\infty-\frac{1}{2}\rho\frac{\omega^2 r_0^4}{r^2} \tag{3.5-24}$$

特别地，$r=r_0$时有

$$p_{r_0}=p_\infty-\frac{1}{2}\rho\omega^2 r_0^2 \tag{3.5-25}$$

(2) $r\leqslant r_0$时的刚性涡(强迫涡)流场

根据柱坐标系下的$r$方向欧拉方程(3.5-5)，可得极坐标系下的$r$向欧拉方程为

$$\frac{\partial V_r}{\partial t}+V_r\frac{\partial V_r}{\partial r}+V_\theta\frac{\partial V_r}{r\partial\theta}-\frac{V_\theta^2}{r}=-\frac{1}{\rho}\frac{\partial p}{\partial r}+f_r$$

由$V_r=0$，且彻体力$f_r=0$，得

$$\frac{\partial p}{\partial r}=\rho\frac{V_\theta^2}{r}$$

根据流动的轴对称性，且$V_\theta=\omega r$，上式可进一步写为

$$\frac{\mathrm{d}p}{\mathrm{d}r}=\rho\frac{V_\theta^2}{r}=\rho\omega^2 r$$

积分得

$$p=\frac{1}{2}\rho\omega^2 r^2+C \tag{3.5-26}$$

将前面得到的$r=r_0$处压强$p_{r_0}$[式(3.5-25)]代入式(3.5-26)：

$$p_{r_0} = p_\infty - \frac{1}{2}\rho\omega^2 r_0^2 = \frac{1}{2}\rho\omega^2 r_0^2 + C$$

可确定常数 $C$ 为

$$C = p_\infty - \rho\omega^2 r_0^2$$

于是 $r \leqslant r_0$ 时的压强分布为

$$p = p_\infty - \rho\omega^2 r_0^2 + \frac{1}{2}\rho\omega^2 r^2 = p_\infty - \rho\omega^2 r_0^2\left(1 - \frac{r^2}{2r_0^2}\right) \tag{3.5-27}$$

综合式(3.5-24)和式(3.5-27)，兰金组合涡流场的压强分布为

$$p = \begin{cases} p_\infty - \dfrac{1}{2}\rho\dfrac{\omega^2 r_0^4}{r^2}, & r \geqslant r_0 \\ p_\infty - \rho\omega^2 r_0^2\left(1 - \dfrac{r^2}{2r_0^2}\right), & r \leqslant r_0 \end{cases} \tag{3.5-28}$$

## 3.6　理想流体的旋涡定理

在第 2 章的流体运动学分析中已经知道，流体运动有无旋和有旋之分。无旋流动更容易处理，因为它在数学上有重要的简化，例如，欧拉方程的积分在流动无旋时就比有旋流动简单。于是，很自然地会提出这样的问题：什么条件下流动才是无旋的？或者说，旋涡是怎样产生或消失的？研究这样的旋涡动力学性质通常有两条途径。一条是直接研究涡量(即速度旋度)的随体变化规律，另一条是研究速度环量的随体变化规律，因为环量和涡密切相关。

### 3.6.1　亥姆霍兹方程

亥姆霍兹方程就是描述特定条件下理想流体涡量随体变化规律 $\mathrm{D}\boldsymbol{\Omega}/\mathrm{D}t$ 的方程。

在 3.5 节中曾将欧拉方程改写为显式包含速度旋度的兰姆方程(3.5-8)：

$$\frac{\partial \boldsymbol{V}}{\partial t} + \nabla\left(\frac{V^2}{2}\right) - \boldsymbol{V}\times\boldsymbol{\Omega} = -\frac{1}{\rho}\nabla p + \boldsymbol{f}$$

对兰姆方程取旋度，得

$$\nabla\times\frac{\partial \boldsymbol{V}}{\partial t} + \nabla\times\left[\nabla\left(\frac{V^2}{2}\right)\right] - \nabla\times(\boldsymbol{V}\times\boldsymbol{\Omega}) = -\nabla\times\left(\frac{1}{\rho}\nabla p\right) + \nabla\times\boldsymbol{f} \tag{3.6-1}$$

式中

$$\nabla\times\frac{\partial \boldsymbol{V}}{\partial t} = \frac{\partial \boldsymbol{\Omega}}{\partial t}$$

而梯度矢量的旋度为零，则

$$\nabla \times \left[\nabla\left(\frac{V^2}{2}\right)\right] = 0$$

又根据矢量恒等式：

$$\nabla \times (\boldsymbol{V} \times \boldsymbol{\Omega}) = (\nabla \cdot \boldsymbol{\Omega})\boldsymbol{V} + (\boldsymbol{\Omega} \cdot \nabla)\boldsymbol{V} - (\nabla \cdot \boldsymbol{V})\boldsymbol{\Omega} - (\boldsymbol{V} \cdot \nabla)\boldsymbol{\Omega}$$

且矢量旋度的散度为零，则

$$\nabla \cdot \boldsymbol{\Omega} = \nabla \cdot (\nabla \times \boldsymbol{V}) = 0$$

从而式(3.6-1)整理为

$$\frac{\mathrm{D}\boldsymbol{\Omega}}{\mathrm{D}t} - (\boldsymbol{\Omega} \cdot \nabla)\boldsymbol{V} + \boldsymbol{\Omega}(\nabla \cdot \boldsymbol{V}) = -\nabla \times \left(\frac{1}{\rho}\nabla p\right) + \nabla \times \boldsymbol{f} \tag{3.6-2}$$

此即理想无黏流体涡量满足的运动微分方程。

若流体又是正压的，即 $\nabla p/\rho = \nabla \mathcal{P}$ ，且彻体力有势，即 $\boldsymbol{f} = -\nabla \Pi$ ，则

$$\nabla \times \left(\frac{1}{\rho}\nabla p\right) = 0, \quad \nabla \times \boldsymbol{f} = 0$$

于是式(3.6-2)成为

$$\frac{\mathrm{D}\boldsymbol{\Omega}}{\mathrm{D}t} - (\boldsymbol{\Omega} \cdot \nabla)\boldsymbol{V} + \boldsymbol{\Omega}(\nabla \cdot \boldsymbol{V}) = 0 \tag{3.6-3}$$

该式就是亥姆霍兹方程。它描述了理想流体在流场正压及彻体力有势的条件下的涡量的随体变化规律，又称作理想流体的涡量方程。

由亥姆霍兹方程可知，初始无旋（$\boldsymbol{\Omega} = 0$）的理想无黏流动，在流场正压及彻体力有势的条件下仍保持为无旋，因为 $\mathrm{D}\boldsymbol{\Omega}/\mathrm{D}t = 0$ 。但初始有旋的流动，其涡量在运动过程中可能会由于微团的拉压或弯曲而变化。这种变化与黏性无关，是惯性运动的产物。流动一旦由于某种原因成为有旋流后，拉伸和弯曲会进一步增加涡量。

### 3.6.2 开尔文环量守恒定理

上面通过 $\mathrm{D}\boldsymbol{\Omega}/\mathrm{D}t$ 方程已经知道，即使是无黏流动，运动过程中流体的涡量也可能发生变化。不过理想无黏流动在正压和彻体力有势的条件下，环量 $\Gamma$（或涡通量 $I$）保持不变，这是由开尔文(汤姆逊)环量守恒定理指出的。

1. 开尔文环量守恒定理

$t=t_m$ 时刻在流体中取出一条由流体质点组成的封闭流体线 $L$，再任取一个张在其上的流体面 $A$，沿流体线的速度环量 $\Gamma$ 和通过流体面的涡通量 $I$ 分别定义为

$$\Gamma = \oint_{L(t)} \boldsymbol{V} \cdot \mathrm{d}\boldsymbol{l}, \quad I = \iint_{A(t)} \boldsymbol{\Omega} \cdot \boldsymbol{n} \mathrm{d}A$$

式中，$\mathrm{d}\boldsymbol{l}$ 为物质微元段(逆时针切线方向)，$\mathrm{d}A$ 为物质面 $A$ 上的微元面($\boldsymbol{n}$ 为其外法线方向)。在 2.4 节中已由斯托克斯公式导出：同一时刻的环量等于涡通量，即

$$\Gamma = I$$

现研究环量随时间的变化。环量 $\Gamma$ 是速度沿封闭流体线的积分，而流体线是物质线，所以 $\Gamma$ 随时间的变化率是物质积分的随体导数：

$$\frac{D\Gamma}{Dt} = \frac{D}{Dt}\left[\oint_{L(t)} \boldsymbol{V} \cdot d\boldsymbol{l}\right] = \oint_L \frac{D\boldsymbol{V}}{Dt} \cdot d\boldsymbol{l} + \oint_L \boldsymbol{V} \cdot \frac{D(d\boldsymbol{l})}{Dt} \tag{3.6-4}$$

可见环量变化是由两部分引起的：第一项是因为速度矢量随时间发生变化；第二项则是由于流体质点组成的物质线在运动过程中不断改变形状。不过第二项贡献其实为零。由于

$$d\boldsymbol{l} = \boldsymbol{r} - \boldsymbol{r}_0$$

式中，$\boldsymbol{r}$ 和 $\boldsymbol{r}_0$ 分别为微元段 $d\boldsymbol{l}$ 两端点处的矢径。则

$$\frac{D(d\boldsymbol{l})}{Dt} = \frac{D(\boldsymbol{r} - \boldsymbol{r}_0)}{Dt} = \boldsymbol{V} - \boldsymbol{V}_0 = d\boldsymbol{V}$$

式中，$d\boldsymbol{V}$ 表示微元段两端点之间的速度微增量。所以有

$$\oint_L \boldsymbol{V} \cdot \frac{D(d\boldsymbol{l})}{Dt} = \oint_L \boldsymbol{V} \cdot d\boldsymbol{V} = \oint_L d\left(\frac{\boldsymbol{V} \cdot \boldsymbol{V}}{2}\right) = 0$$

上式用到了速度是连续的单值函数因而对封闭曲线积分为零的性质。从而式(3.6-4)成为

$$\frac{D\Gamma}{Dt} = \oint_L \frac{D\boldsymbol{V}}{Dt} \cdot d\boldsymbol{l} + \oint_L \boldsymbol{V} \cdot \frac{D(d\boldsymbol{l})}{Dt} = \oint_L \frac{D\boldsymbol{V}}{Dt} \cdot d\boldsymbol{l} \tag{3.6-5}$$

将欧拉方程(3.5-4)代入式(3.6-5)，可进一步得

$$\frac{D\Gamma}{Dt} = \oint_L \frac{D\boldsymbol{V}}{Dt} \cdot d\boldsymbol{l} = -\oint_L \frac{1}{\rho} \nabla p \cdot d\boldsymbol{l} + \oint_L \boldsymbol{f} \cdot d\boldsymbol{l} \tag{3.6-6}$$

若流体又是正压的且彻体力有势，即 $\nabla p/\rho = \nabla \mathcal{P}$ 且 $\boldsymbol{f} = -\nabla \Pi$，则

$$-\oint_L \frac{1}{\rho} \nabla p \cdot d\boldsymbol{l} = -\oint_L \nabla \mathcal{P} \cdot d\boldsymbol{l} = 0 , \quad \oint_L \boldsymbol{f} \cdot d\boldsymbol{l} = -\oint_L \nabla \Pi \cdot d\boldsymbol{l} = 0$$

于是得

$$\frac{D\Gamma}{Dt} = 0 \tag{3.6-7}$$

也就是说，对于理想无黏的正压流动，在彻体力有势、速度连续时，沿任意封闭流体线的环量不随时间变化，此即开尔文定理。又由于 $\Gamma = I$，所以流体线对应的流体面上的涡通量也保持不变。

2. *拉格朗日定理*

由开尔文环量守恒定理可直接得到一个推论：在彻体力有势条件下的理想无黏正压流动，若在某一时刻流体的运动是无旋的，则在所有的时刻运动都是无旋的。这就是拉格朗日定理，也称为旋涡不生不灭定理。证明如下。

已知在某一时刻$t_1$流体运动是无旋的。任取一流体面$A$，其周线为$L$，有

$$\Gamma = \oint_{L(t_1)} \boldsymbol{V} \cdot \mathrm{d}\boldsymbol{l} = \iint_{A(t_1)} \boldsymbol{\Omega} \cdot \boldsymbol{n} \mathrm{d}A = 0$$

根据开尔文环量守恒定理，$\mathrm{D}\Gamma/\mathrm{D}t = 0$，则在任意的另一时刻$t_2$仍有

$$\Gamma = \iint_{A(t_2)} \boldsymbol{\Omega} \cdot \boldsymbol{n} \mathrm{d}A = 0$$

因为$A$是任意取的，因此$t_2$时刻任一点的$\boldsymbol{\Omega}$为零。所以在任意时刻流动都满足：

$$\boldsymbol{\Omega} = 0$$

由拉格朗日定理可知，如果流体满足理想无黏、正压、彻体力有势三个条件，则旋涡既不能产生，也不会消失。然而，上述三个条件只要有一个得不到满足，旋涡就既可能产生也可能消失。开尔文定理和拉格朗日定理是判别流动是否有旋的重要定理。例如，在满足上述条件的情况下，若流动由静止开始则必无旋；直线均匀气流流经物体时，物体周围的流动是无旋的。

### 3.6.3　亥姆霍兹旋涡定理

上面证明了在理想、正压和彻体力有势三个条件下，流动无旋则永远无旋，有旋则永远有旋的事实。接下来进一步研究如果流动是有旋的，旋涡的随体变化规律，这些规律由亥姆霍兹的两个旋涡定理描述。从开尔文环量守恒定理出发，很容易导出亥姆霍兹旋涡定理。

1. 涡面、涡管和涡线的保持性定理(亥姆霍兹第一定理)

**定理**：若流体是理想无黏、正压的，且彻体力有势，则在某一时刻构成涡面、涡管和涡线的流体质点，在运动的全部时间中，仍将构成涡面、涡管或涡线。

首先来证明涡面的保持性。为此，在初始时刻的流体涡面上，任取一个以封闭流体线$C$为边界的曲面$\sigma$。根据涡面定义，可知通过曲面$\sigma$的涡通量为零。而绕流体线$C$的环量又和过曲面$\sigma$的涡通量相等，则

$$\Gamma = \oint_{C} \boldsymbol{V} \cdot \mathrm{d}\boldsymbol{c} = \iint_{\sigma} \boldsymbol{\Omega} \cdot \boldsymbol{n} \mathrm{d}\sigma = 0$$

在以后的任一时刻，上述流体线$C$将移动到新的位置$C_1$，当然，它仍是上述流体面$\sigma$在此新时刻所占据位置$\sigma_1$面的边界。根据开尔文环量守恒定理有

$$\frac{\mathrm{D}\Gamma}{\mathrm{D}t} = \frac{\mathrm{D}}{\mathrm{D}t} \oint_{C(t)} \boldsymbol{V} \cdot \mathrm{d}\boldsymbol{c} = 0$$

所以在以后任意时刻都有

$$\Gamma = \oint_{C_1} \boldsymbol{V} \cdot \mathrm{d}\boldsymbol{c} = \iint_{\sigma_1} \boldsymbol{\Omega} \cdot \boldsymbol{n} \mathrm{d}\sigma = 0$$

因为周线$C$、曲面$\sigma$和对应的$C_1$、$\sigma_1$可以取得任意小，而且可以位于流体面上的任意位

置，所以，初始时刻为涡面的流体面在以后的任一时刻，其上每一点处的涡量 $\boldsymbol{\Omega}$ 都与流体面相切。这就证明了该流体面仍为涡面。

因为涡管表面就是一个封闭的涡面，而上面证明了任何涡面的保持性，自然也适用于涡管表面。至于涡线，可以看成两个相交的涡面的交线，则由涡面的保持性可以推知涡线的保持性。

2. 涡管强度保持性定理(亥姆霍兹第二定理)

**定理**：若流体是理想无黏、正压的，且彻体力有势，则涡管的强度在运动过程中恒不变。

涡管的强度就是通过该涡管的任意截面的涡通量，它也等于绕涡管侧面上任一条环绕涡管的封闭曲线的速度环量。在涡管侧面上任取一条包围涡管的封闭流体线 $L(t)$，则绕该流体线的环量为此涡管的强度。根据涡管保持定理和流体线保持定理，运动过程中此涡管仍然保持为涡管，而该流体线一直保持在涡管的侧面上，则涡管的强度仍然等于绕该流体线的环量。又根据开尔文环量守恒定理有

$$\frac{\mathrm{D}\Gamma}{\mathrm{D}t}=\frac{\mathrm{D}}{\mathrm{D}t}\oint_{L(t)}\boldsymbol{V}\cdot\mathrm{d}\boldsymbol{l}=0$$

绕该流体线的环量不变。所以说，运动过程中涡管强度保持不变。

3. 旋涡定理的讨论

在 2.4 节给出了涡管强度守恒定理：在同一时刻，沿涡线或涡管，涡管的强度不变。并由此推出涡管不可能在流体中中断，只能伸向无限远、自相连接成涡环或止于边界。这个定理是运动学的，既适用于理想无黏流体，也适用于黏性流体。

拉格朗日定理(旋涡不生不灭定理)、亥姆霍兹旋涡定理(涡面、涡管和涡线的保持性定理，涡管强度保持性定理)的导出都基于开尔文环量守恒定理，它们的成立条件都是要求流体理想无黏、正压且彻体力有势。

综合涡管的强度守恒定理和亥姆霍兹旋涡定理可知，在流体理想无黏、正压、彻体力有势的情况下，旋涡永远是由同样的一些流体质点组成，并且它的强度(涡管的强度)无论对空间和时间来说都是不变的。实际流体的运动中，情况不完全如此。涡强会因为黏性发生变化，例如，河水流过桥墩时在桥墩后面形成旋涡；有时也因为气体的变化过程是非正压的而出现旋涡，例如，大气运动中形成旋风。但亥姆霍兹旋涡定理在某些情况下可以应用于实际流体的运动。例如，考虑机翼绕流时，除了紧贴机翼的薄层流体以外，流体的黏性可以略去不计。这样，上述旋涡定理就为建立机翼的旋涡系统模型提供了理论依据。

## 3.7　理想流体的能量方程

本节针对理想无黏流体导出能量方程，即运动的理想流体满足的能量守恒定律。采用“系统”观点的热力学第一定律为：系统总能量的变化率，等于单位时间内外界传给

系统的热量和外界对系统做的功率：

$$\frac{\mathrm{D}E_{系统}}{\mathrm{D}t}=\dot{Q}+\dot{W} \tag{3.7-1}$$

式中，$\mathrm{D}E_{系统}/\mathrm{D}t$ 为系统的总能量(包括内能与动能)随时间的变化率。$\dot{Q}$ 为单位时间内外界传给系统的热量，这里不考虑详细的换热过程，只以 $\dot{Q}$ 代表系统与外界的热量交换率，并规定外界向系统传热时 $\dot{Q}$ 为正值。对于理想流体，不考虑流体自身(流体微团之间)的热传导。$\dot{W}$ 为外界对系统的做功率，包括彻体力和表面力的做功率，对于理想流体，只有彻体力和压力的做功率。

下面首先对流体微团应用能量守恒定律，导出微分形式的总能方程，在此基础上进一步导出微分形式能量方程的其他形式，如内能方程和总焓方程。最后对有限大小的控制体，导出积分形式的能量方程。

### 3.7.1 微分形式的总能方程

单位质量流体的总能量 $E$ 为单位质量的内能 $e$ 与动能之和：

$$E=e+\frac{V^2}{2} \tag{3.7-2}$$

取一流体微团"系统"，其体积为 $\mathrm{d}\Omega(t)$，界面积为 $\mathrm{d}S(t)$，均随时间变化。微团的总能量随时间的变化率可表示为

$$\frac{\mathrm{D}}{\mathrm{D}t}\left[\left(e+\frac{1}{2}V^2\right)\rho\mathrm{d}\Omega(t)\right]=\rho\mathrm{d}\Omega(t)\frac{\mathrm{D}}{\mathrm{D}t}\left(e+\frac{1}{2}V^2\right)+\frac{\mathrm{D}}{\mathrm{D}t}\left[\rho\mathrm{d}\Omega(t)\right]\left(e+\frac{1}{2}V^2\right)$$

由于流体微团是封闭系统，其质量不变，即 $\mathrm{D}\left[\rho\mathrm{d}\Omega(t)\right]/\mathrm{D}t=0$，所以得

$$\frac{\mathrm{D}}{\mathrm{D}t}\left[\left(e+\frac{1}{2}V^2\right)\rho\mathrm{d}\Omega(t)\right]=\rho\mathrm{d}\Omega(t)\frac{\mathrm{D}}{\mathrm{D}t}\left(e+\frac{1}{2}V^2\right) \tag{3.7-3}$$

再看外界向流体微团的传热率。记单位时间外加给单位质量流体的热量为 $\dot{q}$，则微团单位时间吸收的外加热为

$$(\rho\mathrm{d}\Omega)\dot{q} \tag{3.7-4}$$

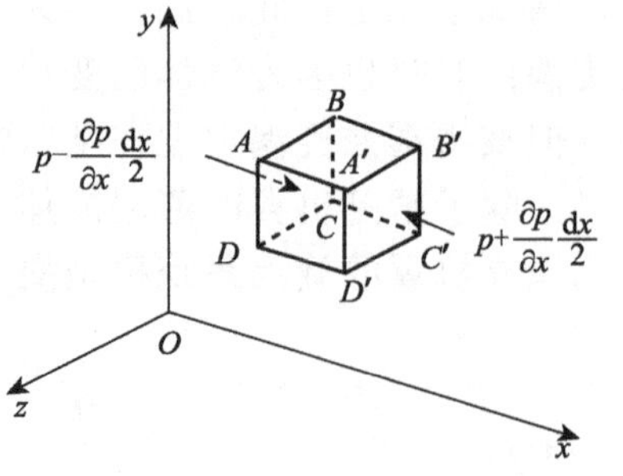


图 3-13 流体微团示意图

彻体力对微团的做功率为

$$(\rho\mathrm{d}\Omega)\boldsymbol{f}\boldsymbol{\cdot}\boldsymbol{V}=\rho\mathrm{d}\Omega\left(f_x u+f_y v+f_z w\right) \tag{3.7-5}$$

式中，$\boldsymbol{f}$ 为作用在单位质量流体上的彻体力。

流体微团上作用的表面力(对于理想流体就是压力)功率是由相邻微团施加的。如图 3-13 所示，在流体中取一块三边分别为 d$x$、d$y$、d$z$ 的正交六面体的微团。在 $t$ 瞬时，六面体微团中心点 $O_c$ 的坐标为 $(x,y,z)$，处于此点的流体的速度为 $u(x,y,z,t)$、$v(x,y,z,t)$、$w(x,y,z,t)$，压强是 $p(x,y,z,t)$。

微团的左侧面(即 $ABCD$ 面)中心点的压强为

$$p(x,y,z,t)+\frac{\partial p}{\partial x}\left(-\frac{\mathrm{d}x}{2}\right)$$

以此作为该微元面的平均压强，则相邻微团作用在该面上的压力为

$$\left(p-\frac{\partial p}{\partial x}\frac{\mathrm{d}x}{2}\right)\mathrm{d}y\mathrm{d}z$$

压力沿正 $x$ 方向。该面中心点流体的 $x$ 向流速为

$$\left(u-\frac{\partial u}{\partial x}\frac{\mathrm{d}x}{2}\right)$$

从而该表面上的压力对微团的做功率为

$$\left(p-\frac{\partial p}{\partial x}\frac{\mathrm{d}x}{2}\right)\left(u-\frac{\partial u}{\partial x}\frac{\mathrm{d}x}{2}\right)\mathrm{d}y\mathrm{d}z=\left[pu-\frac{\partial(pu)}{\partial x}\frac{\mathrm{d}x}{2}\right]\mathrm{d}y\mathrm{d}z$$

同理，在右侧的 $A'B'C'D'$ 面上的压力对微团的做功率为

$$-\left(p+\frac{\partial p}{\partial x}\frac{\mathrm{d}x}{2}\right)\left(u+\frac{\partial u}{\partial x}\frac{\mathrm{d}x}{2}\right)\mathrm{d}y\mathrm{d}z=-\left[pu+\frac{\partial(pu)}{\partial x}\frac{\mathrm{d}x}{2}\right]\mathrm{d}y\mathrm{d}z$$

注意上式中的负号是因为该面上的压力沿负 $x$ 方向。类似地，可得到垂直于 $y$ 轴的上下两个微元表面上和垂直于 $z$ 轴的前后两个微元平面上压力对微团做功率分别为

$$\left[pv-\frac{\partial(pv)}{\partial y}\frac{\mathrm{d}y}{2}\right]\mathrm{d}x\mathrm{d}z,\quad -\left[pv+\frac{\partial(pv)}{\partial y}\frac{\mathrm{d}y}{2}\right]\mathrm{d}x\mathrm{d}z$$

$$\left[pw-\frac{\partial(pw)}{\partial z}\frac{\mathrm{d}z}{2}\right]\mathrm{d}x\mathrm{d}y,\quad -\left[pw+\frac{\partial(pw)}{\partial z}\frac{\mathrm{d}z}{2}\right]\mathrm{d}x\mathrm{d}y$$

从而得到微团各外表面上压力对微团做功率的总和为

$$\dot{W}_{压力}=-\left[\frac{\partial(pu)}{\partial x}+\frac{\partial(pv)}{\partial y}+\frac{\partial(pw)}{\partial z}\right]\mathrm{d}x\mathrm{d}y\mathrm{d}z$$

其中的 $\mathrm{d}x\mathrm{d}y\mathrm{d}z$ 就是微团的体积 $\mathrm{d}\Omega(t)$。所以有

$$\dot{W}_{压力}=-\left[\frac{\partial(pu)}{\partial x}+\frac{\partial(pv)}{\partial y}+\frac{\partial(pw)}{\partial z}\right]\mathrm{d}\Omega=-\nabla\cdot(p\boldsymbol{V})\mathrm{d}\Omega \tag{3.7-6}$$

综和式(3.7-3)~式(3.7-6)，得到微团的总能方程为

$$\rho\frac{\mathrm{D}}{\mathrm{D}t}\left(e+\frac{1}{2}V^2\right)=\rho\dot{q}+\rho\boldsymbol{f}\cdot\boldsymbol{V}-\nabla\cdot(p\boldsymbol{V}) \tag{3.7-7}$$

或展开为

$$\rho\frac{\mathrm{D}}{\mathrm{D}t}\left(e+\frac{1}{2}V^2\right)=\rho\dot{q}+\rho\left(f_x u+f_y v+f_z w\right)-\left[\frac{\partial(pu)}{\partial x}+\frac{\partial(pv)}{\partial y}+\frac{\partial(pw)}{\partial z}\right] \tag{3.7-8}$$

### 3.7.2 微分形式能量方程的其他形式

上面导出了总能方程。有时不仅关心能量的数量，还关心能量的形式，想知道不同形式的能量的变化率，如内能的变化率、动能的变化率。这一小节首先导出动能和内能方程。其他热力学参数如温度、熵、焓，都与内能密切相关，它们的变化率方程也可根据内能方程和热力学关系导出。本节只代表性地给出在可压缩流动中用得最多的总焓方程。

1. 动能方程

动能方程可由动量方程导出。为此将速度 $\boldsymbol{V}$ 与欧拉运动微分方程(3.5-4)进行点乘，得到

$$\rho\boldsymbol{V}\cdot\frac{\mathrm{D}\boldsymbol{V}}{\mathrm{D}t}=\rho\boldsymbol{V}\cdot\boldsymbol{f}-\boldsymbol{V}\cdot\nabla p$$

即

$$\rho\frac{\mathrm{D}}{\mathrm{D}t}\left(\frac{V^2}{2}\right)=\rho\boldsymbol{V}\cdot\boldsymbol{f}-\boldsymbol{V}\cdot\nabla p \tag{3.7-9}$$

这就是动能方程。它表明流体动能的变化率等于单位时间内彻体力和压差力对流体做的功。

2. 内能方程

首先从物理意义分析导出内能方程。取一流体微团系统，其体积为 $\mathrm{d}\Omega(t)$，内能为 $e\rho\mathrm{d}\Omega$。内能的变化率为

$$\frac{\mathrm{D}}{\mathrm{D}t}(e\rho\mathrm{d}\Omega)=e\frac{\mathrm{D}(\rho\mathrm{d}\Omega)}{\mathrm{D}t}+\rho\mathrm{d}\Omega\frac{\mathrm{D}e}{\mathrm{D}t}=\rho\frac{\mathrm{D}e}{\mathrm{D}t}\mathrm{d}\Omega$$

根据热力学知识知道，流体微团内能发生变化有两个原因：一个是吸收外加热，微团单位时间吸收的热量为 $(\rho\mathrm{d}\Omega)\dot{q}$，吸热则内能增加。另一个是微团体积变化时压力做功，微团膨胀时是对外界做功，内能减小；外界压缩微团则是外界对微团做功，增加其内能。体积变化时的压力做功率为

$$-p(\nabla\cdot\boldsymbol{V})\mathrm{d}\Omega \tag{3.7-10}$$

它也称为压力做的膨胀功。式(3.7-10)含义是：压强×体积变化＝压强×体积应变率×体积。从而得到内能方程为

$$\frac{\mathrm{D}e}{\mathrm{D}t}=\dot{q}-\frac{p}{\rho}\nabla\cdot\boldsymbol{V} \tag{3.7-11}$$

根据总能为内能与动能之和，也可以从总能方程(3.7-7)中减去动能方程(3.7-9)得到内能方程。流体总能的变化率来源于吸热、彻体力做功、压力做功三项。其中吸热增加流体内能，彻体力做功增加流体动能。而压力的做功率分为两部分：

$$-\nabla\cdot(p\boldsymbol{V}) = -\boldsymbol{V}\cdot\nabla p - p\nabla\cdot\boldsymbol{V} \tag{3.7-12}$$

$-\boldsymbol{V}\cdot\nabla p$ 部分就是压差力做功，它改变了流体的动能，另一部分 $-p\nabla\cdot\boldsymbol{V}$ 就是压力的膨胀功，用于改变流体的内能。

关于压力做功，可以这样理解：将微团整体的“刚性”运动和变形分开考虑。微团整体受到的压力的合力为 $-\nabla p\mathrm{d}\Omega$。首先不考虑微团的变形，当微团整体像刚体那样以速度 $\boldsymbol{V}$ 运动，那么该合力做的功率即 $-\boldsymbol{V}\cdot\nabla p\mathrm{d}\Omega$，它改变微团的宏观动能。扣除微团整体以速度 $\boldsymbol{V}$ 的“刚性”运动外，微团还有体积的变化。压力在这种变形上做的功就是变形功(膨胀功)，用于改变微团的内能。

3. 总焓方程

可压缩流动中经常用到气体的焓。单位质量气体的焓为

$$h = e + \frac{p}{\rho} \tag{3.7-13}$$

运动气体的总焓为

$$h + \frac{V^2}{2} = e + \frac{p}{\rho} + \frac{V^2}{2} \tag{3.7-14}$$

而

$$\frac{\mathrm{D}}{\mathrm{D}t}\left(\frac{p}{\rho}\right) = \frac{1}{\rho}\frac{\mathrm{D}p}{\mathrm{D}t} - \frac{p}{\rho^2}\frac{\mathrm{D}\rho}{\mathrm{D}t}$$

将式中的 $\mathrm{D}p/\mathrm{D}t$ 采用随体导数算子展开，$\mathrm{D}\rho/\mathrm{D}t$ 根据连续方程为 $-\rho\nabla\cdot\boldsymbol{V}$，则

$$\frac{\mathrm{D}}{\mathrm{D}t}\left(\frac{p}{\rho}\right) = \frac{1}{\rho}\left(\frac{\partial p}{\partial t} + \boldsymbol{V}\cdot\nabla p\right) - \frac{p}{\rho^2}(-\rho\nabla\cdot\boldsymbol{V}) = \frac{1}{\rho}\frac{\partial p}{\partial t} + \frac{1}{\rho}\nabla\cdot(p\boldsymbol{V}) \tag{3.7-15}$$

根据式(3.7-15)和总能方程(3.7-7)就可得到总焓方程：

$$\rho\frac{\mathrm{D}}{\mathrm{D}t}\left(h + \frac{1}{2}V^2\right) = \rho\dot{q} + \rho\boldsymbol{f}\cdot\boldsymbol{V} + \frac{\partial p}{\partial t} \tag{3.7-16}$$

### 3.7.3　积分形式的能量方程

1. 针对控制体的热力学第一定律

仍选取 3.4 节中如图 3-8 所示的控制体，并以 $t$ 瞬时位于控制体内的流体作为“流体系统”。根据热力学第一定律：流体系统的总能量的变化率等于单位时间内外界传给系统的热量 $\dot{Q}$，加上外界对系统的做功率。即

$$\frac{\mathrm{D}}{\mathrm{D}t}\left[\iiint_{\Omega(t)}\rho\left(e + \frac{V^2}{2}\right)\mathrm{d}\Omega\right] = \dot{Q} + \dot{W} \tag{3.7-17}$$

式中，$\dot{Q}$为单位时间内外界传给系统的热量，$\dot{W}$为外界对系统的做功率。

在雷诺输运定理式(3.1-9)中令$\eta=\rho\left(e+V^2/2\right)$，即可将系统总能的变化率表述为控制体内流体总能的当地变化率与通过控制面的总能流出率之和，即

$$\frac{\mathrm{D}}{\mathrm{D}t}\left[\iiint_{\Omega(t)}\rho\left(e+\frac{V^2}{2}\right)\mathrm{d}\Omega\right]=\iiint_{\Omega}\frac{\partial\left[\rho\left(e+\frac{V^2}{2}\right)\right]}{\partial t}\delta\Omega+\oiint_{S+\cancel{S_1}}\left[\rho\left(e+\frac{V^2}{2}\right)\right]\boldsymbol{V}\cdot\boldsymbol{n}\delta S \quad (3.7\text{-}18)$$

注意式(3.7-18)右端的第二项(通过控制面的总能净流出率)只对控制体外表面 $S$ 进行了积分，因为表面 $S_1$ 上法向速度为零。将式(3.7-18)代入式(3.7-17)，得

$$\iiint_{\Omega}\frac{\partial\left[\rho\left(e+\frac{V^2}{2}\right)\right]}{\partial t}\delta\Omega+\oiint_{S}\left[\rho\left(e+\frac{V^2}{2}\right)\right]\boldsymbol{V}\cdot\boldsymbol{n}\delta S=\dot{Q}+\dot{W} \quad (3.7\text{-}19)$$

这就是适用于控制体形式的能量方程。方程右端的$\dot{Q}$为外界向控制体内流体的传热率，$\dot{W}$为外界对控制体内流体的做功率

2. 外界对控制体内流体做功率

先看彻体力做功率。设控制体内单位质量流体受到的彻体力为 $\boldsymbol{f}$，则彻体力所做的功率为

$$\dot{W}_f=\iiint_{\Omega}\rho\boldsymbol{f}\cdot\boldsymbol{V}\delta\Omega \quad (3.7\text{-}20)$$

作用于控制面的$S$部分(流体界面)上的表面力一般情况下应包括压力和黏性力，本节研究的是理想流体，不计流体界面上的黏性力，只有法向压力。$S$ 面上的法向压力所做的功率为

$$\dot{W}_n=-\oiint_{S}\boldsymbol{V}\cdot(p\boldsymbol{n})\delta S=-\oiint_{S}\frac{p}{\rho}(\rho\boldsymbol{V}\cdot\boldsymbol{n})\delta S \quad (3.7\text{-}21)$$

在控制面$S_1$部分上物体对流体有作用力，该力对流体所做的功率记为$-\dot{W}_s$，反过来，可以说流体克服物体施加的力而对物体的做功率为$\dot{W}_s$。

3. 积分形式的能量方程

将$\dot{W}_f$表达式[式(3.7-20)]、$\dot{W}_n$表达式[式(3.7-21)]和$\dot{W}_s$代入能量方程(3.7-19)，得

$$\iiint_{\Omega}\frac{\partial\left[\rho\left(e+\frac{V^2}{2}\right)\right]}{\partial t}\delta\Omega+\oiint_{S}\left[\left(e+\frac{V^2}{2}\right)\right](\rho\boldsymbol{V}\cdot\boldsymbol{n})\delta S=\dot{Q}+\iiint_{\Omega}\rho\boldsymbol{f}\cdot\boldsymbol{V}\delta\Omega-\oiint_{S}\frac{p}{\rho}(\rho\boldsymbol{V}\cdot\boldsymbol{n})\delta S-\dot{W}_s \quad (3.7\text{-}22)$$

将方程右端的压力做功部分移至方程左端，并应用焓和内能的关系$h=e+p/\rho$，压力做功就可转化为通过控制面的焓流出率的一部分。由此式(3.7-22)还可写为

$$\iiint_{\Omega}\frac{\partial\left[\rho\left(e+\frac{V^2}{2}\right)\right]}{\partial t}\delta\Omega+\oint\!\!\!\oint_{S}\left[\left(h+\frac{V^2}{2}\right)\right](\rho\boldsymbol{V}\cdot\boldsymbol{n})\delta S=\dot{Q}+\iiint_{\Omega}\rho\boldsymbol{f}\cdot\boldsymbol{V}\delta\Omega-\dot{W}_s \quad (3.7\text{-}23)$$

这就是积分形式能量方程的一般形式。它表明：控制体内流体**总能**的当地变化率＋通过控制面的**总焓**流出率＝外界对控制体的传热率＋彻体力的功率-控制体内流体(系统)对外做功率。流体对物体的做功率 $\dot{W}_s$ 是有用的输出功率，也称为输出的轴功 $\dot{W}_s$，实际应用中常常要求的就是它。

注意，式(3.7-23)是针对理想流体导出的积分形式能量方程。对于实际流体，在固体壁面附近的边界层内要考虑黏性力。不过如果所取控制体的控制面是固体表面和边界层外的流体曲面，则上述能量方程仍然适用。这是因为在边界层外的空间曲面上，流体黏性影响仍可忽略；而壁面处黏性力的做功率，或者说流体克服黏性力对外的做功率，是总和地包含在轴功 $\dot{W}_s$ 中的。

## 3.8　流体动力学方程组的封闭性和定解条件

本章根据三大守恒定律导出了流体运动的质量、动量、能量方程，它们构成了流体动力学基本方程组。但这个方程组还不封闭，本节将讨论使其封闭所需补充的关系式。另外，流体动力学方程组是偏微分方程组，其具体解还取决于定解条件。

### 3.8.1　方程组的封闭性

所谓封闭性问题是指方程组具有的方程个数是否等于所出现的未知函数个数的问题。这里以微分形式的流体动力学方程组为代表讨论封闭性问题，考察连续方程[式(3.2-2)或式(3.2-11)]、黏性流体的运动微分方程[N-S 方程(3.3-31)~式(3.3-33)]、理想流体的总能方程[式(3.7-7)]或总焓方程[式(3.7-16)]。通常假设彻体力 $\boldsymbol{f}$ 和外加热 $\dot{q}$ 是已知的，N-S 方程中的黏度 $\mu$ 是温度 $T$ 的函数，因此方程组中出现的未知函数有 $\rho$、$\boldsymbol{V}$、$p$、$T$、$e$(或 $h$)。可见方程个数少于未知函数的个数，还需补充热力学参数间的关系式。

经典热力学对静止的气体系统给出了热力学关系式，但流动的气体是连续的非均匀系统，其内部各点的热力学特性是连续变化的。不过根据试验观察可知，当各种梯度不大时，非均匀的连续系统的诸状态变量之间的局部和瞬时关系，与均匀系统一样。这样就可直接应用经典热力学关于封闭均匀系统的概念和结论。热力学参数间的关系还与气体所处的温度压力条件有关。对于空气等气体，800K 以下时可采用量热完全气体假设，应用 1.3 节已给出的完全气体的状态方程、焓(或内能)与温度的关系式，以及比热容关系式等，即

$$p=\rho RT \quad (3.8\text{-}1)$$

$$h=c_pT\,,\quad e=c_vT \quad (3.8\text{-}2)$$

$$c_p = \frac{\gamma}{\gamma - 1} R, \quad c_v = \frac{1}{\gamma - 1} R \tag{3.8-3}$$

式中，$R$ 为特定气体的气体常数，$c_p$ 为定压比热容，$c_v$ 为定容比热容，$\gamma$ 为比热容比，800K 以下的空气 $\gamma = 1.4$。这样，在补充热力学关系式(3.8-1)~式(3.8-3)后，就可使流体动力学方程组封闭。

特别地，对于不可压流，由于密度 $\rho$ 为已知的不变常数，所以质量方程和动量方程就可构成一个关于压力 $p$ 和速度 $\boldsymbol{V}$ 的封闭方程组，可由此先解出压力和速度，之后再由能量方程求解内能或温度。由于求解不可压流时，其能量方程可以不与质量和动量方程一起联立求解，所以称为非耦合的；而对于可压缩流动，则必须质量、动量和能量方程联立求解，称为耦合的。

### 3.8.2 定解条件

封闭后的流体动力学方程组正确描述了诸如空气和水等典型流体运动所应遵循的普遍规律，但具体的流动形态还与初始情况和边界情况有关，正是因为不同的初始和边界情况导致了遵循同样基本规律(方程)的流动呈现出千变万化的流动形态。在物理上说，是要根据基本运动规律和初始、边界情况来确定一个具体流动；从数学上说，就是一个封闭的微分方程组，加上恰当规定的初始条件和边界条件，才构成一个定解问题，才可能确定具体的解。初始条件和边界条件统称为定解条件，定解条件的规定方法与方程的数学类型有关。由于流体力学控制方程组的非线性，其定解条件提法问题没有完全解决，这里只简要地介绍目前较通用的处理方法。

1. 初始条件

对于非定常流动，应规定初始条件。即给出初始时刻 $t = t_0$ 时，诸物理量的空间分布情况为

$$Q(x, y, z, t_0) = Q_0(x, y, z) \tag{3.8-4}$$

式中，$Q$ 代表 $\rho$、$\boldsymbol{V}$、$p$、$e$(或 $T$、$h$)，$Q_0$ 为已知函数。在 $t = t_0$ 时，方程组的解应该等于该时刻给定的初值 $Q_0$。

2. 边界条件

在运动流体的边界上，方程组的解所应满足的条件称为边界条件。一般有以下几种类型的边界：固体壁面、不同流体分界面、无限远处、管道进出口处等。下面只简要给出较常用的几类边界条件。

考虑无渗透的固体壁面。黏性流体质点将黏附于固体壁面上，即满足无滑移条件：

$$\boldsymbol{V}_f\big|_w = \boldsymbol{V}_{物} \tag{3.8-5}$$

式中，$\boldsymbol{V}_f\big|_w$ 是流体在固体壁面处的速度，$\boldsymbol{V}_{物}$ 则是固体壁面运动速度。对于静止固体壁

面，则

$$V_f\big|_w = 0 \tag{3.8-6}$$

理想无黏流体可以沿固体壁面滑移，其相对于固体壁面的切向分速度为未知量，不能由边界条件规定；但其法向分速度与固壁的相同，即

$$V_{f,n}\big|_w = V_{物,n} \quad 或 \quad V_{f,n}\big|_w = 0 \tag{3.8-7}$$

对于黏性流体运动，固壁处还需给出温度边界条件。给定固壁温度时，流体在固壁处的温度与固壁温度相等，即满足温度无跳跃条件：

$$T_f\big|_w = T_{物} \tag{3.8-8}$$

或者给定流向单位面积壁面的热流率 $q_w$，则要求：

$$-k\frac{\partial T_f}{\partial n}\bigg|_w = q_w \tag{3.8-9}$$

式中，$\partial T/\partial n$ 是流体温度沿壁面外法线方向的梯度。

另外，在无穷远处，要给出自由来流条件，一般给定无穷远处流动的速度 $V_\infty$、压强 $p_\infty$ 和密度 $\rho_\infty$。管道流动中，给出进口或出口边界条件，具体的边界条件提法还和流动是可压或不可压、亚声速或超声速有关。

## 3.9 流动相似与相似参数

本章建立了流体动力学的控制方程组，通过理论或数值求解控制方程组可以得到在流体中运动物体如飞行器绕流场的详细参数分布,并进一步获得飞行器的空气动力特性。除求解控制方程组外，在流体力学和空气动力学中大量应用的还有试验研究方法。用试验方法研究飞行器流场时，常常需要采用缩比模型。怎样设计和安排试验，才能保证模型试验的结果能够应用于全尺寸飞行器的飞行情况？这就提出了一个问题：保证流动相似需满足的条件。

从流动控制方程求解的角度看，两个流动相同的要求是二者的有量纲的控制方程和定解条件完全相同，因而有量纲解相同。而绕真实的全尺寸飞行器的和绕其缩比模型的两流动，虽然有量纲控制方程相同，但由于边界条件中的有量纲物面方程不同，因此两流动的有量纲解不同。不过可以对控制方程和定解条件进行无量纲化，转而寻求流动的无量纲解。如果能够按照一定的原则进行缩比模型试验，保证绕缩比模型和全尺寸飞行器的流动具有完全相同的无量纲方程和无量纲定解条件，那么从数学上说，两个流动的无量纲解就完全相同。在物理上则反映出两个流动或者说两个流场是相似的。这样，通过模型试验得到的流场无量纲结果就可以推广应用到全尺寸的飞行器流场。本节首先对流动控制方程(以连续方程和 N-S 方程为代表)和定解条件进行无量纲化，之后考察流动相似的条件和相似参数。

### 3.9.1 流动控制方程和定解条件的无量纲化

通过对流动物理情况进行分析和了解，选定一组特征物理量(或说参考量)，然后用这些量去除方程和定解条件中出现的相应变量，得到无量纲变量；再将原来的有量纲方程和边界条件转由这些无量纲变量表述，就可得到无量纲的方程和定解条件。

1. 参考量和无量纲变量

流动中各类物理量的参考量的通常取法及由此得到的无量纲变量(用上标“*”标记)列举如下。

(1)时间：参考量取为流场当地状态发生变化需要的典型时间$T$，在有周期现象的流动中$T$即周期。无量纲量为

$$t^* = \frac{t}{T} \tag{3.9-1}$$

(2)长度：参考量取为物体的特征长度$L$，无量纲量为

$$x^* = \frac{x}{L}, \quad y^* = \frac{y}{L}, \quad z^* = \frac{z}{L} \tag{3.9-2}$$

(3)速度：参考量取为自由流速度$V_\infty$，无量纲量为

$$u^* = \frac{u}{V_\infty}, \quad v^* = \frac{v}{V_\infty}, \quad w^* = \frac{w}{V_\infty}, \quad \boldsymbol{V}^* = \frac{\boldsymbol{V}}{V_\infty} \tag{3.9-3}$$

(4)密度：参考量取为自由流密度$\rho_\infty$，无量纲量为

$$\rho^* = \frac{\rho}{\rho_\infty} \tag{3.9-4}$$

(5)压力：参考量一般取为$\rho_\infty V_\infty^2$，无量纲量为

$$p^* = \frac{p}{\rho_\infty V_\infty^2} \tag{3.9-5}$$

(6)彻体力：参考量取为重力加速度$g$，无量纲量为

$$f_x^* = \frac{f_x}{g}, \quad f_y^* = \frac{f_y}{g}, \quad f_z^* = \frac{f_z}{g}, \quad \boldsymbol{f}^* = \frac{\boldsymbol{f}}{g} \tag{3.9-6}$$

(7)黏度：参考量取为自由流黏度$\mu_\infty$，无量纲量为

$$\mu^* = \frac{\mu}{\mu_\infty} \tag{3.9-7}$$

(8)算符也可无量纲化，例如

$$\frac{\partial}{\partial x^*} = \frac{\partial}{\partial\left(\dfrac{x}{L}\right)} = L\frac{\partial}{\partial x}, \quad \boldsymbol{\nabla}^* = L\boldsymbol{\nabla}, \quad \nabla^{*2} = L^2\nabla^2 \tag{3.9-8}$$

2. 方程的无量纲化

将连续方程(3.2-10)的各变量均用上面定义的无量纲量与参考量的乘积代替，得

$$\frac{\rho_\infty}{T}\cdot\frac{\partial\rho^*}{\partial t^*}+\frac{\rho_\infty V_\infty}{L}\cdot\left[\frac{\partial\left(\rho^* u^*\right)}{\partial x^*}+\frac{\partial\left(\rho^* v^*\right)}{\partial y^*}+\frac{\partial\left(\rho^* w^*\right)}{\partial z^*}\right]=0$$

方程的各无量纲项前均出现了参考量的组合式，这里分别是 $\rho_\infty/T$ 和 $\rho_\infty V_\infty/L$。将方程两边同除以组合式 $\rho_\infty V_\infty/L$，就可得到无量纲的连续方程：

$$\frac{L}{V_\infty T}\cdot\frac{\partial\rho^*}{\partial t^*}+\frac{\partial\left(\rho^* u^*\right)}{\partial x^*}+\frac{\partial\left(\rho^* v^*\right)}{\partial y^*}+\frac{\partial\left(\rho^* w^*\right)}{\partial z^*}=0 \tag{3.9-9}$$

式中，参考量的组合式 $L/(V_\infty T)$ 是一个无量纲参数。

以 $x$ 方向的 N-S 方程为例来讨论动量方程的无量纲化。将式(3.3-31)中的各变量用对应的无量纲量与参考量的乘积代替，得

$$\begin{aligned}&\frac{\rho_\infty V_\infty}{T}\cdot\rho^*\frac{\partial u^*}{\partial t^*}+\frac{\rho_\infty V_\infty^2}{L}\cdot\rho^*\left(u^*\frac{\partial u^*}{\partial x^*}+v^*\frac{\partial u^*}{\partial y^*}+w^*\frac{\partial u^*}{\partial z^*}\right)\\&=\rho_\infty g\cdot\rho^* f_x^*-\frac{\rho_\infty V_\infty^2}{L}\cdot\frac{\partial p^*}{\partial x^*}\\&+\frac{\mu_\infty V_\infty}{L^2}\cdot\left\{\frac{\partial}{\partial x^*}\left(2\mu^*\frac{\partial u^*}{\partial x^*}\right)+\frac{\partial}{\partial y^*}\left[\mu^*\left(\frac{\partial u^*}{\partial y^*}+\frac{\partial v^*}{\partial x^*}\right)\right]+\frac{\partial}{\partial z^*}\left[\mu^*\left(\frac{\partial u^*}{\partial z^*}+\frac{\partial w^*}{\partial x^*}\right)\right]-\frac{2}{3}\frac{\partial}{\partial x^*}\left(\mu^*\nabla^*\cdot V^*\right)\right\}\end{aligned} \tag{3.9-10}$$

方程中各无量纲项前出现了参考量的组合式，这些组合式其实代表了单位体积流体微团受到的各类型力的典型值，分析如下。

(1) $\rho_\infty V_\infty/T$：$\rho\partial u/\partial t$ 为当地加速度对应的惯性力项；对于非定常流动，在特征时间 $T$ 内，气流速度可由零变化至 $V_\infty$，故当地加速度 $\partial u/\partial t$ 的典型值可取为 $V_\infty/T$，从而 $\rho_\infty V_\infty/T$ 为当地加速度对应的惯性力项的典型值。

(2) $\rho_\infty V_\infty^2/L$：$\rho u\partial u/\partial x$ 等为迁移加速度对应的惯性力项；气流绕流物体时，在物体长度范围的空间内速度可从 $V_\infty$ 的量级变化到零，故速度梯度分量 $\partial u/\partial x$ 等的典型值可取为 $V_\infty/L$，迁移加速度分量 $u\partial u/\partial x$ 等的典型值可取为 $V_\infty^2/L$，从而 $\rho_\infty V_\infty^2/L$ 为迁移加速度所对应的惯性力项的典型值。另外，式(3.9-10)的压差力项中也出现了组合式 $\rho_\infty V_\infty^2/L$。负的压力梯度即单位体积流体微团受到的压差力，而流动中压力的变化值常和动压同量级，这也是上面采用 $\rho_\infty V_\infty^2$ 作为压力参考量的原因。

(3) $\rho_\infty g$：为彻体力项的典型值。

(4) $\mu_\infty V_\infty/L^2$：$\partial(2\mu\partial u/\partial x)/\partial x$ 等为黏性力项；流动中 $\partial u/\partial x$ 可从其典型值 $V_\infty/L$ 的量级变化到零，故速度二阶导数 $\partial^2 u/\partial x^2$ 等的典型值可取为 $V_\infty/L^2$，于是 $\mu_\infty V_\infty/L^2$ 为黏性力项的典型值。

将式(3.9-10)两边同除以迁移惯性力的典型值 $\rho_\infty V_\infty^2/L$，得

$$\frac{L}{V_\infty T}\cdot\rho^*\frac{\partial u^*}{\partial t^*}+\rho^*\left(u^*\frac{\partial u^*}{\partial x^*}+v^*\frac{\partial u^*}{\partial y^*}+w^*\frac{\partial u^*}{\partial z^*}\right)=\frac{gL}{V_\infty^2}\cdot\rho^* f_x^*-\frac{\partial p^*}{\partial x^*}$$
$$+\frac{\mu_\infty}{\rho_\infty V_\infty L}\cdot\left\{\frac{\partial}{\partial x^*}\left(2\mu^*\frac{\partial u^*}{\partial x^*}\right)+\frac{\partial}{\partial y^*}\left[\mu^*\left(\frac{\partial u^*}{\partial y^*}+\frac{\partial v^*}{\partial x^*}\right)\right]+\frac{\partial}{\partial z^*}\left[\mu^*\left(\frac{\partial u^*}{\partial z^*}+\frac{\partial w^*}{\partial x^*}\right)\right]-\frac{2}{3}\frac{\partial}{\partial x^*}\left(\mu^*\nabla^*\boldsymbol{\cdot}\boldsymbol{V}^*\right)\right\}\tag{3.9-11}$$

式(3.9-11)为无量纲的 $x$ 向 N-S 方程。其中包含参考量的组合式 $L/(V_\infty T)$、$gL/V_\infty^2$ 和 $\mu_\infty/(\rho_\infty V_\infty L)$，它们都是无量纲参数，分别代表了当地加速度对应惯性力、彻体力、黏性力的典型值与迁移加速度对应惯性力的典型值之比。

3. 边界条件的无量纲化

以无渗透固壁上的黏性流体速度边界条件和无限远处(即自由流)边界条件为代表进行讨论。

固体壁面的方程为

$$G(x,y,z)=0\tag{3.9-12}$$

将坐标用无量纲量与参考长度的乘积表示，则为

$$G(Lx^*,Ly^*,Lz^*)=0$$

可改写为

$$G^*(x^*,y^*,z^*)=0\tag{3.9-13}$$

固壁上的速度无滑移条件式(3.8-5)写成无量纲形式为

$$\boldsymbol{V}_f^*\Big|_{G^*(x^*,y^*,z^*)=0\text{处}}=\frac{\boldsymbol{V}_{\text{物}}\Big|_{G(x,y,z)=0\text{处}}}{V_\infty}\tag{3.9-14}$$

无穷远处的速度、密度和压力分别为自由来流速度、密度和压力，即

$$\boldsymbol{V}\big|_\infty=\boldsymbol{V}_\infty,\quad \rho\big|_\infty=\rho_\infty,\quad p\big|_\infty=p_\infty$$

则无穷远处的无量纲形式速度边界条件为

$$\boldsymbol{V}^*\big|_\infty=\frac{\boldsymbol{V}\big|_\infty}{V_\infty}=\frac{\boldsymbol{V}_\infty}{V_\infty}\tag{3.9-15}$$

例如，平面流动中，当自由来流与 $x$ 轴正向的夹角为 $\alpha$ 时，则有

$$u^*\big|_\infty=\cos\alpha,\quad v^*\big|_\infty=\sin\alpha\tag{3.9-16}$$

无量纲密度边界条件为

$$\rho^*\big|_\infty=\frac{\rho\big|_\infty}{\rho_\infty}=1\tag{3.9-17}$$

无量纲压力边界条件为

$$p^*\big|_\infty = \frac{p|_\infty}{\rho_\infty V_\infty^2} = \frac{p_\infty}{\rho_\infty V_\infty^2} \tag{3.9-18}$$

式中，包含了参考量的组合 $p_\infty/\left(\rho_\infty V_\infty^2\right)$，它也是一个无量纲数。

4. 无量纲方程和定解条件小结

上面得到了无量纲的连续方程(3.9-9)、N-S 方程(3.9-11)、无量纲的物面方程(3.9-13)及边界条件式(3.9-14)~式(3.9-18)。另外，无量纲化的初始条件就是，在初始时刻 $t^* = t_0^*\left(=t_0/T\right)$，无量纲方程组的解应等于给定的函数值除以对应的参考量，即

$$Q^*\left(x^*,y^*,z^*,t_0^*\right) = \frac{Q_0\left(Lx^*,Ly^*,Lz^*\right)}{Q_{\text{ref}}} = \frac{Q_0(x,y,z)}{Q_{\text{ref}}} \tag{3.9-19}$$

式中，$Q_{\text{ref}}$ 为对应变量 $Q$ 的参考量。

在无量纲的方程和定解条件中，出现了一些由参考量组合成的无量纲数，包括 $L/\left(V_\infty T\right)$、$gL/V_\infty^2$、$\mu_\infty/\left(\rho_\infty V_\infty L\right)$、$p_\infty/\left(\rho_\infty V_\infty^2\right)$，还有气流迎角 $\alpha$。这些无量纲数具有一定的物理意义，也正是它们决定了两个流动的相似。

### 3.9.2　相似律和相似参数

1. 流动相似的条件

前面已知，绕真实的全尺寸飞行器的流动和绕其缩比模型的流动是不同的。但是如果能够按照一定的原则进行缩比模型试验，可以保证绕缩比模型的流动和绕全尺寸飞行器的流动具有完全相同的无量纲方程和无量纲定解条件，从而两个流场的无量纲解也完全相同，这样的两个流场就是相似的。这时通过模型试验得到的流场无量纲结果就可以推广应用到全尺寸的飞行器流场。

两个流动相似的充分和必要条件是：①流体边界几何相似；②无量纲控制方程组完全相同；③无量纲定解条件完全相同。其实，条件①也是无量纲定解条件相同所要求的。

两流动的流体边界几何相似，即要求两流动绕流物体的无量纲物面方程相同：

$$G_1^*\left(x^*,y^*,z^*\right) = G_2^*\left(x^*,y^*,z^*\right) \tag{3.9-20}$$

在 3.9.1 节给出的无量纲连续方程、N-S 方程和定解条件中出现了由参考量组合成的无量纲数 $L/\left(V_\infty T\right)$、$gL/V_\infty^2$、$\mu_\infty/\left(\rho_\infty V_\infty L\right)$、$p_\infty/\left(\rho_\infty V_\infty^2\right)$，还有气流迎角 $\alpha$。可见要两流动相似，还要求二者的这些无量纲数必须一一相等，即要求：

$$\frac{L_1}{V_{\infty,1}T_1} = \frac{L_2}{V_{\infty,2}T_2} \tag{3.9-21}$$

$$\frac{g_1 L_1}{V_{\infty,1}^2} = \frac{g_2 L_2}{V_{\infty,2}^2} \tag{3.9-22}$$

$$\frac{\mu_{\infty,1}}{\rho_{\infty,1}V_{\infty,1}L_1}=\frac{\mu_{\infty,2}}{\rho_{\infty,2}V_{\infty,2}L_2} \tag{3.9-23}$$

$$\frac{p_{\infty,1}}{\rho_{\infty,1}V_{\infty,1}^2}=\frac{p_{\infty,2}}{\rho_{\infty,2}V_{\infty,2}^2} \tag{3.9-24}$$

$$\alpha_1=\alpha_2 \tag{3.9-25}$$

而两流动的各有量纲参考量不一定相等，例如，可以有 $L_1 \neq L_2$、$T_1 \neq T_2$、$V_{\infty,1} \neq V_{\infty,2}$、$\rho_{\infty,1} \neq \rho_{\infty,2}$、$\mu_{\infty,1} \neq \mu_{\infty,2}$。

这里只讨论了无量纲的连续方程、N-S 方程和部分定解条件，无量纲的能量方程和其他定解条件还会引入其他的无量纲数。

2. 相似参数及其物理内涵

无量纲控制方程和定解条件中出现的无量纲数具有重要的意义。如果两流动中它们各自对应相等，同时两流动又满足流体边界几何相似，则两流动的无量纲方程和定解条件相同，从而无量纲解相同，流动相似。所以这些无量纲数就称为相似参数，它们是判断两流动是否相似的准则，也称为相似准则。

相似参数是在进行方程和定解条件无量纲化时选取的一些参考量的组合。从数学上考虑，参考量的选取可以任意，因为有量纲方程两边同除以任选的参考量或其组合后得到的无量纲方程都成立。但是，如果选取了合适的反映流动特征的参考量，则相似参数（参考量的组合）就能够表征流动中各种因素的大小比较，或者说各种因素重要程度的比较关系。也就是说，相似参数具有明确的物理内涵。在 3.9.1 节中已初步讨论了它们的物理意义，下面做一小结并给出它们的名称。

1）$L/(V_\infty T)$

这是一个与流场的非定常性有关的相似参数，称为斯特劳哈尔数，用 $Sr$ 表示：

$$Sr=\frac{L}{V_\infty T} \tag{3.9-26}$$

$L/V_\infty$ 表示特征滞留时间，例如，若以机翼弦长为特征长度，$V_\infty$ 为远前方的来流速度，则此滞留时间大体代表流体流过机翼所需的时间；特征时间 $T$ 表示当地状态发生变化所需的典型时间；二者之比反映了流场的非定常性。从动量方程（3.9-11）看，$Sr$ 就代表当地加速度对应惯性力和迁移加速度对应惯性力典型值之比。

如果 $Sr \ll 1$，则表明流场非定常性影响很小。对机翼绕流问题来说，流体流过机翼这段时间内，当地状态还没来得及发生变化，那么流动可以作为定常流动考虑。从无量纲的控制方程来看，就是非定常项很小，可以略去。

2）$gL/V_\infty^2$

它代表彻体力和迁移加速度对应惯性力典型值之比，其倒数的平方根称为佛劳德数，用 $Fr$ 表示：

$$Fr=\frac{V_\infty}{\sqrt{gL}} \tag{3.9-27}$$

如果 $Fr \gg 1$，则说明重力项的影响很小，可以忽略。

3) $\mu_\infty/(\rho_\infty V_\infty L)$

它代表黏性力和迁移加速度对应惯性力典型值之比，其倒数为雷诺数 $Re$:

$$Re = \frac{\rho_\infty V_\infty L}{\mu_\infty} \tag{3.9-28}$$

如果 $Re \gg 1$，则说明黏性力相对于惯性力很小，N-S 方程中该项可以忽略，也就是说可以采用理想流体的欧拉方程。

4) $p_\infty/(\rho_\infty V_\infty^2)$

该无量纲数出现在无量纲的自由流压力条件中，它可反映自由流静压与动压之比。也称为欧拉数 $Eu$:

$$Eu = \frac{p_\infty}{\rho_\infty V_\infty^2} \tag{3.9-29}$$

利用完全气体状态方程及声速公式，可得

$$Eu = \frac{p_\infty}{\rho_\infty V_\infty^2} = \frac{\rho_\infty R T_\infty}{\rho_\infty V_\infty^2} = \frac{\gamma R T_\infty}{\gamma V_\infty^2} = \frac{a_\infty^2}{\gamma V_\infty^2} = \frac{1}{\gamma Ma_\infty^2} \tag{3.9-30}$$

马赫数是流体宏观运动速度与声速之比，马赫数的平方可反映气流的宏观动能与分子热运动内能的比较。可见欧拉数也可反映气流内能与宏观动能之比。

3. 相似律小结

将上述相似参数定义代入前面得到的无量纲连续方程(3.9-9)和 N-S 方程(3.9-11)，得

$$Sr\frac{\partial \rho^*}{\partial t^*} + \frac{\partial(\rho^* u^*)}{\partial x^*} + \frac{\partial(\rho^* v^*)}{\partial y^*} + \frac{\partial(\rho^* w^*)}{\partial z^*} = 0 \tag{3.9-31}$$

$$\begin{aligned} Sr\rho^*\frac{\partial u^*}{\partial t^*} + \rho^*\left(u^*\frac{\partial u^*}{\partial x^*} + v^*\frac{\partial u^*}{\partial y^*} + w^*\frac{\partial u^*}{\partial z^*}\right) = \frac{1}{Fr^2}\rho^* f_x^* - \frac{\partial p^*}{\partial x^*} \\ + \frac{1}{Re}\left\{\frac{\partial}{\partial x^*}\left(2\mu^*\frac{\partial u^*}{\partial x^*}\right) + \frac{\partial}{\partial y^*}\left[\mu^*\left(\frac{\partial u^*}{\partial y^*} + \frac{\partial v^*}{\partial x^*}\right)\right] + \frac{\partial}{\partial z^*}\left[\mu^*\left(\frac{\partial u^*}{\partial z^*} + \frac{\partial w^*}{\partial x^*}\right)\right] - \frac{2}{3}\frac{\partial}{\partial x^*}\left(\mu^*\nabla^*\cdot\boldsymbol{V}^*\right)\right\} \end{aligned} \tag{3.9-32}$$

另外，无量纲的物面方程为[式(3.9-13)]

$$G^*(x^*, y^*, z^*) = 0$$

无量纲的自由流条件为[式(3.9-16)]

$$u^*\big|_\infty = \cos\alpha, \quad v^*\big|_\infty = \sin\alpha$$

$$p^*\big|_\infty = \frac{p_\infty}{\rho_\infty V_\infty^2} = \frac{1}{\gamma Ma_\infty^2} \tag{3.9-33}$$

根据这些含相似参数的无量纲方程和定解条件，可以总结出相似律：如果两流动的流体边界几何相似(即无量纲物面方程相同)，相似参数一一对应相等：

$$Sr_1 = Sr_2,\quad Fr_1 = Fr_2,\quad Re_1 = Re_2,\quad Ma_{\infty,1} = Ma_{\infty,2},\quad \alpha_1 = \alpha_2,\quad \cdots \tag{3.9-34}$$

则两流动的无量纲解相同，即

$$Q_1^*\left(x^*,y^*,z^*,t^*\right) = Q_2^*\left(x^*,y^*,z^*,t^*\right) \tag{3.9-35}$$

式中，$Q$代表$\rho$、$V$、$p$、$e$(或$T$、$h$)等物理量的流场分布，也可代表飞行器的整体气动力特性等。

应用相似律，可将试验得到的结果应用于真实流场。若由试验得到了模型流场(记为流场1)的有量纲结果$Q_1(x,y,z,t)$，先将其整理为无量纲形式：

$$Q_1^*\left(x^*,y^*,z^*,t^*\right) = \frac{Q_1\left(L_1x^*,L_1y^*,L_1z^*,T_1t^*\right)}{Q_{\mathrm{ref},1}} = \frac{Q_1(x,y,z,t)}{Q_{\mathrm{ref},1}} \tag{3.9-36}$$

真实飞行器的流场(记为流场2)无量纲解和它相同，即$Q_2^*\left(x^*,y^*,z^*,t^*\right) = Q_1^*\left(x^*,y^*,z^*,t^*\right)$。于是根据$Q_2^*\left(x^*,y^*,z^*,t^*\right)$就可得到真实飞行器流场(流场2)的有量纲结果：

$$Q_2(x,y,z,t) = Q_{\mathrm{ref},2}\cdot Q_2^*\left(\frac{x}{L_2},\frac{y}{L_2},\frac{z}{L_2},\frac{t}{T_2}\right) = Q_{\mathrm{ref},2}\cdot Q_2^*\left(x^*,y^*,z^*,t^*\right) \tag{3.9-37}$$

4. 完全相似和部分相似

上面列出的几个相似参数只是分析连续方程和N-S方程及部分定解条件得到的。实际上根据问题所涉及的物理内容的不同，还可以得出另外的相似参数。为了保证两流动严格相似，必须使它们所有的相似参数都对应相等，而在实际上这几乎是不可能的，因为有些相似参数会互相矛盾，从而只能采用全尺寸模型进行试验研究，即$L_1 = L_2$。

实际上，各个相似准则的重要程度不是在任何条件下都完全一样，可以根据所研究的具体情况只保证某些起主要作用的相似参数，也就是保证部分相似而非完全相似。例如，当$Ma_\infty = V_\infty / a_\infty < 0.3$时，气流宏观动能相对于分子随机热运动内能很小，因此流速的改变对热力学状态如密度的影响可以忽略不计。这时流动可视为不可压流，马赫数不再是重要的相似准则。而对于高速流动，则必须要求模拟马赫数。再例如，当$Re = \rho_\infty V_\infty L/\mu_\infty \gg 1$时，对边界层外主流区，黏性力项变得很小，这时雷诺数不再是重要的相似准则。但是在黏性起主要作用的情况，例如，阻力问题，雷诺数就是一个重要的相似参数。

在这里，可再次体会到进行方程无量纲化和应用相似律时，“选取反映流动特征的参考量”这一要求是多么重要。只有选取了合适的反映流动特征的参考量，由此组合成的相似参数才能够表征流动中各种因素的重要程度的对比。这样才能够根据相似参数的数值大小，判断哪些因素是关键的，哪些因素影响很小因而是可以忽略的。

# 第 4 章　理想不可压平面无旋流动

第 3 章根据三大守恒定律建立了流体动力学基本方程组，并应用积分形式的质量和动量方程，还有伯努利方程，在已知速度分布时解决过一些问题，如求物体所受的合力、发动机的推力，等。但如果需要详细了解流动参数的具体变化规律或分布情况，就必须采用微分形式的基本方程，结合定解条件求解。而由于流体力学控制方程组的复杂性特别是非线性，一般的定解条件下求方程的精确解在数学上存在巨大困难，需要根据各类流动特点对方程组进行不同程度的简化。这一章开始讨论各类简化流动的数学求解、基本流动规律和主要应用。

本章主要讨论定常的理想不可压平面无旋流动。理想无黏流动适用的欧拉方程已比 N-S 方程大有简化，但它依然是非线性的偏微分方程组。不过对于不可压无旋流动，可以引入流函数和速度势函数，通过求解流函数或势函数得到流场速度分布，再联立欧拉方程的伯努利积分得到压力分布。并且，由于流函数和势函数的方程为线性的因而解具有可叠加性，可以先针对非常简单的边界条件求得基本解(基本流动)，再将基本流动叠加以得到绕流实际复杂外形的流动。本章在讨论几种简单基本流动的基础上，通过基本流动的叠加得到绕圆柱的流动，并进一步介绍将低速翼型绕流变换为有环量圆柱绕流的办法。

## 4.1　引　言

1. 平面流动的研究背景

2.1.4 节中已经定义过二维流动：流动参数只随两个空间坐标变化的流动，包括平面流动和轴对称流动。

平面流动是指流体质点在互相平行的平面上运动，并且每一平面上的流动都相同。定常情况下，流速场可表示为

$$u=u(x,y),\quad v=v(x,y),\quad w=0 \tag{4.1-1}$$

理论上，均匀来流垂直于无限长柱体的绕流是二维流动。实际流动中有不少情况可近似为二维流动。例如，大展弦比机翼的绕流(图 2-5)、风绕过烟囱的流动等。这些流动的特点是：在某一个方向上的流动速度比其他两个方向的流动速度小得多，可以忽略。如图 4-1(a)所示，均匀来流垂直于长柱体的绕流，假定柱体两端对柱体中部绕流的影响很小，则柱体中部的绕流可近似为平面流动[图 4-1(b)]。图 2-5 所示的机翼中部的流动也可近似为平面流动。对于二维平面流动，只需研究一个平面上的流动状态即可。如果不加说明，垂直于流动平面方向的长度取作单位长度。

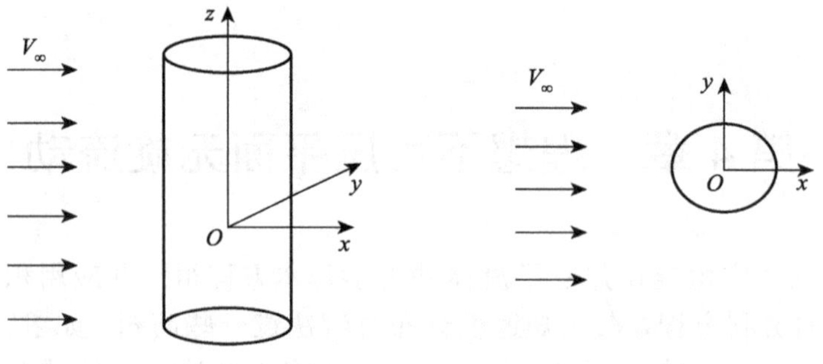


图 4-1　平面流动示意图

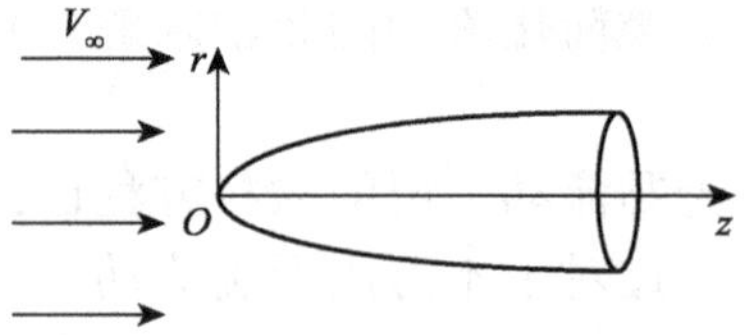


图 4-2　轴对称流动示意图

轴对称流动是指流体质点在通过固定轴线的半平面(称为子午面)上运动，并且所有子午面上运动都相同的流动，这样研究一个子午面上的流动就可以了。如图 4-2 所示，设轴对称流动的对称轴是 $z$ 轴，则在柱坐标系中轴对称流的速度场表示为

$$V_z = V_z(z,r),\quad V_r = V_r(z,r),\quad V_\theta = 0$$

实际中也有不少轴对称流动。沿轴向运动的旋转体驱动的流场或均匀来流平行于旋转体轴线的绕流都属于轴对称流动，例如，炮弹、火箭等的零迎角飞行等。

对平面流动和轴对称流动这样只有两个空间变量的二维流动，无论是分析还是数值计算都比一般的三维流动简单得多。研究问题时，凡是可能用二维近似的流动，首先做二维流动分析，是一种比较简捷的方法。讨论二维流动的理论意义在于给出解决问题的方法，提供解决三维问题(一般问题)的理论根据和思路。而它的工程意义在于为工程实际中确实存在的一些近似二维流动提供有用的数据。本章讨论平面流动，研究轴对称流动中一个子午面上流动时，可以采用类似于平面流动的研究方法，某些结果也与平面流动类似。

2. 无旋流动的研究背景

前面已经知道，无旋流动在数学上比有旋流动更容易处理。而根据涡管的强度守恒定理、亥姆霍兹旋涡定理(涡管强度保持定理)，在流体理想无黏、正压、彻体力有势的情况下，旋涡不生不灭。那么当直匀气流向飞行器流来时，由于无穷远的来流无旋，不计流体黏性，绕飞行器的流动仍然是无旋的。当然实际流体总是有黏性的，黏性的作用会产生涡旋。好在对于大雷诺数流动(飞行器绕流的雷诺数一般很大)，黏性起作用的地方主要局限于壁面附近。壁面附近黏性作用下形成了绕机翼(翼型)的环量，但一旦形成之后，就可将翼型视为涡核，翼面是涡核的边界，翼面以外的流动仍是无旋流。这样飞行器流场可以近似为“绕壁面环量＋无黏无旋流场”处理。采用这种方法可以很好求解大部分区域(边界层外)流场分布，也能有效解决升力问题。自然界和工程实际中有许多流动，由于黏性的影响不起支配作用因而可近似为无旋流动。因此，本章关于无旋流动的研究结果也有重要的应用价值。

# 4.2　理想不可压平面流动的势函数与流函数

## 4.2.1　无旋流动的势函数

无旋流动是指涡量(即旋度)或角速度为零的流动。根据旋度公式(2.3-22)可知无旋流动的速度满足如下关系：

$$\frac{\partial u}{\partial y}=\frac{\partial v}{\partial x},\quad \frac{\partial v}{\partial z}=\frac{\partial w}{\partial y},\quad \frac{\partial w}{\partial x}=\frac{\partial u}{\partial z} \tag{4.2-1}$$

高等数学中根据斯托克斯公式：

$$\oint_l X\mathrm{d}x+Y\mathrm{d}y+Z\mathrm{d}z=\iint_A\left(\frac{\partial Z}{\partial y}-\frac{\partial Y}{\partial z}\right)\mathrm{d}y\mathrm{d}z+\left(\frac{\partial X}{\partial z}-\frac{\partial Z}{\partial x}\right)\mathrm{d}x\mathrm{d}z+\left(\frac{\partial Y}{\partial x}-\frac{\partial X}{\partial y}\right)\mathrm{d}x\mathrm{d}y \tag{4.2-2}$$

证明了：当函数 $X(x,y,z)$、$Y(x,y,z)$、$Z(x,y,z)$ 及其偏导数在曲面单连通域 $\Omega$ 内连续时，下述四个条件等价。

(1) $\dfrac{\partial Z}{\partial y}=\dfrac{\partial Y}{\partial z}$，$\dfrac{\partial X}{\partial z}=\dfrac{\partial Z}{\partial x}$，$\dfrac{\partial Y}{\partial x}=\dfrac{\partial X}{\partial y}$ 在 $\Omega$ 内处处成立。

(2) 对于 $\Omega$ 内任意一条光滑闭曲线 $l$，有 $\oint_l X\mathrm{d}x+Y\mathrm{d}y+Z\mathrm{d}z=0$。

(3) $\int_{\overset{\frown}{AB}} X\mathrm{d}x+Y\mathrm{d}y+Z\mathrm{d}z$ 值只与 $\Omega$ 中 $A$、$B$ 两点的位置有关，与连接两点且完全落在 $\Omega$ 内的曲线 $\overset{\frown}{AB}$ 无关。

(4) 表达式 $X\mathrm{d}x+Y\mathrm{d}y+Z\mathrm{d}z$ 在 $\Omega$ 内是某一函数的全微分，即存在函数 $\phi=\phi(x,y,z)$，使

$$\mathrm{d}\phi=X\mathrm{d}x+Y\mathrm{d}y+Z\mathrm{d}z$$

根据上述等价定理，可由流动无旋[即条件(1)成立]导出：$u\mathrm{d}x+v\mathrm{d}y+w\mathrm{d}z$ 可表述成某函数的全微分，即

$$\mathrm{d}\phi=u\mathrm{d}x+v\mathrm{d}y+w\mathrm{d}z \tag{4.2-3}$$

这个 $\phi=\phi(x,y,z)$ 就称为速度势函数，也称为速度位或位函数。根据速度势函数的定义，可知其梯度等于流场速度矢量，即

$$\boldsymbol{V}=\nabla\phi \tag{4.2-4}$$

亦即

$$\frac{\partial\phi}{\partial x}=u,\quad \frac{\partial\phi}{\partial y}=v,\quad \frac{\partial\phi}{\partial z}=w \tag{4.2-5}$$

通过速度势函数与速度的上述关系，可以根据无旋流动的速度分布求得其速度势函数，反之亦然。

### 4.2.2 连续方程与流函数

连续方程是流体运动所需满足的质量守恒定律的微分表达式。根据连续方程成立，可以导出某些流动存在流函数。流函数是二维或轴对称流动中表示流场的一种方法，它采用一个函数表示两个流速分量，可以简化流动求解。本节讨论不可压平面流动的流函数。

1. 平面不可压流动的流函数

平面不可压流动的连续方程 $\nabla \cdot \boldsymbol{V}=0$ 即

$$\frac{\partial u}{\partial x}+\frac{\partial v}{\partial y}=0 \tag{4.2-6}$$

可将其改写为

$$\frac{\partial u}{\partial x}=\frac{\partial(-v)}{\partial y} \tag{4.2-7}$$

根据由斯托克斯公式导出的四个等价条件（详见 4.2.1 节）可知，式(4.2-7)成立等价于：$-v\mathrm{d}x+u\mathrm{d}y$ 可表述成某个函数的全微分，则

$$\mathrm{d}\psi=-v\mathrm{d}x+u\mathrm{d}y \tag{4.2-8}$$

称这个函数 $\psi=\psi(x,y)$ 为流函数。流函数和两个速度分量的关系为

$$\frac{\partial \psi}{\partial x}=-v,\quad \frac{\partial \psi}{\partial y}=u \tag{4.2-9}$$

2. 流函数的性质

流函数的概念于 1781 年由拉格朗日首先引进。这里以平面不可压流动为代表讨论流函数的性质。

1）流函数的等值线是流线

流函数的等值线即 $\psi$ 为常数或 $\mathrm{d}\psi=0$ 的曲线。根据式(4.2-8)，流函数等值线的方程为

$$-v\mathrm{d}x+u\mathrm{d}y=0$$

或

$$\frac{\mathrm{d}x}{u}=\frac{\mathrm{d}y}{v} \tag{4.2-10}$$

可见这就是平面流动的流线方程，这说明流函数的等值线：

$$\psi(x,y)=C \tag{4.2-11}$$

是流线，不同的常数 $C$ 代表不同的流线。

2）过同一点的流函数等值线与等势线正交

在 4.2.1 节中已经知道，流动无旋时存在速度势函数，且速度为速度势函数的梯度。而速度势函数的梯度方向就是等势线（势函数等值线）的法线方向，所以，等势线上每一

点的法线方向就是该点的流速方向。另外，由流函数的等值线是流线，可知其上每一点的切线方向就是该点的流速方向。因此，当流动既存在势函数又存在流函数时，过同一点的流函数等值线必定与等势线正交。也可考察流函数等值线和等势线各自的曲线方程，根据过同一点的流函数等值线和等势线的斜率乘积为 −1 得到该结论。

3) 流函数的物理意义

流函数是由连续方程导出的。连续方程反映的是质量守恒，不可压时反映的则是体积守恒。平面不可压流动的流函数就与体积流量密切相关。

如图 4-3 所示的平面上两点 $A$、$B$，记 $\widehat{AB}$ 为两点间的任意连线。在垂直于平面的方向（$z$ 方向）取单位厚度 1，下面计算流过 $\widehat{AB}$ 的体积流量 $Q_{\widehat{AB}}$。记 $\boldsymbol{V}$ 为流速矢量，记 $\mathrm{d}l$ 为微元弧长，$\boldsymbol{n}$ 为微元弧长的单位法向量，则 $\mathrm{d}t$ 时间内流过微元弧长 $\mathrm{d}l$ 的流体体积为

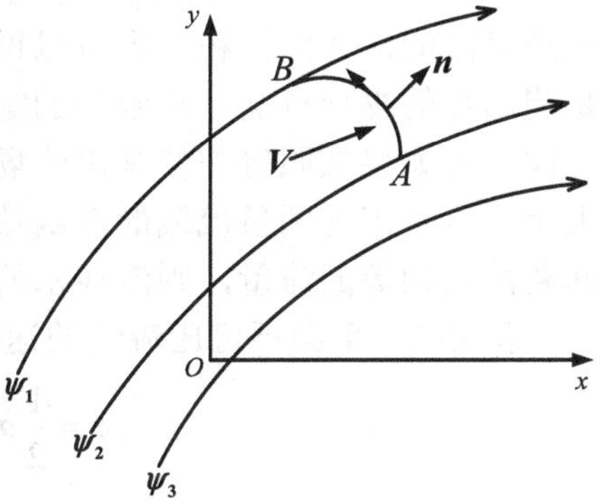


图 4-3　流函数物理意义示意图

$$\boldsymbol{n}\cdot\boldsymbol{V}\mathrm{d}t\cdot\mathrm{d}l\cdot 1$$

$\mathrm{d}l$ 的单位法向矢量 $\boldsymbol{n}$ 可由其单位切向矢量 $\boldsymbol{l}$ 顺时针旋转 $\pi/2$ 得到。由

$$\boldsymbol{l}=\frac{\mathrm{d}x}{\mathrm{d}l}\boldsymbol{i}+\frac{\mathrm{d}y}{\mathrm{d}l}\boldsymbol{j}$$

得

$$\boldsymbol{n}=\frac{\mathrm{d}y}{\mathrm{d}l}\boldsymbol{i}-\frac{\mathrm{d}x}{\mathrm{d}l}\boldsymbol{j}$$

则单位时间穿过微元弧长 $\mathrm{d}l$ 的流体体积为

$$\boldsymbol{V}\cdot\boldsymbol{n}\mathrm{d}l=(u\boldsymbol{i}+v\boldsymbol{j})\cdot\left(\frac{\mathrm{d}y}{\mathrm{d}l}\boldsymbol{i}-\frac{\mathrm{d}x}{\mathrm{d}l}\boldsymbol{j}\right)\mathrm{d}l=u\mathrm{d}y-v\mathrm{d}x$$

可见 $-v\mathrm{d}x+u\mathrm{d}y$ 就是单位时间通过微元弧段的体积流量。从而单位时间流过 $\widehat{AB}$ 的体积流量 $Q_{\widehat{AB}}$ 为

$$Q_{\widehat{AB}}=\int_{\widehat{AB}}\boldsymbol{V}\cdot\boldsymbol{n}\mathrm{d}l=\int_{\widehat{AB}}u\mathrm{d}y-v\mathrm{d}x \tag{4.2-12}$$

对于平面不可压流动，存在流函数，$-v\mathrm{d}x+u\mathrm{d}y$ 即流函数的全微分。所以式(4.2-12)可进一步表达为

$$Q_{\widehat{AB}}=\int_{\widehat{AB}}u\mathrm{d}y-v\mathrm{d}x=\int_A^B\mathrm{d}\psi=\psi_B-\psi_A \tag{4.2-13}$$

即 $Q_{\widehat{AB}}$ 就是 $B$、$A$ 两点的流函数值之差，这也说明 $Q_{\widehat{AB}}$ 与积分路径（即弧段的具体形状）无关，只与起点和终点位置有关。另外，如果过 $A$、$B$ 两点各作一条流线，如图 4-3 所示的过 $A$ 点的流线为 $\psi=\psi_2$，过 $B$ 点的流线为 $\psi=\psi_1$。由于流线是流体不能穿越的线，

流体就在两条流线之间流动。这两条流线之间的流量就是过 $\widehat{AB}$ 的流量，也等于通过连接这两条流线的其他任意弧段的流量；对不可压流，也就是 $B$、$A$ 两点间流函数值之差，亦即流线 $\psi=\psi_1$ 和 $\psi=\psi_2$ 的流函数值之差。

综上，对平面不可压流，流场中两点间流函数数值之差等于单位时间流过连接两点的任意弧段的流体的体积。也可以说，两条流线间的流量是两流线的流函数数值之差。这就是流函数的物理意义。流函数的等值线是流线，其上每点的切线方向代表了该点的流速方向。而如果按照等差值画出流场的流函数等值线，从等值线的疏密分布还可看出速度大小。这是因为两条流线的流函数数值之差代表在其间流动的流量，而任意两条相邻流线间要流过相等的流量，则流线密的地方(也可以说是流管窄的地方)的流速快。

**例 4-1**　平面不可压流动的速度势函数为

$$\phi=\frac{1}{2}a\left(x^2-y^2\right),\quad a\text{ 为正的常数}$$

求流场的速度分布，并作出流线和等势线的网图。

**解**：根据速度为速度势函数的梯度，得到速度为

$$u=\frac{\partial\phi}{\partial x}=ax,\quad v=\frac{\partial\phi}{\partial y}=-ay \tag{4.2-14}$$

可以将速度分布代入第 2 章给出的微分形式流线方程(2.2−7)，然后积分得到流线的曲线方程。也可根据速度和流函数的关系先求出流函数，取流函数的等值线即流线。由

$$\mathrm{d}\psi=-v\mathrm{d}x+u\mathrm{d}y=ay\mathrm{d}x+ax\mathrm{d}y=a\mathrm{d}\left(xy\right)$$

积分得

$$\psi=axy+C_1$$

常数 $C_1$ 可取为零。这样不影响速度场(由流函数的偏导数表达)，也不影响流函数的物理意义。从而流函数为

$$\psi=axy$$

流线即流函数的等值线：

$$\psi=axy=C \tag{4.2-15}$$

可见流线是等边双曲线族，以 $x$ 轴和 $y$ 轴为其渐近线。

等势线为

$$\frac{1}{2}a\left(x^2-y^2\right)=C' \tag{4.2-16}$$

等势线也是等边双曲线族，以 $x=y$ 和 $x=-y$ 为其渐近线。

画出流线和等势线的网图如图 4-4 所示，可见流线和等势线确实是正交的。这里只画出了上半平面上的流动。$x$ 轴线是流线之一(零流线)，可以把

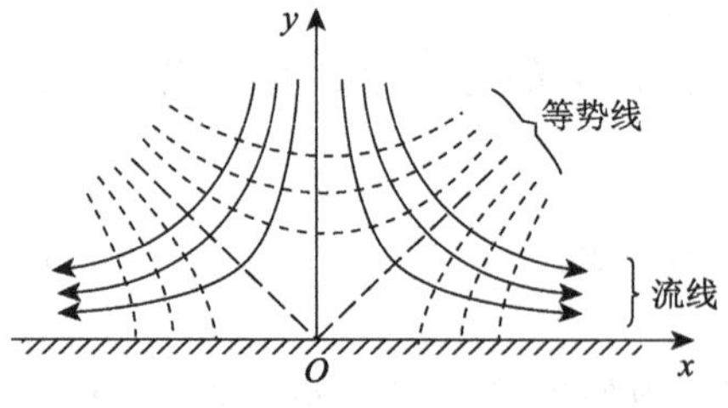


图 4-4　下冲气流在平壁上的流线与等势线

$x$ 轴当作一个固壁界面。这样，上半平面的流场代表了气流垂直冲到壁面后向左右拐 $90^{\circ}$ 的流动情况。

**例 4-2**　平面流动的速度场为

$$\begin{cases} u = 3ax^2 - 3ay^2 \\ v = -6axy \end{cases}, \quad a\text{为正的常数}$$

判断流动是否存在速度势函数和流函数，如果存在，分别求出势函数和流函数。描出流动的若干流线草图。

**解**：先求速度偏导数，判断流动是否无旋，是否不可压。

$$\frac{\partial u}{\partial x} = 6ax, \quad \frac{\partial u}{\partial y} = -6ay, \quad \frac{\partial v}{\partial x} = -6ay, \quad \frac{\partial v}{\partial y} = -6ax$$

由

$$\frac{\partial v}{\partial x} - \frac{\partial u}{\partial y} = 0$$

知流动无旋，从而存在速度势函数。又由

$$\frac{\partial u}{\partial x} + \frac{\partial v}{\partial y} = 0$$

知流动不可压，存在流函数。接下来根据速度分别求出势函数和流函数。

(1) 速度势函数

根据 $\mathrm{d}\phi = u\mathrm{d}x + v\mathrm{d}y$，有

$$\mathrm{d}\phi = \left(3ax^2 - 3ay^2\right)\mathrm{d}x - 6axy\mathrm{d}y = 3ax^2\mathrm{d}x - 3a\left(y^2\mathrm{d}x + 2xy\mathrm{d}y\right) = \mathrm{d}\left(ax^3 - 3axy^2\right)$$

积分得

$$\phi = ax^3 - 3axy^2 + C_1$$

常数 $C_1$ 可取为零。从而速度势函数为

$$\phi = ax^3 - 3axy^2 \tag{4.2-17}$$

(2) 流函数

可根据 $\mathrm{d}\psi = -v\mathrm{d}x + u\mathrm{d}y$，采用类似于求速度势函数的全微分方法得到流函数 $\psi$，也可以采用如下的偏积分方法：

$$\frac{\partial \psi}{\partial x} = -v = 6axy \tag{4.2-18}$$

$$\frac{\partial \psi}{\partial y} = u = 3ax^2 - 3ay^2 \tag{4.2-19}$$

式(4.2-18)对 $x$ 积分，得

$$\psi = 3ax^2y + f\left(y\right)$$

$f(y)$为关于 $y$ 的待定函数。将式(4.2-19)对 $y$ 求导，得

$$\frac{\partial \psi}{\partial y} = 3ax^2 + f'(y)$$

再联立式(4.2-19)，得

$$f'(y) = -3ay^2$$

从而有

$$f(y) = -ay^3 + C_2$$

所以

$$\psi = 3ax^2 y - ay^3 + C_2$$

常数 $C_2$ 可取为零。从而流函数为

$$\psi = 3ax^2 y - ay^3 \tag{4.2-20}$$

(3)绘流线

流线族为

$$\psi = 3ax^2 y - ay^3 = C \tag{4.2-21}$$

令流函数值等于不同常数，即可画出若干流线，如图 4-5 所示。$\psi = 0$ 对应于坐标轴 $x$ 轴和直线 $y = \pm\sqrt{3}x$，上半平面左右两区（$y > 0$，$3x^2 > y^2$）曲线和下半平面中间区域（$y < 0$，$3x^2 < y^2$）曲线对应于 $\psi > 0$，下半平面左右区域（$y < 0$，$3x^2 > y^2$）和上半平面中间区域（$y > 0$，$3x^2 < y^2$）曲线对应于 $\psi < 0$。

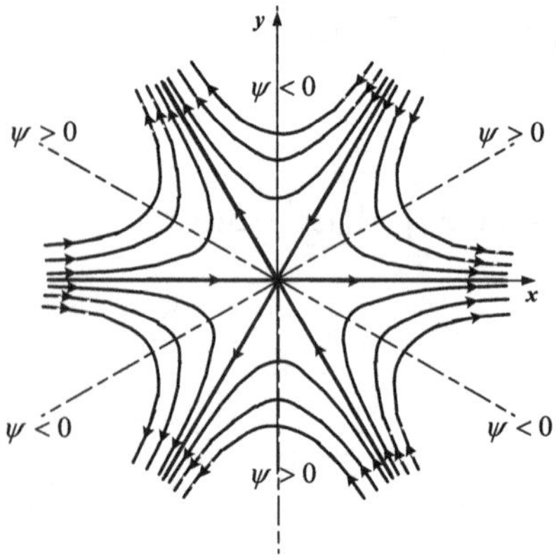


图 4-5　角形域流动的流线

上述流场其实是对应于 π/3 角形域内的理想无黏流动。理想无黏流中壁面处流动沿壁面切线方向，因此壁面也可看成流线；或者说因为流动不能穿过流线，所以可认为任一流线表示一个固壁，这里可令流线 $\psi = 0$ 表示壁面。气流贴着壁面流动，跟随壁面折转。

## 4.3　不可压平面无旋流动求解概述

### 4.3.1　不可压平面无旋流的基本方程

无旋流动存在势函数 $\phi$，势函数的梯度即速度，即 $\boldsymbol{V} = \nabla\phi$。而根据不可压流的连续方程，$\nabla \cdot \boldsymbol{V} = 0$。于是有

$$\nabla \cdot (\nabla\phi) = \nabla^2\phi = 0 \tag{4.3-1}$$

可见不可压无旋流的势函数满足拉普拉斯方程。特别地，对平面不可压无旋流动，其势函数满足的拉普拉斯方程为

$$\frac{\partial^2\phi}{\partial x^2}+\frac{\partial^2\phi}{\partial y^2}=0 \tag{4.3-2}$$

对平面不可压流，存在流函数 $\psi$，且有

$$\frac{\partial\psi}{\partial x}=-v,\quad \frac{\partial\psi}{\partial y}=u$$

当流动无旋时，有

$$\frac{\partial v}{\partial x}-\frac{\partial u}{\partial y}=0$$

于是得

$$\frac{\partial}{\partial x}\left(-\frac{\partial\psi}{\partial x}\right)-\frac{\partial}{\partial y}\left(\frac{\partial\psi}{\partial y}\right)=-\frac{\partial^2\psi}{\partial x^2}-\frac{\partial^2\psi}{\partial y^2}=0$$

即

$$\frac{\partial^2\psi}{\partial x^2}+\frac{\partial^2\psi}{\partial y^2}=0 \text{ 或 } \nabla^2\psi=0 \tag{4.3-3}$$

也就是说，不可压平面无旋流的流函数亦满足拉普拉斯方程。

这里对不可压平面无旋流动，应用连续方程和无旋条件(运动学条件)导出了速度势函数和流函数的方程(4.3-2)和方程(4.3-3)，它们均可作为这类流动的控制方程之一。求解出势函数或流函数方程中的任何一个后都能得到流速场(运动学参数的分布)，但还不能解决动力学问题。若需得到流场的压力分布，还要进一步应用定常不可压无旋条件下欧拉方程的伯努利积分。例如，忽略彻体力时的伯努利方程为[式(3.5-20)]

$$p+\frac{1}{2}\rho V^2=C$$

所以，平面不可压无旋流动的控制方程为式(4.3-2)和式(3.5-20)，或者式(4.3-3)和式(3.5-20)。

### 4.3.2　不可压平面无旋流求解的物理问题叙述和数学问题提法

1. 物理问题叙述

本章讨论的是平面物体的绕流。如图 4-6 所示，平面物体的周线为 $L$，$L$ 外的区域 $D$ 为流动区域。来流参数 $p_\infty$、$\rho_\infty$、$V_\infty$(或 $u_\infty$、$v_\infty$)为给定值。要解决的问题就是在已知自由来流条件和物体形状的情况下，求得物体周围流场的速度分布、压力分布等。假定流动可视为不可压平面无旋流动。前面已对这类流动已建立了基本方程，即速度势函数 $\phi(x,y)$ 的拉普拉斯方程(4.3-2)和伯努利方程(3.5-20)，或流函数 $\psi(x,y)$ 的拉普拉斯方程(4.3-3)和伯努利方程。下面分别给出速度势函数问题和流函数问题的数学提法。

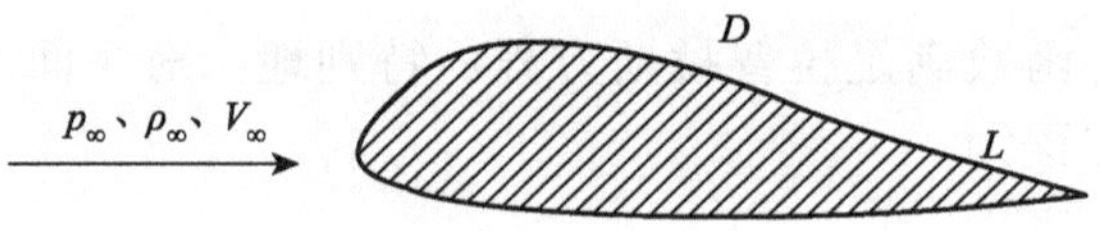


图 4-6　平面物体绕流求解的物理问题示意图

2. 速度势函数 $\phi(x,y)$ 问题的数学提法

控制方程为

$$\frac{\partial^2\phi}{\partial x^2}+\frac{\partial^2\phi}{\partial y^2}=0,\quad (x,y)\in D \tag{4.3-4}$$

定解条件如下。

(1) 来流是二维均匀流，即

$$\left.\frac{\partial\phi}{\partial x}\right|_\infty=u_\infty,\quad \left.\frac{\partial\phi}{\partial y}\right|_\infty=v_\infty \tag{4.3-5}$$

(2) 物面周线 $L$ 上满足无渗透条件，即流速与物面相切，法向速度为零：

$$\left.\frac{\partial\phi}{\partial n}\right|_L=V_n=0 \tag{4.3-6}$$

(3) 绕封闭物面周线的二维流场是双连通域，因此还需给出绕周线上的环量：

$$\oint_L \boldsymbol{V}\cdot \mathrm{d}\boldsymbol{l}=\varGamma \text{ 或 } \oint_L \mathrm{d}\phi=\varGamma \tag{4.3-7}$$

以上定解条件适用于有环量的无旋流动。

需要说明的是，前述的高等数学中根据斯托克斯公式导出的几个等价条件(无旋、积分与路径无关、沿闭路积分为零、存在全微分)是对单连通域成立的。对如图 4-6 所示的包围了物体的多连通域 $D$，速度无旋不一定能导出其沿任意闭路的积分为零，但数学上容易证明沿任意包围了物体的闭曲线的环量相等。从物理问题来看，这涉及无旋假设的适用范围。远处无旋的直匀流向物体流来，如果不计流体黏性，绕物体的流动依然无旋。但是有些情况下黏性不能忽略，例如，壁面附近在黏性作用下生成涡旋。好在黏性的影响局限于壁面附近的薄层，因此可以近似认为涡旋就是附着在壁面上，或者将物体看成涡核，以绕壁面的环量 $\varGamma$ 代替其作用。也可以将绕周线 $L$ 的环量设想为物体内部有一根或若干根无限长的涡管，它们的涡管强度总和为 $\varGamma$ 。而物面以外的流场仍可视为无旋无黏的。绕壁面的环量是对黏性作用的抽象简化，它是无旋流场的求解无法确定的，必须作为定解条件给出。

3. 不可压平面无旋流的流函数 $\psi(x,y)$ 问题的数学提法

控制方程为

$$\frac{\partial^2\psi}{\partial x^2}+\frac{\partial^2\psi}{\partial y^2}=0,\quad (x,y)\in D \tag{4.3-8}$$

定解条件如下。

(1) 来流是二维均匀流，即

$$\left.\frac{\partial \psi}{\partial y}\right|_{\infty}=u_{\infty}, \quad \left.\frac{\partial \psi}{\partial x}\right|_{\infty}=-v_{\infty} \tag{4.3-9}$$

(2) 物面周线 $L$ 上满足无渗透条件，即物面是流线，物面上流函数是常数：

$$\left.\psi\right|_{L}=\text{const} \tag{4.3-10}$$

(3) 绕封闭物面周线的环量条件：

$$\oint_{L} \boldsymbol{V} \cdot \mathrm{d}\boldsymbol{l}=\Gamma \text{ 或 } \oint_{L}\left(\frac{\partial \psi}{\partial y} \mathrm{d} x-\frac{\partial \psi}{\partial x} \mathrm{d} y\right)=\Gamma \tag{4.3-11}$$

对不可压平面无旋流动，求解速度势函数或流函数中任意一个均可得出流速场，可根据具体情况选用。两种方法的主要差别是：用流函数求解流动时，物面上用的是第一类边界条件，而用速度势函数求解时物面上是第二类边界条件，当用基本解叠加或数值方法求解时，第一类边界条件问题比较容易处理。另外，求得流函数后能直接得到流线谱，可以较直观地来描述流动。

### 4.3.3　方程求解方法

上述不可压平面无旋流动的速度势函数或流函数的定解问题均为拉普拉斯边值问题，其解是存在且唯一的。求解的办法有解析法、复变函数方法、基本解叠加法、数值求解(偏微分方程离散为差分方程后求数值解)、徒手绘制流线或等位线网图法(用于简单边界，如管道内部的流动)。下面简要介绍前三种方法，本章主要采用基本解叠加法。

1. *解析法*

解析法是想找到一个满足方程和边界条件的解析形式的函数。可以根据情况采用分离变数法、换变数法。还可以采用积分方程法，这种方法视边界条件的具体特点不同而需用到傅氏级数、勒让德函数或贝塞尔函数。不过，空气动力学中所遇到的绕流的物体形状都不容易用简单的解析式表达，所以不论哪种方法都很难得到解析解。

2. *复变函数方法*

由于不可压平面无旋流动的势函数 $\phi$ 和流函数 $\psi$ 都满足拉普拉斯方程，都是调和函数(满足拉普拉斯方程的函数称为调和函数)，它们之间又存在以下关系：

$$u=\frac{\partial \phi}{\partial x}=\frac{\partial \psi}{\partial y}, \quad v=\frac{\partial \phi}{\partial y}=-\frac{\partial \psi}{\partial x} \tag{4.3-12}$$

因此 $\phi$ 和 $\psi$ 是一对共轭调和函数，可以用复变函数中的解析函数表示。以速度势函数为实部、流函数为虚部组成的复函数称为复势：

$$W(z)=\phi(x, y)+\mathrm{i} \psi(x, y) \tag{4.3-13}$$

复势是解析函数。

采用复变函数方法求解不可压平面无旋流动问题，就是要找到满足具体流动边界条件的解析函数来作为流动的复势。因为函数解析就保证了其实部和虚部均满足拉普拉斯方程且共轭。采用复变函数方法时，常需要应用解析变换(保角变换)法。因为简单边界绕流的复势容易求得，所以利用解析变换将复杂边界变换为简单边界，求得满足简单边界条件绕流的复势后，再根据变换关系返回去得到复杂边界绕流的复势。4.6 节将介绍将翼型绕流变换为圆柱绕流求解的办法。另外，也常采用基本解复势叠加法，用若干个简单解析函数叠加得到的解析函数去满足具体的复杂边界条件，思路和下面重点讨论的基本解叠加法一致。

3. 基本解叠加法

有一些非常简单的调和函数，称为拉普拉斯方程的基本解。由于它们能够满足一些简单流动的边界条件因而能够作为简单的不可压平面无旋流动的势函数 $\phi_i$ 或流函数 $\psi_i$。又由于拉普拉斯方程是线性的，因此任意调和函数 $\phi_i$ 的线性组合 $\sum\limits_i C_i\phi_i$ 也满足拉普拉斯方程，如果 $\sum\limits_i C_i\phi_i$ 又能满足给定的速度势边界条件，那么它就是给定速度势边值问题的唯一解。同样，任意调和函数 $\psi_i$ 的线性组合 $\sum\limits_i C_i\psi_i$ 也满足拉普拉斯方程，如果 $\sum\limits_i C_i\psi_i$ 又能满足流函数的边界条件，那么它就是流函数边值问题的唯一解。

这样用若干个基本解线性叠加在一起去满足具体绕流边界条件的做法，就是基本解叠加法。在物理上看，就是用若干个简单的不可压平面无旋流动组合起来构成实际的比较复杂的流动，当然还是不可压平面无旋流动。大容量计算机使此法大有发展，可以同时用几十甚至几百个基本解叠加去满足边界条件。基本解叠加法也称为奇点法。这是由于这些基本解在数学上常常是奇性的，例如，在原点处速度为无穷大或涡量无穷大等。

在采用基本解叠加法求解流动时，存在所谓正问题或反问题求解法。正问题是指已知物体形状，求速度势函数 $\phi(x,y)$、流函数 $\psi(x,y)$。思路是，根据流动图画的分析，选择合适的基本解组合，即选择合适的 $\phi_i$ 和 $C_i$，使得满足给定的边界条件。这在理论上是显而易见的，但在实际操作时却不太容易。反(逆)问题就是已知速度势和流函数，讨论是什么样的流动(物体绕流)与其对应。这些已知的速度势函数 $\phi(x,y)$、流函数 $\psi(x,y)$ 通常是由一些基本解(亦即简单流动的速度势函数、流函数)做叠加得到的。反问题方法的优点在于简便易行，但它是一种凑合法，有局限性。不过学会反问题的求解是正问题求解的基础。

本章学习基本解叠加法的反问题求解方法。首先确定几种简单的、也是基本的不可压平面无旋流的速度势函数和流函数。这些简单流动来源于实际，或是对实际流动的简化和抽象。以它们的速度势函数和流函数作为基本解，讨论基本解叠加后所产生的流动，也就是研究简单流动复合而成的流动。

# 4.4　几种简单的不可压平面无旋流动(基本解)

本节介绍一些最基本的不可压平面无旋流动，它们的速度势函数和流函数都是拉普拉斯方程的基本解。

## 4.4.1　直匀流

直匀流是一种速度大小和方向都不变的最简单的平行流动，如图 4-7 所示。

假设速度 $\boldsymbol{V}$ 与 $x$ 轴交成 $\alpha$ 角，则

$$u=|\boldsymbol{V}|\cos\alpha=a, \quad v=|\boldsymbol{V}|\sin\alpha=b$$

显然直匀流场是无旋、不可压的。根据速度势函数 $\varphi(x,y)$、流函数 $\psi(x,y)$ 的定义，有

$$\begin{cases}\dfrac{\partial\phi}{\partial x}=u=a\\[2mm]\dfrac{\partial\phi}{\partial y}=v=b\end{cases}, \quad \begin{cases}\dfrac{\partial\psi}{\partial x}=-v=-b\\[2mm]\dfrac{\partial\psi}{\partial y}=u=a\end{cases}$$

积分得

$$\phi=ax+by, \quad \psi=ay-bx \tag{4.4-1}$$

注意上面令积分常数为零了，因为这不会影响到我们实际需要的速度分布。图 4-8 给出了直匀流动的等势线和流函数等值线。

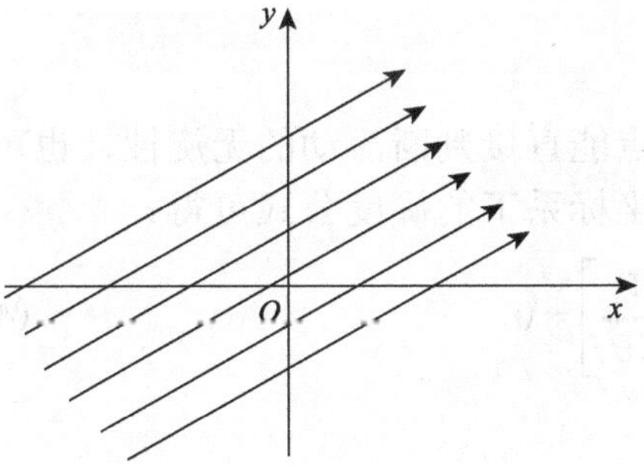


图 4-7　直匀流

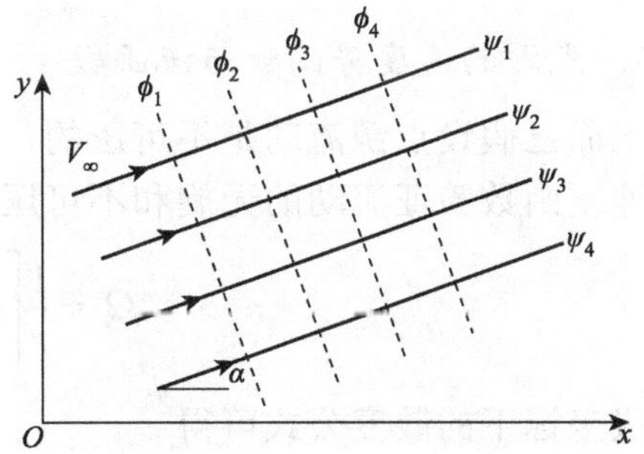


图 4-8　直匀流的等势线和流函数等值线

常用的直匀流特例是：与 $x$ 轴平行，从左面远方流来的直匀流 $V_\infty$，其速度势函数和流函数分别为

$$\phi=V_\infty x, \quad \psi=V_\infty y \tag{4.4-2}$$

## 4.4.2　点源与点汇

泉眼喷出的流体流动可简化抽象为“点源”。在平面流动中，点源可视为平面上的一点，流体不断从此点溢出，并沿径向均匀地向各方向流动。因此，流线应为从该点源处发出的各个辐射线，如图 4-9 所示。反过来，流体沿径向均匀地从各个方向流入一点的流动称为点汇。对这种流动，将坐标原点置于点源上，采用极坐标系比较方便。由于

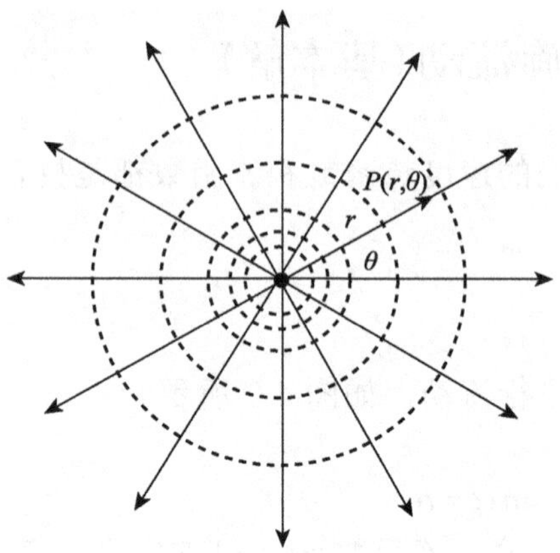


图 4-9　位于原点的点源

流动的对称性，只有径向速度$V_r$，而无周向速度$V_\theta$，并且各个$\theta$方向的径向速度$V_r$大小相等，即有

$$V_r = V_r(r), \quad V_\theta = 0$$

1. 点源流量、速度

设点源单位时间喷出的流体的体积流量为 $Q$。对不可压流，根据体积守恒，可知从包围点源的任意一条封闭曲线流出的流量均为$Q$。常数$Q$称为点源强度，点源的$Q$为正值，点汇的$Q$为负值。

根据点源强度可确定点源流场的速度分布。以点源(坐标原点)为圆心，半径为 $r$ 作圆，则通过该圆的流量为

$$Q = 2\pi r V_r$$

从而有

$$V_r = \frac{Q}{2\pi r} = \frac{Q}{2\pi}\frac{1}{\sqrt{x^2+y^2}} \tag{4.4-3}$$

而已知点源的周向速度为

$$V_\theta = 0 \tag{4.4-4}$$

2. 点源的速度势函数与流函数

上面已假设点源流动是不可压的，从流动特点能直接判断流动的无旋性，也可根据上述速度函数验证流动的无旋和不可压。采用极坐标系下的旋度公式可得

$$\Omega_z = \frac{1}{r}\left[\frac{\partial(rV_\theta)}{\partial r} - \frac{\partial V_r}{\partial \theta}\right] = 0 \tag{4.4-5}$$

采用极坐标下的散度公式可得

$$\nabla \cdot \boldsymbol{V} = \frac{1}{r}\left[\frac{\partial(rV_r)}{\partial r} + \frac{\partial V_\theta}{\partial \theta}\right] = 0 \tag{4.4-6}$$

根据上述极坐标系下的无旋和不可压表达式，也可导出极坐标系下的速度势函数和流函数与速度的关系：

$$\frac{\partial \phi}{\partial r} = V_r, \quad \frac{\partial \phi}{r\partial \theta} = V_\theta \tag{4.4-7}$$

$$\frac{\partial \psi}{\partial r} = -V_\theta, \quad \frac{\partial \psi}{r\partial \theta} = V_r \tag{4.4-8}$$

将速度$V_r$和$V_\theta$表达式［式(4.4-3)和式(4.4-4)］代入式(4.4-7)后积分可得

$$\phi = \frac{Q}{2\pi}\ln r + C$$

取常数 $C$ 为 0，则

$$\phi = \frac{Q}{2\pi}\ln r = \frac{Q}{2\pi}\ln\sqrt{x^2 + y^2} \tag{4.4-9}$$

可见等势线为一组同心圆，如图 4-9 所示的虚线。

类似地，对式(4.4-8)积分可得

$$\psi = \frac{Q}{2\pi}\theta \tag{4.4-10}$$

或

$$\psi = \frac{Q}{2\pi}\left(\arctan\frac{y}{x} + n\pi\right), \quad n = 0,1,2 \tag{4.4-11}$$

注意上面是考虑到 $\arctan(y/x)$ 的值域为 $(-\pi/2, \pi/2)$，若取 $\theta \in [0, 2\pi)$，则根据具体情况加上常数。$y/x \to \pm\infty$ 时，$\theta$ 取为 $\pi/2$ 和 $3\pi/2$。流函数的等值线(即流线)是从原点发出的辐射线，流线与等势线正交。

3. *不在原点的点源*

如果点源的位置不在原点而在 $A(\xi,\eta)$ 点，如图 4-10 所示，流动图画不变。但是速度和速度势函数、流函数的表达形式不同。这时最好用直角坐标。

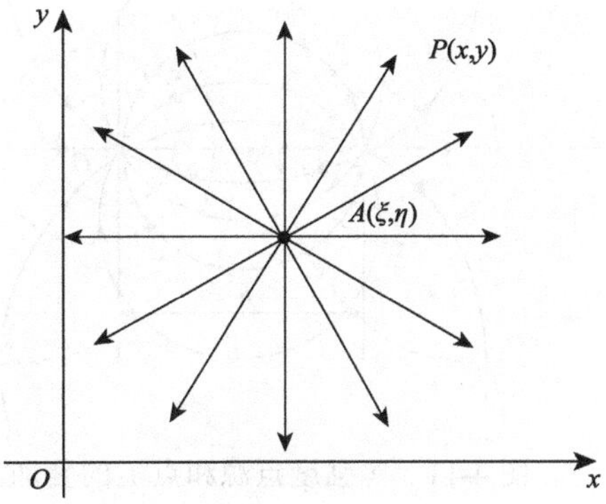

图 4-10　不在原点的点源

从点源向流场某点 $P(x,y)$ 做矢径 $\boldsymbol{r}_1$，$P$ 点处速度沿该 $\boldsymbol{r}_1$ 方向，为

$$\boldsymbol{V} = \frac{Q}{2\pi r_1}\frac{\boldsymbol{r}_1}{r_1}$$

式中，$Q$ 为点源强度，$r_1$ 为 $P$ 点距离点源的距离。

$$\boldsymbol{r}_1 = (x-\xi)\boldsymbol{i} + (y-\eta)\boldsymbol{j}, \quad r_1 = \sqrt{(x-\xi)^2 + (y-\eta)^2}$$

速度势函数和流函数分别为

$$\phi = \frac{Q}{2\pi}\ln r_1, \quad \psi = \frac{Q}{2\pi}\theta_1$$

$\theta_1$ 为 $\boldsymbol{r}_1$ 与 $x$ 轴正向的夹角。特别要注意这里的 $\boldsymbol{r}_1$、$\theta_1$ 不是极坐标。根据 $\boldsymbol{r}_1$、$\theta_1$ 的具体含义，可以得到直角坐标系下的速度势函数和流函数为

$$\phi = \frac{Q}{2\pi}\ln\sqrt{(x-\xi)^2 + (y-\eta)^2} \tag{4.4-12}$$

$$\psi=\frac{Q}{2\pi}\left(\arctan\frac{y-\eta}{x-\xi}+n\pi\right),\quad n=0,1,2 \tag{4.4-13}$$

流速分量分别为

$$u=\frac{\partial\phi}{\partial x}=\frac{Q}{2\pi}\frac{(x-\xi)}{(x-\xi)^2+(y-\eta)^2} \tag{4.4-14}$$

$$v=\frac{\partial\phi}{\partial y}=\frac{Q}{2\pi}\frac{(y-\eta)}{(x-\xi)^2+(y-\eta)^2} \tag{4.4-15}$$

### 4.4.3 偶极子

1. 点源与点汇叠加的流场

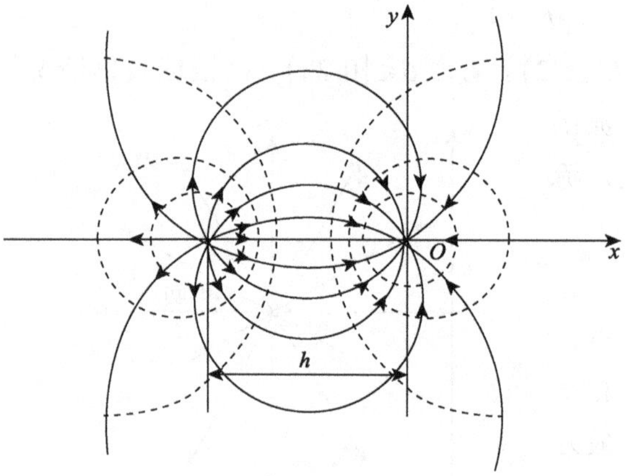


图 4-11 等强度点源和点汇的叠加流动

考察等强度的一个点源和一个点汇形成的流动。令 $Q>0$，点汇强度为$-Q$，置于坐标原点；点源强度为 $Q$，置于$(-h,0)$处。流动图画如图 4-11 所示，可见从点源出来的流量都进了点汇。

流场中任意一点 $P(r,\theta)$，$r$ 为点汇至该点的矢径 $\boldsymbol{r}$ 的长度，$\theta$ 为 $\boldsymbol{r}$ 与 $x$ 轴正向的夹角；记自点源至 $P$ 点的矢径为 $\boldsymbol{r}_1$，$\boldsymbol{r}_1$ 与 $x$ 轴正向的夹角为 $\theta_1$。则点源和点汇在 $P$ 点的速度势函数分别为

$$\phi_1=\frac{Q}{2\pi}\ln r_1,\quad \phi_2=-\frac{Q}{2\pi}\ln r$$

流函数分别为

$$\psi_1=\frac{Q}{2\pi}\theta_1,\quad \psi=-\frac{Q}{2\pi}\theta$$

应用叠加原理，得到点源和点汇叠加流动的速度势函数为

$$\phi=\phi_1+\phi_2=\frac{Q}{2\pi}(\ln r_1-\ln r)=\frac{Q}{2\pi}\left[\ln\sqrt{(x+h)^2+y^2}-\ln\sqrt{x^2+y^2}\right] \tag{4.4-16}$$

流函数为

$$\psi=\psi_1+\psi_2=(\theta_1-\theta)=\frac{Q}{2\pi}\left(\arctan\frac{y}{x+h}-\arctan\frac{y}{x}+n\pi\right) \tag{4.4-17}$$

式中，整数 $n$ 需根据 $\theta$ 和 $\theta_1$ 的具体关系取值。

2. 偶极子的速度势函数与流函数

现在考虑一种极限情况。令点源和点汇无限接近，即 $h\to 0$，但同时令其强度无限

增大，即 $Q \to \infty$，使二者乘积保持不变，即 $Qh/(2\pi) = M$ 为常数。这样得到的复合流动称为偶极子流动，$M$ 称为偶极子的偶极矩。偶极子的轴线是构成其点源和点汇的连线，规定由汇指向源的方向为偶极子的正向。

对点源与点汇叠加流动的速度势函数式(4.4-16)取 $h \to 0$ 时的极限，即可得到偶极子流动的速度势函数。当 $h \to 0$ 时，有

$$\phi = \lim_{h\to 0}\frac{Q}{2\pi}\left[\ln\sqrt{(x+h)^2+y^2} - \ln\sqrt{x^2+y^2}\right] = \lim_{h\to 0}\frac{Qh}{2\pi}\frac{\partial}{\partial x}\left(\ln\sqrt{x^2+y^2}\right)$$

又如果 $Q \to \infty$，且 $Qh/(2\pi) = M$ 保持不变，可进一步得

$$\phi = M\frac{\partial}{\partial x}\left(\ln\sqrt{x^2+y^2}\right) = M\frac{x}{x^2+y^2} = M\frac{\cos\theta}{r} \tag{4.4-18}$$

类似地，在 $h \to 0$，$Q \to \infty$，且 $Qh/(2\pi) = M$ 保持不变的条件下，式(4.4-17)取极限可得

$$\psi = \lim_{h\to 0}\frac{Q}{2\pi}\left(\arctan\frac{y}{x+h} - \arctan\frac{y}{x}\right) = \lim_{h\to 0}\frac{Qh}{2\pi}\frac{\partial}{\partial x}\left(\arctan\frac{y}{x}\right)$$

$$= -M\frac{y}{x^2+y^2} = -M\frac{\sin\theta}{r} \tag{4.4-19}$$

3. 偶极子流动的流线、等势线和流速

偶极子流动的流函数等值线或流线方程为

$$\frac{y}{x^2+y^2} = C_1$$

可改写为

$$x^2 + (y - C_1')^2 = C_1'^2 \tag{4.4-20}$$

可见流线是一族圆，圆心都在 $y$ 轴上，且圆周都过坐标原点 $O$。等势线方程为

$$\frac{x}{x^2+y^2} = C_2$$

或改写为

$$(x - C_2')^2 + y^2 = C_2'^2 \tag{4.4-21}$$

等势线是一族圆心在 $x$ 轴上的圆，圆周也都过原点。图 4-12 绘出了该偶极子流动的流线和等势线，这里对应的是偶极矩 $M > 0$ 的情况，即源在左、汇在右的情况。流线上标明了流速的方向，流动从位于左侧的源流出，顺时针沿着不同大小的圆周流入位于右侧的汇。可见在偶极子轴线上流动的方向指向偶极子的正向。

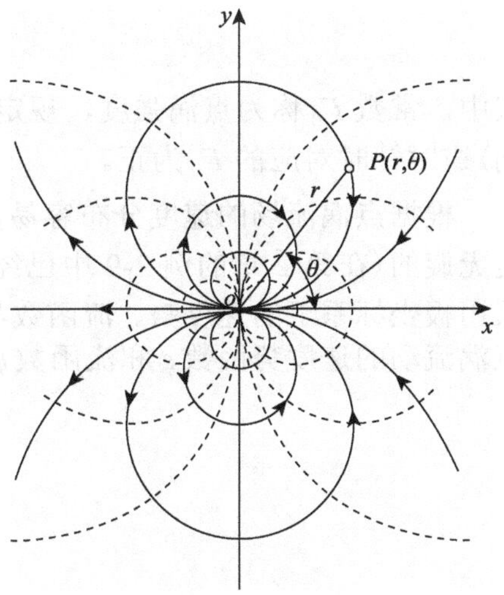

图 4-12　偶极子

对速度势函数或流函数求偏导，即得偶极子流动的速度分量。$x$、$y$ 向的速度分量分别为

$$u=\frac{\partial\phi}{\partial x}=M\frac{y^2-x^2}{\left(x^2+y^2\right)^2} \tag{4.4-22}$$

$$v=\frac{\partial\phi}{\partial y}=-M\frac{2xy}{\left(x^2+y^2\right)^2} \tag{4.4-23}$$

### 4.4.4 点涡

第 2 章中已给出了无穷长直涡线的“诱导”速度场[式(2.4−21)]为

$$V=\frac{\Gamma_0}{2\pi h}$$

式中，$\Gamma_0$ 为涡线的环量，速度方向根据右手定则确定。这是在垂直于涡线的平面上，以涡线与平面交点为圆心的圆周运动，与涡线垂直的各个平行平面上流动相同。一个平面上的流场就是“点涡”流场，如图 4-13 所示，各流体质点都以该“点涡”为中心作圆周运动。

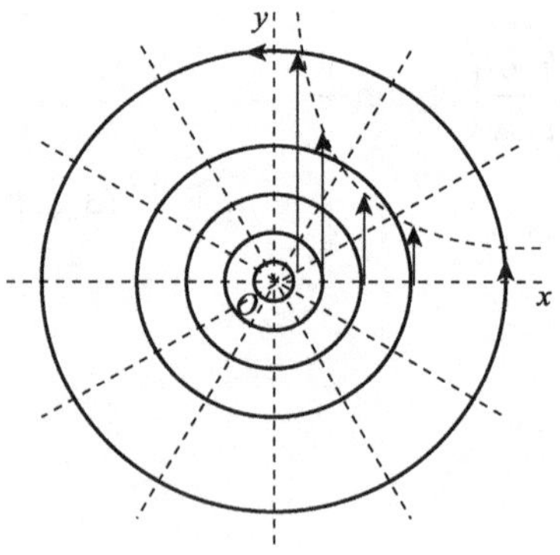

图 4-13　点涡

1. 点涡的速度、速度势函数与流函数

如图 4-13 所示将点涡放在坐标原点 $O$ 上，则点涡流场只有周向流速 $V_\theta$，且 $V_\theta$ 与离圆心 $O$ 的距离成反比，即

$$V_r=0,\quad V_\theta=\frac{\Gamma_0}{2\pi r} \tag{4.4-24}$$

式中，常数 $\Gamma_0$ 称为点涡强度，规定点涡的旋转方向(或者说“诱导”流场的周向速度方向)逆时针时对应的 $\Gamma_0$ 为正。

根据点涡流场的速度分布容易推知点涡流动是不可压的，除点涡所在点外，流动也是无旋的(在第 2 章的例 2-9 中已经验证过)。因此点涡流动存在速度势函数和流函数。采用极坐标系下的速度势、流函数与速度分量的关系[式(4.4-7)和式(4.4-8)]，容易确定点涡流动的速度势函数 $\phi$ 和流函数 $\psi$，分别为

$$\phi=\frac{\Gamma_0}{2\pi}\theta \tag{4.4-25}$$

$$\psi=-\frac{\Gamma_0}{2\pi}\ln r \tag{4.4-26}$$

可见流线是以原点为圆心的圆族，如图 4-13 所示的实线，此时 $\Gamma_0$ 为正；而等势线是从原点发出的射线族，如图 4-13 所示的虚线。

如果点涡不在原点而在$(\xi,\eta)$，则其速度势函数为

$$\phi=\frac{\Gamma_0}{2\pi}\arctan\left(\frac{y-\eta}{x-\xi}+n\pi\right),\quad n=0,1,2 \tag{4.4-27}$$

流函数为

$$\psi=-\frac{\Gamma_0}{2\pi}\ln\sqrt{(x-\xi)^2+(y-\eta)^2} \tag{4.4-28}$$

$x$、$y$ 向的速度分量分别为

$$u=-\frac{\Gamma_0}{2\pi}\frac{(y-\eta)}{(x-\xi)^2+(y-\eta)^2} \tag{4.4-29}$$

$$v=\frac{\Gamma_0}{2\pi}\frac{(x-\xi)}{(x-\xi)^2+(y-\eta)^2} \tag{4.4-30}$$

2. 点涡流场中绕封闭围线的环量

因为点涡流场中除去点涡所在点外是无旋的，因此点涡又常称为势涡或位涡。于是根据环量和涡通量之间的关系可知：在点涡流场中，对任意形状的围线，只要围线未包围点涡，如图 4-14 所示的 $HIGF$，则沿其的速度环量等于零；而当围线将点涡包围在内，沿其的环量值则和沿包围点涡的任一圆周的环量相等。这样，如图 4-14 所示的绕封闭曲线 $ACEFJ$ 的环量可通过计算沿其内的以点涡 $O$ 为圆心的一小圆 $A'C'E'F'J'$ 的环量得到，为

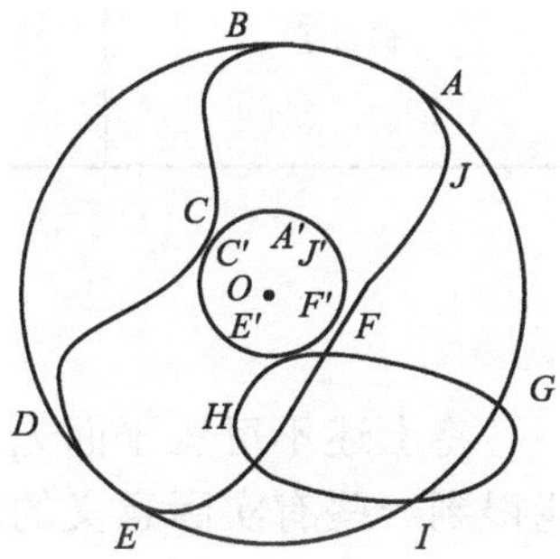

图 4-14　计算点涡的环量

$$\Gamma=\oint_{ACEFJ}\boldsymbol{V}\cdot\mathrm{d}\boldsymbol{l}=\oint_{A'C'E'F'J'}\boldsymbol{V}\cdot\mathrm{d}\boldsymbol{l}=\int_0^{2\pi}V_\theta r\mathrm{d}\theta=\int_0^{2\pi}\frac{\Gamma_0}{2\pi r}r\mathrm{d}\theta=\Gamma_0 \tag{4.4-31}$$

可见绕包围点涡的任意一条封闭围线的环量都等于点涡的强度 $\Gamma_0$。所以 $\Gamma_0$ 也称为点涡的环量。

### 4.4.5　基本解的小结

本节依次介绍了四种简单的不可压平面无旋流动，它们的速度势函数和流函数都是拉普拉斯方程的基本解。由于点源/汇、点涡、偶极子所处点在数学上是奇性的，所以它们又都称为奇点。表 4-1 总结了四种基本流动的速度势函数、流函数和速度。后面三种流动是针对奇点位于坐标原点的情况，并且偶极子是轴线在 $x$ 轴上、$M>0$ 对应偶极子正向指向负 $x$ 轴的情况。表中采用极坐标给出了三类奇点的速度势函数和流函数，给出了极坐标或直角坐标系下的速度分量。如果奇点不在原点，则公式中的 $r$ 应取为流场某点至奇点的距离，$\theta$ 则是奇点至该点的矢量与 $x$ 轴正向的夹角。公式中的 $x$ 和 $y$ 也需做相应的变换，如果奇点位于$(\xi,\eta)$，则 $x\to(x-\xi)$，$y\to(y-\eta)$。

**表 4-1　四种基本解速度势函数、流函数与速度分布**

| 流动 | 势函数 $\phi$ | 流函数 $\psi$ | 速度 |
|---|---|---|---|
| 直匀流 | $ax+by$ | $ay-bx$ | $u=a$，　$v=b$ |
| 点源、点汇 | $\dfrac{Q}{2\pi}\ln r$ | $\dfrac{Q}{2\pi}\theta$ | $V_r=\dfrac{Q}{2\pi r}$，$V_\theta=0$<br>$u=\dfrac{Q}{2\pi}\dfrac{x}{x^2+y^2}$<br>$v=\dfrac{Q}{2\pi}\dfrac{y}{x^2+y^2}$ |
| 点涡 | $\dfrac{\Gamma_0}{2\pi}\theta$ | $-\dfrac{\Gamma_0}{2\pi}\ln r$ | $V_r=0$，$V_\theta=\dfrac{\Gamma_0}{2\pi r}$<br>$u=-\dfrac{\Gamma_0}{2\pi}\dfrac{y}{x^2+y^2}$<br>$v=\dfrac{\Gamma_0}{2\pi}\dfrac{x}{x^2+y^2}$ |
| 偶极子 | $M\dfrac{\cos\theta}{r}$ | $-M\dfrac{\sin\theta}{r}$ | $u=M\dfrac{y^2-x^2}{\left(x^2+y^2\right)^2}$<br>$v=-M\dfrac{2xy}{\left(x^2+y^2\right)^2}$ |

# 4.5　简单的流动叠加举例

将上述不可压平面无旋流动基本解叠加起来，或者说将几种简单流动组合起来，就能得到一些有实际意义的较为复杂的流动。本节举两个简单的例子：直匀流和偶极子的叠加；直匀流、偶极子和点涡的叠加，分析它们所代表的流动。

## 4.5.1　圆柱的无环量绕流(直匀流＋偶极子)

在平行于 $x$ 轴以速度 $V_\infty$ 由左向右流去的直匀流中，放一个强度为 $M$（$M>0$）指向负 $x$ 轴的偶极子。将坐标原点置于偶极子所在位置。直匀流的速度势函数和流函数分别为

$$\phi_1=V_\infty x,\quad \psi_1=V_\infty y$$

偶极子流动的速度势函数与流函数分别为

$$\phi_2=M\frac{\cos\theta}{r}=M\frac{x}{r^2},\quad \psi_2=-M\frac{\sin\theta}{r}=-M\frac{y}{r^2}$$

则叠加流动的速度势函数为

$$\phi=V_\infty x+M\frac{x}{r^2}=\left(V_\infty r+\frac{M}{r}\right)\cos\theta \tag{4.5-1}$$

流函数为

$$\psi=V_\infty y-M\frac{y}{r^2}=\left(V_\infty r-\frac{M}{r}\right)\sin\theta \tag{4.5-2}$$

绘制流函数等值线即可得到叠加后的流动图画，如图 4-15 所示。可见流动是上下对称也是前后对称的。

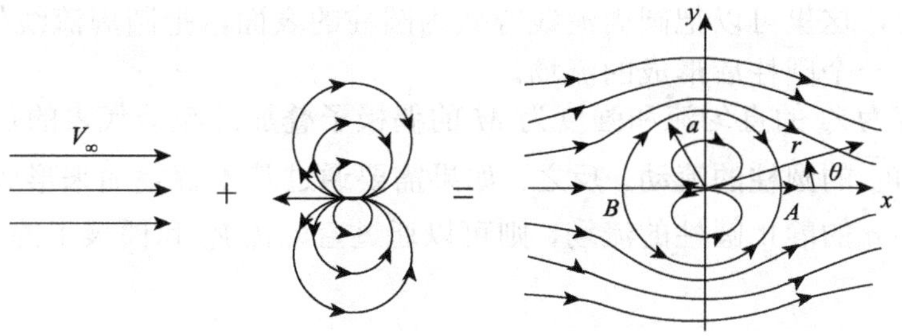


图 4-15　直匀流与偶极子的叠加

1. 叠加流场的驻点及过驻点的流线

首先寻找流场中的驻点，即流速为零的点。极坐标下的速度分量为

$$V_r=\frac{\partial\phi}{\partial r}=\left(V_\infty-\frac{M}{r^2}\right)\cos\theta \tag{4.5-3}$$

$$V_\theta=\frac{\partial\phi}{r\partial\theta}=-\left(V_\infty+\frac{M}{r^2}\right)\sin\theta \tag{4.5-4}$$

令 $V_r=0$，$V_\theta=0$，得

$$r=\sqrt{\frac{M}{V_\infty}},\quad \theta=0\text{或}\theta=\pi \tag{4.5-5}$$

可见流动有两个驻点，位于 $x$ 轴上，且关于 $y$ 轴对称，即图 4-15 中的 $A$、$B$ 两点。

接下来分析过驻点的流线。将驻点坐标代入流函数表达式(4.5-2)，得到驻点处的流函数 $\psi=0$。这说明过驻点的流线就是 $\psi=0$ 的流线，即

$$V_\infty y-M\frac{y}{r^2}=0$$

则

$$y=0\text{或}r=\sqrt{\frac{M}{V_\infty}} \tag{4.5-6}$$

可见该流线的一部分是 $x$ 轴，另一部分就是半径为 $a=\sqrt{M/V_\infty}$ 的圆周。如图 4-15 所示，流动从 $x=-\infty$ 沿 $x$ 轴流到前驻点 $B$ 后分成两支，沿着半径为 $a$ 的圆周向后流动到后驻点 $A$ 后汇合，再沿 $x$ 轴流向 $x=+\infty$。

2. 叠加流动代表绕流物体的形状

流线是气流不可跨越的线。在该叠加流动的全部流线谱中，过驻点的圆周流线比较特殊。它是封闭的，像一道围墙一样，把流场分成两部分。外部是直匀流绕此围墙的流

动，内部则是偶极子形成的在此围墙限制之内的流动。一个物体放在流体中，其边界线也是流体不可跨越的线，理想无黏流绕流物体时，在物面上流动与物面相切，物面可以视为流面。因此，这里可以把圆周流线等效为圆柱的表面，把圆周流线外部的流动看成在直匀流中放了一个圆柱后形成的流场。

这说明速度为$V_\infty$的直匀流和强度为$M$的偶极子叠加的流动代表的是直匀流$V_\infty$绕流半径为$a=\sqrt{M/V_\infty}$的圆柱的流动。反之，如果需要通过基本解叠加来形成速度为$V_\infty$的直匀流流过半径为$a$的静止圆柱的流场，则可以通过直匀流$V_\infty$和偶极子的叠加实现，偶极子的强度为

$$M=a^2V_\infty \tag{4.5-7}$$

直匀流的速度和偶极子的强度都是由流动的边界条件(圆柱半径、自由流速度)确定的。已知绕流的物体形状，通过基本解叠加法求解是需确定$\phi(x,y)=\sum_i C_i\phi_i$中的$\phi_i$和待定系数$C_i$的。这里选定了直匀流和偶极子，它们的速度势函数就是$\phi_i$，而直匀流的速度和偶极子的强度就是由边界条件确定的待定系数$C_i$。

3. 圆柱无环量绕流的速度势函数、流函数与速度分布

上面分析得知直匀流和偶极子叠加的流动为圆柱绕流，由于直匀流和偶极子流动环量均为零，所以该叠加流动是无环量的圆柱绕流。根据式(4.5-7)将偶极子强度采用圆柱半径表达后，流动的速度势函数和流函数分别为

$$\phi=V_\infty x+V_\infty a^2\frac{x}{r^2}=V_\infty\left(r+\frac{a^2}{r}\right)\cos\theta \tag{4.5-8}$$

$$\psi=V_\infty y-V_\infty a^2\frac{y}{r^2}=V_\infty\left(r-\frac{a^2}{r}\right)\sin\theta \tag{4.5-9}$$

直角坐标下的速度分量为

$$u=\frac{\partial\phi}{\partial x}=V_\infty+V_\infty a^2\frac{y^2-x^2}{\left(x^2+y^2\right)^2}=V_\infty\left(1-\frac{a^2}{r^2}\cos 2\theta\right) \tag{4.5-10}$$

$$v=\frac{\partial\phi}{\partial y}=-V_\infty a^2\frac{2xy}{\left(x^2+y^2\right)^2}=-V_\infty\frac{a^2}{r^2}\sin 2\theta \tag{4.5-11}$$

极坐标下的速度分量为

$$V_r=\frac{\partial\phi}{\partial r}=V_\infty\cos\theta\left(1-\frac{a^2}{r^2}\right) \tag{4.5-12}$$

$$V_\theta=\frac{\partial\phi}{r\partial\theta}=-V_\infty\sin\theta\left(1+\frac{a^2}{r^2}\right) \tag{4.5-13}$$

在圆柱表面，$r=a$，则有

$$V_{r,w}=0,\quad V_{\theta,w}=-2V_\infty\sin\theta \tag{4.5-14}$$

即法向速度为零，切向速度沿圆柱表面以正弦规律分布。这是符合理想无黏流的物面运动学边界条件的：法向速度为零，可以有切向速度。

4. 圆柱表面压力分布

由直匀流和偶极子叠加形成的圆柱无环量绕流是不可压无旋流动。根据伯努利方程：

$$p+\frac{1}{2}\rho V^2=C(\text{全场})=p_\infty+\frac{1}{2}\rho V_\infty^2$$

可得流场压强系数为

$$C_p=\frac{p-p_\infty}{\dfrac{1}{2}\rho V_\infty^2}=1-\frac{V^2}{V_\infty^2} \tag{4.5-15}$$

壁面上，有

$$V_w^2=V_{r,w}^2+V_{\theta,w}^2=4V_\infty^2\sin^2\theta$$

则壁面压强系数为

$$C_{p,w}=1-4\sin^2\theta \tag{4.5-16}$$

壁面压强系数的分布如图 4-16 所示，上（$\theta=\pi\sim0$）下（$\theta=\pi\sim2\pi$）部分对称。前驻点（$\theta=\pi$）处的 $C_p=1.0$。从驻点往后流，圆柱表面流速逐渐增大，在 $\theta=5\pi/6$（或 $\theta=7\pi/6$）处流速增大到和来流一样大，$C_p=0$。以后继续加速，在 $\theta=\pi/2$（或 $\theta=3\pi/2$）处达到最大速度，其值为来流速度的两倍，压强最低，$C_p=-3.0$。过了最大速度点后气流减速，在 $\theta=\pi/6$（或 $\theta=11\pi/6$）处流速为 $V_\infty$，在 $\theta=0$（或 $\theta=2\pi$）处流速降为零，该点称为后驻点。

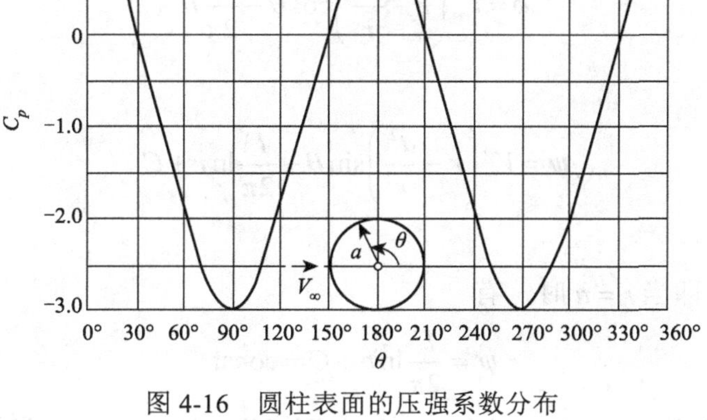


图 4-16　圆柱表面的压强系数分布

从流动图画和压强系数分布图都可以看出，流动不仅上下是对称的，前后也是对称的，所以圆柱表面所受的流体的压力合力为零。即圆柱既不受升力，也不受阻力。其实，若不考虑流体的黏性，不仅像圆柱这样的对称物体没有阻力，任何一个封闭物体在无界理想不可压流体中作匀速直线运动时，其受到的阻力(即在流动方向的合力)都是零。这就是著名的达朗贝尔佯谬，是 18 世纪法国著名数学家达朗贝尔在对理想流体进行了严谨的研究后得出的结论。这一结论显然与实际情况不符，这也说明理想无黏流体理论不能用来计算阻力，因为阻力(无论摩擦阻力还是压差阻力)都是直接或间接由黏性产生的。当然，升力的产生最初也与黏性相关，但将黏性的作用抽象为生成了附着于物面的环量后，就可以采用理想无黏流体理论求解升力问题了。

### 4.5.2 圆柱的有环量绕流

上面对圆柱无环量绕流的分析表明，圆柱在理想无黏流体中做匀速直线运动时，作用在圆柱上的合力为零。不过如果圆柱同时还旋转，带动流体形成了环流，则会产生升力。人们在实践中发现，可以应用旋转圆柱体产生的力推动船只航行，但因为效率不高，未得到实际应用。

圆柱旋转产生的流动可以抽象简化为点涡流动。点涡流动是绕以点涡为圆心的同心圆周运动。“直匀流＋偶极子”形成的流动在圆周上是沿着圆周切向的运动，如再加上圆心处点涡产生的流动，在圆周上流动仍然是沿圆周切向，能够满足圆柱绕流的运动学边界条件。因此，可用“直匀流＋偶极子＋点涡”代表有环量的圆柱绕流，即旋转圆柱的绕流。圆柱旋转产生了流体绕圆周的环量，环量用点涡的强度(环量)代表。这也就是 4.3 节中在“速度势或流函数问题数学提法”中提出的关于环量的定解条件。

1. 圆柱有环量绕流的速度势函数、流函数与速度分布

后面分析会发现，圆柱顺时针旋转时产生升力，所以下面以圆柱顺时针旋转，即环量为负的情况为例，来讨论圆柱有环量绕流的流场。模拟圆柱旋转的点涡也应是顺时针旋转的，其点涡强度为 $-\Gamma$ $(\Gamma>0)$，从而“直匀流＋偶极子＋点涡”所形成流场的速度势函数为

$$\phi = V_\infty\left(r+\frac{a^2}{r}\right)\cos\theta-\frac{\Gamma}{2\pi}\theta \tag{4.5-17}$$

流函数为

$$\psi = V_\infty\left(r-\frac{a^2}{r}\right)\sin\theta+\frac{\Gamma}{2\pi}\ln r+C \tag{4.5-18}$$

式中 $C$ 为常数。

在圆柱表面，即当 $r=a$ 时，有

$$\psi=\frac{\Gamma}{2\pi}\ln a+C=\text{const}$$

式(4.5-18)中可取常数 $C=-\Gamma\ln a/(2\pi)$，这样圆柱面上有 $\psi=0$。可见 $r=a$ 仍是流线，不过 $x$ 轴不再是流线。流动图画见图 4-17。

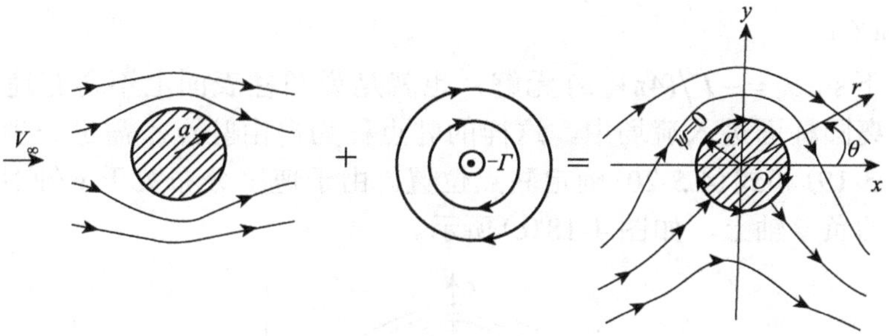


图 4-17　直匀流与偶极子和点涡的叠加

极坐标系下速度分量为

$$V_r=\frac{\partial\phi}{\partial r}=V_\infty\left(1-\frac{a^2}{r^2}\right)\cos\theta \tag{4.5-19}$$

$$V_\theta=\frac{\partial\phi}{r\partial\theta}=-V_\infty\left(1+\frac{a^2}{r^2}\right)\sin\theta-\frac{\Gamma}{2\pi r} \tag{4.5-20}$$

在 $r=a$ 圆周(即圆柱壁面)上，有

$$V_r=0,\quad V_\theta=-2V_\infty\sin\theta-\frac{\Gamma}{2\pi a} \tag{4.5-21}$$

壁面上法向速度为零，但有切向速度，即有沿壁面的滑移。

2. 驻点位置

无环量圆柱绕流上叠加点涡后,流动不再上下对称,如图 4-17 所示。驻点也不在 $\theta=\pi$ 和 $\theta=0$ 处，驻点位置可根据圆柱表面上切向速度为零确定。由

$$V_\theta=-2V_\infty\sin\theta-\frac{\Gamma}{2\pi a}=0 \tag{4.5-22}$$

得

$$\sin\theta_0=-\frac{\Gamma}{4\pi V_\infty a}<0 \tag{4.5-23}$$

可见驻点必在第三或第四象限内，前后驻点对 $y$ 轴而言是对称的。驻点的具体位置取决于环量强度 $\Gamma$、偶极子强度 $M=a^2V_\infty$ 和来流速度 $V_\infty$ 之间的大小对比关系。当偶极子强度和来流速度一定时，环量 $\Gamma$ 越大，驻点越往下移。当 $\Gamma$ 取不同值时，可能会出现四种流动图画。

(1) $\Gamma=0$

圆柱无环量绕流，前后驻点均在 $x$ 轴上，在 4.5.1 节中已经讨论了。

(2) $\Gamma<4\pi V_\infty a$

此时 $|\sin\theta_0|<1$，在圆柱面上有两个驻点，分别称为前后驻点，如图 4-18(a)所示。

(3) $\Gamma=4\pi V_\infty a$

此时 $\sin\theta_0=-1$，在圆柱面上的两个驻点重合，位于 $\theta_0=-\pi/2$ 处，如图 4-18(b)所示。

(4) $\Gamma > 4\pi V_\infty a$

这种情况下 $\sin\theta_0 = -\Gamma/(4\pi V_\infty a)$ 无解，也就是说圆柱表面上不再有速度为零的点。此时驻点已脱离圆柱面进入流场中，这样的驻点称为自由驻点。需进一步根据全流场的速度分布式(4.5-19)和式(4.5-20)确定驻点位置。由于速度分布关于 $y$ 轴对称，自由驻点将在圆柱以下的负 $y$ 轴上，如图 4-18(c)所示。

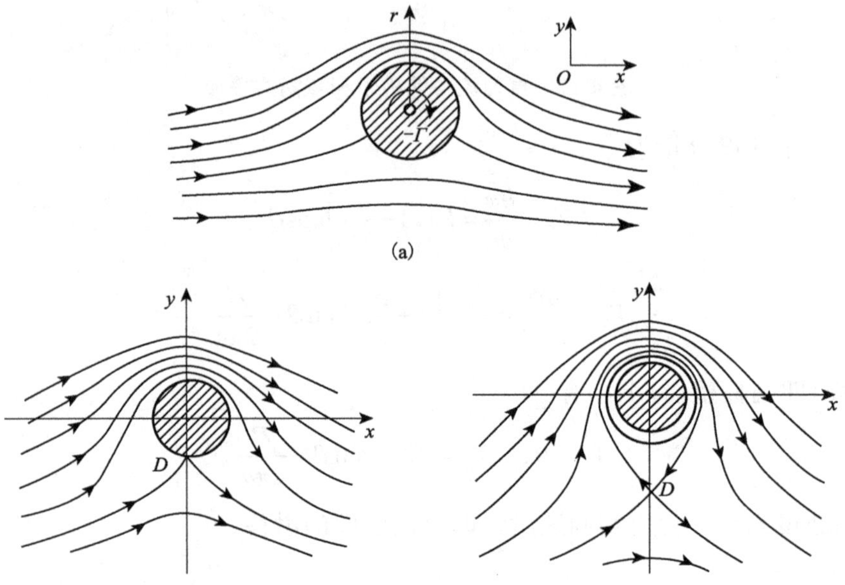


图 4-18　圆柱的有环量绕流

3. 圆柱升力

有了流场的流速分布，就可以根据速度、压强关系求得流场压强分布，再对壁面压强分布积分就能求得圆柱受力了。

直匀流和偶极子流场均为无旋的，点涡流场在除去涡所在点外也是无旋的。三者叠加形成的有环量圆柱绕流，沿任意一条包围圆周的曲线的环量和沿圆柱壁面的环量相等，均为点涡的强度，壁面以外的全流场依然是无旋的。所以确定流场压强分布时可采用适用于全流场的伯努利方程：

$$p + \frac{1}{2}\rho V^2 = C(\text{全场}) = p_\infty + \frac{1}{2}\rho V_\infty^2$$

在圆柱 $r = a$ 表面上，只有沿圆周切向的速度 $V_\theta$，且其大小关于 $y$ 轴对称，详见式(4.5-21)。代入上面的伯努利方程后，得到壁面压强分布为

$$p = C - \frac{1}{2}\rho V_\theta^2 = C - \frac{1}{2}\rho\left(2V_\infty \sin\theta + \frac{\Gamma}{2\pi a}\right)^2 = C - \frac{\rho\Gamma^2}{8\pi^2 a^2} - \frac{\rho V_\infty \Gamma}{\pi a}\sin\theta - 2\rho V_\infty^2 \sin^2\theta \quad (4.5\text{-}24)$$

可见压强分布关于 $y$ 轴对称，因而在 $x$ 方向合力为零，无阻力。而由于圆柱面上半部分 $(0 < \theta < \pi)$ $\sin\theta > 0$，下半部分 $(\pi < \theta < 2\pi)$ $\sin\theta < 0$，因此圆柱面下半部分所受压力大于

上半部分，在 $y$ 方向有合力，即向上的升力。

图 4-19 给出了有环量和无环量圆柱绕流的壁面压强系数分布。无环量时，上半圆（$0<\theta<\pi$）上的压强分布和下半圆（$\pi<\theta<2\pi$）上的压强分布对称，合力为零。有环量时，上半圆上的压强小于来流压强，表现为负压，下半圆上的压强大于来流压强，表现为正压，两部分均对升力有贡献，但上半部分的负压作用远远大于下半部分的正压作用，因此也常说升力的来源主要靠上半圆上的吸力。其实圆柱上下部分速度相对于来流速度增大和减小的数值是对称的，但由于速度变化对应的压强变化是速度值的平方的变化，因此上下部分压强的差别远大于速度的差别。

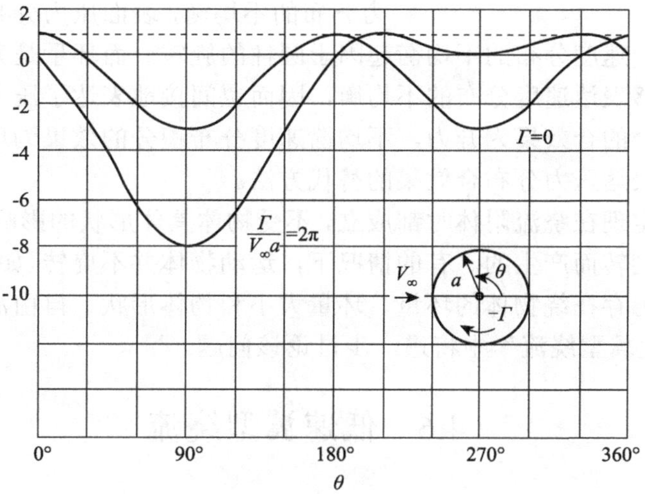


图 4-19　有环量和无环量圆柱绕流压强分布对比

圆柱表面受到的合力为

$$\boldsymbol{F}=-\oint_c p_w \boldsymbol{n}\mathrm{d}s$$

式中，$\boldsymbol{n}$ 是指向圆柱面外法向的单位矢量。前面已知 $x$ 向合力 $F_x=0$。$y$ 方向合力为

$$\begin{aligned}F_y&=-\oint_c p\sin\theta\mathrm{d}s=-a\int_0^{2\pi}\left(C-\frac{\rho\Gamma^2}{8\pi^2a^2}-\frac{\rho V_\infty\Gamma}{\pi a}\sin\theta-2\rho V_\infty^2\sin^2\theta\right)\sin\theta\mathrm{d}\theta\\&=a\int_0^{2\pi}\frac{\rho V_\infty\Gamma}{\pi a}\sin^2\theta\mathrm{d}\theta=\int_0^{2\pi}\frac{\rho V_\infty\Gamma}{\pi}\frac{(1-\cos2\theta)}{2}\mathrm{d}\theta=\rho V_\infty\Gamma\end{aligned}\tag{4.5-25}$$

压强分布的积分结果表明，作用在圆柱上的阻力为零，而升力的大小与环量 $\Gamma$、来流速度 $V_\infty$ 及密度 $\rho$ 成正比；其方向是将来流速度 $\boldsymbol{V}_\infty$ 方向逆环流方向旋转 $\pi/2$ 得到的，如图 4-20 所示。这一结果可用矢量形式表示为

$$\boldsymbol{F}=\rho\boldsymbol{V}_\infty\times\boldsymbol{\Gamma}\tag{4.5-26}$$

式中，矢量 $\boldsymbol{\Gamma}$ 的方向根据环量以右手定则确定，$xy$ 平面上逆时针方向的环量对应矢量沿正 $z$ 方向。这里的圆柱绕流环量为顺时针方向，因此 $\boldsymbol{\Gamma}=-\Gamma\boldsymbol{k}$，合力 $\boldsymbol{F}$ 则沿正 $y$ 方向。

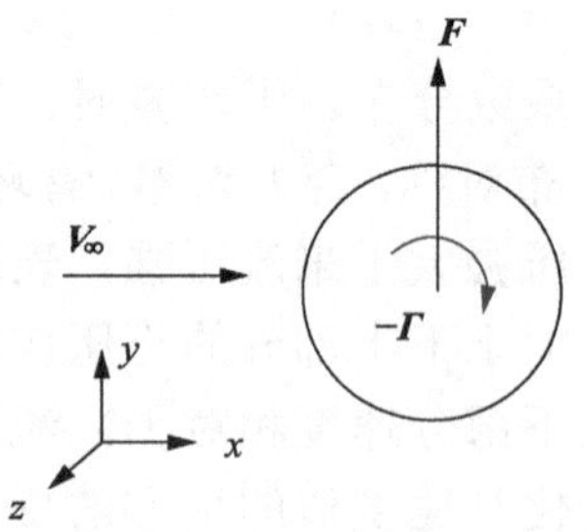


图 4-20　有环量圆柱绕流升力示意图

4. 儒科夫斯基定理

上面只是对圆柱情况证明了升力与速度和环量的关系。其实，对任意(二维)物体的不脱体绕流，均有 $\boldsymbol{F}=\rho\boldsymbol{V}_{\infty}\times\boldsymbol{\Gamma}$ 这个结论。这就是著名的儒科夫斯基定理。该定理表明有环量才有升力，且升力正比于环量。需要注意的是不要因此将“环量”理解为产生升力的物理原因。从前面求解有环量圆柱绕流升力的过程已经清楚，升力的存在是因为表面压力分布的不均衡，表面压力分布的不均衡与速度分布的不均衡相关，速度分布的不均衡起因于圆柱的旋转。而环量是为研究方便定义的一个物理量，它能够表达速度分布的不均衡，因而也间接地表达了压力分布的不均衡。不均衡压力分布积分的合效果为升力，不均衡速度分布积分的效果为环量。儒科夫斯基定理可以说是一种表达压力分布合效果的替代方法。

儒科夫斯基定理在绕流附体时都成立，不受物体具体形状的影响。对于圆柱体绕流，环量是由圆柱体旋转而产生的。有的情况下，运动物体并不旋转(如翼型)，但其特殊的形状使得其绕流也存在绕物体的环量，环量大小和物体形状、自由流速度有关。在接下来的 4.6 节“低速翼型绕流”中将进一步讨论该问题。

## 4.6　低速翼型绕流

机翼是飞机产生升力的主要部件。一般飞机都有对称面，如果平行于对称面在机翼展向任意位置切一刀，切下来的机翼剖面称作翼剖面或翼型，如图 4-21 所示。翼型是飞机产生升力的基本单元，翼型气动力性能是设计机翼的主要参数。大展弦比直机翼中部的流动可以简化为无限长直机翼的二维平面流动(图 2-5)，即平面翼型绕流。本节讨论低速不可压情况下的翼型绕流。首先通过翼型绕流图和流动特点定性分析翼型升力的产生原因，然后介绍将低速翼型绕流变换为有环量圆柱绕流的方法，特别说明确定翼型绕流环量的条件，最后分析翼型绕流环量的产生过程和原因。

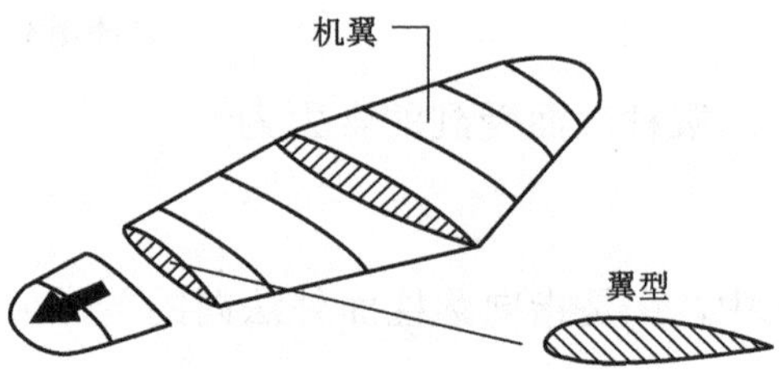


图 4-21　翼型示意图

### 4.6.1　低速翼型的绕流特点

1. 低速翼型的绕流图画

低速飞机翼型一般是圆头尖尾的，上下表面由一定形状的曲线连成，如图 4-21 所示。翼型的最前端点称为前缘点，最后端点称为后缘点。前后缘点的连线称为翼型的几何弦，前后缘点间的距离为弦长，一般用 $c$ 表示。无穷远来流和翼弦的夹角称为迎角，也称为攻角，常用$\alpha$表示。

图 4-22 给出了低速圆头翼型在小的正迎角时的绕流图，图 4-23 给出了翼型上下翼面的压强系数分布，横坐标为以弦长无量纲化的距前缘的距离。总体流动特点如下。

(1) 整个绕翼型的流动是无分离的附着流动。

(2) 驻点位于下翼面距前缘点不远处，流经驻点的流线分成两部分，一部分从驻点起绕过前缘点经上翼面顺壁面流向后缘，另一部分从驻点起经下翼面顺壁面流向后缘，在后缘处流动平滑地汇合后向下游流去。

(3) 绕过前缘从上翼面走的气流，速度从前驻点的零值很快加速到最大值，之后直到后缘气流完全是减速的，起初减速特别厉害，之后缓慢。而沿下翼面走的气流从驻点起一直到后缘，基本上是加速的，也是起初加速很快，之后加速不明显。驻点处压强最大，即图 4-23 中下翼面上压强系数为+1.0 的点；到最大速度点处压强最小，即上翼面上压强系数约为−1.5 的点。上翼面最低压强点后压强逐渐增大，下翼面驻点后压强逐渐减小。上下翼面都是在起始部分压强变化明显，之后缓慢。

(4) 气流到后缘处，从上下翼面平顺流出，后缘处压强系数为一接近于零的微小正值。

(5) 随着迎角增大，驻点(在下翼面上)逐渐后移，上翼面的最大速度点则更向前缘靠近。且迎角越大，最大速度值越大，上下翼面的压差越大。

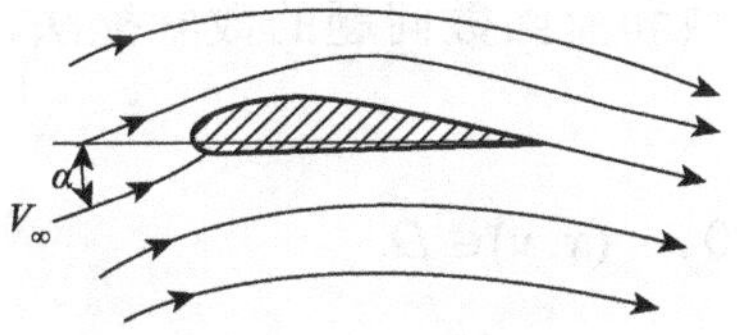

图 4-22　低速翼型的绕流图画

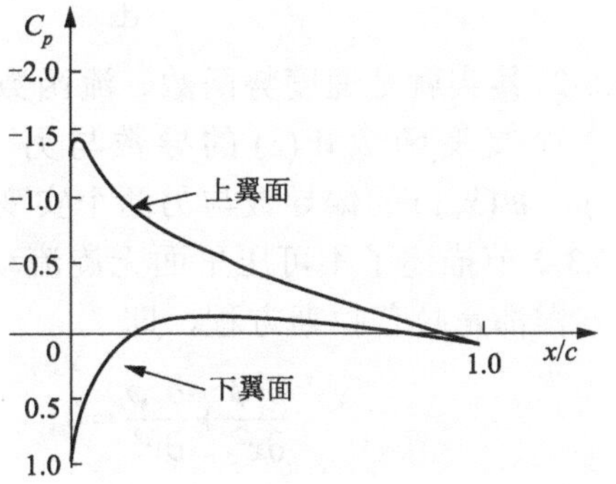

图 4-23　低速翼型在小迎角下的压强系数分布

2. 翼型升力产生的原因

从上面对翼型的流动图画和翼面压强分布的分析可知，翼型上下翼面气流速度分布不均匀，上翼面流速快，下翼面流速慢，导致上翼面压强低，下翼面压强高，气流对翼型作用的总合效果是产生了升力。再结合 4.5.2 节对有环量圆柱绕流场和圆柱受力的分析计算，可以从下面两点初步解释翼型升力产生的原因。

(1) 因为翼型的特殊形状(尤其是其存在尖尾缘)，以及来流与翼弦成一定夹角(有正迎角)，使得流体流经翼型时经过的几何路径不对称，这种不对称改变了翼型上下表面的速度与压力分布，使得在大部分区域，上表面的压力小于下表面的压力，导致净升力产生。

(2) 上下表面速度不对称(上快下慢)，就相当于绕翼型有一个顺时针环量，如图 4-24 所示。可以应用儒科夫斯基升力定理，通过环量方便地计算升力。这样如果能够确定环量就不需要得到翼型表面详细的压力分布并积分了。

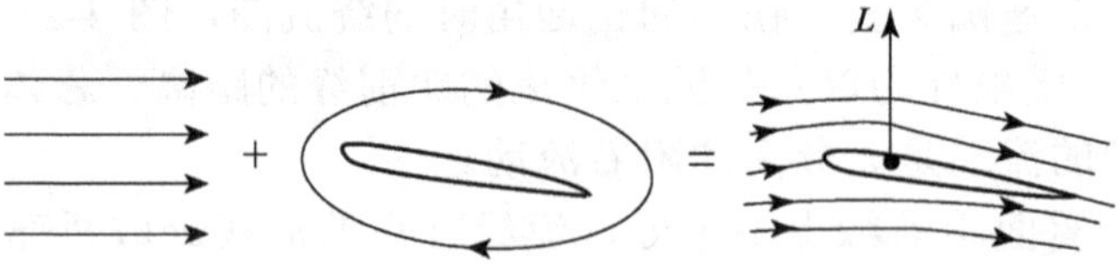


图 4-24　翼型绕流环量示意图

### 4.6.2　翼型绕流的变换

1．不可压平面无旋流动的复变函数表达

在 4.3.3 节已经对不可压平面无旋流动引入了复势函数 $W(z)=\phi+\mathrm{i}\psi$ 。$W(z)$ 是一解析复变函数，它统一表达了速度势函数 $\phi(x,y)$ 和流函数 $\psi(x,y)$ 这一对共轭调和函数。另外，还可用一个复变函数 $V(z)$ 来统一表达流动速度的两个分量，称为复速度：

$$V(z)=u(x,y)+\mathrm{i}v(x,y) \tag{4.6-1}$$

复速度和复势的导数共轭，即

$$\frac{\mathrm{d}W}{\mathrm{d}z}=\bar{V}(z)=u(x,y)-\mathrm{i}v(x,y) \tag{4.6-2}$$

式(4.6-2)其实就是速度势函数、流函数与两个速度分量关系的反映。可以说，式(4.6-2)通过一个复变函数 $W(z)$ 的导数与另一个复变函数 $\bar{V}(z)$ 的关系表达了两个实变函数 $\phi(x,y)$ 、$\psi(x,y)$ 的偏导数与另两个实变函数 $u(x,y)$ 、$v(x,y)$ 的关系。

4.3.2 节描述了不可压平面无旋流动的速度势函数和流函数问题的数学提法，它们的控制方程都是拉普拉斯方程，即

$$\frac{\partial^2\phi}{\partial x^2}+\frac{\partial^2\phi}{\partial y^2}=0,\quad \frac{\partial^2\psi}{\partial x^2}+\frac{\partial^2\psi}{\partial y^2}=0,\quad (x,y)\in D$$

边界条件包括物面上速度与物面相切(或物面上流函数为常数)、无穷远处速度条件、绕物面的环量条件。而采用复变函数表达不可压平面无旋流动，从控制方程看，就是要求流动的复势为解析函数；边界条件则是要求在边界上复速度的实部和虚部满足相应的条件，另外，同样要满足环量条件(可能由复速度或复势本身表达)。

2．翼型绕流的变换

以解析函数作为不可压平面无旋流动的复势后，就可以应用复变函数中的解析变换(又称保角变换或保角映射)方法，实现两个不同流动间的变换。通常是将绕复杂外形的流动变换为绕简单外形的流动，例如，将绕翼型的流动变换为绕圆柱的流动。同为不可压平面无旋流动的两流动满足相同的控制方程，即其速度势函数和流函数均满足拉普拉斯方程，采用复势统一表达后，就是要求两流动的复势均为解析函数。那么两个流动变换的关键是进行边界的变换。

边界的变换，就是将 $z$ 平面上翼型的周线 $C$ 映射为 $\zeta$ 平面上的圆 $K$，周线 $C$ 外区域

映射为圆 $K$ 外区域。通过函数 $\zeta = f(z)$ 实现这样的映射：

$$z \xrightarrow{\zeta=f(z)} \zeta$$

若已知简单的圆柱绕流的复势为解析函数 $W^*(\zeta)$，将 $\zeta = f(z)$ 代入后，复势可改写为关于 $z$ 的函数：

$$W(z) \xleftarrow[\zeta=f(z)]{} W^*(\zeta)$$

即

$$W^*(\zeta) = W^*\left[f(z)\right] = W(z) \tag{4.6-3}$$

$W(z)$ 能否作为翼型绕流的复势呢？首先它需要满足翼型绕流的控制方程，这只要 $W(z)$ 是解析函数即可。由于 $W^*(\zeta)$ 是解析函数，所以只要实现边界变换的映射函数 $\zeta = f(z)$ 也是解析函数就行。另外，要求 $W(z)$ 能满足翼型绕流的边界条件，即物面处速度与物面相切(或流函数为常值)条件、无穷远来流条件和环量条件。

下面讨论具体的变换方法，如图 4-25 所示。

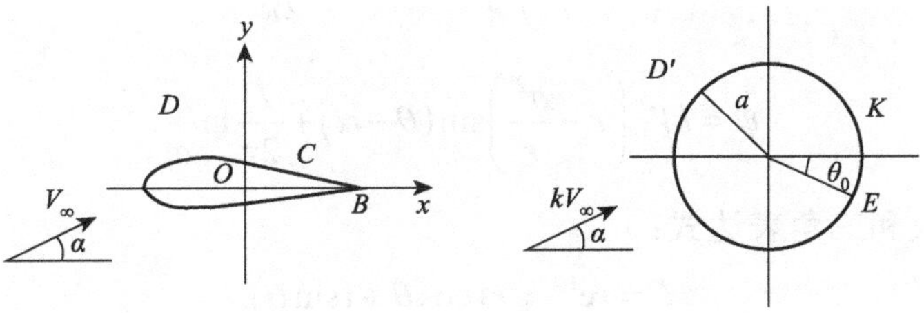


(a) $z$ 平面　　　(b) $\zeta$ 平面

图 4-25　翼型绕流变换为圆柱绕流示意图

首先要确定将翼型周线映射为圆的函数。若不好确定，可以从其反函数出发。例如，设 $z = f^{-1}(\zeta)$ 是一单值解析函数，它将半径为 $a$ 的圆 $K$ 映射为翼型的周线 $C$，将圆 $K$ 外映射为翼型周线 $C$ 外，并且满足将 $\infty$ 映射到 $\infty$，$(\mathrm{d}z/\mathrm{d}\zeta)_\infty = k$，$k$ 为一正实数。设定这些条件后，这样的解析函数就是唯一的。将翼型周线映射为圆的函数 $\zeta = f(z)$ 是 $z = f^{-1}(\zeta)$ 的反函数，也是一解析函数。这样就保证了函数 $W(z)$ 是解析函数。

关于物面边界条件，可通过要求 $W(z)$ 的虚部(即流函数)在翼型周线 $C$ 上为常数来实现。由

$$\left[W(z)\right]_C = \left\{W^*\left[f(z)\right]\right\}_C = W^*\left\{\left[f(z)\right]_C\right\} = \left[W^*(\zeta)\right]_K$$

可见 $W(z)$ 在翼型周线 $C$ 上的值就等于圆柱绕流的复势 $W^*(\zeta)$ 在圆周 $K$ 上的值，而 $W^*(\zeta)$ 的虚部在圆周 $K$ 上是常数，因此可知 $W(z)$ 的虚部在翼型周线 $C$ 上也为常数。这个边界条件自动满足。

两个平面上在无穷远处的复速度有如下关系：

$$\left(\bar{V}_\infty\right)_{z平面} = \frac{\mathrm{d}W}{\mathrm{d}z} = \frac{\mathrm{d}W^*}{\mathrm{d}\zeta}\frac{\mathrm{d}\zeta}{\mathrm{d}z} = \left(\bar{V}_\infty\right)_{\zeta平面}\frac{1}{k} \tag{4.6-4}$$

即如果 $z$ 平面上翼型绕流在无穷远处的速度为 $V_\infty$，变换为 $\zeta$ 平面上的圆柱绕流后，要求圆柱绕流在无穷远处的速度为 $kV_\infty$，且因为 $k$ 为正实数，两流动无穷远处速度的方向相同，即两流动的迎角相等，均为 $\alpha$。

环量条件则要求圆柱绕流的环量和翼型绕流的环量相等。设绕翼型有一顺时针环量 $-\Gamma$（$\Gamma>0$），则对应的圆柱绕流环量亦为 $-\Gamma$。

3. 翼型绕流的复势和翼型升力

上面讨论了流动变换对边界条件的要求，接下来就可根据有环量圆柱绕流的复势确定有环量翼型绕流的复势了。在 4.5.2 节中已经得到了自由流速度为 $V_\infty$（沿 $x$ 正向）的圆柱有环量绕流的速度势函数［式(4.5-17)］和流函数［式(4.5-18)］。这里翼型绕流的自由流速度为 $V_\infty$、迎角为 $\alpha$、环量为 $-\Gamma$，对应要求圆柱绕流自由流速度为 $kV_\infty$、迎角保持为 $\alpha$，环量亦为 $-\Gamma$。

相应的圆柱绕流的速度势函数和流函数分别为

$$\phi = kV_\infty\left(r+\frac{a^2}{r}\right)\cos(\theta-\alpha)-\frac{\Gamma}{2\pi}(\theta-\alpha) \tag{4.6-5}$$

$$\psi = kV_\infty\left(r-\frac{a^2}{r}\right)\sin(\theta-\alpha)+\frac{\Gamma}{2\pi}\ln\frac{r}{a} \tag{4.6-6}$$

再应用复数的指数和三角表达式：

$$\zeta = re^{i\theta} = r(\cos\theta+i\sin\theta)$$

可得到圆柱绕流的复势 $W^*(\zeta)=\phi+i\psi$ 为

$$\begin{aligned}W^*(\zeta) &= kV_\infty r\left[\cos(\theta-\alpha)+i\sin(\theta-\alpha)\right]\\&\quad+kV_\infty\frac{a^2}{r}\left[\cos(\theta-\alpha)-i\sin(\theta-\alpha)\right]+\frac{\Gamma}{2\pi}\left[-(\theta-\alpha)+i\ln\frac{r}{a}\right]\\&=kV_\infty e^{-i\alpha}\zeta+\frac{kV_\infty a^2e^{i\alpha}}{\zeta}-\frac{\Gamma}{2\pi i}\ln\zeta+\frac{\Gamma\alpha}{2\pi}+\frac{\Gamma}{2\pi i}\ln a\end{aligned} \tag{4.6-7}$$

该式是不可压平面无旋圆柱绕流复势的一般公式，式中最后两项是常数，不影响速度场的分布，因此可以略去。

对式(4.6-7)中的 $\zeta$ 用解析函数 $\zeta=f(z)$ 代入，就得到了自由流速度为 $V_\infty$、迎角为 $\alpha$、环量为 $-\Gamma$ 的翼型面绕流的复势：

$$W(z)=kV_\infty e^{-i\alpha}f(z)+\frac{kV_\infty a^2e^{i\alpha}}{f(z)}-\frac{\Gamma}{2\pi i}\ln\left[f(z)\right] \tag{4.6-8}$$

得到流动的复势后，可以进一步求得复速度，再利用伯努利方程求得流场压强分布，对压强沿翼面积分就可得到作用在翼面上的合力和合力矩。

复变函数方法中，定义了复数合力：

$$F=F_x+iF_y \tag{4.6-9}$$

它的实部和虚部分别是合力在 $x$ 轴方向和 $y$ 轴方向的分量。它的复共轭为

$$\overline{F} = F_x - \mathrm{i}F_y \tag{4.6-10}$$

将压强用复速度(进一步用复势)表示后积分可得

$$\overline{F} = -\mathrm{i}\rho V_\infty \Gamma \mathrm{e}^{-\mathrm{i}\alpha} = \rho V_\infty \Gamma \mathrm{e}^{-\mathrm{i}\left(\alpha+\frac{\pi}{2}\right)} \tag{4.6-11}$$

具体推导过程这里不再详细给出，可参阅张兆顺等编著的《流体力学》。从而得

$$F = \rho V_\infty \Gamma \mathrm{e}^{\mathrm{i}\left(\alpha+\frac{\pi}{2}\right)} \tag{4.6-12}$$

这说明合力的大小等于 $\rho V_\infty \Gamma$，合力的方向是由来流方向逆时针旋转 $\pi/2$。如果采用矢量形式表示合力，则为

$$\boldsymbol{F} = \rho \boldsymbol{V}_\infty \times \boldsymbol{\Gamma} \tag{4.6-13}$$

式中，$\boldsymbol{\Gamma}$ 的方向根据环量以右手定则确定。这就是在 4.5.2 节中针对有环量圆柱绕流已导出的儒科夫斯基定理。对任意物体的不可压附体平面无旋绕流，均有这个结论。

这样，任意翼型的绕流问题就归结为寻找任意翼型周线 $C$ 与圆周 $K$ 的保角映射函数 $\zeta = f(z)$ 或其反函数 $z = f^{-1}(\zeta)$ 的问题。虽然实际上对任意具体翼型找出该解析函数来还比较困难，但理论上说 $\zeta = f(z)$ 或 $z = f^{-1}(\zeta)$ 是存在的。确定映射函数后就可根据式(4.6-8)确定翼型绕流的复势并进一步得到流场速度分布，再联合伯努利方程确定流场的压力分布。特别地，如果只考虑翼型所受合力，可以直接应用儒科夫斯基定理：作用在翼型上的合力只有升力，升力大小与来流速度、绕翼型环量和气流密度成正比。

不过绕翼型的环量还未确定。在 4.3.2 节中讨论速度势函数或流函数问题的数学提法时，环量条件是作为多连通域拉普拉斯边值问题的定解条件之一提出的。理想无黏理论是无法解出环量的，因为理想无黏流中旋涡不生不灭，无穷远处无旋的直匀流在绕流物体时若没有黏性作用，也不可能产生旋涡和环量。因此采用无黏理论解决翼型绕流问题时，环量必须作为定解条件给出。翼型绕流的环量取决于翼型周线形状和自由流速度。下面就介绍确定环量的库塔–儒科夫斯基条件。

### 4.6.3　库塔–儒科夫斯基后缘条件及环量的确定

在有环量圆柱绕流的分析中知道，对于给定的圆柱半径和来流速度，当环量不同时，流动的驻点位置不同。环量为零时，前后驻点分别位于沿来流的 $x$ 轴与圆柱面的两个交点处；有顺时针环量后，前后驻点相对于 $x$ 轴下移同样距离。反过来，如果根据圆柱绕流的流动图画得知了驻点位置，就可以确定对应的绕流环量值。对翼型，通过解析函数将翼型周线映射为圆周后，可以将翼型绕流变换为圆柱绕流，那么如果知道翼型绕流中究竟是哪两个点对应于变换成的圆柱绕流的前后驻点，再根据映射函数就可确定该两点对应的圆柱上的位置，也就找到了圆柱绕流的驻点位置，进而可确定圆柱绕流的也是原翼型绕流的环量。

翼型绕流中究竟是何点对应于圆柱绕流的驻点，需要通过翼型的绕流图画和解析函数映射特性来分析。低速翼型一般采用具有钝前缘和尖尾缘的流线型外形。试验观察中

发现，当迎角较小时，上下翼面的流动在后缘汇合，这种流动称为无分离绕流。根据这一事实，库塔和儒科夫斯基先后提出假定：**在无分离的理想绕流中，翼型上下翼面的流动必须在尖后缘处汇合**。如图 4-26 所示，当翼型尖后缘有一定夹角，上下翼面流出的流线在后缘相交时，则 $V_1 = V_2 = 0$，后缘点是后驻点。但若翼型的上下翼面在后缘相切，则上下翼面流出的质点在后缘汇合时应有相等的有限速度。不过无论哪种情况，在后缘处的速度都为有限值，即

$$V_1 = V_2 < \infty$$

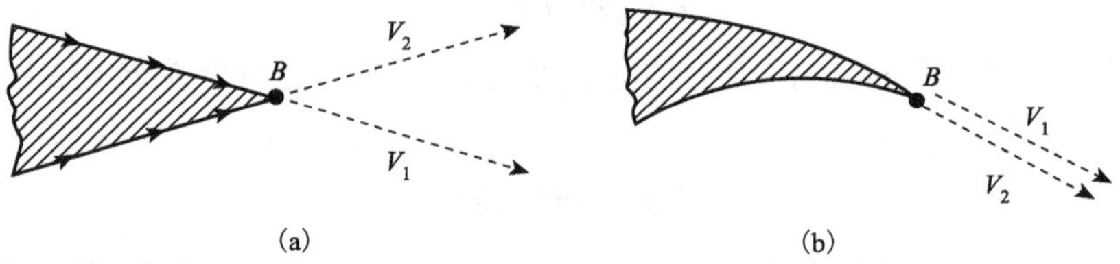


图 4-26　翼型后缘处不同后缘角时流动情况

翼型绕流变换为圆柱绕流时，前缘附近的驻点对应于圆柱绕流的前驻点。后缘点如果为驻点自然对应于圆柱绕流的后驻点。而后缘点不是驻点时，其实也对应于圆柱绕流的后驻点，分析如下。如图 4-25 所示，假设翼型周线 $C$ 上后缘点 $B$ 对应于圆周 $K$ 上辐角为 $\theta_0$ 的点 $E$。因为 $B$ 点是尖锐后缘，解析函数 $z = f^{-1}(\zeta)$ 的保角性在此点被破坏，圆柱上 $E$ 点处夹角为 $\pi$ 的曲线映射成了翼型上 $B$ 点处夹角为 $2\pi - \tau$ 的曲线（$\tau$ 是翼型上下表面在后缘处切线间的夹角）。由此可知 $E$ 点上必有 $(\mathrm{d}z/\mathrm{d}\zeta)_{\zeta_E} = 0$，而

$$\left(\frac{\mathrm{d}W^*}{\mathrm{d}\zeta}\right)_{\zeta_E} = \left(\frac{\mathrm{d}W}{\mathrm{d}z}\right)_{z_B}\left(\frac{\mathrm{d}z}{\mathrm{d}\zeta}\right)_{\zeta_E} \tag{4.6-14}$$

又由后缘处速度为有限值知 $(\mathrm{d}W/\mathrm{d}z)_{z_B}$ 为有限值，从而有

$$\left(\frac{\mathrm{d}W^*}{\mathrm{d}\zeta}\right)_{\zeta_E} = 0 \tag{4.6-15}$$

即 $E$ 点是圆柱上的驻点。

而对圆柱有环量绕流来说，已知驻点位置，就可以根据式(4.5-23)确定环量了。不过式(4.5-23)是针对自由流速度沿 $x$ 轴的情况。式中，$\theta_0$ 是后驻点相对于 $x$ 轴正向也是来流的幅角。顺时针环量 $-\Gamma$（$\Gamma > 0$）时，驻点下移，$\theta_0 < 0$。这里来流迎角为 $\alpha$，而后驻点相对于 $x$ 轴的幅角为 $\theta_0$（这是由外形决定的），则后驻点相对于来流的幅角为 $(\theta_0 - \alpha)$，此时有

$$\sin(\theta_0 - \alpha) = -\frac{\Gamma}{4\pi k V_\infty a} < 0 \tag{4.6-16}$$

注意翼型绕流中自由流速度为 $V_\infty$，变换为圆柱绕流后，自由流速度为 $kV_\infty$。式中的 $\theta_0$ 由解析函数 $\zeta = f(z)$ 确定：

$$\zeta_E = f\left(z_B\right) = a\mathrm{e}^{\mathrm{i}\theta_0} \tag{4.6-17}$$

### 4.6.4　翼型绕流环量的产生

式(4.6-16)和式(4.6-17)说明了给定自由流速度和迎角情况下翼型的绕流环量与翼型形状(包括其尖锐后缘位置)的关系。由此确定的环量作为理想无黏理论求解翼型绕流问题的定解条件。在导出上述环量和外形关系时应用了库塔-儒科夫斯基关于“上下翼面流动在尖后缘处汇合”的假设，该假设基于对流动图画观察，反映了客观存在的事实，但并未说明其内在原因，也就没有解释环量产生的机理。其实采用理想无黏理论是无法解释环量产生的，因为无黏流中旋涡不生不灭。在机翼理论发展的初期，人们对黏性流体的运动规律了解得很少，只能满足于把儒科夫斯基假设看作一个经验规律，随着近代边界层理论的发展，可以解释环量产生的物理机理了。

1. 翼型的起动过程

分析翼型的起动过程。静止时，围绕翼型取一很大的封闭流体围线(可以延伸到无穷远)，绕其环量为零，如图 4-27(a)所示。

在起动过程开始的一瞬间，流体运动到处是无旋的，因为贴近物体的边界层还来不及生成，绕翼型的环量也为零。此时后驻点不在后缘而在上翼面上，如图 4-27(b)所示。在尖锐后缘附近流体从下表面绕过尖角到上表面，形成绕大于π角的流动，那里速度无穷大(无黏理论关于角形域绕流的结论)，压力负无穷大。随着时间发展，翼面上逐步形成边界层。由于上表面在尖后缘附近存在很大的逆压梯度，边界层流体承受不住这么大的逆压梯度，几乎立刻从后缘分离形成切向速度间断面，在后驻点急剧减速的作用下卷起一个逆时针旋涡，这就是起动涡，如图 4-27(c)所示。

观察表明，如果翼型在起动过程中产生了一个旋涡，也就是使一部分流体发生了旋转，那么同时会引起另一部分流体的反向旋转。这个反方向的旋转就以围绕翼型的环量的形式表现。这个观察事实的内在原因解释如下。上面在静止时取了包围翼型的很大的封闭物质围线[图 4-27(a)]，绕围线的速度环量为零。翼型开始运动后，此围线随流体质点一起运动，且总是同时将翼型和起动涡包在其中，绕此围线的环量是绕翼型的环量与起动涡的环量之和。由于此围线远离物面，围线外部流体对其的黏性作用可以忽略不计，则绕此围线的速度环量总保持为零。于是绕翼型的环量总是与起动涡的环量大小相等，符号相反。也就是说随着起动涡的出现必将伴随着与之反向的绕翼型的环量产生，而且起动涡强度越大，绕翼型的环量也越大。

这个绕翼型的顺时针环量将增加上表面的气流速度，结果使后驻点的位置向后推移。只要后驻点尚未移到后缘，后缘就不断有逆时针旋涡脱落，绕翼型的环量不断增大。这是一个逐步产生起动涡，绕翼型环量逐步增大的过程，直至后驻点移到后缘，翼上下两边气流在后缘平滑汇合[图 4-27(e)]时才不再有绕大于π角的流动，也才不再进一步产生起动涡，绕翼型的环量才达到最大值。随着时间推移，起动涡被气流冲到下游很远的地方，并逐渐被黏性耗散掉它的全部能量，而只留下绕翼型的环量一个定值。绕翼型的环量产生起因于黏性，而由于黏性作用局限于翼面附近很薄的边界层内，所以可将绕翼型的环量抽象为附着于翼面上的附着涡，而翼面以外流动仍可视为理想无黏的无旋流动。

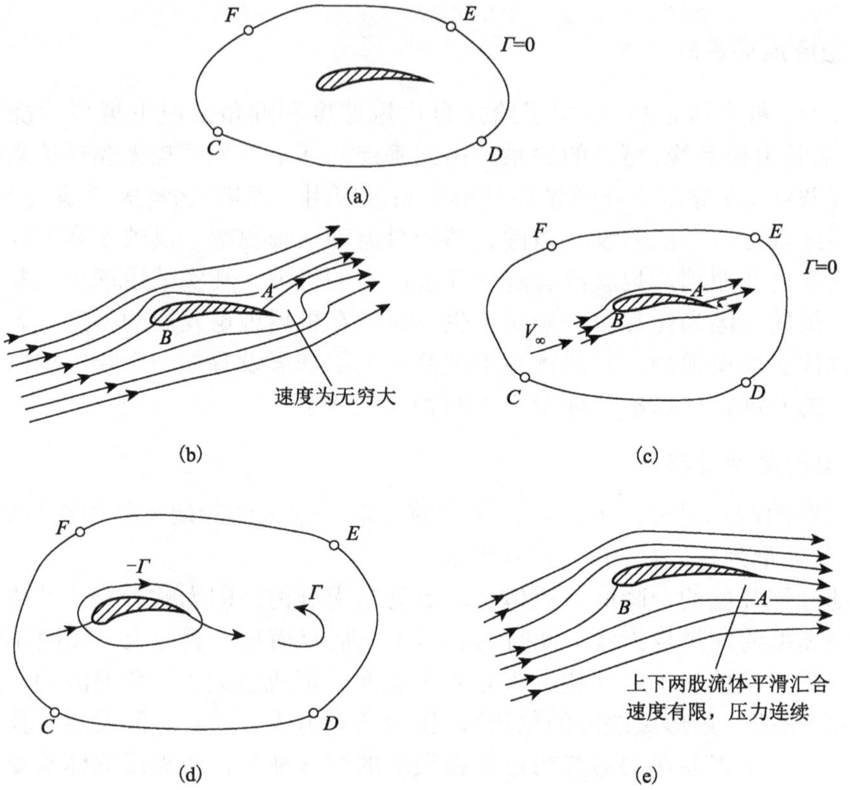


图 4-27　翼型起动过程的绕流图与环量产生示意图

2. 关于起动涡和附着涡的进一步讨论

(1) 黏性作用是产生起动涡和附着涡的内在原因。翼型起动过程中，翼型壁面与流体之间的黏性作用形成边界层，边界层在大逆压梯度作用下发生分离而产生起动涡。伴随起动涡产生了环量大小相等而方向相反的附着涡。起动涡和附着涡其实就是两部分流体在黏性作用下产生了方向相反的旋转。从包围这两部分流体的大围线看，围线内部流体因与壁面的和彼此之间的黏性作用而生成的旋涡不会影响绕整个围线的环量，而大围线由于远离物体，外部流体对其的黏性作用可以忽略，因此绕大围线的环量在起动过程中始终保持为零。

(2) 翼型尖后缘的存在使得能够从数学上确定绕翼型的环量，亦即附着涡的强度。没有尖后缘的翼型，其环量必须通过试验测得或采用黏性理论得出。环量的产生起因于黏性，尖后缘处黏性作用更大，产生的环量也更大。尖后缘的黏性作用"极值"能够通过尖点在数学上的奇性唯一体现。库塔-儒科夫斯基假定可以进一步阐述为：具有尖锐后缘的物体在流体中运动时，会产生一个适当强度的绕物体的环量，环量大小刚好使得上下翼面的气流在后缘处光滑地汇合。

(3) 起动过程完成后，翼型达到稳定运动状态，附着涡的环量保持为定值。之后的运动过程中，翼面附近的边界层内黏性一直在起作用，但翼型保持稳定匀速运动其实是提供了能量用于黏性耗散，因而能保持稳定的边界层，保持附着涡强度不变。

(4) 虽然壁面附近的边界层内流体是有旋的，但对绕翼型的大雷诺数流动，边界层很薄。因此可以将边界层内黏性有旋流体对整个流场的作用就抽象为“涡核”，亦即附着涡。翼型“涡核”以外的流场仍可视为理想无旋的，求解翼面以外理想无旋流动时，“涡核”的环量作为定解条件给出。这种做法对解决升力问题是非常有效的。

# 第 5 章　无黏可压缩流动

当马赫数(气流速度与声速之比)大于 0.3 时，就必须考虑气体的可压缩性。本章首先通过分析气体经过小扰动波的流动导出声速，并讨论马赫数在反映小扰动传播范围上的物理含义。对于可压缩流动，质量方程和动量方程还不能封闭求解，必须联立能量方程。本章从无黏的一维定常绝热流总焓方程出发，导出各种形式的能量方程，给出定常绝热流和等熵流中各流动参数沿流线的变化关系。在此基础上，研究几类最简单的绝热或等熵可压缩流动：超声速流动中的激波和膨胀波，气体沿变截面管道的流动。

## 5.1　声速和马赫锥

日常生活中听到的声音是听觉器官对周围压力扰动的感知。扰动指的是介质的状态参数发生变化，而弹性介质是会对其受到的扰动进行传播的。人们能听到某处发出的声音就是由该处气体参数的微弱扰动(压力、密度、速度的变化)以有限速度在空气中传播造成的。当扰动量相对于参数本身很小时，称为小扰动。由于声波是最易被人感觉到的一种小扰动的传播，习惯上就将小扰动相对于气体的传播速度称为声速。关于声速，第 1 章中已经直接引用了物理学给出的声速关系式 $a=\sqrt{E_s/\rho}$ 。本节则通过对小扰动波应用质量和动量方程，导出小扰动波的传播速度(即声速)与气流热力学参数的关系。本节还进一步研究马赫数的含义，从马赫数为气流速度与小扰动传播速度之比的角度分析不同马赫数时扰动传播的特点。

### 5.1.1　声速计算式的导出

通常可以将声音的传播看成由扰动源连续发出的扰动界面。在三维空间中扰动面是球面，但在以球面形式传播的扰动面上，所有微小的微元面都可以近似看作平面，且与传播方向是垂直的，如图 5-1 所示。

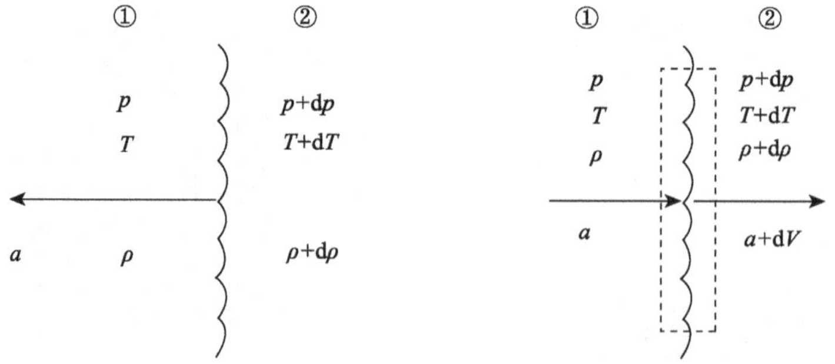


(a) 声波以速度 $a$ 在静止空气中传播　　(b) 在流动气体中的静止声波

图 5-1　移动与静止的声波

1. 跨过声波的流动分析

图 5-1(a)给出了声波以速度 $a$ 在静止气体中传播的示意图，声波由右向左运动，左边的气体处于静止状态(未扰动状态)，记为①区，①区的当地压力、温度、密度分别为 $p$、$T$、$\rho$。声波后②区的气体状态参数相对波前有微小的差别，分别为 $p+\mathrm{d}p$、$T+\mathrm{d}T$、$\rho+\mathrm{d}\rho$。如图 5-1(a)所示的声波，如果取地面坐标系，则所观察到的流动就是非定常流动。如果将坐标系建立在声波上，如图 5-1(b)所示，则声波不动，波前(波未到处，①区)气流以速度 $a$ 从左向右流向声波。气流通过声波后进入受扰动的②区，气流速度较波前有微小变化，记为 $a+\mathrm{d}V$。声波坐标系下，流动是定常的。

气体经过声波前后的状态变化可认为是一个绝热过程，因为过程极其短暂，来不及与环境之间进行热交换。并且，声波区域所有参数的梯度都很小——通过声波的压力、温度、密度和速度的变化量 $\mathrm{d}p$、$\mathrm{d}T$、$\mathrm{d}\rho$、$\mathrm{d}V$ 都是无限小量，于是该过程中的耗散现象(黏性和热传导)也可以忽略不计。可见这是一个满足绝热和可逆(无耗散现象)的流动，也就是等熵流动。

2. 声速与波前后压力密度变化的关系

流动可视为一维流动。取一个包含声波在内的微小矩形控制体[图 5-1(b)]，应用积分形式的控制方程解决问题。

定常、一维流动条件下，由积分形式的质量方程(3.2-17)得

$$\rho aA=(\rho+\mathrm{d}\rho)(a+\mathrm{d}V)A \tag{5.1-1}$$

式中，$A$ 为左右控制面的面积。略去高阶小量后，可得

$$a=-\rho\frac{\mathrm{d}V}{\mathrm{d}\rho} \tag{5.1-2}$$

再应用积分形式的动量方程(3.4-4)，不计黏性力，又略去彻体力后得

$$(\rho+\mathrm{d}\rho)(a+\mathrm{d}V)^2A-\rho a^2A=-\left[(p+\mathrm{d}p)A-pA\right] \tag{5.1-3}$$

略去高阶小量后整理得

$$\mathrm{d}p=-2\rho a\mathrm{d}V-a^2\mathrm{d}\rho$$

则

$$\mathrm{d}V=\frac{\mathrm{d}p+a^2\mathrm{d}\rho}{-2\rho a} \tag{5.1-4}$$

将式(5.1-4)代入式(5.1-2)，得

$$a=-\rho\frac{\mathrm{d}p+a^2\mathrm{d}\rho}{-2\rho a\mathrm{d}\rho}=\frac{\mathrm{d}p+a^2\mathrm{d}\rho}{2a\mathrm{d}\rho}$$

从而有

$$a^2=\frac{\mathrm{d}p}{\mathrm{d}\rho} \tag{5.1-5}$$

由于气流经过声波的流动过程是等熵的，所以式(5.1-5)中的 d$p$ 、d$\rho$ 都是等熵过程中的，因此式(5.1-5)又可写为

$$a^2=\left(\frac{\mathrm{d}p}{\mathrm{d}\rho}\right)_{\text{等熵}}=\left(\frac{\partial p}{\partial \rho}\right)_s$$

则

$$a=\sqrt{\left(\frac{\partial p}{\partial \rho}\right)_s} \tag{5.1-6}$$

这就是声音在气体中的传播速度的基本表达式。根据气体弹性模量的定义，可知该表达式与物理学中给出的声速公式 $a=\sqrt{E_s/\rho}$ 是一样的。

特别地，对量热完全气体，在第 1 章中已导出其等熵关系式(1.3-41)：

$$\frac{p}{\rho^\gamma}=C \text{ 或 } p=C\rho^\gamma$$

将上式对 $\rho$ 求导，即得

$$\left(\frac{\partial p}{\partial \rho}\right)_s=C\gamma\rho^{\gamma-1}=\gamma C\rho^{\gamma-1}=\gamma\frac{p}{\rho}=\gamma RT \tag{5.1-7}$$

从而量热完全气体的声速为

$$a=\sqrt{\gamma RT} \tag{5.1-8}$$

### 5.1.2 小扰动影响区的划分，马赫锥

飞行器在空气中飞行时，对周围空气产生扰动。如果是微小扰动，则以声速由扰动源向各个方向传播。但扰动在飞行器运动空间的传播范围因飞行器的运动速度不同而表现出不同特点。下面通过一个微小扰动源(代表飞行器)的运动和从其上发出的声波的传播来说明飞行器不动和分别以亚声速、声速、超声速飞行时扰动传播的不同情况。

1. 扰动源在静止空气中运动时其小扰动的传播

假设微小的扰动源每隔 $\Delta t$ 时间发出一次微小扰动，每次扰动所引起的压力等所有参数的变化都是极微小的，它们对声速的影响可以忽略不计。所以每次扰动都以相同的声速 $a$ 向四周传播。

(1) 当扰动源(以实心圆点表示)不动时，不同时刻发出的速度相同的小扰动波的波阵面为同心球面，如图 5-2(a)所示。在扰动源左方的观察者“只闻其声，不见其形”。

(2) 当扰动源以速度 $V<a$ 向左运动时，不同时刻发出的扰动波的起始位置(扰动源)依次左移，因此后发出的扰动波的球形波阵面往左偏移，如图 5-2(b)所示。这种情况下在扰动源左方的观察者是“先闻其声，后见其形”的。

(3) 当扰动源以声速即 $V=a$ 向左运动时，后一个扰动波的起始位置比其前一个的正好左移 $a\Delta t$ ，因此不同时刻发出的扰动波的球形波阵面在左面相切(切线用虚线表示)，

扰动源自己也紧紧追随其扰动波，如图 5-2(c)所示。在扰动源左方的观察者是同时“闻其声、观其形”的。

(4)当扰动源以速度 $V>a$ 向左运动时，后发出的扰动波的起始位置向左的偏移超过了前一个扰动波向左的波阵面，后发出的波在向左方向都走在了先发出的波前面，而扰动源自己更是走在扰动波左方，如图 5-2(d)所示。在扰动源左方的观察者是“先观其形、后闻其声”的。

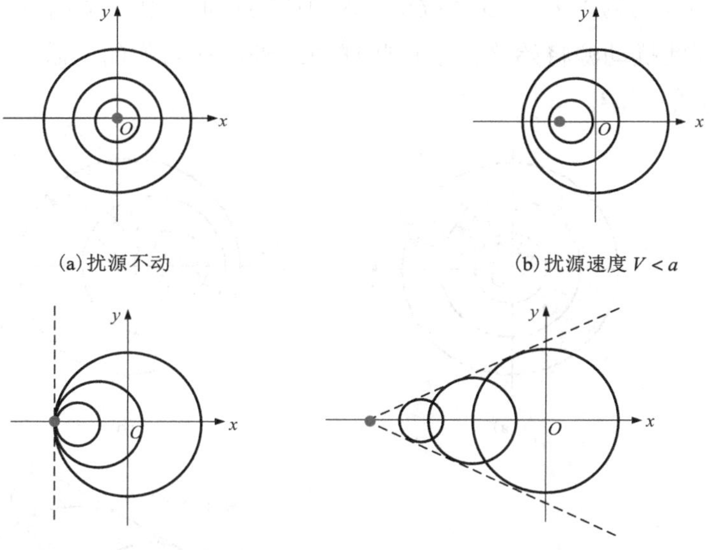


(a)扰源不动　(b)扰源速度 $V<a$

(c)扰源速度 $V=a$　(d)扰源速度 $V>a$

图 5-2　向左运动的扰源产生扰动在静止气体中的传播

2. 固定扰动源的扰动在直匀气流中的传播

研究流动问题时常常将坐标系建立在飞行器上，把飞行器在静止大气中的匀速飞行转换为均匀气流以大小相同而方向相反的速度从远处向固定的飞行器流来。不同气流速度下，飞行器(固定的扰动源)发出的扰动在气流中的传播表现出不同特点。

设想 $O$ 点有一个固定的扰动源，它在静止气体中产生的每个小扰动都以声速向各个方向传播。如果气体是运动的，则扰动的传播速度是其在静止气体中的传播速度与气流速度的叠加。如果来流速度为 $\boldsymbol{V}_\infty$，则自扰动源发出的小扰动传播的绝对速度就应是 $\boldsymbol{V}_\infty + a\boldsymbol{e}_r$，$\boldsymbol{e}_r$ 是从扰动源出发的径向单位矢量。小扰动在气流中传播的范围与气流速度和声速之比(即马赫数 $Ma$)有密切关系。

(1)气流静止时：$t=0$ 时刻扰源发出的扰动波在 $\Delta t$、$2\Delta t$ 和 $3\Delta t$ 时刻的波阵面构成同心球面，如图 5-3(a)所示。可见足够长时间后，扰动会波及全流场。

(2)亚声速流动时：如图 5-3(b)所示，$t=0$ 时刻由 $O$ 点发出的扰动，经 $\Delta t$ 时间，其波阵面将到达以 $O_1$ 点为中心($\overline{OO_1}=V_\infty \Delta t$)、$a\Delta t$ 为半径的球面上，在 $2\Delta t$ 时刻，这个波阵面又将传播到以 $O_2$ 点为中心($\overline{OO_2}=2V_\infty \Delta t$)、$2a\Delta t$ 为半径的球面上，依此类推。由于

$V_\infty < a$，因此 $t=0$ 时刻发出的扰动在不同时刻的波阵面是一组对扰源 $O$ 偏心的球面。$O$ 点产生的小扰动仍能传遍全流场，不过，在逆流的方向传得慢，在顺流的方向传得快。

(3) 声速流动时：如图 5-3(c) 所示，由于 $V_\infty = a$，因而 $\overline{OO_1} = V_\infty \Delta t$，即不同时刻的波阵面构成一组在扰动源 $O$ 点具有公切线的球面。所以由 $O$ 点发出的小扰动，在任何时刻都不能越过 $x=0$ 的平面，只局限在 $x \geqslant 0$ 的半个空间(扰动源的下游)传播。

(4) 超声速流动时：如图 5-3(d) 所示，在 $t=0$ 时刻发出的小扰动，在 $\Delta t$ 、$2\Delta t$ 、$3\Delta t$ 时刻，其波阵面分别为以 $O_1$、$O_2$ 和 $O_3$ 点为中心的球面，因为 $\overline{OO_1} > a\Delta t$ 、$\overline{OO_2} > 2a\Delta t$ 、$\overline{OO_3} > 3a\Delta t$，因此扰动源将始终位于这些球面之外，在它们的上游。或者说，扰动波阵面始终在扰动源的下游。

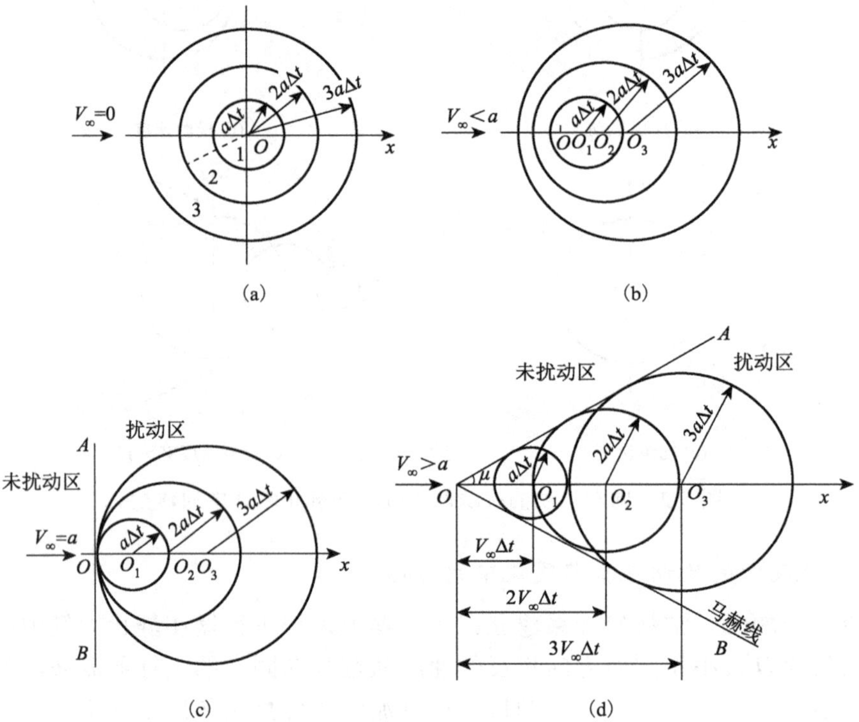


图 5-3　不同气流动速度下固定扰动源扰动的传播

图 5-3 给出的是 $t=0$ 时刻发出的扰动在 $\Delta t$ 、$2\Delta t$ 和 $3\Delta t$ 时刻的波阵面。当流动为定常流而自由来流速度保持不变，上述波阵面也分别是 $3\Delta t$ 时刻看到的 $t=2\Delta t$ 、$\Delta t$ 和 0 时刻发出扰动的波阵面。

### 3. 马赫锥

超声速流动中，如图 5-3(d) 所示，扰源在某一时刻发出的小扰动在不同时刻的波阵面(球面)形成了圆锥状的包络面。或者说，扰源在不同时刻发出扰动的波阵面在某一时刻形成了圆锥状的包络面。该包络面的顶点在扰动源，以来流速度方向为中轴线，其半顶角 $\mu$ 满足方程：

$$\sin\mu = \frac{a}{V} = \frac{1}{Ma} \tag{5.1-9}$$

或

$$\mu = \arcsin\left(\frac{a}{V}\right) = \arcsin\left(\frac{1}{Ma}\right) \tag{5.1-10}$$

通常称 $\mu$ 为马赫角，称这个圆锥状的包络面为马赫锥，而把锥面的母线[图 5-3(d)中的 $OA$ 或 $OB$]称为马赫线。可见超声速气流中，小扰动的传播区域局限在以扰动源为顶点，以气流速度方向为轴线的后马赫锥内。

马赫数越小，马赫角 $\mu$ 越大，$\mu$ 的最大值为 $\pi/2$，对应于马赫数 $Ma=1$。当 $Ma<1$ 时，就不存在马赫角的概念了。所以说马赫角、马赫锥、马赫线都只存在于超声速流场。超声速流动中的小扰动波也称为马赫波。气流经过马赫波后，$p$、$\rho$、$T$ 若增加，也可称为弱压缩波(气流速度 $V$ 减小)；$p$、$\rho$、$T$ 若减小，也可称为膨胀波($V$ 增加)。

4. 影响域和依赖域

从上面对不同速度气流中扰动的传播特点分析知道，亚声速流场中某点的扰动能传遍各处，而超声速流场中小扰动的传播却只局限于以扰动源为顶点的后向马赫锥中。这一物理现象的根本区别也是亚声速流和超声速流控制方程的数学性质不同的体现。

偏微分方程的数学类型可分为椭圆型、抛物型和双曲型。三种类型的方程其解的依赖域和影响域不同。方程解的影响域在物理上就是扰动的传播区域，它描述的是流场中某点 $P$ 扰动波及的范围。依赖域则是描述能够影响某点 $P$ 的区域。椭圆型方程的影响域和依赖域均为全流场；对抛物型方程，某点 $P$ 的影响只涉及其下游的半无限区域，某点的依赖域则是其上游的半无限区域；而对双曲型方程，$P$ 点的影响域是由过 $P$ 点的特征线所围的“下游”区域，依赖域则是由特征线所围的“上游”区域。

根据亚声速和超声速流动中扰动传播范围可知，亚声速流动的影响域和依赖域均为全场，超声速流动的影响域和依赖域则都是有限的。这种本质差别在数学上表现为：定常的欧拉方程组在亚声速流动时属于椭圆型方程，而在超声速流动中则属于双曲型方程。对超声速流动，对某点，除了上述表征扰动传播区域(影响域)的马赫锥(又称为后向马赫锥)外，也常以某点为顶点、马赫角为半锥角，逆流动方向向前做圆锥，该锥称为前向马赫锥，它表征了该点的依赖域，如图 5-4 所示。

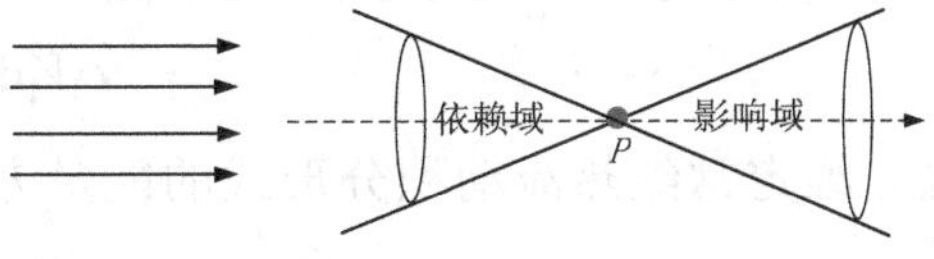


图 5-4　超声速流动中 $P$ 点的前向和后向马赫锥

## 5.2　绝热流和等熵流的基本关系

本章限于讨论一维流动(或者说是沿流线的流动)和准一维流动，并且只研究绝热流动和更特别的等熵流动。在一维定常绝热流总焓方程的基础上，再应用热力学关系式(完全气状态方程，焓、内能与温度的关系，声速与温度的关系），写出其他形式的绝热流能量方程，给出各参数沿流线的变化关系；特别地，对等熵流，利用等熵关系式(等熵条件下温度、密度和压强的关系)，得到等熵流动中压力、温度、密度与马赫数的关系，这些称为等熵流的基本关系。

在不可压流动中，伯努利方程格外重要，它给出了速度和压强的关系。本节对可压缩的等熵或绝热流导出的基本关系在可压缩流动中的重要性可以和伯努利方程在不可压流动中的重要性相比拟。

### 5.2.1 一维定常绝热流能量方程及其特征常数

1. 能量方程的各种形式

第 3 章已给出了微分形式的理想无黏流总焓方程(3.7-16)。当流动绝热、定常(从而 $\dot{q}=0$ 、$\partial p/\partial t=0$)，且不计彻体力时，总焓方程成为

$$\rho\frac{\mathrm{D}}{\mathrm{D}t}\left(h+\frac{1}{2}V^2\right)=0 \tag{5.2-1}$$

这说明对定常绝热流动，流体质点或微团在流动过程中(沿迹线)其总焓不变。因为是定常流，流线和迹线重合，所以式(5.2-1)说明沿流线总焓不变。也就是说，定常无黏绝热流动中，流线上任意两点的总焓相等，等于一常数：

$$h_1+\frac{1}{2}V_1^2=h_2+\frac{1}{2}V_2^2=h+\frac{1}{2}V^2=\text{const} \tag{5.2-2}$$

另外，第 3 章已给出了积分形式的能量方程(3.7-23)。方程适用于在流体控制面上黏性力做功可以忽略的流动。特别地，对一维定常绝热流动，并且不考虑彻体力做功 $\dot{W}_f$ 和流体对固体物体的做功 $\dot{W}_s$ 时，积分形式的能量方程就成为

$$-\left(h_1+\frac{V_1^2}{2}\right)\rho_1V_1\mathrm{d}A+\left(h_2+\frac{V_2^2}{2}\right)\rho_2V_2\mathrm{d}A=0 \tag{5.2-3}$$

式中，$\mathrm{d}A$ 为垂直于流速的流管横截面积，对一维流动，下标 1 和 2 分别代表入口和出口控制面上参数值。又由质量守恒可知一维定常流中：

$$\rho_1V_1\mathrm{d}A=\rho_2V_2\mathrm{d}A$$

所以一维定常绝热流动积分形式的能量方程可进一步写为

$$h_1+\frac{1}{2}V_1^2=h_2+\frac{1}{2}V_2^2 \tag{5.2-4}$$

可见该方程与沿流线成立的总焓方程(5.2-2)形式相同。需要注意的是式(5.2-2)是适用于无黏绝热流动，沿流线上各点都成立；而式(5.2-4)的应用范围更大，它只要求流管入口和出口两截面处满足理想无黏绝热连续流条件即可，两截面之间可以存在间断和黏性损耗。

上述总焓形式的能量方程可以写成不同的形式。对量热完全气体，有

$$h = c_p T = \frac{\gamma}{\gamma-1}RT = \frac{a^2}{\gamma-1} = \frac{\gamma}{\gamma-1}\frac{p}{\rho} \tag{5.2-5}$$

上面用到了热完全气体的声速公式 $a=\sqrt{\gamma RT}$ 。于是能量方程可以有以下几种形式：

$$c_p T + \frac{V^2}{2} = \text{const} \tag{5.2-6}$$

$$\frac{\gamma}{\gamma-1}RT + \frac{V^2}{2} = \text{const} \tag{5.2-7}$$

$$\frac{a^2}{\gamma-1} + \frac{V^2}{2} = \text{const} \tag{5.2-8}$$

$$\frac{\gamma}{\gamma-1}\frac{p}{\rho} + \frac{V^2}{2} = \text{const} \tag{5.2-9}$$

它们描述了一维定常绝热流动中流体质点的速度变化与温度、当地声速等参数变化的关系。

2. 能量方程的特征常数

上面各种形式的能量方程右边的常数就是单位质量气体的总焓，是静焓与动能之和。该常数常用某个参考状态的物理量来表示，这些参考状态的物理量就称为特征常数。常用的参考状态有三种：①速度为零的滞止状态(参数的下标用“0”表示)；②温度达到绝对零度时的最大速度( $V_{\max}$ )状态；③流速等于当地声速时的临界状态(参数的上标用“*”表示)。气体一维定常流动中的任何一个状态都可以假想地通过沿流线绝热等熵的过程转变为对应的参考状态，用这些特征常数来表征该状态下气流的总焓，不管实际流动过程是否绝热等熵。

1)滞止参数

流体质点(微团)通过某一给定点(流线上某点)时的压力、温度、密度、速度、马赫数分别为 $p$、$T$、$\rho$、$V$、$Ma$ 。现在假想一个定常流动，流体质点(微团)在流动的过程中绝热地减速到速度为零，且过程中无不可逆现象发生，也就是说流动是绝热等熵滞止到速度为零的。这时的气流参数称为滞止参数，或称为驻点参数，用下标“0”表示。滞止参数在物理上对应：①风洞储气罐的气体参数；②理想无黏流动时驻点的气体参数。

根据式(5.2-2)和式(5.2-6)~式(5.2-9)，有

$$h + \frac{V^2}{2} = h_0 = c_p T_0 = \frac{\gamma}{\gamma-1}RT_0 = \frac{a_0^2}{\gamma-1} = \frac{\gamma}{\gamma-1}\frac{p_0}{\rho_0} \tag{5.2-10}$$

式中， $h_0$ 、 $T_0$ 、 $p_0$ 、 $\rho_0$ 分别称为总焓、总温、总压和总密度或滞止焓、滞止温度、滞止压力和滞止密度，以区别于静焓 $h$、静温 $T$、静压 $p$ 和密度 $\rho$ 。$a_0$ 称为驻点声速。“静”的含义指站在与气体质点一起运动的坐标系上，相对于气体是静止地在观测参数。静压是仅仅考虑气体分子随机运动产生的压力贡献，静温表征的就是分子随机运动的能量。

气体静焓是内能 $e$ 与 $p/\rho$ 之和， $p/\rho$ 可以看成单位质量气体具有的压力能， $p/\rho$ 越

大，气体能够通过压力做功的能力越大。因此运动气体的总焓，亦即静焓与动能之和，可以看成包含压力能在内的气流的总能量。一维定常绝热流动不同形式的能量方程(5.2-2)和式(5.2-6)~式(5.2-9)中右端的常数其实都是指的气流总焓，也就是气流的总能量。能量方程描述了不同形式的气流能量(内能、动能和压力能)转换的数量关系，转换过程中总能量是守恒的。

可以用滞止参数表征上面各种形式能量方程中的常数(总焓)，尽管所研究的实际流动中可以不出现流速为零的状态。采用滞止参数表示的一维定常绝热流的能量方程为

$$c_pT+\frac{V^2}{2}=c_pT_0 \tag{5.2-11}$$

$$\frac{\gamma}{\gamma-1}RT+\frac{V^2}{2}=\frac{\gamma}{\gamma-1}RT_0 \tag{5.2-12}$$

$$\frac{a^2}{\gamma-1}+\frac{V^2}{2}=\frac{a_0^2}{\gamma-1} \tag{5.2-13}$$

$$\frac{\gamma}{\gamma-1}\frac{p}{\rho}+\frac{V^2}{2}=\frac{\gamma}{\gamma-1}\frac{p_0}{\rho_0} \tag{5.2-14}$$

可见$h_0$、$T_0$、$p_0/\rho_0$、$a_0$的大小均可反映气流总能量的大小。

2)最大速度

设想气流加速到极限情况，速度达到最大值，这时$h=0$、$T=0$、$V=V_{\max}$，即

$$h+\frac{V^2}{2}=\frac{V_{\max}^2}{2}=h_0 \tag{5.2-15}$$

可见用$V_{\max}$也可表征气流总能量的大小。$V_{\max}$和滞止参数之间的关系为

$$V_{\max}=\sqrt{2h_0}=\sqrt{2c_pT_0}=\sqrt{\frac{2\gamma}{\gamma-1}RT_0}=\sqrt{\frac{2}{\gamma-1}}a_0 \tag{5.2-16}$$

对于空气，$\gamma=1.4$，设$T_0=15$ ℃，可推出$V_{\max}=757$ m/s。

其实最大速度$V_{\max}$是不存在的，因为物理上$T=p=\rho=0$意味着流体已成真空状态，分子的微观运动已停止。这也说明气流各种形式的能量品质是不同的，动能可以完全转化为静焓(内能与压力能之和)，例如，达到滞止状态；但静焓不可能完全转换为动能，最大速度$V_{\max}$不可能出现。能量方程只是给出了气流能量的大小，并未描述能量的品质。

3)临界参数

设想流线上某点气流的速度等于当地声速，$V=a=a^*$，这里$a^*$称为临界声速。这时气流的所有参数统称为临界参数，用$T^*$、$p^*$、$\rho^*$等表示。这样，能量方程中的常数值可以用临界参数表示为

$$\frac{a^2}{\gamma-1}+\frac{V^2}{2}=\frac{a^{*2}}{\gamma-1}+\frac{a^{*2}}{2}=\frac{\gamma+1}{\gamma-1}\frac{a^{*2}}{2} \tag{5.2-17}$$

类似地，也可以采用$T^*$和$p^*/\rho^*$表示能量方程中的常数，写出其他形式的能量方程。

4)速度与声速变化曲线

若将表达为速度与声速关系的能量方程(5.2-8)中常数采用最大速度或驻点声速表达，则

$$\frac{V^2}{2}+\frac{a^2}{\gamma-1}=\frac{V_{\max}^2}{2}=\frac{a_0^2}{\gamma-1}$$

可整理为

$$\frac{V^2}{V_{\max}^2}+\frac{a^2}{a_0^2}=1 \tag{5.2-18}$$

可见速度与声速的关系可表示为$V-a$平面上第一象限的四分之一椭圆周线，如图 5-5 所示。当速度从零增加到最大值$V_{\max}$时，声速从驻点声速(最大值)减小到零。而射线$V=a$与椭圆周线的交点为临界点。

上述特征常数($h_0$、$T_0$、$p_0/\rho_0$、$a_0$、$V_{\max}$、$T^*$、$p^*/\rho^*$、$a^*$)反映了气流总能量的大小。在定常绝热流动中，沿流线它们都保持不变。特征参数与静参数的关系对任意流动都适用，只是非绝热流动中它们可能是变化的，不再保持为常数。

3. 绝热不可逆过程中的特征常数

上面通过假想的绝热等熵过程，让流动达到三种参考状态(滞止、最大速度、临界状态)，得到三种参考状态的气流参数，作为特征常数来表征能量方程中的常数，即气流的总焓。其实一维定常绝热流动的能量方程(5.2-4)及其在量热完全气体情况下的其他形式[式(5.2-6)~式(5.2-9)]都是可以用在不可逆过程的，即流管的截面 1 和截面 2 之间可以发生摩擦损失。只要在截面 1 处和截面 2 处满足理想无黏绝热连续流条件，两截面上上述特征常数必然相等，即

$$h_{01}=h_{02},\quad T_{01}=T_{02},\quad a_{01}=a_{02},\quad a_1^*=a_2^*,\quad V_{\max 1}=V_{\max 2} \tag{5.2-19}$$

又有

$$\frac{p_{01}}{\rho_{01}}=\frac{p_{02}}{\rho_{02}} \tag{5.2-20}$$

但是，尽管总压与总密度的比值在发生摩擦损失前后不变，但总压或总密度各自都发生了变化。可以通过绝热不可逆过程中熵的变化分析这个问题。根据量热完全气体熵的计算式，有

$$s_2-s_1=c_p\ln\frac{T_2}{T_1}-R\ln\frac{p_2}{p_1}$$

可以将截面 1 和截面 2 处的状态分别通过绝热等熵过程转换到相应的滞止状态，如图 5-6 所示。因为

$$s_1=s_{01},\quad s_2=s_{02}$$

所以有

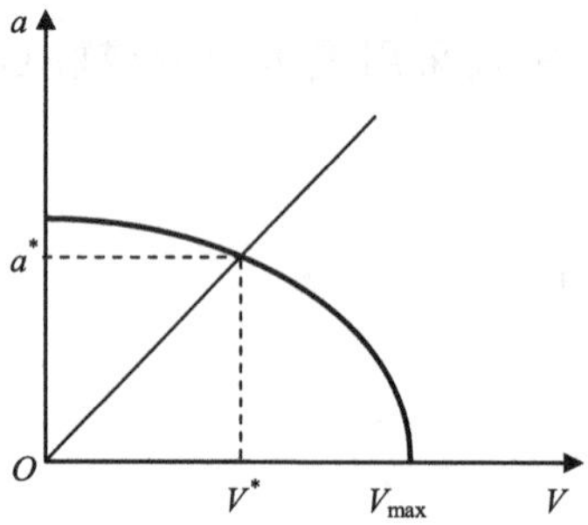


图 5-5　一维定常绝热流速度与声速变化关系

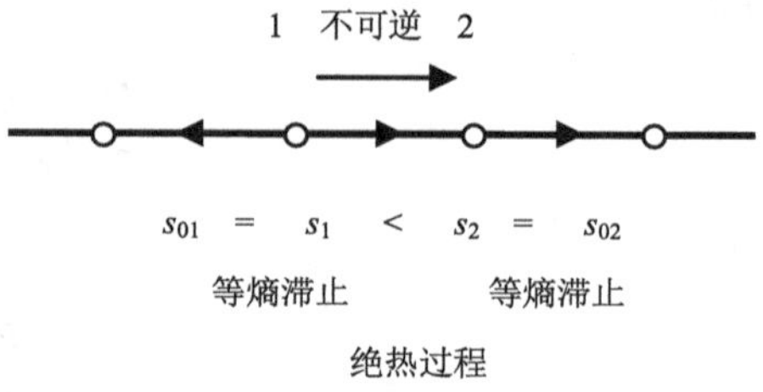


图 5-6　绝热不可逆过程的滞止熵变化示意图

$$s_2 - s_1 = s_{02} - s_{01} = c_p \ln\frac{T_{02}}{T_{01}} - R\ln\frac{p_{02}}{p_{01}}$$

摩擦损失会带来不可逆熵增，因此绝热流动中在截面 1 和截面 2 之间存在不可逆过程时，必定有

$$s_2 - s_1 > 0$$

而 $T_{02} = T_{01}$，则由

$$s_2 - s_1 = s_{02} - s_{01} = -R\ln\frac{p_{02}}{p_{01}} > 0 \tag{5.2-21}$$

知

$$p_{01} > p_{02} \quad 且 \quad \rho_{01} > \rho_{02} \tag{5.2-22}$$

这说明，在绝热不可逆过程中，熵的增加和总压下降是联系在一起的，存在摩擦损失时部分机械能转化为热能，即机械能的可利用率降低了。因此总压之比可以作为描述机械能可利用率的一个指标，在工程上称为总压恢复系数：

$$\sigma_p = \frac{p_{02}}{p_{01}} \leqslant 1 \tag{5.2-23}$$

利用 $\sigma_p$ 来衡量过程的不可逆程度，可能比抽象的熵增更容易理解。

上面已经知道气流的总焓给出了包含压力能在内的气流的总能量大小，但并未区分各种不同形式能量的品质。因此，在定常绝热流动中，不管流动中是否存在摩擦损失等不可逆过程，气流的总焓沿流线不变，相应地，表征气流总能量的其他参数（$T_0$、$p_0/\rho_0$、$a_0$、$V_{max}$、$T^*$、$p^*/\rho^*$、$a^*$等）沿流线都保持不变。从这里关于可逆和不可逆过程中总压变化的讨论则说明，气流的总压能够反映能量的品质。因此在定常绝热等熵流中，除气流的总焓等沿流线保持不变外，气流的总压和总密度也保持不变。而绝热不可逆流动中，总压、总密度沿流线是下降的，对应着机械能可利用率的降低。

### 5.2.2　特征马赫数

马赫数 $Ma$ 是表达速度相对于当地声速大小的一个非常重要的无量纲数，是一个常用的无量纲速率。马赫数的平方 $Ma^2$ 可反映气流宏观动能与内能的比较。这里再引入另外一个无量纲速率——特征马赫数。特征马赫数用统一的标尺对各点速度进行无量纲化，它定义为速度与临界声速之比：

$$Ma^* = \frac{V}{a^*} \tag{5.2-24}$$

由于临界声速的平方可反映气流总焓的大小，因此特征马赫数的平方 $Ma^{*2}$ 可反映气流宏观动能与气流总能量的比较。

下面导出特征马赫数 $Ma^*$ 与马赫数 $Ma$ 之间的关系。将采用临界声速表达特征常数的能量方程(5.2-17)两边同除以 $a^{*2}/2$，得

$$\frac{2}{\gamma-1}\frac{a^2}{a^{*2}} + \frac{V^2}{a^{*2}} = \frac{\gamma+1}{\gamma-1}$$

即

$$\frac{2}{\gamma-1}\frac{Ma^{*2}}{Ma^2} + Ma^{*2} = \frac{\gamma+1}{\gamma-1}$$

可解得

$$Ma^{*2} = \frac{\dfrac{\gamma+1}{2}Ma^2}{1+\dfrac{\gamma-1}{2}Ma^2} \tag{5.2-25}$$

或

$$Ma^2 = \frac{Ma^{*2}}{1-\dfrac{\gamma-1}{2}\left(Ma^{*2}-1\right)} \tag{5.2-26}$$

根据式(5.2-25)和式(5.2-26)，可知马赫数和特征马赫数之间的关系，如表 5-1 所示。

**表 5-1 马赫数和特征马赫数之间的关系**

| $Ma$ | <1 | 1 | >1 | 0 | $\infty$ |
|---|---|---|---|---|---|
| $Ma^*$ | <1 | 1 | >1 | 0 | $\sqrt{\dfrac{\gamma+1}{\gamma-1}}$ |

由表 5-1 可得出以下结论。

$$\text{亚声速区：}\quad Ma < Ma^* < 1$$

$$\text{超声速区：}\quad Ma > Ma^* > 1$$

可见，若以大于或小于 1 的变化趋势来衡量，特征马赫数 $Ma^*$ 与马赫数 $Ma$ 的表现形式是类似的，但在当地马赫数趋于无穷大时，特征马赫数趋于有限值。

### 5.2.3 沿流线的绝热流和等熵流的基本关系式

下面对绝热流动根据一维定常绝热的能量方程，对绝热等熵流动再联立第 1 章给出的等熵关系式，导出沿流线的各参数与当地马赫数 $Ma$ 或特征马赫数 $Ma^*$ 的关系。

1．绝热流基本关系式

式(5.2-12)是采用总温表达特征常数的量热完全气体的绝热能量方程，在该式两边同除以 $\gamma RT/(\gamma-1)$，并应用声速公式 $a=\sqrt{\gamma RT}$，得

$$\frac{T_0}{T}=1+\frac{(\gamma-1)V^2}{2\gamma RT}=1+\frac{\gamma-1}{2}\frac{V^2}{a^2}=1+\frac{\gamma-1}{2}Ma^2 \tag{5.2-27}$$

又根据 $Ma$ 与特征马赫数 $Ma^*$ 的关系式(5.2-26)，得

$$\frac{T}{T_0}=\left(1+\frac{\gamma-1}{2}Ma^2\right)^{-1}=1-\frac{\gamma-1}{\gamma+1}Ma^{*2} \tag{5.2-28}$$

式(5.2-28)可以说是采用马赫数(或特征马赫数)表达的一维定常绝热流动的能量方程，它表明通过马赫数、比热容比可唯一地确定总温与静温之比。根据它也可得出绝热流动中流线上两点(或流管两截面)温度间的关系，即

$$\frac{T_2}{T_1}=\frac{1+\dfrac{\gamma-1}{2}Ma_1^2}{1+\dfrac{\gamma-1}{2}Ma_2^2}=\frac{1-\dfrac{\gamma-1}{\gamma+1}Ma_2^{*2}}{1-\dfrac{\gamma-1}{\gamma+1}Ma_1^{*2}} \tag{5.2-29}$$

2．绝热等熵流基本关系式

对绝热且可逆的等熵流，根据等熵关系式(1.3-42)：

$$\frac{p}{p_0}=\left(\frac{\rho}{\rho_0}\right)^{\gamma}=\left(\frac{T}{T_0}\right)^{\frac{\gamma}{\gamma-1}}$$

和上面得到的总温与静温关系式(5.2-28)，可得

$$\frac{p}{p_0}=\left(1+\frac{\gamma-1}{2}Ma^2\right)^{-\frac{\gamma}{\gamma-1}}=\left(1-\frac{\gamma-1}{\gamma+1}Ma^{*2}\right)^{\frac{\gamma}{\gamma-1}} \tag{5.2-30}$$

$$\frac{\rho}{\rho_0}=\left(1+\frac{\gamma-1}{2}Ma^2\right)^{-\frac{1}{\gamma-1}}=\left(1-\frac{\gamma-1}{\gamma+1}Ma^{*2}\right)^{\frac{1}{\gamma-1}} \tag{5.2-31}$$

可见绝热等熵流动中，马赫数和比热容比不仅可以唯一地确定总温与静温之比，还可唯一确定总压与静压之比、总密度与密度之比。

式(5.2-28)、式(5.2-30)和式(5.2-31)合起来称为沿流线的等熵流基本关系式。通过它们可以由流场中任一点已知的参数 $p$、$T$、$\rho$、$Ma$(或 $V$)确定总参数、以及总参数与静参数的比值。之后又可根据流线上其他点的 $Ma$(或 $V$)得出对应的静参数，反之亦然。

上面已得出了绝热流动中流线上两点温度间的关系，这里可由式(5.2-30)和式(5.2-31)得出绝热等熵流动中两点压强间的关系和密度间的关系：

$$\frac{p_2}{p_1}=\left(\frac{1+\dfrac{\gamma-1}{2}Ma_1^2}{1+\dfrac{\gamma-1}{2}Ma_2^2}\right)^{\frac{\gamma}{\gamma-1}}=\left(\frac{1-\dfrac{\gamma-1}{\gamma+1}Ma_2^{*2}}{1-\dfrac{\gamma-1}{\gamma+1}Ma_1^{*2}}\right)^{\frac{\gamma}{\gamma-1}} \tag{5.2-32}$$

$$\frac{\rho_2}{\rho_1}=\left(\frac{1+\dfrac{\gamma-1}{2}Ma_1^2}{1+\dfrac{\gamma-1}{2}Ma_2^2}\right)^{\frac{1}{\gamma-1}}=\left(\frac{1-\dfrac{\gamma-1}{\gamma+1}Ma_2^{*2}}{1-\dfrac{\gamma-1}{\gamma+1}Ma_1^{*2}}\right)^{\frac{1}{\gamma-1}} \tag{5.2-33}$$

这几个关系式对可压缩流动的重要性就像伯努利方程对不可压流动的重要性一样。附录 B 中针对空气的情况($\gamma=1.4$)，将总参数与静参数的比值作为马赫数的函数列表给出。图 5-7 给出了静参数与总参数之比随特征马赫数的变化。

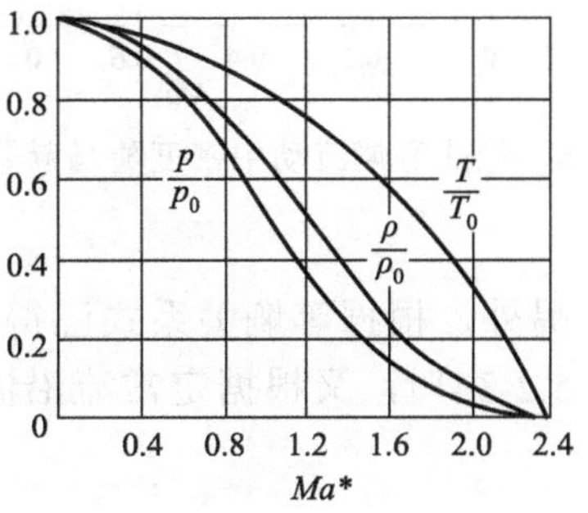


图 5-7　绝热等熵流动的参数与 $Ma^*$ 关系

从上述等熵流基本关系式和图 5-7 均可看出，速度增大、动能增加后，静焓、静温、静压、密度均下降，但各参数下降的速率不同。对等熵关系式(1.3-42)取对数后再微分，得

$$\frac{\mathrm{d}p}{p}=\gamma\frac{\mathrm{d}\rho}{\rho}=\frac{\gamma}{\gamma-1}\frac{\mathrm{d}T}{T} \tag{5.2-34}$$

可见相对变化速率从大到小依次是：$p$、$\rho$、$T$。

3. 临界参数与驻点参数的关系

在式(5.2-28)、式(5.2-30)和式(5.2-31)中令 $Ma=1$（或 $Ma^*=1$），就可得到临界参数与总参数之比：

$$\frac{T^*}{T_0}=\frac{2}{\gamma+1} \tag{5.2-35}$$

$$\frac{p^*}{p_0}=\left(\frac{2}{\gamma+1}\right)^{\frac{\gamma}{\gamma-1}} \tag{5.2-36}$$

$$\frac{\rho^*}{\rho_0}=\left(\frac{2}{\gamma+1}\right)^{\frac{1}{\gamma-1}} \tag{5.2-37}$$

特别地，对于空气，$\gamma=1.4$，有

$$\frac{T^*}{T_0}\overset{\text{空气}}{=}0.8333,\quad \frac{p^*}{p_0}\overset{\text{空气}}{=}0.5283,\quad \frac{\rho^*}{\rho_0}\overset{\text{空气}}{=}0.6339 \tag{5.2-38}$$

### 5.2.4 气体压缩性的影响

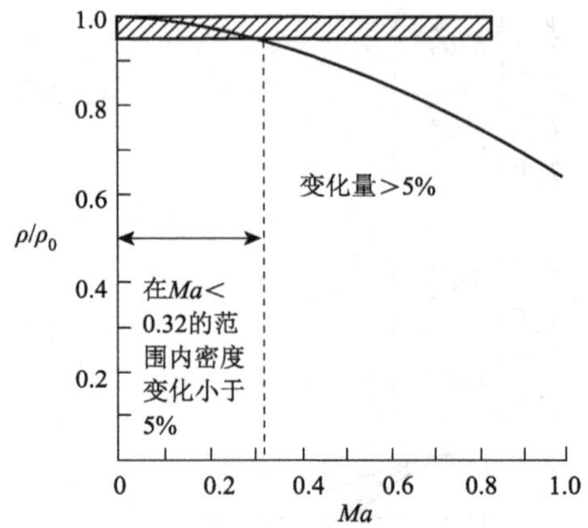


图 5-8 绝热等熵流动中密度随马赫数的变化

根据等熵流的总压与静压之比、总密度与密度之比式(5.2-30)和式(5.2-31)，可以定量地分析气体流动过程中速度变化引起的压力变化到底有多大，因此带来的密度变化又有多大了。

图 5-8 画出了 $\gamma=1.4$ 时，气体密度与总密度之比 $\rho/\rho_0$ 随马赫数 $Ma$ 变化的曲线。可见，对低亚声速、小马赫数流动，$\rho/\rho_0$ 的变化曲线相对平缓。特别在 $Ma<0.32$ 时，密度 $\rho$ 与总密度 $\rho_0$ 相差不到 5%，所以这一马赫数范围内的实际问题都可以看成不可压流动。但当 $Ma>0.32$ 后，密度相对变化大于 5%，并且其变化幅度随马赫数的增大而增大。所以，一般情况下，对 $Ma>0.3$ 的流动问题都要考虑可压缩性。

另外，根据等熵关系式已得知绝热等熵流动中密度相对变化与压力相对变化的关系[式(5.2-34)]，又根据定常流沿流线的欧拉方程得

$$\mathrm{d}p=-\rho V\mathrm{d}V \tag{5.2-39}$$

联立式(5.2-39)和式(5.2-34)，并应用声速公式 $a=\sqrt{\gamma RT}$，可得

$$\frac{\mathrm{d}\rho}{\rho}=\frac{1}{\gamma}\frac{\mathrm{d}p}{p}=\frac{1}{\gamma}\frac{-\rho V\mathrm{d}V}{\rho RT}=-Ma^2\frac{\mathrm{d}V}{V} \tag{5.2-40}$$

即密度相对减小率为速度的相对增大率乘以马赫数的平方。也可用该式来估计密度的变化。

## 5.3 正 激 波

5.1 节中讨论过小扰动波即声波。跨过声波，气流参数有微小的变化。超声速气流中的小扰动波称为马赫波，包括压缩波和膨胀波。激波是由强扰动产生的波，是超声速气流中存在的一种流动间断现象。气流越过它时参数产生突跃，而且随之还有机械能的损失，是个不可逆过程。

激波的一般形式是非定常的曲线激波。本节先讨论定常正激波，是一维情况。所谓正激波就是激波面与气流方向垂直。如图 5-9 所示，曲线激波的中段就属于正激波情况，在喷管中也可以观察到接近于正激波的波系。

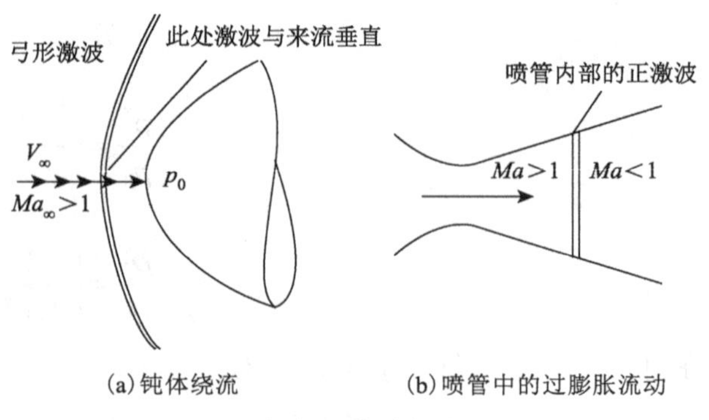


图 5-9 存在正激波的流动例子

### 5.3.1　激波的形成过程简述

下面分别以活塞在直管中产生压缩波的叠加过程和飞行器产生的强扰动波传播来简要分析激波的形成过程。

1. 活塞产生压缩波的叠加过程

激波的形成可以利用活塞在直管中产生压缩波的叠加过程来说明。设在活塞右边的气体原来处于静止状态，压力为 $p_1$。现在让活塞向右移动，并在极短时间内增速到 $V$ 值，将气体的压力提高到 $p_2$。见图 5-10(a)和(b)，可将 $p_2-p_1$ 值分为无数个小扰动的叠加，每个小扰动都以波速等于当地声速的压缩波向右传播。在活塞作绝热压缩的条件下，后面的压缩波比前面的压缩波传播得快，因为后面的温度高，当地声速大。于是后面的压缩波不断赶上前面的波，最后压缩波叠加成一道正激波，使气流参数在很窄的区域中发生急剧变化。激波以速度 $V_s$ 右行。激波扫过以后的区域，压力、温度和密度均上升，流体微团亦产生一个同向速度 $V$，但 $V \ll V_s$。而活塞必须以 $V$ 前进才能维持激波以 $V_s$ 前进，否则活塞与气体之间要产生真空。

如果活塞向左加速到 $V$ 值，右方产生一系列膨胀波，膨胀波是不会聚集的，因为膨胀后气流压力、温度和密度都降低，后面的波速小于前面的波速，波阵面越来越平缓，见图 5-10(c)。

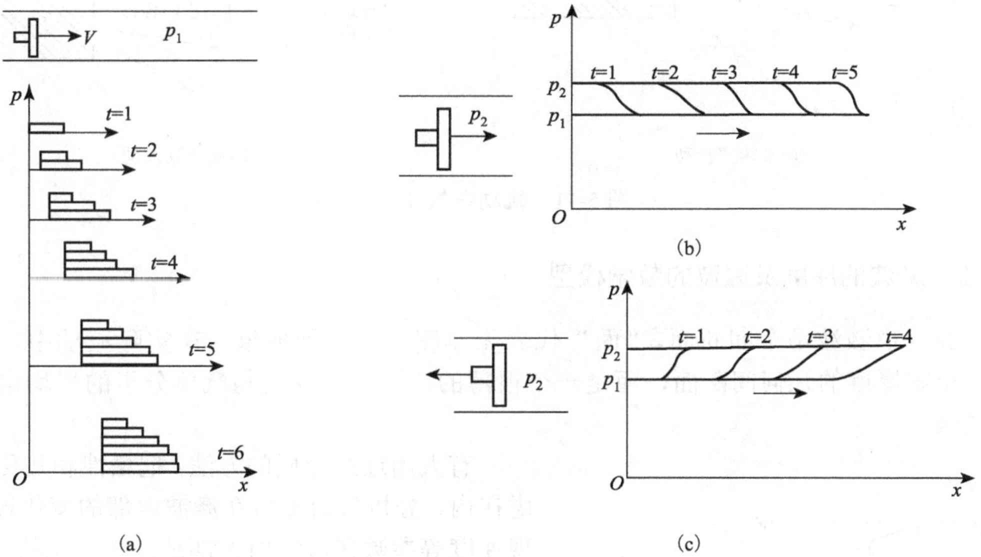


图 5-10　正激波的形成过程

这里激波在直管中右行，激波右方为激波前方，气流静止，参数未受扰动；激波左方是激波后方，气流有运动，参数受过扰动，与激波前方相比参数是有突跃的。在激波运动(传播)速度不变的情况下，转换到激波坐标系下来考虑问题，则是波前气流以超声速 $V_s$(左方气流的当地声速大于右方未受扰气流的当地声速)流向激波，跨过激波后，气流参数发生突跃变化：速度下降，温度、压力、密度升高。

2. 飞行器前方激波的产生

在二维和三维无界流场中，物体以亚声速运动时，并不能像活塞那样把前面的气体推走。不过由于物体扰动以声速传播，气体微团在物体未到之前就已受到扰动并以连续的运动让路，因而没有大块气体被挤压的可能。但是当气体以超声速运动时，扰动来不及传播，前方的气体微团没有事先准备，要等到物体冲到跟前才受到压缩，因而会造成大块的气体被压缩。

将物体在静止气体中的匀速运动转化为物体不动、直匀气流向静止的物体流来。碰撞到物体表面的气体分子会产生动量变化(扰动)，该扰动通过分子随机运动向其相邻分子传播。通过这种方式，物体存在的信息是以近似等于当地声速的速度传播到上游去。如果上游气流是亚声速的，如图 5-11(a)所示，扰动可以毫不困难地传播到远前方上游，给来流足够的“准备”时间以绕过物体。但是如果上游气流是超声速的，如图 5-11(b)所示，扰动不能一直向上游传播，而是在离开物体某一距离处聚集并结合，形成一驻激波。

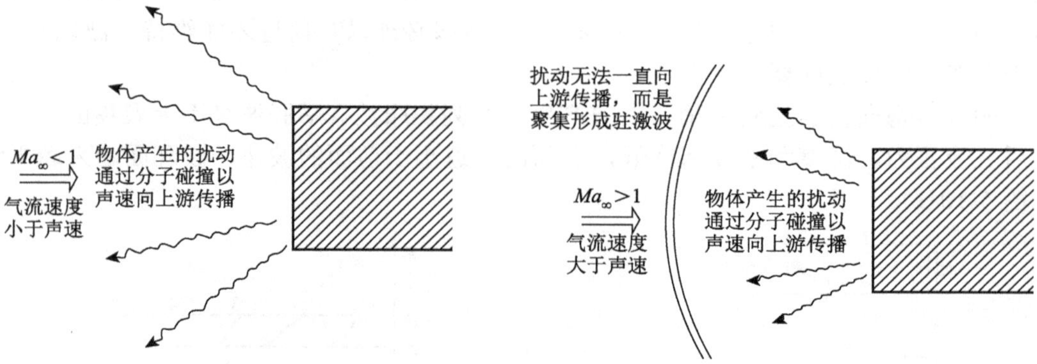

(a) 亚声速流动　　(b) 超声速流动

图 5-11　扰动在气流中的传播

### 5.3.2　激波的厚度及激波的数学模型

通常说激波是个间断面，“面”代表无厚度，是一种抽象。在实际流动中，激波并非一个零厚度的几何间断面，而是一个很薄的过渡层，厚度与气体分子的平均自由程同数量级。

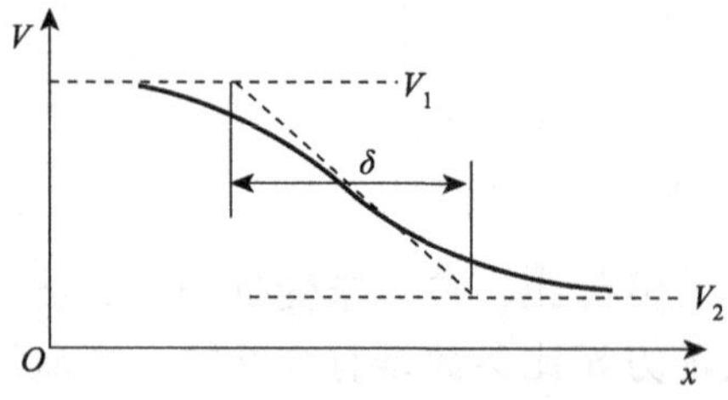

图 5-12　激波厚度的定义

有人用连续介质的方法，把黏性和热传导都考虑在内，分析气流参数在激波内部的变化过程，发现速度等参数在激波内部都是连续变化的。速度 $V$ 从波前的 $V_1$ 变到波后的 $V_2$，$V$ 和 $V_1$，$V$ 与 $V_2$ 都是渐近的关系，如图 5-12 所示。所以说激波的厚度并没有明确的界限，一般在 $V$ 对 $x$ 曲线的拐点处画曲线的切线，将此切线与 $V_1=\text{const}$ 和 $V_2=\text{const}$ 两直线交点之间的 $x$ 向距离定义为激波厚度。

连续介质理论算出来的激波厚度在波前马赫数 $Ma_1=1.36$ 时为 $447\times10^{-6}$mm，随马赫数增大迅速减小，$Ma_1=28.3$ 时为 $5\times10^{-6}$mm。可见马赫数较大时，激波厚度就只有几个分子平均自由程。工程计算所关心的是通过激波后物理量的变化，而对激波内部的现象不感兴趣，因此可以不考虑激波厚度，将其看成强间断面来处理。但是，由于激波内部的速度梯度和温度梯度都很大，通过激波时气体的黏性和热传导必然发生作用。因此通过激波的过程是不可逆过程。

### 5.3.3　研究正激波前后气流关系的基本方程

这里研究定常的正激波，设定激波静止。对于强度和传播速度不变的一维运动激波，可以通过变换到激波坐标系，转成驻正激波来研究。

由于激波是间断面，必须采用积分形式的基本方程。取一个包括正激波在内的控制体，如图 5-13 所示。气流只有一个方向的速度，记为 $V$。分别用下标 1、2 表示波前和波后参数。跨过激波的流动以下特点。

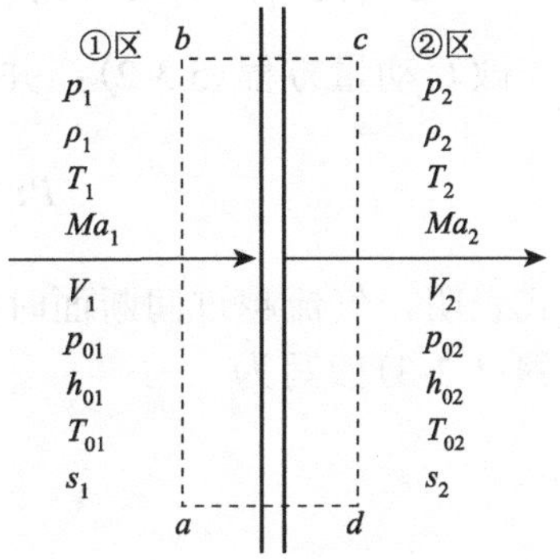

图 5-13　包含正激波的控制体

(1) 流动定常。

(2) 流动绝热。气体穿越激波时控制体没有从外界吸热，跨过激波气体温度的升高不是因为有外加热，而是因为气体的部分动能转变成了内能。

(3) 在控制体边界上没有黏性作用。薄激波内部摩擦和热传导起重要作用，但都只发生在控制体内部。而采用积分形式的控制方程后，不必考虑内部的具体细节，如内力作用、内部的能量传递等。

(4) 可略去彻体力。

将第 3 章得到的积分形式的质量方程(3.2-17)、动量方程(3.4-4)和能量方程(3.7-23)应用于上述包含一维正激波的控制体，并注意到上面分析的激波流动特点，可得到如下的基本方程。

质量方程：

$$\rho_1V_1=\rho_2V_2=\dot{m}_s \tag{5.3-1}$$

动量方程：

$$\rho_2V_2^2-\rho_1V_1^2=p_1-p_2 \tag{5.3-2}$$

能量方程：

$$h_1+\frac{V_1^2}{2}=h_2+\frac{V_2^2}{2} \tag{5.3-3}$$

热完全气体状态方程：

$$p=\rho RT \tag{5.3-4}$$

对量热完全气体，有

$$h=c_pT=\frac{\gamma}{\gamma-1}\frac{p}{\rho} \tag{5.3-5}$$

连续方程(5.3-1)中的 $\dot{m}_s$ 为单位时间单位面积的质量流量。这里的能量方程(5.3-3)与 5.2 节导出的一维定常绝热流动的能量方程(5.2-4)相同。

需要说明的是，当激波较强(即 $p_2/p_1$ 较大)，激波后的温度就较高。例如，当波前 $Ma_1>4$ 时，激波后的温度就会超过 1000K，气体分子的振动能就开始激发；温度更高时还会逐步发生化学反应。此时量热完全气体假设失效，实际激波后的温度和密度与量热完全气体计算结果相差很远，不过压力值差别不大，采用量热完全气体模型计算压力仍有实际意义。

### 5.3.4 正激波前后的参数关系

1. 正激波前后的压力比和密度比的关系

改写动量方程(5.3-2)，并应用质量方程(5.3-1)，得

$$p_2-p_1=\dot{m}_s(V_1-V_2)=\dot{m}_s^2\left(\frac{1}{\rho_1}-\frac{1}{\rho_2}\right) \tag{5.3-6}$$

该式表明，气流越过间断面时的压力增加必然引起速度的减小和密度的增加。再将能量方程(5.3-3)改写为

$$h_1+\frac{1}{2}\frac{\dot{m}_s^2}{\rho_1^2}=h_2+\frac{1}{2}\frac{\dot{m}_s^2}{\rho_2^2}$$

或

$$h_1-h_2+\frac{1}{2}\dot{m}_s^2\left(\frac{1}{\rho_1}+\frac{1}{\rho_2}\right)\left(\frac{1}{\rho_1}-\frac{1}{\rho_2}\right)=0 \tag{5.3-7}$$

将式(5.3-6)和式(5.3-7)合并，得

$$h_1-h_2+\frac{1}{2}\left(\frac{1}{\rho_1}+\frac{1}{\rho_2}\right)(p_2-p_1)=0 \tag{5.3-8}$$

这就是激波前后热力学参数的关系式，它同样适用于非热完全气体情况。

特别地，对量热完全气体，将 $h$ 的表达式(5.3-5)代入式(5.3-8)，可得

$$\frac{p_2}{p_1}=\frac{\dfrac{\gamma+1}{\gamma-1}\dfrac{\rho_2}{\rho_1}-1}{\dfrac{\gamma+1}{\gamma-1}-\dfrac{\rho_2}{\rho_1}} \quad 或 \quad \frac{\rho_2}{\rho_1}=\frac{\dfrac{\gamma+1}{\gamma-1}\dfrac{p_2}{p_1}+1}{\dfrac{\gamma+1}{\gamma-1}+\dfrac{p_2}{p_1}} \tag{5.3-9}$$

这个 $p_2/p_1$ 与 $\rho_2/\rho_1$ 间的关系称为兰金-雨贡纽关系(Rankine-Hugoniot 关系，R-H 关系)，根据它绘制的曲线称为激波绝热线。图 5-14 给出了 $\gamma=1.4$ 时的激波绝热线与等熵关系曲线 $p_2/p_1=(\rho_2/\rho_1)^\gamma$ 的对比。当 $\rho_2/\rho_1>1$ 时，相同的 $\rho_2/\rho_1$ 值下，跨过激波的 $p_2/p_1$ 大于等熵过程中的 $p_2/p_1$。但当 $p_2/p_1=1\sim2$ 时，两者的差别非常小。激波绝热线具有渐近线：

$$\frac{p_2}{p_1}\to\infty\text{时}，\quad \frac{\rho_2}{\rho_1}\to\frac{\gamma+1}{\gamma-1} \tag{5.3-10}$$

也就是说，尽管气流通过激波后，压力可以无限升高，但密度的增加却是有限的，最多只能增大到波前密度的$(\gamma+1)/(\gamma-1)$倍。不过考虑到高温空气发生振动激发和化学反应带来的影响后，密度比可达到 15～16。

从前面对激波形成过程的讨论中已经知道激波产生于压缩过程。这里从 R-H 关系与等熵关系的对比中也可以证明，只有作为压缩突跃的激波才可能存在。当$\rho_2/\rho_1>1$时，有

$$\left(\frac{p_2}{p_1}\right)_{\text{激波}}>\left(\frac{p_2}{p_1}\right)_{\text{等熵}}=\left(\frac{\rho_2}{\rho_1}\right)^{\gamma}$$

则当$\rho_2/\rho_1<1$时，有

$$\left(\frac{p_2}{p_1}\right)_{\text{激波}}<\left(\frac{p_2}{p_1}\right)_{\text{等熵}}=\left(\frac{\rho_2}{\rho_1}\right)^{\gamma}$$

但是突跃后熵的变化为

$$s_2-s_1=c_v\ln\frac{p_2/p_1}{(\rho_2/\rho_1)^{\gamma}}$$

根据熵增原理，必有$s_2>s_1$，因此必有

$$\frac{p_2}{p_1}>\left(\frac{\rho_2}{\rho_1}\right)^{\gamma}$$

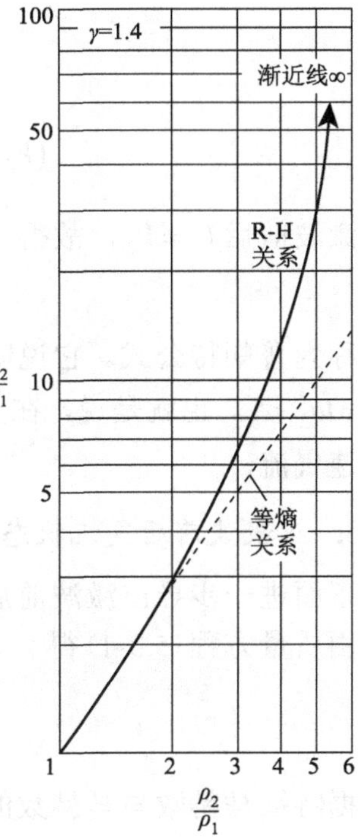


图 5-14　兰金-雨贡纽关系曲线

这相当于压缩突跃的情况。反之，如果有膨胀突跃，则会出现$s_2<s_1$，物理上是不成立的。所以说，跨过激波，气流的压力和密度升高，相应地，速度下降。

2. 正激波前后速度间的关系

对量热完全气体，动量方程(5.3-2)可改写为

$$V_2-V_1=\frac{p_1}{\dot{m}_s}-\frac{p_2}{\dot{m}_s}=\frac{p_1}{\rho_1 V_1}-\frac{p_2}{\rho_2 V_2}=\frac{a_1^2}{\gamma V_1}-\frac{a_2^2}{\gamma V_2} \tag{5.3-11}$$

再利用由临界声速表达的能量方程(5.2-17)，得

$$\frac{a_1^2}{\gamma-1}=\frac{\gamma+1}{\gamma-1}\frac{a^{*2}}{2}-\frac{V_1^2}{2}$$

$$\frac{a_2^2}{\gamma-1}=\frac{\gamma+1}{\gamma-1}\frac{a^{*2}}{2}-\frac{V_2^2}{2}$$

将以上两式代入式(5.3-11)，得

$$V_2-V_1=\frac{\gamma-1}{2\gamma}(V_2-V_1)+\frac{\gamma+1}{2\gamma}a^{*2}\left(\frac{1}{V_1}-\frac{1}{V_2}\right)$$

或

$$(V_2-V_1)\left(1-\frac{\gamma-1}{2\gamma}\right)=\frac{\gamma+1}{2\gamma}\frac{a^{*2}}{V_1V_2}(V_2-V_1)$$

由于激波前后$V_1\neq V_2$，故得

$$V_1V_2=a^{*2}\quad 或\quad Ma_1^*Ma_2^*=1 \tag{5.3-12}$$

该式称为普朗特公式。它说明，作为压缩突跃的正激波，$V_1>V_2$，则激波前$Ma_1^*>1$，激波后$Ma_2^*<1$。也就是说，在定常正激波中，激波前一定是超声速气流，而激波后一定是亚声速气流。

3. 正激波前后气流状态的变化

下面进一步导出激波前后气流参数比与波前马赫数的关系。

由质量方程(5.3-1)得

$$\frac{\rho_2}{\rho_1}=\frac{V_1}{V_2}=\frac{V_1^2}{V_1V_2}=\frac{V_1^2}{a^{*2}}=Ma_1^{*2} \tag{5.3-13}$$

再根据特征马赫数与马赫数的关系式(5.2-25)，得

$$\frac{\rho_2}{\rho_1}=\frac{\frac{\gamma+1}{2}Ma_1^2}{1+\frac{\gamma-1}{2}Ma_1^2}=\frac{Ma_1^2}{1+\frac{\gamma-1}{\gamma+1}\left(Ma_1^2-1\right)} \tag{5.3-14}$$

根据动量方程(5.3-2)，并利用声速公式和上面的式(5.3-13)，得

$$\frac{p_2-p_1}{p_1}=\frac{\rho_1V_1}{p_1}(V_1-V_2)=\frac{\rho_1V_1^2}{p_1}\left(1-\frac{V_2}{V_1}\right)=\gamma Ma_1^2\left(1-\frac{1}{Ma_1^{*2}}\right)$$

再代入特征马赫数与马赫数的关系式(5.2-25)后整理得

$$\frac{p_2}{p_1}=1+\frac{2\gamma}{\gamma+1}\left(Ma_1^2-1\right)=\frac{2\gamma}{\gamma+1}Ma_1^2-\frac{\gamma-1}{\gamma+1} \tag{5.3-15}$$

得到激波前后密度比和压力比后，根据热完全气体的状态方程就可以进一步得到激波前后的温度比，为

$$\frac{T_2}{T_1}=\frac{p_2/p_1}{\rho_2/\rho_1}=\frac{\left[2\gamma Ma_1^2-(\gamma-1)\right]\left[(\gamma-1)Ma_1^2+2\right]}{(\gamma+1)^2Ma_1^2} \tag{5.3-16}$$

通过激波，部分宏观动能耗散为内能，温度升高。不过温度升高的程度比压力弱。

激波前后的马赫数关系为

$$\left(\frac{Ma_2}{Ma_1}\right)^2=\left(\frac{V_2}{V_1}\right)^2\left(\frac{a_1}{a_2}\right)^2=\left(\frac{V_2}{V_1}\right)^2\frac{T_1}{T_2}=\frac{1}{Ma_1^{*4}}\frac{T_1}{T_2}$$

将式(5.2-25)和式(5.3-16)代入后整理得

$$Ma_2^2=\frac{1+\dfrac{\gamma-1}{2}Ma_1^2}{\gamma Ma_1^2-\dfrac{\gamma-1}{2}} \tag{5.3-17}$$

可见 $Ma_1\to\infty$ 时，$Ma_2\to\sqrt{(\gamma-1)/(2\gamma)}$，对于空气，$\gamma=1.4$，则 $Ma_2\to 0.378$；$Ma_1\to 1$ 时，$Ma_2\to 1$。

4. 通过正激波总压和熵的变化

通过正激波的流动是一维定常绝热流动。但是跨越厚度仅几个分子自由程的激波，流动性质发生了剧烈变化，几乎是不连续的。在激波内部有很大的速度梯度和温度梯度，摩擦和热传导的作用非常强，因此通过激波的过程又是一个不可逆过程。根据 5.2.1 节中关于“绝热不可逆过程中的特征常数”的讨论可知，激波前后，总焓、总温、驻点声速、临界声速等能量方程中的特征常数都是不变的，但总压和总密度下降，并且跨过激波有熵增，详见式(5.2-19)~式(5.2-22)。总压损失和熵增意味着黏性和热传导等耗散现象引起了机械能的损失。下面根据本节导出的激波前后气流参数变化关系，导出激波前后总压比和熵增与波前气流马赫数的关系。

波后与波前总压之比可以通过波后与波前静压比和波前后各自总压与静压之比(等熵关系式)确定如下：

$$\frac{p_{02}}{p_{01}}=\frac{p_{02}}{p_2}\frac{p_2}{p_1}\frac{p_1}{p_{01}}=\left(\frac{1+\dfrac{\gamma-1}{2}Ma_2^2}{1+\dfrac{\gamma-1}{2}Ma_1^2}\right)^{\frac{\gamma}{\gamma-1}}\left(\frac{2\gamma}{\gamma+1}Ma_1^2-\frac{\gamma-1}{\gamma+1}\right)$$

上式中的波后马赫数 $Ma_2$ 根据式(5.3-17)表述后代入，进一步整理得

$$\frac{p_{02}}{p_{01}}=\left(\frac{\dfrac{\gamma+1}{2}Ma_1^2}{1+\dfrac{\gamma-1}{2}Ma_1^2}\right)^{\frac{\gamma}{\gamma-1}}\left(\frac{2\gamma}{\gamma+1}Ma_1^2-\frac{\gamma-1}{\gamma+1}\right)^{-\frac{1}{\gamma-1}} \tag{5.3-18}$$

激波前后的熵变化可由式(5.2-21)确定，再代入上面的总压比公式，即得

$$\frac{s_2-s_1}{R}=-\ln\frac{p_{02}}{p_{01}}=\ln\left\{\left[1+\frac{2\gamma}{\gamma+1}\left(Ma_1^2-1\right)\right]^{\frac{1}{\gamma-1}}\left[\frac{(\gamma+1)Ma_1^2}{2+(\gamma-1)Ma_1^2}\right]^{-\frac{\gamma}{\gamma-1}}\right\} \tag{5.3-19}$$

下面对微弱激波分析一下熵增和总压比情况。所谓弱激波是指 $(p_2-p_1)/p_1$ 或

$\left(Ma_1^2-1\right)$是小量。令 $m=Ma_1^2-1$，将式(5.3-19)写成用小量 $m$ 表示的形式：

$$\frac{s_2-s_1}{R}=-\ln\frac{p_{02}}{p_{01}}=\ln\left[\left(1+\frac{2\gamma}{\gamma+1}m\right)^{\frac{1}{\gamma-1}}(1+m)^{-\frac{\gamma}{\gamma-1}}\left(\frac{\gamma-1}{\gamma+1}m+1\right)^{\frac{\gamma}{\gamma-1}}\right]$$

当 $m\ll 1$ 时，将上式采用级数展开，合并同类项后发现 $m$ 和 $m^2$ 项均消失，留下的项中可只取 $m^3$ 项。从而得到弱激波的熵增近似式：

$$\frac{\Delta s}{R}\approx\frac{2\gamma}{(\gamma+1)^2}\frac{\left(Ma_1^2-1\right)^3}{3} \tag{5.3-20}$$

由式(5.3-20)看出，在弱激波情况下，熵的变化与 $\left(Ma_1^2-1\right)^3$ 成正比。因此在粗略计算中，可近似地认为通过弱激波的熵值不变。根据上面的熵增近似式，还可以得到弱激波时总压比的近似式：

$$\frac{p_{02}}{p_{01}}=\mathrm{e}^{-\frac{\Delta s}{R}}\approx 1-\frac{\Delta s}{R}\approx 1-\frac{2\gamma}{(\gamma+1)^2}\frac{\left(Ma_1^2-1\right)^3}{3} \tag{5.3-21}$$

对量热完全气体，通过正激波气流参数的变化可由式(5.3-14)~式(5.3-18)计算。以比值形式给出的参数变化，即 $p_2/p_1$、$\rho_2/\rho_1$、$T_2/T_1$、$Ma_2$ 和 $p_{02}/p_{01}$，都只是波前马赫数 $Ma_1$ 的函数。图 5-15 给出了这些变化的曲线，附录 C 给出了相应的函数列表。

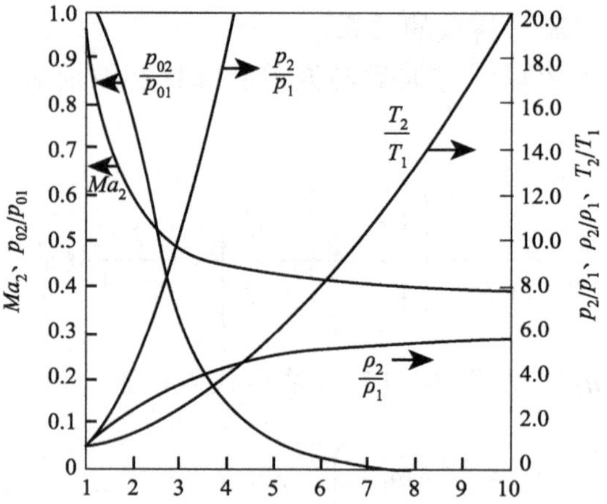


图 5-15　正激波前后参数比随波前马赫数的变化曲线

# 5.4　斜　激　波

## 5.4.1　引言

前面分析了正激波问题。正激波是激波面与气流方向垂直的一种特殊情况。实际中碰到更多的是斜激波，激波面与来流成一个斜角。例如，当超声速气流绕过一楔形物时有可能在顶端形成两道附体的斜激波。跨过斜激波后，气流的压力、温度、密度有突跃，并偏转为平行于物面流动。

斜激波的形成原因更好理解。5.1 节中曾经讨论过固定扰动源发出的小扰动在超声速气流中的传播，它是在以扰源为顶点的后向马赫锥内传播的。如果是一个线扰动源，其扰动的传播区域应该是由两个马赫面组成的楔形域。当扰动波比简单的声波强时，那么波前(强扰动波的边界，可视为压缩波的聚集和结合)将超越声波界面，如图 5-16 所示，形成一个与气流方向夹角 $\beta$ 大于马赫角 $\mu$ 的斜激波，$\beta$ 就称为激波角。

超声速气流流过一个在点 $A$ 处有有限大的向内偏转 $\theta$ 角的固壁时，也会产生斜激波，如图 5-17 所示。这里关心的流动处在壁面之上，偏转角向上，称为向内偏转。斜激波前的水平超声速气流，在通过斜激波后将会发生均匀的偏转以平行于物面，即气流也都向内偏转了 $\theta$ 角。气流参数也是发生突跃，速度、马赫数下降，温度、压力、密度升高。观察钝头体超声速飞行器的流场照片，会发现在物体前面有一道弓形的脱体曲线激波，如前面给出的图 5-9(a)。其实，曲线激波可以认为是无数微元段的平面斜激波的组合，仅在其正中间的一个微段是正激波。

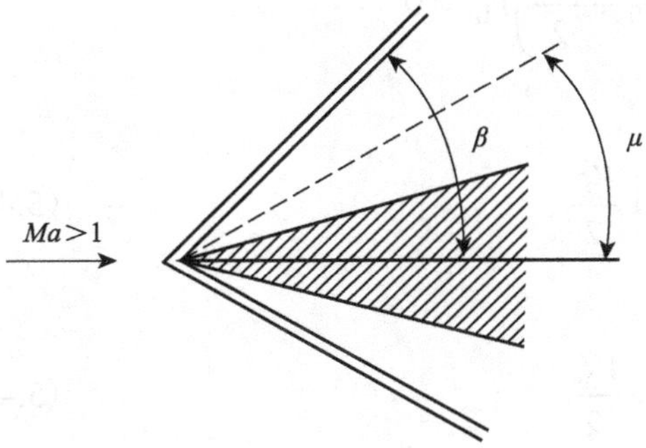


图 5-16　斜激波与马赫波间的关系

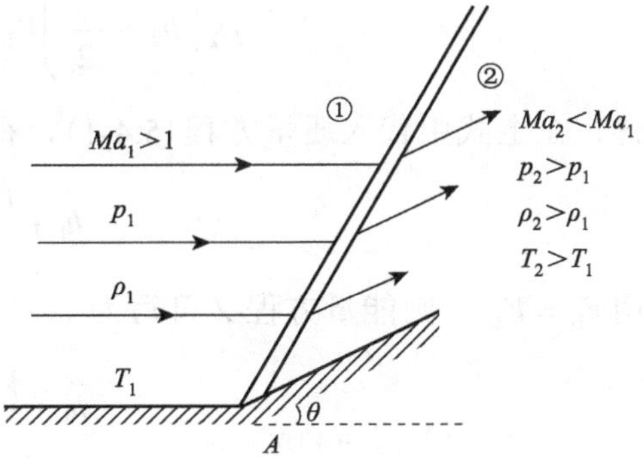


图 5-17　超声速气流流过内折拐角

斜激波与正激波有共性，也各自有特点。下面分析斜激波与工激波的关系，以便利用正激波的已知结论来推导斜激波的关系式，同时着重于探讨斜激波的特点。

### 5.4.2　斜激波与正激波的关系

首先列出斜激波的基本方程，然后与正激波的方程比较，找到二者之间的关系。

1. 基本控制方程

如图 5-18 所示的斜激波，激波角为 $\beta$，激波后气流速度矢量与波前气流速度矢量的夹角，亦称为气流偏转角，为 $\theta$。取一个包括斜激波在内的控制体，左右控制面平行于激波，上下控制面平行于流线(没有质量流出)，分别用下标 1、2 表示波前和波后参数。可以将波前和波后速度均分解

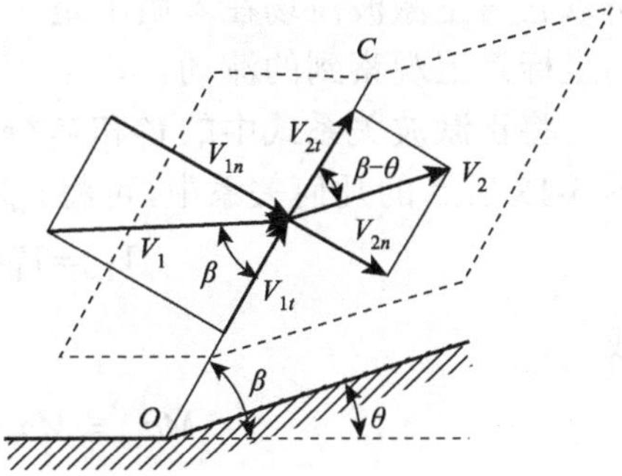


图 5-18　斜激波几何示意图

为垂直于激波面的法向速度和平行于激波面的切向速度，即$V_1$分解为$V_{1n}$、$V_{1t}$，$V_2$分解为$V_{2n}$、$V_{2t}$。对控制体应用积分形式的质量方程、动量方程和能量方程，可得到斜激波的基本控制方程如下。

应用积分形式的质量方程(3.2-17)，得

$$\rho_1 V_{1n} = \rho_2 V_{2n} \tag{5.4-1}$$

积分形式的动量方程(3.4-4)在激波面的法向 $n$ 和切向 $t$ 的投影分别为

$$\rho_2 V_{2n}^2 - \rho_1 V_{1n}^2 = p_1 - p_2 \tag{5.4-2}$$

$$\rho_2 V_{2t} V_{2n} - \rho_1 V_{1t} V_{1n} = 0 \tag{5.4-3}$$

将斜激波的质量方程(5.4-1)代入切向动量方程，可得

$$V_{1t} = V_{2t} \tag{5.4-4}$$

该式说明气体穿过斜激波后，流速的切向分量保持不变，产生突跃变化的只是法向分量。

积分形式的能量方程(3.7-23)应用到斜激波控制体后为

$$\rho_2\left(h_2 + \frac{V_2^2}{2}\right)V_{2n} - \rho_1\left(h_1 + \frac{V_1^2}{2}\right)V_{1n} = 0$$

同样，在上式中代入质量方程(5.4-1)，得

$$h_1 + \frac{V_1^2}{2} = h_2 + \frac{V_2^2}{2} \tag{5.4-5}$$

应用$V_{1t} = V_{2t}$，则能量方程又可写为

$$h_1 + \frac{V_{1n}^2}{2} = h_2 + \frac{V_{2n}^2}{2} \tag{5.4-6}$$

2. 控制方程分析

将斜激波的质量方程(5.4-1)、法向动量方程(5.4-2)和能量方程(5.4-6)与正激波的相应控制方程对比，可见只要用斜激波前后的法向速度分量$V_{1n}$、$V_{2n}$代换正激波方程中的$V_1$、$V_2$，两组方程就完全一样。这说明斜激波前后气流在激波面法向上的分量符合正激波的规律，或者说，斜激波流场就是由正激波流场与一个流速为$V_t$的均匀气流叠加而成的。所以它与正激波流场在本质上是一样的，可以说是站在一个沿激波切向向下速度为$V_t$的动坐标系上观察到的流动。

将正激波关系式中的$V_1$和$V_2$分别换成$V_{1n}$和$V_{2n}$，就可直接导出斜激波关系式。从如图 5-18 所示的几何关系中，可将$V_{1n}$、$V_{2n}$与$V_1$、$V_2$的关系用激波角$\beta$和气流偏转角$\theta$表达：

$$V_{1n} = V_1 \sin\beta, \quad V_{2n} = V_2 \sin(\beta - \theta) \tag{5.4-7}$$

或

$$Ma_{1n} = Ma_1 \sin\beta, \quad Ma_{2n} = Ma_2 \sin(\beta - \theta) \tag{5.4-8}$$

斜激波的特点是引入了激波角$\beta$和气流偏转角$\theta$两个新参数。

根据几何关系和斜激波前后切向速度不变的特点，可得

$$V_t = V_{1n}\cot\beta = V_{2n}\cot(\beta-\theta) \tag{5.4-9}$$

而由于跨过激波法向速度减小，所以

$$V_{1n} > V_{2n}$$

从而有

$$\beta > \beta-\theta,\quad 即\ \theta>0 \tag{5.4-10}$$

这说明气流通过斜激波后，向贴近激波面一侧偏转。这与产生斜激波的原因也是一致的：因为内折拐角的存在而在超声速气流中形成斜激波，气流跨过斜激波后转为平行于物面流动，向内折，即向贴近激波面一边偏转。

### 5.4.3　斜激波的基本关系式

1. 兰金-雨贡纽关系

如前所述，斜激波可以通过坐标系的转换化为正激波，因此其前后热力学参数分别与相应的正激波情况下相同。斜激波前后压力比与密度比之间也存在如式(5.3-9)所示的兰金-雨贡纽关系。

2. 斜激波前后法向速度间的普朗特关系

斜激波前后的法向速度间存在与正激波情况类似的普朗特关系。对量热完全气体，将法向动量方程(5.4-2)改写为

$$V_{2n}-V_{1n}=\frac{p_1}{\dot m_s}-\frac{p_2}{\dot m_s}=\frac{p_1}{\rho_1V_{1n}}-\frac{p_2}{\rho_2V_{2n}}=\frac{a_1^2}{\gamma V_{1n}}-\frac{a_2^2}{\gamma V_{2n}} \tag{5.4-11}$$

再根据由临界声速表达的一维定常绝热流的能量方程(5.2-17)，有

$$\frac{a_1^2}{\gamma-1}=\frac{\gamma+1}{\gamma-1}\frac{a^{*2}}{2}-\frac{V_{1t}^2}{2}-\frac{V_{1n}^2}{2} \tag{5.4-12}$$

$$\frac{a_2^2}{\gamma-1}=\frac{\gamma+1}{\gamma-1}\frac{a^{*2}}{2}-\frac{V_{2t}^2}{2}-\frac{V_{2n}^2}{2} \tag{5.4-13}$$

如果定义 $a_n^*$，使

$$\frac{\gamma+1}{\gamma-1}\frac{a^{*2}}{2}-\frac{V_t^2}{2}=\frac{\gamma+1}{\gamma-1}\frac{a_n^{*2}}{2} \tag{5.4-14}$$

则式(5.4-12)和式(5.4-13)可改写为

$$\frac{a_1^2}{\gamma-1}=\frac{\gamma+1}{\gamma-1}\frac{a_n^{*2}}{2}-\frac{V_{1n}^2}{2} \tag{5.4-15}$$

$$\frac{a_2^2}{\gamma-1}=\frac{\gamma+1}{\gamma-1}\frac{a_n^{*2}}{2}-\frac{V_{2n}^2}{2} \tag{5.4-16}$$

将式(5.4-15)和式(5.4-16)代入式(5.4-11)后，采用类似于正激波情况导出普朗特关系式时的方法整理，即可得

$$V_{1n}V_{2n} = a_n^{*2} = a^{*2} - \frac{\gamma-1}{\gamma+1}V_t^2 \tag{5.4-17}$$

式中，$a_n^{*2}$是根据定义式(5.4-14)确定的。由式(5.4-17)可进一步得

$$Ma_{1n}^*Ma_{2n}^* = 1 - \frac{\gamma-1}{\gamma+1}\left(\frac{V_t}{a^*}\right)^2 \leqslant 1 \tag{5.4-18}$$

式(5.4-17)和式(5.4-18)即斜激波前后法向速度的普朗特关系式。它们说明，对于斜激波，$Ma_{1n}^* > 1$，必有$Ma_{2n}^* < 1$，即$V_{2n} < a^*$。$Ma_{2n}^* < 1$也意味着$Ma_{2n} < 1$，但必须注意，波后的$Ma_2\left(=\sqrt{Ma_{2n}^2 + Ma_{2t}^2}\right)$不一定小于 1。也就是说斜激波后气流可以是亚声速的，也可以是超声速的，这与正激波不同。

3. 斜激波前后气流状态的变化

利用斜激波与正激波的关系，将正激波前后参数比与波前马赫数$Ma_1$的关系式中的$Ma_1$换为斜激波的波前法向马赫数$Ma_1\sin\beta$，即可得到斜激波前后参数比的如下公式：

$$\frac{\rho_2}{\rho_1} = \frac{\dfrac{\gamma+1}{2}Ma_1^2\sin^2\beta}{1+\dfrac{\gamma-1}{2}Ma_1^2\sin^2\beta} = \frac{Ma_1^2\sin^2\beta}{1+\dfrac{\gamma-1}{\gamma+1}\left(Ma_1^2\sin^2\beta-1\right)} \tag{5.4-19}$$

$$\frac{p_2}{p_1} = 1+\frac{2\gamma}{\gamma+1}\left(Ma_1^2\sin^2\beta-1\right) = \frac{2\gamma}{\gamma+1}Ma_1^2\sin^2\beta - \frac{\gamma-1}{\gamma+1} \tag{5.4-20}$$

$$\frac{T_2}{T_1} = \frac{\left[2\gamma Ma_1^2\sin^2\beta-(\gamma-1)\right]\left[(\gamma-1)Ma_1^2\sin^2\beta+2\right]}{(\gamma+1)^2Ma_1^2\sin^2\beta} \tag{5.4-21}$$

$$\frac{s_2-s_1}{R} = -\ln\frac{p_{02}}{p_{01}} = \ln\left\{\left[1+\frac{2\gamma}{\gamma+1}\left(Ma_1^2\sin^2\beta-1\right)\right]^{\frac{1}{\gamma-1}}\left[\frac{(\gamma+1)Ma_1^2\sin^2\beta}{(\gamma-1)Ma_1^2\sin^2\beta+2}\right]^{-\frac{\gamma}{\gamma-1}}\right\} \tag{5.4-22}$$

导出上述关系式后，可见只要把斜激波转换为正激波，问题就解决了。不过关键的问题是，对于一个给定形状的物体，例如楔形体，知道半楔角，也就是知道了斜激波后气流转折角$\theta$，而上述关系式中的激波角$\beta$并不知道。下面来找到$\beta$与$\theta$的关系。

4. 激波角$\beta$与气流偏转角$\theta$的关系

由图 5-19 所示的速度三角形可得

$$\tan\beta = \frac{V_{1n}}{V_{1t}} \tag{5.4-23}$$

$$\tan(\beta-\theta)=\frac{V_{2n}}{V_{2t}} \tag{5.4-24}$$

而 $V_{1t}=V_{2t}$，再利用质量方程(5.4-1)和斜激波前后密度比式(5.4-19)，得

$$\frac{\tan(\beta-\theta)}{\tan\beta}=\frac{V_{2n}}{V_{1n}}=\frac{\rho_1}{\rho_2}=\frac{2+(\gamma-1)Ma_1^2\sin^2\beta}{(\gamma+1)Ma_1^2\sin^2\beta} \tag{5.4-25}$$

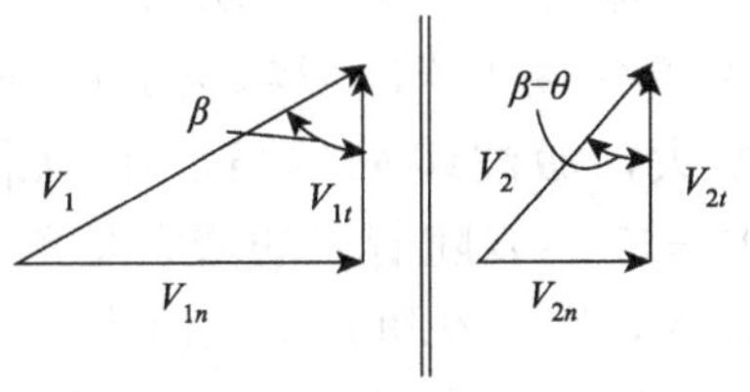


图 5-19　斜激波前后切向法向速度示意图

应用三角函数关系后式(5.4-25)可继续整理为

$$\tan\theta=2\cot\beta\frac{Ma_1^2\sin^2\beta-1}{Ma_1^2(\gamma+\cos2\beta)+2} \tag{5.4-26}$$

从前面导出的斜激波关系式(5.4-19)~式(5.4-22)可知，在波前马赫数 $Ma_1$ 一定时，激波角 $\beta$ 越大，激波越强(波后压力、密度越大)。因此有必要分析激波角 $\beta$ 随气流偏转角 $\theta$ 的变化规律。式(5.4-26)表明，激波角 $\beta=\pi/2$ (正激波)和 $\beta=\arcsin Ma_1^{-1}=\mu$ (马赫角)时，气流偏转角 $\theta=0$。也就是说，在正激波的情况下和当激波弱化为马赫波时，气流偏转角为 0。而当 $\beta$ 从马赫角 $\mu$ 变到 $\pi/2$ 时，$\theta$ 总是正值，可见在这个范围内，$\theta$ 角必有一极大值 $\theta_{\max}$。该极大值和其对应的激波角 $\beta_m$ 可以对式(5.4-26)求导、求极值得出：

$$\tan\theta_{\max}=f(\beta_m) \tag{5.4-27}$$

前人已根据式(5.4-26)制成数值表，对每一个 $Ma_1$，$\beta$ 从马赫角 $\mu=\arcsin Ma_1^{-1}$ 变到正激波的激波角 $\pi/2$，列出计算得到的对应的 $\theta$ 数值，供查用。根据式(5.4-26)绘制的 $\theta-\beta$ 曲线如图 5-20 所示。

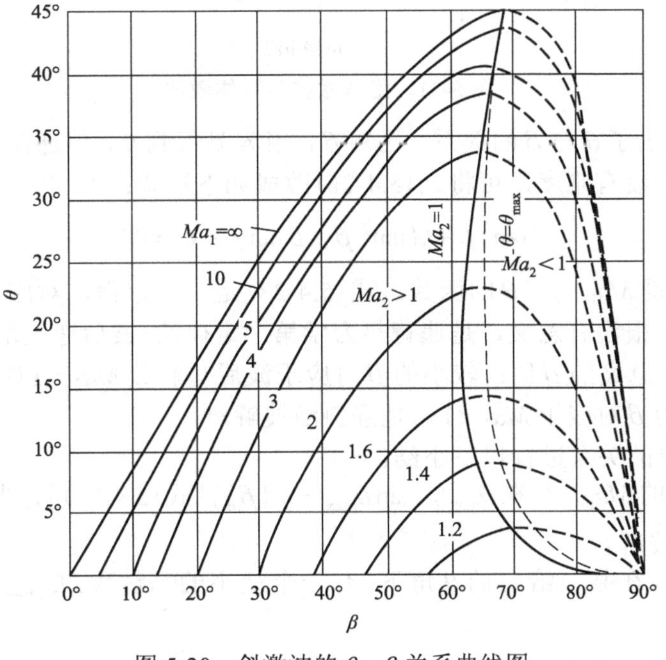


图 5-20　斜激波的 $\theta-\beta$ 关系曲线图

那么为什么当$\beta$从马赫角$\mu$变到$\pi/2$时，$\theta$先增加后减小呢？从速度三角形得到的式(5.4-24)可知，$\theta$取决于$V_{2n}$和$V_t$的大小。当$V_{2n}$越小而$V_t$越大时，$\theta$值越大。随着$\beta$的增大，激波越来越强，在$Ma_1^2\sin^2\beta<2/(\gamma-1)$的情况下，$V_{2n}$随$\beta$增加不断减小；而$V_t=V_1\cos\beta$随着$\beta$的增大是单调减小的。在$\beta$增大的前一阶段$V_{2n}$的下降率大于$V_t$的下降率，因而$\theta$随$\beta$增大而增大；在后一阶段，$V_{2n}$的下降率小于$V_t$的下降率或者$V_{2n}$上升而$V_t$下降，因而$\theta$随$\beta$增大而减小。

从图 5-20 还可知，当楔角$\theta$大于$\theta_{max}$时，就没有斜激波解，出现脱体激波。这是因为当楔角很大时，依靠斜激波来使气流转折已不可能，只有形成脱体激波，利用正激波后的亚声速流动来实现气流的转向。图 5-21 给出了超声速气流绕尖楔流动和绕内折拐角流动中出现附体激波与脱体激波的情形。

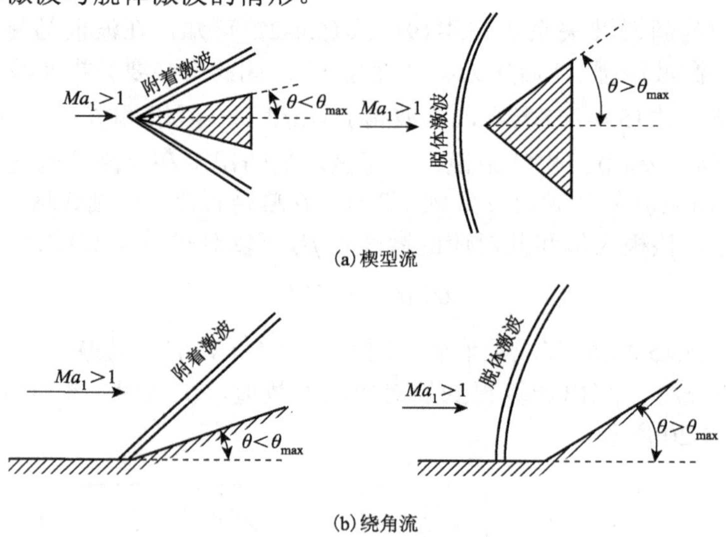


图 5-21　附体激波与脱体激波

式(5.4-26)给出了$\theta$与$\beta$的关系。已知$\beta$，很容易得到$\theta$，但通常需要的是根据$\theta$求$\beta$。这在数学上也没有难度，可将式(5.4-26)改成如下形式：

$$\tan^3\beta+A\tan^2\beta+B\tan\beta+C=0 \tag{5.4-28}$$

式中，$A$、$B$、$C$ 是$Ma_1$、$\gamma$、$\theta$的函数。式(5.4-28)是三次方程，对应一个$\theta$，它的解有三个根，其中一个根没有意义，是违背热力学第二定律的(波后速度增大)。因此对应一个$\theta$有两个有物理意义的$\beta$值：较小的$\beta$对应于波后马赫数$Ma_2>1$(或略小于 1)，是弱斜激波解；较大的$\beta$对应于$Ma_2<1$，是强斜激波解。

下面对$\beta$与$\theta$的关系进行以下小结。

(1)对于给定的$Ma_1$，存在$\theta_{max}$，$\tan\theta_{max}=f(\beta_m)$[式(5.4-27)]，当$\theta>\theta_{max}$时，激波脱体，没有斜激波解。

(2)换句话说，在某一给定的$\theta$角下，有一个最小的马赫数$Ma_{1,min}$，$Ma_1<Ma_{1,min}$时，没有斜激波解。

(3)一个$\theta$对应有两个$\beta$，一个强解，一个弱解。

(4) $\theta=\theta_{\max}$ 时，$Ma_2<1$，斜激波后一定是亚声速流。

在具体问题中究竟发生哪一种情况，是强激波解还是弱激波解，这要由产生激波的具体条件——气流的来流马赫数和边界条件来确定。在超声速气流中产生激波有下列三种情况。

(1) 由气流的偏转角所规定的激波。这类情况出现在物体绕流的外部流动问题中。例如，超声速气流绕楔流动，来流穿过激波后，气流方向应平行于物面，才能满足物面边界条件。因此这类激波由来流 $Ma_\infty$ 和偏转角 $\theta$ 规定。不过这时求解激波得到两个解。前人经过无数的试验观察，认定：凡是由气流偏转角 $\theta$ 规定的激波，只要是附体激波，都是取弱解。

(2) 由压力条件所决定的激波。这涉及具有自由边界的一类问题，例如，超声速气流从喷管射出时，如果气流的出口压力 $p_e$ 低于背压 $p_B$，超声速气流就会产生激波以提高压力。这时激波强度由压比 $p_B/p_e$ 所决定，这就是自由边界上的压力条件。解这类问题，要根据 $Ma_1$ 和压比 $p_B/p_e$ 决定激波强度，解是唯一的。在后面 5.7 节分析拉瓦尔喷管流动时再做说明。

(3) 由壅塞所决定的激波。在管道流动中可能发生某种壅塞现象。这时会迫使超声速的上游气流在某处产生激波，使气流做某种调整。这种激波的强度既不是由气流方向所规定的，也不是由环境压力所规定的，而是由最大流量的极限条件所决定的，解也是唯一的。详见童秉纲等编著的《气体动力学》。

5. $Ma_2$ 和 $Ma_1$ 的关系

将 $Ma_2\sin(\beta-\theta)$ 和 $Ma_1\sin\beta$ 分别替换正激波波前后马赫数关系式中的 $Ma_2$ 和 $Ma_1$，得

$$Ma_2^2\sin^2(\beta-\theta)=\frac{1+\dfrac{\gamma-1}{2}Ma_1^2\sin^2\beta}{\gamma Ma_1^2\sin^2\beta-\dfrac{\gamma-1}{2}} \tag{5.4-29}$$

代入 $\theta-\beta$ 的关系式(5.4-26)，整理得

$$Ma_2^2=\frac{Ma_1^2+\dfrac{2}{\gamma-1}}{\dfrac{2\gamma}{\gamma-1}Ma_1^2\sin^2\beta-1}+\frac{Ma_1^2\cos^2\beta}{\dfrac{\gamma-1}{2}Ma_1^2\sin^2\beta+1} \tag{5.4-30}$$

可见，$Ma_1$ 一定时，如果 $\beta$ 增大，$Ma_2$ 就降低。$\beta$ 小时，$Ma_2>1$；$\beta$ 大过一定值时，$Ma_2<1$。令 $\beta^*$ 和 $\theta^*$ 分别表示 $Ma_2=1$ 时的 $\beta$ 和 $\theta$ 的值，从图 5-20 的曲线可以看出，$\theta^*$ 和 $\theta_{\max}$ 以及 $\beta^*$ 和 $\beta_m$ 都是很接近的。

## 5.5　普朗特-迈耶膨胀波

前面已经知道，直管中活塞向右内压时，产生压缩波的聚集而形成激波；直管中活塞向左外拉时，则会产生一系列膨胀波向右传播，但是后面的波速小于前面的波速，因

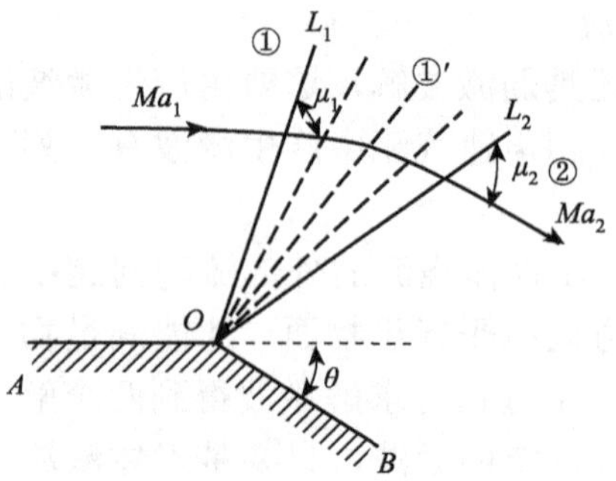

图 5-22　超声速气流流过外折拐角，P-M 膨胀波

此膨胀波是散开的。类似地，超声速气流向内折转时，会产生斜激波(可视为由压缩波聚集而成)，如图 5-17 所示。超声速气流向外折转时，或者说绕凸角流动时，会产生一道道散开成扇形的膨胀波，如图 5-22 所示。这些膨胀波就是普朗特–迈耶(Prandtl-Meyer)膨胀波(以后简称 P-M 膨胀波)。本节将分析导出经过 P-M 膨胀波后的气流参数，特别是气流速度与折转角的关系，马赫数与折转角的关系式——也就是 P-M 膨胀波关系式。

### 5.5.1　超声速定常气流绕凸角的平面流动的图像

图 5-22 给出了超声速定常气流绕流凸角的流动图。设马赫数 $Ma_1$ 的超声速气流平行于壁面 $AO$ 流动。在 $O$ 点由于壁面突然向外折转，形成一个凸面。由于壁面的气流必与壁面相切，所以角点后壁面的流线会相对于角点前的超声速气流向下偏转一个角度 $\theta$。

1. 流动特点分析

图 5-22 中 $O$ 点相当于一个扰动源，将它产生的扰动视为无数个小扰动的叠加，即向外发出无数小扰动波，超声速气流中小扰动波传播的边界线就是马赫线，扰动波也就是马赫波。对于向外折的绕凸角流动，这些马赫波是膨胀波。由于膨胀过程是经过一系列膨胀马赫波完成的，而通过每个马赫波，气流的熵增 $\mathrm{d}s = 0$，因此整个膨胀过程是等熵过程。

经过膨胀后气流压力降低，则根据等熵关系式(1.3-42)：

$$\frac{p}{p_1} = \left(\frac{\rho}{\rho_1}\right)^{\gamma} = \left(\frac{T}{T_1}\right)^{\frac{\gamma}{\gamma-1}}$$

可知波后气流温度也降低了。再根据定常绝热流沿流线的能量方程(5.2-6)，有

$$c_p T + \frac{V^2}{2} = c_p T_1 + \frac{V_1^2}{2} \tag{5.5-1}$$

可知膨胀后气流是加速的。另一方面，膨胀波后气流的温度、压力和密度的降低，意味着累积发出的膨胀波其波速(即声速)是依次降低的，于是膨胀后气流的马赫数增大。

由于每一道波后马赫数都增大，因而马赫角逐渐减小，据此可以推知一道道膨胀马赫波的分布是逐渐散开的。以图 5-22 中马赫波 $OL_2$ 和 $OL_1$ 的关系为例来说明。由于 $Ma_2 > Ma_1$，所以

$$\mu_2 = \arcsin\left(Ma_2^{-1}\right) < \mu_1 = \arcsin\left(Ma_1^{-1}\right)$$

可见相对于图 5-22 中 $AO$ 面，对于任意的向外折转角 $\theta$：

$$\mu_1 > \mu_2 - \theta \tag{5.5-2}$$

总成立。也就是说马赫波 $OL_2$ 一定在 $OL_1$ 之后，膨胀波是散开的。所以说超声速气流向外偏转时，会出现扇形膨胀区。

2. 各区气流参数

对于均匀来流：若 $\theta$ 是一个微量，$OL_1$ 与 $OL_2$ 充分靠近，即 $\theta \to 0,\ OL_2 \to OL_1$，来流的变化可看成经过 $OL_1$ 一道波完成。第一道马赫波 $OL_1$ 为直线，气流经过后流速和偏转角均有微小增加，沿 $OL_1$ 增量相同，亦即在 $OL_1$ 线上的扰动参数不变。

当 $\theta$ 为有限量时，气流向外折转 $\theta$ 角，从 $Ma_1$ 变成 $Ma_2$，可看成是经过无数条直线膨胀波组成的膨胀波系的转换而完成的。每一条从 $O$ 点发出的直线膨胀波上扰动参数相同。如图 5-22 所示，$OL_1$ 前为①区：气流平行于壁面 $AO$ 流动，参数均匀，($\rho_1$，$p_1$，$T_1$，$Ma_1$)为常量。扇形 $L_1OL_2$ 为膨胀区 ①′ 区：气流通过一道道膨胀波后，流线发生光滑连续的偏转，且马赫数连续增大，压力、密度、温度连续减小，即($\rho_1'$，$p_1'$，$T_1'$，$Ma_1'$)连续变化。通过膨胀区后的流线相对于来流偏转角度 $\theta$，平行于壁面 $OB$。$OL_2$ 后为②区：超声速气流平行于壁面 $OB$ 流动，参数均匀，($\rho_2$，$p_2$，$T_2$，$Ma_2$)为常量。

三个区域的气流参数关系为

$$\rho_1 \geqslant \rho_1' \geqslant \rho_2,\quad p_1 \geqslant p_1' \geqslant p_2,\quad T_1 \geqslant T_1' \geqslant T_2,\quad Ma_1 \leqslant Ma_1' \leqslant Ma_2 \tag{5.5-3}$$

三个区域流场均是均能、均熵，亦是无旋的。

### 5.5.2 普朗特-迈耶膨胀波关系式

下面来导出 P-M 膨胀流动的气流速度和气流折转角 $\theta$ 之间的关系，为此要建立相应的数学模型。前面已分析得知，P-M 流动的扇形膨胀区前和后气流都是均匀的，膨胀区内的每道膨胀波也都是直线，且气流参数沿膨胀波方向不发生变化，这说明 P-M 流动与径向尺寸无关，只是由于气流折转 $\mathrm{d}\theta$ 这一扰动产生膨胀马赫波，使波后的各流动参数发生变化。于是就可以把这个平面流动问题简化为单个自变量 $\theta$ 的自相似流动来处理。可以从极坐标形式的无黏定常等熵流基本方程出发，求该自相似流动的精确解。

1. P-M 膨胀流动的微分方程

这里采用更加直观和简便的几何法导出膨胀波后速度与气流折转角的关系。

如图 5-23 所示，速度大小为 $V$ 的气体质点穿过马赫波后，速度大小变为 $V+\mathrm{d}V$，速度的方向顺时针折转了角度 $\mathrm{d}\theta(>0)$。类似于斜激波情况，根据波前后沿马赫波切向动量守恒，可知经过马赫波后气流切向速度不变，只有法向速度发生变化。

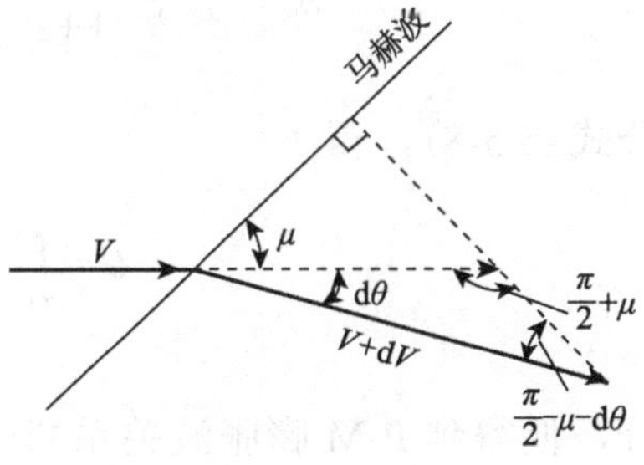

图 5-23　马赫波前后的速度关系

于是，根据图 5-23 所示速度三角形中的几何关系，可知

$$\frac{V_t}{V+\mathrm{d}V}=\cos(\mu+\mathrm{d}\theta),\quad \frac{V_t}{V}=\cos\mu$$

则

$$\frac{V+\mathrm{d}V}{V}=\frac{\cos\mu}{\cos(\mu+\mathrm{d}\theta)}=\frac{\cos\mu}{\cos\mu\cos\mathrm{d}\theta-\sin\mu\sin\mathrm{d}\theta} \tag{5.5-4}$$

由于 $\mathrm{d}\theta$ 无限小，$\sin\mathrm{d}\theta \approx \mathrm{d}\theta$，$\cos\mathrm{d}\theta \approx 1$，所以式(5.5-4)成为

$$1+\frac{\mathrm{d}V}{V}=\frac{\cos\mu}{\cos\mu-\mathrm{d}\theta\cdot\sin\mu}=\frac{1}{1-\mathrm{d}\theta\cdot\tan\mu}\approx 1+\mathrm{d}\theta\tan\mu \tag{5.5-5}$$

再根据

$$\sin\mu=\frac{1}{Ma},\quad \tan\mu=\frac{1}{\sqrt{Ma^2-1}} \tag{5.5-6}$$

可得到 P-M 膨胀流动的微分方程：

$$\mathrm{d}\theta=\frac{1}{\tan\mu}\frac{\mathrm{d}V}{V}=\sqrt{Ma^2-1}\frac{\mathrm{d}V}{V} \tag{5.5-7}$$

当 $\mathrm{d}\theta\to 0$ 时，式(5.5-7)是精确成立的，适用于任何气体，包括非完全气体。

2. P-M 膨胀波关系式

对式(5.5-7)积分，积分起点(膨胀起点)定为：$\theta=0$、$Ma=1$处，因此有

$$\theta=\int_0^{\theta}\mathrm{d}\theta=\int_a^V\sqrt{Ma^2-1}\frac{\mathrm{d}V}{V} \tag{5.5-8}$$

将 $\mathrm{d}V/V$ 采用 $Ma$ 表示，由于 $V=Ma\cdot a$，则

$$\frac{\mathrm{d}V}{V}=\frac{\mathrm{d}Ma}{Ma}+\frac{\mathrm{d}a}{a} \tag{5.5-9}$$

对量热完全气体，在定常绝热条件下，根据式(5.2-28)和声速公式，有

$$a=a_0\left(1+\frac{\gamma-1}{2}Ma^2\right)^{-\frac{1}{2}} \tag{5.5-10}$$

其中 $a_0$ 为驻点声速。对上式取对数再微分，得

$$\frac{\mathrm{d}a}{a}=-\frac{\gamma-1}{2}\frac{Ma\mathrm{d}Ma}{1+\frac{\gamma-1}{2}Ma^2}=-\frac{\frac{\gamma-1}{2}Ma^2}{1+\frac{\gamma-1}{2}Ma^2}\frac{\mathrm{d}Ma}{Ma} \tag{5.5-11}$$

代入积分式(5.5-8)，得

$$\theta=\int_1^M\frac{\sqrt{Ma^2-1}}{1+\frac{\gamma-1}{2}Ma^2}\frac{\mathrm{d}Ma}{Ma} \tag{5.5-12}$$

经过积分，便得到 P-M 膨胀波关系式:

$$\theta=\nu(Ma)=\sqrt{\frac{\gamma+1}{\gamma-1}}\arctan\sqrt{\frac{\gamma-1}{\gamma+1}\left(Ma^2-1\right)}-\arctan\sqrt{Ma^2-1} \tag{5.5-13}$$

式(5.5-13)给出了 $Ma_1=1$ 的超声速气流经过折转角 $\theta$ 膨胀后的气流马赫数 $Ma$ 与 $\theta$ 的关系，需要注意的是它只适用于量热完全气体。

3. P-M 膨胀波关系式应用范围及方法

根据式(5.5-13)，以 $Ma_1=1$ 时的气流膨胀后马赫数达到无穷对应的 $\theta$ 角为最大膨胀角，则有

$$\theta_{\max}=\lim_{Ma\to\infty}\nu(Ma)=\left(\sqrt{\frac{\gamma+1}{\gamma-1}}-1\right)\frac{\pi}{2}=130.45^{\circ} \tag{5.5-14}$$

这其实只是想象的极限。膨胀后气流马赫数达到无穷，气流总焓全部转化为动能，$p$、$\rho$、$T$ 均为零。并且，$\theta>\theta_{\max}$ 时，由于 $p=0$，空出来的空间只能任由它处于真空。实际上这是不可能的，这时量热完全气体模型已不适用，而且由于黏性作用，不可能出现真空。不过转折角接近极限时，$p$、$\rho$、$T$ 很小。另外要注意的是这是 $Ma_1=1$ 时的气流最大膨胀角。如果 $Ma_1>1$，那么膨胀角小于 $130.45^{\circ}$。

一般情况下，需要解决的是超声速气流的折转膨胀问题。即已知气流马赫数 $Ma_1$ 和折转角 $\Delta\theta$，要求 $Ma_2$。这时可以补充一个假想的从声速气流折转膨胀到超声速气流 $Ma_1$ 的过程。如图 5-24 所示，先假想声速气流经过折转角 $\theta_1$ 膨胀加速到马赫数 $Ma_1$，根据式(5.5-13)得到对应的

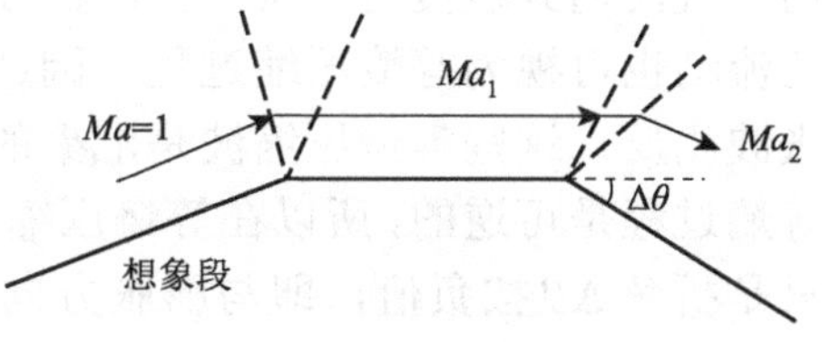

图 5-24　超声速气流膨胀的转换

$$\theta_1=\nu\left(Ma_1\right) \tag{5.5-15}$$

而 $Ma_1$ 气流再经过折转角 $\Delta\theta$（即相对于声速气流是折转了 $\theta_2=\theta_1+\Delta\theta$）后，膨胀加速为气流 $Ma_2$，对应的

$$\theta_1+\Delta\theta=\theta_2=\nu\left(Ma_2\right) \tag{5.5-16}$$

于是可由 $\nu\left(Ma_2\right)$ 再根据式(5.5-13)推出 $Ma_2$。

能够这样换算的理由是：在超声速气流中，下游的扰动只影响其后的马赫锥内的区域，不会向上游传播。因此不管超声速气流 $Ma_1>1$ 之后的 $\Delta\theta$ 多大和由什么 $Ma_1$ 值开始膨胀的，都不会影响其上游的所设想的由 $Ma=1$ 开始膨胀至该 $Ma_1$ 值的 P-M 流动。也就是说，对于任意两个马赫数 $Ma_1\to Ma_2$ 间的 P-M 流动，P-M 膨胀波关系式可表示为

$$\Delta\theta=\theta_2-\theta_1=\nu(Ma_2)-\nu(Ma_1) \tag{5.5-17}$$

若 $\Delta\theta$、$Ma_1$、$T_1$、$p_1$、$\rho_1$ 给定，则利用式(5.5-17)便可确定 $Ma_2$，再利用等熵关系式求出 $T_2$、$p_2$、$\rho_2$。

式(5.5-13)给出了膨胀后马赫数 $Ma$ 和对应折转角 $\theta$ 的关系。但已知马赫数 $Ma$ 求折转角 $\theta$ 容易，反之则困难。不过，可以根据该式制成数据表，见附录 D。在已知折转角要求膨胀后气流马赫数时，可以查阅该 $\theta=\nu\left(Ma\right)$ 数据表获得。

### 5.5.3　超声速气流绕二维曲面的流动

当不计气体的黏性时，可以取 P-M 膨胀流动的任意一条流线作为固壁，当超声速气

流绕过这些凸曲面流动时，情况和绕外折角流动是一样的。于是绕凸曲面的流动就相当于绕若干假想的外折角的流动。气流参数值的总变化[从$\theta = \nu(Ma)$关系亦可看出]只取决于波前气流参数和总折转角度，与气流的折转方式无关，不同折转方式只是改变了膨胀过程的快慢。

对任意形状的凸曲线也能应用 P-M 膨胀波关系式求解。对如图 5-25 所示的二维凸曲线，可将凸曲线分割成无数个微元弧段，对每一个弧段，可以适用 P-M 膨胀波。图中的 $O_1$、$O_2$、$O_3$ 等是每一微元弧段中想象的凸角点。因此对于任意凸曲面的绕流，可以认为是无数个 P-M 膨胀波的微元区域的组合。对于某一给定的来流 $Ma_1$ 和折转角 $\Delta\theta$ 来说，凸曲线的形状只影响膨胀过程的快慢，不影响最后结果。

上述结论甚至可以推广到绕缓慢变化的二维凹曲面的流动，如图 5-26 所示。超声速均匀气流遇到缓慢压缩时，在凹曲面上产生无数的直线压缩波。气流穿过微弱压缩波系的流动也可视为等熵压缩过程，因此这些是等熵压缩波，在图中用细实线表示。但与膨胀波相反，这些等熵压缩波是汇聚的，会在上方汇集成激波，图中以粗实线表示。由于等熵过程是可逆的，所以在等熵压缩波汇集之前的流动区域，仍可用 P-M 膨胀波关系式，只是折角 $\Delta\theta$ 按负值，即与膨胀方向相反地做逆向计算。当压缩波汇聚为一道激波后，变为熵增过程，P-M 膨胀波关系式就不再适用了。

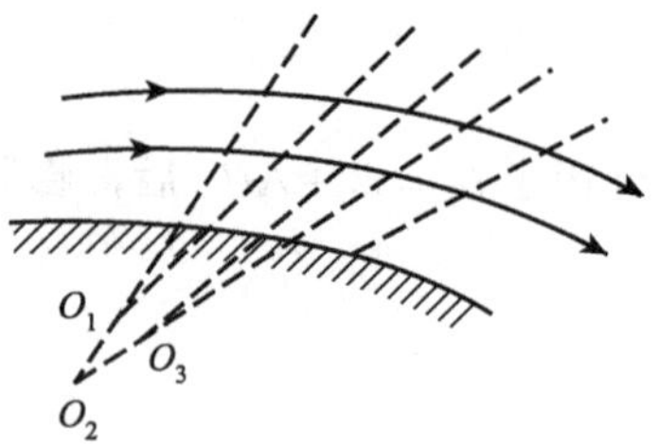


图 5-25　绕凸曲面的超声速流动

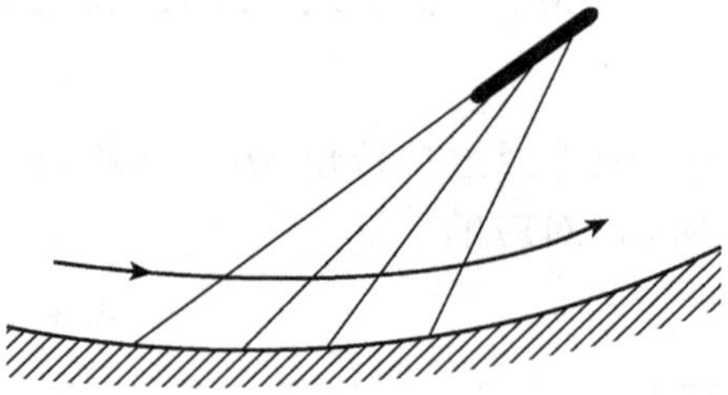

图 5-26　绕缓慢变化的凹曲面的超声速流动

# 5.6　激波-膨胀波理论对超声速翼型的应用

超声速气流流过翼型时，在翼面上将产生激波-膨胀波系。激波-膨胀波法就是根据这种绕流图像，以斜激波和膨胀波的理论为基础，直接求解超声速二维翼型的表面压力分布。而在求出了翼面的压力分布后，不难通过积分得出升力、波阻和力矩系数。需要注意的是，既然要用斜激波理论，一定要有一个界限：在确实是能够产生斜激波的情况，也就是说绕流翼型的气流转折角不能超过对应马赫数下的最大转折角 $\theta_{max}$。

## 5.6.1　超声速气流绕流平板翼型

超声速气流绕流平板是一个最简单的应用激波-膨胀波理论的例子。如图 5-27 所示，气流绕流有攻角的平板翼型时，在平板的上表面，由于流动方向发生改变(外折)，在前缘处产生膨胀波，所以上表面的压力 $p_2$ 会小于自由来流的压力 $p_1$， $p_2 < p_1$；在平板下表面，气流是发生内折，前缘处产生斜激波，下表面的压力 $p_3$ 会大于自由流压力 $p_1$，

$p_3 > p_1$。在后缘处，上下翼面的气流(超声速)流动方向是一致的，但压力不一致：上翼面压力低，下翼面压力高，因此在后缘处，上翼面气流要跨过一道斜激波向上偏折(内折)，而下翼面气流要跨过膨胀波向上偏折(外折)，上下翼面的气流分别经过激波和膨胀波后，气流压力相同，经过偏折后二者的流动方向也相同，且接近于与自由来流方向一致。

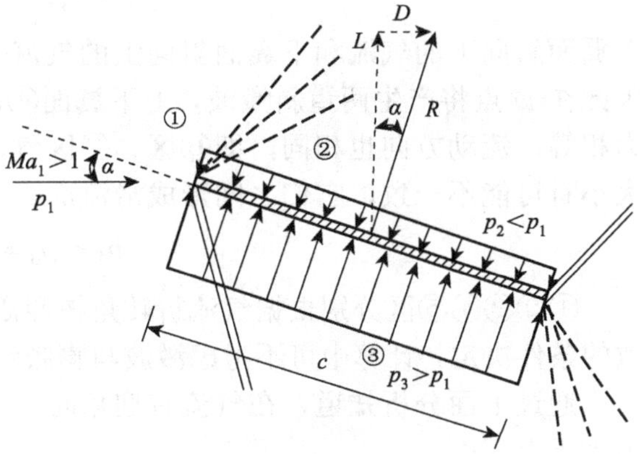

图 5-27　超声速气流绕流有迎角的平板

平板上下翼面的压力分布各自都是均匀的，但上翼面压力 $p_2$ 小于下翼面压力 $p_3$，即

$$p_2 < p_1 < p_3$$

因此沿平板长度(为 $c$)积分后就会有一个垂直于平板向上的合力：

$$R = (p_3 - p_2)c \tag{5.6-1}$$

该合力在垂直于来流方向的分量是升力，在平行于来流方向的分量则为阻力：

$$L = R\cos\alpha = (p_3 - p_2)c\cos\alpha \tag{5.6-2}$$

$$D = R\sin\alpha = (p_3 - p_2)c\sin\alpha \tag{5.6-3}$$

### 5.6.2　超声速气流绕流菱形翼型

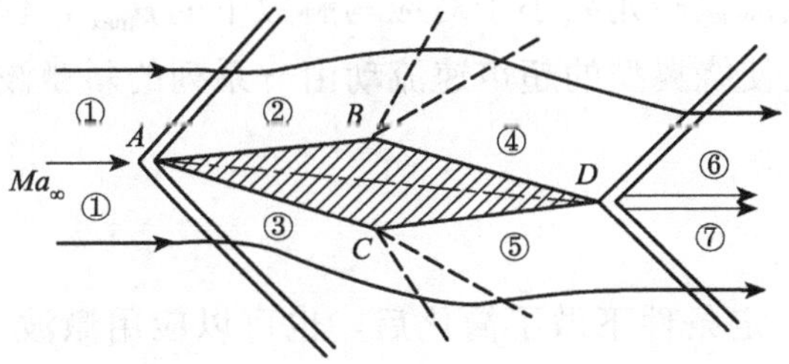

图 5-28　超声速气流绕流菱形翼型

再来考察一个有迎角的对称菱形翼型的绕流，翼型周围产生的波系如图 5-28 所示。翼面上下共划分了七个流动区域，每个区内的流动参数都是均匀分布的。

先看上翼面：在小迎角时，在点 $A$ 往上产生斜激波，而在大迎角时则产生普朗特-迈耶膨胀波。现在设为小迎角情况，迎角 $\alpha$ 小于菱形的半顶角 $\varepsilon$。首先，$A$ 点气流内折，折角为 $\varepsilon-\alpha$，产生斜激波，经过斜激波后流线平行于 $AB$ 物面，到 $B$ 点处物面有外折拐角，折转角为 $2\varepsilon$，产生膨胀波，跨过扇形膨胀波区后气流平行于 $CD$。

再看下翼面：$A$ 点气流内折，且折角比上翼面大，为 $\varepsilon+\alpha$，斜激波更强，因此③区气流比②区气流压力高、马赫数低；

$$p_3 > p_2, \quad Ma_3 < Ma_2$$

气流在 $C$ 点外折，折转角为 $2\varepsilon$，也产生膨胀波，不过由于③区气流比②区气流马赫数低，因此在同样的折转角下，波后⑤区气流要比上翼面膨胀波后④区气流压力高，马赫数低：

$$p_5 > p_4, \quad Ma_5 < Ma_4$$

上翼面斜向下的气流和下翼面斜向上的气流在 $D$ 点相遇时，彼此都受到“对方”的压缩，因此在 $D$ 点将产生两道斜激波，上下翼面④区和⑤区气流分别跨过这两道斜激波后，压力相等，流动方向也相同，即⑥区、⑦区气流压力相等，气流速度方向相同，但是速度大小有可能不一致，它们之间形成滑流面。

$$p_4 < p_6 = p_7 > p_5$$

①②③④⑤区分别根据气流折转角按照激波或膨胀波计算，⑥⑦区则由压力及流向一致的条件决定。计算中可不考虑激波与膨胀波相交后产生的反射膨胀波和滑移线等。

通过上面分析知道，在气流有迎角时，上下表面气流的压力是不一致的，下表面压力大于上表面：

$$p_3 > p_2, \quad p_5 > p_4$$

因此压力积分有法向合力，因而有升力；同时翼型前后表面上的压力分布也是不一致的，前面②区和③区是自由来流经过激波压缩（$p_2 > p_1$，　$p_3 > p_1$），而后面的④区和⑤区气流则分别是②区和③区气流经过膨胀得到的，即

$$p_4 < p_2, \quad p_5 < p_3$$

因此压力积分会有轴向合力，因而有阻力。

在翼型迎角为零时分析阻力会更简单。上下翼面流场完全对称，因此压力积分合力在法向的分量为零，没有升力。但是，翼型后面气流（④⑤区）是通过翼型中部顶点的膨胀波后得到的，压力比前面的②③区低，也就是说翼型前后压力不对称，因此有一个向后的压差阻力。这个在超声速气流中特有的阻力是由激波产生的，称为波阻。

除了平板和菱形翼型，对其他的由直线段组成的翼型，应用激波-膨胀波理论解决问题的方法也类似。关键是要注意内折时，气流偏转角要小于对应马赫数下的 $\theta_{max}$，保证是产生附体的斜激波而不是脱体激波，才能使绕翼型的超声速流动由一系列的斜激波和膨胀波组成。

### 5.6.3 超声速气流绕流双弧翼型

对超声速气流绕流曲线翼型的情况，在一定条件下做了简化后，也可以应用激波-膨胀波理论。

如图 5-29 所示给出了超声速气流流过一双弧形翼型的情况。翼型上下表面的曲线方程为

$$\overline{y}_{\pm} = 0.3\overline{x}\left(1-\overline{x}\right)$$

该流动的实际波系图是很复杂的，如图 5-29(a)所示。前缘处发出激波，前缘后物面倾角逐渐减小，翼面上处处要发出膨胀波，它们要和翼尖发出的头激波相交，相互作用后会使头激波成为弯曲的；还有，膨胀波与激波相交后，又在头激波上反射出膨胀波，这些波的一部分有可能落到翼面上，还要再次反射出膨胀波。同理，尾激波也是弯曲的。由此可知，翼面上下以及尾流的全部流场都是非均熵的，因而是有旋的。不过如果来流

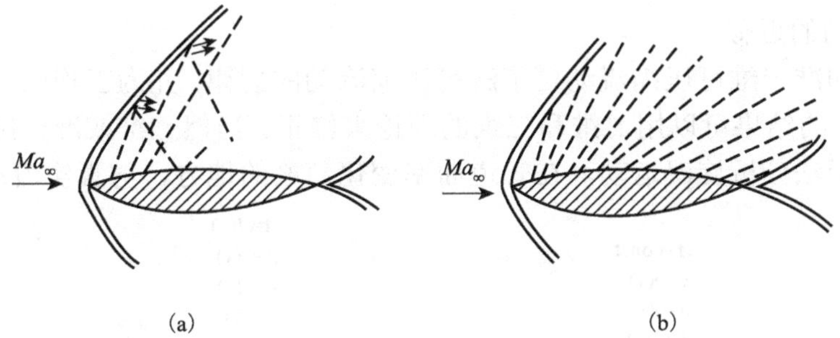


图 5-29　超声速气流绕流双弧翼型

马赫数 $Ma_\infty$ 较大，头激波的激波角 $\beta$ 较小，则头激波上的反射波落到翼面上的不多，从单纯计算翼面压力的角度而言，可以把实际波系简化为近似波系[如图 5-29(b)]，因而就有可能用激波-膨胀波法了。

作为计算模型，通常按翼前缘切线与来流的夹角决定头部斜激波，把弧形翼面用若干折线段代替。图 5-30 提供的一个算例，说明在 $Ma_\infty = 2$ 情况下，计算结果与试验数据还相当吻合。图中实线是激波一膨胀波理论的结果，虚线是线化理论的结果，小圆圈是试验结果。

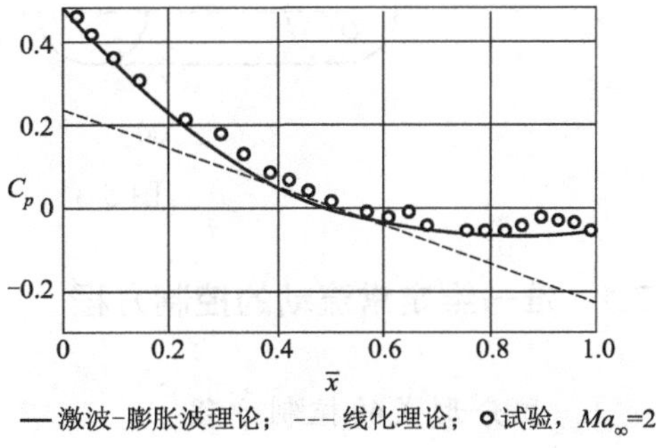


图 5-30　双弧翼型零攻角绕流的压强系数

## 5.7　气体沿变截面管道的流动

气体在管道内的流动是另一类典型的可压缩流动，一定条件下，可将此类流动简化为一维或准一维流动。一维流动是指流动变量只是单一坐标 $x$ 的函数，即 $p = p(x)$、$u = u(x)$ 等。在三维定常流场中，气体沿微元流管(流线)的流动与一维定常流动相像。而对管道流动，即使忽略黏性壁面的影响，严格的一维流动也要求流管必须是等截面的，如图 5-31(a)所示。

那么如果管道的面积是随 $x$(管道轴向)变化的，如图 5-31(b)所示，即 $A = A(x)$，这时的流动严格来说就是三维的(或者是二维轴对称的)，流场变量是三维坐标 $(x, y, z)$ 的函数。特别是在边界处，速度必须与边界相切。因此速度除了 $x$ 方向分量，还有 $y$、$z$ 方向分量。不过，当管道截面积变化缓慢、管道曲率半径远远大于管道的水利半径(等效于圆截面时的半径)时，物理量沿管轴方向的变化比其他方向上的变化大得多。这时可以认为只有 $x$ 方向的速度，忽略流动在 $y$、$z$ 方向的速度分量；垂直于流动方向的同一截面上的物理量可采用截面的平均值表达，即对于任意给定的 $x$ 位置，认为截面上物理量是均匀分布的，对定常流动，参数就只是 $x$ 的函数。即

$$A = A(x), \quad \rho = \rho(x), \quad p = p(x), \quad T = T(x), \quad V = V(x)$$

这里就用 $V$ 表示速度，代表沿轴线的速度。这样的流动就称为准一维流动，它是对变截

面管内真实流动的近似。

研究一维和准一维可压缩流动可了解可压缩流动的规律，并为工程问题提供快速的计算方法，更精确的结果可以用二维和三维的理论来修正。当然一维或准一维流动假设具有很大局限性，无法分析旋涡运动，在管道曲率变化急剧的地方，与真实流动差别较大。

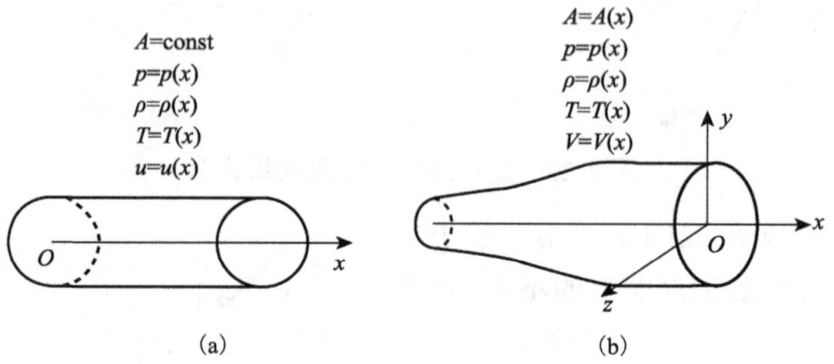


图 5-31　一维流动和准一维流动

### 5.7.1　准一维定常流动的控制方程

1. 积分形式的控制方程

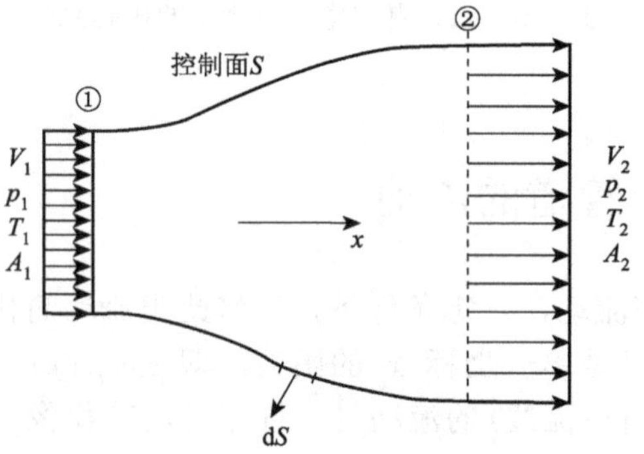


图 5-32　准一维流动的有限控制体

对变截面管道流动，取如图 5-32 所示的控制体，控制面中截面①、截面②上有气体流入或流出，流速垂直于截面，管道壁面部分无流入流出，流动定常。

将第 3 章得到的积分形式的质量方程(3.2-17)、动量方程(3.4-4)和能量方程(3.7-23)应用于该控制体，可得到准一维流动的控制方程组。质量方程为

$$\rho_1 V_1 A_1 = \rho_2 V_2 A_2 \tag{5.7-1}$$

不考虑管道壁面的摩擦力，也不计彻体力，则 $x$ 方向的动量方程为

$$\rho_2 V_2^2 A_2 - \rho_1 V_1^2 A_1 = -\oiint_S p\cos(\boldsymbol{n}, x)\delta S \tag{5.7-2}$$

截面①、截面②上的压力沿 $x$ 方向，侧壁面上的压力垂直于壁面，将其投影到 $x$ 方向，得

$$\rho_2 V_2^2 A_2 - \rho_1 V_1^2 A_1 = -(p_2 A_2 - p_1 A_1) + \int_{A_1}^{A_2} p\mathrm{d}A \tag{5.7-3}$$

无黏绝热并不计彻体力情况下，能量方程为

$$\rho_2\left(e_2 + \frac{V_2^2}{2} + \frac{p_2}{\rho_2}\right)V_2 A_2 - \rho_1\left(e_1 + \frac{V_1^2}{2} + \frac{p_1}{\rho_1}\right)V_1 A_1 = 0 \tag{5.7-4}$$

对式(5.7-4)再应用质量方程 $\rho_1 V_1 A_1 = \rho_2 V_2 A_2$，即得

$$h_2 + \frac{V_2^2}{2} = h_1 + \frac{V_1^2}{2} \tag{5.7-5}$$

可见对定常准一维流动，气流总焓在流动过程中保持不变，各截面上单位质量气体总焓相等。式(5.7-5)和 5.2 节已经导出的一维(或沿流线)的定常绝热能量方程形式相同，5.2 节中曾给出该方程的多种形式，在这里它们都依然适用。

2. 微分形式的控制方程

对连续无间断的准一维流动，还可以写出微分形式的控制方程组。

上面积分形式的质量方程(5.7-1)也可写为

$$\rho VA = \text{const} \tag{5.7-6}$$

对其微分即得

$$\frac{\mathrm{d}\rho}{\rho} + \frac{\mathrm{d}V}{V} + \frac{\mathrm{d}A}{A} = 0 \tag{5.7-7}$$

将积分形式的动量方程(5.7-3)中截面②上参数与截面①上参数的差直接改为微分，则有

$$\mathrm{d}\left(\rho V^2 A\right) = -\mathrm{d}\left(pA\right) + p\mathrm{d}A$$

即

$$V\mathrm{d}\left(\rho VA\right) + \left(\rho VA\right)\mathrm{d}V = -A\mathrm{d}p$$

又由 $\rho VA = \text{const}$ 知 $\mathrm{d}\left(\rho VA\right) = 0$，再对上式两边同除以 $A$，得

$$\mathrm{d}p = -\rho V\mathrm{d}V \tag{5.7-8}$$

这就是微分形式的定常准一维流动的动量方程，与沿流线的定常欧拉方程相同。最后，将积分形式的定常绝热流能量方程写为

$$h + \frac{V^2}{2} = \text{const}$$

对其微分，即得

$$\mathrm{d}h + V\mathrm{d}V = 0 \tag{5.7-9}$$

要使流动控制方程组封闭，还需热力学关系式。这里可应用完全气体的状态方程：

$$p = \rho RT \tag{5.7-10}$$

另外，假设气体为量热完全气体，还有

$$h = \frac{\gamma}{\gamma - 1}\frac{p}{\rho} = \frac{\gamma}{\gamma - 1}RT \tag{5.7-11}$$

### 5.7.2　等熵条件下流动参数与截面积的微分关系

定常、无黏、绝热、无添质的变截面管道流动，如果流动又是连续的，没有激波这

样的间断现象，就是等熵流动。对这类流动问题的求解，一般是给定管道截面积的变化规律 $A(x)$ 和某个初始截面的气流参数 $V_1$、$p_1$、$\rho_1$、$T_1$ 等，要求确定任一截面上的气流参数 $V_2$、$p_2$、$\rho_2$、$T_2$ 等。

5.2 节已导出等熵流的基本关系式，将气流静参数与总参数之比用马赫数表达。对这里的定常准一维等熵流动，如果得到马赫数随截面积 $A(x)$ 的变化规律，就可以应用等熵流基本关系式，根据入口截面的气流参数确定任意截面上的气流参数了。

1. 流动参数与截面积变化的微分关系

下面设法将 5.7.1 节导出的微分形式的控制方程用马赫数和管道截面积表达，然后求解方程得到马赫数与截面积的关系。

对微分形式的动量方程 $\mathrm{d}p = -\rho V \mathrm{d}V$ 应用完全气体状态方程和声速公式，得

$$\frac{\mathrm{d}p}{p} = \frac{-\rho V \mathrm{d}V}{\rho RT} = \frac{-\gamma V \mathrm{d}V}{\gamma RT} = -\gamma Ma^2 \frac{\mathrm{d}V}{V} \tag{5.7-12}$$

再根据等熵过程中 $p/\rho^{\gamma} = \mathrm{const}$ 和 $T/\rho^{\gamma-1} = \mathrm{const}$，可进一步得

$$\frac{\mathrm{d}\rho}{\rho} = \frac{1}{\gamma}\frac{\mathrm{d}p}{p} = -Ma^2 \frac{\mathrm{d}V}{V} \tag{5.7-13}$$

$$\frac{\mathrm{d}T}{T} = \frac{\gamma-1}{\gamma}\frac{\mathrm{d}p}{p} = -(\gamma-1)Ma^2 \frac{\mathrm{d}V}{V} \tag{5.7-14}$$

将式(5.7-13)代入微分形式的质量方程(5.7-7)，得

$$\frac{\mathrm{d}\rho}{\rho} + \frac{\mathrm{d}V}{V} + \frac{\mathrm{d}A}{A} = \left(1 - Ma^2\right)\frac{\mathrm{d}V}{V} + \frac{\mathrm{d}A}{A} = 0 \tag{5.7-15}$$

从而得到微分形式的截面积-速度关系式为

$$\frac{\mathrm{d}A}{A} = \left(Ma^2 - 1\right)\frac{\mathrm{d}V}{V} \tag{5.7-16}$$

将式(5.7-16)再代入其他气流参数与速度变化的微分关系式(5.7-12)~式(5.7-14)，就可进一步导出各流动参数随截面积变化的微分关系。

2. 流动参数随截面积的变化规律分析

式(5.7-16)非常重要，它表明了变截面管道流动中，速度随管道面积的变化规律在超声速和亚声速情况截然相反：亚声速时速度的增加与面积的减小相联系，即随管道收缩速度增大，管道扩张则速度减小，与不可压流在定性上相同；而超声速时随管道收缩速度减小，管道扩张则速度增大。

气流热力学参数随管道截面积的变化规律在超声速时和亚声速情况的变化规律也是相反的。亚声速时管道的收缩和气流的膨胀相联系，随着管道收缩流动加速，压力、温度和密度减小；管道的扩张和气流的压缩相联系，随着管道扩张流动减速，压力、温度和密度增大。超声速时则是管道的收缩和气流的压缩对应，随着管道收缩流动减速，压力、温度和密度增大；管道的扩张和气流的膨胀对应，随着管道的扩张流动加速，压

力、温度和密度减小。表 5-2 列出了收缩管和扩张管中当气流速度是亚声速或超声速时，气体的速度、密度、压力和温度随轴线坐标的变化情况。

**表 5-2　截面积变化对流动参数的影响**

| 类型 \ 参数 | $\frac{dA}{dx}$ | $Ma$ | $\frac{dV}{dx}$ | $\frac{d\rho}{dx}$，$\frac{dp}{dx}$，$\frac{dT}{dx}$ |
|---|---|---|---|---|
| 收缩管 | <0 | <1 | >0 | <0 |
| | | >1 | <0 | >0 |
| 扩张管 | >0 | <1 | <0 | >0 |
| | | >1 | >0 | <0 |

由面积-速度微分关系式(5.7-16)可知，在 $Ma=1$ 处，如果速度仍有变化，即 $dV \neq 0$，则 $dA=0$，即截面积变化率为零。由此可推断，声速必出现在最小截面积处(即管道的喉部)。反过来，在管道的最大或最小截面处，即 $dA=0$ 处，如果不出现声速，$Ma \neq 1$，则 $dV=0$，即在该处的速度出现极值，是最大值还是最小值，要结合具体情况分析。

根据上面的讨论可知，要想产生超声速气流，管道的截面形状在亚声速段应是收缩的，超声速段应是扩张的，而以声速处的截面积为最小。当然要产生超声速气流，上下游还必须有足够的压力差，但管道先收缩后扩张这一点是必要的几何条件。否则，上下游压力差再大也不可能在管道内部产生超声速气流。1889 年，瑞典的蒸汽轮机设计师拉瓦尔(Laval)首先利用这种先收缩后扩张的管道获得了超声速气流，因而具有这种形状的管道称为拉瓦尔喷管，如图 5-33 所示。

根据式(5.7-12)~式(5.7-14)和式(5.7-16)可得到变截面管道流动参数随截面积变化的微分关系式，对这些方程联立求积分就可导出各参数随截面积变化的积分关系式，不过比较麻烦。下面选定特殊的临界截面(气流速度达到声速的最小截面)，以它为参考量，导出各截面的面积膨胀比(截面积与临界截面的面积之比)和该截面上气流马赫数的关系。

如图 5-34 所示的喷管，假设气流在喉部处达到声速。对定常绝热流动，气流速度等于当地声速时气流的参数就是临界参数。记该处的截面积为 $A^*$、速度为 $V^*$、声速为 $a^*$、马赫数 $Ma$ 和特征马赫数 $Ma^*$ 均为 1，其他参数也加上标*表征。

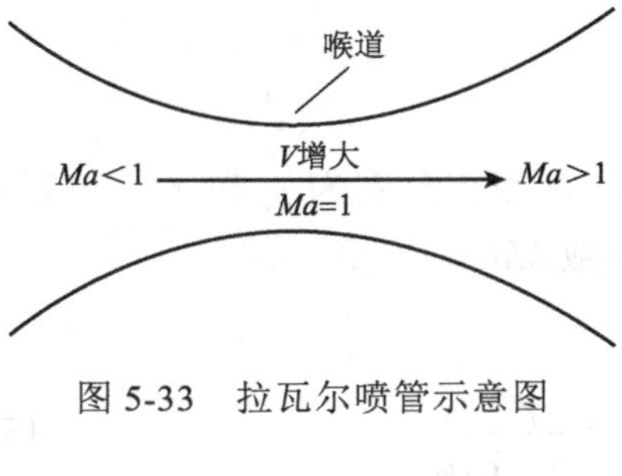


图 5-33　拉瓦尔喷管示意图

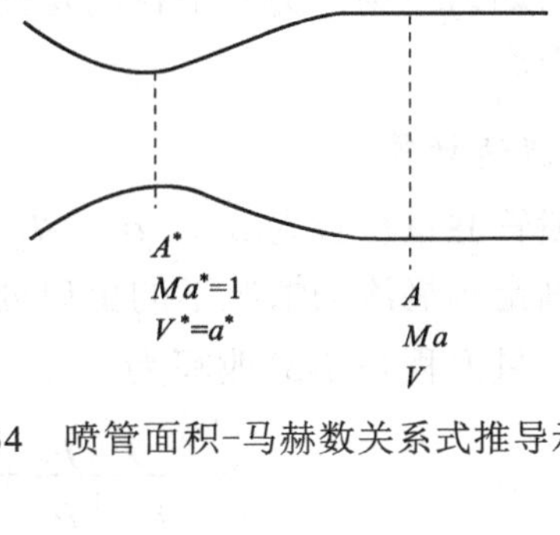


图 5-34　喷管面积-马赫数关系式推导示意图

根据质量方程

$$\rho VA = \rho^* V^* A^* = \rho^* a^* A^*$$

应用等熵关系式及声速与温度关系后，有

$$\frac{A}{A^*} = \frac{\rho^*}{\rho}\frac{a^*}{a}\frac{1}{Ma} = \left(\frac{T^*}{T}\right)^{\frac{1}{\gamma-1}}\left(\frac{T^*}{T}\right)^{\frac{1}{2}}\frac{1}{Ma} = \left(\frac{T^*}{T}\right)^{\frac{\gamma+1}{2(\gamma-1)}}\frac{1}{Ma}$$

再根据等熵流基本关系式将 $T^*/T$ 用马赫数 $Ma$ 表达，即得

$$\left(\frac{A}{A^*}\right)^2 = \frac{1}{Ma^2}\left[\frac{2}{\gamma+1}\left(1+\frac{\gamma-1}{2}Ma^2\right)\right]^{\frac{\gamma+1}{\gamma-1}} \tag{5.7-17}$$

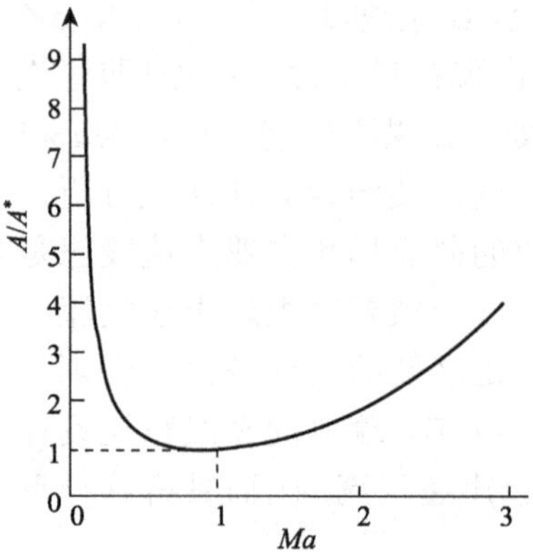

图 5-35 喷管截面积比与马赫数的关系

式(5.7-17)称为面积-马赫数关系式。它指出：$Ma = f(A/A^*)$，即管道内任一截面处的马赫数是当地截面积与声速喉部(临界截面)面积之比的函数。

将式(5.7-17)绘成曲线，即图 5-35。可见一个给定的 $A/A^*$ 对应两个马赫数：一个亚声速值和一个超声速值。具体为什么马赫数，取决于管道前后的压力比，这将在本节后面讨论。附录 B 以列表形式给出了马赫数 $Ma$ 与 $A/A^*$ 的对应关系。观察曲线和数据表均可看出，随着马赫数从零增大，$A/A^*$ 减小，即管道是收缩的；当 $Ma=1$ 时，$A/A^*=1$；$Ma>1$ 后，随着马赫数增大，$A/A^*$ 增大，即管道是扩张的。

确定各截面上气流马赫数后，就可进一步应用等熵流基本关系式，求得截面上气流参数与总参数的比值。

### 5.7.3 喷管的流速与流量的计算

使用喷管不外乎两个目的，一个是获得一定的气流速度，例如，风洞试验段要有一个确定的均匀流场；另一个目的是需要得到一定的质量流量，例如，喷气发动机要达到预定推力。

1. 流速计算

设喷管驻室参数为 $p_0$、$\rho_0$、$T_0$，出口处压力和截面积分别为 $p_e$ 和 $A_e$，可以根据压力比，确定等熵流动情况下的出口处流速 $V_e$ 和马赫数 $Ma_e$。

将能量方程(5.7-5)改写为

$$\frac{\gamma}{\gamma-1}\frac{p_e}{\rho_e} + \frac{V_e^2}{2} = \frac{\gamma}{\gamma-1}RT_0 = \frac{\gamma}{\gamma-1}\frac{p_0}{\rho_0} \tag{5.7-18}$$

再根据等熵条件下 $p_e/p_0=(\rho_e/\rho_0)^\gamma$，可得

$$\frac{V_e^2}{2}=\frac{\gamma}{\gamma-1}\frac{p_0}{\rho_0}\left(1-\frac{p_e}{p_0}\frac{\rho_0}{\rho_e}\right)=\frac{\gamma}{\gamma-1}\frac{p_0}{\rho_0}\left[1-\left(\frac{p_e}{p_0}\right)^{\frac{\gamma-1}{\gamma}}\right]$$

于是有

$$V_e=\sqrt{\frac{2\gamma}{\gamma-1}\frac{p_0}{\rho_0}\left[1-\left(\frac{p_e}{p_0}\right)^{\frac{\gamma-1}{\gamma}}\right]} \tag{5.7-19}$$

可见出口速度和驻室压力/密度(总温或总焓)的绝对数值与压比、比热容比都有关。

马赫数为

$$Ma_e=\frac{V_e}{a_e}=\sqrt{\frac{2}{\gamma-1}\frac{T_0}{T_e}\left[1-\left(\frac{p_e}{p_0}\right)^{\frac{\gamma-1}{\gamma}}\right]}=\sqrt{\frac{2}{\gamma-1}\left(\frac{p_0}{p_e}\right)^{\frac{\gamma-1}{\gamma}}\left[1-\left(\frac{p_e}{p_0}\right)^{\frac{\gamma-1}{\gamma}}\right]}=\sqrt{\frac{2}{\gamma-1}\left[\left(\frac{p_0}{p_e}\right)^{\frac{\gamma-1}{\gamma}}-1\right]} \tag{5.7-20}$$

式(5.7-20)的导出中应用了声速公式 $a_e=\sqrt{\gamma RT_e}$ 和等熵条件。可见无量纲的流速(马赫数)只与压比和比热容比有关。

从流速与马赫数和压比的关系发现，随着 $p_e/p_0$ 的连续减小，流速连续增大。作为理想的极限，马赫数可以达到无穷，速度可以达到最大的速度。

2. 流量计算

应用等熵关系式和声速公式后，可得到等熵流动的质量流量为

$$\dot{m}=\rho_eV_eA_e=\rho_0\left(\frac{p_e}{p_0}\right)^{\frac{1}{\gamma}}\sqrt{\frac{2\gamma}{\gamma-1}\frac{p_0}{\rho_0}\left[1-\left(\frac{p_e}{p_0}\right)^{\frac{\gamma-1}{\gamma}}\right]}A_e$$

$$=\frac{p_0}{\sqrt{T_0}}\sqrt{\frac{2\gamma}{R(\gamma-1)}}\sqrt{\left(\frac{p_e}{p_0}\right)^{\frac{2}{\gamma}}-\left(\frac{p_e}{p_0}\right)^{\frac{\gamma+1}{\gamma}}}A_e \tag{5.7-21}$$

$p_0$、$T_0$、$A_e$ 一定时，$\dot{m}$ 在 $p_e/p_0=1$ 时值为零；随 $p_e/p_0$ 从 1 开始减小，$\dot{m}$ 首先增大，在 $p_e/p_0=\left[2/(\gamma+1)\right]^{\gamma/(\gamma-1)}=0.528$ 时达到极大值，之后 $\dot{m}$ 随 $p_e/p_0$ 减小而减小，在 $p_e/p_0$ 为无穷小时 $\dot{m}$ 降到零值。

实际喷管流动中流量的增加是有限度的。对等熵流动，$p/p_0=0.528$ 对应着气流速度达到声速，这只能出现在喷管的喉部。当 $p_e/p_0$ 从 1 降低到正好使喉部气流达到声速，喷管的流量就达到了最大值。此时喉部下游全是亚声速气流，$p_e/p_0>p^*/p_0=0.528$。可以直接根据喉部截面的临界参数计算喷管流量的最大值：

$$\dot{m}_{\max}=\rho^*a^*A^*=\rho_0a_0\frac{\rho^*a^*}{\rho_0a_0}A^*=\frac{p_0\sqrt{\gamma RT_0}}{RT_0}\left(\frac{2}{\gamma+1}\right)^{\frac{1}{\gamma-1}}\left(\frac{2}{\gamma+1}\right)^{\frac{1}{2}}A^*$$
$$=\left(\frac{\gamma}{R}\right)^{\frac{1}{2}}\left(\frac{2}{\gamma+1}\right)^{\frac{\gamma+1}{2(\gamma-1)}}\frac{p_0}{\sqrt{T_0}}A^*=K\frac{p_0}{\sqrt{T_0}}A^* \tag{5.7-22}$$

由式(5.7-22)可知，对于一定形状的喷管，其允许的最大质量流量正比于气流总压，反比于总温的平方根。对空气，式中的比例系数 $K=0.04042$ 。

喷管喉部处气流达到声速后再继续降低 $p_e/p_0$ ，喉部下游会出现超声速流动，但喉部及其上游的流动参数和喷管的质量流量都保持不变，因为下游的压力扰动无法通过超声速气流向上游传播。也就是说，一旦流动在喉部处达到声速，喷管的质量流量就被给定的 $p_0$、$T_0$ 以及喉部面积大小所限定了，之后不管 $p_e/p_0$ 再怎样降低，都无法再增大流量，称这种流动为“壅塞”流，见图 5-36。壅塞之前的流量可根据压比采用式(5.7-21)计算。壅塞之后的流量即式(5.7-22)给出的最大流量。

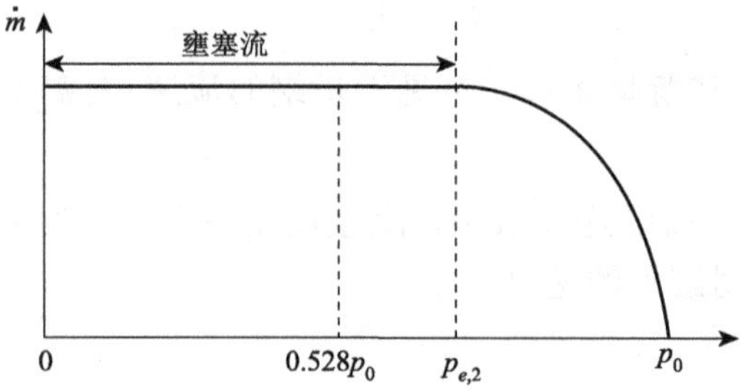

图 5-36　质量流量随出口压力的变化

拉瓦尔喷管在工程中应用很广泛，例如，可作为超声速风洞的喷管和喷气发动机的尾喷管。采用拉瓦尔喷管的主要目的是在其出口处获得所需的气流参数(如马赫数 $Ma$)。出口处的气流参数不仅取决于喷管的截面积变化情况( $A/A^*$ )，而且更取决于喷管出口下游环境压力(又称为背压 $p_B$ )与入口上游总压 $p_0$ 之比。接下来的 5.7.4~5.7.7 节，在给定拉瓦尔喷管的几何形状和入口上游总压 $p_0$ 的条件下，首先讨论拉瓦尔喷管设计工况(即出口处气流马赫数等于设计值)下的压力比和流动状况，然后分析背压 $p_B$ 改变时，喷管的流动情况如何变化。

### 5.7.4　拉瓦尔喷管的设计工况

考虑如图 5-37(a)所示的一个给定的收缩-扩张管道。假设入口处的面积比 $A_{\text{in}}/A^*$ 是一个很大的值，且入口处气流来自一个储存静止气体的储气罐，储气罐的压力和温度(即总温和总压)分别为 $p_0$、$T_0$。

拉瓦尔喷管的设计工况是：整个喷管内是无激波的连续流动，在出口处气流马赫数为设计值 $Ma_{e,1}(>1)$，压力 $p_{e,1}$ 等于背压 $p_B$ 。这时的 $p_{e,1}/p_0$ 称为设计工作压力比。由喷管出口的设计马赫数 $Ma_{e,1}$ 可以确定出口处面积比：

$$\frac{A_e}{A^*}=\frac{1}{Ma_{e,1}}\left[\frac{2}{\gamma+1}\left(1+\frac{\gamma-1}{2}Ma_{e,1}^2\right)\right]^{\frac{\gamma+1}{2(\gamma-1)}} \tag{5.7-23}$$

在设计工况，喉部必是临界截面，喉部以后的扩张段则是超声速等熵流，不出现激波。于是根据出口处的设计马赫数 $Ma_{e,1}$，由等熵流关系式可以确定设计工作压力比：

$$\frac{p_{e,1}}{p_0}=\left(1+\frac{\gamma-1}{2}Ma_{e,1}^2\right)^{-\frac{\gamma}{\gamma-1}} \tag{5.7-24}$$

设计工况下，气流等熵地通过喷管加速，如各处的 $A(x)/A^*$ 已知，则可根据式(5.7-17)或查附录 B 数据表得到各处的马赫数，喉部前马赫数取亚声速值，喉部后取超声速值。马赫数沿喷管的分布如图 5-37(b)所示，可见其单调地由入口处接近于零的值增加到喉部处的 $Ma=1$，再增加到出口处的 $Ma_{e,1}$。已知各截面马赫数后，应用等熵流的基本关系式就能得到各截面气流静参数与总参数之比，图 5-38 给出了拉瓦尔喷管在各种工况下的压力沿喷管轴线的分布，其中终点为 $b$ 点的曲线就反映了设计工况下的压力分布。设计工况下压力由入口处的接近 $p_0$ 的值单调地减小到喉部处的 $0.528p_0$，再减小到出口处更低的 $p_{e,1}$，图 5-38 中的 $b$ 点即由式(5.7-24)给出的设计工作压力比。相应地，温度和密度则分别由入口处的接近 $T_0$ 和 $\rho_0$ 的值单调减小到喉部处的 $0.833T_0$ 和 $0.634\rho_0$，再减小到出口处更低的 $T_{e,1}$ 和 $\rho_{e,1}$。

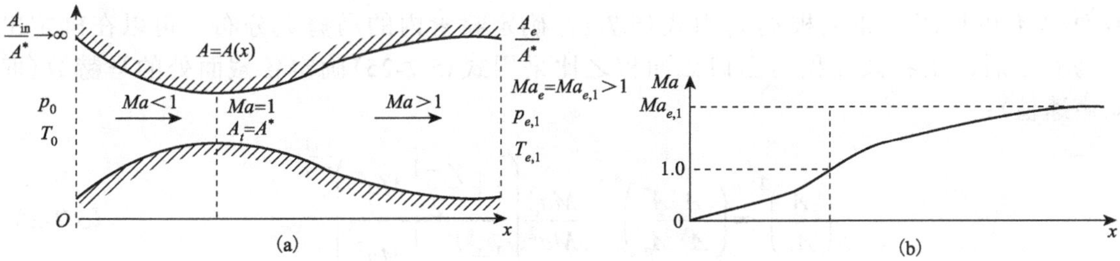


图 5-37　超声速喷管等熵流动的气流参数沿轴线分布

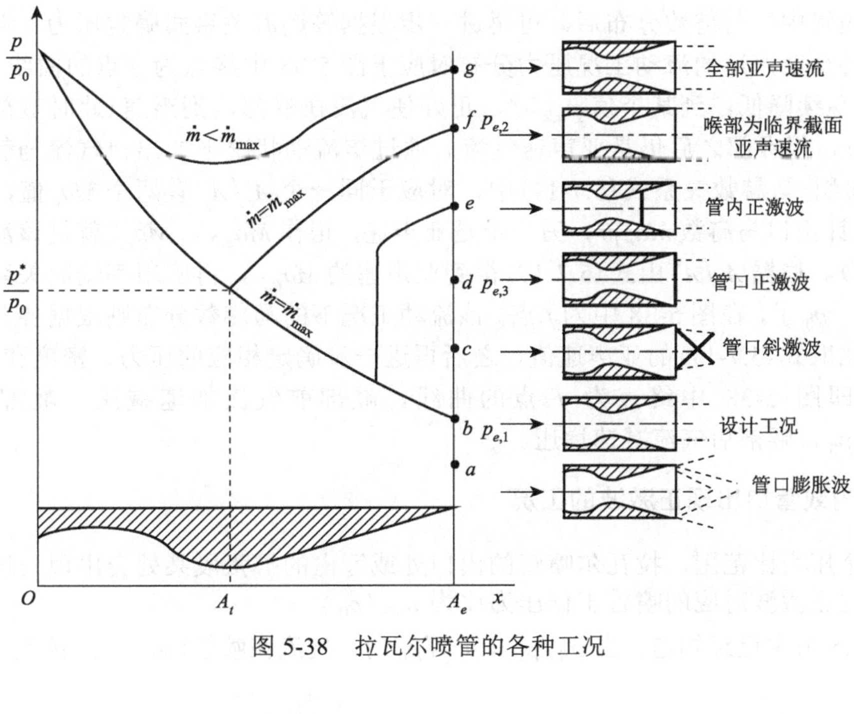


图 5-38　拉瓦尔喷管的各种工况

只有 $p_B$ 与 $p_{e,1}$ 精确地相等，才能获得设计工况下的超声速流动。下面按照 $p_B$ 从高到低的顺序依次分析 $p_B \neq p_{e,1}$ 的各种压力比情况下的流动。

### 5.7.5 亚声速工况

当 $p_B = p_0$，即喷管入口和出口不存在压力差时，喷管内没有流动发生。若将 $p_B$ 稍稍降低，如 $p_B = 0.99p_0$，则这一小的压力差会在喷管内产生速度非常低的流动。气流速度和马赫数在喉部之前随着管道的收缩逐渐增加，在喉部达到最大值，但仍为亚声速；在喉部下游，随着管道的扩张气流速度和马赫数又不断降低。整个喷管内全是亚声速气流。对应地，压力在喷管收缩段由入口处的 $p_0$ 逐渐降低至喉部处某一最小值，然后沿扩张段逐渐增加至出口处的压力值 $p_e(=p_B)$。出口处的气流速度、马赫数和喷管流量根据 $p_e/p_0$ 由式(5.7-19)~式(5.7-21)确定。可见纯亚声速流动中，流速和流量是随背压不同而改变的，当背压稍有升降时，出口处的压力扰动在亚声速气流中能向上游传播，改变各处气流参数。需要特别注意的是这种纯亚声速流动情况下喉部不是临界截面，喉部截面积 $A_t$ 并非 $A^*$，不能根据 $A_t$ 由式(5.7-17)确定喷管内的马赫数分布。可以在确定出口马赫数后，由各截面积与出口截面积之比采用式(5.7-25)确定各截面处的马赫数(取亚声速值)：

$$\left(\frac{A}{A_e}\right)^2 = \left(\frac{A}{A^*}\frac{A^*}{A_e}\right)^2 = \frac{Ma_e^2}{Ma^2}\left(\frac{1+\dfrac{\gamma-1}{2}Ma^2}{1+\dfrac{\gamma-1}{2}Ma_e^2}\right)^{\frac{\gamma+1}{\gamma-1}} \tag{5.7-25}$$

式中，$A^*$ 是该流动状况下一个假想的临界截面，它小于真实的喉部截面，即 $A_t > A^*$。如此确定了喷管中的马赫数分布后，可再进一步根据等熵流关系式确定压力、温度和密度分布。这种全亚声速的流动工况压力分布对应于图 5-38 中终点为 $g$ 点的曲线。

当 $p_B$ 继续降低，到某个值 $p_{e,2}$ 时，正好使气流在喉部达到声速(此时喉部截面即临界截面 $A^*$)，但喉部之后仍是亚声速气流。通过该流动状况下的出口气流马赫数可确定 $p_{e,2}$ 值。面积-马赫数关系式(5.7-17)中，对应于同一个 $A_e/A^*$ 有两个 $Ma_e$ 值，一个是超声速(即设计出口马赫数 $Ma_{e,1}$)，另一个是亚声速，记作 $Ma_{e,2}$。$Ma_{e,2}$ 就是该流动工况的出口马赫数。根据 $A_e/A^*$ 由式(5.7-17)得到亚声速的 $Ma_{e,2}$，再应用等熵流关系式，就可以确定 $p_{e,2}/p_0$ 了，在图 5-38 中为 $f$ 点。该流动工况下的马赫数分布则根据各截面面积与喉部面积比取式(5.7-17)的亚声速值，之后再进一步确定相应的压力、密度和温度分布，压力分布即图 5-38 中终点为 $f$ 点的曲线，喉部前气流加速减压，喉部处压力为 $p^* = 0.528p_0$，喉部后气流减速增压。

### 5.7.6 管内或管口出现正激波的工况

在某个压力比范围，拉瓦尔喷管的出口处或管内的扩张段某处会出现一道正激波。设管口产生正激波对应的喷管工作压力比为 $p_{e,3}/p_0$。

在 5.7.5 节中已经知道，当 $p_B/p_0 = p_{e,2}/p_0$ 时，气流在喷管喉部达到声速，而在扩张

段内完全是亚声速流。那么当喷管工作压力比满足

$$\frac{p_{e,2}}{p_0} > \frac{p_B}{p_0} > \frac{p_{e,3}}{p_0} \tag{5.7-26}$$

时，扩张段内会局部出现超声速气流，在扩张段内某处产生正激波，气流通过正激波后压力突增，激波后的亚声速气流随着管道的扩张再等熵地减速增压，直至出口处与外界压力 $p_B$ 匹配。激波在管内的位置是随着 $p_B$ 不同而变化的。当 $p_B$ 稍小于 $p_{e,2}$ 时，激波很弱，位置很接近于喉部；随着 $p_B$ 逐渐降低，激波位置越来越向出口截面靠近。当 $p_B = p_{e,3}$ 时，激波正好发生在出口截面上，而出口截面之前的流动和设计工况完全相同。$p_{e,3}$ 就是设计工况下出口超声速气流(马赫数 $Ma_{e,1}$，压力 $p_{e,1}$)经过正激波后的压力，利用正激波关系式即可得到：

$$\frac{p_{e,3}}{p_{e,1}} = 1 + \frac{2\gamma}{\gamma+1}\left(Ma_{e,1}^2 - 1\right) \tag{5.7-27}$$

相应的工作压力比 $p_{e,3}/p_0$ 在图 5-38 中用 $d$ 点表示。

对于管内发生正激波的情况，已知出口面积比 $A_e/A^*$ 和压力比 $p_B/p_0$ (如图 5-38 中的 $e$ 点)时，可以确定激波出现的位置。喷管流动中，无论是否等熵，出口面积比与压力比的乘积均满足以下关系：

$$\frac{p_e}{p_0}\frac{A_e}{A^*} = \frac{1}{Ma_e}\left(\frac{2}{\gamma+1}\right)^{\frac{\gamma+1}{2(\gamma-1)}}\left(1+\frac{\gamma-1}{2}Ma_e^2\right)^{-\frac{1}{2}} \tag{5.7-28}$$

证明如下。

根据质量方程(5.7-1)，有

$$\frac{A_e}{A^*} = \frac{\rho^*}{\rho_e}\cdot\frac{a^*}{V_e} \tag{5.7-29}$$

记激波前后的气流总压分别为 $p_{01}$ 和 $p_{02}$，$p_{01}$ 与喷管入口上游总压 $p_0$ 相等，$p_{02}$ 则等于喷管出口的气流总压 $p_{0e}$，激波前后总温均为入口总温 $T_0$。对激波前的喉部和激波后的出口分别应用等熵流关系式，则有

$$\frac{\rho^*}{\rho_e} = \frac{\rho_{01}}{\rho_{02}}\frac{\rho^*}{\rho_{01}}\frac{\rho_{02}}{\rho_e} = \frac{p_{01}}{p_{02}}\left(\frac{T^*}{T_0}\frac{T_0}{T_e}\right)^{\frac{1}{\gamma-1}}$$

另外，有

$$\frac{a^*}{V_e} = \frac{a^*}{a_e Ma_e} = \frac{1}{Ma_e}\left(\frac{T^*}{T_0}\frac{T_0}{T_e}\right)^{\frac{1}{2}}$$

将上两式代入式(5.7-29)，则有

$$\frac{A_e}{A^*} = \frac{p_{01}}{p_{02}}\frac{1}{Ma_e}\left(\frac{2}{\gamma+1}\right)^{\frac{\gamma+1}{2(\gamma-1)}}\left(1+\frac{\gamma-1}{2}Ma_e^2\right)^{\frac{\gamma+1}{2(\gamma-1)}} \tag{5.7-30}$$

$p_{02}=p_{01}$ 时，式(5.7-30)就是流动等熵情况下的面积比与马赫数关系式(5.7-17)。可见存在激波时，面积比与马赫数的关系中还包含跨过激波的总压损失影响。再将出口压力比与面积比相乘，并注意到 $p_{01}=p_0$、$p_{02}=p_{0e}$，可得

$$\begin{aligned}\frac{p_e}{p_0}\frac{A_e}{A^*}&=\frac{p_e}{p_{0e}}\frac{p_{0e}}{p_0}\frac{A_e}{A^*}=\left(1+\frac{\gamma-1}{2}Ma_e^2\right)^{-\frac{\gamma}{\gamma-1}}\frac{1}{Ma_e}\left(\frac{2}{\gamma+1}\right)^{\frac{\gamma+1}{2(\gamma-1)}}\left(1+\frac{\gamma-1}{2}Ma_e^2\right)^{\frac{\gamma+1}{2(\gamma-1)}}\\&=\frac{1}{Ma_e}\left(\frac{2}{\gamma+1}\right)^{\frac{\gamma+1}{2(\gamma-1)}}\left(1+\frac{\gamma-1}{2}Ma_e^2\right)^{-\frac{1}{2}}\end{aligned}\tag{5.7-31}$$

由于 $p_e/p_0\left[=(p_e/p_{0e})\cdot(p_{0e}/p_0)\right]$ 和 $A_e/A^*$ 中包含的总压损失项 $p_{0e}/p_0$（即 $p_{02}/p_{01}$）正好消掉，因此对喷管流动来说，存在激波时的压力比与面积比的乘积和等熵流动情况一样。附录B的等熵流函数表中已经给出了这个乘积与马赫数的关系，因此可以利用数据表很容易地确定管内的激波位置。具体步骤如下。

(1) 首先根据给定的 $(p_e/p_0)\cdot(A_e/A^*)$ 值，根据式(5.7-31)或直接查等熵流函数表确定对应的出口马赫数 $Ma_e$，并确定 $p_e/p_{0e}$。

(2) 根据 $p_e/p_{0e}$ 和 $p_e/p_0$ 算出 $p_{0e}/p_0$，亦即激波后与激波前总压比 $p_{02}/p_{01}$。

(3) 正激波的总压损失是由波前马赫数唯一确定的，所以根据 $p_{02}/p_{01}$ 由式(5.3-18)或查正激波数据表即可得到波前马赫数 $Ma_{s1}$。

(4) 再根据 $Ma_{s1}$ 由式(5.7-17)或从等熵流函数表查得 $A_s/A^*$，代入给定的 $A^*$ 后，就定出了激波所在位置的截面积 $A_s$。

### 5.7.7 管外出现斜激波或膨胀波的工况

在5.7.4节中已经指出，当 $p_B=p_{e,1}$ 时，喷管处于设计工况。在5.7.6节中又知道，当 $p_B=p_{e,3}$ 时，会在管口出现正激波。那么，当 $p_B$ 比 $p_{e,1}$ 有所增加，又低于 $p_{e,3}$ 时，即喷管工作压力比满足

$$\frac{p_{e,3}}{p_0}>\frac{p_B}{p_0}>\frac{p_{e,1}}{p_0}\tag{5.7-32}$$

管口外将出现斜激波。这是由于当喷管出口处是超声速流时，背压增大而引起的扰动，不会传到上游管内去，只能在管口使气流进行调整，以满足出口的压力平衡条件，由于 $p_B<p_{e,3}$，不可能用正激波来调整，只能用产生斜激波的方式与外界背压达到平衡。这是由压力决定激波的典型例子，其压比在图5-38中用 $c$ 点表示。

当 $p_B<p_{e,1}$ 时，意味着气流在管内膨胀不足，要使出口压力平衡，只能在管口外产生膨胀波，使气流压力从 $p_{e,1}$ 降低至 $p_B$。这种工况对应的压比在图5-38中用 $a$ 点表示。

# 第 6 章 黏性不可压流动与边界层

真实的流体都有黏性。但是人类最常接触的流体，如空气和水，其黏性都很小，对某些具体流动问题可以忽略黏性作用，例如，前面应用理想无黏理论在绕流物体的升力、压力和速度分布等方面都能给出满意结果。但在阻力方面，理想无黏流体理论却给出了达朗贝尔佯谬这样与实际情况不符的结论。

黏性流体运动有层流和湍流两种流态，本章研究黏性不可压缩流体运动，并主要限于层流运动。首先介绍两个简单而又经典的不可压 N-S 方程解析解。然后学习普朗特针对大雷诺数流动提出的边界层理论，导出平面不可压层流边界层方程，以平板为代表介绍边界层的相似解和边界层动量积分方程的近似解。在此基础上，以层流边界层分离为例讨论流动分离的现象及原因。关于湍流，本章将导出不可压湍流平均运动的雷诺方程，简单介绍其基本求解思路和相关概念。

## 6.1 黏性流体运动特点

首先通过两个流动例子观察黏性流动与无黏流动的差别，分析黏性对流动的影响。然后介绍黏性流体运动的两种不同形态：层流与湍流。

### 6.1.1 黏性对流动的影响

观察如图 6-1 所示给出的流过无厚度平板的直匀流动。当理想流体沿平行于平板方向流过时，在平板表面流体质点滑过平板，但不能穿透平板(通常称作不渗透条件)。平板对流动无阻滞作用，阻力为零。黏性流体流过时，紧贴平板表面的流体质点黏附在平板上，与平板表面不存在相对运动(既不允许穿透，也不允许滑动)，这就是说，在边界面上流体质点必须满足无滑移条件。随着离开平板距离的增大，流体速度由壁面处的零值迅速增大到来流的速度。这样在贴近平板的区域流动速度梯度很大，流体层之间的黏性切应力就不能忽略，这个区称为边界层区。平板对流动起阻滞作用，平板的阻力不为零。

(a) 理想无黏流体　　(b) 黏性流体

图 6-1 平板绕流的速度剖面

再考察圆柱绕流。在 4.5.1 节对“圆柱无环量绕流”的流动分析已经知道，理想流体圆柱绕流(流动图画参见图 4-15)时，圆柱表面上法向速度为零，但周向速度除前后驻点外均不为零，即无渗透但有滑移。另外流速上下、前后都是对称的，相应地，压强分布也是上下、前后均对称的(参见图 6-2 中实线给出的压强系数分布曲线)。因此圆柱所受到的流体压强的合力在 $x$ 方向和 $y$ 方向均为零，在流动方向没有阻力，是达朗贝尔佯谬的一个例子。图 6-2 同时给出了两个不同雷诺数 $Re=\rho U_\infty D/\mu$ 下试验测得的圆柱表面压强系数分布曲线，其中 $D$ 为圆柱直径。可见实际流体的压强分布上下是对称的，但前后不再对称。并且随着雷诺数的不同，绕流压强分布也不同。但它们与理想流动有一个共同的区别就是：黏性流动中圆柱体的背流面压强系数为负数。背流面压强小于迎流面压强，使圆柱受到流体向后的作用力，即压差阻力。

图 6-3 给出了真实黏性流体绕流圆柱的流动图画。流体在圆柱后部处于减速增压的流动阶段，但由于黏性摩擦，壁面附近边界层内流体的动能在流动过程中不断消耗，流体剩余的动能已不足以克服迎面的高压，到 $S$ 点处就停滞下来。后面更高的压力使微团向相反的方向运动，形成倒流，使上游来的流体边界层与固体壁面脱离，这种现象称为边界层分离(将在 6.7 节进一步讨论)。流体分离后，静压不易再有较大回升，并在其后形成宽的尾迹，图 6-2 中实际流体在圆柱后部呈现出的低压区就是这样产生的。分离点的位置和尾迹流的宽度和特性取决于雷诺数 $Re$ 的值。雷诺数较小时对应于层流，流体容易分离；而雷诺数较大时对应于湍流，流体不易分离。这就是图 6-2 中雷诺数较低时圆柱背流面低压区范围更广的原因。

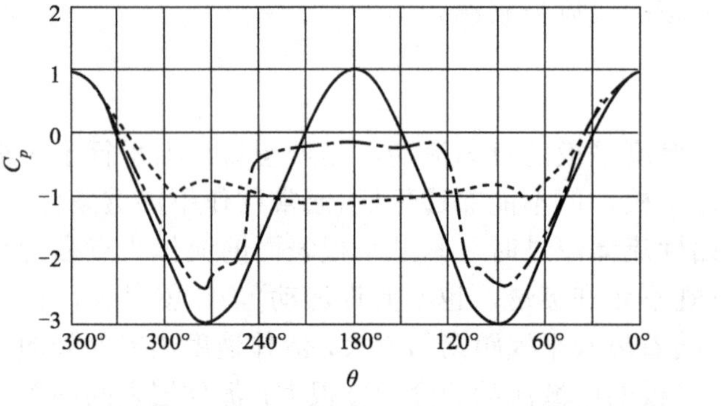


—— 理想无黏流动；- - - - 层流，$Re=1.9\times10^5$；- · — 湍流，$Re=6.7\times10^5$

图 6-2　圆柱表面的压力分布

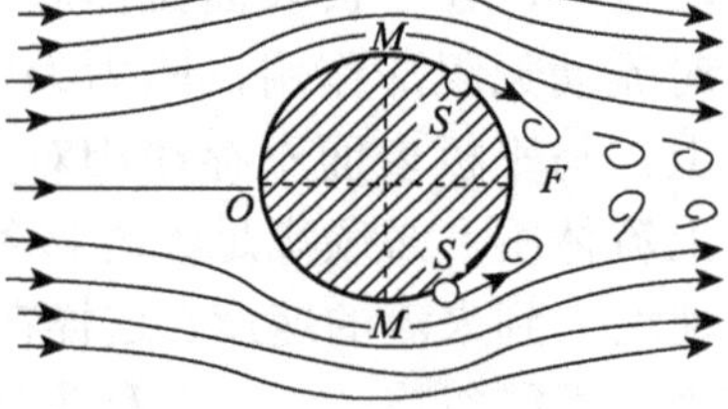


图 6-3　真实流体绕圆柱的流动

上述两个例子展示了黏性对流动的影响。黏性摩擦应力与物面的黏附条件(无滑移条件)是实际黏性流体运动区别于理想流体运动的主要标志。黏性的存在是产生阻力的原因，摩擦阻力、压差阻力本质上都起因于黏性。在解决运动流体的阻力、流动分离等问题中，黏性的作用已占主导地位，不能再忽略。

### 6.1.2　黏性流体流动的两种流态

黏性流体的运动存在两种不同的流动型态(流态)：层流与湍流，湍流也称为紊流。

1. 雷诺圆管试验

1883 年雷诺通过圆管流动试验，清楚地演示了黏性流体运动的两种流态。他在水管的入口处注入一股很细的染色液体，在管径 $d$ 和流体运动黏度 $\nu$ 都不变的情况下改变流速，发现流态与后来称为雷诺数的无量纲参数（$Re=U_0d/\nu$）有关，其中 $U_0$ 为管道横截面的平均流速。

试验发现，当 $Re<2000$ 时，染色的流丝几乎完全是一条清晰的直流线，见图 6-4(a)。这说明管中的水流是稳定地沿轴向平行运动，相邻薄层的流速各不相同，但各层间并无宏观的掺混现象，这样的流态称为层流。当速度增大，$Re=2000\sim13000$ 时，染色的流丝在下游某处就破碎了，并迅速与周围的流体掺混而使整个流体都染上颜色，见图 6-4(b)。混合得很好的区域是湍流。仔细研究火花闪光拍摄的照片发现，这时的流体仍可分辨出一簇簇清晰的卷曲流丝，见图 6-4(c)，这些是以高达几千赫兹的频率做三维运动的小旋涡。

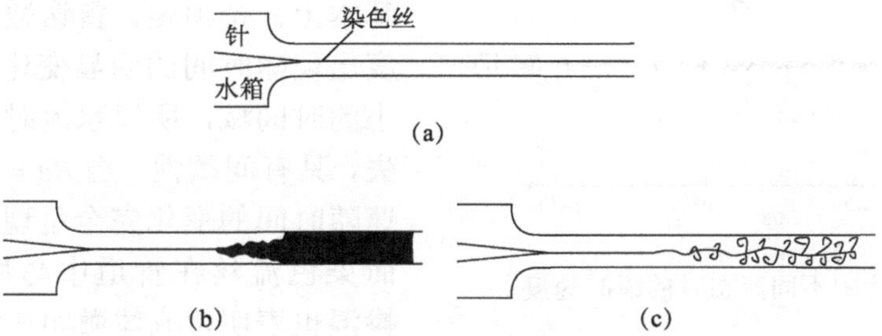


图 6-4　雷诺 1883 年的经典管流染色试验

流动从层流演变为湍流的现象与过程称为转捩。试验还发现，从层流转变为湍流的 $Re$ 大小和许多因素有关，例如，管道进口区几何形状、来流状态、管壁光滑度以及外界扰动的强度和频率等。在不加特殊控制的情况下，圆管内出现湍流状态的 $Re$ 约为 2320，该雷诺数称为临界雷诺数 $Re_{crit}$。当雷诺数在临界雷诺数以下时，即使存在对水流的强烈扰动，扰动也将由于流体的黏性而衰减，流动继续保持层流状态。在特殊控制环境下，使外界扰动非常微弱，管内流动的层流状态可维持到 $Re=10^5$。

$Re$ 增大后流动由层流过渡到湍流的现象不仅在圆管流动中存在，在其他流动(如边界层、自由剪切层流动)中也能观察到。$Re$ 表征流体运动时微团所受的惯性力与黏性力典型值之比。$Re$ 较小时表明流体惯性力相对较小、黏性作用较强，此时由于黏性力的束缚使流体运动比较规则而呈现出层流状态；$Re$ 较大（$Re>Re_{crit}$）时则说明流体微团的惯性作用较大、黏性作用较弱，流体容易突破黏性力的束缚，发生不规则的脉动，呈现出湍流状态。不过不同流动中流动过渡过程的形态相差很大，也有各自不同的 $Re_{crit}$。在 6.3 节中会介绍平板边界层流动中层流向湍流过渡的现象。

2. 层流与湍流的主要特征

当流体作层流流动时，各流体质点的迹线是光滑而规则的，无宏观掺混，如图 6-5(a) 所示。相反，湍流中流体的运动是很不规则、弯弯曲曲的，沿主流方向与横向(与主流垂直方向)均有宏观的掺混，如图 6-5(b)所示。

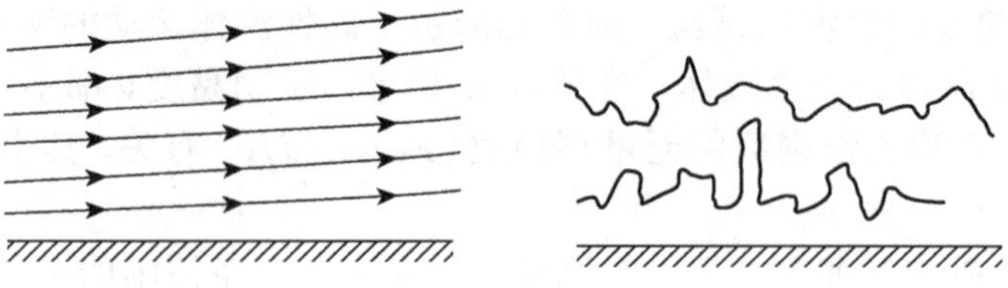


图 6-5 层流和湍流中流体质点的迹线

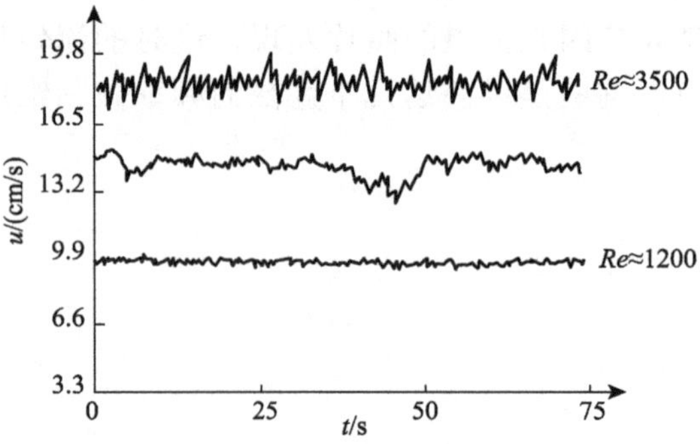


图 6-6 圆管中不同流态时的瞬时速度

琼森在 1917 年用激光多普勒测速仪测量了圆管中不同流态时的瞬时流速，如图 6-6 所示。当 $Re\approx1200$ 时，层流的瞬时流速也有微小波动，但绝对值变化很小，基本上保持恒定。雷诺数增大时，瞬时速度出现随时间的明显变化，但也有脉动较小的时间域，所以水流时有湍动，时又消失，具有间歇性。当 $Re\approx3500$ 时，瞬时流速随时间的变化完全呈现出不规则脉动，而染色流丝在管道中与周围流体的宏观掺混也表明，流体微团在沿流向运动时伴随有横向的脉动运动。除速度外，不同流态下流体的压力、温度等其他参数有类似表现。可以这样形象地来描述层流和湍流：层流是很光滑的流动，即流体的速度、压力等参数随时间和空间的变化都很平滑；湍流则是很不规则的流动，即流体的速度、压力等随时间和空间都以很不规则、很不光滑的方式变化，湍流是紊乱的和混沌的，所以也称为紊流。湍流流动随时间和空间呈现出的不规则脉动是由大大小小的旋涡引起的，旋涡的空间尺度以及相应的脉动速度的频率都连续扩展于一定的范围。

黏性流体相邻两流层之间会发生动量、能量和质量等宏观物理量的输运。层流流动中的输运是由分子热运动引起的，而湍流中除此之外还有由于流体微团的不规则脉动引起的掺混输运。脉动掺混输运远比分子热运动输运强烈，因此湍流对动量、能量和质量的输运能力比层流大得多。湍流强的输运能力会带来更大的摩擦阻力和壁面传热，不过另一方面，强的输运能力使湍流流动的抗分离能力增强。

从上述讨论可见层流和湍流两种流态存在显著差别。其实层流和湍流都服从黏性流体运动的基本方程组——纳维-斯托克斯方程组。但光滑和规则的层流流动表现出确定性，它是符合 N-S 方程组在给定初始和边界条件下的确定性解。而脉动和紊乱的湍流运动则表现出随机性，相同的定常边界条件可以有完全不同的非定常的湍流脉动运动。这是因为由给定的初始和边界条件与 N-S 方程组构成的这个确定的动力学系统(流体运动)，在高雷诺数时不稳定，对初始条件极其敏感，会仅由于初始条件的微小差别而发展成完全不同的流动，这正是发生湍流运动的状况。对于呈现出类似于随机的、非确定性物理特性的湍流运动，常需采用统计、平均的方法研究。实际上，尽管湍流运动的细节可以千差万别，其平均运动却仍与边界条件密切相关，具有确定性。而工程中感兴趣的和试验测量出来的物理量(如速度、摩阻等)也都是平均意义下的数值。

层流和湍流是黏性流体运动的两种不同的稳定状态。不过层流只在雷诺数较低的情形出现，在自然界和工程实际中，最经常发生的流动状态是湍流。

### 6.1.3　N-S 方程组的求解

本章主要讨论层流运动。由于层流运动宏观上的规则性和确定性，可以直接从 N-S 方程组出发通过解方程求解流场。在第 3 章中已经导出了 N-S 方程。对不可压流，不需要耦合能量方程求解，完整的微分方程组为

$$\begin{cases}\rho\dfrac{\partial \boldsymbol{V}}{\partial t}+\rho(\boldsymbol{V}\cdot\nabla)\boldsymbol{V}=\rho\boldsymbol{f}-\nabla p+\mu\nabla^2\boldsymbol{V}\\ \nabla\cdot\boldsymbol{V}=0\end{cases}\tag{6.1-1}$$

这是一非线性二阶偏微分方程组，由于实际问题的边界条件比较复杂，一般情况下该方程组难于求解。流体力学中解决上述非线性方程组通常有以下两种途径。

(1)准确解。在一些简单问题中，非线性的惯性项等于零或者呈现出非常简单的形式，这时方程组或者化为线性的，或者化为简单的非线性方程组，可以解出准确解来。有准确解的问题很少，在 6.2 节将介绍两个经典的 N-S 方程组准确解的例子。

(2)近似解。根据问题的物理特点，略去方程中某些次要项，从而得出近似方程。在一些情形下可以得出近似方程的解。其中，对于小 *Re* 数情形，黏性力项比惯性力项大得多，可以将惯性力项全部略去得到斯托克斯解，或者部分略去得到奥森解，详见陈懋章编著的《粘性流体动力学基础》。对于大 *Re* 情形，普朗特根据观察发现黏性的影响主要局限于壁面附近的薄层——边界层内，将流场划分为边界层内流动和外流区，分别按照边界层理论和理想无黏理论求解。本书的第 4 章已专门研究了理想不可压平面无旋流动，在 6.3~6.6 节将详细介绍边界层理论和平板边界层流动的求解。

此外，还可以寻求 N-S 方程组的数值解，这属于计算流体力学的范围。

## 6.2　N-S 方程层流解析解举例

最简单的黏性流动，就是不可压缩流体的平行流动。这种流动只有一个速度分量不为零，所有的流体微团沿同一方向运动。

### 6.2.1　不可压平行流的控制方程

如果取直角坐标系，并把运动方向取作 $x$ 轴方向，则只有流速 $u\neq 0$。再根据不可压流的连续方程 $\nabla\cdot\boldsymbol{V}=0$ 立即得到 $\partial u/\partial x=0$，即运动速度 $u$ 不随 $x$ 变化。所以对于不可压平行流，有

$$u=u(y,z,t),\quad v=0,\quad w=0\tag{6.2-1}$$

对气体，通常可略去彻体力项。将式(6.2.-1)代入式(6.1-1)中的 $y$ 向和 $z$ 向 N-S 方程，得

$$\frac{\partial p}{\partial y}=0, \quad \frac{\partial p}{\partial z}=0 \tag{6.2-2}$$

即压力只是坐标 $x$ 和时间 $t$ 的函数，$p=p(x,t)$。再将式(6.2-1)、式(6.2-2)代入 $x$ 方向的 N-S 方程，非线性的惯性项为零，从而得

$$\rho\frac{\partial u}{\partial t}=-\frac{\partial p}{\partial x}+\mu\left(\frac{\partial^2 u}{\partial y^2}+\frac{\partial^2 u}{\partial z^2}\right) \tag{6.2-3}$$

式(6.2.-3)就是不可压平行流动的控制方程，给定初始和边界条件后求解该方程即可确定流场的速度分布。

二维泊肃叶流动、库埃特流动和充分发展的管流都可以看成这种平行流动的实际例子。下面以库埃特流动为代表，学习对二维、定常的不可压平行流的解析求解，至于二维泊肃叶流动，它就是库埃特流动的一个特例。之后讨论一种最简单的充分发展管流，即哈根–泊肃叶流动，它是直圆管中的平行流动。

### 6.2.2 库埃特流动

如图 6-7 所示，设有两无限宽的平板平行放置，相距 $2h$。上板以速度 $U$ 匀速向右运动，下板不动。取 $x$ 轴平行于板的运动方向且位于两板间距中分线，$y$ 轴垂直于板面， $z$ 轴沿平板宽度方向(垂直于纸面向外)。流动是定常的。

1. *方程及求解*

因流动定常，速度与 $t$ 无关；又因平板无限宽，所以速度在 $z$ 方向的变化率为零。从而 $u=u(y)$，控制方程(6.2-3)成为

$$\mu\frac{\mathrm{d}^2 u}{\mathrm{d}y^2}=\frac{\mathrm{d}p}{\mathrm{d}x} \tag{6.2-4}$$

边界条件为

$$y=-h:\ u=0; \quad y=h:\ u=U \tag{6.2-5}$$

由于 $p$ 只是 $x$ 的函数，而 $u$ 只是 $y$ 的函数，若要方程(6.2-4)有解， $\mathrm{d}p/\mathrm{d}x$ 只能为常数。也就是说，只有 $\mathrm{d}p/\mathrm{d}x$ 为常数的情况，才可能出现这样的二维定常平行流动。将式(6.2-4)对 $y$ 积分，再由边界条件定出积分常数，得到速度分布为

$$u=\frac{U}{2}\left(1+\frac{y}{h}\right)+\frac{h^2}{2\mu}\left(-\frac{\mathrm{d}p}{\mathrm{d}x}\right)\left[1-\left(\frac{y}{h}\right)^2\right] \tag{6.2-6}$$

下面对该解分情况进行讨论。

2. *两类特殊流动情况*

当上板的速度 $U=0$，就是二维泊肃叶流动，即两静止平行平板间的定常二维流。此

时速度分布为

$$u=-\frac{h^2}{2\mu}\frac{\mathrm{d}p}{\mathrm{d}x}\left[1-\left(\frac{y}{h}\right)^2\right]=u_{\max}\left[1-\left(\frac{y}{h}\right)^2\right]\tag{6.2-7}$$

如图 6-8 所示。可见速度剖面为抛物线。等式右端的负号说明速度指向压力降低的方向。式中，$u_{\max}$ 为最大速度，位于中线 $x$ 轴上。

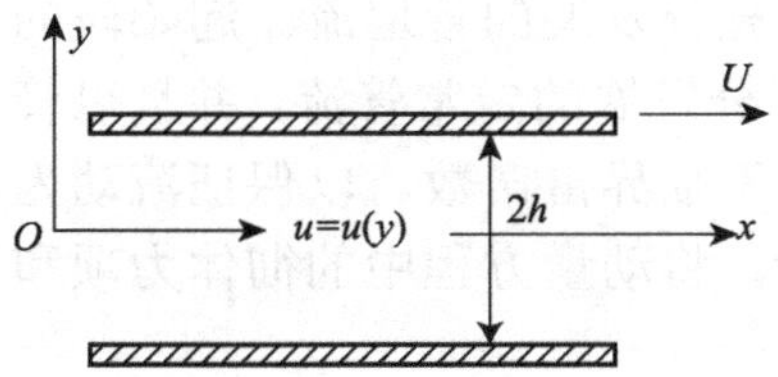


图 6-7　库埃特流动

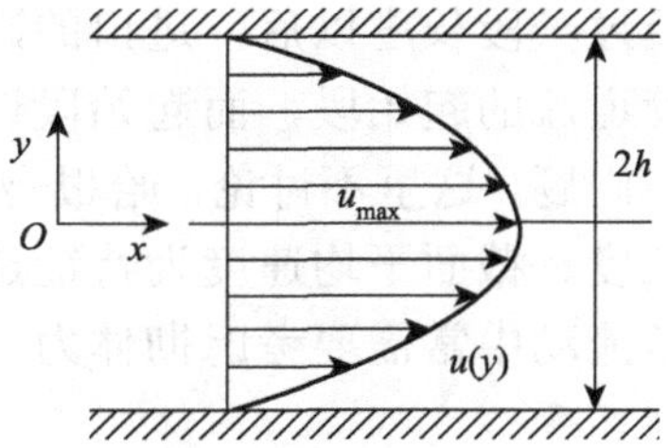


图 6-8　二维泊肃叶流动

当压力梯度为零时，有

$$u=\frac{U}{2}\left(1+\frac{y}{h}\right)\tag{6.2-8}$$

这种特殊情况为简单库埃特流动，即流体完全是由运动的壁面通过黏性力而拖动。

3. 压力梯度的影响

一般的库埃特流动是简单库埃特流动和二维泊肃叶流动的叠加，其中泊肃叶流动反映的是压力梯度的影响。定义如下的无量纲压力梯度：

$$B=\frac{h^2}{\mu U}\left(-\frac{\mathrm{d}p}{\mathrm{d}x}\right)\tag{6.2-9}$$

来分析压力梯度的影响。

图 6-9 给出了各种压力梯度下的速度分布。对于 $B>0$，即压力沿流动方向下降，称为顺压梯度，在整个流动中速度为正。当 $B$ 足够大时，即压力梯度影响远远超过上板速度影响时，流动接近泊肃叶流。当 $B<0$，即压力沿流动方向增加时，称为逆压梯度。当 $B$ 小于某个负值后，靠近静止壁面的某些区域内速度为负，即出现逆流。开始出现逆流的条件为

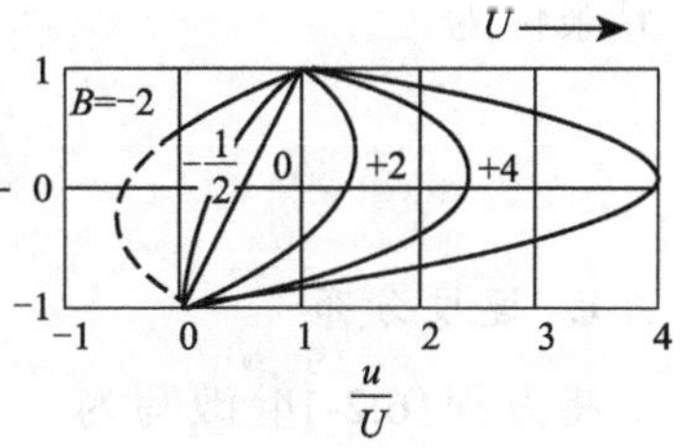


图 6-9　不同压力梯度下库埃特流动的速度分布

$$\left.\frac{\mathrm{d}u}{\mathrm{d}y}\right|_{y=-h}=0\tag{6.2-10}$$

由式(6.2-6)和式(6.2-9)知这对应于：

$$\frac{\mathrm{d}p}{\mathrm{d}x}=\frac{\mu U}{2h^2},\quad B=-\frac{1}{2}\tag{6.2-11}$$

而当 $B<-1/2$ ，即 $\mathrm{d}p/\mathrm{d}x>\mu U/(2h^2)$ 时，$(\mathrm{d}u/\mathrm{d}y)_{y=-h}<0$ 。说明这时上面速度较大的流层对静止壁面附近流层的拖动力不足以克服逆压力梯度，因此出现逆流。

### 6.2.3 哈根-泊肃叶流动

哈根-泊肃叶流动是直圆管中的平行流动。对于等截面管道流动，流体自大空间进入管道以后，在管道进口有相当长一段距离流场受进口的影响，沿长度方向流动会逐渐变化。经过一段长度以后，进口的影响逐渐消失，流动达到稳定。进口附近的流动变化段称为管道流的起始段，而起始段以后的流动称为充分发展的管道流。起始段的流动将属于专门问题，这里不讨论。哈根-泊肃叶流动是充分发展的定常管流，并且以管道直径为特征长度、截面平均速度为特征速度的雷诺数低于临界雷诺数，以保证流动为层流。

管道流动中常需要考虑彻体力。可引入函数 $P$，将动量方程中的彻体力项和压力梯度项合并。令

$$\nabla P=\nabla p-\rho \boldsymbol{f} \tag{6.2-12}$$

此时的动量方程类似于不计彻体力时的方程(6.2-3)，为

$$\mu\left(\frac{\partial^2 u}{\partial y^2}+\frac{\partial^2 u}{\partial z^2}\right)=\frac{\mathrm{d}P}{\mathrm{d}x}=\text{const} \tag{6.2-13}$$

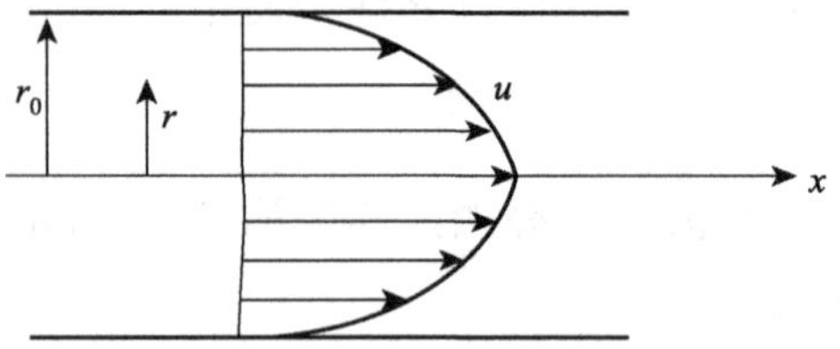


图 6-10　直圆管中的平行流动

对哈根-泊肃叶流动，由于问题的轴对称性，采用柱坐标系 $(r,\theta,x)$，如图 6-10 所示。以管道中心线为 $x$ 轴，径向和周向速度为零，轴向速度 $u$ 只随径向位置 $r$ 变化。柱坐标系下的动量方程为

$$\mu\left(\frac{\mathrm{d}^2 u}{\mathrm{d}r^2}+\frac{1}{r}\frac{\mathrm{d}u}{\mathrm{d}r}\right)=\frac{\mathrm{d}P}{\mathrm{d}x}=\text{const} \tag{6.2-14}$$

边界条件为

$$r=r_0:\ u=0;\quad r=0:\ \frac{\mathrm{d}u}{\mathrm{d}r}=0 \tag{6.2-15}$$

1. 速度分布

将方程(6.2-14)改写为

$$\mu\frac{1}{r}\frac{\mathrm{d}}{\mathrm{d}r}\left(r\frac{\mathrm{d}u}{\mathrm{d}r}\right)=\frac{\mathrm{d}P}{\mathrm{d}x} \tag{6.2-16}$$

积分可得

$$u=\frac{1}{4\mu}\frac{\mathrm{d}P}{\mathrm{d}x}r^2+C_1\ln r+C_2$$

根据边界条件得

$$C_1 = 0, \quad C_2 = -\frac{1}{4\mu}\frac{\mathrm{d}P}{\mathrm{d}x}r_0^2$$

从而得

$$u = -\frac{1}{4\mu}\frac{\mathrm{d}P}{\mathrm{d}x}\left(r_0^2 - r^2\right) \tag{6.2-17}$$

可见这是轴对称的旋转抛物面。最大流速在中心线上，为

$$u_{\max} = -\frac{1}{4\mu}\frac{\mathrm{d}P}{\mathrm{d}x}r_0^2 \tag{6.2-18}$$

2. 直圆管流常用参数

哈根-泊肃叶流动虽然简单，但在工程上还是很常用的。根据哈根-泊肃叶流的速度分布可以求得工程上常用的一些参数。

流量为

$$G = \int_A u\mathrm{d}A = -\frac{1}{4\mu}\frac{\mathrm{d}P}{\mathrm{d}x}\int_0^{r_0}\left(r_0^2 - r^2\right)2\pi r\mathrm{d}r = \frac{\pi r_0^4}{8\mu}\left(-\frac{\mathrm{d}P}{\mathrm{d}x}\right) \tag{6.2-19}$$

横截面上平均流速为

$$U_0 = \frac{G}{\pi r_0^2} = \frac{r_0^2}{8\mu}\left(-\frac{\mathrm{d}P}{\mathrm{d}x}\right) \tag{6.2-20}$$

可见

$$U_0 = \frac{1}{2}u_{\max} \tag{6.2-21}$$

壁面处切应力为

$$\tau_{rx}\big|_{r=r_0} = \mu\frac{\mathrm{d}u}{\mathrm{d}r}\bigg|_{r=r_0} = \frac{1}{2}r_0\frac{\mathrm{d}P}{\mathrm{d}x} = -\frac{4\mu U_0}{r_0} \tag{6.2-22}$$

根据切应力正负号含义规定，流体受到的切应力方向沿负 $x$ 轴，即受到管壁施加的与流速相反的摩擦阻力。以 $\tau_w$ 代表流体受到的摩擦切应力数值，则 $\tau_w = -\tau_{rx}\big|_{r=r_0}$，从而得到壁面摩阻系数为

$$C_f = \frac{\tau_w}{\frac{1}{2}\rho U_0^2} = \frac{16}{Re} \tag{6.2-23}$$

式中，$Re$ 以圆管直径 $d$ 为特征长度，截面平均流速 $U_0$ 为特征速度定义：

$$Re = \frac{\rho U_0 d}{\mu} = \frac{U_0 d}{\nu} \tag{6.2-24}$$

## 6.3 边界层概念

首先介绍一下大雷诺数下物体绕流的特性和普朗特边界层理论提出的背景。

### 6.3.1 大雷诺数下物体绕流的特性

1. 理想无黏理论不适用于壁面附近

在 3.9 节的讨论中已经知道，雷诺数是惯性力和黏性力的典型值之比，因此大雷诺数下的流动意味着流动中惯性力的作用远大于黏性力。所以早年发展起来的无黏理想流理论在解决很多实际问题时获得了成功。但是后来的试验和理论分析都发现，无论雷诺数如何大，壁面附近的流动与无黏流体流动都有本质的差别。而且从数学的观点看，忽略黏性项的无黏流体运动方程的解不能满足黏性流体在固壁上的无滑移边界条件。*Re* 是惯性力与黏性力典型值的比，它能够反映全场一般区域的特点，但不能反映壁面附近的惯性力与黏性力之比(原因下面再分析)。在壁面附近，必须考虑黏性力的影响。

2. 普朗特提出边界层理论

1904 年普朗特根据试验观察，第一次提出了边界层的概念。他认为，水和空气等微小黏性流体绕流物体时，黏性的影响仅限于贴近物面的薄层中；在这一薄层以外可以忽略黏性，采用经典的无黏流体力学方程描述流动。普朗特把固壁边界附近黏性起重要作用的这一薄层称为边界层(Boundary Layer，也称为附面层)，并且根据大雷诺数下边界层非常薄这一前提，对 N-S 方程做了简化，得到了普朗特边界层方程。4 年之后，他的学生布拉休斯(Blasius)首先应用边界层方程成功求解了零压力梯度的平板边界层问题，得到了计算摩擦阻力的公式。从此，边界层理论正式成为流体力学的新兴分支而迅速地发展起来。

普朗特的这一贡献具有划时代的意义。它不仅开辟了黏性流体力学解决实际问题的新前景，解决了存在已久的达朗贝尔佯谬，而且进一步明确了理想流体理论的实际意义。可以说，在近代流体力学的历史上，没有哪种理论引起的影响像边界层理论这样巨大深远。

3. 大雷诺数下物体绕流特性

简单的试验就可证实普朗特的思想。例如，沿薄平板的水流照片和直接测量的机翼表面附近的速度分布，都可观察到边界层的存在。如图 6-11 所示，大雷诺数下物体绕流的整个流场可以划分为边界层、尾迹流和外部无黏流三个区域。大雷诺数下边界层厚度(记为 $\delta$)其实很小，图中对边界层厚度做了放大显示。边界层内，流速由壁面上的零值急速地增加到与自由来流速度 $V_\infty$ 同数量级的值，因此沿壁面法线方向的速度梯度很大，即使流体的黏度较小，表现出来的黏性力也较大。雷诺数不能反映壁面附近边界层内惯性力与黏性力之比的原因是：边界层内黏性力典型值应为

$$\frac{\partial}{\partial y}\left(\mu\frac{\partial u}{\partial y}\right)\sim\frac{\mu V_\infty}{\delta^2}\quad 而非\quad \frac{\mu V_\infty}{L^2}$$

同时，由于速度梯度很大，使得通过边界层的流体具有相当大的旋涡强度，流动是有旋的。当边界层内的黏性有旋流离开物体流入下游时，在物体后面形成尾迹流。尾迹流初始阶段还带有一定强度的涡旋，速度梯度也还相当显著，但是由于没有了固体壁面的阻滞作用，不能再产生新的涡旋，随着远离物体，原有的涡旋将逐渐扩散和衰减，速度分布渐趋均匀，直至在远下游处尾迹完全消失。在边界层和尾迹以外的区域，流动的速度梯度很小，黏性力的影响也很小因而可以忽略，流动是无黏和无旋的。

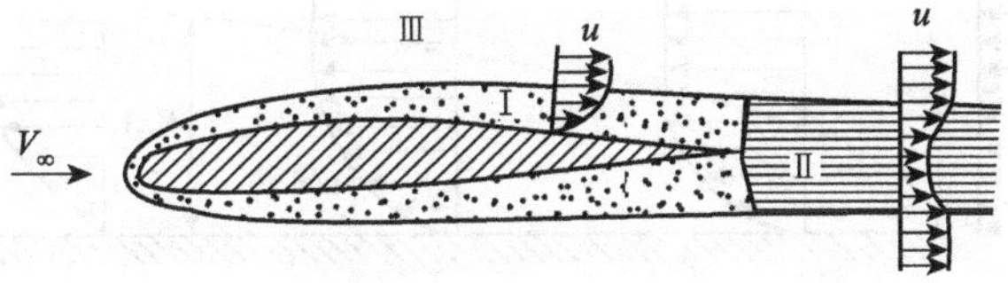


I-边界层；II-尾迹流；III-外部无黏流

图 6-11　大 $Re$ 下翼型绕流特点

综上可知，大 $Re$ 数情形下的物体绕流，在边界层和尾迹区域内是黏性流体的有旋流动，边界层和尾迹区外的流动则可视为无黏和无旋的流动。因此问题归结为分别求解边界层(含尾迹区)和外流区的流动，然后将所得的解拼接起来，就可获得整个流场的解。

## 6.3.2　层流与湍流边界层

与圆管内流动一样，边界层内的流动也有层流和湍流之分，如图 6-12 所示。对光滑平板，并且来流脉动程度不大，平板边界层起初总有一段是层流流态。越向下游，层流边界层越厚。到一定距离后，经过一个过渡区，流态就发生变化，转变为湍流边界层。参照圆管情形，采用边界层的厚度 $\delta$ 作为特征长度、边界层外无黏流动的速度 $V_e$ 作为特征速度计算流动的雷诺数，即 $Re_\delta=V_e\delta/\nu$。对于平板绕流，不加特殊控制时，边界层流动从层流向湍流转捩的临界雷诺数 $Re_{\delta,\mathrm{crit}}\approx 3500$。$Re_\delta<3500$ 时，边界层处在稳定的层流形态，外部扰动不管多大都不能促使其转化为湍流运动。而在特殊控制环境下，平板边界层的层流状态可维持到 $Re_\delta\approx 9300$。

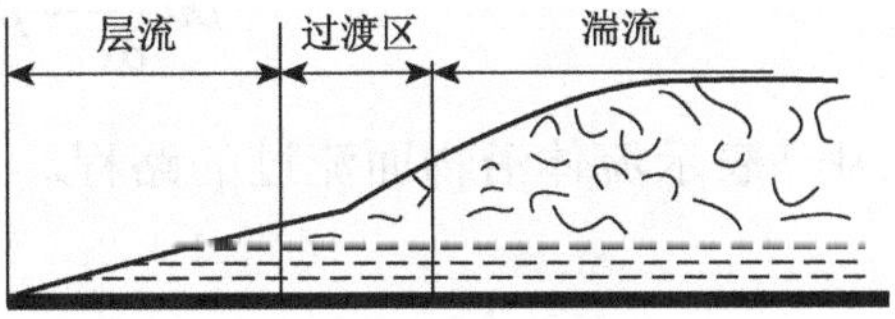


图 6-12　平板层流和湍流边界层

本书只讨论层流边界层，不过下面关于各种边界层厚度的定义也适用于湍流，建立层流边界层方程和分析边界层流动的一些基本方法在湍流情形中也类似。

## 6.3.3　边界层厚度

1. 边界层名义厚度

图 6-13 给出了平板边界层不同流向位置的速度剖面。可见在边界层和外部无黏流之

间没有严格的分界线(或面)，在平板边界层外缘，流向速度 $u$ 是渐近地达到外流速度 $V_e$(对平板，$V_e=V_\infty$)的。实际上，$u\to V_e$ 的渐近过程非常迅速，当 $y$ 大于某一值时，$u$ 和 $V_e$ 的差别微乎其微，黏性的影响就可以忽略了。因此常常以流向速度渐近的程度来定义边界层厚度 $\delta$。通常沿壁面的法线向外推移，将流向速度达到外流速度的某个百分数(如 $u=0.995V_e$)的位置和壁面间的距离定义为边界层厚度，并称为边界层的名义厚度。边界层名义厚度的数值随所选取的百分数而变，可采用下标注明所选取的百分数，例如，$\delta_{995}$ 表明此百分数为 99.5%。

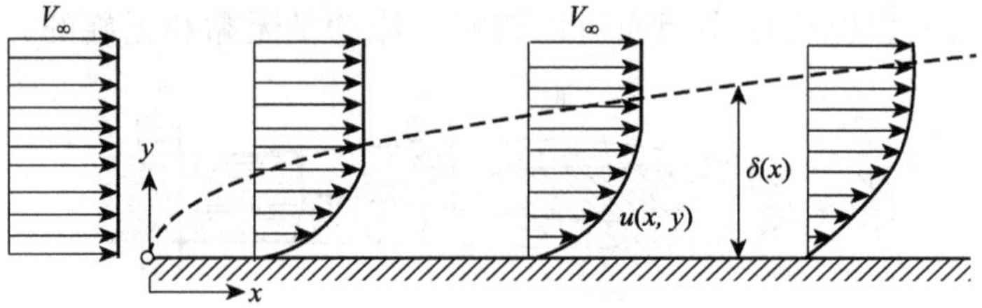


图 6-13　平板上的边界层

2. 边界层厚度的量级估计

从图 6-11~图 6-13 都可看出，边界层的厚度随流体流经物面的距离增大而逐渐增大。这是因为流体沿物面流动时，紧贴边界层的一层流体要不断受到边界层内流体黏性的影响而逐渐减速，所以流体沿物面流过的路程越长，边界层就越厚。

可根据边界层中黏性力项与惯性力项具有相同的量级这个特点，来大致估计边界层的厚度。惯性力项和黏性力项的量级分别为

$$\rho u\frac{\partial u}{\partial x}\sim\rho\frac{V_\infty^2}{l},\quad \frac{\partial}{\partial y}\left(\mu\frac{\partial u}{\partial y}\right)\sim\frac{\mu V_\infty}{\delta^2}$$

其中 $l$ 表示流体沿物面流过的路程。若

$$\frac{\rho V_\infty^2}{l}\sim\frac{\mu V_\infty}{\delta^2}$$

则有

$$\delta\sim\sqrt{\frac{\mu l}{\rho V_\infty}}=\frac{l}{\sqrt{Re}}\text{或}\frac{\delta}{l}\sim\frac{1}{\sqrt{Re}}\tag{6.3-1}$$

对于层流边界层，数学分析及试验结果都说明这个关系的正确性。湍流边界层比层流边界层厚很多，不过湍流边界层厚度与流动的几何尺度相比仍是小量，它随雷诺数的变化趋势也是一致的，即雷诺数越大，$\delta/l$ 越小。

举一具体例子：空气在常温常压下 $\nu=1.46\times10^{-5}\mathrm{m^2/s}$，若以 $V_\infty=15\mathrm{m/s}$ 的速度流过 1m 长的平板，雷诺数 $Re=V_\infty l/\nu\approx1\times10^6$，在能保持层流的情况下，平板末端 $\delta/l\sim1/\sqrt{Re}\approx0.001$(平板层流边界层解的结果为 $\delta/l\approx0.005$)。在相同条件下，若在平板前缘强迫边界层转变为湍流，平板末端 $\delta/l\approx0.02$。

3. 边界层位移厚度和动量亏损厚度

边界层名义厚度$\delta$形象地表明了边界层的存在范围。人们还从不同角度定义了其他有一定物理含义的“边界层厚度”，以反映边界层的特性及其存在所产生的影响。

1) 位移厚度(排挤厚度)

边界层存在的主要影响之一，是将理想无黏流的流线向离开物体壁面的方向推移。这是因为靠近壁面的边界层中流体因黏滞作用而流慢了，为满足连续方程，流道就得扩张，才能让一定量的流体通过，因此无黏流流线向外偏斜。

对于二维平面流动，如图 6-13 所示，从 $y=0$ 到 $y=h$ 之间通过 $x=$常数的任一站所流过的质量流率为

$$\int_0^h \rho u \mathrm{d}y$$

若不存在边界层，则有 $u=V_e$ 和 $\rho=\rho_e$ （下标“$e$”代表边界层外缘处），质量流率为

$$\int_0^h \rho_e V_e \mathrm{d}y$$

因此，由于边界层的存在所引起的从 $y=0$ 到 $y=h$ 间的质量流率的减少为

$$\int_0^h (\rho_e V_e - \rho u)\mathrm{d}y$$

该减少的流率在外部无黏流中对应的厚度为

$$\delta^* = \frac{1}{\rho_e V_e}\int_0^{h>\delta}(\rho_e V_e - \rho u)\mathrm{d}y = \int_0^{h>\delta}\left(1-\frac{\rho u}{\rho_e V_e}\right)\mathrm{d}y \tag{6.3-2}$$

$\delta^*$称为位移厚度或排挤厚度，就是理想无黏流流线被外推的距离。可以说，由于边界层的存在而排移了厚度为$\delta^*$的无黏流体的流量。定义中，由于在边界层之外被积函数接近于零，所以积分上限的选取并不重要，只要保证$h>\delta$就行。

不可压流的位移厚度为

$$\delta^* = \int_0^{h>\delta}\left(1-\frac{u}{V_e}\right)\mathrm{d}y \tag{6.3-3}$$

2) 动量亏损厚度

为反映由于边界层的存在而引起的动量流率的变化，人们又定义了动量亏损厚度(简称动量厚度)。动量流率为质量流率与单位质量的动量(即速度)的乘积，因此动量亏损为：实际的质量流率与单位质量的动量亏损$(=V_e-u)$的乘积，而动量厚度则定义为具有此亏损的动量大小的理想无黏流的厚度，即

$$\theta = \frac{1}{\rho_e V_e^2}\int_0^{h>\delta}\rho u(V_e-u)\mathrm{d}y = \int_0^{h>\delta}\frac{\rho u}{\rho_e V_e}\left(1-\frac{u}{V_e}\right)\mathrm{d}y \tag{6.3-4}$$

可见$\theta$的物理意义为：由于边界层的存在而损失了厚度为$\theta$的理想无黏流的动量流率。不可压流的动量厚度为

$$\theta=\int_0^{h>\delta}\frac{u}{V_e}\left(1-\frac{u}{V_e}\right)\mathrm{d}y \tag{6.3-5}$$

既然动量厚度反映动量的损失，它应与壁面摩擦阻力有直接联系。其实平板受到的摩擦阻力 $D_f$ 就可用动量厚度表示为

$$D_f=\rho_e V_e^2\theta \tag{6.3-6}$$

$D_f$ 表示从平板前缘$(x=0)$到 $x=x_1$ 之间平板单位宽度($z$ 方向尺度为 1)上所受到的总摩擦力，$\theta$ 为 $x_1$ 处的动量亏损厚度。采用积分形式的动量方程就可证明式(6.3-6)。

边界层各种厚度的定义式，既适用于层流也适用于湍流。边界层各种厚度值都是随着流体沿物面流过的路程增长而增加的。

# 6.4 二维不可压层流边界层微分方程

前面已经知道大 $Re$ 下边界层很薄这一物理事实。对层流边界层，$\delta/l\sim1/\sqrt{Re}$；湍流边界层也有 $\delta/l$ 为小量这个特点。当 $\delta/l\ll1$ 时，N-S 方程中的某些项会很小以致可以忽略，从而得到比 N-S 方程有很大简化的边界层方程。本节考虑二维平面不可压情况，从黏性平面不可压流动的连续方程和 N-S 方程出发，在 $\delta/l\ll1$ 时的条件下导出平壁面的层流边界层方程，并讨论方程的特点及求解方法。

普朗特当初导出边界层方程时是以雷诺数作为量级分析的基本量，即 $Re$ 为大数，$\delta/l\sim1/\sqrt{Re}$ 为小量。这个关系对层流边界层是正确的，但不适用于湍流。本书直接以 $\delta/l$ 作为量级分析的基本量，某些结果今后可以推广到湍流边界层。

## 6.4.1 边界层方程的导出

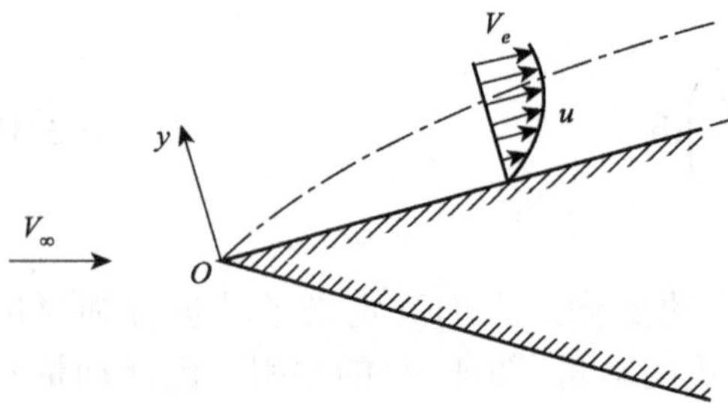


图 6-14 沿平壁面的二维边界层

### 1. 平壁面直角边界层坐标系中的不可压 N-S 方程

考虑二维定常不可压且无彻体力的情况。如图 6-14 所示选取坐标系，$x$ 代表沿壁面，$y$ 代表与壁面垂直的方向。连续方程和动量方程分别为

$$\frac{\partial u}{\partial x}+\frac{\partial v}{\partial y}=0 \tag{6.4-1}$$

$$u\frac{\partial u}{\partial x}+v\frac{\partial u}{\partial y}=-\frac{1}{\rho}\frac{\partial p}{\partial x}+\nu\left(\frac{\partial^2 u}{\partial x^2}+\frac{\partial^2 u}{\partial y^2}\right) \tag{6.4-2}$$

$$u\frac{\partial v}{\partial x}+v\frac{\partial v}{\partial y}=-\frac{1}{\rho}\frac{\partial p}{\partial y}+\nu\left(\frac{\partial^2 v}{\partial x^2}+\frac{\partial^2 v}{\partial y^2}\right) \tag{6.4-3}$$

不可压流中，连续方程和动量方程的求解可以与能量方程解耦，本章主要讨论边界层的

速度分布，这里和后面都不再列出能量方程。

2. 量级分析

接下来在$\delta/l \ll 1$的前提下，对上述方程中各项进行数量级分析。一个已知的物理事实是：在边界层中，黏性力和惯性力的量级相同。

首先确定各因变量的典型值(代表其量级)，例如，以边界层外缘速度 $V_e$ 作为 $x$ 向分速的典型值；然后用因变量在距离 $l$(或$\delta$)内的典型变化量除以距离作为其对 $x$(或 $y$)导数的典型值，例如，用$V_e/\delta$ 作为$\partial u/\partial y$ 的典型值。利用上述规则，并采用“~”表示具有量级精度的典型值而不考虑其符号，则

$$u \sim V_e;\quad \frac{\partial u}{\partial x} \sim \frac{V_e}{l},\quad \frac{\partial^2 u}{\partial x^2} \sim \frac{V_e}{l^2};\quad \frac{\partial u}{\partial y} \sim \frac{V_e}{\delta},\quad \frac{\partial^2 u}{\partial y^2} \sim \frac{V_e}{\delta^2} \tag{6.4-4}$$

$y$ 向分速 $v$ 的典型值暂时不能预估，另外压力的变化也暂不做预估。

分析连续方程(6.4-1)。方程中$\partial u/\partial x$的典型值为$V_e/l$，另一项$\partial v/\partial y$ 的典型值记为$v/\delta$，因为两项的量级应该相同，所以可得到 $v$ 的典型值为

$$v \sim \frac{V_e \delta}{l} \tag{6.4-5}$$

再分析 $x$ 向动量方程(6.4-2)，将方程中各项的典型值写到各对应位置如式(6.4-6)。可见惯性力项的典型值均为$V_e^2/l$。而黏性力两项量级不一，量级大的为$\nu V_e/\delta^2$。压差力项的典型值暂不分析。注意在边界层中黏性力与惯性力具有相同的量级，因此可将$V_e^2/l$和$\nu V_e/\delta^2$ 的量级定为 1，以其为标准来比较方程中各项量级的相对大小。式中各项的相对量级见式(6.4-7)。可见惯性力两项均需保留，而黏性力中应保留量级较大的$\nu\,\partial^2 u/\partial y^2$项，$\nu\,\partial^2 u/\partial x^2$ 作为小量($\delta^2/l^2$ 量级)可以忽略。

$$u\frac{\partial u}{\partial x} \quad + \quad v\frac{\partial u}{\partial y} \quad = -\frac{1}{\rho}\frac{\partial p}{\partial x} \quad + \quad \nu\left(\frac{\partial^2 u}{\partial x^2} \quad + \quad \frac{\partial^2 u}{\partial y^2}\right)$$

各项典型值：$$V_e\frac{V_e}{l} \qquad \frac{V_e\delta}{l}\cdot\frac{V_e}{\delta} \qquad\qquad \nu\frac{V_e}{l^2} \qquad \nu\frac{V_e}{\delta^2} \tag{6.4-6}$$

各项相对量级：$$1 \qquad\qquad 1 \qquad\qquad\qquad \frac{\delta^2}{l^2} \qquad\qquad 1 \tag{6.4-7}$$

$y$ 向动量方程(6.4-3)中各项的典型值见式(6.4-8)。采用和 $x$ 向动量方程同样的标准，惯性力、黏性力仍然分别以$V_e^2/l$和$\nu V_e/\delta^2$ 的量级为 1，得出各项的相对量级见式(6.4-9)。

$$u\frac{\partial v}{\partial x} \quad + \quad v\frac{\partial v}{\partial y} \quad = \quad -\frac{1}{\rho}\frac{\partial p}{\partial y} \quad + \nu\left(\frac{\partial^2 v}{\partial x^2} \quad + \quad \frac{\partial^2 v}{\partial y^2}\right)$$

各项典型值：$$V_e\frac{V_e\delta}{l\cdot l} \qquad \frac{V_e\delta}{l}\frac{V_e\delta}{l\cdot\delta} \qquad\qquad \nu\frac{V_e\delta}{l\cdot l^2} \qquad \nu\frac{V_e\delta}{l\cdot\delta^2} \tag{6.4-8}$$

各项相对量级：　$\frac{\delta}{l}$　$\frac{\delta}{l}$　$\frac{\delta^3}{l^3}$　$\frac{\delta}{l}$　(6.4-9)

对比式(6.4-7)和式(6.4-9)可知，$y$ 向动量方程中惯性力和黏性力项均为 $x$ 向动量方程相应项的高一阶小量。

前面一直没有分析压差力项的量级。实际上，压力梯度是一种被动的起调节作用的力，其数量级应由方程中其他类型力(即黏性力和惯性力)中的最大量级决定。因此可认为 $x$ 向动量方程和 $y$ 向动量方程中压力偏导数的量级分别为

$$\frac{\partial p}{\partial x}\sim\frac{\rho V_e^2}{l},\quad \text{相对量级为 } 1 \tag{6.4-10}$$

$$\frac{\partial p}{\partial y}\sim\frac{\rho V_e^2\delta}{l^2},\quad \text{相对量级为 } \frac{\delta}{l} \tag{6.4-11}$$

可见，对 $p$ 来说，$\partial p/\partial y$ 比 $\partial p/\partial x$ 量级低，可以忽略 $\partial p/\partial y$，即认为 $\partial p/\partial y=0$。

3. 平壁面的二维边界层方程组

根据以上量级分析，将方程(6.4-1)~方程(6.4-3)中具有 $\delta/l$ 量级及更高阶的小量项忽略，得

$$\frac{\partial u}{\partial x}+\frac{\partial v}{\partial y}=0 \tag{6.4-12}$$

$$u\frac{\partial u}{\partial x}+v\frac{\partial u}{\partial y}=-\frac{1}{\rho}\frac{\partial p}{\partial x}+\nu\frac{\partial^2 u}{\partial y^2} \tag{6.4-13}$$

$$\frac{\partial p}{\partial y}=0 \tag{6.4-14}$$

式(6.4-12)~式(6.4-14)即平壁面的定常二维不可压流的边界层方程组。

由于 $\partial p/\partial y=0$，所以可将 $x$ 向动量方程(6.4-13)中的 $\partial p/\partial x$ 用 $\mathrm{d}p/\mathrm{d}x$ 代替以强调 $p$ 与 $y$ 无关。并且 $\partial p/\partial y=0$ 意味着边界层内某点的压力与同一 $x$ 位置的壁面处和边界层外缘处的压力均相等，即

$$p(x)=p_w(x)=p_e(x) \tag{6.4-15}$$

$p_w(x)$ 可通过试验测得的壁面压力分布数据给出，$p_e(x)$ 可由边界层外部的无黏流解给出。进一步对外部无黏流应用伯努利方程，可得

$$\frac{\mathrm{d}p}{\mathrm{d}x}=\frac{\mathrm{d}p_e}{\mathrm{d}x}=-\rho V_e\frac{\mathrm{d}V_e}{\mathrm{d}x} \tag{6.4-16}$$

代入式(6.4-13)后可得

$$u\frac{\partial u}{\partial x}+v\frac{\partial u}{\partial y}=V_e\frac{\mathrm{d}V_e}{\mathrm{d}x}+\nu\frac{\partial^2 u}{\partial y^2} \tag{6.4-17}$$

也可将式(6.4-12)、式(6.4-17)联合作为平壁面的定常二维不可压流边界层方程组。

4. 曲壁面的二维边界层方程组

实际问题中的物面往往是弯曲的，此时也可将上述平壁面的边界层方程推广到曲壁绕流的情况，只要壁面的曲率半径远大于边界层厚度。要注意的是，对于曲壁边界层，方程中的流向坐标 $x$ 是沿曲壁的曲线坐标，横向坐标 $y$ 是垂直于曲壁的法向坐标。曲壁边界层方程中的连续方程和 $x$ 向动量方程分别和平壁面情况的式(6.4-12)、式(6.4-13)相同。当壁面的曲率半径 $R_c$ 和绕流的流向尺度 $l$ 属同一量级时，$y$ 向动量方程中会出现离心力的影响，即

$$\frac{\partial p}{\partial y}=\frac{\rho u^2}{R_c} \tag{6.4-18}$$

不过若 $R_c \gg l$，即物面只是微弯的，则

$$\frac{\partial p}{\partial y}=\frac{\rho u^2}{R_c}\sim\frac{\rho V_e^2}{R_c}\ll\frac{\rho V_e^2}{l}\sim\frac{\partial p}{\partial x} \tag{6.4-19}$$

这样，就可以忽略离心力的影响，$y$ 向动量方程仍采用 $\partial p/\partial y=0$。也就是说，对于微弯曲面($R_c \gg l$)，其边界层方程在形式上与平壁面情形相同，只是采用了边界层曲线正交坐标系。

## 6.4.2 边界层流动的求解

1. 边界层方程的定解条件

由式(6.4-12)、式(6.4-17)构成的边界层方程组是关于速度分量 $u$ 和 $v$ 的二阶偏微分方程组，其数学性质是抛物型。方程中关于 $x$ 的偏导数只有分速度 $u$ 对 $x$ 的一阶偏导 $\partial u/\partial x$，故在 $x$ 方向的边界条件只需给出某一初始 $x_0$ 截面上的速度 $u$ 分布。方程中关于 $y$ 的偏导数有速度 $u$ 的二阶偏导 $\partial^2 u/\partial y^2$ 和速度 $v$ 的一阶偏导 $\partial v/\partial y$，故速度 $u$ 需提两个 $y$ 方向的边界条件，$v$ 只需提一个 $y$ 方向的边界条件。具体各边界条件如下。

(1) 物面不可渗透，且无滑移，有

$$y=0\text{ 处：}\ u=0,\quad v=0 \tag{6.4-20}$$

(2) 边界层外缘处有

$$y=\delta\text{ 处：}\ u=V_e\quad\text{或}\quad y\to\infty\text{ 处：}\ u=V_e \tag{6.4-21}$$

上面的 $y=\delta$ 处 $u=V_e$ 不是严格成立的，所以有时也在 $y\to\infty$ 处提边界条件。根据边界层渐近地过渡为外部无黏流的性质，可知 $u$ 在 $y=\delta$ 处和 $y\to\infty$ 的值已相差很少，故两种边界条件的提法没有本质差别。

(3) 在某一初始截面上给定 $u$ 的值，即

$$x=x_0\text{ 截面：}\ u=u\left(x_0,y\right) \tag{6.4-22}$$

2. 边界层流动求解步骤

第一步，求外部无黏流解。略去边界层与尾迹，求解理想流体对物体的绕流问题，

得到物体壁面上速度分布 $V_w(x)\big|_{无黏}$。因为边界层很薄，可将其视为边界层外缘的速度分布，即

$$V_e(x)=V_w(x)\big|_{无黏} \tag{6.4-23}$$

第二步，将无黏流解的结果代入方程(6.4-17)或作为边界条件，求解由式(6.4-12)、式(6.4-17)构成的边界层方程组，得到边界层内的速度分布：

$$u=u(x,y),\quad v=v(x,y)$$

第三步，根据速度分布 $u=u(x,y)$，求得壁面切应力：

$$\tau_w(x)=\mu\frac{\partial u}{\partial y}\bigg|_{y=0} \tag{6.4-24}$$

有了壁面切应力 $\tau_w(x)$ 分布之后，再通过积分就可求出物体所受的总的摩擦阻力。

需要说明的是，边界层内的黏性流体运动和外部无黏流是相互影响、紧密相关的。首先，求解边界层方程时必须知道边界层外边界上无黏流的压力和速度分布，因此边界层流动取决于外部无黏流。另一方面，根据边界层位移厚度 $\delta^*$ 的物理意义，可知无黏流所绕流的物体已不是原物体，而是加厚了 $\delta^*$ 的等效物体，如图 6-15(曲线 $ab$ 为原物形，$ac$ 为等效物形)所示。而等效物体的形状只有在求出边界层内解后才能确定，也就是说，外部无黏流也取决于边界层流动。

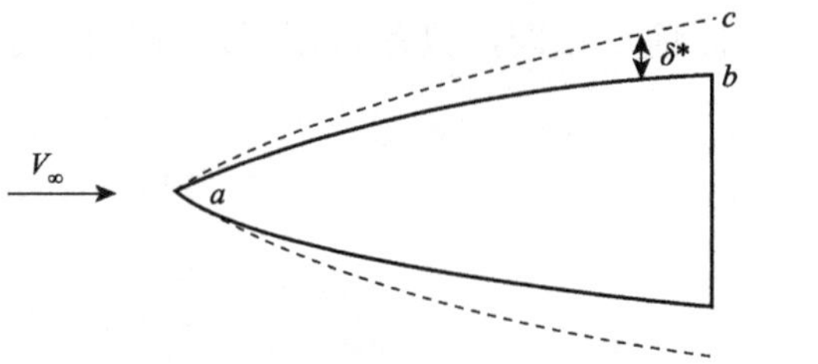

图 6-15　由实际物形叠加位移厚度得到的等效物形

所以严格地说，需将外部无黏流和边界层流动联合起来求解。为减少数学上的困难，普朗特考虑到大雷诺数时边界层很薄的事实，认为等效物形和原物形相差不大，作为一级近似可以忽略边界层对外部无黏流的影响，直接求解绕原物形的外部无黏流，然后再按边界层方程求解边界层内的解。一般来说，这种结果已能满足工程需要。若需要更高的计算精度可采用逐次修正的方法，通常只需修正一次就够了。如果边界层对外部无黏流的影响相当强烈，用逐次修正的方法也不很有效时，就必须用试验方法测出边界层外缘压力分布或速度分布作为计算边界层的基础。

另外，要特别注意边界层方程的应用范围。雷诺数不够大时，$\delta/l$ 较大，边界层方程的误差较大；发生流动分离后也不能再用边界层方程。

3. *边界层方程求解方法*

与 N-S 方程相比，边界层方程有了很大简化：原来有三个未知量 $(u,v,p)$ 和三个方程，现在只有两个未知量 $(u,v)$ 和两个方程(连续方程和 $x$ 向的动量方程)，而且在黏性项中只剩下了 $\nu\partial^2u/\partial y^2$ 项。但也应该看到，边界层方程仍是一个二阶的非线性偏微分方程组，其解析求解在数学上仍有困难。主要求解方法有如下三类。

(1) 相似解。在一些特殊的流动条件下，通过数学变换，可将偏微分方程化为常微

分方程求解。这是自相似流动，例如，平板边界层流动。6.5 节将介绍边界层相似的概念和平板边界层的相似解。不过，相似流动是很少的。

(2) 数值解。对一般的不满足相似条件的边界层流动，要获得详细的参数分布只能求边界层偏微分方程组的数值解，这属于计算流体力学范围，本书不做进一步介绍。不过，边界层方程的求解比 N-S 方程容易许多。不仅方程有了很大简化，而且定常不可压 N-S 方程数学性质为椭圆型，而边界层方程为抛物型，可以采用上游向下游空间推进的方法求解。

(3) 近似解。工程实际问题中，需要有简便的方法能够快速估算物体表面摩擦等边界层典型参数，即求边界层方程的近似解。近似解中用得较多的是积分法。它的基本思想是：首先对边界层偏微分方程沿边界层厚度方向 ($y$ 方向) 积分，导出关于某些典型参数 (如动量亏损厚度 $\theta$) 的常微分方程 (沿流向 $x$ 的微分方程)，再联合一些通过试验或分析建立的经验关系式，求解常微分方程，得出这些典型参数沿流向的变化。6.6 节将介绍工程中广泛采用的动量积分方程方法。

# 6.5　边界层相似及平板边界层的相似解

流动相似是指两个不同流动具有相同的无量纲解。而一些特殊的边界层流动存在“自相似”的特点，在变换的坐标系下，同一流动不同位置的解分布具有相似性，平板边界层流动就是一种自相似流动。本节在介绍著名的相似变换：法沃克纳-斯坎变换的基础上，讨论平板边界层的相似解。

## 6.5.1　边界层相似的概念

以二维定常不可压流的层流边界层方程 [式 (6.4-12)、式 (6.4-17)] 为例，在给定运动黏度 $\nu$ 和边界层外缘速度 $V_e(x)$ 的情况下，边界层定解问题的解 $u$ 和 $v$ 一般应该是 $x$ 和 $y$ 的函数。如图 6-16 所示，不同 $x$ 位置的速度剖面不相同，即

$$u(x_1,y)\neq u(x_2,y) \tag{6.5-1}$$

但均有在壁面处速度为零、在边界层外缘处速度为 $V_e$ 的特点，即

$$u(x_1,0)=0,\quad u(x_2,0)=0;\quad u(x_1,\delta_1)=V_e(x_1),\quad u(x_2,\delta_2)=V_e(x_2)$$

当然，边界层厚度 $\delta(x)$ 和边界层外缘速度 $V_e(x)$ 都是随 $x$ 变化的。

如果以不同 $x$ 位置的当地边界层厚度 $\delta(x)$ 对 $y$ 向尺度进行无量纲化，即定义无量纲的边界层法向坐标：

$$\eta=C\frac{y}{\delta(x)} \tag{6.5-2}$$

式中，$C$ 为一常数。再以不同 $x$ 位置各自的边界层外缘速度 $V_e(x)$ 对速度无量纲化，是否能使不同 $x$ 处的无量纲速度 $u/V_e$ 随 $\eta$ 变化的剖面一样呢？确实，如果做适当的坐标变换：

$$(x,y)\rightarrow(\xi,\eta)$$

对一些特殊的流动，能使不同$\xi$处具有相同的无量纲速度剖面：

$$\frac{u}{V_e}(\xi_1,\eta)=\frac{u}{V_e}(\xi_2,\eta)\text{ 或 }\frac{u}{V_e}=g(\eta) \tag{6.5-3}$$

即边界层的无量纲速度只是单变量$\eta$的函数，如图 6-17 所示。

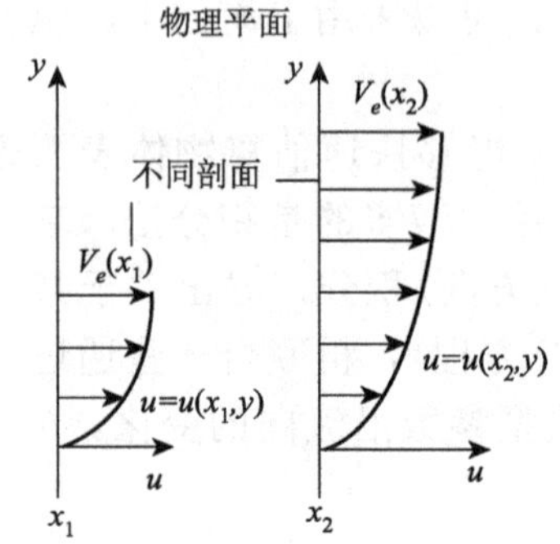


图 6-16　平板边界层不同$x$位置处速度剖面

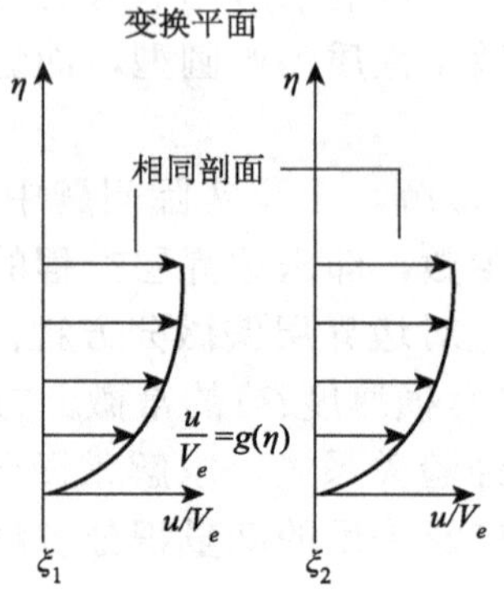


图 6-17　平板边界层自相似示意图

不同位置处的无量纲物理量函数相同，也就是说不同位置处的流动是相似的，这种同一流动中的相似称为自相似。变换后的自变量$\eta$是$x$和$y$的某个特定函数，称为相似参数。对于自相似的边界层流动，无量纲物理量$u(x,y)/V_e(x)$只是相似参数$\eta$一个单变量的函数，那么原来的偏微分方程就可转化为常微分方程求解，进一步带来数学上的大大简化。

### 6.5.2　法沃克纳-斯坎变换

在 6.3 节根据层流边界层中惯性力和黏性力同量级这一物理事实，估计了边界层厚度的量级，见式(6.3-1)。边界层厚度是随流向发展的，在距前缘距离$x$位置的边界层厚度为

$$\delta(x)\sim\frac{x}{\sqrt{Re_x}}=x\sqrt{\frac{\nu}{V_e x}}=\sqrt{\frac{\nu x}{V_e}} \tag{6.5-4}$$

据此可将相似参数$\eta$定义为

$$\eta=y\sqrt{\frac{V_e}{\nu x}} \tag{6.5-5}$$

并令

$$\xi=x \tag{6.5-6}$$

上两个式子就是法沃克纳-斯坎变换(简称 F-S 变换)的定义式。F-S 变换是二维流动中最著名的相似变换。

采用 F-S 变换可将边界层方程转化为关于$(\xi,\eta)$的方程。对于满足一定条件的边界层流动，可以分析出变换后方程的解与$\xi$无关，只是$\eta$的函数，方程可转化为常微分方程

求解。这类流动就是那些自相似的边界层流动。例如，当

$$V_e = Cx^m, \quad C，m \text{ 为常数} \tag{6.5-7}$$

且壁面处法向速度为零(无渗透)时，边界层流动就是自相似流动。

对于一般的流动，经过 F-S 变换后的方程仍是偏微分方程，方程的解还是自变量$\xi$、$\eta$的函数，但它随$\xi$的变化缓慢，即

$$\left|\frac{\partial}{\partial \xi}\right|_\eta < \left|\frac{\partial}{\partial x}\right|_y \tag{6.5-8}$$

对偏微分方程进行数值求解时，沿$\xi$向可以取较大的步长。

### 6.5.3　平板边界层方程的相似变换

半无穷长平板的层流边界层流动是最简单的自相似流动，也是历史上第一个应用普朗特边界层理论的具体例子。下面采用 F-S 变换，导出$(\xi,\eta)$平面的平板边界层方程。

1. 物理平面的流函数方程

设无限空间中的均匀气流以速度$V_\infty$沿板面方向定常地向一个半无穷长且厚度为零的平板流来，在平板壁面上产生一层薄边界层，见图 6-13。因平板无厚度，当理想无黏流体沿平板方向流过平板时，平板对流动没有扰动，因此外部无黏流的速度为

$$V_e(x) = V_\infty = \text{const} \tag{6.5-9}$$

压力也是均匀的。此时边界层方程组[式(6.4-12)和式(6.4-17)]成为

$$\begin{cases} \dfrac{\partial u}{\partial x} + \dfrac{\partial v}{\partial y} = 0 \\ u\dfrac{\partial u}{\partial x} + v\dfrac{\partial u}{\partial y} = \nu\dfrac{\partial^2 u}{\partial y^2} \end{cases} \tag{6.5-10}$$

边界条件为

$$\begin{cases} y = 0,\ x \geqslant 0:\ u = 0,\ v = 0 \\ y = \delta: \qquad\qquad u = V_\infty \end{cases} \tag{6.5-11}$$

第 4 章中已经知道，平面不可压流动存在流函数，引入流函数后连续方程自然满足，并且可采用一个流函数代替两个速度分量，减少未知函数的个数。这里引入流函数$\psi$：

$$\frac{\partial \psi}{\partial y} = u, \quad \frac{\partial \psi}{\partial x} = -v \tag{6.5-12}$$

将式(6.5-12)代入式(6.5-10)中的动量方程，得

$$\frac{\partial \psi}{\partial y}\frac{\partial^2 \psi}{\partial x \partial y} - \frac{\partial \psi}{\partial x}\frac{\partial^2 \psi}{\partial y^2} = \nu\frac{\partial^3 \psi}{\partial y^3} \tag{6.5-13}$$

由于采用流函数后连续方程已自动满足，所以流函数方程(6.5-13)就是平板边界层的控制方程，原二阶偏微分方程组转化成了一个三阶偏微分方程。

2. 变换平面的无量纲流函数方程及边界条件

对平板边界层流动，边界层外缘速度$V_e = V_\infty$，则 F-S 变换定义的两个坐标系$(x, y)$、$(\xi, \eta)$间的变换关系成为

$$\eta = y\sqrt{\frac{V_\infty}{\nu x}}, \quad \xi = x \tag{6.5-14}$$

还需在$(\xi, \eta)$平面定义一无量纲的流函数$g(\xi, \eta)$，实现边界层流函数方程的变换。由于流函数$\psi(x, y)$的量纲为[速度]×[长度]，所以无量纲流函数$g(\xi, \eta)$可以定义为$\psi(x, y)$除以某个特征速度与特征长度。对边界层流动，最具代表性的速度和长度就是边界层外缘速度$V_e$和边界层厚度$\delta$了，而层流边界层中$\delta \sim x/\sqrt{Re_x} = \sqrt{\nu x/V_e}$，因此可将无量纲流函数$g(\xi, \eta)$与$\psi(x, y)$的关系定义为

$$\psi(x, y) = V_e\sqrt{\frac{\nu x}{V_e}}g(\xi, \eta) = \sqrt{V_e \nu x}g(\xi, \eta) \tag{6.5-15}$$

再直接应用前人分析得到的“平板边界层流动自相似”的结论，设定平板边界层在$(\xi, \eta)$平面的无量纲流函数就只是单变量$\eta$的函数，记作$f(\eta)$。并且根据$V_e = V_\infty$，定义平板边界层的无量纲流函数$f(\eta)$为

$$\psi(x, y) = \sqrt{V_e \nu x}f(\eta) = \sqrt{V_\infty \nu x}f(\eta) \tag{6.5-16}$$

由式(6.5-14)和式(6.5-16)，根据复合函数微分法则，就可将速度$u$、$v$和流函数$\psi(x, y)$方程(6.5-13)中$\psi$的各阶偏导数用$f(\eta)$或其导数表达，最后将流函数$\psi(x, y)$的方程变换为无量纲流函数$f(\eta)$的方程。下面直接写出各项的表达式：

$$u = \frac{\partial \psi}{\partial y} = \frac{\partial \psi}{\partial \eta}\frac{\partial \eta}{\partial y} = V_\infty f' \tag{6.5-17}$$

$$v = -\frac{\partial \psi}{\partial x} = -\frac{\partial \psi}{\partial \xi}\frac{\partial \xi}{\partial x} - \frac{\partial \psi}{\partial \eta}\frac{\partial \eta}{\partial x} = \frac{1}{2}\sqrt{\frac{V_\infty \nu}{x}}(\eta f' - f) \tag{6.5-18}$$

$$\frac{\partial^2 \psi}{\partial x \partial y} = \frac{\partial u}{\partial x} = -\frac{\eta}{2x}V_\infty f'', \quad \frac{\partial^2 \psi}{\partial y^2} = \frac{\partial u}{\partial y} = V_\infty\sqrt{\frac{V_\infty}{\nu x}}f'', \quad \frac{\partial^3 \psi}{\partial y^3} = \frac{\partial^2 u}{\partial y^2} = \frac{V_\infty^2}{\nu x}f''' \tag{6.5-19}$$

将上述式(6.5-17)~式(6.5-19)代入式(6.5-13)，整理后得

$$2f''' + f \cdot f'' = 0 \tag{6.5-20}$$

这就是无量纲流函数$f(\eta)$满足的常微分方程，称为布拉休斯方程。

根据壁面、边界层外缘处的速度边界条件与变换关系式(6.5-17)和式(6.5-18)，可以得到$f'$的边界条件。由固壁边界上的无滑移、无渗透条件，即$y = 0$时，$u = 0, v = 0$，有

$$\eta = 0\text{时：} \quad f'(0) = 0, \quad f(0) = 0 \tag{6.5-21}$$

由$y = \delta$时，$u = V_e = V_\infty$，有

$$\eta = \eta_\infty \text{时：} \quad f'(\eta_\infty) = 1 \tag{6.5-22}$$

式中，$\eta_\infty$ 对应于变换后的边界层外缘坐标。布拉休斯方程(6.5-20)是三阶常微分方程，这里式(6.5-21)和式(6.5-22)共给出了 3 个边界条件，方程可以求解。

### 6.5.4　平板边界层的布拉休斯解

由于方程的非线性，布拉休斯方程至今未得到严格的解析解。最初布拉休斯用级数展开求解，后来一些学者采用龙格-库塔法求得了数值解。

1. 布拉休斯级数解

布拉休斯假设

$$f(\eta) = A_0 + A_1\eta + \frac{A_2}{2!}\eta^2 + \cdots + \frac{A_n}{n!}\eta^n + \cdots \tag{6.5-23}$$

式中，$A_0$、$A_1$、$A_2$、…、$A_n$、…为待定常数。将该级数代入方程和边界条件后，推出

$$f(\eta) = \sum_{n=0}^{\infty}\left(-\frac{1}{2}\right)^n \frac{C_n a^{n+1}}{(3n+2)!}\eta^{3n+2} \tag{6.5-24}$$

式中，$a = 0.332$、$C_0 = 1$、$C_1 = 1$、$C_2 = 11$、$C_3 = 375$、…、$C_n = \sum_{i=0}^{n-1} C_{3n-1}^{3i} C_{n-i-1} C_i$。表 6-1 列出了 $\eta = 0 \sim 8.8$ 对应的 $f(\eta)$、$f'(\eta)$、$f''(\eta)$ 数值。

表 6-1　平板边界层函数 $f(\eta)$ 及其导数

| $\eta = y\sqrt{V_\infty/(\nu x)}$ | $f$ | $f' = u/V_\infty$ | $f''$ |
|---|---|---|---|
| 0 | 0 | 0 | 0.33206 |
| 0.2 | 0.00664 | 0.06641 | 0.33199 |
| 0.4 | 0.02656 | 0.13277 | 0.33147 |
| 0.6 | 0.05974 | 0.19894 | 0.33008 |
| 0.8 | 0.10611 | 0.26471 | 0.32739 |
| 1.0 | 0.16557 | 0.32979 | 0.32301 |
| 1.2 | 0.23795 | 0.39378 | 0.31659 |
| 1.4 | 0.32298 | 0.45627 | 0.30787 |
| 1.6 | 0.42032 | 0.51676 | 0.29667 |
| 1.8 | 0.52952 | 0.57477 | 0.28293 |
| 2.0 | 0.65003 | 0.62977 | 0.26675 |
| 2.2 | 0.78120 | 0.68132 | 0.24835 |
| 2.4 | 0.92230 | 0.72899 | 0.22809 |
| 2.6 | 1.07252 | 0.77246 | 0.20646 |
| 2.8 | 1.23099 | 0.81152 | 0.18401 |
| 3.0 | 1.39682 | 0.84605 | 0.16136 |

续表

| $\eta=y\sqrt{V_\infty/(\nu x)}$ | $f$ | $f'=u/V_\infty$ | $f''$ |
|---|---|---|---|
| 3.2 | 1.56911 | 0.87609 | 0.13913 |
| 3.4 | 1.74696 | 0.90177 | 0.11788 |
| 3.6 | 1.92954 | 0.92333 | 0.09809 |
| 3.8 | 2.11605 | 0.94112 | 0.08013 |
| 4.0 | 2.30576 | 0.95552 | 0.06424 |
| 4.2 | 2.49806 | 0.96696 | 0.05052 |
| 4.4 | 2.69238 | 0.97587 | 0.03897 |
| 4.6 | 2.88826 | 0.98269 | 0.02948 |
| 4.8 | 3.08534 | 0.98779 | 0.02187 |
| 5.0 | 3.28329 | 0.99155 | 0.01591 |
| 5.2 | 3.48189 | 0.99425 | 0.01134 |
| 5.4 | 3.68094 | 0.99616 | 0.00793 |
| 5.6 | 3.88031 | 0.99748 | 0.00543 |
| 5.8 | 4.07990 | 0.99838 | 0.00365 |
| 6.0 | 4.27964 | 0.99898 | 0.00240 |
| 6.2 | 4.47948 | 0.99937 | 0.00155 |
| 6.4 | 4.67938 | 0.99961 | 0.00098 |
| 6.6 | 4.87931 | 0.99977 | 0.00061 |
| 6.8 | 5.07928 | 0.99987 | 0.00037 |
| 7.0 | 5.27926 | 0.99992 | 0.00022 |
| 7.2 | 5.47925 | 0.99996 | 0.00013 |
| 7.4 | 5.67924 | 0.99998 | 0.00007 |
| 7.6 | 5.87924 | 0.99999 | 0.00004 |
| 7.8 | 6.07923 | 1.00000 | 0.00002 |
| 8.0 | 6.27923 | 1.00000 | 0.00001 |
| 8.2 | 6.47923 | 1.00000 | 0.00001 |
| 8.4 | 6.67923 | 1.00000 | 0.00000 |
| 8.6 | 6.87923 | 1.00000 | 0.00000 |
| 8.8 | 7.07923 | 1.00000 | 0.00000 |

得到 $f(\eta)$、$f'(\eta)$ 后，根据式(6.5-17)和式(6.5-18)，可计算边界层内速度 $u$、$v$ 分布。利用表 6-1 的数据绘制的 $u/V_\infty$ 分布曲线见图 6-18，该图还给出了不同雷诺数下的试验值。在图 6-18 所示的雷诺数范围，布拉休斯解与试验值符合得很好，这证实了前面所采用的一系列假设的合理性，也证实了自相似流动的存在。由图可见，在边界层厚度的大部分区域内，$u$ 随 $\eta$ 线性增加，当 $\eta\to\eta_\infty$ 时，有

$$\frac{u}{V_\infty}\to 1,\quad \frac{\partial u}{\partial y}\left(=\sqrt{\frac{V_\infty^3}{\nu x}}f''\right)\to 0 \tag{6.5-25}$$

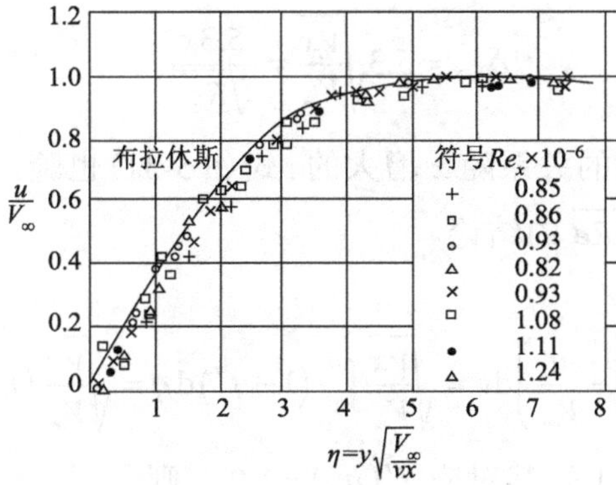


图 6-18　平板层流边界层内 $u/V_\infty$ 的布拉休斯解与试验值的比较

2. 平板切应力、摩阻及摩阻系数

根据式(6.5-19)，可由 $f''(\eta)$ 计算 $\partial u/\partial y$，并得到平板壁面切应力：

$$\tau_w(x)=\mu\frac{\partial u}{\partial y}\bigg|_{y=0}=\mu V_\infty\sqrt{\frac{V_\infty}{\nu x}}f''(0)=0.332\mu V_\infty\sqrt{\frac{V_\infty}{\nu x}} \tag{6.5-26}$$

当地的表面摩阻系数为

$$C_f=\frac{\tau_w}{\dfrac{1}{2}\rho V_\infty^2}=0.664\sqrt{\frac{\nu}{V_\infty x}}=\frac{0.664}{\sqrt{Re_x}} \tag{6.5-27}$$

式中，$Re_x$ 为以当地 $x$ 坐标作为特征长度定义的雷诺数：

$$Re_x=\frac{V_\infty x}{\nu} \tag{6.5-28}$$

称为当地雷诺数。

将当地壁面切应力沿流向积分，即可得到长为 $L$、单位宽度平板上所受的总摩擦阻力：

$$D_f=\int_0^L\tau_w(x)\mathrm{d}x\cdot 1=0.332\int_0^L\mu V_\infty\sqrt{\frac{V_\infty}{\nu x}}\mathrm{d}x=0.664\sqrt{\mu\rho L V_\infty^3} \tag{6.5-29}$$

式中，$L$ 为从平板前缘算起的长度。由此可算出平板的平均摩擦阻力系数：

$$C_{D,f}=\frac{D_f}{\dfrac{1}{2}\rho V_\infty^2 L}=1.328\sqrt{\frac{\mu}{\rho V_\infty L}}=\frac{1.328}{\sqrt{Re_L}} \tag{6.5-30}$$

式中，$Re_L$ 为采用平板长度定义的雷诺数。可见摩擦阻力系数 $C_{D,f}$ 与 $Re_L$ 的平方根成反比。

3. 平板边界层厚度

根据 $f(\eta)$、$f'(\eta)$、$f''(\eta)$ 值，可以计算出平板边界层的各种厚度。例如，由表 6-1 可知，$u/V_\infty(=f')=0.995$ 对应的 $\eta\approx 5.3$，于是根据 $\eta$ 定义式，得到边界层名义厚度为

$$\delta_{995}=5.3\sqrt{\frac{\nu x}{V_\infty}}=\frac{5.3x}{\sqrt{Re_x}} \tag{6.5-31}$$

可见$\delta(x)$是按与$\sqrt{x}$成正比的关系随$x$增大的。式(6.5-31)也验证了之前分析层流边界层厚度量级时得到的$\delta/l\sim 1/\sqrt{Re}$的结论。

位移厚度为

$$\delta^*=\int_0^{h>\delta}\left(1-\frac{u}{V_\infty}\right)\mathrm{d}y=\sqrt{\frac{\nu x}{V_\infty}}\int_0^{\eta_\infty}(1-f')\,\mathrm{d}\eta=\sqrt{\frac{\nu x}{V_\infty}}(\eta-f)\Big|_0^{\eta_\infty}$$

式中可取$\eta_\infty=7.8$，由表 6-1 知其对应$f'(\eta_\infty)=1.0$。则

$$\delta^*=1.72\sqrt{\frac{\nu x}{V_\infty}}=\frac{1.72x}{\sqrt{Re_x}} \tag{6.5-32}$$

动量亏损厚度为

$$\theta=\int_0^{h>\delta}\frac{u}{V_\infty}\left(1-\frac{u}{V_\infty}\right)\mathrm{d}y=\sqrt{\frac{\nu x}{V_\infty}}\int_0^{\eta_\infty}f'(1-f')\,\mathrm{d}\eta=\sqrt{\frac{\nu x}{V_\infty}}\left[f\Big|_0^{\eta_\infty}-\int_0^{\eta_\infty}(f')^2\,\mathrm{d}\eta\right]$$

其中

$$\int_0^{\eta_\infty}(f')^2\,\mathrm{d}\eta=(ff')\Big|_0^{\eta_\infty}-\int_0^{\eta_\infty}ff''\mathrm{d}\eta=(ff')\Big|_0^{\eta_\infty}+2\int_0^{\eta_\infty}f'''\mathrm{d}\eta=(ff'+2f'')\Big|_0^{\eta_\infty}$$

式中应用了布拉休斯方程得出的$ff''=-2f'''$。从而有

$$\theta=\sqrt{\frac{\nu x}{V_\infty}}(f-ff'-2f'')\Big|_0^{\eta_\infty}=2f''(0)\sqrt{\frac{\nu x}{V_\infty}}=0.664\sqrt{\frac{\nu x}{V_\infty}}=\frac{0.664x}{\sqrt{Re_x}} \tag{6.5-33}$$

前面在定义动量亏损厚度和讨论其物理含义时，曾指出平板的摩擦阻力$D_f=\rho_e V_e^2\theta$[式(6.3-6)]。对比这里的式(6.5-29)和式(6.5-33)，可见平板边界层的布拉休斯解验证了该结论。

比较边界层名义厚度$\delta$、位移厚度$\delta^*$和动量损失厚度$\theta$，可见三者随$x$和$Re_x$的变化关系类似且量级相同，$\delta^*$和$\theta$分别约为$\delta$的 1/3 和 1/8。

## 6.6 动量积分方程及平板边界层的近似解

动量积分方程方法是一种计算量较小，工程中广泛采用的边界层方程近似解法。它是冯·卡门在 1921 年首先提出的，由波尔豪森(Pohlhausen)具体实现。动量积分方程法适用于一般的边界层流动，不要求流动相似。不过作为应用简例，本节对平板边界层采用动量积分方程法求近似解，并将所得结果与 6.5 节的相似解做比较。

### 6.6.1 卡门动量积分方程

1. 动量积分方程的导出

将定常二维不可压流边界层方程组[式(6.4-12)、式(6.4-17)]改写如下：

$$\frac{\partial u}{\partial x}+\frac{\partial v}{\partial y}=0 \tag{6.6-1}$$

$$u\frac{\partial u}{\partial x}+v\frac{\partial u}{\partial y}=V_e\frac{\mathrm{d}V_e}{\mathrm{d}x}+\frac{1}{\rho}\frac{\partial \tau}{\partial y} \tag{6.6-2}$$

式(6.6-2)中采用 $\tau$ 代替了 $\mu\partial u/\partial y$。

将连续方程(6.6-1)乘 $u$ 后和动量方程(6.6-2)相加，得

$$\frac{\partial\left(u^2\right)}{\partial x}+\frac{\partial(uv)}{\partial y}=V_e\frac{\mathrm{d}V_e}{\mathrm{d}x}+\frac{1}{\rho}\frac{\partial \tau}{\partial y}$$

将上式对 $y$ 从 $y=0$ 到 $y=\delta(x)$ 积分，注意 $y=\delta$ 时 $\tau=0$，则得

$$\int_0^{\delta(x)}\frac{\partial\left(u^2\right)}{\partial x}\mathrm{d}y+V_e v_\delta=\int_0^{\delta(x)}V_e\frac{\mathrm{d}V_e}{\mathrm{d}x}\mathrm{d}y-\frac{\tau_w}{\rho} \tag{6.6-3}$$

式中，$\tau_w$ 为壁面处切应力；$v_\delta$ 为边界层外缘处法向速度分量，可由连续方程(6.6-1)对 $y$ 积分得

$$v_\delta=\int_0^{\delta(x)}\frac{\partial v}{\partial y}\mathrm{d}y=-\int_0^{\delta(x)}\frac{\partial u}{\partial x}\mathrm{d}y \tag{6.6-4}$$

代入式(6.6-3)后，得

$$\int_0^{\delta(x)}\left[\frac{\partial\left(u^2\right)}{\partial x}-V_e\frac{\partial u}{\partial x}-V_e\frac{\mathrm{d}V_e}{\mathrm{d}x}\right]\mathrm{d}y=-\frac{\tau_w}{\rho}$$

将其整理为

$$\int_0^{\delta(x)}\left\{-\frac{\partial}{\partial x}\left[u\left(V_e-u\right)\right]-\frac{\mathrm{d}V_e}{\mathrm{d}x}\left(V_e-u\right)\right\}\mathrm{d}y=-\frac{\tau_w}{\rho} \tag{6.6-5}$$

又根据莱布尼茨公式，有

$$\frac{\mathrm{d}}{\mathrm{d}x}\int_0^{\delta(x)}\left[u\left(V_e-u\right)\right]\mathrm{d}y=\int_0^{\delta(x)}\frac{\partial}{\partial x}\left[u\left(V_e-u\right)\right]\mathrm{d}y+\left[u\left(V_e-u\right)\right]_\delta\frac{\mathrm{d}\delta}{\mathrm{d}x}=\int_0^{\delta(x)}\frac{\partial}{\partial x}\left[u\left(V_e-u\right)\right]\mathrm{d}y$$

所以式(6.6-5)可进一步整理为

$$\frac{\mathrm{d}}{\mathrm{d}x}\left[V_e^2\int_0^{\delta(x)}\frac{u\left(V_e-u\right)}{V_e^2}\mathrm{d}y\right]+V_e\frac{\mathrm{d}V_e}{\mathrm{d}x}\int_0^{\delta(x)}\left(\frac{V_e-u}{V_e}\right)\mathrm{d}y=\frac{\tau_w}{\rho} \tag{6.6-6}$$

可见式(6.6-6)中的两个积分就是前面定义的动量亏损厚度 $\theta$ 和位移厚度 $\delta^*$，于是得

$$\frac{\mathrm{d}}{\mathrm{d}x}\left(V_e^2\theta\right)+V_e\frac{\mathrm{d}V_e}{\mathrm{d}x}\delta^*=\frac{\tau_w}{\rho} \tag{6.6-7}$$

这就是定常二维不可压流的边界层动量积分方程，也可通过动量定理导出。它是由卡门首先导出的，所以称为卡门动量积分方程或卡门动量积分关系式。

2. 动量积分方程的解法

上面在从边界层微分方程导出动量积分方程的整个过程中并未引入任何假设，所以方程的精度没变。但动量积分方程中含有$\theta$、$\delta^*$和$\tau_w$三个未知量，所以还需利用一些经验关系式或引入近似假设才能求解方程，因此只能将动量积分方程法归于近似解法。该近似解法并不要求边界层内每一点都满足边界层方程(原偏微分方程组)，而是只要在积分意义上满足边界层方程(动量积分方程)。

动量积分方程中的三个未知量$\theta$、$\delta^*$和$\tau_w$都和边界层的速度分布有关，$\theta$和$\delta^*$根据定义式(6.3-5)和式(6.3-3)算出，$\tau_w$由$\left(\mathrm{d}u/\mathrm{d}y\right)\big|_{y=0}$确定。如果给定边界层的速度分布：

$$\frac{u}{V_e}=\varphi\left(\frac{y}{\delta}\right) \tag{6.6-8}$$

$\theta$、$\delta^*$和$\tau_w$都可由$\delta$表述，动量积分方程(6.6-7)就只是一个未知量$\delta$的常微分方程，很容易求解。

动量积分方程法的近似精度，依赖假定的速度分布式(6.6-8)和实际速度分布之间的符合程度。在选取速度剖面时，首先要满足严格规定的边界条件，此外还要尽可能地反映真实速度剖面的主要特性，亦即边界处的各阶导数。

在不可渗透壁面上，首先要满足无滑移条件，即

$$y=0:\ u=0,\quad v=0 \tag{6.6-9}$$

一阶导数为

$$\left.\frac{\partial u}{\partial y}\right|_{y=0}=\frac{\tau_w}{\mu}\ (\text{未知})$$

二阶导数可根据边界层的动量方程(6.4-17)及$y=0$处$u=0$，$v=0$，得

$$\left.\frac{\partial^2 u}{\partial y^2}\right|_{y=0}=-\frac{V_e}{\nu}\frac{\mathrm{d}V_e}{\mathrm{d}x} \tag{6.6-10}$$

还可将式(6.4-17)对$y$微分，并联合连续方程进一步得

$$\left.\frac{\partial^3 u}{\partial y^3}\right|_{y=0}=0 \tag{6.6-11}$$

在边界层外边缘上，黏性流与外部无黏流衔接，它们的速度函数和各阶导数都相等，则

$$y=\delta:\ u=V_e \tag{6.6-12}$$

$$\left.\frac{\partial^n u}{\partial y^n}\right|_{y=\delta}=0,\quad n=1,2,3\cdots \tag{6.6-13}$$

数目$n$根据需要而定。

在上述边界条件中，式(6.6-9)和式(6.6-12)是必须满足的严格边界条件。此外，越靠前的低阶导数条件，应该首先满足。如果选定的速度剖面满足式(6.6-9)~式(6.6-13)中

的主要边界条件，就表明它在物体壁面和边界层外缘附近都和真实的速度分布接近。在边界层的中间部分（$0<y<\delta$）对速度剖面的要求是通过让其积分结果（平均地、总体地）满足动量积分方程实现的，虽然可能还有一定误差，但一般来说能得到满足工程需要的结果。

### 6.6.2　平板边界层的动量积分方程解法

下面以最简单的平板边界层为例，介绍动量积分方程的求解。对于平板，边界层外缘速度 $V_e(x)=V_\infty$，$\mathrm{d}V_e/\mathrm{d}x=0$，动量积分方程成为

$$\frac{\mathrm{d}\theta}{\mathrm{d}x}=\frac{\tau_w}{\rho V_\infty^2} \tag{6.6-14}$$

式中，动量亏损厚度 $\theta$ 和壁面切应力 $\tau_w$ 都是未知函数。

1. *假设速度分布剖面*

通常可采用多项式近似的速度分布。例如，假设速度剖面为

$$\frac{u}{V_\infty}=A_0+A_1\frac{y}{\delta}+A_2\left(\frac{y}{\delta}\right)^2+A_3\left(\frac{y}{\delta}\right)^3 \tag{6.6-15}$$

式中，含 4 个待定系数，首先需要满足严格规定的边界条件式(6.6-9)和式(6.6-12)，另外选取壁面处的二阶偏导数条件式(6.6-10)和外缘处式(6.6-13)中的一阶偏导数条件。由这 4 个边界条件定得 4 个系数分别为

$$A_0=0,\quad A_1=3/2,\quad A_2=0,\quad A_3=-1/2 \tag{6.6-16}$$

于是，速度分布成为

$$\frac{u}{V_\infty}=\frac{3}{2}\frac{y}{\delta}-\frac{1}{2}\left(\frac{y}{\delta}\right)^3 \tag{6.6-17}$$

在上述速度分布下，动量亏损厚度为

$$\theta=\int_0^\delta\frac{u}{V_\infty}\left(1-\frac{u}{V_\infty}\right)\mathrm{d}y=\int_0^\delta\left[\frac{3}{2}\frac{y}{\delta}-\frac{1}{2}\left(\frac{y}{\delta}\right)^3\right]\left[1-\frac{3}{2}\frac{y}{\delta}+\frac{1}{2}\left(\frac{y}{\delta}\right)^3\right]\mathrm{d}y=\frac{39}{280}\delta \tag{6.6-18}$$

壁面切应力为

$$\tau_w=\mu\left(\frac{\partial u}{\partial y}\right)_{y=0}=\frac{3}{2}\mu\frac{V_\infty}{\delta} \tag{6.6-19}$$

可见动量积分方程中的 $\theta$ 和 $\tau_w$ 都已由边界层位移厚度 $\delta$ 表述。

2. *动量积分方程求解*

将式(6.6-18)和式(6.6-19)代入平板边界层动量积分方程(6.6-14)，就得到如下的关于 $\delta(x)$ 的常微分方程：

$$\frac{13}{140}\delta\mathrm{d}\delta=\frac{\mu}{\rho V_\infty}\mathrm{d}x \tag{6.6-20}$$

边界条件为

$$x=0:\quad \delta=0$$

积分式(6.6-20)后得

$$\delta(x)=4.64\sqrt{\frac{\nu x}{V_\infty}}=\frac{4.64x}{\sqrt{Re_x}} \tag{6.6-21}$$

对比 6.5 节得到的式(6.5-31)，可见这个结果与布拉休斯精确解结果相差不大。

有了 $\delta(x)$ 的函数关系式，就可以进一步确定其他物理量。作用在单位宽度、长度为 $L$ 的单面平板上的摩擦力为

$$D_f=\int_0^L \tau_w(x)\mathrm{d}x=\int_0^L \frac{3}{2}\mu\frac{V_\infty}{\delta}\mathrm{d}x=\int_0^L \frac{3}{2}\mu\frac{1}{4.64}\sqrt{\frac{V_\infty^3}{\nu x}}\mathrm{d}x=\frac{1.296}{\sqrt{Re_L}}\cdot\frac{1}{2}\rho V_\infty^2 L \tag{6.6-22}$$

则平板的摩阻系数为

$$C_{D,f}=\frac{D_f}{\frac{1}{2}\rho V_\infty^2 L}=\frac{1.296}{\sqrt{Re_L}} \tag{6.6-23}$$

可见平板的摩阻系数也与布拉休斯解相差不大。

表 6-2 列出了平板边界层在速度分布为一次到四次多项式及正弦函数时的动量积分方程方法所得结果。可见，和布拉休斯解比较，动量积分方程方法一般来说能给出令人满意的结果。除线性分布及二次函数外，阻力结果相当精确，与布拉休斯解差别不超过 3%。

**表 6-2　平板边界层动量积分方程方法结果**

| $\frac{u}{V_\infty}$ | $\delta\sqrt{\frac{V_\infty}{\nu x}}$ | $\delta^*\sqrt{\frac{V_\infty}{\nu x}}$ | $\theta\sqrt{\frac{V_\infty}{\nu x}}$ | $C_{D,f}\sqrt{Re_x}$ |
|---|---|---|---|---|
| $\frac{u}{V_\infty}=\frac{y}{\delta}$ | 3.46 | 1.732 | 0.577 | 1.155 |
| $\frac{u}{V_\infty}=2\frac{y}{\delta}-\left(\frac{y}{\delta}\right)^2$ | 5.48 | 1.825 | 0.730 | 1.460 |
| $\frac{u}{V_\infty}=\frac{3}{2}\frac{y}{\delta}-\frac{1}{2}\left(\frac{y}{\delta}\right)^3$ | 4.64 | 1.740 | 0.646 | 1.292 |
| $\frac{u}{V_\infty}=2\frac{y}{\delta}-2\left(\frac{y}{\delta}\right)^3+\left(\frac{y}{\delta}\right)^4$ | 5.83 | 1.752 | 0.685 | 1.372 |
| $\frac{u}{V_\infty}=\sin\left(\frac{\pi}{2}\cdot\frac{y}{\delta}\right)$ | 4.79 | 1.742 | 0.655 | 1.310 |
| 布拉休斯解 | 5.30 | 1.721 | 0.664 | 1.328 |

## 6.7　边界层分离

试验观察发现，当流体绕非流线型物体流动时，边界层会从物面分离出来，在物体

后面形成尾涡区，从而产生很大的旋涡阻力。例如，以前介绍过的圆柱体绕流的分离，另外如图 6-19 所示的流动。分离可发生于光滑壁面上，如图 6-19(a)所示；也可发生于壁面切线方向有突跃变化的情况，如图 6-19(b)所示。二维流动和三维流动都可能发生分离现象，前者只是后者的特殊情况。本节主要讨论二维光滑壁面的情况。

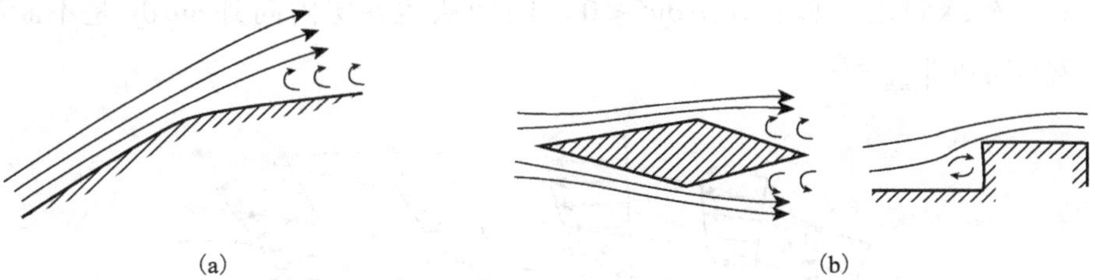

(a)　　　　(b)

图 6-19　光滑和非光滑壁面上流体的分离

### 6.7.1　圆柱绕流的分离过程及物理解释

以圆柱这样的非流线型物体绕流为例定性说明边界层分离现象发生的原因。在 6.1 节曾简要介绍过绕圆柱的黏性流体流动，如图 6-3 所示，这里再做进一步分析。

对于理想流体，微团在 *OM* 段加速降压，即部分压力势能转变为动能，而在 *MF* 段则经历完全相反的过程，于是 *OM* 段与 *MF* 段的对应点上压力相等。

对于实际黏性流体，可将流动分为物面附近的边界层流动和边界层外的无黏势流。在 *OM* 段，边界层外流动仍然是加速降压流动，在 *MF* 段，边界层外是减速增压流动，外部势流的压力梯度为 $\mathrm{d}p_e/\mathrm{d}x$。前面已经知道，边界层内的压力与同一流向位置的外缘处压力接近相等，因而可以用 $\mathrm{d}p_e/\mathrm{d}x$ 代表在同一 $x$ 位置的边界层内的流体所承受的流向压力梯度。也就是说，有

$$\text{在 }OM\text{ 段：}\frac{\mathrm{d}p}{\mathrm{d}x}<0\ (\text{顺压力梯度})；\quad \text{在 }MF\text{ 段：}\frac{\mathrm{d}p}{\mathrm{d}x}>0\ (\text{逆压力梯度}) \tag{6.7-1}$$

由于黏性耗散，边界层内底层流体的动能在流动过程中不断消耗，在圆柱体后部 *MF* 段中，流体剩余的动能已不足以克服迎面的高压(逆压梯度)，流体走不多远，到 *S* 点就停滞下来。*S* 点称为分离点，这里物面附近的流体停滞不前，下游的流体在逆压的作用下倒流过来，然后在来流的冲击下又顺流回去。这样就在分离点附近形成明显可见的大涡旋，像楔子一样将边界层和物体分离开来。有时在分离区有多个旋涡出现。边界层分离后，静压很难进一步提高，而通常维持在分离点处的静压水平。所以分离点后的物面上(如图 6-3 上的 *SF* 段)的压力比加速段对应点上的压力低，因而产生大的压差阻力。

### 6.7.2　逆压力梯度与速度剖面的关系

上面从定性的角度阐述了分离的过程。下面分析压力梯度与速度剖面之间的关系，以更好地理解逆压梯度的作用。

以一曲壁面上边界层流动为例，如图 6-20 所示。根据层流边界层动量方程(6.4-13)，在物面上($u=0,\ v=0$)有

$$\mu \frac{\partial^2 u}{\partial y^2}\bigg|_{y=0} = \frac{\mathrm{d}p}{\mathrm{d}x} \tag{6.7-2}$$

$\left(\partial^2 u/\partial y^2\right)\big|_{y=0}$ 是速度剖面在壁面处的曲率，它和压力梯度 $\mathrm{d}p/\mathrm{d}x$ 成正比，与 $\mathrm{d}p/\mathrm{d}x$ 同号。而到了边界层外缘附近，总有 $\partial^2 u/\partial y^2 < 0$，因为从边界层内向外 $\partial u/\partial y$ 是不断减小的，直到外缘处 $(\partial u/\partial y)\big|_{y=\delta} = 0$。

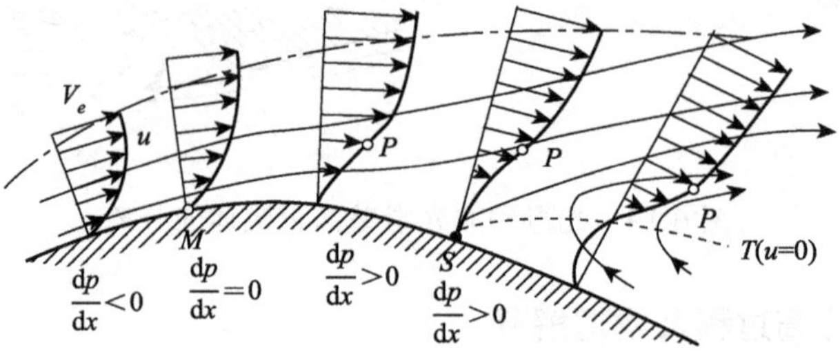


图 6-20　曲面边界层分离形成示意图

根据边界层流向压力梯度 $\mathrm{d}p/\mathrm{d}x$ 可将边界层内的流动分成三种情况。

(1) 顺压力梯度区，是 $\mathrm{d}p/\mathrm{d}x < 0$ 的情况，如图 6-20 所示的 $M$ 点之前区域。此时压力梯度推动质点加速作用强于物面和流体的黏性滞止作用，整个边界层内的质点沿正 $x$ 方向（主流方向）运动，$\partial u/\partial y > 0$。物面上 $\left(\partial^2 u/\partial y^2\right)\big|_{y=0} < 0$，并且接近外缘处也有 $\left(\partial^2 u/\partial y^2\right)\big|_{y\to\delta} < 0$，说明整个边界层厚度内都有 $\partial^2 u/\partial y^2 < 0$，速度剖面是一条没有拐点的向下游凸出的光滑曲线。

(2) 压力极小值点，即 $\mathrm{d}p/\mathrm{d}x = 0$ 的点，也是外部无黏流速度的极大值点，如图 6-20 所示的 $M$ 点。此时 $\left(\partial^2 u/\partial y^2\right)\big|_{y=0} = 0$，边界层速度剖面在壁面上形成一个拐点(即图中 $M$ 点)，但在壁面以外仍有 $\partial^2 u/\partial y^2 < 0$。因此速度剖面仍保持为凸的，并且边界层内的 $\partial u/\partial y > 0$。

(3) 逆压力梯度区，是 $\mathrm{d}p/\mathrm{d}x > 0$ 的情况，如图 6-20 所示的 $M$ 点之后区域。此时物面上 $\left(\partial^2 u/\partial y^2\right)\big|_{y=0} > 0$，而接近外缘有 $\partial^2 u/\partial y^2 < 0$，因此在边界层内必有某处 $\partial^2 u/\partial y^2 = 0$，也就是说在边界层内部出现拐点，如图 6-20 所示的逆压梯度区几个速度剖面中都有的 $P$ 点。在逆压梯度的起始阶段，壁面附近的流体质点还能保持沿正 $x$ 向运动，仍有 $(\partial u/\partial y)\big|_{y=0} > 0$，但 $\left(\partial^2 u/\partial y^2\right)\big|_{y=0} > 0$ 使壁面附近速度剖面的形状出现内凹。如果沿流动方向压力继续增大，也就是说逆压力梯度和壁面摩擦都使质点进一步减速，就有可能在壁面上某一点达到 $(\partial u/\partial y)\big|_{y=0} = 0$，如图 6-20 所示的 $S$ 点。在 $S$ 点以后，近壁的流体质点在逆压的作用下向后倒退形成逆流，即 $(\partial u/\partial y)\big|_{y=0} < 0$。$S$ 点就是分离点，是物面上切应力为零的点，也是紧邻壁面的顺流和倒流流体的分界点。图 6-20 中自 $S$ 点出发画了一条

虚线 $ST$，壁面与曲线 $ST$ 间的区域内，速度 $u<0$（与主流方向相反），$ST$ 线上的各点速度为零。在 $ST$ 线以上，$u$ 及 $\partial u/\partial y$ 又大于零。

普朗特将 $(\partial u/\partial y)\big|_{y=0}=0$ 作为二维定常绕流边界层流动分离的判据。分离点处 $(\partial u/\partial y)\big|_{y=0}=0$，而边界层外缘处也有 $(\partial u/\partial y)\big|_{y=\delta}=0$，说明分离点处从壁面到边界层外缘一定是 $\partial u/\partial y$ 先增大后减小，也就是说分离点的速度剖面一定存在拐点。由此推出，分离只能在逆压梯度区发生。

### 6.7.3　分离发生的必要条件

综合上面两小节的分析可以得出结论：边界层分离是逆压力梯度和壁面附近黏性阻滞共同作用的结果，这两个因素缺一不可。如果只有壁面的黏性阻滞而没有逆压，不会发生分离，因为没有反推力，流体不会倒流。例如，零迎角的平板绕流中 $\mathrm{d}p/\mathrm{d}x=0$，就不会发生边界层分离。另一方面，如果只有逆压梯度而没有壁面附近的黏性阻滞作用，也不会发生分离，例如，黏性流体圆柱绕流中的过前驻点的流线，理想流体绕圆柱流动的圆柱后部，都存在逆压梯度，但没有壁面阻滞作用，因此不发生分离。

如图 6-21 所示，当流体流经管道的转角时，在弯曲部分沿垂直于流动方向向外压强增大，于是沿外壁的流速下降，且流动分离；再往下游，转角引起的压强变化消失，沿外壁的流速增加，外壁附近的流动重新附着于管壁。内壁附近边界层内流体则是在流过转角后因增压减速而分离。类似的流动分离在管道截面突然收缩的前方也会形成。当气流流过房屋（图 6-22）时，流动分离会出现在房屋上游的地面处和后面的尾流中。河水流过桥墩时也会发生类似的流动分离。这些流动都展示了逆压梯度和壁面黏性阻滞共同作用导致分离的现象。

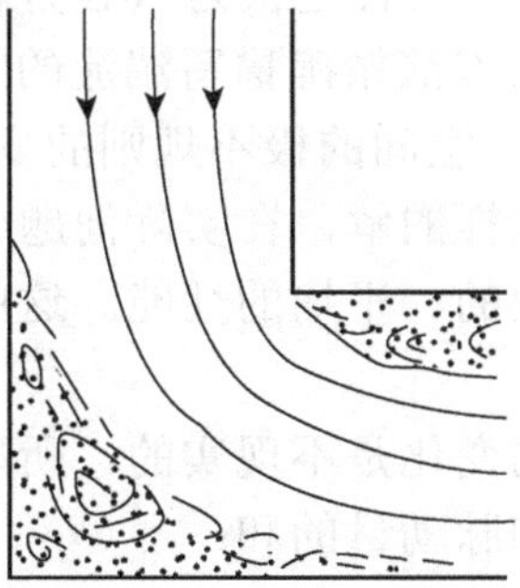

图 6-21　绕直角的流动

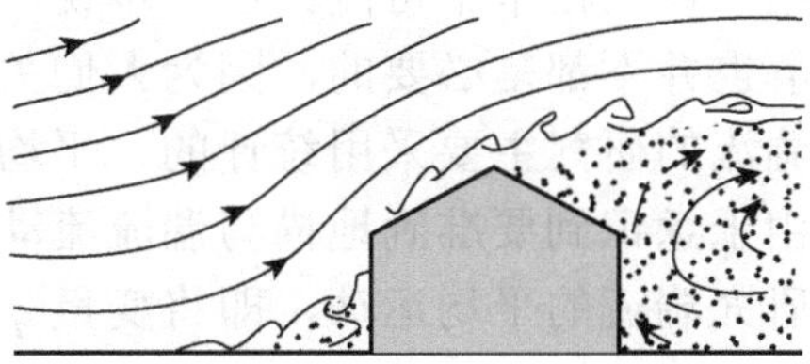

图 6-22　流过房屋的气流

还应当指出的是，逆压梯度和壁面黏性阻滞这两个要素只是边界层分离的必要而非充分条件。是否发生分离还要看逆压梯度的大小。流线型物体，例如，翼型的小迎角绕流一般不发生分离。尽管翼型上表面速度最大点后为逆压梯度区，但逆压梯度较小，因此边界层内流体质点剩余的动能能够克服逆压和黏性阻滞的联合作用而流至后缘点，如图 6-23(a)所示。有时当翼型后部形状较弯或迎角稍大时也可能分离，但一般都在后缘附近，分离区不大，压差阻力也很小。航空和船舶等运输过程中，为了减少阻力常常采用流线型物体：物体的头部曲率较大，很快地流动速度达到最大值；速度最大点后，物体形状变化缓慢，使逆压梯度取较小的值。不过，翼型迎角足够大时，上翼面气流也会发生严重分离[图 6-23(b)]，形成大的分离区，分离区内充满了旋涡。这是机翼的失速状态，是飞行中不希望出现的。

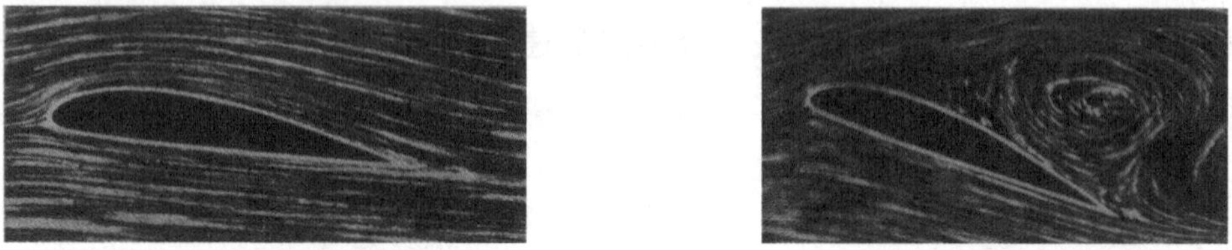

(a)小迎角时无分离　　(b)大迎角时上翼面出现分离

图 6-23　翼型绕流

影响分离的另一个重要因素是流态，由于湍流具有很强的动量交换能力，能比层流边界层承受更大的逆压力梯度而不易发生分离。这一特点在 6.1 节中定性介绍圆柱绕流时已经提及，雷诺数较大时(对应于湍流)圆柱背流面分离区较小，对应于图 6-2 中低压区范围较小，因而压差阻力也较小的情况。

## 6.8　湍流的雷诺方程和相关概念

### 6.8.1　湍流平均运动及平均运算

湍流运动状态下，流体的速度、压力等随时间和空间的变化表现出很不规则、很不光滑的高频脉动。到底该如何研究湍流？直到现在，人们仍普遍认为 N-S 方程组可用于描写湍流。但由于 N-S 方程组的非线性，使得用解析的方法精确描写湍流的三维的、时间相关的全部细节(湍流中流体的速度、压力等随时间、空间的极不规则的变化)变得极端困难，甚至根本不可能。退一步说，如果真能求得这样的解，在实际问题中直接使用这种解也并不都是必要的，因为人们关心的仍是其总效的、平均的性能。这些情况决定了对湍流的研究主要采用统计的、平均的方法。

由于意识到要准确地描写湍流流动随时间和空间的变化是不现实的，所以雷诺首先转而研究湍流的平均运动，即将变量 $q$ 分解为平均量和脉动量的和：

$$q=\overline{q}+q' \tag{6.8-1}$$

“—”表示平均量，“ ′ ”表示脉动量。确定平均量的办法有时间平均、空间平均和概率平均。这里只讨论时间平均，这是雷诺首先采用的，也是在实际中最易实现的。

设变量 $q$ 是空间点 $\boldsymbol{r}$ 和时间 $t$ 的函数，则点 $\boldsymbol{r}$ 处变量 $q$ 的时间平均可定义如下：

$$\overline{q}(\boldsymbol{r},T,t_0)=\frac{1}{T}\int_{t_0-T/2}^{t_0+T/2}q(\boldsymbol{r},t)\mathrm{d}t \tag{6.8-2}$$

时间间隔 $T$ 的选取应该满足条件：

$$T_A\gg T\gg T_F \tag{6.8-3}$$

式中，$T_A$ 为平均运动状态发生变化的典型时间长度，$T_F$ 为最低频率的脉动运动的周期。例如，海洋潮汐运动的周期为 12h 或 24h，而最低的湍流脉动频率约为 1Hz（周期为 1s），则平均时间 $T$ 取 2min 即可。在许多实验室条件下，湍流脉动的最低频率比这高得多，平均时间取几秒即可。

当湍流的平均特性不再随时间变化时，称为统计定常的湍流。图 6-24 表示了统计定常和统计非定常湍流的情况，并给出了相应层流状态下的情况。

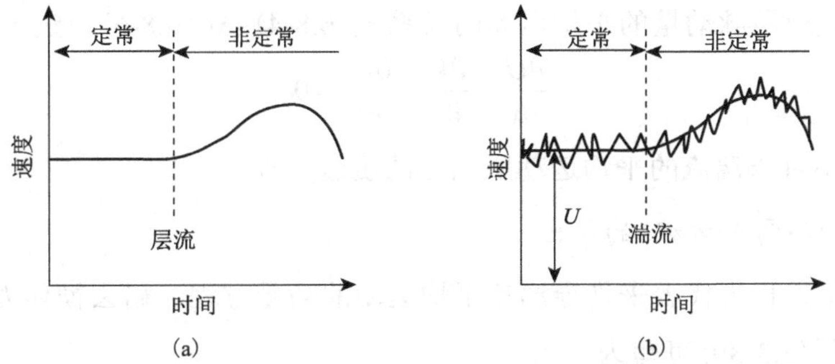


图 6-24　定常和非定常的层流和湍流

可以证明，对于统计定常的湍流，脉动量的平均值等于零。因为

$$\overline{q'}=\frac{1}{T}\int_{t_0-\frac{T}{2}}^{t_0+\frac{T}{2}}(q-\overline{q})\mathrm{d}t=\overline{q}-\overline{\overline{q}}=\overline{q}-\overline{q}=0 \tag{6.8-4}$$

对于统计定常湍流，$\overline{\overline{q}}=\overline{q}$ 是严格成立的；对于统计非定常湍流，$\overline{q}$ 随 $t$ 缓慢变化，而 $T\ll T_A$，所以可以认为在小区间 $T$ 内，$\overline{q}$ 随 $t$ 线性变化，因而 $\overline{\overline{q}}=\overline{q}$ 以很高的精度成立。总之，对于任何实际应用，$\overline{q'}=0$ 成立。根据类似的讨论还可以证明以下运算关系：

$$\overline{f+q}=\overline{f}+\overline{q},\quad \overline{\overline{f}\cdot q}=\overline{f}\cdot\overline{q},\quad \overline{\overline{f}\cdot q'}=0 \tag{6.8-5}$$

$$\overline{\left(\frac{\partial q}{\partial x}\right)}=\frac{\partial\overline{q}}{\partial x},\quad \overline{\left(\frac{\partial q}{\partial y}\right)}=\frac{\partial\overline{q}}{\partial y},\quad \cdots,\quad \overline{\left(\frac{\partial q'}{\partial x}\right)}=\frac{\partial\overline{q'}}{\partial x}=0,\quad \cdots\overline{\left(\frac{\partial q}{\partial t}\right)}=\frac{\partial\overline{q}}{\partial t},\quad \overline{\left(\frac{\partial q'}{\partial t}\right)}=\frac{\partial\overline{q'}}{\partial t}=0 \tag{6.8-6}$$

本节以不可压湍流为例，讨论湍流的平均运动。将瞬时速度分解为平均速度与脉动速度之和，即

$$u=U+u',\quad v=V+v',\quad w=W+w' \tag{6.8-7}$$

将瞬时压力分解为平均值与脉动值之和，即

$$p=P+p' \tag{6.8-8}$$

将真实的瞬时流动参数分解为平均量与脉动量的和，是为了将流动的平均运动参数（$U, V, W, P$）分出来专门研究。接下来需要得出平均运动参数 $U$、$V$、$W$、$P$ 所满足的方程。

### 6.8.2　不可压湍流平均运动的质量方程和动量方程

1. *质量方程*

不可压流连续方程为

$$\frac{\partial u}{\partial x}+\frac{\partial v}{\partial y}+\frac{\partial w}{\partial z}=0$$

这是层流、湍流都适用的方程。对湍流来说，可将瞬时速度用平均速度和脉动速度的和[式(6.8-7)]代入，得

$$\left(\frac{\partial U}{\partial x}+\frac{\partial u'}{\partial x}\right)+\left(\frac{\partial V}{\partial y}+\frac{\partial v'}{\partial y}\right)+\left(\frac{\partial W}{\partial z}+\frac{\partial w'}{\partial z}\right)=0$$

对上式取平均，应用脉动量的平均运算的关系式(6.8-4)~式(6.8-6)，进一步得

$$\frac{\partial U}{\partial x}+\frac{\partial V}{\partial y}+\frac{\partial W}{\partial z}=0 \tag{6.8-9}$$

式(6.8-9)就是不可压湍流的平均运动所满足的质量方程。

2. 动量方程(雷诺方程)的导出

以 $x$ 向动量方程为代表来推导湍流平均运动的动量方程。略去彻体力后，不可压流的 $x$ 向 N-S 方程(3.3-39)可写为

$$\frac{\partial u}{\partial t}+u\frac{\partial u}{\partial x}+v\frac{\partial u}{\partial y}+w\frac{\partial u}{\partial z}=-\frac{1}{\rho}\frac{\partial p}{\partial x}+\nu\nabla^2 u \tag{6.8-10}$$

这是不可压黏性流体运动满足的动量方程。湍流运动中的瞬时速度、瞬时压力等也是满足该方程的。在该方程中将湍流运动的瞬时速度用平均速度和脉动速度的和表示，就可以得到湍流平均运动的动量方程。

由不可压流的连续方程可得

$$u\frac{\partial u}{\partial x}+u\frac{\partial v}{\partial y}+u\frac{\partial w}{\partial z}=0$$

将上式加到 $x$ 方向的动量方程(6.8-10)中，得

$$\frac{\partial u}{\partial t}+\frac{\partial(uu)}{\partial x}+\frac{\partial(uv)}{\partial y}+\frac{\partial(uw)}{\partial z}=-\frac{1}{\rho}\frac{\partial p}{\partial x}+\nu\nabla^2 u \tag{6.8-11}$$

将式(6.8-11)中的速度和压力都用平均值与脉动值之和[式(6.8-7)和式(6.8-8)]代替，并取平均，得

$$\begin{aligned}\frac{\partial U}{\partial t}+\frac{\partial \overline{u'}}{\partial t}&+\frac{\partial}{\partial x}\left(UU+\overline{u'}U+U\overline{u'}+\overline{u'u'}\right)\\&+\frac{\partial}{\partial y}\left(UV+\overline{u'}V+U\overline{v'}+\overline{u'v'}\right)\\&+\frac{\partial}{\partial z}\left(UW+\overline{u'}W+U\overline{w'}+\overline{u'w'}\right)=-\frac{1}{\rho}\frac{\partial}{\partial x}\left(P+\overline{p'}\right)+\nu\nabla^2\left(U+\overline{u'}\right)\end{aligned}$$

注意到一次脉动量的平均为零[式(6.8-4)~式(6.8-6)]，再将脉动量的二次项移至方程右侧，并根据不可压流中密度为常数，上式可改写为

$$\frac{\partial U}{\partial t}+\frac{\partial}{\partial x}(UU)+\frac{\partial}{\partial y}(UV)+\frac{\partial}{\partial z}(UW)$$

$$=-\frac{1}{\rho}\frac{\partial P}{\partial x}+\nu\nabla^2 U+\frac{1}{\rho}\left[\frac{\partial\left(-\rho\overline{u'u'}\right)}{\partial x}+\frac{\partial\left(-\rho\overline{u'v'}\right)}{\partial y}+\frac{\partial\left(-\rho\overline{u'w'}\right)}{\partial z}\right]$$

在上式左端减去$\left(U\frac{\partial U}{\partial x}+U\frac{\partial V}{\partial y}+U\frac{\partial W}{\partial z}\right)$[根据平均运动的质量方程(6.8-9)，为零]，得

$$\frac{\partial U}{\partial t}+U\frac{\partial U}{\partial x}+V\frac{\partial U}{\partial y}+W\frac{\partial U}{\partial z}$$

$$=-\frac{1}{\rho}\frac{\partial P}{\partial x}+\nu\nabla^2 U+\frac{1}{\rho}\left[\frac{\partial\left(-\rho\overline{u'^2}\right)}{\partial x}+\frac{\partial\left(-\rho\overline{u'v'}\right)}{\partial y}+\frac{\partial\left(\rho\overline{u'w'}\right)}{\partial z}\right] \tag{6.8-12}$$

这就是湍流平均运动的 $x$ 方向的动量方程。

类似地，根据 $y$、$z$ 方向的动量方程，可以得到湍流平均运动的 $y$、$z$ 方向的动量方程：

$$\frac{\partial V}{\partial t}+U\frac{\partial V}{\partial x}+V\frac{\partial V}{\partial y}+W\frac{\partial V}{\partial z}$$

$$=-\frac{1}{\rho}\frac{\partial P}{\partial y}+\nu\nabla^2 V+\frac{1}{\rho}\left[\frac{\partial\left(-\rho\overline{u'v'}\right)}{\partial x}+\frac{\partial\left(-\rho\overline{v'^2}\right)}{\partial y}+\frac{\partial\left(-\rho\overline{v'w'}\right)}{\partial z}\right] \tag{6.8-13}$$

$$\frac{\partial W}{\partial t}+U\frac{\partial W}{\partial x}+V\frac{\partial W}{\partial y}+W\frac{\partial W}{\partial z}$$

$$=-\frac{1}{\rho}\frac{\partial P}{\partial z}+\nu\nabla^2 W+\frac{1}{\rho}\left[\frac{\partial\left(-\rho\overline{u'w'}\right)}{\partial x}+\frac{\partial\left(-\rho\overline{v'w'}\right)}{\partial y}+\frac{\partial\left(-\rho\overline{w'^2}\right)}{\partial z}\right] \tag{6.8-14}$$

式(6.8-12)~式(6.8-14)是湍流平均运动的动量方程或称为雷诺平均的 N-S 方程，就是通常说的雷诺方程。

### 3. 雷诺应力

和对应的真实流动(瞬时量)的动量方程[$x$ 向方程为式(6.8-10)]比较，湍流平均运动的动量方程中多了最后一大项，它是由真实流动瞬时速度的非线性惯性项：

$$\frac{\partial(uu)}{\partial x},\ \frac{\partial(uv)}{\partial y},\ \frac{\partial(uw)}{\partial z};\ \frac{\partial(uv)}{\partial x},\ \frac{\partial(vv)}{\partial y},\ \frac{\partial(vw)}{\partial z};\ \frac{\partial(uw)}{\partial x},\ \frac{\partial(vw)}{\partial y},\ \frac{\partial(ww)}{\partial z}$$

产生的。可以将它们写成张量的形式如下

$$\overline{\overline{\boldsymbol{\Pi}'}}=\begin{bmatrix}-\rho\overline{u'^2} & -\rho\overline{u'v'} & -\rho\overline{u'w'}\\ -\rho\overline{u'v'} & -\rho\overline{v'^2} & -\rho\overline{v'w'}\\ -\rho\overline{u'w'} & -\rho\overline{v'w'} & -\rho\overline{w'^2}\end{bmatrix} \tag{6.8-15}$$

它们具有应力的量纲，所以称为雷诺应力，后面再专门讨论雷诺应力的物理意义。由于这是包含在平均运动方程中唯一的脉动量项，所以也常说脉动量是通过“雷诺应力”来影响“平均运动”的。

从这个意义上说，湍流平均运动的微团表面上，除压力外还受到两种表面力作用，即分子黏性应力和雷诺应力。在多数情况下和绝大部分流动空间内，雷诺应力比分子黏性应力大得多。其实当雷诺应力比分子黏性应力大得多时，分子黏性应力就可以忽略了。

4. 方程的封闭性

可见，按照雷诺将瞬时运动分解为平均运动与脉动运动之和的办法，确实可以把平均运动从瞬时运动中分离出来，或者说把脉动运动对平均运动的影响分离出来。但是，这种分解也引起了新的问题，即方程组的封闭性问题。因为在平均运动的动量方程(6.8-12)~式(6.8-14)中，除了 $P$ 和平均速度的三个分量 $U$、$V$、$W$ 外，新增加了未知的变量：雷诺应力的 6 个分量(二阶对称张量)，而方程数目只有 4 个。这样，原来封闭的方程组不再封闭了。

为了使方程组封闭，必须在雷诺应力和平均速度之间建立补充关系式。这方面的工作主要沿着两个方向进行。一个方向是湍流的统计理论，试图利用统计数学的方法和概念来描绘流场，探讨脉动的变化规律，研究湍流内部的结构从而建立湍流运动的封闭方程组。但迄今为止只是在均匀各向同性湍流理论方面获得了一些满意的结果，距离应用于实际问题还相差很远。另一个方向是湍流的半经验理论，它是根据一些假设及试验结果建立雷诺应力和平均速度之间的关系(称为湍流模型)从而使方程组封闭。半经验理论在理论上具有很大的局限性和缺陷，但在一定条件下往往能够得出与实际符合的较满意的结果。因此在工程技术中得到了广泛的应用。下面在进一步分析雷诺应力物理意义的基础上，简要介绍一个最古老也是最重要的半经验理论——普朗特混合长度理论。

### 6.8.3 雷诺应力的物理意义及混合长度理论

1. 雷诺应力的物理意义

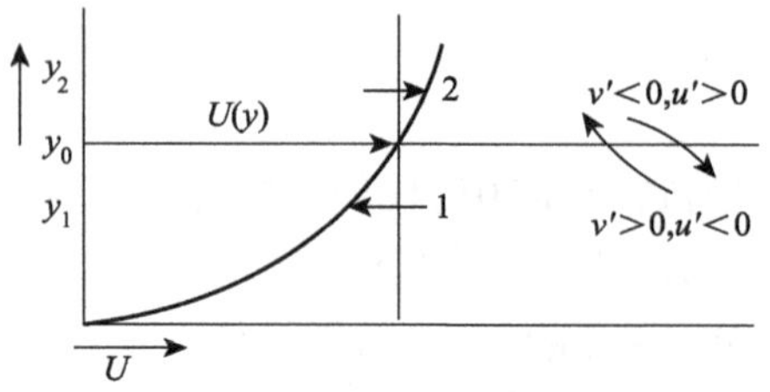


图 6-25 旋涡引起的湍流脉动

为便于说明问题，设平均运动是二维的，如图 6-25 所示。由于旋涡运动，高速流层中的微团会向下跳到低速流层中，低速流层中的微团也会向上跳到高速流层中。现考虑低速流层中的微元体 $\mathrm{d}x\mathrm{d}y\mathrm{d}z$ 及微元体内流体由此而发生的动量变化。向下跳的速度即脉动速度 $v'$，则单位时间通过界面 $\mathrm{d}x\mathrm{d}z$ 进入此微元体的质量为 $-\rho v'\mathrm{d}x\mathrm{d}z$。当高速流层的微团跳入低速流层时，它并未立即失去原有的速度，其超出当地平均速度的部分即脉动速度 $u'$。所以单位时间内流入该微元体的 $x$ 向动量的净流入率为 $-\rho v'u'\mathrm{d}x\mathrm{d}z$。根据动量定理，动量流入率等于表面作用力，即相当于微元面 $\mathrm{d}x\mathrm{d}z$ 上受到了作用力 $-\rho v'u'\mathrm{d}x\mathrm{d}z$，因而应力为 $-\rho u'v'$。

实际上 $u'$ 和 $v'$ 都是变化的，虽也有 $u'$ 和 $v'$ 同时大于零或同时小于零的情况，但对如

图 6-25 所示的 $\partial U/\partial y > 0$ 的流动，微团由高速层跳入低速层时，通常为

$$v' < 0, \quad u' > 0$$

而由低速层跳入高速层时，通常为

$$v' > 0, \quad u' < 0$$

取平均后通常有

$$\overline{u'v'} < 0$$

所以

$$\frac{\partial U}{\partial y} > 0 \text{时}, \quad -\rho\overline{u'v'} > 0 \tag{6.8-16}$$

或者说，雷诺应力 $-\rho\overline{u'v'}$ 与 $\partial U/\partial y$ 同号。上面讨论了雷诺切应力，许多情况下它们往往是最重要的分量。对雷诺正应力 $-\rho\overline{u'^2}$ 等也可进行类似的讨论。

从上述讨论可见，雷诺应力与黏性应力有本质的区别。黏性应力对应于分子随机运动引起的界面两侧的动量交换，雷诺应力则对应于流体微团跳动引起的界面两侧的动量交换。微团的跳动是由大大小小的旋涡(即湍流脉动)引起的。所以，雷诺应力并不是严格意义上的表面应力，它是对真实的脉动运动进行平均处理时，将脉动引起的动量交换折算为作用在想象的平均运动微团界面上的力。不过，对于平均运动，雷诺应力具有表面力的效果，因而在解决实际工程应用问题时可以把它和其他表面力同样看待。

### 2. 雷诺应力与平均形变关系——涡黏性系数

鉴于分子黏度与切应力之间的如下关系：

$$\tau_l = \mu\frac{\partial u}{\partial y} = \rho\nu\frac{\partial u}{\partial y} \tag{6.8-17}$$

式中，下标 $l$ 代表层流。布森涅斯克(Boussinesq)于 1877 年最早建议用一种假想的涡黏度，根据平均速度梯度计算湍流应力(即后来通称的雷诺应力)：

$$\tau_t = -\rho\overline{u'v'} = \rho\varepsilon_m\frac{\partial U}{\partial y} = \mu_t\frac{\partial U}{\partial y} \tag{6.8-18}$$

式中，下标 $t$ 代表湍流。$\varepsilon_m$ 称为涡黏度，它与分子运动黏度 $\nu = \mu/\rho$ 有相同的量纲。

应当指出，涡黏度 $\varepsilon_m$ (或 $\mu_t$)与分子黏度 $\nu$ (或 $\mu$)有本质区别：$\nu$ 是流体本身的性质，而涡黏度并非流体的物理性质，是湍流的一种流动特性(层流时 $\varepsilon_m = 0$)，取决于湍流的平均流速场和几何边界条件。对于不同的流动，甚至是同一流动中的不同位置，涡黏度均不相同。

### 3. 普朗特混合长度理论

普朗特混合长度理论是最古老也是最初处理雷诺应力的理论，是普朗特于 1925 年提出的。

仍然观察如图 6-25 所示的湍流的脉动运动。由于湍流旋涡作用，流体微团将上下跳

动，例如，在 $y_1$ 处的某微团可能跳到 $y_0$。由于微团的流向速度不会立即改变，到达新位置后它会高于当地周围的平均速度，此即流向脉动速度：

$$u' \approx U(y_2) - U(y_0)$$

显然此速度差取决于当地的平均速度梯度与微团 $y$ 向跳动的距离 $l$，即

$$u' \approx l\frac{\partial U}{\partial y} \tag{6.8-19}$$

此 $l$ 即称为混合长度，它表示这样的距离，在此距离内微团沿 $y$ 向跳动时基本不丧失其原有速度，而在移动距离 $l$ 之后，微团便与其他流体微团相混合，而改变了原有的流速。

单位时间内进入单位面积 $y = y_0$ 界面的质量为 $|\rho v'|$。实际测量表明，流向脉动速度和横向脉动速度有相同的量级，即可设 $|u'| \approx |v'|$，因此有

$$|v'| \approx l\left|\frac{\partial U}{\partial y}\right| \tag{6.8-20}$$

以上讨论只涉及对 $u'$ 和 $v'$ 的大小的估计。前面已说明，$-\overline{u'v'}$ 与 $\partial U/\partial y$ 同号，所以考虑到符号后由式(6.8-19)和式(6.8-20)可得

$$-\rho\overline{u'v'} = \rho l^2\left|\frac{\partial U}{\partial y}\right|\frac{\partial U}{\partial y} \tag{6.8-21}$$

这就是按混合长度理论计算雷诺应力的公式。由此可算出涡黏度为

$$\varepsilon_m = l^2\left|\frac{\partial U}{\partial y}\right| \tag{6.8-22}$$

由式(6.8-21)可见，若假设 $l$ 不随速度变化，则可得出雷诺应力与平均速度平方成比例的结论，这是与试验结果一致的。实际上，混合长度 $l$ 仍是与流动有关的未知量，不过它基本上是当地状态的函数。

对于二维壁面剪切湍流，混合长度 $l$ 有以下经验公式：

非常靠近壁面区：

$$l \sim y^2 \tag{6.8-23}$$

适度靠近壁面区：

$$l \approx \kappa y, \quad \kappa = 0.4 \sim 0.41 \tag{6.8-24}$$

远离壁面区：

$$l \approx 0.075 \sim 0.09\delta, \quad \delta\text{为边界层厚度} \tag{6.8-25}$$

### 6.8.4 平板湍流边界层流动特性介绍

采用湍流模型解决封闭性问题后，就可以数值求解或近似求解雷诺方程，得到湍流状态下的流动特性。这里简要介绍平板湍流边界层的流动特性，并给出其近似解的典型结果。

1. *层流和湍流边界层速度剖面特点*

考虑流过光滑平板的不可压流动。若雷诺数足够高，则平板上方存在三种不同的流动区域(图 6-26)。从前缘开始，第一个区域($0 < Re_x < Re_{xtr}$)是层流或具有小振幅不稳定波的层流，越向下游，层流边界层越厚；第二个区域($Re_{xtr} < Re_x < Re_{xt}$)以湍流斑点首先出现的 $x_{tr}$ 处为起点，以完成了从层流到湍流的完全转变处 $x_t$ 为终点；第三个区域($Re_x > Re_{xt}$)内流动是完全的湍流，湍流边界层比层流边界层厚得多。为清楚显示层流边界层和湍流边界速度剖面特点，图中对垂直坐标做了显著放大。

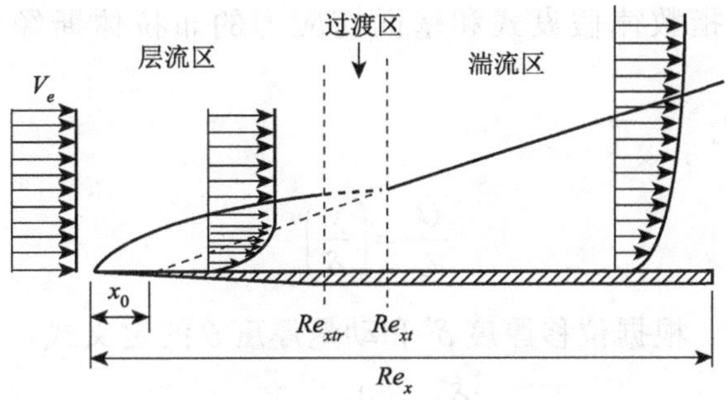


图 6-26　雷诺数足够大时沿光滑平板的边界层

图 6-27 对比了壁面附近的层流速度剖面和湍流的平均速度剖面。可见湍流速度剖面更加饱满，这是湍流中横向脉动运动引起的掺混输运所致。紧贴壁面处，湍流速度比层流大得多，有

$$\left(\left.\frac{\partial U}{\partial y}\right|_{y=0}\right)_{湍流} > \left(\left.\frac{\partial u}{\partial y}\right|_{y=0}\right)_{层流} \tag{6.8-26}$$

在管道流动中也有这个特点，见图 6-28。因此，湍流壁面摩阻比层流高得多。不过，由于湍流状态下壁面附近流体的动能更大，湍流边界层的抗分离能力比层流强。

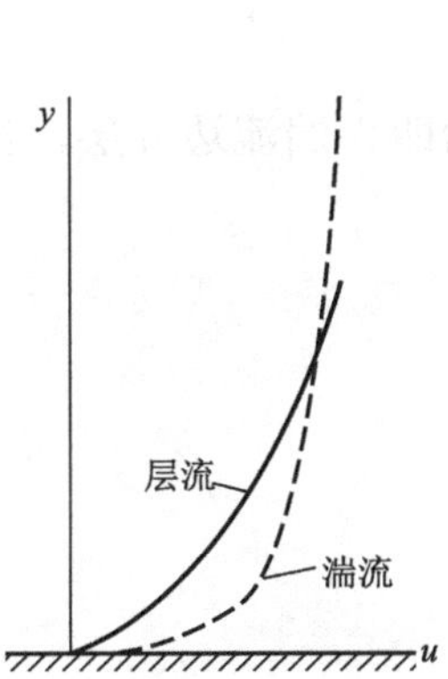


图 6-27　层流与湍流速度剖面

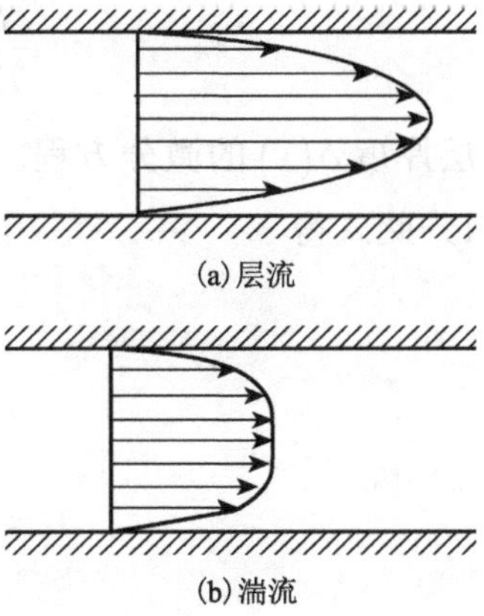


图 6-28　管流的速度剖面

2. 平板湍流边界层特性估算结果

通过对平板湍流边界层微分方程沿边界层厚度方向积分，可以导出与层流边界层形式完全相同的动量积分方程：

$$\frac{\mathrm{d}\theta}{\mathrm{d}x}=\frac{C_f}{2} \tag{6.8-27}$$

只是计算式中的动量亏损厚度和摩阻时将层流情况的速度改为湍流运动的平均速度即可。引入湍流边界层平均速度分布关系式后，即可求解动量积分方程得到近似解。其中基于速度剖面的指数律假设式和壁面切应力的布拉休斯经验关系式的方法非常简便，介绍如下。

假设速度分布式为

$$\frac{U}{V_\infty}=\left(\frac{y}{\delta}\right)^{\frac{1}{n}} \tag{6.8-28}$$

$n$ 为常数，通常取为 7。根据位移厚度 $\delta^*$ 和动量厚度 $\theta$ 的定义式，由式(6.8-28)可得

$$\frac{\delta^*}{\delta}=\frac{1}{n+1}=\frac{1}{8} \tag{6.8-29}$$

$$\frac{\theta}{\delta}=\frac{n}{(n+1)(n+2)}=\frac{7}{72} \tag{6.8-30}$$

壁面摩阻也可从布拉休斯得到的关于光滑圆管湍流的经验关系式导出：

$$\frac{C_f}{2}=0.0225\left(\frac{\nu}{V_\infty\delta}\right)^{\frac{1}{4}} \tag{6.8-31}$$

将 $\theta/\delta=7/72$ 和式(6.8-31)代入动量积分方程(6.8-27)，得

$$\frac{7}{72}\frac{\mathrm{d}\delta}{\mathrm{d}x}=0.0225\left(\frac{\nu}{V_\infty\delta}\right)^{\frac{1}{4}}$$

此为边界层厚度 $\delta(x)$ 的微分方程。假定从平板前缘开始即为湍流边界层，当 $x=0$ 时，$\delta=0$，积分此式得

$$\frac{\delta}{x}=\frac{0.37}{Re_x^{1/5}} \tag{6.8-32}$$

从而得

$$\frac{\theta}{x}=\frac{0.036}{Re_x^{1/5}} \tag{6.8-33}$$

$$C_f=\frac{0.059}{Re_x^{1/5}} \tag{6.8-34}$$

还可进一步对 $C_f$ 积分求得长为 $L$、单位宽度平板的平均摩擦阻力系数：

$$C_{D,f} = \frac{0.074}{Re_L^{1/5}} \tag{6.8-35}$$

由式(6.8-32)和式(6.8-33)可见，边界层的各种厚度均近似随 $x^{4/5}$ 增长，这比层流边界层厚度随 $x^{1/2}$ 增长的速度要快得多。在有些经验公式中，甚至表明湍流边界层厚度随 $x^{6/7}$ 增长。这些公式的适用范围为 $5\times10^5 < Re_x < 10^7$，大多数工程技术问题和试验研究的雷诺数都在这个范围内。

# 第 7 章　翼型与细长旋成体气动特性的近似计算方法

在前面对空气动力学基本概念、基本原理与方程的学习和对各类简化流动的数学求解、基本流动规律分析的基础上，作为对空气动力学基础知识和方法的应用，本章介绍飞行器典型部件模型(翼型和细长旋成体)的气动特性近似计算方法。首先学习低速翼型的薄翼理论、讨论低速翼型气动特性的计算，然后采用小扰动线化理论导出薄翼的亚声速和超声速气动力系数计算方法。最后从细长体的小扰动线化速度势方程出发，得到细长旋成体轴对称绕流和小迎角绕流的压力分布，进而得到其气动特性。

## 7.1　翼型的几何描述与空气动力系数

在 4.6 节曾给出了翼型的定义。翼型是飞机机翼和尾翼成形的重要组成部分，它直接影响飞机的气动性能和飞行品质。本节首先给出翼型的几何描述参数定义，并简单介绍常用的 NACA(美国国家航空咨询委员会，National Advisory Committee for Aeronautics 的缩写)系列低速翼型，然后给出翼型的空气动力系数定义。

### 7.1.1　翼型的几何参数

通常飞机设计要求，机翼和尾翼尽可能升力大、阻力小。对于不同的飞行速度，机翼的翼型形状是不同的。例如，对于低速和亚声速飞机，为了提高升力系数，翼型形状为圆头尖尾形，如图 7-1(a)和图 7-1(b)所示；对于超声速飞机，为了减小激波阻力，采用尖头、尖尾形翼型，如图 7-1(c)所示。

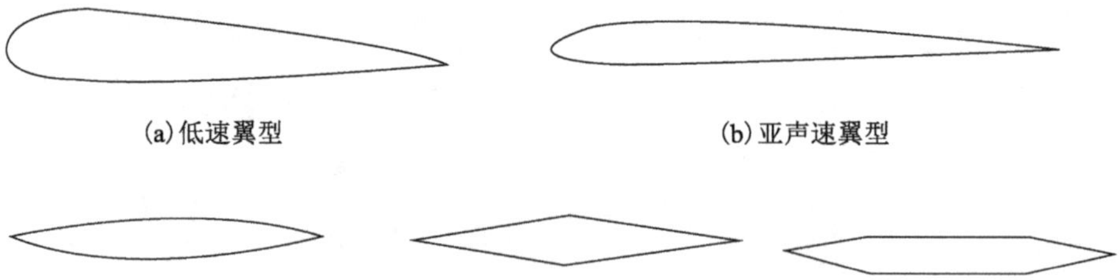

(a)低速翼型　　(b)亚声速翼型

(c)超声速翼型

图 7-1　不同速度的翼型形状特点

下面以低速翼型为代表，介绍翼型几何参数的定义。其他翼型类似。

翼型上下表面由一定形状的曲线连成，如图 7-2(a)所示。翼型的最前端点称为前缘点，最后端点称为后缘点。前缘点可以这样定义：以后缘点为圆心画一圆弧，此弧和翼型相切的点即前缘点。翼型前后缘点的连线称为翼型的几何弦。前、后缘点之间的距离，称为翼型的弦长，用 $c$ 表示。

翼型的几何特性以弦线为基准线($x$ 轴)来描述，如图 7-2(b)所示。上下翼面型线的方程可分别写为

$$\text{上翼面：}\ y_u = y_u(x),\quad \text{下翼面：}\ y_l = y_l(x) \tag{7.1-1}$$

上下翼面 $y$ 坐标之差的一半定义为翼型的厚度函数：

$$y_t(x) = \frac{1}{2}(y_u - y_l) \tag{7.1-2}$$

$(y_u - y_l)$的最大值称为翼型厚度 $t$，通常以弦长为基准度量厚度，即相对厚度：

$$\overline{t} = \frac{t}{c} = \frac{2y_{t\max}}{c} \tag{7.1-3}$$

上下翼面 $y$ 向高度中点的连线称为翼型中弧线。如果中弧线是一条直线(与弦线合一)，这个翼型是对称翼型。如果中弧线是曲线，就说明此翼型有弯度。翼型的弯度函数，即中弧线 $y$ 坐标，为上下翼面 $y$ 坐标之和的一半：

$$y_f(x) = \frac{1}{2}(y_u + y_l) \tag{7.1-4}$$

中弧线上最高点的 $y$ 坐标称为翼型的弯度 $f$，也通常用其与弦长之比表示，即相对弯度：

$$\overline{f} = \frac{f}{c} = \frac{y_{f\max}}{c} \tag{7.1-5}$$

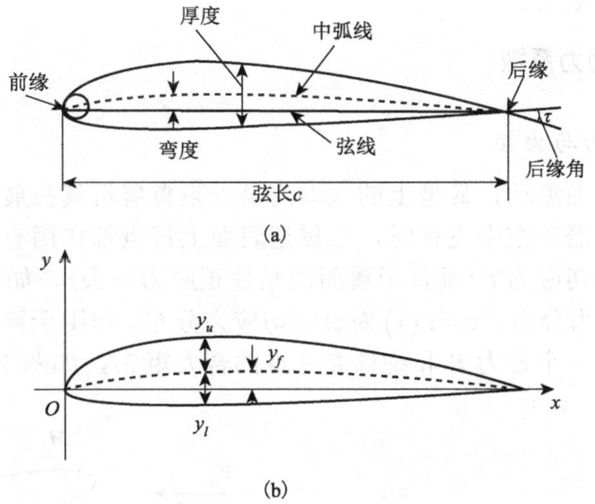


图 7-2　翼型的几何参数

### 7.1.2　NACA 系列翼型

随着航空飞行器的不断发展，针对不同用途所发展的翼型有许多系列，其中以美国国家航空咨询委员会(NACA)，即现在的美国航空航天局(National Aeronautics and Space Administration，NASA)发展的 NACA 系列翼型最为著名。NACA 系列翼型常常被用作理论及试验分析的参照基准。

NACA 系列的四位数字翼型是在 20 世纪 30 年代由 NACA 发展的第一族翼型，如 NACA0012、NACA2412 等。四位数字中的第一位表示最大弯度相对弦长的百分数；第二位数字表示最大弯度位置距前缘点距离相对弦长的十分数；最后两位数字表示最大厚度相对弦长的百分数。例如，NACA2412 翼型的最大弯度为 2%弦长、最大弯度位置距前缘点距离为 40%弦长、最大厚度为 12%弦长；NACA0012 翼型为中弧线与弦线重合的无弯度对称翼型，其厚度为 12%弦长。

NACA 发展的第二族系列翼型为五位数字翼型，其中有著名的 NACA23012 翼型等。五位数字中的第一位数字乘以 1.5 等于设计升力系数的 10 倍；第二位数字除以 2 等于最大弯度位置距前缘距离相对弦长的十分数；第三位数字为 0 时代表翼型的中弧线无拐点，为 1 代表有拐点；最后两位数为最大厚度相对弦长的百分数。例如，NACA23012 翼型的设计升力系数为 0.3、最大弯度位置距前缘距离为 15%弦长、中弧线无拐点、最大厚度为 12%弦长。

NACA“6 系列”翼型是在第二次世界大战中发展的应用最为广泛的层流翼型，如 NACA65,3-218 翼型。其中第一位数字是对这一组系列翼型的定义；第二位数字表示翼型表面最小压力点距前缘距离相对弦长的十分数(此时的翼型为原翼型厚度分布的基本对称翼型，无升力状态)；跟在逗号后的“3”表示在设计点左右升力系数在 ±3/10 的变化范围内，翼型上的压力分布仍然是有利的；跟在“-”线后的第一个数字为设计升力系数的 10 倍；最后两位数为最大厚度相对弦长的百分数。

NACA 所发展的以数字定义的系列翼型具有全面的理论、应用和几何形状说明，并具有相关翼型的试验数据。

### 7.1.3 翼型的空气动力系数

1. *翼型所受的力与力矩*

翼型绕流视为平面流动，翼型上的气动力是无限翼展机翼在展向取单位长度的部分所受的气动力。飞行器在空中飞行时，在翼型表面上每点都作用有垂直于翼面的压力 $p$ 和与翼面相切的摩擦切应力 $\tau$ (垂直于翼面的黏性正应力略去)，如图 7-3 所示。图 7-3 中 $p=p(s)$ 为表面压力分布，$\tau=\tau(s)$ 为表面切应力分布。作用于翼型上的分布力可合成为作用于某参考点的一个合力 $\boldsymbol{R}$ 和绕该参考点的合力矩 $\boldsymbol{M}$，如图 7-4 所示。

图 7-3　作用于翼型的压力和切应力

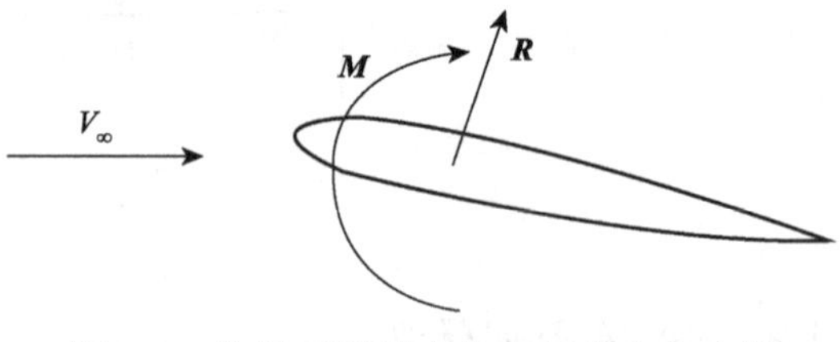


图 7-4　作用于翼型上的空气动力与力矩

图 7-5 中 $V_\infty$ 为飞行器远前方未经扰动的气流速度，$c$ 为翼型弦长，$\alpha$ 为迎角，即来流 $V_\infty$ 与翼弦线之间的夹角，对弦线而言，来流上偏为正，下偏为负。如图 7-5 所示，作用于翼型上的空气动力合力在垂直于弦线方向的分量称为法向力，用 $N$ 表示；在平行于

弦线方向的分量称为轴向力，用 $A$ 表示。合力还可分解为垂直于来流 $V_\infty$ 方向的分量及平行于 $V_\infty$ 的分量，分别称为升力和阻力，并分别用 $L$ 和 $D$ 表示。由图 7-5 可知升力、阻力与法向力、轴向力的关系为

$$L = N\cos\alpha - A\sin\alpha \tag{7.1-6}$$

$$D = N\sin\alpha + A\cos\alpha \tag{7.1-7}$$

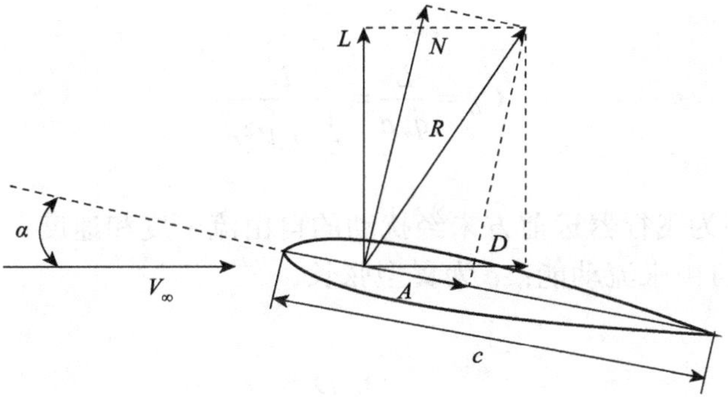


图 7-5　作用于翼型上的空气动力合力及其分解

作用于翼型上的合力矩是绕 $z$ 轴(垂直于翼型所在的 $xy$ 平面)的，称为仰俯力矩，规定使翼型前缘抬起的力矩为正。翼型前缘是一个常用的参考点，此时仰俯力矩用 $M_{\mathrm{LE}}$ 表示。

2. 压力中心

前面已提到作用于翼型的压力和切应力可简化合成为作用于弦线上某参考点的法向力 $N$、轴向力 $A$(或升力 $L$、阻力 $D$)及绕该点的仰俯力矩。如果绕参考点的力矩为零，则该点称为压力中心。显然压力中心就是翼型所受空气动力合力的作用点，如图 7-6(a)所示，图中 $x_{\mathrm{cp}}$ 为压力中心距前缘的距离。当参考点取在翼型前缘时，翼型所受的空气动力和力矩可表示为作用于该点的力 $N$、$A$ 和力矩 $M_{\mathrm{LE}}$，如图 7-6(b)所示。

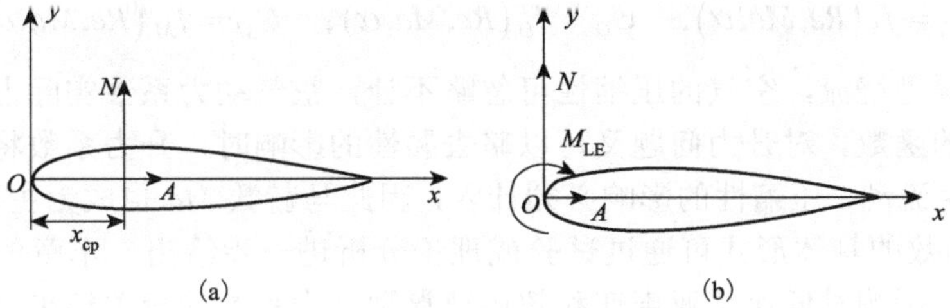


图 7-6　作用于翼型压力中心与前缘的空气动力

压力中心位置 $x_{\mathrm{cp}}$ 可计算如下。由

$$M_{\mathrm{LE}} = -x_{\mathrm{cp}}N$$

得

$$x_{\mathrm{cp}} = -\frac{M_{\mathrm{LE}}}{N} \tag{7.1-8}$$

当迎角 $\alpha$ 很小时，$\sin\alpha \approx 0$，$\cos\alpha \approx 1$，则有

$$x_{\mathrm{cp}} \approx -\frac{M_{\mathrm{LE}}}{L} \tag{7.1-9}$$

3. 空气动力系数

在工程中常用无量纲的空气动力系数，翼型的空气动力系数定义如下：
升力系数

$$C_L = \frac{L}{q_\infty c} = \frac{L}{\frac{1}{2}\rho_\infty V_\infty^2 c} \tag{7.1-10}$$

式中，$\rho_\infty$、$V_\infty$ 分别为飞行器远前方未经扰动的自由流密度和速度；$q_\infty = \rho_\infty V_\infty^2/2$ 称为动压，是单位体积的自由来流动能；$c$ 为翼型弦长。
阻力系数

$$C_D = \frac{D}{\frac{1}{2}\rho_\infty V_\infty^2 c} \tag{7.1-11}$$

前缘俯仰力矩系数

$$C_{M,\mathrm{LE}} = \frac{M_{\mathrm{LE}}}{\frac{1}{2}\rho_\infty V_\infty^2 c^2} \tag{7.1-12}$$

对其他参考点的仰俯力矩系数定义类似。

空气动力试验表明，对于给定几何形状的翼型，气动力和力矩是自由流速度、密度、黏度、翼型弦长、迎角，即变量 $(V_\infty, \rho_\infty, \mu_\infty, c, \alpha)$ 的函数。根据量纲分析，可得气动力系数则为雷诺数 $Re$、马赫数 $Ma$ 和迎角 $\alpha$ 的函数，即

$$C_L = f_L(Re, Ma, \alpha), \quad C_D = f_D(Re, Ma, \alpha), \quad C_M = f_M(Re, Ma, \alpha) \tag{7.1-13}$$

对于低速翼型绕流，空气的压缩性可忽略不计，空气动力系数实际上是来流迎角 $\alpha$ 和雷诺数 $Re$ 的函数。对升力问题又可以略去黏性的影响时，升力系数将只是迎角 $\alpha$ 的函数。对于高速流动，压缩性的影响必须计入，因此马赫数 $Ma$ 也成为主要的影响变量。式(7.1-13)中函数的具体形式可通过试验或理论分析进一步给出。本章的后续内容将分别给出忽略黏性影响时低速、亚声速和超声速翼型升力系数的相关结果。

## 7.2 低速翼型的薄翼理论与气动特性

在 4.6 节已经介绍了低速翼型绕流的特点，并通过将翼型绕流变换为有环量圆柱绕流，导出了翼型的升力和绕流环量之间的关系，即儒科夫斯基定理[式(4.6-13)]：

$$\boldsymbol{F} = \rho \boldsymbol{V}_\infty \times \boldsymbol{\Gamma}$$

绕翼型的环量取决于翼型的几何形状和自由流速度，根据将翼型变换成圆的解析函数确定。但一般情况下，找到这样的解析函数并不容易。

本节介绍另一种计算低速翼型气动特性的方法，它针对薄翼型，即厚度和弯度都很小的翼型。当理想不可压直匀流以小迎角绕流这样的翼型时，整个流场和均匀流场没有很大差别，可以将薄翼型的存在看成对直匀流场的小扰动，绕薄翼型的流场是在原均匀流场上叠加了一个小扰动的流场。低速翼型绕流的速度势函数满足拉普拉斯方程，线性可叠加；而小扰动情况下翼面边界条件也可以线化因而也具有叠加性，因此这时翼型的厚度、弯度、迎角三者的影响可以分开处理，然后叠加。这样，就将相对复杂的流动分解成更加简单的流动来分析。这种方法称为“薄翼理论”。相应地，用保角变换法计算翼型的气动特性时是把翼型的厚度和弯度放在一起处理的，对翼型的厚度没有限制，称为“厚翼理论”。

### 7.2.1　薄翼型绕流的扰动速度势及其分解

1. 扰动速度势及其方程

如图 7-7 所示，将坐标原点置于翼型的前缘点，$x$ 轴置于翼型的弦线上，这样的坐标系称为体轴系。

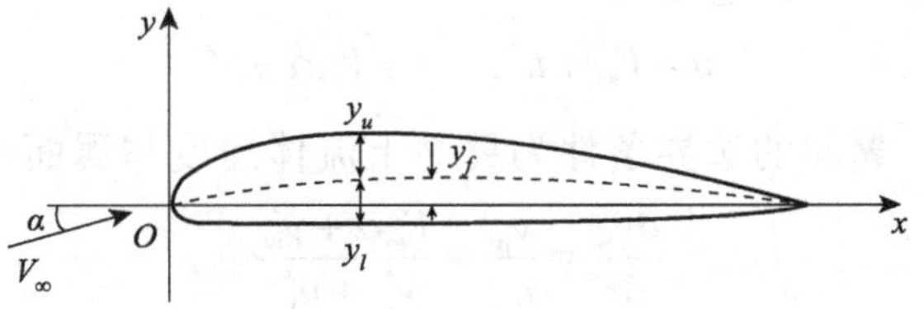


图 7-7　实际翼型(体轴系)

设翼型绕流场的速度势函数为$\phi$，可将其分解为

$$\phi=\phi_\infty+\varphi \tag{7.2-1}$$

式中，$\phi_\infty$为速度为$V_\infty$、与弦线成$\alpha$角的直匀流的速度势函数：

$$\phi_\infty=\left(V_\infty\cos\alpha\right)x+\left(V_\infty\sin\alpha\right)y \tag{7.2-2}$$

$\varphi$为翼型绕流场速度势函数$\phi$与直匀流速度势函数$\phi_\infty$之差，称为翼型产生的(对直匀流的)扰动速度势。$\phi$则简称为全速度势。

全速度势$\phi$满足拉普拉斯方程：

$$\frac{\partial^2\phi}{\partial x^2}+\frac{\partial^2\phi}{\partial y^2}=0$$

即

$$\frac{\partial^2(\phi_\infty+\varphi)}{\partial x^2}+\frac{\partial^2(\phi_\infty+\varphi)}{\partial y^2}=0$$

而直匀流的速度势函数$\phi_\infty$也满足拉普拉斯方程，由此可推出：

$$\frac{\partial^2\varphi}{\partial x^2}+\frac{\partial^2\varphi}{\partial y^2}=0 \tag{7.2-3}$$

即扰动速度势亦满足拉普拉斯方程。因而扰动速度势也具有可叠加性。

如果$\varphi_f$、$\varphi_t$、$\varphi_\alpha$分别为无厚度弯板、有厚度对称翼型和有迎角的平板产生的小扰动速度势，它们均满足拉普拉斯方程。显然，它们的和也满足拉普拉斯方程。那么是否$(\varphi_f+\varphi_t+\varphi_\alpha)$就是具有同样弯度、厚度和迎角的一个薄翼型产生的扰动速度势$\varphi$呢？还要继续考察$(\varphi_f+\varphi_t+\varphi_\alpha)$是否满足薄翼型的翼面边界条件。

2. 翼面边界条件的线化近似

薄翼型绕流的速度为

$$u=\frac{\partial(\phi_\infty+\varphi)}{\partial x}=V_\infty\cos\alpha+\frac{\partial\varphi}{\partial x},\quad v=\frac{\partial(\phi_\infty+\varphi)}{\partial y}=V_\infty\sin\alpha+\frac{\partial\varphi}{\partial y} \tag{7.2-4}$$

记

$$\frac{\partial\varphi}{\partial x}=u',\quad \frac{\partial\varphi}{\partial y}=v' \tag{7.2-5}$$

为扰动速度。则在小迎角下，速度为

$$u\approx V_\infty+u',\quad v\approx V_\infty\alpha+v' \tag{7.2-6}$$

理想无黏假设下，翼面的边界条件为翼面上流体速度与翼面相切，即

$$\frac{\mathrm{d}y_w}{\mathrm{d}x}=\frac{v_w}{u_w}=\frac{V_\infty\alpha+v'_w}{V_\infty+u'_w}$$

式中，下标“$w$”代表壁面。上式整理为

$$v'_w=V_\infty\frac{\mathrm{d}y_w}{\mathrm{d}x}+u'_w\frac{\mathrm{d}y_w}{\mathrm{d}x}-V_\infty\alpha \tag{7.2-7}$$

对于薄翼型，翼型的厚度和弯度很小，式(7.2-7)只保留一阶小量后成为

$$v'_w=V_\infty\frac{\mathrm{d}y_w}{\mathrm{d}x}-V_\infty\alpha \tag{7.2-8}$$

根据翼型上下翼面$y_u(x)$、$y_l(x)$的方程和翼型厚度函数$y_t(x)$、弯度函数$y_f(x)$定义[详见式(7.1-1)、式(7.1-2)、式(7.1-4)]，可得

$$y_w\big|_{\substack{u\\l}}=y_f\pm y_t$$

于是翼面边界条件可进一步写为

$$v'_w\big|_{\substack{u\\l}}=V_\infty\frac{\mathrm{d}y_f}{\mathrm{d}x}\pm V_\infty\frac{\mathrm{d}y_t}{\mathrm{d}x}-V_\infty\alpha \tag{7.2-9}$$

也可采用扰动速度势$\varphi$的偏导数表达为

$$\left.\frac{\partial\varphi}{\partial y}\right|_{\substack{y_u\\ y_l}}=V_\infty\frac{\mathrm{d}y_f}{\mathrm{d}x}\pm V_\infty\frac{\mathrm{d}y_t}{\mathrm{d}x}-V_\infty\alpha \tag{7.2-10}$$

3. 薄翼型绕流的分解

另外，如图 7-8 所示，无厚度弯板 $y_f(x)$、有厚度对称翼型 $\pm y_t(x)$ 和迎角为 $\alpha$ 的平板产生的小扰动速度势 $\varphi_f$、$\varphi_t$、$\varphi_\alpha$ 在各自翼面的边界条件分别为

$$\left.\frac{\partial\varphi_f}{\partial y}\right|_{y_f}=V_\infty\frac{\mathrm{d}y_f}{\mathrm{d}x},\quad \left.\frac{\partial\varphi_t}{\partial y}\right|_{\pm y_t}=\pm V_\infty\frac{\mathrm{d}y_t}{\mathrm{d}x},\quad \left.\frac{\partial\varphi_\alpha}{\partial y}\right|_0=-V_\infty\alpha \tag{7.2-11}$$

于是在 $y_f$、$y_t$、$\alpha$ 均为小量的条件下，$\varphi_f$、$\varphi_t$、$\varphi_\alpha$ 之和在 $y_u$ 和 $y_l$ 处满足

$$\left[\frac{\partial}{\partial y}\left(\varphi_f+\varphi_t+\varphi_\alpha\right)\right]_{\substack{y_u\\ y_l}}=V_\infty\frac{\mathrm{d}y_f}{\mathrm{d}x}\pm V_\infty\frac{\mathrm{d}y_t}{\mathrm{d}x}-V_\infty\alpha \tag{7.2-12}$$

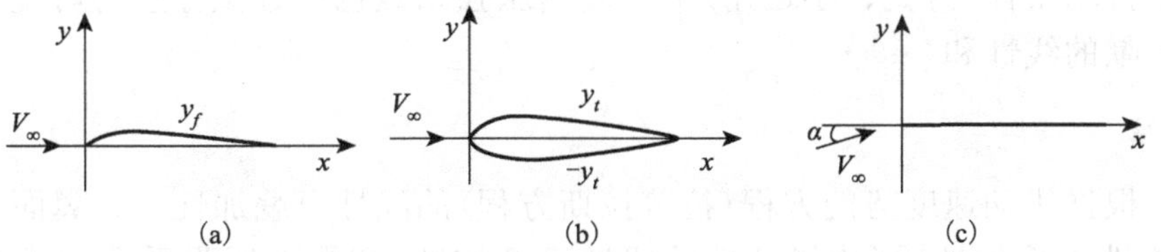


图 7-8　直匀流绕流无厚度弯板、有厚度对称翼型、有迎角平板示意图

对比式(7.2-10)和式(7.2-12)可知，在薄翼型物面上，$(\varphi_f+\varphi_t+\varphi_\alpha)$ 和具有同样弯度、厚度和迎角的薄翼型(图 7-9)的扰动速度势 $\varphi$ 满足同样的条件，也就是说它满足薄翼型的物面边界条件。而前面已知 $(\varphi_f+\varphi_t+\varphi_\alpha)$ 满足拉普拉斯方程，因此可知它就是薄翼型的扰动速度势，即

$$\varphi=\varphi_f+\varphi_t+\varphi_u \tag{7.2-13}$$

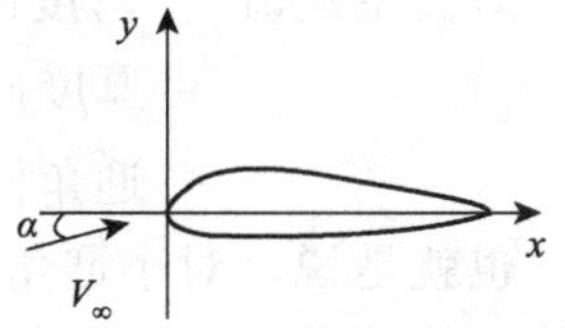


图 7-9　直匀流绕流有弯度、厚度和迎角的翼型示意图

这样，就将薄翼型绕流的扰动速度势分解成了无厚度弯板、有厚度对称翼型和有迎角的平板三个流动的扰动速度势的叠加。相应地，其扰动速度也分解成了三个流动扰动速度的叠加。

4. 压强系数 $C_p$ 的线化近似及分解

对于理想不可压无旋流动，根据伯努利方程，压强系数为

$$C_p=\frac{p-p_\infty}{\frac{1}{2}\rho V_\infty^2}=1-\left(\frac{V}{V_\infty}\right)^2$$

将薄翼绕流的速度式(7.2-4)代入，得

$$C_p=1-\frac{\left(V_\infty\cos\alpha+u'\right)^2+\left(V_\infty\sin\alpha+v'\right)^2}{V_\infty^2}$$

在弯度、厚度、迎角均为小量的假设下，上式若只保留一阶小量，则为

$$C_p = -\frac{2u'}{V_\infty} \tag{7.2-14}$$

而根据式(7.2-13)可得

$$u' = \frac{\partial \varphi}{\partial x} = \frac{\partial \varphi_f}{\partial x} + \frac{\partial \varphi_t}{\partial x} + \frac{\partial \varphi_\alpha}{\partial x} = u'_f + u'_t + u'_\alpha \tag{7.2-15}$$

于是有

$$C_p = -2\frac{u'_f + u'_t + u'_\alpha}{V_\infty} = C_{pf} + C_{pt} + C_{p\alpha} \tag{7.2-16}$$

特别地，在物面上有

$$C_{p,w} = C_{pf,w} + C_{pt,w} + C_{p\alpha,w} \tag{7.2-17}$$

可见，在小扰动条件(薄翼、小迎角)下，翼面压强系数也可近似分解为弯度、厚度、迎角三部分贡献的线性和。

5. 小结

综上，根据扰动速度势的方程(拉普拉斯方程)的线性可叠加性质、翼面上 $y$ 方向扰动速度的线性可叠加性质(边界条件的线性可叠加性)和翼面压强系数的线性可叠加性质，可以将薄翼小迎角绕流问题分解为三个简单势流的叠加，即

薄翼型绕流 = 弯度问题(中弧线 $y_f$ 弯板的零迎角绕流)

+ 厚度问题(厚度分布为 $y_t$ 的对称翼型零迎角绕流)

+ 迎角问题(迎角不为零的平板绕流)

也就是说，对小迎角的薄翼型不可压绕流，其扰动速度势、物面边界条件、压强系数均可线性叠加，作用在薄翼型上的升力、力矩可以视为弯度、厚度、迎角的作用之和。其中厚度问题因翼型对称，翼面压强分布上下对称，不产生升力和力矩。弯度和迎角问题对应的流动上下不对称，上下翼面有压差，所以产生升力和力矩。可将弯度和迎角作用合起来处理，称为迎角-弯度问题。因此对于小迎角的薄翼型绕流，求其升力和力矩特性时，可将翼型用一个有迎角无厚度的中弧线弯板代表，通过求解这个弯板绕流问题来计算升力和力矩。

### 7.2.2 迎角-弯度问题及其求解

儒科夫斯基定理指出作用在翼型上的升力与翼型的绕流环量成正比，这反过来也说明了，能够产生升力的翼型绕流，一定存在绕翼型的环量。环量是可以通过点涡来体现的，因此若采用基本解叠加法求解有升力的翼型绕流问题，就可以通过若干点涡流场的线性叠加模拟翼型绕流场。

1. 求解方法

薄翼理论中，对能产生升力的弯板(有迎角或无迎角)或有迎角的平板，用连续分布

在中弧线上的涡代替其作用，如图 7-10(a) 所示。记 $\gamma=\gamma(s)$ 为当地的单位长度上的涡强，$\mathrm{d}s$ 段上的环量为 $\gamma(s)\mathrm{d}s$ 。当中弧线的弯度很小时，在中弧线上分布涡可以认为和在弦线上分布涡的作用是一样的，如图 7-10(b) 所示。这样 $\gamma=\gamma(\xi)$，而整个翼型的总环量为

$$\Gamma=\int_0^c \gamma(\xi)\mathrm{d}\xi \tag{7.2-18}$$

式中，$c$ 为翼型弦长。确定环量后就可计算升力，可见关键的问题是确定涡强 $\gamma(\xi)$ 分布。

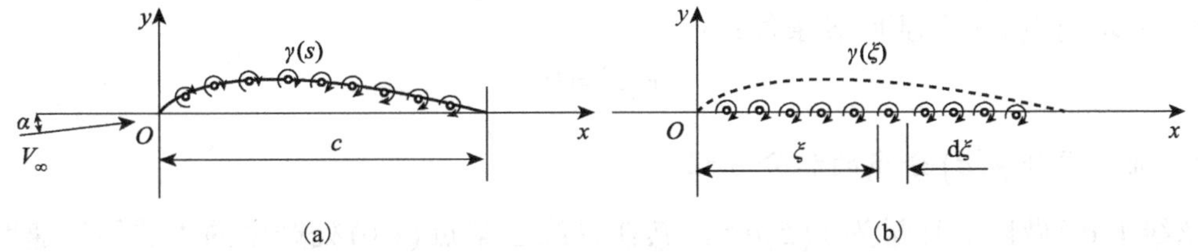


图 7-10　用分布涡代替实际翼型

点涡的速度势函数是满足拉普拉斯方程的，上述分布涡 $\gamma(\xi)$ 势函数的积分也满足拉普拉斯方程。$\gamma(\xi)$ 的具体数值则通过满足翼型绕流的两个边界条件来确定：①翼面上流速与翼面相切；②库塔-儒科夫斯基后缘条件，即翼型上下翼面的流动在尖后缘处平滑汇合。具体来说，就是要求弦线上分布的所有微元涡段 $\gamma(\xi)\mathrm{d}\xi$ 所产生的速度场(微元速度的积分)与自由来流速度叠加后满足这两个条件。

翼面上流速与翼面相切的条件可表述为

$$v'_w=V_\infty\left(\frac{\mathrm{d}y_f}{\mathrm{d}x}-\alpha\right) \tag{7.2-19}$$

其中

$$v'_w=\left(\frac{\partial\varphi_f}{\partial y}\right)_w+\left(\frac{\partial\varphi_\alpha}{\partial y}\right)_w \tag{7.2-20}$$

是有迎角的中弧线弯板产生的扰动速度在中弧面上的值。翼型弯度很小时，中弧面上 $y$ 方向的扰动速度可近似用弦线上的值取代。这是因为

$$v'_w=v'_w(x,y_f)=v'(x,0)+\frac{\partial v'}{\partial y}y_f+\cdots$$

略去高阶小量后可得

$$v'(x,y_f)=v'(x,0) \tag{7.2-21}$$

上下翼面气流在尖后缘处平滑汇合要求上下翼面速度相等。绕任一微元涡段的环量和该微元涡段对应位置上下翼面速度的关系为

$$\gamma(\xi)\mathrm{d}\xi=(V_上-V_下)\mathrm{d}\xi$$

因此库塔-儒科夫斯基后缘条件要求后缘处涡强为零。

综上，在一级近似条件下，求解薄翼型的升力和力矩的问题，可归纳为在满足下列

条件下，求涡强沿弦线的分布。

(1)无穷远边界条件：

$$u'_\infty = 0, \quad v'_\infty = 0$$

(2)翼面边界条件：

$$v'(x,0) = V_\infty\left(\frac{\mathrm{d}y_f}{\mathrm{d}x} - \alpha\right) \tag{7.2-22}$$

(3)库塔-儒科夫斯基后缘条件：

$$\gamma(c) = 0$$

2. 确定涡强 $\gamma(\xi)$ 分布的积分方程

弦线上 $\mathrm{d}\xi$ 微段的环量为 $\gamma(\xi)\mathrm{d}\xi$，其在弦线上某点 $(x,0)$ 处产生的“诱导”速度为

$$\mathrm{d}v'(x,0) = \frac{\gamma(\xi)\mathrm{d}\xi}{2\pi(\xi - x)} \tag{7.2-23}$$

则弦线上所有微元涡段在该点产生的总的诱导速度为

$$v'(x,0) = \int_0^c \frac{\gamma(\xi)\mathrm{d}\xi}{2\pi(\xi - x)} \tag{7.2-24}$$

将式(7.2-24)代入翼面边界条件式(7.2-22)，得

$$\int_0^c \frac{\gamma(\xi)\mathrm{d}\xi}{2\pi(\xi - x)} = V_\infty\left(\frac{\mathrm{d}y_f}{\mathrm{d}x} - \alpha\right) \tag{7.2-25}$$

此即关于涡强 $\gamma(\xi)$ 的积分方程。

3. 确定涡强 $\gamma(\xi)$ 分布的三角级数求解

积分方程(7.2-25)可采用三角级数求解。首先做变量替换：

$$\xi = \frac{c}{2}(1 - \cos\theta) \tag{7.2-26}$$

相应地，$x$ 变换为

$$x = \frac{c}{2}(1 - \cos\Theta) \tag{7.2-27}$$

于是 $\gamma(\xi)$ 的方程转换为 $\gamma(\theta)$ 的方程：

$$-\int_0^\pi \frac{\gamma(\theta)\sin\theta\mathrm{d}\theta}{2\pi(\cos\theta - \cos\Theta)} = V_\infty\left(\frac{\mathrm{d}y_f}{\mathrm{d}x} - \alpha\right) \tag{7.2-28}$$

设 $\gamma(\theta)$ 可表示成一傅氏级数：

$$\gamma(\theta) = 2V_\infty\left(A_0\cot\frac{\theta}{2} + \sum_{n=1}^{\infty} A_n \sin n\theta\right) \tag{7.2-29}$$

级数的第一项 $\cot(\theta/2)$ 是为了表达前缘（$\theta=0$）处无限大的负压（对应于绕尖锐前缘的流速为无限大）所必需的。另外级数要保证在后缘处（$\theta=\pi$），$\gamma(\pi)=0$，这是库塔-儒科夫斯基后缘条件所要求的。

将 $\gamma(\theta)$ 级数表达式代入式(7.2-28)左端，亦即诱导速度[见式(7.2-24)]，得

$$v'(\Theta)=\frac{V_\infty}{\pi}\int_0^\pi\left\{\frac{A_0(1+\cos\theta)}{\cos\Theta-\cos\theta}+\frac{\frac{1}{2}\sum_{n=1}^{\infty}A_n\left[\cos(n-1)\theta-\cos(n+1)\theta\right]}{\cos\Theta-\cos\theta}\right\}\mathrm{d}\theta \tag{7.2-30}$$

应用定积分关系式：

$$\int_0^\pi\frac{\cos n\theta}{\cos\theta-\cos\Theta}\mathrm{d}\theta=\pi\frac{\sin n\Theta}{\sin\Theta}$$

则式(7.2-30)成为

$$v'(\Theta)=V_\infty\left[-A_0+\frac{1}{2}\sum_{n=1}^{\infty}A_n\frac{\sin(n+1)\Theta-\sin(n-1)\Theta}{\sin\Theta}\right]=V_\infty\left(-A_0+\sum_{n=1}^{\infty}A_n\cos n\Theta\right)$$

将上式代入翼面边界条件式(7.2-22)，得

$$\alpha-A_0+\sum_{n=1}^{\infty}A_n\cos n\Theta=\frac{\mathrm{d}y_f}{\mathrm{d}x} \tag{7.2-31}$$

式中，$\mathrm{d}y_f/\mathrm{d}x$ 是已知的。

在式(7.2-31)两边同乘以 $\cos n\Theta$ 后对变量 $\Theta$ 从 $0\sim\pi$ 积分，即可确定 $\gamma(\theta)$ 级数的各项系数 $A_n$，$n=0,1,2\cdots$，为

$$A_0=\alpha-\frac{1}{\pi}\int_0^\pi\frac{\mathrm{d}y_f}{\mathrm{d}x}\mathrm{d}\Theta \tag{7.2-32}$$

$$A_n=\frac{2}{\pi}\int_0^\pi\frac{\mathrm{d}y_f}{\mathrm{d}x}\cos n\Theta\mathrm{d}\Theta \tag{7.2-33}$$

这样就确定了给定翼型的涡强分布 $\gamma(\theta)$，即 $\gamma(\xi)$。

### 7.2.3　薄翼型的升力和力矩

给定一个薄翼的中弧线方程：

$$y_f=y_f(x)$$

由式(7.2-29)、式(7.2-32)和式(7.2-33)即可求得涡强分布 $\gamma(\theta)$，并进一步计算翼型的升力和力矩特性。

1. 根据环量求升力

绕翼型的总环量为

$$\Gamma = \int_0^c \gamma(\xi)\,\mathrm{d}\xi = \pi V_\infty c\left(A_0 + \frac{1}{2}A_1\right) \tag{7.2-34}$$

于是翼型的升力 $L$ 为

$$L = \rho V_\infty \Gamma = \pi\rho V_\infty^2 c\left(A_0 + \frac{1}{2}A_1\right) \tag{7.2-35}$$

翼型的升力系数 $C_L$ 为

$$C_L = \frac{L}{\frac{1}{2}\rho V_\infty^2 c} = 2\pi\left(A_0 + \frac{1}{2}A_1\right) \tag{7.2-36}$$

将式(7.2-32)代入式(7.2-36)后得

$$C_L = 2\pi\left[\alpha + \frac{1}{\pi}\int_0^\pi \frac{\mathrm{d}y_f}{\mathrm{d}x}(\cos\Theta - 1)\,\mathrm{d}\Theta\right] \tag{7.2-37}$$

可见翼型升力线的斜率为

$$\frac{\mathrm{d}C_L}{\mathrm{d}\alpha} = 2\pi \tag{7.2-38}$$

式(7.2-38)说明，薄翼的升力线斜率与翼型的形状无关。

通常将翼型的升力系数写成如下形式：

$$C_L = \frac{\mathrm{d}C_L}{\mathrm{d}\alpha}(\alpha - \alpha_0) = 2\pi(\alpha - \alpha_0) \tag{7.2-39}$$

式中，$\alpha_0$ 称为翼型的零升迎角，由翼型的中弧线形状决定：

$$\alpha_0 = -\frac{1}{\pi}\int_0^\pi \frac{\mathrm{d}y_f}{\mathrm{d}x}(\cos\Theta - 1)\,\mathrm{d}\Theta \tag{7.2-40}$$

可见对称翼型的 $\alpha_0 = 0$，对正弯度翼型，$\alpha_0 < 0$。

2. 根据涡强分布求力矩

翼型的每一个微元段 $\mathrm{d}\xi$ 段上的环量为 $\gamma(\xi)\mathrm{d}\xi$，它产生微元升力为 $\rho V_\infty \gamma(\xi)\mathrm{d}\xi$。将所有的微元力对翼型前缘取矩并积分，得到对前缘的俯仰力矩(抬头为正)为

$$M_{\mathrm{LE}} = -\int_0^c \xi\rho V_\infty \gamma(\xi)\,\mathrm{d}\xi = -\frac{\pi}{4}\rho V_\infty^2 c^2\left(A_0 + A_1 - \frac{1}{2}A_2\right) \tag{7.2-41}$$

俯仰力矩系数为

$$C_{M,\mathrm{LE}} = \frac{M_{\mathrm{LE}}}{\frac{1}{2}\rho V_\infty^2 c^2} = -\frac{\pi}{2}\left(A_0 + A_1 - \frac{1}{2}A_2\right) \tag{7.2-42}$$

应用升力系数式(7.2-36)，可将仰俯力矩系数进一步整理为

$$C_{M,\mathrm{LE}} = -\frac{\pi}{2}\left[\left(A_0 + \frac{1}{2}A_1\right) + \frac{1}{2}(A_1 - A_2)\right] = -\frac{C_L}{4} + \frac{\pi}{4}(A_2 - A_1)$$

$C_{M,\mathrm{LE}}$ 中 $\pi(A_2-A_1)/4$ 部分是只取决于翼型中弧线形状的常数，不随迎角变化。当升力为零时仍有此力矩，可以称为剩余力矩或零升力矩。零升力矩系数 $C_{M,\,L=0}$ 为

$$C_{M,\,L=0}=\frac{\pi}{4}\left(A_2-A_1\right)=\frac{1}{2}\int_0^{\pi}\frac{\mathrm{d}y_f}{\mathrm{d}x}\left(\cos 2\Theta-\cos\Theta\right)\mathrm{d}\Theta \tag{7.2-43}$$

则对前缘的仰俯力矩系数为

$$C_{M,\mathrm{LE}}=-\frac{C_L}{4}+C_{M,\,L=0} \tag{7.2-44}$$

式(7.2-44)将力矩表示为与迎角(或升力)有关和无关的两部分之和。

一般来说，力矩是迎角(或升力)的函数。但在翼型上有一点，以它为参考点的仰俯力矩与迎角 $\alpha$ 无关，该点定义为翼型的气动中心或焦点。根据式(7.2-44)，对翼型的1/4弦长点取矩，得到力矩系数 $C_{M,c/4}$ 为

$$C_{M,c/4}=C_{M,\mathrm{LE}}+\frac{C_L}{4}=C_{M,L=0} \tag{7.2-45}$$

可见对1/4弦长点的力矩就是零升力矩，与迎角无关。也就是说，薄翼理论结果表明翼型的气动中心就在 1/4 弦长点。

### 7.2.4　实用低速翼型的气动力特性

薄翼理论是忽略了气体黏性，并在翼型很薄、弯度和迎角都很小的情况下，将翼型对流场的扰动视为小扰动的一种简化理论。薄翼理论无法给出翼型的阻力特性，关于升力系数、升力线斜率和力矩系数的结果用于实际的低速翼型时需要做一定的修正。下面简单介绍实际的低速翼型的气动力特性。

1. 升力特性

翼型的升力特性通常是指升力系数与迎角的关系曲线，如图 7-11 所示。

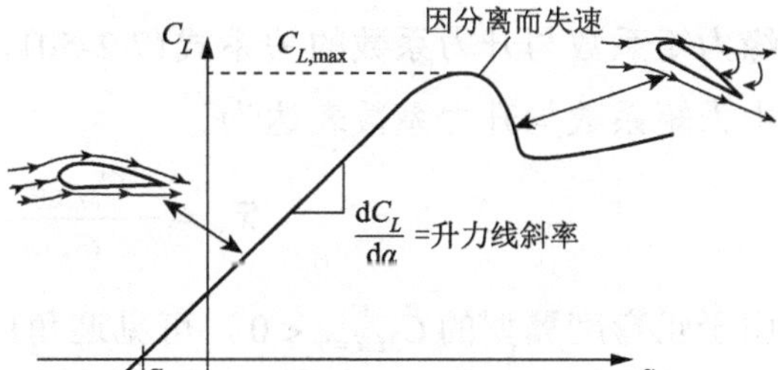

图 7-11　翼型升力系数随迎角变化图

试验和计算结果表明，在小迎角下升力线斜率 $\mathrm{d}C_L/\mathrm{d}\alpha$ 近似为常数，升力系数与迎角呈线性关系：

$$C_L=\frac{\mathrm{d}C_L}{\mathrm{d}\alpha}\left(\alpha-\alpha_0\right) \tag{7.2-46}$$

升力系数达到最大值 $C_{L,\max}$ 后，迎角继续增大反而引起升力系数下降，这一现象称为翼型的失速。$C_{L,\max}$ 对应的迎角称为失速迎角。因此，确定升力特性曲线的三个参数是升力线斜率、零升迎角和最大升力系数(失速迎角)。

升力线斜率与 $Re$ 数关系不大，主要与翼型的形状有关。对薄翼的理论值为2π，厚翼的理论值 > 2π (随厚度和后缘角的增加而增大)。由于未计入黏性的影响，试验值小于理论值。对于平板，有

$$\frac{\mathrm{d}C_L}{\mathrm{d}\alpha}=0.9\times 2\pi \tag{7.2-47}$$

NACA 翼型的升力线斜率与理论值较接近。经常用的一个经验公式为

$$\frac{\mathrm{d}C_L}{\mathrm{d}\alpha}=0.9\times 2\pi\left(1+0.8\overline{t}\right) \tag{7.2-48}$$

零升迎角主要与翼型弯度有关，NACA 四位数字翼型的零升迎角为

$$\alpha_0=-\overline{f}\times 100\quad (^\circ) \tag{7.2-49}$$

最大升力系数主要与边界层分离有关，取决于翼型的几何参数、$Re$ 数、表面光洁度。常用低速翼型的最大升力系数为 1.3~1.7。

2. 翼型的纵向力矩特性、压力中心与气动中心

翼型纵向力矩特性可用力矩系数随迎角或随升力系数变化的曲线表示，例如，$C_{M,\mathrm{LE}}-C_L$ 曲线。在小迎角下 $C_{M,\mathrm{LE}}-C_L$ 曲线的斜率也近似为常数，前缘力矩系数与升力系数呈线性关系：

$$C_{M,\mathrm{LE}}=C_{M,L=0}+\frac{\mathrm{d}C_{M,\mathrm{LE}}}{\mathrm{d}C_L}\cdot C_L \tag{7.2-50}$$

正弯度翼型的 $C_{M,L=0}$ 为一个小的负数，$\mathrm{d}C_{M,\mathrm{LE}}/\mathrm{d}C_L$ 也为负值。薄翼理论结果表明 $C_{M,L=0}$ 仅与翼型的弯度函数有关，$\mathrm{d}C_{M,\mathrm{LE}}/\mathrm{d}C_L=-0.25$。

压力中心是翼型所受空气动力合力的作用点。小迎角下，压力中心也可视为翼型上升力的作用点，前面式(7.1-9)给出了小迎角下压力中心位置 $x_{\mathrm{cp}}$ 的近似计算式。再应用前缘力矩系数与升力系数的关系式(7.2-50)，可将以翼型弦长无量纲化的压力中心位置 $\overline{x}_{\mathrm{cp}}$ 由力矩系数与升力系数表达为

$$\overline{x}_{\mathrm{cp}}=-\frac{C_{M,\mathrm{LE}}}{C_L}=-\frac{C_{M,L=0}}{C_L}-\frac{\mathrm{d}C_{M,\mathrm{LE}}}{\mathrm{d}C_L} \tag{7.2-51}$$

由于正弯度翼型的 $C_{M,L=0}<0$，可见迎角或升力越小，压力中心位置越靠后。

翼型的气动中心定义为以它为参考点的仰俯力矩与迎角 $\alpha$ 无关的点，也称为焦点。将以弦长无量纲化的气动中心的位置记为 $\overline{x}_{\mathrm{ac}}$，则对气动中心的力矩系数 $C_{M,\mathrm{ac}}$ 与前缘力矩系数 $C_{M,\mathrm{LE}}$ 的关系为

$$C_{M,\mathrm{ac}}=C_{M,\mathrm{LE}}+\overline{x}_{\mathrm{ac}}\cdot C_L$$

又由式(7.2-50)，进一步得

$$C_{M,\mathrm{ac}}=C_{M,L=0}+\left(\overline{x}_{\mathrm{ac}}+\frac{\mathrm{d}C_{M,\mathrm{LE}}}{\mathrm{d}C_L}\right)\cdot C_L$$

由于 $C_{M,\mathrm{ac}}$ 与迎角无关，所以也与升力系数无关，应恒等于零升力矩系数 $C_{M,L=0}$，即

$$C_{M,\mathrm{ac}}=C_{M,L=0} \tag{7.2-52}$$

从而得到无量纲的气动中心位置为

$$\bar{x}_{ac} = -\frac{dC_{M,LE}}{dC_L} \tag{7.2-53}$$

根据对气动中心的力矩与迎角和升力无关，可知气动中心是升力增量(因 $\alpha$ 改变引起的升力的变化量)的作用点。对比式(7.2-51)和式(7.2-53)知，正弯度翼型的压力中心位于气动中心之后。

### 3. 翼型的阻力特性与极曲线

翼型阻力包括摩擦阻力和压差阻力，二者均起因于空气的黏性。摩擦阻力直接来源于作用在翼面上的摩擦切应力，压差阻力则是承受逆压梯度的边界层引起了流动分离从而改变翼面压强分布造成的。

低速翼型的摩擦阻力几乎不随迎角和升力变化，失速前的压差阻力系数近似与升力系数的平方成正比。因此阻力系数可表示为

$$C_D = C_{D,0} + kC_L^2 \tag{7.2-54}$$

式中，$C_{D,0}$ 称为零升阻力系数，也是摩擦阻力系数。$kC_L^2$ 则是压差阻力系数。

翼型的阻力特性可用 $C_D$-$\alpha$ 曲线表示，但在飞机设计上常用 $C_L$-$C_D$ 曲线来表示翼型的升阻特性，称为极曲线。如图 7-12 所示。另外，翼型的升阻比定义为

$$K = \frac{C_L}{C_D} \tag{7.2-55}$$

它表征了翼型的气动效率，是一个重要的气动特性参数。性能好的翼型，最大升阻比可达到 50 以上。

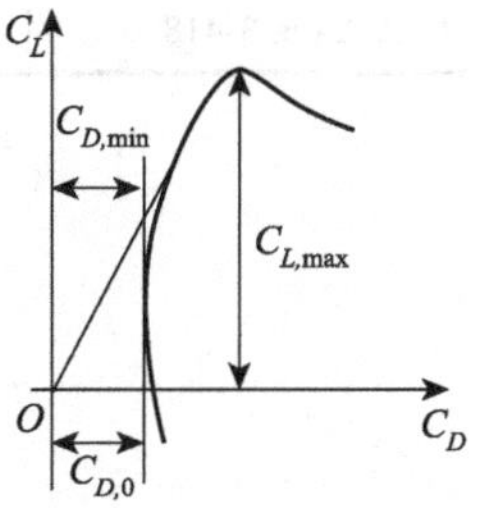

图 7-12　翼型的极曲线

### 4. 若干 NACA 翼型的气动特性数据与曲线

常用低速翼型的气动特性数据和曲线可查阅相关翼型的气动特性手册得到。表 7-1 给出了一些 NACA 翼型的气动特性数据。

常用的翼型的气动特性曲线有以迎角 $\alpha$ 为自变量的 $C_L$、$C_D$ 和 $C_M$ 曲线，还有以 $C_L$ 为自变量的 $C_D$ 和 $C_M$ 曲线，其中 $C_D$ 对 $C_L$ 的曲线也称为极曲线，例如，图 7-13 和图 7-14 分别给出了 NACA 23012 翼型和 NACA 63,1−212 翼型在雷诺数 $Re=6\times10^6$ 时的气动特性曲线。从图中可以读出翼型的升力线斜率 $dC_L/d\alpha$、零升迎角 $\alpha_0$、最大升力系数 $C_{L,\max}$、零升阻力系数 $C_{D,0}$、对 1/4 弦长点力矩系数 $C_{M,c/4}$ 和对气动中心力矩系数 $C_{M,ac}$ 等数据。小迎角时翼型的升力和力矩特性受黏性影响很小，因而与雷诺数 $Re$ 和翼面光洁度关系不大。但翼型的阻力系数、最大升力系数 $C_{L,\max}$ (对应于翼型失速迎角)与雷诺数 $Re$ 和翼面光洁度都密切相关，这是因为阻力起因于黏性，失速的出现是因为大迎角下翼型上表面气流发生明显分离，而分离也是和黏性密切相关的现象。对 1/4 弦长点力矩系数 $C_{M,c/4}$ 随 $\alpha$ 的变化曲线在失速迎角以下基本上是直线，对实际的气动中心力矩系数 $C_{M,ac}$ 随 $C_L$ 的变化曲线则是一条平线。

**表 7-1　NACA 翼型的某些气动特性数据**

| 翼型名称 | $\frac{dC_L/d\alpha}{2\pi}$ | $\alpha_0/(°)$ | $\bar{x}_{ac}$ | $C_{M,ac}$ |
|---|---|---|---|---|
| NACA 0009 | 0.995 | 0 | 0.250 | 0 |
| NACA 2412 | 0.985 | −1.90 | 0.243 | −0.050 |
| NACA 2415 | 0.970 | −1.90 | 0.246 | −0.050 |
| NACA 2418 | 0.935 | −1.85 | 0.242 | −0.050 |
| NACA 2422 | 0.925 | −1.85 | 0.239 | −0.045 |
| NACA 2424 | 0.895 | −1.80 | 0.228 | −0.040 |
| NACA 4412 | 0.985 | −3.90 | 0.246 | −0.095 |
| NACA 23012 | 0.985 | −1.20 | 0.241 | −0.015 |
| NACA 64, 3-418 | 1.060 | −2.90 | 0.271 | −0.070 |
| NACA 65, 3-418 | 1.030 | −2.50 | 0.266 | −0.060 |
| NACA 66, 3-418 | 1.000 | −2.50 | 0.264 | −0.065 |

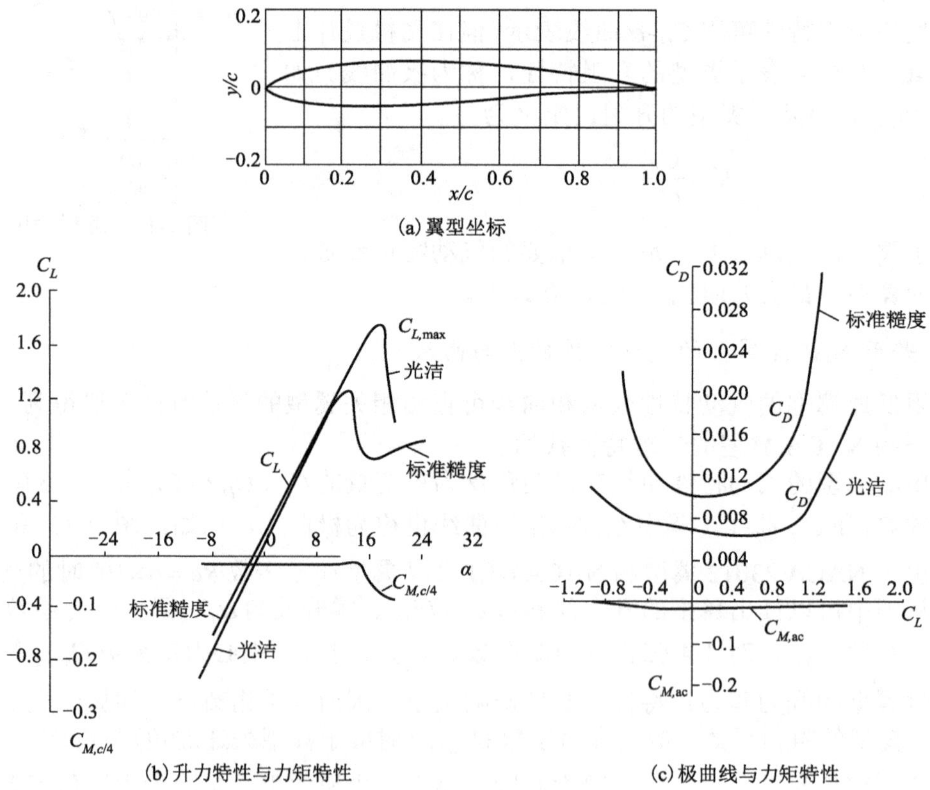


图 7-13　NACA 23012 翼型的气动特性曲线（$Re=6\times10^{6}$）

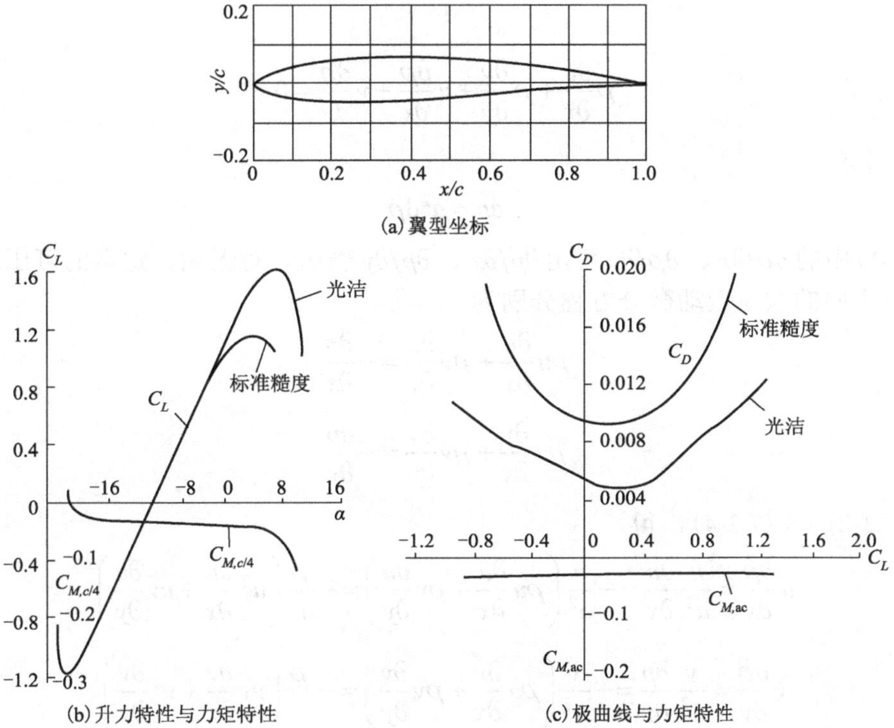


图 7-14　NACA 63,1-212 翼型的气动特性曲线（$Re=6\times10^6$）

# 7.3　无黏定常等熵可压缩流动的速度势方程

无旋流动存在速度势，对于不可压无旋流动，速度势函数满足拉普拉斯方程。求解一个具体的无旋流动问题，在数学上可以归结为在满足给定边界条件下求解拉普拉斯方程。

根据克罗柯定理(详见童秉纲等编著的《气体动力学》)可知，无黏、定常和等熵的可压缩流动是无旋的，因此也可以定义一个速度势函数，但它满足的方程就不再是拉普拉斯方程，而是一个复杂得多的二阶偏微分方程。本节针对二维流动，首先导出无黏、定常和等熵的可压缩流动的全速度势方程，然后在飞行器或其部件对流场扰动很小的情况下，进一步导出线化的扰动速度势方程及对应的近似线化边界条件，并在扰动速度为小量的情况下，得到线化的压强系数。这些内容将是后面求解得到亚声速和超声速翼型气动力系数的基础。

## 7.3.1　全速度势方程

二维定常流动的连续方程为

$$\frac{\partial(\rho u)}{\partial x}+\frac{\partial(\rho v)}{\partial y}=0$$

或

$$\rho\frac{\partial u}{\partial x}+\rho\frac{\partial v}{\partial y}+u\frac{\partial \rho}{\partial x}+v\frac{\partial \rho}{\partial y}=0 \tag{7.3-1}$$

等熵过程中有

$$\mathrm{d}p=a^2\mathrm{d}\rho \tag{7.3-2}$$

则式(7.3-1)中的$\partial\rho/\partial x$、$\partial\rho/\partial y$可由$\partial p/\partial x$、$\partial p/\partial y$表达。对无黏、定常的可压缩流动，$x$、$y$两个方向的欧拉运动微分方程分别为

$$\rho u\frac{\partial u}{\partial x}+\rho v\frac{\partial u}{\partial y}=-\frac{\partial p}{\partial x} \tag{7.3-3}$$

$$\rho u\frac{\partial v}{\partial x}+\rho v\frac{\partial v}{\partial y}=-\frac{\partial p}{\partial y} \tag{7.3-4}$$

利用式(7.3-2)~式(7.3-4)，得

$$u\frac{\partial \rho}{\partial x}=\frac{u}{a^2}\frac{\partial p}{\partial x}=-\frac{u}{a^2}\left(\rho u\frac{\partial u}{\partial x}+\rho v\frac{\partial u}{\partial y}\right)=-\frac{\rho}{a^2}\left(u^2\frac{\partial u}{\partial x}+uv\frac{\partial u}{\partial y}\right)$$

$$v\frac{\partial \rho}{\partial y}=\frac{v}{a^2}\frac{\partial p}{\partial y}=-\frac{v}{a^2}\left(\rho u\frac{\partial v}{\partial x}+\rho v\frac{\partial v}{\partial y}\right)=-\frac{\rho}{a^2}\left(uv\frac{\partial v}{\partial x}+v^2\frac{\partial v}{\partial y}\right)$$

则连续方程(7.3-1)可改写为

$$\rho\frac{\partial u}{\partial x}+\rho\frac{\partial v}{\partial y}-\frac{\rho}{a^2}\left(u^2\frac{\partial u}{\partial x}+uv\frac{\partial u}{\partial y}\right)-\frac{\rho}{a^2}\left(uv\frac{\partial v}{\partial x}+v^2\frac{\partial v}{\partial y}\right)=0 \tag{7.3-5}$$

流动无旋时存在速度势函数$\phi$，$\phi$与速度分量及其偏导数间满足如下关系：

$$u=\frac{\partial \phi}{\partial x},\quad v=\frac{\partial \phi}{\partial y},\quad \frac{\partial u}{\partial x}=\frac{\partial^2 \phi}{\partial x^2},\quad \frac{\partial v}{\partial y}=\frac{\partial^2 \phi}{\partial y^2},\quad \frac{\partial v}{\partial x}=\frac{\partial u}{\partial y}=\frac{\partial^2 \phi}{\partial x\partial y} \tag{7.3-6}$$

将式(7.3-6)代入式(7.3-5)，整理后得

$$\left[1-\frac{1}{a^2}\left(\frac{\partial \phi}{\partial x}\right)^2\right]\frac{\partial^2 \phi}{\partial x^2}+\left[1-\frac{1}{a^2}\left(\frac{\partial \phi}{\partial y}\right)^2\right]\frac{\partial^2 \phi}{\partial y^2}-\frac{2}{a^2}\frac{\partial \phi}{\partial x}\frac{\partial \phi}{\partial y}\frac{\partial^2 \phi}{\partial x\partial y}=0 \tag{7.3-7}$$

此即无黏、定常、等熵可压缩流动的速度势方程。

### 7.3.2 线化的扰动速度势方程

飞行器或其部件的空气动力学问题大都是直匀流受到物体的扰动问题。在物体很薄、迎角不大时，物体对流场的扰动，除个别小区域外，总体来说是不大的。

如果采用气流坐标系，即$x$轴与来流方向一致，这样来流只在$x$方向有分量$V_\infty$，$y$方向无分量。物体的存在，使流场上每一点的流速都相对于来流有了扰动速度$u'$、$v'$，这时流场上各点的速度分量分别为

$$u=V_\infty+u',\quad v=v' \tag{7.3-8}$$

所谓小扰动，是指扰动速度相对于来流的 $V_\infty$ 来说很微小：

$$\frac{u'}{V_\infty} \ll 1, \quad \frac{v'}{V_\infty} \ll 1$$

在这个前提下，可以引入扰动速度势 $\varphi$，扰动速度势 $\varphi$ 的方程比全速度势 $\phi$ 的方程可以大大简化。

定义扰动速度势：

$$\frac{\partial \varphi}{\partial x} = u', \quad \frac{\partial \varphi}{\partial y} = v' \tag{7.3-9}$$

则

$$\phi = V_\infty x + \varphi$$

$$u = V_\infty + \frac{\partial \varphi}{\partial x}, \quad v = v' = \frac{\partial \varphi}{\partial y}$$

且

$$\frac{\partial \phi}{\partial x} = V_\infty + \frac{\partial \varphi}{\partial x}, \quad \frac{\partial^2 \phi}{\partial x^2} = \frac{\partial^2 \varphi}{\partial x^2}, \quad \frac{\partial^2 \phi}{\partial x \partial y} = \frac{\partial^2 \varphi}{\partial x \partial y}, \quad \frac{\partial \phi}{\partial y} = \frac{\partial \varphi}{\partial y}, \quad \frac{\partial^2 \phi}{\partial y^2} = \frac{\partial^2 \varphi}{\partial y^2}$$

将上述关系代入全速度势方程(7.3-7)，且等式两边同乘以 $a^2$ 后，得

$$\left[a^2 - \left(V_\infty + \frac{\partial \varphi}{\partial x}\right)^2\right]\frac{\partial^2 \varphi}{\partial x^2} + \left[a^2 - \left(\frac{\partial \varphi}{\partial y}\right)^2\right]\frac{\partial^2 \varphi}{\partial y^2} - 2\left(V_\infty + \frac{\partial \varphi}{\partial x}\right)\frac{\partial \varphi}{\partial y}\frac{\partial^2 \varphi}{\partial x \partial y} = 0 \tag{7.3-10}$$

或

$$\left[a^2 - (V_\infty + u')^2\right]\frac{\partial^2 \varphi}{\partial x^2} + \left(a^2 - v'^2\right)\frac{\partial^2 \varphi}{\partial y^2} - 2(V_\infty + u')v'\frac{\partial^2 \varphi}{\partial x \partial y} = 0 \tag{7.3-11}$$

另外可根据能量方程建立扰动速度与声速的关系：

$$\frac{a_\infty^2}{\gamma - 1} + \frac{V_\infty^2}{2} = \frac{a^2}{\gamma - 1} + \frac{(V_\infty + u')^2 + v'^2}{2} \tag{7.3-12}$$

则

$$a^2 = a_\infty^2 - (\gamma - 1)V_\infty u' - \frac{\gamma - 1}{2}\left(u'^2 + v'^2\right)$$

式(7.3-11)中的声速 $a^2$ 用上式表达，并进一步整理为

$$\begin{aligned}\left(a_\infty^2 - V_\infty^2\right)\frac{\partial^2 \varphi}{\partial x^2} + a_\infty^2\frac{\partial^2 \varphi}{\partial y^2} = {} & 2\left(V_\infty v' + u'v'\right)\frac{\partial^2 \varphi}{\partial x \partial y} \\ & + \left[(\gamma + 1)V_\infty u' + \frac{\gamma + 1}{2}u'^2 + \frac{\gamma - 1}{2}v'^2\right]\frac{\partial^2 \varphi}{\partial x^2} \\ & + \left[(\gamma - 1)V_\infty u' + \frac{\gamma - 1}{2}u'^2 + \frac{\gamma + 1}{2}v'^2\right]\frac{\partial^2 \varphi}{\partial y^2}\end{aligned} \tag{7.3-13}$$

式(7.3-13)是关于扰动速度势$\varphi$的方程，方程左端关于$\varphi$是线性的。右端的系数中有扰动速度，它们又分别是$\varphi$的偏导数，所以说右端是非线性项。式(7.3-13)和全速度势方程(7.3-7)是等价的，因为由式(7.3-7)导出式(7.3-13)的过程中并未引入任何近似。

下面进一步考察在小扰动、非跨声速、非高超声速的条件下的扰动速度势方程。

(1)假设自由流速度和声速不是太接近，即$a_\infty^2 - V_\infty^2$不是小量。

(2)流动不是高超声速，$a_\infty^2 - V_\infty^2 \sim a_\infty^2$。

(3)扰动速度的导数也是小量，且同量级，即$\dfrac{\partial^2\varphi}{\partial x^2} \sim \dfrac{\partial^2\varphi}{\partial y^2} \sim \dfrac{\partial^2\varphi}{\partial x\partial y}$，则有

$$u'^2 \sim v'^2 \ll V_\infty u' \ll a_\infty^2 - V_\infty^2$$

$$\frac{u'}{V_\infty} \ll 1,\quad \frac{v'}{V_\infty} \ll 1,\quad \frac{u'}{a_\infty} \ll 1,\quad \frac{v'}{a_\infty} \ll 1$$

可见在上述条件下，式(7.3-13)左端的线性项属于一阶小量，而右端的非线性项都可以作为二阶或二阶以上的小量略去，从而得

$$\left(a_\infty^2 - V_\infty^2\right)\frac{\partial^2\varphi}{\partial x^2} + a_\infty^2\frac{\partial^2\varphi}{\partial y^2} = 0$$

两端同除以$a_\infty^2$后为

$$\left(1 - Ma_\infty^2\right)\frac{\partial^2\varphi}{\partial x^2} + \frac{\partial^2\varphi}{\partial y^2} = 0 \tag{7.3-14}$$

这就是在小扰动、非跨声速、非高超声速条件下的扰动速度势方程。它比一般情况下的扰动速度势方程有很大简化，是一个线性的二阶偏微分方程。

### 7.3.3 线化的边界条件

对某个特定问题，方程(7.3-14)的求解应在特定的边界条件下进行。通常边界条件包括物面和远场两类。在物面上，无黏流的边界条件是流动应与物面相切；在远场，速度为自由来流速度，则扰动速度为零。

设气流坐标系下物体表面的方程为

$$\text{上翼面：}\ y_u = h_u(x),\quad \text{下翼面：}\ y_l = h_l(x) \tag{7.3-15}$$

记自由来流与上下物面切线方向的夹角分别为$\theta_u$、$\theta_l$，则

$$\tan\theta_u = \frac{\mathrm{d}h_u}{\mathrm{d}x},\quad \tan\theta_l = \frac{\mathrm{d}h_l}{\mathrm{d}x}$$

流动与物面相切，也就是物面切线方向为流速方向：

$$\frac{v_u'}{V_\infty + u_u'} = \frac{\mathrm{d}h_u}{\mathrm{d}x} = \tan\theta_u,\quad \frac{v_l'}{V_\infty + u_l'} = \frac{\mathrm{d}h_l}{\mathrm{d}x} = \tan\theta_l$$

在小扰动$\left(u'/V_\infty \ll 1\right)$的条件下，上式略去高阶小量后成为

$$v_u' = V_\infty\frac{\mathrm{d}h_u}{\mathrm{d}x} = V_\infty\tan\theta_u,\quad v_l' = V_\infty\frac{\mathrm{d}h_l}{\mathrm{d}x} = V_\infty\tan\theta_l \tag{7.3-16}$$

于是物面边界条件可写为

$$\left.\frac{\partial\varphi}{\partial y}\right|_{y=y_u}=V_\infty\frac{\mathrm{d}h_u}{\mathrm{d}x}=V_\infty\tan\theta_u\,,\quad \left.\frac{\partial\varphi}{\partial y}\right|_{y=y_l}=V_\infty\frac{\mathrm{d}h_l}{\mathrm{d}x}=V_\infty\tan\theta_l \tag{7.3-17}$$

可见该边界条件是线性的，扰动速度与物面相对于气流的倾角斜率成比例。进一步，由于物体很薄，上下翼面的坐标也都是小量，则物面边界条件还可继续简化为

$$\left.\frac{\partial\varphi}{\partial y}\right|_{y=\pm0}=V_\infty\frac{\mathrm{d}h_{u,\,l}}{\mathrm{d}x}=V_\infty\tan\theta_{u,\,l} \tag{7.3-18}$$

远场边界条件为

$$u'_\infty=0\,,\quad v'_\infty=0\quad 或\quad \varphi_\infty=\text{const} \tag{7.3-19}$$

由于速度势的具体数值不影响速度场，故可将式(7.3-19)中的常数取为零。

方程和边界条件都是线性的情况下，方程的解就是可以叠加的了。与低速薄翼绕流类似，可压缩薄翼绕流的扰动速度势也可以分解为无厚度弯板、有厚度对称翼型和有迎角的平板三个流动的扰动速度势的叠加。

### 7.3.4　线化的压强系数

对可压缩流动，压强系数可表示为

$$C_p=\frac{p-p_\infty}{\frac{1}{2}\rho_\infty V_\infty^2}=\frac{p_\infty}{\frac{1}{2}\rho_\infty V_\infty^2}\left(\frac{p}{p_\infty}-1\right)=\frac{2}{\gamma Ma_\infty^2}\left(\frac{p}{p_\infty}-1\right) \tag{7.3-20}$$

等熵条件下有

$$\frac{p}{p_\infty}=\left(\frac{T}{T_\infty}\right)^{\frac{\gamma}{\gamma-1}} \tag{7.3-21}$$

当地温度和当地速度(进一步和扰动速度)的关系又可以由能量方程联系起来。由

$$\frac{a_\infty^2}{\gamma-1}+\frac{V_\infty^2}{2}=\frac{a^2}{\gamma-1}+\frac{V^2}{2}$$

得

$$\frac{T}{T_\infty}=\frac{a^2}{a_\infty^2}=1+\frac{\gamma-1}{2a_\infty^2}\left(V_\infty^2-V^2\right)=1+\frac{\gamma-1}{2}Ma_\infty^2\left(1-\frac{V^2}{V_\infty^2}\right) \tag{7.3-22}$$

将式(7.3-21)、式(7.3-22)代入式(7.3-20)，得

$$C_p=\frac{2}{\gamma Ma_\infty^2}\left\{\left[1+\frac{\gamma-1}{2}Ma_\infty^2\left(1-\frac{V^2}{V_\infty^2}\right)\right]^{\frac{\gamma}{\gamma-1}}-1\right\} \tag{7.3-23}$$

小扰动条件下，$(1-V^2/V_\infty^2)$ 为小量。利用二项式公式将式(7.3-23)中的中括号项展开，略

去$\left(1-V^2/V_\infty^2\right)$的高阶小量后得

$$C_p=\frac{2}{\gamma Ma_\infty^2}\left\{\frac{\gamma}{\gamma-1}\frac{\gamma-1}{2}Ma_\infty^2\left(1-\frac{V^2}{V_\infty^2}\right)\right\}=1-\frac{V^2}{V_\infty^2} \tag{7.3-24}$$

式中，$V^2=\left(V_\infty+u'\right)^2+v'^2$，则

$$C_p=-\frac{2u'}{V_\infty}-\frac{u'^2+v'^2}{V_\infty^2} \tag{7.3-25}$$

若进一步略去二阶小量，则有

$$C_p=-\frac{2u'}{V_\infty} \tag{7.3-26}$$

可见小扰动假设下，略去二阶及以上小量后，压强系数也与无量纲的 $x$ 向扰动速度成比例，这一特点与不可压流相同［式(7.2-14)］。同样，翼面压强系数也可近似分解为弯度、厚度、迎角三部分贡献的线性和。

## 7.4　亚声速线化流动的相似法则

对亚声速流动，引入

$$\beta=\sqrt{1-Ma_\infty^2} \tag{7.4-1}$$

可将线化的小扰动速度势方程(7.3-14)改写为

$$\beta^2\frac{\partial^2\varphi}{\partial x^2}+\frac{\partial^2\varphi}{\partial y^2}=0 \tag{7.4-2}$$

可见亚声速流动的线化扰动速度势方程是椭圆型方程。方程的数学性质和不可压流扰动速度势的方程[式(7.2-3)，拉普拉斯方程]相同，形式上也很相像，只是第一项的系数是小于 1 的数。人们自然会想到两类流动有某种相似性，确实如此。式(7.4-2)可以通过简单的仿射变换，在形式上化为不可压流的扰动速度势方程。这样就有可能应用定常不可压流动的已知结果，直接推出定常亚声速流动的所需结果。这需要建立两个流动之间的相似准则。

### 7.4.1　戈泰特法则

亚声速线化流动的控制方程为小扰动速势方程(7.4-2)，边界条件为式(7.3-17)~式(7.3-19)。为将亚声速线化流动变换为不可压无旋流动，需要同时完成方程和边界条件的变换。

1. 方程和边界条件的变换

引入坐标变换：

$$\xi=x,\quad \eta=\beta y \tag{7.4-3}$$

式中，$(\xi,\eta)$表示相应的不可压流场中的空间坐标。记$(\xi,\eta)$平面的不可压流场的扰动速度势为$\varphi_1$（下标“1”代表不可压），令

$$\varphi_1 = k\varphi \tag{7.4-4}$$

式中，$k$为待定常数。将式(7.4-3)、式(7.4-4)代入式(7.4-2)，即得

$$\frac{\partial^2\varphi_1}{\partial\xi^2}+\frac{\partial^2\varphi_1}{\partial\eta^2}=0 \tag{7.4-5}$$

可见$k$取任何常数均可实现将亚声速流小扰动速度势方程变换成不可压流扰动速度势方程形式的目的。

下面讨论边界条件的变换以及如何选择$k$以使两流动中的边界条件均得到满足。亚声速流动的扰动速度与变换后的不可压流动的扰动速度间的关系为

$$u'=\frac{\partial\varphi}{\partial x}=\frac{1}{k}\frac{\partial\varphi_1}{\partial\xi}=\frac{1}{k}u_1',\quad v'=\frac{\partial\varphi}{\partial y}=\frac{\beta}{k}\frac{\partial\varphi_1}{\partial\eta}=\frac{\beta}{k}v_1' \tag{7.4-6}$$

亚声速和不可压流动的远场边界条件均是要求远场扰动速度为零。由式(7.4-6)可知远场条件对$k$的取值没有要求。

再看物面边界条件的变换。$(x,y)$平面亚声速流场的物面方程形式已在式(7.3-15)中给出，经过仿射变换后，$(\xi,\eta)$平面不可压流场的物面方程应为

$$\text{上翼面：}\eta_u=\beta y_u=\beta h_u(\xi),\quad \text{下翼面：}\eta_l=\beta y_l=\beta h_l(\xi) \tag{7.4-7}$$

再令两仿射流场的自由流速度相等，即

$$V_{\infty,1}=V_\infty \tag{7.4-8}$$

则不可压流场的物面边界条件要求：

$$v_1'\big|_{\eta=\eta_u}=\left(\frac{\partial\varphi_1}{\partial\eta}\right)_{\eta=\eta_u}=V_\infty\frac{\mathrm{d}\eta_u}{\mathrm{d}\xi}=V_\infty\beta\frac{\mathrm{d}h_u}{\mathrm{d}x} \tag{7.4-9}$$

亚声速流场的物面边界条件为式(7.3-17)，在上翼面为

$$v'\big|_{y=y_u}=\left(\frac{\partial\varphi}{\partial y}\right)_{y=y_u}=V_\infty\frac{\mathrm{d}y_u}{\mathrm{d}x}=V_\infty\frac{\mathrm{d}h_u}{\mathrm{d}x} \tag{7.4-10}$$

对比式(7.4-9)、式(7.4-10)可知$v'\big|_{y=y_u}=v_1'\big|_{\eta=\eta_u}/\beta$，而由式(7.4-6)又知$v'=\beta v_1'/k$，所以为满足物面边界条件的仿射变换，必须有

$$k=\beta^2 \tag{7.4-11}$$

综上，亚声速流场和其仿射的不可压流场的变换关系为

空间坐标：　$\xi=x,\quad \eta=\beta y$

物面方程：　亚声速流场　$y_u=h_u(x),\quad y_l=h_l(x)$

　　　　　　不可压流场　$\eta_u=\beta h_u(\xi),\quad \eta_l=\beta h_l(\xi)$

扰动速度势：$$\varphi_1(\xi,\eta)=\beta^2\varphi(x,y) \tag{7.4-12}$$

扰动速度：$$u'=\frac{\partial\varphi}{\partial x}=\frac{1}{\beta^2}\frac{\partial\varphi_1}{\partial\xi}=\frac{1}{\beta^2}u_1',\quad v'=\frac{\partial\varphi}{\partial y}=\frac{1}{\beta}\frac{\partial\varphi_1}{\partial\eta}=\frac{1}{\beta}v_1' \tag{7.4-13}$$

2. 压强系数的变换

将亚声速流场和其仿射相似的不可压流场的扰动速度关系式(7.4-13)分别代入亚声速和不可压流动的线化压强系数公式(7.3-26)和式(7.2-14)，令$V_{\infty,1}=V_\infty$，得到两流场的压强系数间关系为

$$C_p=\frac{C_{p,1}}{\beta^2} \tag{7.4-14}$$

式中，$C_p$和$C_{p,1}$分别表示亚声速和不可压流场相应点的压强系数。

由此，戈泰特法则可叙述如下：亚声速线化流场的参数可由一个仿射变换的不可压无旋流场的相应参数间接求出，两流场的空间关系由式(7.4-3)规定，相应点的流动参数由式(7.4-12)~式(7.4-14)规定。戈泰特法则的适用范围和线化的小扰动速度势方程一致，因为在导出该法则时，没有引入新的限制条件。

3. 戈泰特法则在亚声速薄翼型上的应用

设在亚声速与不可压流场中有符合仿射变换关系式(7.4-3)的两个翼型，其几何参数间的关系为

$$c_1=c,\quad f_1=\beta f,\quad t_1=\beta t,\quad \alpha_1=\beta\alpha \tag{7.4-15}$$

式中，$c$、$f$、$t$、$\alpha$分别表示翼型的弦长、弯度、厚度和迎角。再比较两流场的流线对$x$轴的倾角$\theta$和$\theta_1$的关系。仍设$V_{\infty,1}=V_\infty$，则

$$\theta\approx\tan\theta=\frac{v'}{V_\infty+u'}\approx\frac{v'}{V_\infty}$$

$$\theta_1\approx\tan\theta_1=\frac{v_1'}{V_\infty+u_1'}\approx\frac{v_1'}{V_\infty}=\beta\frac{v}{V_\infty}$$

$$\theta_1\approx\beta\theta \tag{7.4-16}$$

这表明，不可压缩流场流线的倾角也为对应的亚声速流场相应流线倾角的$\beta$倍。可见按戈泰特法则转换后，不可压缩流场的尺寸和翼型一样，都在$y$方向按比例$\beta$缩小，如图7-15所示。

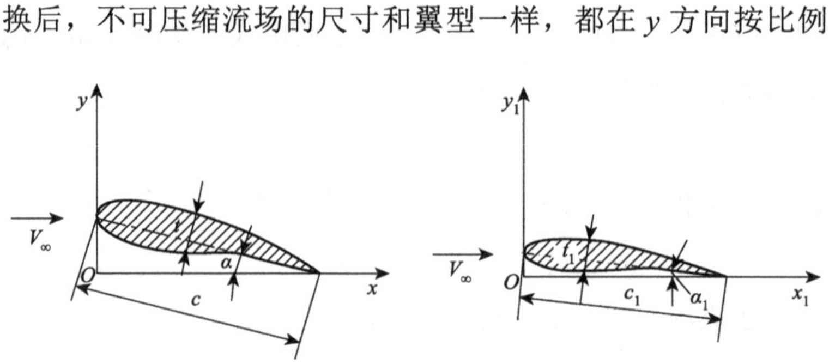


(a) 亚声速流动　(b) 不可压流动

图 7-15　戈泰特法则的翼型流场变换示意图

流场中和翼型表面的压强系数的转换关系由式(7.4-14)确定。气动力系数和俯仰力矩系数的转换关系具有同样的形式。例如，亚声速流动的升力系数为

$$C_L = \frac{1}{c}\int_0^c \left(C_{p,l} - C_{p,u}\right)\mathrm{d}x$$

由于

$$\mathrm{d}x = \mathrm{d}x_1, \quad c = c_1, \quad C_p = \frac{C_{p,1}}{\beta^2}$$

所以

$$C_L = \frac{1}{c_1}\int_0^{c_1}\left[\frac{\left(C_{p,1}\right)_l - \left(C_{p,1}\right)_u}{\beta^2}\right]\mathrm{d}x_1 = \frac{C_{L,1}}{\beta^2} \tag{7.4-17}$$

类似地，俯仰力矩系数也有关系：

$$C_M = \frac{C_{M,1}}{\beta^2} \tag{7.4-18}$$

由此可知，对于按戈泰特法则变换的两个翼型，亚声速翼型的压强系数、升力系数和俯仰力矩系数均比相应的低速翼型大，为低速翼型的$1/\beta^2$倍。但应注意，亚声速流场中翼型的迎角、弯度等也比低速流场情况的大，为低速流场中翼型的$1/\beta$倍，如图 7-15 所示。

应用戈泰特法则时，在不可压流场中要以虚构的翼型代替原来的翼型。如果$Ma_\infty$不同，则虚构的翼型尺寸也各不相同，而且不能给出同一个翼型由于$Ma_\infty$不同而引起的各个量的变化关系。所以戈泰特法则应用起来不方便。普朗特和葛劳渥特对二维翼型提出了另一法则，该法则把可压流场与不可压流场中相同翼型的气动力系数联系起来，应用比较方便。

### 7.4.2　普朗特–葛劳渥特法则

戈泰特法则建立了亚声速流中一翼型与不可压流中迎角、相对弯度、相对厚度均为其$\beta$倍的另一翼型的压强系数间以及气动力系数间的关系。根据不可压流的薄翼理论可知，线化条件下，物面压强系数近似地与相对厚度、相对弯度和迎角成正比。联立这个性质和戈泰特法则，就可导出亚声速流中一翼型与不可压流中同一翼型的压强系数间及气动力系数间的关系。

设翼型的迎角、相对弯度和相对厚度分别为$\alpha$、$\bar{f}$、$\bar{t}$，在亚声速流中的压强系数、升力系数和力矩系数分别记为$C_{p,Ma_\infty}$、$C_{L,Ma_\infty}$、$C_{M,Ma_\infty}$，在不可压流中的则记为$C_{p,0}$、$C_{L,0}$、$C_{M,0}$。根据戈泰特法则，亚声速流中该翼型的压强和气动力系数应为迎角、相对弯度和相对厚度分别为$\beta\alpha$、$\beta\bar{f}$、$\beta\bar{t}$的翼型在不可压流中的压强和气动力系数（记为$C_{p,1}$、$C_{L,1}$、$C_{M,1}$）的$1/\beta^2$倍，即

$$C_{p,Ma_\infty}=\frac{C_{p,1}}{\beta^2},\quad C_{L,Ma_\infty}=\frac{C_{L,1}}{\beta^2},\quad C_{M,Ma_\infty}=\frac{C_{M,1}}{\beta^2} \tag{7.4-19}$$

而根据薄翼理论压强和气动力系数均近似地与相对厚度、相对弯度和迎角成正比，又有

$$C_{p,1}=\beta C_{p,0},\quad C_{L,1}=\beta C_{L,0},\quad C_{M,1}=\beta C_{M,0} \tag{7.4-20}$$

联立式(7.4-19)和式(7.4-20)即得

$$C_{p,Ma_\infty}=\frac{C_{p,0}}{\beta}=\frac{C_{p,0}}{\sqrt{1-Ma_\infty^2}} \tag{7.4-21}$$

$$C_{L,Ma_\infty}=\frac{C_{L,0}}{\sqrt{1-Ma_\infty^2}} \tag{7.4-22}$$

$$C_{M,Ma_\infty}=\frac{C_{M,0}}{\sqrt{1-Ma_\infty^2}} \tag{7.4-23}$$

这就是普朗特-葛劳渥特法则。它说明，如果得到了某翼型不可压绕流的压强系数分布和翼型的气动力系数，那么在相同迎角下，绕相同翼型的亚声速流动的压强系数分布和亚声速条件下翼型的气动力系数就可由式(7.4-21)~式(7.4-23)得到，它们相当于在亚声速条件下对不可压流结果进行的压缩性修正。普朗特-葛劳渥特法则表明二维亚声速薄翼的可压缩修正因子为$1/\beta$。

## 7.5 超声速流二维翼型的线化解

对超声速流动，线化的小扰动速度势方程(二阶线性偏微分方程)是双曲型的，具有波动方程的形式，有达朗贝尔解。可以直接根据其解析解得到超声速薄翼型绕流的压强系数分布和翼型在超声速条件下的气动力系数。

### 7.5.1 物理模型和数学模型的建立

超声速气流流过物体时，如果物体头部钝粗，在物体前面将产生一道脱体激波。由于脱体激波中有一段强度较大的正激波，物体将承受较大的激波阻力。因此，为了减小波阻，超声速翼型前缘最好做成如菱形、四边形和双弧形等尖前缘，见图 7-16。但是超声速飞机还要考虑起飞、着陆的低速阶段，尖头翼型低速绕流在较大迎角时，有可能在头部产生分离，使翼型的气动特性变坏。为了兼顾超声速飞机的低速气动特性，目前低超声速飞机的翼型都为小圆头对称薄翼型。下面以双弧翼型为例，分析翼型超声速绕流的特点，进行必要简化，提出合理的物理模型，并在此基础上建立正确的数学模型，即微分方程和边界条件。

1. 物理模型

设有给定的翼型，置于均匀的超声速气流中，如图 7-17 所示。超声速气流本来是非线性的，在物理上表现为流场各点的声速随其他流动参数而变，各点扰动的传播范围取

决于当地的马赫数，某点的参数是该点前的依赖区内各点参数变化累积的结果。因而在气流膨胀时会出现类似于 P-M 膨胀波那样的非线性加速，而当气流遇到较大的压缩时会出现激波的非线性突跃。

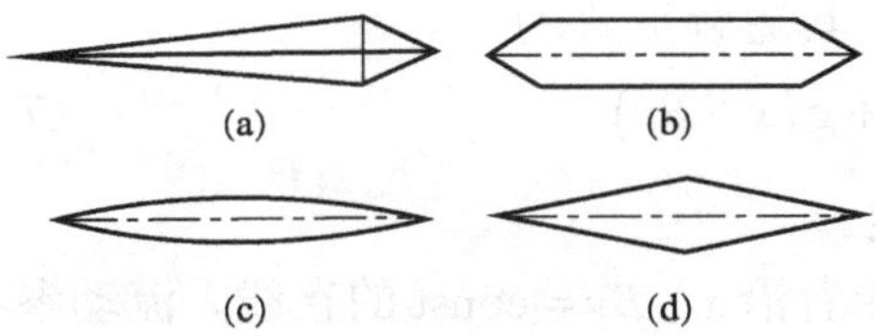


图 7-16　常用的超声速翼型

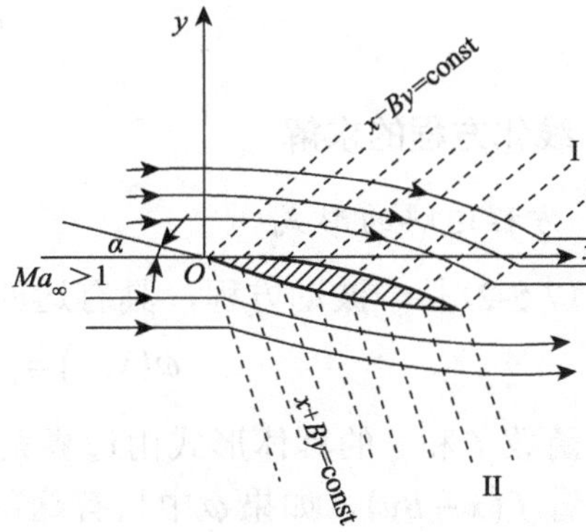


图 7-17　超声速薄翼型线化流场

应用线化小扰动速度势方程求解超声速翼型绕流，其实是对本来非线性的问题要线性化。这要求放置在流场中的翼型对均匀来流产生的压缩或膨胀的强度都比较小，或者说，对流场的扰动比较小。这时，可假定翼型各点的扰动均是以来流 $Ma_\infty$ 作为变化的起点。线化的结果修改了原有非线性流场的物理图像。把激波的非等熵间断面取消了，把连续膨胀的扇形流区也改变了，而代之以统一的均熵线化流场。即上、下翼面所产生的马赫波都是平行的，见图 7-17。

因此，超声速翼型绕流线化解的物理前提是：薄翼，小迎角，尖前缘(仍是尖后缘)，$Ma_\infty$ 不高($1.3<Ma_\infty<2.5$)。总之，使翼型对均匀气流的扰动不大，不产生较强的激波，只有在这样的前提下，小扰动线化的假定才有意义。

2. 数学模型

7.3 节中曾在小扰动、非跨声速、非高超声速条件下导出了无黏定常等熵可压缩流动的小扰动速度势方程(7.3-14)。对超声速流动，引入

$$B=\sqrt{Ma_\infty^2-1} \tag{7.5-1}$$

将小扰动速度势方程改写为

$$B^2\frac{\partial^2\varphi}{\partial x^2}-\frac{\partial^2\varphi}{\partial y^2}=0 \tag{7.5-2}$$

可见该方程是一双曲型的波动方程，方程中 $B=\cot\mu_\infty$，$\mu_\infty$ 为马赫角。

首先看翼面边界条件。上下翼面型线方程分别为 $y_u=h_u(x)$ 和 $y_l=h_l(x)$，当翼型很薄时，可采用式(7.3-18)，在 $y=\pm0$ 处给出翼面边界条件，即

$$\left.\frac{\partial\varphi}{\partial y}\right|_{y=+0}=V_\infty\frac{\mathrm{d}h_u}{\mathrm{d}x},\quad \left.\frac{\partial\varphi}{\partial y}\right|_{y=-0}=V_\infty\frac{\mathrm{d}h_l}{\mathrm{d}x} \tag{7.5-3}$$

关于远场条件，由于超声速流动中小扰动是在扰源的后马赫锥(对平面流动是后马

赫楔）内传播，故只需考虑来流条件。又按照简化的物理模型，用平行的马赫波代替弱激波或膨胀波，因而来流条件是指前缘处马赫波前的扰动势速度$\varphi$值为 0。翼型前缘上下两道马赫波的方程分别为$x-By=0$和$x+By=0$，所以来流条件可写为

$$\varphi\big|_{x\pm By\leqslant 0}=0 \tag{7.5-4}$$

### 7.5.2 线化方程的求解

1. 方程通解的形式

式（7.5-2）是一波动方程，具有达朗贝尔解。其通解形式为

$$\varphi(x,y)=f(x-By)+g(x+By) \tag{7.5-5}$$

式中，函数$f$和$g$的具体形式由边界条件来确定。

先看$f(x-By)$，如果$\varphi$中只有这部分，意味着沿$x-By=\text{const}$的直线，流动参数是常数。也就是说翼型的小扰动是以不变的形式沿着这些直线传播出去进入流场的，这个结果也满足无穷远处的条件。这些直线的斜率为$\mathrm{d}y/\mathrm{d}x=1/B=\tan\mu_\infty$，可见它们就是一族互相平行的由$Ma_\infty$确定的左伸马赫线。类似地，如果$\varphi$中只有$g(x+By)$部分，则意味着沿$x+By=\text{const}$的直线，流动参数是常数，而这些直线就是一族互相平行的由$Ma_\infty$确定的右伸马赫线。

结合超声速流动中扰动的传播范围特点，对$\varphi$做进一步分析。假定流动由左向右，薄翼型是扰动源，二维小扰动应在翼型的后马赫楔内传播。如图 7-17 所示，可见对上翼面以上的翼型上部流场，$\varphi$中的$g(x+By)=0$，即

$$\varphi_+(x,y)=f(x-By) \tag{7.5-6}$$

而下翼面以下的翼型下部流场，$\varphi$中的另一部分$f(x-By)=0$，即

$$\varphi_-(x,y)=g(x+By) \tag{7.5-7}$$

由式（7.5-6）和式（7.5-7）也可知，在每一条左伸马赫线$x-By=\text{const}$上，$\varphi_+$保持不变；而在右伸马赫线$x+By=\text{const}$上，$\varphi_-$保持不变。

2. 方程的特解

某一具体翼型的特解，也就是函数$f$和$g$的具体形式，需由边界条件来确定。

在上翼面，将翼型上部流场扰动势函数式（7.5-6）代入线化的翼面边界条件式（7.5-3），得

$$\left.\frac{\partial\varphi_+}{\partial y}\right|_{y=+0}=-Bf'(x)=V_\infty h_u'(x)$$

于是有

$$f'(x)=-\frac{V_\infty}{B}h_u'(x)$$

从而得

$$f(x) = -\frac{V_\infty}{B} h_u(x) + \text{const}$$

式中的常数可取为零，不影响扰动速度。因此对上部流场有

$$f(x - By) = -\frac{V_\infty}{B} h_u(x - By) \tag{7.5-8}$$

同理对下部流场有

$$g(x + By) = \frac{V_\infty}{B} h_l(x + By) \tag{7.5-9}$$

这样就得到了小扰动速度势函数 $\varphi$ 的解为

$$\text{翼型上部流场：}\quad \varphi_+(x, y) = -\frac{V_\infty}{B} h_u(x - By) \tag{7.5-10}$$

$$\text{翼型下部流场：}\quad \varphi_-(x, y) = \frac{V_\infty}{B} h_l(x + By) \tag{7.5-11}$$

需要注意的是，式(7.5-10)、式(7.5-11)只适用于 $0 < x \pm By < c$ 的流场范围。在翼型的尾流区，即 $x \pm By > c$ 处，扰动为零。这是线化的超声速流动中扰动传播的特点决定的。上翼面上每点的扰动沿着自该点出发的马赫线 $x - By = \text{const}$ 传播，下翼面上每点的扰动沿着自该点出发的马赫线 $x + By = \text{const}$ 传播。在翼型前缘的两条马赫线之前和后缘的两条马赫线之后，没有哪里发出的马赫线能到达这里，因此扰动只能为零。这和一般的超声速流动中小扰动的传播范围可遍布整个后马赫锥(楔)内部是不同的，流动线化后，扰动的传播就已经简化为只沿这些平行的由 $Ma_\infty$ 确定的马赫线传播，因而传播范围也就局限在翼型的前、后缘发出的马赫线间的范围内。

### 7.5.3　翼面压强分布和翼型气动力系数

1. 翼面压强系数

由扰动速度势函数 $\varphi$ 的解式(7.5-10)、式(7.5-11)可得到上、下部流场的 $x$ 向扰动速度为

$$u'_+(x, y) = \frac{\partial \varphi_+(x, y)}{\partial x} = -\frac{V_\infty}{B} h'_u(x - By) \tag{7.5-12}$$

$$u'_-(x, y) = \frac{\partial \varphi_-(x, y)}{\partial x} = \frac{V_\infty}{B} h'_l(x + By) \tag{7.5-13}$$

则在翼型上表面有

$$u'_+(x, y)\big|_{y = h_u(x)} = -\frac{V_\infty}{B} h'_u(x - Bh_u) \approx -\frac{V_\infty}{B} h'_u(x) = -\frac{V_\infty}{B} \theta_u \tag{7.5-14}$$

而在翼型下表面有

$$u'_-(x, y)\big|_{y = h_l(x)} = \frac{V_\infty}{B} h'_l(x + Bh_l) \approx \frac{V_\infty}{B} h'_l(x) = \frac{V_\infty}{B} \theta_l \tag{7.5-15}$$

式中，$\theta_u$、$\theta_l$ 分别为翼型上下表面的当地迎角，亦即气流与当地物面切向的夹角。

根据可压缩流动的线化压强系数公式(7.3-26)，即得翼型上下部流场的压强系数分别为

$$C_{p+}=-\frac{2u'_+}{V_\infty}=\frac{2}{B}h'_u(x-By) \tag{7.5-16}$$

$$C_{p-}=-\frac{2u'_-}{V_\infty}=-\frac{2}{B}h'_l(x+By) \tag{7.5-17}$$

特别地，上下翼面的压强系数分别为

$$C_{p+,w}=-\frac{2(u'_+)_w}{V_\infty}=\frac{2}{B}\theta_u \tag{7.5-18}$$

$$C_{p-,w}=-\frac{2(u'_-)_w}{V_\infty}=-\frac{2}{B}\theta_l \tag{7.5-19}$$

2. 线化流动图像的进一步分析

流场的压强系数公式(7.5-16)和式(7.5-17)说明，当地的扰动是由翼型在该处的斜率决定的。这与图 7-17 描绘的超声速翼型的线化流动图像一致。线化的超声速流动中，翼型对流场的扰动看成翼型的各个局部放在来流中产生的扰动，每条马赫波前是来流的参数，波后则是受到当地扰动后的参数，同一马赫波后的参数是相等的。因此每条马赫波是孤立的、具有一定强度的、伸至无穷远处去的波，流场就由这些平行的马赫波组成。由翼面压强系数公式(7.5-18)和式(7.5-19)又可知，翼面各点压强系数只取决于当地翼型的斜率(气流系下，即当地迎角)。在上翼面若斜率为正值，则 $C_{p+,w}$ 为正，说明来流在此受到压缩，若斜率为负值，则 $C_{p+,w}$ 为负，说明来流在此发生膨胀。下翼面则相反。翼型任何点斜率的局部变化，仅影响该处的参数，并不像亚声速流那样影响全流场各处。

应该指出，超声速翼型线化解的流动图像在许多地方歪曲了真实的流动图像。例如，头激波与尾激波以及它们之间的连续膨胀流场被两族平行的马赫波代换了；本来激波是非等熵过程，其强度在远离翼型处将因有膨胀的作用而趋于零，但是线化流场的马赫波前后却是等熵的，在无穷远处仍保持原有的强度；本来翼型上各点的参数应取决于该点前依赖区内全部扰动的总和，但是线化解却用当地气流方向对来流的偏角来决定。但尽管如此，线化解却揭示了超声速流动问题中最基本的性质，即超声速来流的可压缩性影响。因此，在一定条件下，其结果还是接近实际的。

3. 翼型的气动力系数

已知翼面上的压强分布后，就可以进一步确定翼型的升力系数、阻力系数和力矩系数。为分别研究迎角和翼型形状(厚度和弯度)对升力和阻力的影响，可将翼型在气流坐标系 $Oxy$ 下的当地倾角 $\theta_u$、$\theta_l$ 用迎角 $\alpha$ 和翼型在体轴系 $O\xi\zeta$ 下的倾角 $\sigma_u$ 和 $\sigma_l$ 表示，见图 7-18。有

$$\theta_u=\sigma_u-\alpha\,,\quad \theta_l=\sigma_l-\alpha \tag{7.5-20}$$

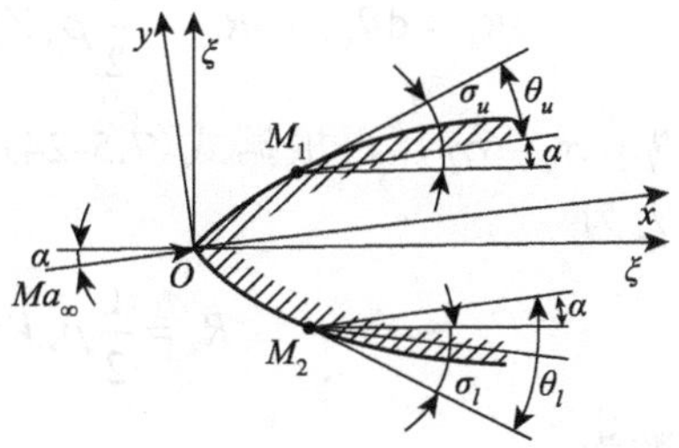


图 7-18　翼型几何关系

这里$\sigma_u$和$\sigma_l$分别为上下翼面在任意两点$M_1$和$M_2$处的切线与翼弦方向$\xi$的夹角。$\theta_u$、$\theta_l$、$\sigma_u$、$\sigma_l$、$\alpha$均以逆时针为正。将式(7.5-20)代入压强系数公式(7.5-18)和式(7.5-19)后得

$$C_{p+,w}=\frac{2}{\sqrt{Ma_\infty^2-1}}(\sigma_u-\alpha) \tag{7.5-21}$$

$$C_{p-,w}=\frac{-2}{\sqrt{Ma_\infty^2-1}}(\sigma_l-\alpha) \tag{7.5-22}$$

1)升力系数

升力系数可由上下翼面压强系数的差积分得到，为

$$C_L=\frac{1}{c}\int_0^c\left(C_{p-,w}-C_{p+,w}\right)\mathrm{d}x \tag{7.5-23}$$

而

$$\mathrm{d}x=\mathrm{d}\xi\cos\alpha\approx\mathrm{d}\xi$$

则

$$C_L=\frac{2}{c\sqrt{Ma_\infty^2-1}}\int_0^c\left[-(\sigma_l+\sigma_u)+2\alpha\right]\mathrm{d}\xi$$

又因为

$$\int_0^c\sigma_u\mathrm{d}\xi=\int_0^c\left(\frac{\mathrm{d}\zeta}{\mathrm{d}\xi}\right)_u\mathrm{d}\xi=\int_0^c\mathrm{d}\zeta_u=0\,,\quad \int_0^c\sigma_l\mathrm{d}\xi=0 \tag{7.5-24}$$

故有

$$C_L-\frac{2}{c\sqrt{Ma_\infty^2-1}}\int_0^c 2\alpha\mathrm{d}\xi=\frac{4\alpha}{\sqrt{Ma_\infty^2-1}} \tag{7.5-25}$$

这表明，超声速二维薄翼的升力系数与迎角成正比，而与翼型的形状无关。

2)阻力系数

阻力是作用于翼面的压力在气流方向(即$x$轴正向)的投影。从图 7-18 可见，作用在上下翼面$M_1$和$M_2$两点处的微元弧段上的阻力分别为

$$\mathrm{d}R_{x,u}=p_u\mathrm{d}s_u\sin\theta_u\approx p_u\theta_u\mathrm{d}\xi$$

$$\mathrm{d}R_{x,l}=-p_l\mathrm{d}s_l\sin\theta_l\approx -p_l\theta_l\mathrm{d}\xi$$

将式中上下翼面的压强分别用压强系数表示，即

$$p_u=\frac{1}{2}\rho_\infty V_\infty^2C_{p+,w}+p_\infty$$

$$p_l=\frac{1}{2}\rho_\infty V_\infty^2C_{p-,w}+p_\infty$$

则

$$\mathrm{d}R_x = \mathrm{d}R_{x,u} + \mathrm{d}R_{x,l} = \frac{1}{2}\rho_\infty V_\infty^2\left(C_{p+,w}\theta_u - C_{p-,w}\theta_l\right)\mathrm{d}\xi + p_\infty\left(\theta_u - \theta_l\right)\mathrm{d}\xi$$

而 $\theta_u - \theta_l = \sigma_u - \sigma_l$，再根据式(7.5-24)知上式最右端项$\left(\theta_u - \theta_l\right)$的积分为零，所以翼型受到的阻力为

$$R_x = \frac{1}{2}\rho_\infty V_\infty^2\int_0^c\left(C_{p+,w}\theta_u - C_{p-,w}\theta_l\right)\mathrm{d}\xi$$

阻力系数为

$$C_D = \frac{R_x}{\frac{1}{2}\rho_\infty V_\infty^2 c} = \frac{1}{c}\int_0^c\left(C_{p+,w}\theta_u - C_{p-,w}\theta_l\right)\mathrm{d}\xi \tag{7.5-26}$$

将式(7.5-20)~式(7.5-22)代入式(7.5-26)，得

$$C_D = \frac{2}{c\sqrt{Ma_\infty^2 - 1}}\int_0^c\left(\theta_u^2 - \theta_l^2\right)\mathrm{d}\xi = \frac{2}{c\sqrt{Ma_\infty^2 - 1}}\int_0^c\left[\sigma_u^2 + \sigma_l^2 - 2\alpha\left(\sigma_u + \sigma_l\right) + 2\alpha^2\right]\mathrm{d}\xi$$

记

$$\frac{1}{c}\int_0^c \mathrm{d}\xi = \overline{\sigma_u^2}, \quad \frac{1}{c}\int_0^c \mathrm{d}\xi = \overline{\sigma_l^2} \tag{7.5-27}$$

并考虑到$-2\alpha\left(\sigma_u + \sigma_l\right)$项的积分为零，于是阻力系数为

$$C_D = \frac{4\alpha^2}{\sqrt{Ma_\infty^2 - 1}} + \frac{2\left(\overline{\sigma_u^2} + \overline{\sigma_l^2}\right)}{\sqrt{Ma_\infty^2 - 1}} \tag{7.5-28}$$

式中，$\overline{\sigma_u^2}$ 和 $\overline{\sigma_l^2}$ 分别是翼型上下表面倾角 $\sigma_u$ 和 $\sigma_l$ 平方的平均值。

可见对超声速翼型绕流，不计黏性时仍有阻力，这称为波阻。超声速翼型的波阻本来是由激波损失引起的，在线化解中，则认为波阻是由于气流受扰动而沿着马赫线不断将能量向无穷远处传播的结果。式(7.5-28)中第一项是由于翼型有迎角，即由于存在升力而产生的阻力，称为升力波阻；第二项则与迎角无关，是由于翼型具有厚度或弯度而产生的阻力，称为零升波阻。由于翼型的弯度和厚度对升力无贡献[式(7.5-25)]，徒增波阻，所以超声速翼型最有利的形状应该是弯度和厚度都为零，即无厚度的平板。但实际机翼总是需要一定的弯度和刚度，最大厚度不可能为零。不过超声速翼型通常可取为弯度为零的对称翼型。

3) 仰俯力矩系数

对前缘的力矩系数为

$$\begin{aligned} C_{M,\mathrm{LE}} &= \frac{1}{c^2}\int_0^c\left(C_{p,-} - C_{p,+}\right)_w \xi\mathrm{d}\xi = \frac{2\alpha}{\sqrt{Ma_\infty^2 - 1}} - \frac{2}{b^2\sqrt{Ma_\infty^2 - 1}}\int_0^c\left(\sigma_u + \sigma_l\right)\xi\mathrm{d}\xi \\ &= \frac{1}{2}C_L - \frac{2}{c^2\sqrt{Ma_\infty^2 - 1}}\left(A_- - A_+\right) \end{aligned} \tag{7.5-29}$$

式中，$A_-$、$A_+$分别表示翼型在几何弦以上及以下的剖面面积，这是因为

$$\int_0^c \sigma_u \xi \mathrm{d}\xi = \int_0^c \left(\frac{\mathrm{d}\zeta}{\mathrm{d}\xi}\right)_u \xi \mathrm{d}\xi = (\zeta_u \xi)_{\xi=0}^{\xi=c} - \int_0^c \zeta_u \mathrm{d}\xi = -A_+$$

同理有

$$\int_0^c \sigma_l \xi \mathrm{d}\xi = A_-$$

可见力矩系数也包括两部分。第一项来源于迎角或者说升力；第二项则来源于翼型的非对称性(弯度)，称为零升力矩系数。对称翼型的仰俯力矩系数则只有第一项，为

$$C_{M,\mathrm{LE}} = -\frac{2\alpha}{\sqrt{Ma_\infty^2 - 1}} \tag{7.5-30}$$

在 7.2 节讨论低速翼型的气动特性时曾给出翼型的气动中心(即焦点)位置与力矩系数对升力系数导数的关系式(7.2-53)。再根据超声速翼型的力矩系数公式(7.5-29)，即可得超声速翼型的无量纲焦点位置为

$$\bar{x}_F = -\frac{\mathrm{d}C_{M,\mathrm{LE}}}{\mathrm{d}C_L} = \frac{1}{2}$$

可见超声速翼型的焦点位于1/2弦长点。对无弯度的对称翼型，压力中心与焦点重合。前面知道低速薄翼的焦点(即气动中心)位于1/4弦长点，亚声速流动时翼型的气动力系数需要采用普朗特-葛劳渥特法则进行可压缩性修正，不过焦点位置并无变化。但到了超声速后，翼型的焦点位置显著后移。

## 7.6　细长旋成体理论

飞机的机身或发动机短舱、火箭和导弹的主体一般都是细长的旋成体或近似旋成体。本节首先介绍旋成体的几何参数定义及其绕流的定性特征，然后从细长体的小扰动线化速度势方程出发，得到细长旋成体轴对称绕流和小迎角绕流的压力分布，进而得到其气动特性。

### 7.6.1　旋成体的几何参数及绕流图

旋成体是由一条母线(光滑的曲线或折线)绕某轴旋转而成的物体。该轴就称为旋成体的体轴，母线称为旋成体的子午线，包含有体轴的任一平面称为旋成体的子午面。

图 7-19 给出了飞行器所采用的典型旋成体形状。用于亚声速飞行的旋成体一般选用圆弧形或卵形头部，见图 7-19(a)，以使外形更接近于流线型以减小阻力。用于超声速飞行的旋成体一般采用尖锥形或具有卵形头部的钝锥形，见图 7-19(b)，这样的头部有利于降低超声速绕流特有的波阻。

1. 旋成体的几何参数

旋成体的研究中，更常采用的是柱坐标系，如图 7-20 所示。旋成体的主要几何参数

如下。

(1) $R(x)$：旋成体母线沿体轴的半径分布；$R_M$：旋成体的最大半径。

(2) $L$：旋成体的总长度，如果 $R(x)$ 为 $x$ 的分段函数，$L_{头}$、$L_{柱}$、$L_{尾}$ 分别表示旋成体的头部、圆柱段和尾部的长度。

(3) $S(x)$：旋成体沿体轴的横截面积分布，$S(x)=\pi\left[R(x)\right]^2$；$S_M$：旋成体的最大横截面积，$S_M=\pi R_M^2$。

(4) $\lambda=\dfrac{L}{2R_M}$：旋成体的长细比，细长旋成体就是长细比较大的旋成体。

(5) $\eta=\dfrac{R_d^2}{R_M^2}$：旋成体尾部的收缩比，是旋成体尾部截面积与最大截面积之比。

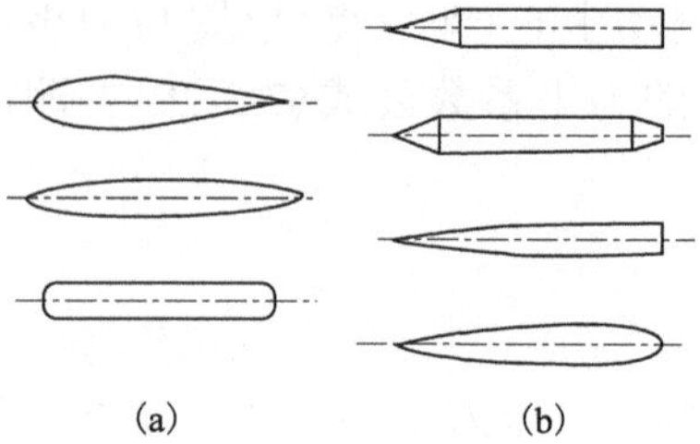


图 7-19　典型的旋成体

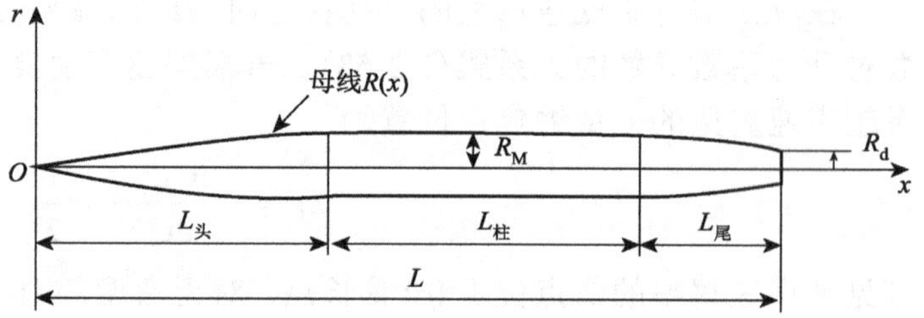


图 7-20　旋成体的主要几何参数

2. 旋成体的绕流图画

这里主要观察绕旋成体的轴对称流动。定义迎角为来流与旋成体体轴之间的夹角，那么当直匀来流以零迎角流过旋成体时，流动将是轴对称的，任一子午面上的流动完全相同。绕旋成体的低、亚声速轴对称流动，其绕流图与绕零迎角二维对称翼型的低、亚声速流动相似。与翼型厚度对气流的作用一样，旋成体将迎面来流的流体微团向四周推开，如图 7-21(a)所示。不过虽然绕旋成体的轴对称绕流与对称翼型的零迎角绕流特点相似，但由于旋成体绕流的三维效应，即气流多了一个绕过物体的自由度，在相同厚度和来流马赫数条件下，旋成体对气流所产生的扰动将小于二维对称翼型。超声速气流绕流旋成体时，流场中会出现激波和膨胀波，如图 7-21(b)所示。当头部是圆锥时，将产生圆锥激波，同样由于三维效应，其激波要比在相同来流马赫数条件下同样顶角的楔形体产生的激波弱，并且圆锥激波后的流线是弯曲的。

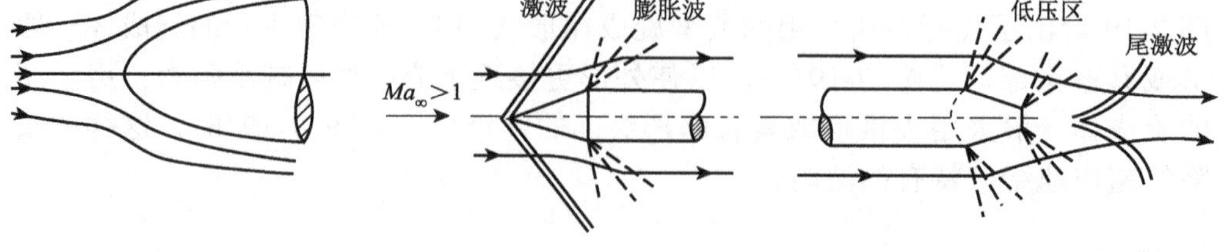


图 7-21　绕旋成体的轴对称流动图

旋成体的有迎角绕流在迎角不大时流动图与轴对称流动类似，但流动不再是轴对称的了。细长旋成体的小迎角绕流，可转换为在轴对称流动上又叠加一个横向扰动来分析。

### 7.6.2　柱坐标下的小扰动线化方程、边界条件和压强系数

定常无黏流存在速度势的条件是：流动同时又是无旋的。对于低速或亚声速流动，无黏就意味着流动等熵，来流均匀条件下也就匀熵因而无旋。对于超声速流动，因为激波的存在而有熵增。但是对细长体，并且以小迎角飞行时，跨过激波的熵增可以略去不计，流场仍然匀熵、无旋，存在速度势。

对于轴对称物体，采用柱坐标系 $(x,r,\theta)$，并使旋成体的对称轴线与 $x$ 轴重合最为方便，如图 7-22 所示。

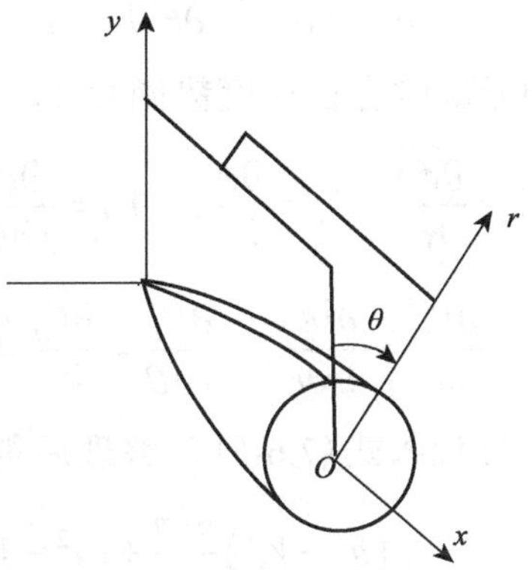

图 7-22　柱坐标系

1. 柱坐标系下的速度势方程

采用与 7.3 节导出二维的无黏定常可压缩等熵流动速度势方程类似的方法，联立柱坐标系下的连续方程、欧拉方程和等熵过程中 $\mathrm{d}p=a^2\mathrm{d}\rho$ 的关系，可导出柱坐标系下的速度势方程。

柱坐标系下定常流动的连续方程为

$$\rho\left(\frac{\partial V_x}{\partial x}+\frac{\partial V_r}{\partial r}+\frac{\partial V_\theta}{r\partial\theta}+\frac{V_r}{r}\right)+V_x\frac{\partial\rho}{\partial x}+V_r\frac{\partial\rho}{\partial r}+V_\theta\frac{\partial\rho}{r\partial\theta}=0 \tag{7.6-1}$$

不计彻体力的定常欧拉方程为

$$\rho V_x\frac{\partial V_x}{\partial x}+\rho V_r\frac{\partial V_x}{\partial r}+\rho V_\theta\frac{\partial V_x}{r\partial\theta}=-\frac{\partial p}{\partial x} \tag{7.6-2}$$

$$\rho V_x\frac{\partial V_r}{\partial x}+\rho V_r\frac{\partial V_r}{\partial r}+\rho V_\theta\frac{\partial V_r}{r\partial\theta}-\rho\frac{V_\theta^2}{r}=-\frac{\partial p}{\partial r} \tag{7.6-3}$$

$$\rho V_x\frac{\partial V_\theta}{\partial x}+\rho V_r\frac{\partial V_\theta}{\partial r}+\rho V_\theta\frac{\partial V_\theta}{r\partial\theta}+\rho\frac{V_rV_\theta}{r}=-\frac{\partial p}{r\partial\theta} \tag{7.6-4}$$

利用式(7.6-2)~式(7.6-4)和 $\mathrm{d}p=a^2\mathrm{d}\rho$，得

$$V_x\frac{\partial\rho}{\partial x}=\frac{V_x}{a^2}\frac{\partial p}{\partial x}=-\frac{\rho}{a^2}\left(V_x^2\frac{\partial V_x}{\partial x}+V_xV_r\frac{\partial V_x}{\partial r}+V_xV_\theta\frac{\partial V_x}{r\partial\theta}\right)$$

$$V_r\frac{\partial\rho}{\partial r}=\frac{V_r}{a^2}\frac{\partial p}{\partial r}=-\frac{\rho}{a^2}\left(V_xV_r\frac{\partial V_r}{\partial x}+V_r^2\frac{\partial V_r}{\partial r}+V_rV_\theta\frac{\partial V_r}{r\partial\theta}-\frac{V_rV_\theta^2}{r}\right)$$

$$V_\theta\frac{\partial\rho}{r\partial\theta}=\frac{V_\theta}{a^2}\frac{\partial p}{r\partial\theta}=-\frac{\rho}{a^2}\left(V_xV_\theta\frac{\partial V_\theta}{\partial x}+V_rV_\theta\frac{\partial V_\theta}{\partial r}+V_\theta^2\frac{\partial V_\theta}{r\partial\theta}+\frac{V_rV_\theta^2}{r}\right)$$

则连续方程(7.6-1)可改写为

$$\left(1-\frac{V_x^2}{a^2}\right)\frac{\partial V_x}{\partial x}+\left(1-\frac{V_r^2}{a^2}\right)\frac{\partial V_r}{\partial r}+\left(1-\frac{V_\theta^2}{a^2}\right)\frac{\partial V_\theta}{r\partial\theta}$$

$$-\frac{V_xV_r}{a^2}\left(\frac{\partial V_r}{\partial x}+\frac{\partial V_x}{\partial r}\right)-\frac{V_rV_\theta}{a^2}\left(\frac{\partial V_\theta}{\partial r}+\frac{\partial V_r}{r\partial\theta}\right)-\frac{V_\theta V_x}{a^2}\left(\frac{\partial V_x}{r\partial\theta}+\frac{\partial V_\theta}{\partial x}\right)+\frac{V_r}{r}=0 \tag{7.6-5}$$

流动无旋时存在速度势函数$\phi$，$\phi$与速度分量及其偏导数间满足如下关系：

$$V_x=\frac{\partial\phi}{\partial x},\quad V_r=\frac{\partial\phi}{\partial r},\quad V_\theta=\frac{\partial\phi}{r\partial\theta},\quad \frac{\partial V_x}{\partial x}=\frac{\partial^2\phi}{\partial x^2},\quad \frac{\partial V_r}{\partial r}=\frac{\partial^2\phi}{\partial r^2},\quad \frac{\partial V_\theta}{r\partial\theta}=\frac{\partial^2\phi}{r^2\partial\theta^2}$$

$$\frac{\partial V_r}{\partial x}=\frac{\partial V_x}{\partial r}=\frac{\partial^2\phi}{\partial x\partial r},\quad \frac{\partial V_x}{r\partial\theta}=\frac{\partial V_\theta}{\partial x}=\frac{\partial^2\phi}{r\partial\theta\partial x},\quad \frac{\partial V_r}{r\partial\theta}=\frac{\partial^2\phi}{r\partial r\partial\theta},\quad \frac{\partial V_\theta}{\partial r}=\frac{\partial^2\phi}{r\partial r\partial\theta}-\frac{V_\theta}{r} \tag{7.6-6}$$

将式(7.6-6)代入式(7.6-5)，整理后得

$$\left(a^2-V_x^2\right)\frac{\partial^2\phi}{\partial x^2}+\left(a^2-V_r^2\right)\frac{\partial^2\phi}{\partial r^2}+\left(a^2-V_\theta^2\right)\frac{\partial^2\phi}{r^2\partial\theta^2}$$

$$-2\left(V_xV_r\frac{\partial^2\phi}{\partial x\partial r}+V_rV_\theta\frac{\partial^2\phi}{r\partial r\partial\theta}+V_\theta V_x\frac{\partial^2\phi}{r\partial\theta\partial x}\right)+\frac{V_r}{r}\left(a^2+V_\theta^2\right)=0 \tag{7.6-7}$$

此即柱坐标系下无黏、定常、等熵可压缩流动的速度势方程，方程中的速度还可继续根据式(7.6-6)由势函数的偏导数表达，声速也可根据绝热流的能量方程采用速度并进一步用势函数的偏导数表达。但虽然全速度势方程只包含一个未知函数$\phi$，却仍是一个很复杂的非线性方程，难以求解。

2. 柱坐标系下的线化小扰动速度势方程

这里针对细长体在小迎角飞行时对流场的扰动为小扰动的特点，引入扰动速度势，在略去小量后可得到线化的扰动速度势方程。

细长体以小迎角$\alpha$飞行时，来流在$x$、$r$和$\theta$方向的分量分别为

$$V_\infty\cos\alpha,\quad V_\infty\sin\alpha\cos\theta,\quad -V_\infty\sin\alpha\sin\theta$$

物体的存在使流场上每一点的流速都相对于来流有了扰动速度$V_x'$、$V_r'$、$V_\theta'$，这时流场上各点的速度分量分别为

$$V_x=V_\infty\cos\alpha+V_x',\quad V_r=V_\infty\sin\alpha\cos\theta+V_r',\quad V_\theta=-V_\infty\sin\alpha\sin\theta+V_\theta' \tag{7.6-8}$$

所谓小扰动，是指扰动速度相对于来流的$V_\infty$很微小，即

$$\frac{V_x'}{V_\infty}\ll 1,\quad \frac{V_r'}{V_\infty}\ll 1,\quad \frac{V_\theta'}{V_\infty}\ll 1 \tag{7.6-9}$$

定义扰动速度势：

$$\frac{\partial\varphi}{\partial x}=V_x',\quad \frac{\partial\varphi}{\partial r}=V_r',\quad \frac{\partial\varphi}{r\partial\theta}=V_\theta' \tag{7.6-10}$$

设扰动速度势及其偏导数均为一阶小量。扰动速度势和全速度势之间及其偏导数之间的关系为

$$\phi = V_\infty x\cos\alpha + V_\infty r\sin\alpha\cos\theta + \varphi \tag{7.6-11}$$

$$\frac{\partial\phi}{\partial x} = V_\infty\cos\alpha + \frac{\partial\varphi}{\partial x},\quad \frac{\partial\phi}{\partial r} = V_\infty\sin\alpha\cos\theta + \frac{\partial\varphi}{\partial r},\quad \frac{\partial\phi}{r\partial\theta} = -V_\infty\sin\alpha\sin\theta + \frac{\partial\varphi}{r\partial\theta}$$

$$\frac{\partial^2\phi}{\partial x^2} = \frac{\partial^2\varphi}{\partial x^2},\quad \frac{\partial^2\phi}{\partial r^2} = \frac{\partial^2\varphi}{\partial r^2},\quad \frac{\partial^2\phi}{r^2\partial\theta^2} = -\frac{V_\infty\sin\alpha\cos\theta}{r} + \frac{\partial^2\varphi}{r^2\partial\theta^2}$$

$$\frac{\partial^2\phi}{\partial x\partial r} = \frac{\partial^2\varphi}{\partial x\partial r},\quad \frac{\partial^2\phi}{\partial r\partial\theta} = -V_\infty\sin\alpha\sin\theta + \frac{\partial^2\varphi}{\partial r\partial\theta},\quad \frac{\partial^2\phi}{\partial\theta\partial x} = \frac{\partial^2\varphi}{\partial\theta\partial x} \tag{7.6-12}$$

将式(7.6-12)代入式(7.6-7)，可得

$$\begin{aligned}&\left(a^2 - V_x^2\right)\frac{\partial^2\varphi}{\partial x^2} + \left(a^2 - V_r^2\right)\frac{\partial^2\varphi}{\partial r^2} + \left(a^2 - V_\theta^2\right)\left(\frac{\partial^2\varphi}{r^2\partial\theta^2} - \frac{V_\infty\sin\alpha\cos\theta}{r}\right)\\&-2\left[V_xV_r\frac{\partial^2\varphi}{\partial x\partial r} + V_rV_\theta\left(\frac{\partial^2\varphi}{r\partial r\partial\theta} - \frac{V_\infty\sin\alpha\sin\theta}{r}\right) + V_\theta V_x\frac{\partial^2\varphi}{r\partial\theta\partial x}\right] + \frac{V_r}{r}\left(a^2 + V_\theta^2\right) = 0\end{aligned} \tag{7.6-13}$$

式(7.6-13)中的声速可进一步由自由流声速、速度及扰动速度表达。绝热流的能量方程为

$$\frac{a_\infty^2}{\gamma - 1} + \frac{V_\infty^2}{2} = \frac{a^2}{\gamma - 1} + \frac{\left(V_\infty\cos\alpha + V_x'\right)^2 + \left(V_\infty\sin\alpha\cos\theta + V_r'\right)^2 + \left(-V_\infty\sin\alpha\cos\theta + V_\theta'\right)^2}{2}$$

考虑到扰动速度和迎角均为小量，上式中略去迎角和扰动速度的二次方及以上小量后，得

$$a^2 = a_\infty^2 - (\gamma - 1)V_\infty V_x' \tag{7.6-14}$$

当来流速度既不是高超声速又不接近声速时，即$(a_\infty^2 - V_\infty^2)$不是小量且$(a_\infty^2 - V_\infty^2)$和$a_\infty^2$量级相同的情况下，将式(7.6-8)、式(7.6-14)代入式(7.6-13)，并略去迎角和扰动速度势的三次方及以上小量后得

$$\begin{aligned}&\left(a_\infty^2 - V_\infty^2\right)\frac{\partial^2\varphi}{\partial x^2} + a_\infty^2\frac{\partial^2\varphi}{\partial r^2} + a_\infty^2\frac{\partial^2\varphi}{r^2\partial\theta^2} + a_\infty^2\frac{V_r'}{r}\\&= (\gamma + 1)V_\infty V_x'\frac{\partial^2\varphi}{\partial x^2} + (\gamma - 1)V_\infty V_x'\left(\frac{\partial^2\varphi}{\partial r^2} + \frac{\partial^2\varphi}{r^2\partial\theta^2} + \frac{V_r'}{r}\right)\\&\quad + 2\left[\left(V_\infty^2\alpha\cos\theta + V_\infty V_r'\right)\frac{\partial^2\varphi}{\partial x\partial r} + \left(-V_\infty^2\alpha\sin\theta + V_\infty V_\theta'\right)\frac{\partial^2\varphi}{r\partial\theta\partial x}\right]\end{aligned} \tag{7.6-15}$$

式(7.6-15)是关于扰动速度势$\varphi$的方程，方程左端关于$\varphi$是线性的。右端的系数中有扰动速度，它们又分别是$\varphi$的偏导数，所以说右端是非线性项。但左端的线性项属于一阶小量，而右端的非线性项可作为二阶小量略去，从而得

$$\left(a_\infty^2 - V_\infty^2\right)\frac{\partial^2\varphi}{\partial x^2} + a_\infty^2\frac{\partial^2\varphi}{\partial r^2} + a_\infty^2\frac{\partial^2\varphi}{r^2\partial\theta^2} + \frac{a_\infty^2}{r}\frac{\partial\varphi}{\partial r} = 0$$

两端同除以$a_\infty^2$，得

$$\left(1-Ma_{\infty}^{2}\right)\frac{\partial^{2}\varphi}{\partial x^{2}}+\frac{\partial^{2}\varphi}{\partial r^{2}}+\frac{\partial^{2}\varphi}{r^{2}\partial\theta^{2}}+\frac{1}{r}\frac{\partial\varphi}{\partial r}=0 \tag{7.6-16}$$

这就是柱坐标系下的线化小扰动速度势方程，它适用于小扰动、非高超声速、非跨声速条件。

3. 边界条件

无穷远处，速度为自由来流速度，则扰动速度为零，有

$$\frac{\partial\varphi}{\partial x}=0,\quad \frac{\partial\varphi}{\partial r}=0,\quad \frac{\partial\varphi}{r\partial\theta}=0$$

可取

$$\varphi_{\infty}=0 \tag{7.6-17}$$

在旋成体物面上，流动与物面相切。由于将旋成体的体轴取为 $x$ 轴，速度分量 $V_\theta$ 自动与物面相切，因而只需在子午面内规定物面边界条件，即旋成体的子午线切线方向为流速方向：

$$\left.\frac{V_r}{V_x}\right|_{r=R}=\left(\frac{V_{\infty}\sin\alpha\cos\theta+\dfrac{\partial\varphi}{\partial r}}{V_{\infty}+\dfrac{\partial\varphi}{\partial x}}\right)_{r=R}=\frac{\mathrm{d}R}{\mathrm{d}x} \tag{7.6-18}$$

对于细长体，$\mathrm{d}R/\mathrm{d}x\ll 1$，对式(7.6-18)略去二阶及以上小量后可得线化的物面边界条件：

$$\left(V_{\infty}\alpha\cos\theta+\frac{\partial\varphi}{\partial r}\right)_{r=R}=V_{\infty}\frac{\mathrm{d}R}{\mathrm{d}x} \tag{7.6-19}$$

4. 压强系数

在 7.3 节已得到可压缩流动在小扰动条件下的压强系数与速度的关系式(7.3-24)。对小迎角的细长旋成体绕流，将式(7.6-8)代入，并略去三阶及以上小量，有

$$C_p=1-\frac{V^2}{V_{\infty}^2}=-\frac{2V_x'}{V_{\infty}}-\frac{2\alpha\left(\cos\theta V_r'-\sin\theta V_\theta'\right)}{V_{\infty}}-\frac{V_x'^2+V_r'^2+V_\theta'^2}{V_{\infty}^2}$$

对细长旋成体绕流，$V_x'/V_\infty$ 与 $V_r'/V_\infty$、$V_\theta'/V_\infty$ 相比量级较小，因此上式进一步简化为

$$C_p=-\frac{2V_x'}{V_{\infty}}-\frac{2\alpha\left(\cos\theta V_r'-\sin\theta V_\theta'\right)}{V_{\infty}}-\frac{V_r'^2+V_\theta'^2}{V_{\infty}^2} \tag{7.6-20}$$

压强系数为二阶小量，压强系数与扰动速度也不再是线性关系。

前面对细长旋成体的小迎角绕流，分别得到了线化的小扰动速度势方程(7.6-16)和线化边界条件式(7.6-19)。在方程和边界条件均为线性的情况下，可将流动分解，例如，将流动的扰动速度势 $\varphi$ 分解为扰动速度势 $\varphi_1$ 与 $\varphi_2$ 之和。但压强系数 $C_p$ 则由于其非线性而无法分解叠加。不过后面会发现，对于物面的压强系数 $C_{p,w}$，在一定条件下，在特殊

的分解方式下，是可以叠加的。压强系数 $C_p$ 除式(7.6-20)外，还可写成其他形式。但采用式(7.6-20)的形式便于后面在一定条件下对物面的压强系数 $C_{p,w}$ 进行分解。

### 7.6.3　细长旋成体的轴向绕流

1. 扰动速度势方程、边界条件和压强系数

对于绕细长旋成体的轴对称流动，即 $\alpha=0$，每一个子午面内流动相同，$\partial/\partial\theta=0$，线化的小扰动速度势方程(7.6-16)成为

$$\left(1-Ma_\infty^2\right)\frac{\partial^2\varphi}{\partial x^2}+\frac{\partial^2\varphi}{\partial r^2}+\frac{1}{r}\frac{\partial\varphi}{\partial r}=0 \tag{7.6-21}$$

对低速不可压流动，式(7.6-21)即拉普拉斯方程。亚声速来流时，方程为

$$\beta^2\frac{\partial^2\varphi}{\partial x^2}+\frac{\partial^2\varphi}{\partial r^2}+\frac{1}{r}\frac{\partial\varphi}{\partial r}=0 \tag{7.6-22}$$

式中，$\beta=\sqrt{1-Ma_\infty^2}$。超声速来流时方程为

$$B^2\frac{\partial^2\varphi}{\partial x^2}-\frac{\partial^2\varphi}{\partial r^2}-\frac{1}{r}\frac{\partial\varphi}{\partial r}=0 \tag{7.6-23}$$

式中，$B=\sqrt{Ma_\infty^2-1}$。

将 $\alpha=0$ 代入线化的物面边界条件式(7.6-19)，得

$$\left.\frac{\partial\varphi}{\partial r}\right|_{r=R(x)}=V_\infty\frac{\mathrm{d}R}{\mathrm{d}x} \tag{7.6-24}$$

对压强系数式(7.6-20)应用轴对称条件：$\alpha=0$、$V_\theta'=0$，则有

$$C_p=-\frac{2V_x'}{V_\infty}-\frac{V_r'^2}{V_\infty^2}=-\frac{2}{V_\infty}\frac{\partial\varphi}{\partial x}-\frac{1}{V_\infty^2}\left(\frac{\partial\varphi}{\partial r}\right)^2 \tag{7.6-25}$$

2. 亚声速点源和超声速点源

细长旋成体轴对称绕流的小扰动速度势方程和边界条件都是线性的，所以可采用基本解叠加法求解。流动不可压时，小扰动速度势方程为拉普拉斯方程，有空间点源、点涡等基本解。由于点源对气流有撑开作用，并且各个方向一致，因此可沿旋成体轴线分布合适强度的空间点源，模拟细长旋成体对直匀来流的扰动。

对亚声速流动，与 7.4 节平面流动类似，可通过坐标变换：

$$x_0=x,\quad r_0=\beta r \tag{7.6-26}$$

将小扰动速度势方程(7.6-22)变换为拉普拉斯方程。从而推知式(7.6-22)具有如下形式的基本解：

$$\varphi(x,r)=-\frac{Q}{4\pi\sqrt{(x-\xi)^2+\beta^2r^2}} \tag{7.6-27}$$

式(7.6-27)即位于旋成体轴线上某点$(\xi,0)$、强度为$Q$的亚声速点源在空间某点$(x,r)$引起的速度势。

对超声速流动，可通过坐标变换：

$$x_0 = x, \quad r_0 = \mathrm{i}Br \tag{7.6-28}$$

将小扰动速度势方程(7.6-23)变换为拉普拉斯方程。从而推知式(7.6-23)具有如下形式的基本解：

$$\varphi(x,r) = -\frac{2Q}{4\pi\sqrt{(x-\xi)^2 - B^2r^2}} \tag{7.6-29}$$

式(7.6-29)为强度为$Q$的“超声速点源”在空间某点$(x,r)$引起的速度势。需要说明的是，超声速流动的小扰动速度势方程为双曲型方程，数学性质与拉普拉斯方程根本不同。式(7.6-28)的变换引入了虚数，没有明确的物理意义。通过数学变换导出的超声速小扰动速度势方程的基本解虽称为“超声速点源”，但也谈不上有点源的物理含义。超声速气流中小扰动以马赫波形式传播，考虑到空间点上每一时刻同时受到两个扰动波的影响(图5-3)，所以在式(7.6-29)中给出强度为$Q$的“超声速点源”速度势时，乘以了因子2。

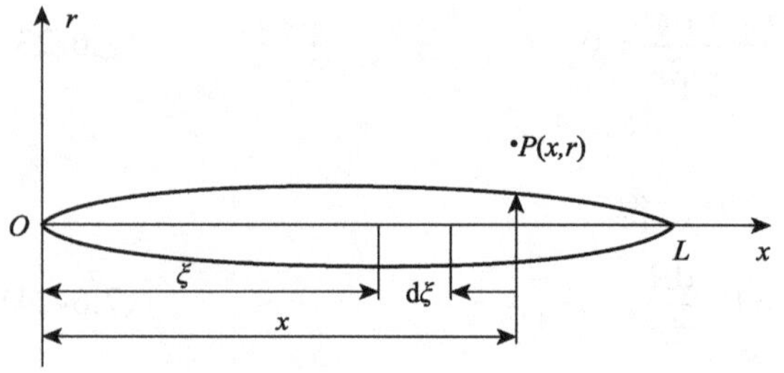


图 7-23　旋成体的纵向截面

3. 确定源强度分布的方程

1) 亚声速流动

如图7-23所示，在旋成体轴线上分布亚声速点源，记$(\xi,0)$处单位长度轴线上源的强度为$f(\xi)$，则$\mathrm{d}\xi$微段上分布的源在空间任一点$P(x,r)$产生的扰动速度势为

$$\mathrm{d}\varphi(x,r) = -\frac{1}{4\pi}\frac{f(\xi)\mathrm{d}\xi}{\sqrt{(x-\xi)^2+\beta^2r^2}}$$

对亚声速绕流，点源的扰动可以传播到四面八方。因此整个旋成体轴线上分布的所有源都会对$P$点产生影响，从而$P$点的扰动速度势为

$$\varphi(x,r) = -\frac{1}{4\pi}\int_0^L \frac{f(\xi)\mathrm{d}\xi}{\sqrt{(x-\xi)^2+\beta^2r^2}} \tag{7.6-30}$$

源强分布函数$f(\xi)$的具体形式需要根据流动边界条件确定。将式(7.6-30)代入边界条件式(7.6-24)，即得

$$\left.\frac{\partial\varphi}{\partial r}\right|_{r=R} = \left(\frac{1}{4\pi}\beta^2 r\int_0^L \frac{f(\xi)\mathrm{d}\xi}{\left[(x-\xi)^2+\beta^2r^2\right]^{3/2}}\right)_{r=R} = V_\infty\frac{\mathrm{d}R}{\mathrm{d}x}$$

即

$$\frac{1}{4\pi}\beta^2 R\int_0^L \frac{f(\xi)\mathrm{d}\xi}{\left[(x-\xi)^2+\beta^2R^2\right]^{3/2}} = V_\infty\frac{\mathrm{d}R}{\mathrm{d}x} \tag{7.6-31}$$

这就是亚声速零迎角绕流细长旋成体时确定亚声速点源强度分布函数的积分方程。

2)超声速流动

由于超声速流动中小扰动仅在扰源的后马赫锥内传播，所以 $P$ 点只能受到位于其前置马赫锥内“超声速点源”的影响，如图 7-24 所示的虚线画出了 $P$ 点的前置马赫锥。$P$ 点前置马赫锥与 $x$ 轴交点的坐标为

$$x-\frac{r}{\tan\mu_\infty}=x-Br$$

式中，$\mu_\infty$ 为马赫角。$P$ 点只能受到位于 $\xi=0$ 和 $\xi=x-Br$ 之间的“超声速点源”的影响，其扰动速度势为

$$\varphi(x,r)=-\frac{1}{2\pi}\int_0^{x-Br}\frac{f(\xi)\mathrm{d}\xi}{\sqrt{(x-\xi)^2-B^2r^2}} \tag{7.6-32}$$

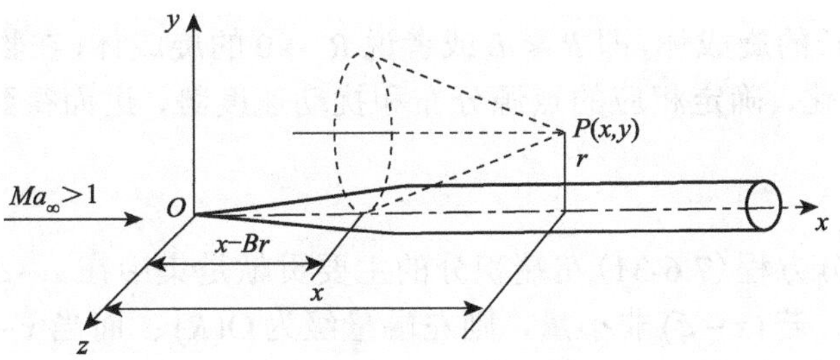


图 7-24　超声速绕流时点 $P$ 的前置马赫锥

同样，源强分布函数 $f(\xi)$ 需由边界条件确定。

注意到式(7.6-32)中被积函数在 $\xi\to x-Br$ 时发散，不便直接求解。引入变量替换，令

$$u=\operatorname{arch}\frac{x-\xi}{Br},\quad 即\quad \xi=x-Br\operatorname{ch}u \tag{7.6-33}$$

代入式(7.6-32)后，$P$ 点的扰动速度势化为

$$\varphi(x,r)=-\frac{1}{2\pi}\int_0^{\operatorname{arch}\frac{x}{Br}}f(x-Br\operatorname{ch}u)\mathrm{d}u \tag{7.6-34}$$

$r$ 向扰动速度为

$$\frac{\partial\varphi}{\partial r}=\frac{1}{2\pi}\left[\int_0^{\operatorname{arch}\frac{x}{Br}}f'(x-Br\operatorname{ch}u)B\operatorname{ch}u\mathrm{d}u+\frac{f(0)x}{r\sqrt{x^2-B^2r^2}}\right]$$

上面得到的扰动速度中含 $f(0)$。其实对于尖头旋成体超声速绕流，小扰动情况下在 $x=0$ 处不可能布点源，否则导致流动反向，因此 $f(0)=0$。进一步有

$$\frac{\partial\varphi}{\partial r}=\frac{1}{2\pi}\int_0^{\operatorname{arch}\frac{x}{Br}}f'(x-Br\operatorname{ch}u)B\operatorname{ch}u\mathrm{d}u=\frac{1}{2\pi r}\int_0^{x-Br}\frac{f'(\xi)(x-\xi)\mathrm{d}\xi}{\sqrt{(x-\xi)^2-B^2r^2}} \tag{7.6-35}$$

代入边界条件式(7.6-24)后，就得到了超声速零迎角绕流细长旋成体时确定“超声速点

源”分布强度的积分方程：

$$\frac{1}{2\pi R}\int_0^{x-BR}\frac{f'(\xi)(x-\xi)\mathrm{d}\xi}{\sqrt{(x-\xi)^2-B^2R^2}}=V_\infty\frac{\mathrm{d}R}{\mathrm{d}x} \tag{7.6-36}$$

上面对亚声速和超声速绕流，分别得到了确定源强度分布函数 $f(\xi)$ 的积分方程(7.6-31)和式(7.6-36)。虽然原则上利用给定的物形函数 $R(x)$ 即可求得 $f(\xi)$ 函数的具体形式，但求解积分方程相当困难。实际中可采用反方法，即给定源强分布函数 $f(\xi)$，求出扰动速度势和扰动速度，再分析它代表什么样的流动。以超声速点源为例，线性源强分布，即 $f(\xi)=a\xi$（$a$ 为常数）时，代表的是圆锥超声速轴向绕流，常数 $a$ 由圆锥顶角确定。而任意形状母线的尖头旋成体轴向绕流可采用圆锥叠加法近似求解。这些方法本书不再详述，可参阅杨岞生等编写的《飞行器部件空气动力学》。

4. 极细长旋成体轴向绕流的渐近解

下面对特别细长的旋成体，即 $R\ll L$ 或者说 $R\to 0$ 的旋成体，在物面附近(亦即 $r\to 0$ 时)，引入进一步简化，确定相应的点源分布和扰动速度势，进而得到解析形式表示的物面压强系数。

1) 亚声速流动

当 $R$ 很小时积分方程(7.6-31)左端积分的主要贡献是集中在 $x-\xi=0$ 附近的那些源。这是因为 $R$ 为小量，若 $(x-\xi)$ 非小量，则左端量级为 $\mathrm{O}(R)$；而当 $x-\xi\approx 0$ 时，左端的量级就为 $\mathrm{O}(R^{-2})$ 了。因此计算式(7.6-31)左端积分时可将 $f(\xi)$ 视为不变的并等于 $f(x)$。这样式(7.6-31)就可简化为

$$\frac{1}{4\pi}\beta^2R(x)f(x)\int_0^L\frac{\mathrm{d}\xi}{\left[(x-\xi)^2+\beta^2R^2\right]^{3/2}}=V_\infty\frac{\mathrm{d}R}{\mathrm{d}x} \tag{7.6-37}$$

式(7.6-37)左端的积分为

$$\int_0^L\frac{\mathrm{d}\xi}{\left[(x-\xi)^2+\beta^2R^2\right]^{3/2}}=\frac{1}{\beta^2R^2}\left[\frac{x}{\sqrt{x^2+\beta^2R^2}}+\frac{L-x}{\sqrt{(L-x)^2+\beta^2R^2}}\right]$$

由于 $R\to 0$，除了非常接近 $x=0$ 和 $x=L$ 的点外，$\beta^2R^2/x^2\ll 1$，$\beta^2R^2/(L-x)^2\ll 1$，上式可近似为

$$\frac{1}{\beta^2R^2}\left[\frac{x}{\sqrt{x^2+\beta^2R^2}}+\frac{L-x}{\sqrt{(L-x)^2+\beta^2R^2}}\right]\approx\frac{2}{\beta^2R^2}$$

代入式(7.6-37)后，得到亚声速点源强度分布函数为

$$f(x)=2\pi V_\infty R\frac{\mathrm{d}R}{\mathrm{d}x}=V_\infty\frac{\mathrm{d}S}{\mathrm{d}x} \tag{7.6-38}$$

式中，$S=\pi R^2$ 为旋成体的横截面积。

将源强分布函数代入式(7.6-30)，即得极细长旋成体亚声速轴向绕流的扰动速度势：

$$\varphi(x,r)=-\frac{V_\infty}{4\pi}\int_0^L\frac{S'(\xi)\mathrm{d}\xi}{\sqrt{(x-\xi)^2+\beta^2r^2}} \tag{7.6-39}$$

对式(7.6-39)分部积分，得

$$\begin{aligned}\varphi(x,r)=&\frac{V_\infty}{4\pi}\left\{S'(\xi)\ln\left[(x-\xi)+\sqrt{(x-\xi)^2+\beta^2r^2}\right]\right\}_0^L\\&-\frac{V_\infty}{4\pi}\int_0^L S''(\xi)\ln\left[(x-\xi)+\sqrt{(x-\xi)^2+\beta^2r^2}\right]\mathrm{d}\xi\end{aligned}$$

对于尖头、尖尾或具有尖头、柱状尾端的细长体，$S'(0)=S'(L)=0$，所以上式变为

$$\varphi(x,r)=-\frac{V_\infty}{4\pi}\int_0^L S''(\xi)\ln\left[(x-\xi)+\sqrt{(x-\xi)^2+\beta^2r^2}\right]\mathrm{d}\xi \tag{7.6-40}$$

下面看式(7.6-40)在物面附近(即 $r\to0$)的近似解。当 $\xi<x$ 时，有

$$(x-\xi)+\sqrt{(x-\xi)^2+\beta^2r^2}\approx2(x-\xi)$$

当 $\xi>x$ 时，有

$$\begin{aligned}(x-\xi)+\sqrt{(x-\xi)^2+\beta^2r^2}&=-(\xi-x)+\sqrt{(x-\xi)^2+\beta^2r^2}\\&=\frac{\beta^2r^2}{(\xi-x)+\sqrt{(x-\xi)^2+\beta^2r^2}}\approx\frac{\beta^2r^2}{2(\xi-x)}\end{aligned}$$

从而式(7.6-40)可近似为

$$\varphi(x,r)=-\frac{V_\infty}{4\pi}\left\{\int_0^x S''(\xi)\ln\left[2(x-\xi)\right]\mathrm{d}\xi+\int_x^L S''(\xi)\ln\frac{\beta^2r^2}{2(\xi-x)}\mathrm{d}\xi\right\}$$

对上式进一步积分，并应用 $S'(0)=S'(L)=0$ 后可得

$$\varphi(x,r)=\frac{V_\infty S'(x)}{2\pi}\ln r+\varphi^*(x,\beta) \tag{7.6-41}$$

式中

$$\varphi^*(x,\beta)=\frac{V_\infty S'(x)}{2\pi}\ln\frac{\beta}{2}-\frac{V_\infty}{4\pi}\left\{\int_0^x S''(\xi)\ln(x-\xi)\mathrm{d}\xi-\int_x^L S''(\xi)\ln(\xi-x)\mathrm{d}\xi\right\} \tag{7.6-42}$$

由式(7.6-42)可见，扰动速度势由两部分组成，第一部分与 $r$ 有关，正好相当于横截平面中二维不可压点源的速度势；第二部分 $\varphi^*(x,\beta)$ 只与 $x$ 和 $\beta$ 有关，与 $r$ 无关。

之后可进一步求出扰动速度，再根据式(7.6-25)得到物面压强系数。因为亚声速无黏流情况下旋成体所受合力为零，这里不再继续讨论了。

2) 超声速流动

首先对超声速轴向绕流的扰动速度势式(7.6-32)采用分部积分改写：

$$\varphi(x,r)=\frac{1}{2\pi}f(\xi)\ln\left[\sqrt{(x-\xi)^2-B^2r^2}+(x-\xi)\right]\Bigg|_0^{x-Br}$$
$$-\frac{1}{2\pi}\int_0^{x-Br}f'(\xi)\ln\left[\sqrt{(x-\xi)^2-B^2r^2}+(x-\xi)\right]\mathrm{d}\xi$$

由于 $f(0)=0$，所以

$$\varphi(x,r)=\frac{f(x-Br)}{2\pi}\ln(Br)-\frac{1}{2\pi}\int_0^{x-Br}f'(\xi)\left\{\ln(x-\xi)+\ln\left[\sqrt{1-\frac{B^2r^2}{(x-\xi)^2}}+1\right]\right\}\mathrm{d}\xi$$

根据极细长体条件，$R\to 0$，在物面附近也有 $r\to 0$ 和 $Br\to 0$，从而上式可取极限得

$$\begin{aligned}\varphi(x,r)&=\frac{f(x)}{2\pi}\ln(Br)-\frac{1}{2\pi}\int_0^x f'(\xi)[\ln(x-\xi)+\ln 2]\,\mathrm{d}\xi\\&=\frac{f(x)}{2\pi}\ln\frac{Br}{2}-\frac{1}{2\pi}\int_0^x f'(\xi)\ln(x-\xi)\,\mathrm{d}\xi\end{aligned}\tag{7.6-43}$$

这就是极细长体条件下物面附近的扰动速度势。式中的源强分布函数 $f(x)$ 由物面边界条件式(7.6-24)确定，由

$$\left.\frac{\partial\varphi}{\partial r}\right|_{r=R}=\left[\frac{f(x)}{2\pi r}\right]_{r=R}=V_\infty\frac{\mathrm{d}R}{\mathrm{d}x}$$

得

$$f(x)=2\pi V_\infty R\frac{\mathrm{d}R}{\mathrm{d}x}=V_\infty\frac{\mathrm{d}S}{\mathrm{d}x}\tag{7.6-44}$$

式中，$S$ 为旋成体横截面积。式(7.6-44)表明，“超声速点源”强度分布函数与当地横截面积 $S(x)$ 沿 $x$ 轴的变化率成正比。

将式(7.6-44)代入式(7.6-43)，得

$$\varphi(x,r)=\frac{V_\infty}{2\pi}S'(x)\ln r+\varphi^*(x,B)\tag{7.6-45}$$

$$\varphi^*(x,B)=\left[\frac{V_\infty}{2\pi}S'(x)\ln\frac{B}{2}-\frac{V_\infty}{2\pi}\int_0^x S''(\xi)\ln(x-\xi)\,\mathrm{d}\xi\right]\tag{7.6-46}$$

由式(7.6-45)和式(7.6-46)可见，超声速情况下极细长旋成体的轴向绕流的扰动速度势也是由两部分组成，第一部分与 $r$ 有关，正好相当于横截平面中二维不可压点源的速度势；第二部分 $\varphi^*(x,B)$ 只与 $x$ 和 $B$ 有关，和 $r$ 无关。

扰动速度为

$$V_x'=\frac{\partial\varphi}{\partial x}=\frac{V_\infty}{2\pi}S''(x)\ln r+\left[\frac{V_\infty}{2\pi}S''(x)\ln\frac{B}{2}-\frac{V_\infty}{2\pi}\frac{\mathrm{d}}{\mathrm{d}x}\int_0^x S''(\xi)\ln(x-\xi)\,\mathrm{d}\xi\right]\tag{7.6-47}$$

$$V_r'=\frac{\partial\varphi}{\partial r}=\frac{V_\infty}{2\pi r}S'(x)\tag{7.6-48}$$

再根据式(7.6-20)，并注意到轴向绕流时 $\alpha=0$ 、$V_\theta'=0$ ，可得到物面的压强系数为

$$C_{p,w}=\left(-\frac{2V_x'}{V_\infty}-\frac{V_r'^2}{V_\infty^2}\right)_{r=R}=-\frac{1}{\pi}\left[S''(x)\ln\frac{BR}{2}-\frac{\mathrm{d}}{\mathrm{d}x}\int_0^x S''(\xi)\ln(x-\xi)\mathrm{d}\xi\right]-\left(\frac{\mathrm{d}R}{\mathrm{d}x}\right)^2 \tag{7.6-49}$$

对旋成体表面压强积分，可得到作用于旋成体的合力。该合力是沿来流方向的阻力，是超声速流动特有的波阻，称为零升波阻。

### 7.6.4　小迎角细长旋成体绕流

当来流迎角不为零时，绕旋成体的流动不再是轴对称的。扰动速度势方程需要采用式(7.6-16)，边界条件采用式(7.6-19)。由于方程和边界条件都是线性的，因此满足叠加原理。可将此时的流动视为是在轴对称绕流的基础上又添加了一个扰动，将流动的扰动速度势 $\varphi$ 分解为两部分：

$$\varphi=\varphi_1+\varphi_2$$

式中，$\varphi_1$ 为 7.6.3 小节中讨论的细长旋成体的轴向绕流的扰动速度势，$\varphi_2$ 则是因为有小迎角而增加的扰动速度势。$\varphi_1$ 可以利用轴向绕流的相关结果，下面重点讨论 $\varphi_2$ 的求解。

1. 扰动速度势和物面压强系数的分解

1) 边界条件的分解

将 $\varphi=\varphi_1+\varphi_2$ 代入边界条件式(7.6-19)，有

$$\left(V_\infty\alpha\cos\theta+\frac{\partial\varphi_1}{\partial r}+\frac{\partial\varphi_2}{\partial r}\right)_{r=R}=V_\infty\frac{\mathrm{d}R}{\mathrm{d}x}$$

由于轴向绕流扰动速度势 $\varphi_1$ 的边界条件为

$$\left.\frac{\partial\varphi_1}{\partial r}\right|_{r=R}=V_\infty\frac{\mathrm{d}R}{\mathrm{d}x} \tag{7.6-50}$$

所以有

$$\left.\frac{\partial\varphi_2}{\partial r}\right|_{r=R}=-V_\infty\alpha\cos\theta \tag{7.6-51}$$

上面两式是 $\varphi_1$ 和 $\varphi_2$ 的物面边界条件，无穷远处则有

$$\varphi_{1,\infty}=0,\quad \varphi_{2,\infty}=0 \tag{7.6-52}$$

2) $\varphi_2$ 的物理含义

首先看 $\varphi_2$ 的边界条件式(7.6-51)，它恰好与平行于 $y$ 轴(参见图 7-22)的速度为 $V_\infty\alpha$ 的来流绕旋成体的物面边界条件相同，也就是说，$\varphi_2$ 满足来流速度为 $V_\infty\alpha$ 的旋成体横向绕流的边界条件。再看 $\varphi_2$ 满足的方程。由于小迎角细长旋成体绕流的扰动速度势 $\varphi$ 和轴向绕流的扰动速度势 $\varphi_1$ 均满足线化的扰动速度势方程(7.6-16)，所以 $\varphi_2=\varphi-\varphi_1$ 也自然满足式(7.6-16)，即

$$\left(1-Ma_{\infty}^{2}\right)\frac{\partial^{2}\varphi_{2}}{\partial x^{2}}+\frac{\partial^{2}\varphi_{2}}{\partial r^{2}}+\frac{\partial^{2}\varphi_{2}}{r^{2}\partial\theta^{2}}+\frac{1}{r}\frac{\partial\varphi_{2}}{\partial r}=0 \tag{7.6-53}$$

这说明 $\varphi_2$ 对应的流动其自由来流方向仍是接近 $x$ 轴，自由流速度为 $V_\infty$，而非自由流速度为 $V_\infty\alpha$ 的旋成体横向绕流。再由 $\varphi_2=\varphi-\varphi_1$ 可知，$\varphi_2$ 实际上是速度为 $V_\infty$ 的直匀流中旋成体迎角由零变为非零引起的扰动速度势的增量，即

$$\varphi_2=\varphi_{\alpha\neq 0}-\varphi_{\alpha=0}$$

这里 $\varphi_{\alpha\neq 0}$ 就是小迎角旋成体绕流的扰动速度势 $\varphi$，$\varphi_{\alpha=0}$ 就是原旋成体轴向绕流的扰动速度势 $\varphi_1$。

为方便起见，将 $\varphi_2$ 称为旋成体的“横向绕流”扰动速度势。于是，小迎角细长旋成体绕流的扰动速度势可分解为迎角为零的轴向绕流和横向来流速度为 $V_\infty\alpha$ 的“横向绕流”的扰动速度势之和，如图 7-25 所示。但要注意 $\varphi_2$ 并非独立的横向绕流产生的扰动速度势。

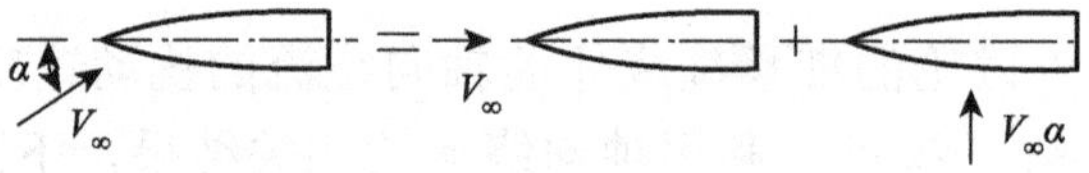


图 7-25　小迎角旋成体绕流扰动速度势的分解

3）物面压强系数的分解

前面已给出了旋成体绕流的压强系数公式(7.6-20)。将 $\varphi=\varphi_1+\varphi_2$ 代入，得

$$C_p=-\frac{2}{V_\infty}\left(\frac{\partial\varphi_1}{\partial x}+\frac{\partial\varphi_2}{\partial x}\right)-\frac{2}{V_\infty^2}\left[V_\infty\alpha\cos\theta\left(\frac{\partial\varphi_1}{\partial r}+\frac{\partial\varphi_2}{\partial r}\right)-V_\infty\alpha\sin\theta\frac{\partial\varphi_2}{r\partial\theta}\right]$$
$$-\frac{1}{V_\infty^2}\left(\frac{\partial\varphi_1}{\partial r}+\frac{\partial\varphi_2}{\partial r}\right)^2-\frac{1}{V_\infty^2}\left(\frac{\partial\varphi_2}{r\partial\theta}\right)^2 \tag{7.6-54}$$

可见由于非线性，流场中的压强系数通常包含 $\partial\varphi_1/\partial r$、$\partial\varphi_2/\partial r$ 及 $\alpha$ 的交叉项，不能采用叠加原理。也就是说，虽然小迎角细长旋成体绕流的扰动速度势可分解为轴向绕流和“横向绕流”的扰动速度势之和，但压强系数却不是二者之和。

不过在物面上，利用了“横向绕流”的边界条件式(7.6-51)后，可将物面压强系数整理为

$$C_{p,w}=\left[-\frac{2}{V_\infty}\frac{\partial\varphi_1}{\partial x}-\frac{1}{V_\infty^2}\left(\frac{\partial\varphi_1}{\partial r}\right)^2\right]_{r=R}+\left[-\frac{2}{V_\infty}\frac{\partial\varphi_2}{\partial x}-\frac{1}{V_\infty^2}\left(V_\infty\alpha\sin\theta-\frac{\partial\varphi_2}{r\partial\theta}\right)^2+\alpha^2\right]_{r=R} \tag{7.6-55}$$

式(7.6-55)右端的第一个中括号内项为轴向绕流的物面压强系数，记为 $C_{pa}\big|_{r=R}$，第二个中括号内项为“横向绕流”的物面压强系数，记作 $C_{pc}\big|_{r=R}$。小迎角旋成体绕流的物面压强系数可由二者叠加得到：

$$C_{p,w}=C_{pa}\big|_{r=R}+C_{pc}\big|_{r=R} \tag{7.6-56}$$

2. $\varphi_1$ 与 $\varphi_2$ 形式上的联系

上面已知 $\varphi_2$ 是在旋成体轴向绕流的基础上增加了横流后引起的扰动速度势增量。从旋成体的横截平面看，是增加了来流速度为 $V_\infty\alpha$ 的圆柱横向绕流。不可压流中圆柱横向绕流可用偶极子模拟。偶极子是无限靠近且强度无限大、强度与距离乘积为常数的等强源和汇流动的叠加，偶极子的势函数可由点源的势函数对源汇连线方向求偏导数得到。这里可压缩的旋成体轴向绕流采用轴线上分布亚声速点源或“超声速点源”模拟，$\varphi_1$ 是轴线上点源产生的扰动速度势。受到不可压流中偶极子与点源势函数关系的启发，下面观察将 $\varphi_1$ 对 $y$(参见图 7-22 所示坐标系)求偏导得到的函数是否满足 $\varphi_2$ 的方程，以建立可压缩流动中 $\varphi_1$ 与 $\varphi_2$ 形式上的联系。

轴向绕流扰动速度势 $\varphi_1$ 满足的方程为

$$\left(1-Ma_\infty^2\right)\frac{\partial^2\varphi_1}{\partial x^2}+\frac{\partial^2\varphi_1}{\partial r^2}+\frac{1}{r}\frac{\partial\varphi_1}{\partial r}=0 \tag{7.6-57}$$

将式(7.6-57)对 $y$ 求偏导，应用

$$\frac{\partial\varphi_1}{\partial y}=\frac{\partial\varphi_1}{\partial r}\frac{\partial r}{\partial y}+\frac{\partial\varphi_1}{\partial\theta}\frac{\partial\theta}{\partial y}=\frac{\partial\varphi_1}{\partial r}\cos\theta$$

得

$$\left(1-Ma_\infty^2\right)\frac{\partial^2}{\partial x^2}\left(\frac{\partial\varphi_1}{\partial r}\cos\theta\right)+\frac{\partial^2}{\partial r^2}\left(\frac{\partial\varphi_1}{\partial r}\cos\theta\right)-\frac{1}{r^2}\frac{\partial\varphi_1}{\partial r}\cos\theta+\frac{1}{r}\frac{\partial}{\partial r}\left(\frac{\partial\varphi_1}{\partial r}\cos\theta\right)=0$$

上式左端第三项又可改写为

$$-\frac{1}{r^2}\frac{\partial\varphi_1}{\partial r}\cos\theta=\frac{1}{r^2}\frac{\partial^2}{\partial\theta^2}\left(\frac{\partial\varphi_1}{\partial r}\cos\theta\right)$$

于是有

$$\left(1-Ma_\infty^2\right)\frac{\partial^2}{\partial x^2}\left(\frac{\partial\varphi_1}{\partial r}\cos\theta\right)+\frac{\partial^2}{\partial r^2}\left(\frac{\partial\varphi_1}{\partial r}\cos\theta\right)+\frac{1}{r^2}\frac{\partial^2}{\partial\theta^2}\left(\frac{\partial\varphi_1}{\partial r}\cos\theta\right)+\frac{1}{r}\frac{\partial}{\partial r}\left(\frac{\partial\varphi_1}{\partial r}\cos\theta\right)=0 \tag{7.6-58}$$

对比式(7.6-58)与“横向绕流”扰动速度势 $\varphi_2$ 的方程(7.6-53)，可见函数 $(\partial\varphi_1/\partial r\cos\theta)$ 确实满足 $\varphi_2$ 的方程。从而推知 $\varphi_1$ 与 $\varphi_2$ 在形式上满足如下关系：

$$\varphi_2=c\frac{\partial\varphi_1}{\partial r}\cos\theta \tag{7.6-59}$$

式中，$c$ 为常数。

3. “横向绕流”的扰动速度势

1) 亚声速流动

亚声速流动时的轴向绕流扰动速度势已由式(7.6-30)给出，则根据式(7.6-59)，并用 $m(\xi)$ 代替 $cf(\xi)$，得

$$\varphi_2(x,r,\theta)=\frac{\beta^2 r\cos\theta}{4\pi}\int_0^L\frac{m(\xi)\mathrm{d}\xi}{\left[(x-\xi)^2+\beta^2r^2\right]^{3/2}} \tag{7.6-60}$$

式中，$m(\xi)$ 由 $\varphi_2$ 的边界条件式(7.6-51)确定如下：

$$\frac{\beta^2}{4\pi}\left\{\frac{\partial}{\partial r}\int_0^L \frac{rm(\xi)\mathrm{d}\xi}{\left[(x-\xi)^2+\beta^2 r^2\right]^{3/2}}\right\}_{r=R}=-V_\infty\alpha \tag{7.6-61}$$

该式称为确定亚声速时旋成体“横向绕流”扰动速度势的积分方程。

2)超声速流动

前面在7.6.3小节讨论超声速轴向绕流时已得到其 $\partial\varphi_1/\partial r$ [式(7.6-35)]，这里用 $m(\xi)$ 代替 $cf'(\xi)$，则可得到超声速“横向绕流”时的扰动速度势：

$$\varphi_2(x,r,\theta)=\frac{\cos\theta}{2\pi r}\int_0^{x-Br}\frac{m(\xi)(x-\xi)\mathrm{d}\xi}{\sqrt{(x-\xi)^2-B^2r^2}} \tag{7.6-62}$$

式中，$m(\xi)$ 仍由边界条件确定。

应用变量替换式(7.6-33)后，式(7.6-62)变为

$$\varphi_2(x,r,\theta)=\frac{B\cos\theta}{2\pi}\int_0^{\mathrm{arch}\frac{x}{Br}} m(x-Br\mathrm{ch}u)\mathrm{ch}u\mathrm{d}u$$

则

$$\frac{\partial\varphi_2}{\partial r}=\frac{-B^2\cos\theta}{2\pi}\int_0^{\mathrm{arch}\frac{x}{Br}} m'(x-Br\mathrm{ch}u)\mathrm{ch}^2u\mathrm{d}u=\frac{-\cos\theta}{2\pi r^2}\int_0^{x-Br}\frac{m'(\xi)(x-\xi)^2\mathrm{d}\xi}{\sqrt{(x-\xi)^2-B^2r^2}} \tag{7.6-63}$$

得出式(7.6-63)时应用了尖头旋成体超声速绕流在小扰动情况下应取 $m(0)=0$ 的特性。将式(7.6-63)代入“横向绕流”的边界条件式(7.6-51)，得

$$\frac{1}{2\pi R^2}\int_0^{x-BR}\frac{m'(\xi)(x-\xi)^2\mathrm{d}\xi}{\sqrt{(x-\xi)^2-B^2R^2}}=V_\infty\alpha \tag{7.6-64}$$

此即确定超声速时旋成体“横向绕流”扰动速度势的积分方程。

对一般的物形函数 $R(x)$ 来说，求解积分方程确定 $m(\xi)$ 分布比较困难。与轴向绕流的分析类似，可采用反方法，给定分布函数 $m(\xi)$ 后分析其代表的流动。前面知道，超声速轴向绕流中线性的源强分布代表的是圆锥轴向绕流，这里对超声速“横向绕流”，线性的偶极分布 $m(\xi)=b\xi$ 代表的是圆锥的“横向绕流”，常数 $b$ 由圆锥顶角和来流迎角确定。相关内容详见杨岞生等编写的《飞行器部件空气动力学》。

#### 4. 极细长旋成体“横向绕流”的渐近解

1)亚声速流动

当 $R$ 很小时积分方程(7.6-61)左端积分的主要贡献是集中在 $x-\xi=0$ 附近的那些偶极子。这是因为 $R$ 为小量，若 $(x-\xi)$ 非小量，则左端量级为 $\mathrm{O}(R^0)$；而当 $x-\xi\approx 0$ 时，左端的量级就为 $\mathrm{O}(R^{-3})$ 了。因此计算式(7.6-61)左端积分时可将 $m(\xi)$ 视为不变的并等于 $m(x)$。这样式(7.6-61)就可简化为

$$\frac{\beta^2}{4\pi}m(x)\left\{\frac{\partial}{\partial r}\int_0^L\frac{r\mathrm{d}\xi}{\left[(x-\xi)^2+\beta^2r^2\right]^{3/2}}\right\}_{r=R}=-V_\infty\alpha \tag{7.6-65}$$

而

$$\int_0^L\frac{\mathrm{d}\xi}{\left[(x-\xi)^2+\beta^2r^2\right]^{3/2}}=\frac{1}{\beta^2r^2}\left[\frac{x}{\sqrt{x^2+\beta^2r^2}}+\frac{L-x}{\sqrt{(L-x)^2+\beta^2r^2}}\right] \tag{7.6-66}$$

由于 $r\to 0$，除了非常接近 $x=0$ 和 $x=L$ 的点外，$\beta^2r^2/x^2\ll 1$，$\beta^2r^2/(L-x)^2\ll 1$，式(7.6-66)可近似为

$$\frac{1}{\beta^2r^2}\left[\frac{x}{\sqrt{x^2+\beta^2r^2}}+\frac{L-x}{\sqrt{(L-x)^2+\beta^2r^2}}\right]\approx\frac{2}{\beta^2r^2} \tag{7.6-67}$$

代入式(7.6-65)，有

$$\frac{\beta^2}{4\pi}m(x)\left[\frac{\partial}{\partial r}\left(\frac{2r}{\beta^2r^2}\right)\right]_{r=R}=-V_\infty\alpha$$

从而得到亚声速流动时偶极子强度分布函数为

$$m(x)=2\pi R^2V_\infty\alpha=2V_\infty\alpha S \tag{7.6-68}$$

式中，$S$ 为旋成体的横截面积。

将偶极子强度分布函数代入式(7.6-60)，得到极细长旋成体的亚声速“横向绕流”扰动速度势为

$$\varphi_2(x,r,\theta)=\frac{\beta^2V_\infty\alpha r\cos\theta}{2\pi}\int_0^L\frac{S(\xi)\mathrm{d}\xi}{\left[(x-\xi)^2+\beta^2r^2\right]^{3/2}} \tag{7.6-69}$$

由于上面积分的主要贡献是集中在 $x-\xi=0$ 附近的那些偶极子，积分时可令 $S(\xi)=S(x)$，再应用式(7.6-66)和式(7.6-67)后，可得

$$\varphi_2(x,r,\theta)=\frac{V_\infty\alpha\cos\theta}{\pi r}S(x)=\frac{V_\infty\alpha\cos\theta}{r}R^2(x) \tag{7.6-70}$$

2) 超声速流动

对极细长的旋成体，即 $R\to 0$ 时，确定超声速流动下 $m(x)$ 分布的式(7.6-64)左端可近似为

$$\frac{1}{2\pi R^2}\int_0^{x-BR}\frac{m'(\xi)(x-\xi)^2\mathrm{d}\xi}{\sqrt{(x-\xi)^2-B^2R^2}}\approx\frac{1}{2\pi R^2}\int_0^x m'(\xi)(x-\xi)\mathrm{d}\xi$$

$$=\frac{1}{2\pi R^2}\left\{\left[m(\xi)(x-\xi)\right]_0^x+\int_0^x m(\xi)\mathrm{d}\xi\right\}=\frac{1}{2\pi R^2}\int_0^x m(\xi)\mathrm{d}\xi$$

从而式(7.6-64)成为

$$\frac{1}{2\pi R^2}\int_0^x m(\xi)\,\mathrm{d}\xi = V_\infty \alpha$$

由此得

$$m(x) = 4\pi V_\infty \alpha R\frac{\mathrm{d}R}{\mathrm{d}x} \tag{7.6-71}$$

将式(7.6-71)代入式(7.6-62)，得到针对极细长旋成体的超声速“横向绕流”扰动速度势为

$$\begin{aligned}\varphi_2(x,r,\theta) &= \frac{V_\infty \alpha\cos\theta}{r}\int_0^{x-Br} 2R\frac{\mathrm{d}R}{\mathrm{d}\xi}\frac{(x-\xi)\,\mathrm{d}\xi}{\sqrt{(x-\xi)^2 - B^2r^2}} \\ &\approx \frac{V_\infty \alpha\cos\theta}{r}\int_0^x 2R\frac{\mathrm{d}R}{\mathrm{d}\xi}\mathrm{d}\xi = \frac{V_\infty \alpha\cos\theta}{r}R^2(x)\end{aligned} \tag{7.6-72}$$

3) 压强系数

对比式(7.6-70)和式(7.6-72)，可以发现超声速和亚声速流动条件下的极细长旋成体的“横向绕流”具有相同的扰动速度势。扰动速度为

$$V_{2x}' = \frac{\partial\varphi_2}{\partial x} = \frac{2V_\infty \alpha\cos\theta}{r}R\frac{\mathrm{d}R}{\mathrm{d}x}$$

$$V_{2r}' = \frac{\partial\varphi_2}{\partial r} = -\frac{V_\infty \alpha\cos\theta}{r^2}R^2$$

$$V_{2\theta}' = \frac{\partial\varphi_2}{r\partial\theta} = -\frac{V_\infty \alpha\sin\theta}{r^2}R^2$$

代入物面压强系数式(7.6-55)，可得到亚声速和超声速流动下“横向绕流”的旋成体表面压强系数均为

$$C_{pc}\big|_{r=R} = -4\alpha\cos\theta\frac{\mathrm{d}R}{\mathrm{d}x} + \left(1-4\sin^2\theta\right)\alpha^2 \tag{7.6-73}$$

### 7.6.5 极细长旋成体的气动特性

前面对极细长旋成体分别得到了轴向绕流和“横向绕流”的物面压强系数分布。小迎角细长旋成体绕流的物面压强系数即轴向绕流和“横向绕流”物面压强系数的叠加。确定物面压力分布后，就可在整个物体表面积分得到细长旋成体的升力、阻力和力矩特性。

如图 7-26 所示，来流速度为$V_\infty$、迎角为$\alpha$的气流流过细长旋成体，作用于旋成体上的升力为$L$，阻力为$D$。在图 7-26 中以旋成体体轴为$x$轴的坐标系下，垂直于体轴方向的力称为法向力，用$N$表示；平行于体轴方向的力称为轴向力，用$A$表示。对旋成体顶点的仰俯力矩记作$M_z$。定义法向力系数和轴向力系数分别为

$$C_N=\frac{N}{\frac{1}{2}\rho_\infty V_\infty^2 S_{\mathrm{M}}},\quad C_A=\frac{A}{\frac{1}{2}\rho_\infty V_\infty^2 S_{\mathrm{M}}} \tag{7.6-74}$$

式中，$S_{\mathrm{M}}$ 为旋成体的最大横截面积。仰俯力矩系数定义为

$$C_{M_z}=\frac{M_z}{\frac{1}{2}\rho_\infty V_\infty^2 S_{\mathrm{M}} L_{旋成体}} \tag{7.6-75}$$

式中，$L_{旋成体}$为旋成体的长度。升力系数 $C_L$ 和阻力系数 $C_D$ 可根据 $C_N$、$C_A$ 和迎角 $\alpha$ 计算。

下面根据前面得到的旋成体物面压强系数分布分别推导 $C_N$、$C_A$ 和 $C_{M_z}$。

1．法向力系数 $C_N$ 的计算

法向力是旋成体表面上压强在垂直于体轴方向上的合力。如图 7-27 所示，作用于旋成体微元表面上的法向力为

$$\mathrm{d}N=-pR\mathrm{d}\theta\mathrm{d}x\cdot\cos\theta \tag{7.6-76}$$

$p$ 由压强系数 $C_{p,w}=C_{pa}\big|_{r=R}+C_{pc}\big|_{r=R}$ 和 $p_\infty$ 表征。考虑到 $p_\infty$ 和 $C_{pa}\big|_{r=R}$ 均为轴对称分布，对法向力无贡献，则

$$N=-\frac{1}{2}\rho_\infty V_\infty^2\int_0^L\int_0^{2\pi}C_{pc}\big|_{r=R}\cdot R\cos\theta\mathrm{d}\theta\mathrm{d}x \tag{7.6-77}$$

将式(7.6-73)给出的 $C_{pc}\big|_{r=R}$ 代入后，得

$$N=\frac{1}{2}\rho_\infty V_\infty^2\int_0^L 4\pi\alpha R\frac{\mathrm{d}R}{\mathrm{d}x}\mathrm{d}x=\frac{1}{2}\rho_\infty V_\infty^2\int_0^L 2\alpha S'(x)\mathrm{d}x \tag{7.6-78}$$

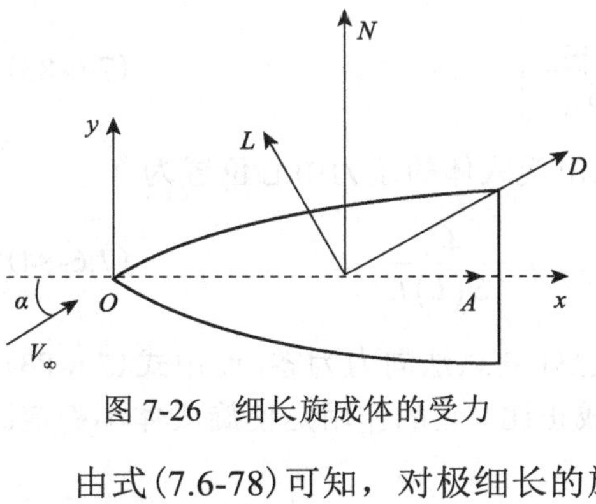

图 7-26　细长旋成体的受力

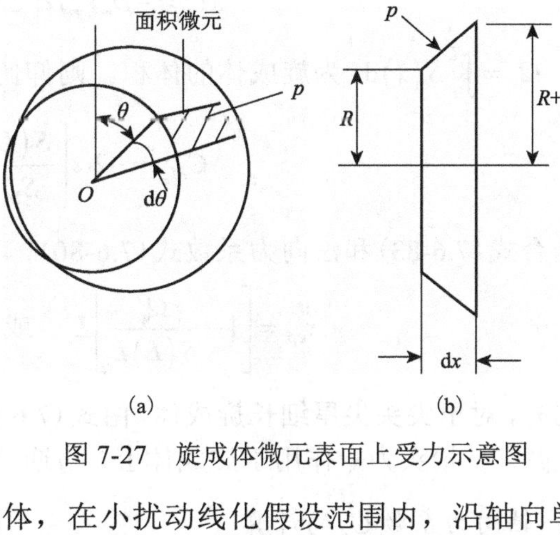

图 7-27　旋成体微元表面上受力示意图

由式(7.6-78)可知，对极细长的旋成体，在小扰动线化假设范围内，沿轴向单位长度的法向力与来流迎角 $\alpha$ 和 $S'(x)$ 成正比。旋成体头部 $S'(x)>0$，提供正的法向力；中间圆柱段 $S'(x)=0$，对法向力没有贡献；旋成体尾部 $S'(x)<0$，则提供负的法向力。

对尖头旋成体，$S(0)=0$，则

$$N = \rho_\infty V_\infty^2 \alpha S(L) \tag{7.6-79}$$

式中，$S(L)$为旋成体底部横截面积。所以以旋成体最大横截面积$S_\mathrm{M}$作为参考面积的法向力系数为

$$C_N = 2\alpha \frac{S(L)}{S_\mathrm{M}} \tag{7.6-80}$$

若细长体为尖头、尖尾，$S(L)=0$，则所受法向力为0。

由于气流黏性的影响，由无黏、线化小扰动假设得出的上述结果与实际情况稍有差异。对于由头部、圆柱段、尾段组成的旋成体，在超声速绕流中，紧接着头部后面2~3倍直径长度的圆柱段，也要产生法向力。旋成体尾部实际的向下的法向力也比理论值小，而尖头尖尾的细长旋成体实际会受到一个小的向上的法向力，这都是由黏性的影响使旋成体尾部发生小的分离引起的。

2. 仰俯力矩系数$C_{M_z}$的计算

对旋成体顶点的仰俯力矩为旋成体各微元表面上法向力d$N$的贡献之和，取抬头力矩为正。与法向力计算类似，仅“横流”的压强系数$C_{pc}\big|_{r=R}$对仰俯力矩有贡献，于是有

$$M_z = \frac{1}{2}\rho_\infty V_\infty^2 \int_0^L \int_0^{2\pi} x C_{pc}\big|_{r=R} \cdot R\cos\theta \mathrm{d}\theta \mathrm{d}x$$

将式(7.6-73)给出的$C_{pc}\big|_{r=R}$代入后得

$$M_z = -\rho_\infty V_\infty^2 \alpha \int_0^L x S'(x)\mathrm{d}x = -\rho_\infty V_\infty^2 \alpha \left\{ \left[xS(x)\right]_0^L - \int_0^L S(x)\mathrm{d}x \right\} \tag{7.6-81}$$

$$M_z = -\rho_\infty V_\infty^2 \alpha \left[LS(L) - \Omega_w\right] \tag{7.6-82}$$

式中，$\Omega_w = \int_0^L S(x)\mathrm{d}x$为旋成体的体积。则仰俯力矩系数为

$$C_{M_z} = -2\alpha \left[\frac{S(L)}{S_\mathrm{M}} - \frac{\Omega_w}{S_\mathrm{M} L}\right] \tag{7.6-83}$$

结合式(7.6-83)和法向力系数式(7.6-80)，可求出旋成体的压力中心位置为

$$x_\mathrm{cp} = \left[1 - \frac{\Omega_w}{S(L)L}\right]L \quad 或 \quad \bar{x}_\mathrm{cp} = 1 - \frac{\Omega_w}{S(L)L} \tag{7.6-84}$$

另外，对于尖头尖尾细长旋成体，由式(7.6-80)已知其总法向力为零。而由式(7.6-83)可见，仍有一抬头力矩作用于旋成体上，与迎角$\alpha$成正比。它的作用是使旋成体不稳定。

3. 轴向力系数$C_A$的计算

轴向力是旋成体表面上压强在沿体轴方向上的合力。如图7-27所示，作用于旋成体微元表面上的轴向力为

$$\mathrm{d}A = pR\mathrm{d}\theta\mathrm{d}x\frac{\mathrm{d}R}{\mathrm{d}x} \tag{7.6-85}$$

计及 $p_\infty$ 沿旋成体表面和底面积的积分后，$p_\infty$ 对轴向力的贡献为零。故轴向力可通过旋成体表面压强系数计算：

$$A = \frac{1}{2}\rho_\infty V_\infty^2 \int_0^L \int_0^{2\pi} C_{p,w} \cdot R\frac{\mathrm{d}R}{\mathrm{d}x}\mathrm{d}\theta\mathrm{d}x \tag{7.6-86}$$

式(7.6-86)中物面压强系数为轴流和“横流”的物面压强系数之和，则轴向力也可分解为轴流和“横流”两部分贡献之和：

$$A = A_a + A_c \tag{7.6-87}$$

其中

$$A_a = \frac{1}{2}\rho_\infty V_\infty^2 \int_0^L C_{pa}\big|_{r=R} \cdot S'(x)\mathrm{d}x \tag{7.6-88}$$

$$A_c = \frac{1}{2}\rho_\infty V_\infty^2 \int_0^L \int_0^{2\pi} C_{pc}\big|_{r=R} \cdot R\frac{\mathrm{d}R}{\mathrm{d}x}\mathrm{d}\theta\mathrm{d}x \tag{7.6-89}$$

先看轴流的贡献 $A_a$。来流为亚声速时，$A_a = 0$。来流为超声速时，将轴向绕流的物面压强系数式(7.6-49)代入式(7.6-88)，整理后得

$$\begin{aligned} A_a = \frac{1}{2}\rho_\infty V_\infty^2 \Bigg\{ & -\frac{\left[S'(L)\right]^2}{2\pi}\ln\frac{BR(L)}{2} + \frac{S'(L)}{\pi}\int_0^L S''(\xi)\ln(L-\xi)\mathrm{d}\xi \\ & -\frac{1}{\pi}\int_0^L\int_0^x S''(x)S''(\xi)\ln(x-\xi)\mathrm{d}\xi\mathrm{d}x \Bigg\} \end{aligned} \tag{7.6-90}$$

因为

$$S'(L) = 2\pi R(L)\frac{\mathrm{d}R}{\mathrm{d}x}\bigg|_{x=L}$$

所以对尖尾旋成体$[R(L)=0]$，或尾部为圆柱$(\mathrm{d}R/\mathrm{d}x)\big|_{x=L} = 0$时，式(7.6-90)成为

$$A_a = -\frac{1}{2\pi}\rho_\infty V_\infty^2 \int_0^L\int_0^x S''(x)S''(\xi)\ln(x-\xi)\mathrm{d}\xi\mathrm{d}x \tag{7.6-91}$$

“横流” 对轴向力的贡献 $A_c$ 在亚声速和超声速流动情况相同。将“横流”压强系数式(7.6-73)代入式(7.6-89)，整理后得

$$A_c = -\frac{1}{2}\rho_\infty V_\infty^2 \alpha^2 \int_0^L S'(x)\mathrm{d}x$$

对尖头细长体，有

$$A_c = -\frac{1}{2}\rho_\infty V_\infty^2 \alpha^2 S(L) \tag{7.6-92}$$

旋成体的轴向力系数为

$$C_A = \frac{A_a + A_c}{\frac{1}{2}\rho_\infty V_\infty^2 S_M} = \frac{A_a}{\frac{1}{2}\rho_\infty V_\infty^2 S_M} - \alpha^2 \frac{S(L)}{S_M} = C_{A,0} - \alpha^2 \frac{S(L)}{S_M}$$

式中，$C_{A,0}$ 称为零升波阻系数，是超声速流动时轴向绕流产生的轴向力 $A_a$ 的贡献，$A_a$ 由式(7.6-90)或式(7.6-91)计算。

4. 升力和阻力系数

获得法向力和轴向力系数 $C_N$、$C_A$ 后，见图 7-26，即可进一步得到旋成体的升力系数 $C_L$ 和阻力系数 $C_D$。

升力系数为

$$C_L = C_N \cos\alpha - C_A \sin\alpha \approx C_N - C_A\alpha \approx 2\alpha\frac{S(L)}{S_M} - C_{A,0}\alpha \tag{7.6-93}$$

通常 $C_{A,0} \ll 2$，所以升力系数又可进一步近似为

$$C_L = 2\alpha\frac{S(L)}{S_M} \tag{7.6-94}$$

阻力系数为

$$C_D = C_N \sin\alpha + C_A \cos\alpha$$

来流为亚声速时，有

$$C_D \approx C_N\alpha + C_A = 2\alpha^2\frac{S(L)}{S_M} - \alpha^2\frac{S(L)}{S_M} = \alpha^2\frac{S(L)}{S_M} \tag{7.6-95}$$

来流为超声速时，有

$$C_D \approx C_N\alpha + C_A = \alpha^2\frac{S(L)}{S_M} + C_{A,0} \tag{7.6-96}$$

阻力系数中与迎角有关的部分称为诱导阻力系数，用 $C_{D,i}$ 表示，即

$$C_{D,i} = \alpha^2\frac{S(L)}{S_M} \tag{7.6-97}$$

对应地，超声速来流时的零升波阻系数 $C_{A,0}$ 也可用 $C_{D,0}$ 表示。应当指出的是，实际流动中的阻力系数计算还应计及黏性引起的摩擦阻力。

# 习　　题

1-1　计算标准条件下海平面上空气分子的数密度、分子平均自由程。

1-2　气瓶容积 $0.15\text{m}^3$，在温度为 303K 时，瓶中氧气的压强是 $5\times10^6\text{Pa}$，求瓶中氧气的质量。

1-3　两平行圆盘，直径均为 $D$，两者相距 $h$，下盘固定，上盘以匀角速度 $\omega$ 旋转。两盘间为液体，其黏度为 $\mu$。设 $h$ 与 $D$ 相比为小量，两盘间液体的速度分布呈线性关系。试推导黏度 $\mu$ 与转矩 $T$ 及角速度 $\omega$ 之间的关系。

1-4　在水下竖壁上有一半球形凹腔，如图。球心在水面下 $h$ 处，球半径为 $a$，$h>a$。求水对腔壁的竖向作用力和水平作用力。

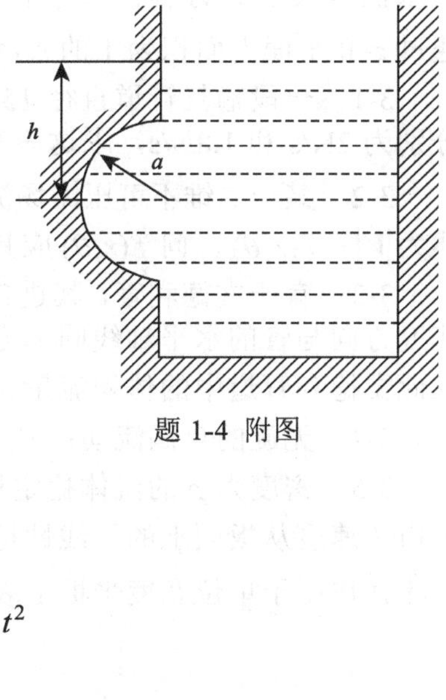

题 1-4 附图

1-5　一半径为 $a$，高为 $H$ 的圆柱形容器，注水至 $h$，$H/2<h<H$。使容器绕圆柱中心轴做等角速度旋转。①确定使自由液面刚好到达容器边缘时的转速 $n_1$。②求液面最低点（即抛物面顶点）碰到容器底时的转速 $n_2$。此时容器停止旋转后，水面高度 $h_2$ 为多少？

1-6　飞机在等温大气层中飞行，已知地面上的大气压力为 100kPa，密度为 $1.18\text{kg/m}^3$，若飞机气压计读数 600mmHg，求飞机所在高度。

1-7　某飞机的巡航高度设计为 10km，求出该高度处的大气压力、密度和温度，并与国际标准大气表上所给出的数据相比较。

2-1　假设有一流场的速度场为

$$u = xy + 20t, \quad v = x - \frac{1}{2}y^2 + t^2$$

求当 $t$=4 时，$P(2,1)$ 处的流体质点的 $x$、$y$ 方向的加速度。

2-2　有一二维流场，其径向和周向速度分别为

$$V_r = 0, \quad V_\theta = cr$$

其中 $c$ 为常数。求该流场的流线方程，并验证流场是否是无旋的。

2-3　设流场中的速度大小及流线的表达式分别为

$$|\boldsymbol{V}| = \sqrt{x^2 + 2xy + 2y^2}, \quad y^2 + 2xy = 常数$$

求速度分量的表达式。

2-4　一二维流场的 $x$ 方向和 $y$ 方向速度分别为

$$u=\frac{cx}{x^2+y^2},\quad v=\frac{cy}{x^2+y^2}$$

其中 $c$ 为常数。①求该流场的流线方程；②单位体积流体微团的体积变化率（即速度散度）；③速度旋度。

2-5　三维流场速度为

$$u=yz+t,\quad v=xz+t,\quad w=xy$$

①求 $t$=2 时位于点 (1,2,3) 处的流体质点的加速度；②此流场是否有旋？③写出线应变率和角变形率的表达式。

2-6　二维不可压无旋流，速度 $u=kxy$，其中 $k$ 为常数。求速度 $v$ 的表达式及流动的速度位函数 $\phi$。

2-7　已知某流场的速度场为

$$u=y+2z,\quad v=z+2x,\quad w=x+2y$$

①求涡量及涡线方程；②求在 $x+y+z=1$ 平面上，横截面为 $\Delta S=1$ 的涡管强度；③求通过 $z$=0 平面上面积为 1 的 $\Delta S$ 截面的涡通量。

3-1　一段输气管道直径 150mm，在相距 8m 的两个截面上同时量取数据，重量流量分别为 2N/s 和 1.8N/s，求这段管道内气体的平均密度随时间的当地变化率 $\partial\bar{\rho}/\partial t$。

3-2　某一二维不可压流场流线为：$x^2+y^2=$常数。速度大小在极坐标系 $(r,\theta)$ 下可描述为 $|V|=f(r,\theta)$。问 $f(r,\theta)$ 应具有什么形式，流场才能满足连续条件？设流体密度不变。

3-3　有一文德利管，其进口处和喉道处的截面积分别为 $A_1$ 和 $A_2$，流体流过此管道，速度方向与管的水平轴线同一方向，测得 $A_1$ 和 $A_2$ 两个截面上的流体静压差为 $p_1-p_2$。求此文德利管道中的体积流量 $q_V=VA$，假设流动不可压。

3-4　无旋的点涡流动：$V_\theta=a/r$，$a$ 为常数。证明其伯努利常数 $C$ 跨越流线不变。

3-5　密度为 $\rho$ 的流体稳定地流过一水平放置的平板。入口边速度是均匀的，为 $V_\infty$，出口边速度从板面上的零线性地增加到距板面 $h$ 的 $V_\infty$，在 $h$ 以上的速度仍为 $V_\infty$，试确定流体作用于单位宽度平板上表面的力。

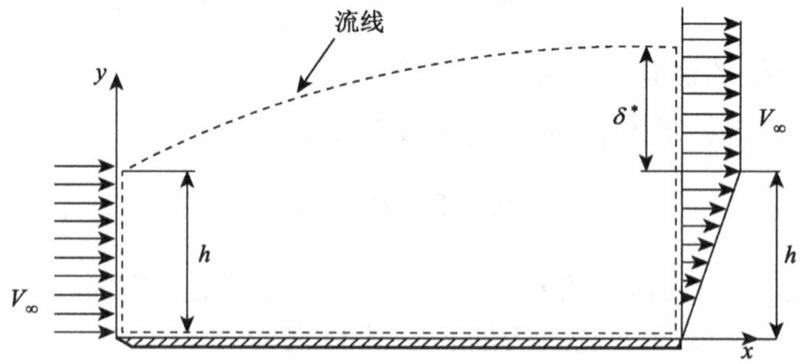


题 3-5　附图

3-6　如图所示，水流过 90° 弯头，入口截面处 $p_1=221\text{kPa}$，$A_1=0.01\text{m}^2$，出口处 $V_2=16\text{m/s}$，$A_2=0.0025\text{m}^2$，$p_2=1\text{atm}$，不计弯头和水的重量，求固定弯头的铰链所受的力。

3-7　一股厚度为 $h=2\text{cm}$ 的平面水流以速度 $V=10\text{m/s}$ 冲击到对称的后弯曲二维导流片上，流出导流片时速度与水平线夹角为 $\alpha=30°$ 。求下面两种情况时射流对单位宽度导流片的作用力 $F_1$ 和 $F_2$：①导流片固定（$U$=0）；②导流片以 $U=5\text{m/s}$ 速度后退。

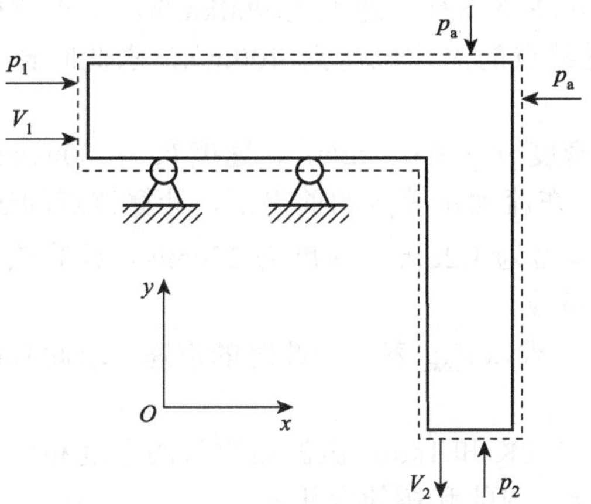


题 3-6　附图

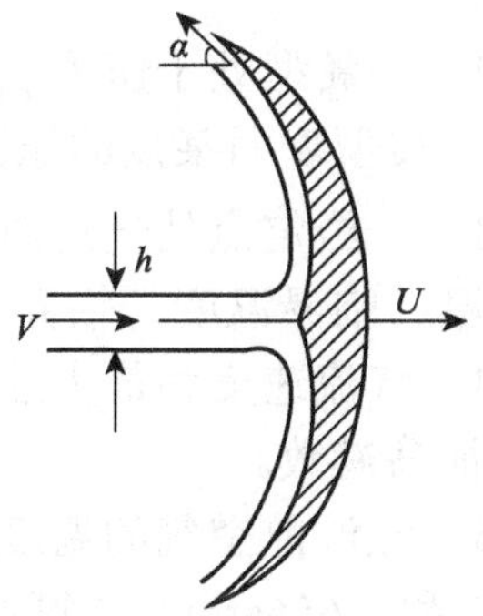


题 3-7　附图

3-8　直径 $d=10\text{cm}$ 的球放在速度为 20m/s、温度为 0℃、1atm 的自由流体中。设流体是 ①空气；②水；③氢气，计算以球的直径为参考长度的雷诺数。

4-1　设不可压流动的流函数为 $\psi=3x^2y-y^3$，问是否有位函数存在？若有，请求出位函数。

4-2　位于 $(0,a)$ 和 $(0,-a)$ 处有两个等强度的旋转方向相反的点涡，其中 $a$>0。$a\to0$ 时保持 $a\Gamma/\pi$ 为常数，试证其对应的流动与轴线在 $x$ 轴上的偶极子完全相同。

4-3　相距 $2a$、强度为 $Q$ 的等强度点源和点汇，位于一条与正 $x$ 轴成 45° 角的直线上，点源位于第 3 象限，点汇和点源相对于原点对称。试证当 $a\to0$，并保持 $2aQ=M$（常数）时，由此形成的偶极子的流函数为

$$\psi=\frac{M}{2\pi}\frac{\sqrt{2}}{2}\frac{y-x}{x^2+y^2}$$

4-4　某二维流场的流函数可写成如下表达式：

$$\psi=100\left(r-\frac{25}{r}\right)\sin\theta+\frac{628}{2\pi}\ln\left(\frac{r}{5}\right)$$

试求：零流线的形状、驻点的位置、绕物体的环量、无限远处的速度和作用在该物体上的力。

4-5　已知一个二维不可压缩流动的速度势函数为

$$\phi=-V_\infty\left(r+\frac{a^2}{r}\right)\cos\theta-\frac{\Gamma}{2\pi}\theta$$

式中，$V_\infty$、$a$、$\Gamma$ 均为已知的正常数（注：$\Gamma>0$ 代表逆时针旋转），$r$、$\theta$ 为平面极坐标。问这种流动是由哪些基本流动叠加而成的。

4-6　假设有一给定半径的圆柱的有升力绕流，并同时给定其环量 $\Gamma$ 。现将自由来流速度变为原流速 $V_\infty$ 的两倍，即 $2V_\infty$，环量保持为 $\Gamma$ 不变。那么原流线图的形状会不会发生变化，为什么？

5-1　已知有架高亚声速飞机在 8000m 高空飞行，速度为 900km/h。①求该机前缘驻点处的温度；②若机翼上表面前缘附近某点的流速已达到 400m/s，求此时该点的气流静温。

5-2　一翼型处于压力 $p_\infty = 0.61\text{atm}$ 、密度 $\rho_\infty = 0.61\ \text{kg/m}^3$ 、速度 $V_\infty = 300\text{m/s}$ 的自由来流中。翼型表面某点的压力 $p = 0.5\text{atm}$ 。在流动是等熵的前提下，计算该点的速度。

5-3　一给定点处气流温度为 300K、压力为 1.2atm、速度为 250m/s。计算该点的总压、总温、临界温度、临界压力和特征马赫数。

5-4　气流速度为最大速度 $V_{\max}$ 的一半，求以 $V_{\max}$ 表示的此时的声速，求此时的马赫数和特征马赫数。

5-5　激波前空气的温度和压力分别为 288K 和 1atm，激波后空气的温度和压力分别为 690K 和 8.656atm。计算通过激波气流焓、内能和熵的变化。

5-6　正激波前的气流状态为压力 $p_1 = 1\text{atm}$ 、温度 $T_1 = 288\text{K}$ 、马赫数 $Ma_1 = 2.6$ 。首先采用激波关系式和等熵关系式等计算正激波后的状态参数 $p_2$、$T_2$、$Ma_2$、$p_{02}$、$T_{02}$ ，以及通过激波的熵增，然后查表验证计算结果。

5-7　正激波前气流的压力为 1atm。波后的压力和温度分别为 10.33atm 和 850K。计算波前的马赫数和温度，以及波后的总温和总压。

5-8　若气流的压力为 1atm、温度为 288K，放入气流中的皮托管测出的压力为 1.555atm。问气流的速度是多少？

5-9　考虑一压力为 1atm、马赫数为 4 的气流，想通过激波使气流变成亚声速，并且使总压损失尽可能地小。计算气流分别以下面三种方式转变为亚声速时的总压失：

①简单的一个正激波；②通过偏转角为 25.3° 的一个斜激波，再通过一个正激波；③通过偏转角为 25.3° 的一个斜激波，再通过偏转角为 20° 的一个斜激波，再通过一个正激波。由上述三种方式的结果，比较分析三种减速方式的效率。

5-10　马赫数 $Ma_1 = 1.58$ 、压力 $p_1 = 1\text{atm}$ 的超声速流动绕一凸尖角膨胀，如果尖角后的压力为 0.1306 atm，试计算尖角的偏转角。

5-11　马赫数 $Ma_1 = 3$ 、温度 $T_1 = 285\text{K}$ 、压力 $p_1 = 1\text{atm}$ 的超声速流动绕一凹角压缩向上偏转 $\theta$=30.6° ，随后突然以绕一同样角度的凸尖角膨胀使其流动方向恢复为初始流动方向。①试计算膨胀波后的 $Ma_3$、$p_3$、$T_3$ ；②既然最后的流动方向与初始流动方向相同，是否可以认为 $Ma_3 = Ma_1$、 $p_3 = p_1$、 $T_3 = T_1$？为什么？

5-12　一菱形翼型，半顶角 $\varepsilon$=10° ，翼型以攻角 $\alpha$=15° 放置在来流马赫数为 3 的气流中，计算翼型的升力和波阻系数。

5-13　气流在收缩-扩张喷管中等熵膨胀到超声速。滞止压力和出口压力分别为 1atm 和 0.3143 atm。求 $A_e/A^*$ 的值。

5-14　证明：流过拉瓦尔喷管的壅塞流动的质量流量 $q_m$ 表达式为

$$q_m = \frac{p_0 A^*}{\sqrt{T_0}} \sqrt{\frac{\gamma}{R}\left(\frac{2}{\gamma+1}\right)^{\frac{\gamma+1}{\gamma-1}}}$$

5-15　收缩-扩张喷管的出口面积与喉道处面积之比为 1.616，其出口压力和滞止压力分别为 0.947 atm 和 1.0 atm。假设流动是等熵的，计算喉道处的马赫数和压力。

6-1　一个重 400N 的物体具有 $0.186\text{m}^2$ 的接触平面，它于沿水平面成 30° 的斜面滑动。若该斜面上有黏度为 0.1 Pa·s 的润滑剂，物体下滑速度为 0.914m/s，求润滑膜的厚度。

6-2　液体沿倾角为 $\alpha$ 的斜板流下。若液层的厚度为 $h$，证明单位宽度的斜板上，液体的质量流量为

$$q_m = \frac{\rho g h^3 \sin\alpha}{3\nu}$$

6-3　考虑相距为 $2h$ 的两平行无限长平板，下面的平板静止不动，上面的平板以一个恒定速度 $U$ 沿平行于板的方向运动。两板之间黏性流体的不可压流动称为不可压库埃特流动。对不可压库埃特流，求：固定板上切应力为零时的流向压力梯度，以及此时运动板上的切应力及方向。

6-4　有两个同心圆筒，大筒半径为 $a$，小筒半径为 $b$。大筒不动，小筒以匀速 $U$ 沿纵向轴线（$x$ 轴）做直线运动。设筒上下游无压差，即 $\mathrm{d}p/\mathrm{d}x = 0$，且忽略重力。证明两筒间的速度分布为 $\dfrac{u}{U} = \dfrac{\ln(a/r)}{\ln(a/b)}$，作用在单位筒长上阻力的大小为 $F = \dfrac{2\pi\mu U}{\ln(a/b)}$，并判断阻力方向。

6-5　如果对速度剖面采用 1/7 的指数规律：$u/V_e = (y/\delta)^{1/7}$，试证明边界层的位移厚度与动量损失厚度分别是 $\delta^* = \delta/8$、$\theta = 7\delta/72$。设流动不可压。

6-6　对于平行于平板的二维不可压流动，证明如下的平板摩擦阻力关系式：

$$D_f = \rho U^2 \theta$$

式中，$\rho$ 为流体密度，$U$ 为边界层外缘速度，$D_f$ 为从平板前缘（$x=0$）到 $x=x_1$ 之间单位宽度平板上受到的总摩擦力，$\theta$ 为 $x=x_1$ 处的动量损失厚度。

6-7　光滑平板长 0.6m，宽 2m，气流速度为 30m/s，设流动保持为层流。试根据平板层流边界层的相似解，求国际标准海平面大气条件下平板所受的摩擦阻力。

6-8　弦长 $L$ 为 3.5m 的平板，$Re_L = 10^6$。假设流动全部为层流，采用布拉休斯解估计平板后缘处的边界层厚度。

7-1　一架低速飞机的平直机翼采用 NACA2415 翼型，问此翼型的 $\bar{f}$、$\bar{x}_f$、$\bar{t}$ 各等于多少？

7-2　中弧线是圆弧形状（恒定曲率半径）的翼型，中弧线的最大值为 $kc$，此处 $k$ 是常数，$c$ 为翼型的弦长。自由来流速度为 $V_\infty$，迎角为 $\alpha$。假定 $k \ll 1$，证明：$\gamma$ 分布的近似表达式为

$$\gamma(\theta)=2V_{\infty}\left(\alpha\frac{1+\cos\theta}{\sin\theta}+4k\sin\theta\right)$$

7-3　考虑 NACA2412 翼型。该翼型的弦长 0.6096m，在标准海平面自由来流速度为 1.524m/s，迎角为 4° 时，计算翼型的升力，对 1/4 弦长处的力矩。取单位展长。

7-4　在直角坐标系中给定一速度势函数为

$$\phi(x,y)=V_{\infty}x+\frac{70}{\sqrt{1-Ma_{\infty}^{2}}}\sin(2\pi x)\cdot \mathrm{e}^{-2\pi\sqrt{1-Ma_{\infty}^{2}}y}$$

自由流参数为 $V_{\infty}=210\text{m/s}$ 、 $p_{\infty}=1\ \text{atm}$ 和 $T_{\infty}=288\text{K}$ 。计算点 (0.06m,0.06m) 处的 $Ma$、$p$ 和 $T$ 值。

7-5　设有 $Ma_{\infty}=\sqrt{2}$ 的气流以零迎角绕如图所示的二维对称翼型流动，试用小扰动线化理论计算翼面上的压强系数 $C_p$ 和翼型的阻力系数 $C_D$。

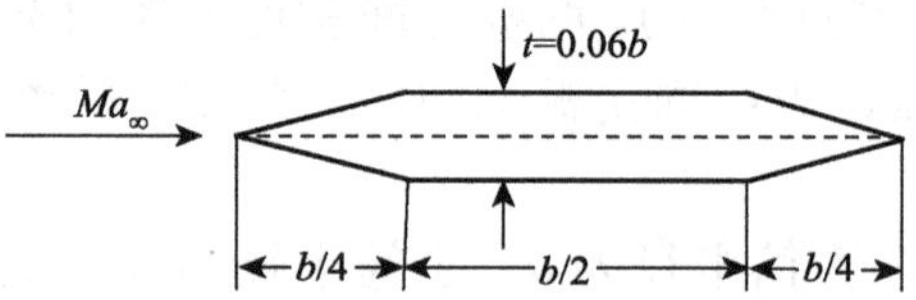


题 7-5　附图

# 参 考 文 献


陈懋章. 2002. 粘性流体动力学基础[M]. 北京: 高等教育出版社.

丁祖荣. 2003. 流体力学[M]. 北京: 高等教育出版社.

何立明, 赵罡, 程邦勤. 2009. 气体动力学[M]. 北京: 国防工业出版社.

李凤蔚, 宋文萍, 杨永, 等. 2007. 空气与气体动力学引论[M]. 西安: 西北工业大学出版社.

林建忠, 阮晓东, 陈邦国, 等. 2008. 流体力学[M]. 北京: 清华大学出版社.

刘君, 郭正. 2007. 飞行器部件空气动力学[M]. 长沙: 国防科技大学出版社.

陆志良, 陈红全, 王江锋, 等. 2009. 空气动力学[M]. 北京: 北京航空航天大学出版社.

欧特尔 H. 2008. 普朗特流体力学基础[M]. 朱自强, 钱翼稷, 李宗瑞, 译. 北京: 科学出版社.

潘锦珊. 1995. 气体动力学基础[M]. 2 版. 西安: 西北工业大学出版社.

潘文全. 1980. 流体力学基础[M]. 北京: 机械工业出版社.

钱翼稷. 2004. 空气动力学[M]. 北京: 北京航空航天大学出版社.

瞿章华, 刘伟, 曾明, 等. 2001. 高超声速空气动力学[M]. 2 版. 长沙: 国防科技大学出版社.

童秉纲, 孔祥言, 邓国华. 2012. 气体动力学[M]. 2 版. 北京: 高等教育出版社.

王保国, 刘淑艳, 刘艳明, 等. 2009. 空气动力学基础[M]. 北京: 国防工业出版社.

王惠民. 2013. 流体力学基础[M]. 3 版. 北京: 清华大学出版社.

吴子牛, 王兵, 周睿, 等. 2007. 空气动力学[M]. 北京: 清华大学出版社.

吴望一. 1983. 流体力学[M]. 北京: 北京大学出版社.

徐华舫. 1987. 空气动力学基础[M]. 北京: 北京航空学院出版社.

杨岞生, 俞守勤. 1987. 飞行器部件空气动力学[M]. 2 版. 北京: 航空工业出版社.

赵学端, 廖其奠 .1993. 粘性流体力学[M]. 2 版. 北京: 机械工业出版社.

张兆顺, 崔桂香. 2006. 流体力学[M]. 2 版. 北京: 清华大学出版社.

章梓雄, 董曾南. 1998. 粘性流体力学[M]. 北京: 清华大学出版社.

庄礼贤, 尹协远, 马晖扬. 2009. 流体力学[M]. 2 版. 合肥: 中国科学技术大学出版社.

Anderson J D Jr. 2013. Fundamentals of Aerodynamics[M]. 5th ed. New York: McGraw Hill Companies, Inc.

Flandro G A, McMahon H M, Roach R L.2012.Basic Aerodynamiucs[M].New York: Cambridge University Press.

White F M. 2011. Fluid Mechaincs [M]. 7th ed. New York: McGraw Hill Companies, Inc.

# 附录A 标准大气参数表

| 高度/km | 压强比 ($p/p_{SL}$) | 温度/K | 密度比 ($\rho/\rho_{SL}$) | 黏度比 ($\mu/\mu_{SL}$) | 声速/(m/s) |
|---|---|---|---|---|---|
| 0 | 1.0000 + 00[a] | 288.150 | 1.0000 + 00 | 1.0000 | 340.29 |
| 1 | 8.8700 −01 | 281.651 | 9.0748 −01 | 0.98237 | 336.43 |
| 2 | 7.8461 −01 | 275.154 | 8.2168 −01 | 0.96456 | 332.53 |
| 3 | 6.9204 −01 | 268.659 | 7.4225 −01 | 0.94656 | 328.58 |
| 4 | 6.0854 −01 | 262.166 | 6.6885 −01 | 0.92836 | 324.59 |
| 5 | 5.3341 −01 | 255.676 | 6.0117 −01 | 0.90995 | 320.55 |
| 6 | 4.6600 −01 | 249.187 | 5.3887 −01 | 0.89133 | 316.45 |
| 7 | 4.0567 −01 | 242.700 | 4.8165 −01 | 0.87249 | 312.31 |
| 8 | 3.5185 −01 | 236.215 | 4.2921 −01 | 0.85343 | 308.11 |
| 9 | 3.0397 −01 | 229.733 | 3.8128 −01 | 0.83414 | 303.85 |
| 10 | 2.6153 −01 | 223.252 | 3.3756 −01 | 0.81461 | 299.53 |
| 11 | 2.2403 −01 | 216.774 | 2.9780 −01 | 0.79485 | 295.15 |
| 12 | 1.9145 −01 | 216.650 | 2.5464 −01 | 0.79447 | 295.07 |
| 13 | 1.6362 −01 | 216.650 | 2.1763 −01 | 0.79447 | 295.07 |
| 14 | 1.3985 −01 | 216.650 | 1.8601 −01 | 0.79447 | 295.07 |
| 15 | 1.1953 −01 | 216.650 | 1.5898 −01 | 0.79447 | 295.07 |
| 16 | 1.0217 −01 | 216.650 | 1.3589 −01 | 0.79447 | 295.07 |
| 17 | 8.7340 −02 | 216.650 | 1.1616 −01 | 0.79447 | 295.07 |
| 18 | 7.4663 −02 | 216.650 | 9.9304 −02 | 0.79447 | 295.07 |
| 19 | 6.3829 −02 | 216.650 | 8.4894 −02 | 0.79447 | 295.07 |
| 20 | 5.4570 −02 | 216.650 | 7.2580 −02 | 0.79447 | 295.07 |
| 21 | 4.6671 −02 | 217.581 | 6.1808 −02 | 0.79732 | 295.70 |
| 22 | 3.9945 −02 | 218.574 | 5.2661 −02 | 0.80037 | 296.38 |
| 23 | 3.4215 −02 | 219.567 | 4.4903 −02 | 0.80340 | 297.05 |
| 24 | 2.9328 −02 | 220.560 | 3.8317 −02 | 0.80643 | 297.72 |
| 25 | 2.5158 −02 | 221.552 | 3.2772 −02 | 0.80945 | 298.39 |
| 26 | 2.1597 −02 | 222.544 | 2.7965 −02 | 0.81247 | 299.06 |
| 27 | 1.8553 −02 | 223.536 | 2.3917 −02 | 0.81547 | 299.72 |
| 28 | 1.5950 −02 | 224.527 | 2.0470 −02 | 0.81847 | 300.39 |
| 29 | 1.3722 −02 | 225.518 | 1.7533 −02 | 0.82147 | 301.05 |
| 30 | 1.1813 −02 | 226.509 | 1.5029 −02 | 0.82446 | 301.71 |
| 31 | 1.0177 −02 | 227.500 | 1.2891 −02 | 0.82744 | 302.37 |
| 32 | 8.7743 −03 | 228.490 | 1.1065 −02 | 0.83041 | 303.02 |
| 33 | 7.5727 −03 | 230.973 | 9.4474 −03 | 0.83785 | 304.67 |

[a] 表中数字后的− 01 表示$\times 10^{-1}$，+01 表示$\times 10^{1}$，其余类推

续表

| 高度/km | 压强比 $(p/p_{SL})$ | 温度/K | 密度比 $(\rho/\rho_{SL})$ | 黏度比 $(\mu/\mu_{SL})$ | 声速/(m/s) |
|---|---|---|---|---|---|
| 34 | 6.5473 −03 | 233.743 | 8.0814 −03 | 0.84610 | 306.49 |
| 35 | 5.6708 −03 | 236.513 | 6.9089 −03 | 0.85431 | 308.30 |
| 36 | 4.9200 −03 | 239.282 | 5.9248 −03 | 0.86247 | 310.10 |
| 37 | 4.2758 −03 | 242.050 | 5.0902 −03 | 0.87059 | 311.89 |
| 38 | 3.7220 −03 | 244.818 | 4.3809 −03 | 0.87866 | 313.67 |
| 39 | 3.2452 −03 | 247.584 | 3.7769 −03 | 0.88669 | 315.43 |
| 40 | 2.8338 −03 | 250.350 | 3.2618 −03 | 0.89468 | 317.19 |
| 41 | 2.4784 −03 | 253.114 | 2.8216 −03 | 0.90262 | 318.94 |
| 42 | 2.1709 −03 | 255.878 | 2.4447 −03 | 0.91052 | 320.67 |
| 43 | 1.9042 −03 | 258.641 | 2.1216 −03 | 0.91838 | 322.40 |
| 44 | 1.6728 −03 | 261.403 | 1.8440 −03 | 0.92620 | 324.12 |
| 45 | 1.4715 −03 | 264.164 | 1.6051 −03 | 0.93398 | 325.82 |
| 46 | 1.2962 −03 | 266.925 | 1.3993 −03 | 0.94172 | 327.52 |
| 47 | 1.1433 −03 | 269.684 | 1.2217 −03 | 0.94941 | 329.21 |
| 48 | 1.0095 −03 | 270.650 | 1.0749 −03 | 0.95210 | 329.80 |
| 49 | 8.9155 −04 | 270.650 | 9.4920 −04 | 0.95210 | 329.80 |
| 50 | 7.8735 −04 | 270.650 | 8.3827 −04 | 0.95210 | 329.80 |
| 55 | 4.1969 −04 | 260.771 | 4.6376 −04 | 0.92442 | 323.72 |
| 60 | 2.1671 −04 | 247.021 | 2.5280 −04 | 0.88506 | 315.07 |
| 65 | 1.0786 −04 | 233.292 | 1.3323 −04 | 0.84476 | 306.19 |
| 70 | 5.1526 −05 | 219.585 | 6.7616 −05 | 0.80346 | 297.06 |
| 75 | 2.3569 −05 | 208.399 | 3.2589 −05 | 0.76892 | 289.40 |
| 80 | 1.0387 −05 | 198.639 | 1.5068 −05 | 0.73813 | 282.54 |
| 85 | 4.3985 −06 | 188.893 | 6.7099 −06 | 0.70677 | 275.52 |

参考值：$p_{SL}=1.01325\times10^5\,N/m^2$；$T_{SL}=288.150K$；$\rho_{SL}=1.2250kg/m^3$；$\mu_{SL}=1.7894\times10^{-5}kg/(s\cdot m)$。

下标“SL”代表海平面。

# 附录 B　等熵流特性

| $Ma$ | $\frac{p_0}{p}$ | $\frac{\rho_0}{\rho}$ | $\frac{T_0}{T}$ | $\frac{A}{A^*}$ |
|---|---|---|---|---|
| 0.2000 − 01 | 0.1000 + 01 | 0.1000 + 01 | 0.1000 + 01 | 0.2894 + 02 |
| 0.4000 − 01 | 0.1001 + 01 | 0.1001 + 01 | 0.1000 + 01 | 0.1448 + 02 |
| 0.6000 − 01 | 0.1003 + 01 | 0.1002 + 01 | 0.1001 + 01 | 0.9666 + 01 |
| 0.8000 − 01 | 0.1004 + 01 | 0.1003 + 01 | 0.1001 + 01 | 0.7262 + 01 |
| 0.1000 + 00 | 0.1007 + 01 | 0.1005 + 01 | 0.1002 + 01 | 0.5822 + 01 |
| 0.1200 + 00 | 0.1010 + 01 | 0.1007 + 01 | 0.1003 + 01 | 0.4864 + 01 |
| 0.1400 + 00 | 0.1014 + 01 | 0.1010 + 01 | 0.1004 + 01 | 0.4182 + 01 |
| 0.1600 + 00 | 0.1018 + 01 | 0.1013 + 01 | 0.1005 + 01 | 0.3673 + 01 |
| 0.1800 + 00 | 0.1023 + 01 | 0.1016 + 01 | 0.1006 + 01 | 0.3278 + 01 |
| 0.2000 + 00 | 0.1028 + 01 | 0.1020 + 01 | 0.1008 + 01 | 0.2964 + 01 |
| 0.2200 + 00 | 0.1034 + 01 | 0.1024 + 01 | 0.1010 + 01 | 0.2708 + 01 |
| 0.2400 + 00 | 0.1041 + 01 | 0.1029 + 01 | 0.1012 + 01 | 0.2496 + 01 |
| 0.2600 + 00 | 0.1048 + 01 | 0.1034 + 01 | 0.1014 + 01 | 0.2317 + 01 |
| 0.2800 + 00 | 0.1056 + 01 | 0.1040 + 01 | 0.1016 + 01 | 0.2166 + 01 |
| 0.3000 + 00 | 0.1064 + 01 | 0.1046 + 01 | 0.1018 + 01 | 0.2035 + 01 |
| 0.3200 + 00 | 0.1074 + 01 | 0.1052 + 01 | 0.1020 + 01 | 0.1922 + 01 |
| 0.3400 + 00 | 0.1083 + 01 | 0.1059 + 01 | 0.1023 + 01 | 0.1823 + 01 |
| 0.3600 + 00 | 0.1094 + 01 | 0.1066 + 01 | 0.1026 + 01 | 0.1736 + 01 |
| 0.3800 + 00 | 0.1105 + 01 | 0.1074 + 01 | 0.1029 + 01 | 0.1659 + 01 |
| 0.4000 + 00 | 0.1117 + 01 | 0.1082 + 01 | 0.1032 + 01 | 0.1590 + 01 |
| 0.4200 + 00 | 0.1129 + 01 | 0.1091 + 01 | 0.1035 + 01 | 0.1529 + 01 |
| 0.4400 + 00 | 0.1142 + 01 | 0.1100 + 01 | 0.1039 + 01 | 0.1474 + 01 |
| 0.4600 + 00 | 0.1156 + 01 | 0.1109 + 01 | 0.1042 + 01 | 0.1425 + 01 |
| 0.4800 + 00 | 0.1171 + 01 | 0.1119 + 01 | 0.1046 + 01 | 0.1380 + 01 |
| 0.5000 + 00 | 0.1186 + 01 | 0.1130 + 01 | 0.1050 + 01 | 0.1340 + 01 |
| 0.5200 + 00 | 0.1202 + 01 | 0.1141 + 01 | 0.1054 + 01 | 0.1303 + 01 |
| 0.5400 + 00 | 0.1219 + 01 | 0.1152 + 01 | 0.1058 + 01 | 0.1270 + 01 |
| 0.5600 + 00 | 0.1237 + 01 | 0.1164 + 01 | 0.1063 + 01 | 0.1240 + 01 |
| 0.5800 + 00 | 0.1256 + 01 | 0.1177 + 01 | 0.1067 + 01 | 0.1213 + 01 |
| 0.6000 + 00 | 0.1276 + 01 | 0.1190 + 01 | 0.1072 + 01 | 0.1188 + 01 |
| 0.6200 + 00 | 0.1296 + 01 | 0.1203 + 01 | 0.1077 + 01 | 0.1166 + 01 |
| 0.6400 + 00 | 0.1317 + 01 | 0.1218 + 01 | 0.1082 + 01 | 0.1145 + 01 |
| 0.6600 + 00 | 0.1340 + 01 | 0.1232 + 01 | 0.1087 + 01 | 0.1127 + 01 |
| 0.6800 + 00 | 0.1363 + 01 | 0.1247 + 01 | 0.1092 + 01 | 0.1110 + 01 |
| 0.7000 + 00 | 0.1387 + 01 | 0.1263 + 01 | 0.1098 + 01 | 0.1094 + 01 |
| 0.7200 + 00 | 0.1412 + 01 | 0.1280 + 01 | 0.1104 + 01 | 0.1081 + 01 |

续表

| $Ma$ | $\frac{p_0}{p}$ | $\frac{\rho_0}{\rho}$ | $\frac{T_0}{T}$ | $\frac{A}{A^*}$ |
|---|---|---|---|---|
| 0.7400 + 00 | 0.1439 + 01 | 0.1297 + 01 | 0.1110 + 01 | 0.1068 + 01 |
| 0.7600 + 00 | 0.1466 + 01 | 0.1314 + 01 | 0.1116 + 01 | 0.1057 + 01 |
| 0.7800 + 00 | 0.1495 + 01 | 0.1333 + 01 | 0.1122 + 01 | 0.1047 + 01 |
| 0.8000 + 00 | 0.1524 + 01 | 0.1351 + 01 | 0.1128 + 01 | 0.1038 + 01 |
| 0.8200 + 00 | 0.1555 + 01 | 0.1371 + 01 | 0.1134 + 01 | 0.1030 + 01 |
| 0.8400 + 00 | 0.1587 + 01 | 0.1391 + 01 | 0.1141 + 01 | 0.1024 + 01 |
| 0.8600 + 00 | 0.1621 + 01 | 0.1412 + 01 | 0.1148 + 01 | 0.1018 + 01 |
| 0.8800 + 00 | 0.1655 + 01 | 0.1433 + 01 | 0.1155 + 01 | 0.1013 + 01 |
| 0.9000 + 00 | 0.1691 + 01 | 0.1456 + 01 | 0.1162 + 01 | 0.1009 + 01 |
| 0.9200 + 00 | 0.1729 + 01 | 0.1478 + 01 | 0.1169 + 01 | 0.1006 + 01 |
| 0.9400 + 00 | 0.1767 + 01 | 0.1502 + 01 | 0.1177 + 01 | 0.1003 + 01 |
| 0.9600 + 00 | 0.1808 + 01 | 0.1526 + 01 | 0.1184 + 01 | 0.1001 + 01 |
| 0.9800 + 00 | 0.1850 + 01 | 0.1552 + 01 | 0.1192 + 01 | 0.1000 + 01 |
| 0.1000 + 01 | 0.1893 + 01 | 0.1577 + 01 | 0.1200 + 01 | 0.1000 + 01 |
| 0.1020 + 01 | 0.1938 + 01 | 0.1604 + 01 | 0.1208 + 01 | 0.1000 + 01 |
| 0.1040 + 01 | 0.1985 + 01 | 0.1632 + 01 | 0.1216 + 01 | 0.1001 + 01 |
| 0.1060 + 01 | 0.2033 + 01 | 0.1660 + 01 | 0.1225 + 01 | 0.1003 + 01 |
| 0.1080 + 01 | 0.2083 + 01 | 0.1689 + 01 | 0.1233 + 01 | 0.1005 + 01 |
| 0.1100 + 01 | 0.2135 + 01 | 0.1719 + 01 | 0.1242 + 01 | 0.1008 + 01 |
| 0.1120 + 01 | 0.2189 + 01 | 0.1750 + 01 | 0.1251 + 01 | 0.1011 + 01 |
| 0.1140 + 01 | 0.2245 + 01 | 0.1782 + 01 | 0.1260 + 01 | 0.1015 + 01 |
| 0.1160 + 01 | 0.2303 + 01 | 0.1814 + 01 | 0.1269 + 01 | 0.1020 + 01 |
| 0.1180 + 01 | 0.2363 + 01 | 0.1848 + 01 | 0.1278 + 01 | 0.1025 + 01 |
| 0.1200 + 01 | 0.2425 + 01 | 0.1883 + 01 | 0.1288 + 01 | 0.1030 + 01 |
| 0.1220 + 01 | 0.2489 + 01 | 0.1918 + 01 | 0.1298 + 01 | 0.1037 + 01 |
| 0.1240 + 01 | 0.2556 + 01 | 0.1955 + 01 | 0.1308 + 01 | 0.1043 + 01 |
| 0.1260 + 01 | 0.2625 + 01 | 0.1992 + 01 | 0.1318 + 01 | 0.1050 + 01 |
| 0.1280 + 01 | 0.2697 + 01 | 0.2031 + 01 | 0.1328 + 01 | 0.1058 + 01 |
| 0.1300 + 01 | 0.2771 + 01 | 0.2071 + 01 | 0.1338 + 01 | 0.1066 + 01 |
| 0.1320 + 01 | 0.2847 + 01 | 0.2112 + 01 | 0.1348 + 01 | 0.1075 + 01 |
| 0.1340 + 01 | 0.2927 + 01 | 0.2153 + 01 | 0.1359 + 01 | 0.1084 + 01 |
| 0.1360 + 01 | 0.3009 + 01 | 0.2197 + 01 | 0.1370 + 01 | 0.1094 + 01 |
| 0.1380 + 01 | 0.3094 + 01 | 0.2241 + 01 | 0.1381 + 01 | 0.1104 + 01 |
| 0.1400 + 01 | 0.3182 + 01 | 0.2286 + 01 | 0.1392 + 01 | 0.1115 + 01 |
| 0.1420 + 01 | 0.3273 + 01 | 0.2333 + 01 | 0.1403 + 01 | 0.1126 + 01 |
| 0.1440 + 01 | 0.3368 + 01 | 0.2381 + 01 | 0.1415 + 01 | 0.1138 + 01 |
| 0.1460 + 01 | 0.3465 + 01 | 0.2430 + 01 | 0.1426 + 01 | 0.1150 + 01 |
| 0.1480 + 01 | 0.3566 + 01 | 0.2480 + 01 | 0.1438 + 01 | 0.1163 + 01 |
| 0.1500 + 01 | 0.3671 + 01 | 0.2532 + 01 | 0.1450 + 01 | 0.1176 + 01 |

续表

| $Ma$ | $\frac{p_0}{p}$ | $\frac{\rho_0}{\rho}$ | $\frac{T_0}{T}$ | $\frac{A}{A^*}$ |
|---|---|---|---|---|
| 0.1520 + 01 | 0.3779 + 01 | 0.2585 + 01 | 0.1462 + 01 | 0.1190 + 01 |
| 0.1540 + 01 | 0.3891 + 01 | 0.2639 + 01 | 0.1474 + 01 | 0.1204 + 01 |
| 0.1560 + 01 | 0.4007 + 01 | 0.2695 + 01 | 0.1487 + 01 | 0.1219 + 01 |
| 0.1580 + 01 | 0.4127 + 01 | 0.2752 + 01 | 0.1499 + 01 | 0.1234 + 01 |
| 0.1600 + 01 | 0.4250 + 01 | 0.2811 + 01 | 0.1512 + 01 | 0.1250 + 01 |
| 0.1620 + 01 | 0.4378 + 01 | 0.2871 + 01 | 0.1525 + 01 | 0.1267 + 01 |
| 0.1640 + 01 | 0.4511 + 01 | 0.2933 + 01 | 0.1538 + 01 | 0.1284 + 01 |
| 0.1660 + 01 | 0.4648 + 01 | 0.2996 + 01 | 0.1551 + 01 | 0.1301 + 01 |
| 0.1680 + 01 | 0.4790 + 01 | 0.3061 + 01 | 0.1564 + 01 | 0.1319 + 01 |
| 0.1700 + 01 | 0.4936 + 01 | 0.3128 + 01 | 0.1578 + 01 | 0.1338 + 01 |
| 0.1720 + 01 | 0.5087 + 01 | 0.3196 + 01 | 0.1592 + 01 | 0.1357 + 01 |
| 0.1740 + 01 | 0.5244 + 01 | 0.3266 + 01 | 0.1606 + 01 | 0.1376 + 01 |
| 0.1760 + 01 | 0.5406 + 01 | 0.3338 + 01 | 0.1620 + 01 | 0.1397 + 01 |
| 0.1780 + 01 | 0.5573 + 01 | 0.3411 + 01 | 0.1634 + 01 | 0.1418 + 01 |
| 0.1800 + 01 | 0.5746 + 01 | 0.3487 + 01 | 0.1648 + 01 | 0.1439 + 01 |
| 0.1820 + 01 | 0.5924 + 01 | 0.3564 + 01 | 0.1662 + 01 | 0.1461 + 01 |
| 0.1840 + 01 | 0.6109 + 01 | 0.3643 + 01 | 0.1677 + 01 | 0.1484 + 01 |
| 0.1860 + 01 | 0.6300 + 01 | 0.3723 + 01 | 0.1692 + 01 | 0.1507 + 01 |
| 0.1880 + 01 | 0.6497 + 01 | 0.3806 + 01 | 0.1707 + 01 | 0.1531 + 01 |
| 0.1900 + 01 | 0.6701 + 01 | 0.3891 + 01 | 0.1722 + 01 | 0.1555 + 01 |
| 0.1920 + 01 | 0.6911 + 01 | 0.3978 + 01 | 0.1737 + 01 | 0.1580 + 01 |
| 0.1940 + 01 | 0.7128 + 01 | 0.4067 + 01 | 0.1753 + 01 | 0.1606 + 01 |
| 0.1960 + 01 | 0.7353 + 01 | 0.4158 + 01 | 0.1768 + 01 | 0.1633 + 01 |
| 0.1980 + 01 | 0.7585 + 01 | 0.4251 + 01 | 0.1784 + 01 | 0.1660 + 01 |
| 0.2000 + 01 | 0.7824 + 01 | 0.4347 + 01 | 0.1800 + 01 | 0.1687 + 01 |
| 0.2050 + 01 | 0.8458 + 01 | 0.4596 + 01 | 0.1840 + 01 | 0.1760 + 01 |
| 0.2100 + 01 | 0.9145 + 01 | 0.4859 + 01 | 0.1882 + 01 | 0.1837 + 01 |
| 0.2150 + 01 | 0.9888 + 01 | 0.5138 + 01 | 0.1924 + 01 | 0.1919 + 01 |
| 0.2200 + 01 | 0.1069 + 02 | 0.5433 + 01 | 0.1968 + 01 | 0.2005 + 01 |
| 0.2250 + 01 | 0.1156 + 02 | 0.5746 + 01 | 0.2012 + 01 | 0.2096 + 01 |
| 0.2300 + 01 | 0.1250 + 02 | 0.6076 + 01 | 0.2058 + 01 | 0.2193 + 01 |
| 0.2350 + 01 | 0.1352 + 02 | 0.6425 + 01 | 0.2104 + 01 | 0.2295 + 01 |
| 0.2400 + 01 | 0.1462 + 02 | 0.6794 + 01 | 0.2152 + 01 | 0.2403 + 01 |
| 0.2450 + 01 | 0.1581 + 02 | 0.7183 + 01 | 0.2200 + 01 | 0.2517 + 01 |
| 0.2500 + 01 | 0.1709 + 02 | 0.7594 + 01 | 0.2250 + 01 | 0.2637 + 01 |
| 0.2550 + 01 | 0.1847 + 02 | 0.8027 + 01 | 0.2300 + 01 | 0.2763 + 01 |
| 0.2600 + 01 | 0.1995 + 02 | 0.8484 + 01 | 0.2352 + 01 | 0.2896 + 01 |
| 0.2650 + 01 | 0.2156 + 02 | 0.8965 + 01 | 0.2404 + 01 | 0.3036 + 01 |
| 0.2700 + 01 | 0.2328 + 02 | 0.9472 + 01 | 0.2458 + 01 | 0.3183 + 01 |

续表

| $Ma$ | $\frac{p_0}{p}$ | $\frac{\rho_0}{\rho}$ | $\frac{T_0}{T}$ | $\frac{A}{A^*}$ |
|---|---|---|---|---|
| 0.2750 + 01 | 0.2514 + 02 | 0.1001 + 02 | 0.2512 + 01 | 0.3338 + 01 |
| 0.2800 + 01 | 0.2714 + 02 | 0.1057 + 02 | 0.2568 + 01 | 0.3500 + 01 |
| 0.2850 + 01 | 0.2929 + 02 | 0.1116 + 02 | 0.2624 + 01 | 0.3671 + 01 |
| 0.2900 + 01 | 0.3159 + 02 | 0.1178 + 02 | 0.2682 + 01 | 0.3850 + 01 |
| 0.2950 + 01 | 0.3407 + 02 | 0.1243 + 02 | 0.2740 + 01 | 0.4038 + 01 |
| 0.3000 + 01 | 0.3673 + 02 | 0.1312 + 02 | 0.2800 + 01 | 0.4235 + 01 |
| 0.3050 + 01 | 0.3959 + 02 | 0.1384 + 02 | 0.2860 + 01 | 0.4441 + 01 |
| 0.3100 + 01 | 0.4265 + 02 | 0.1459 + 02 | 0.2922 + 01 | 0.4657 + 01 |
| 0.3150 + 01 | 0.4593 + 02 | 0.1539 + 02 | 0.2984 + 01 | 0.4884 + 01 |
| 0.3200 + 01 | 0.4944 + 02 | 0.1622 + 02 | 0.3048 + 01 | 0.5121 + 01 |
| 0.3250 + 01 | 0.5320 + 02 | 0.1709 + 02 | 0.3112 + 01 | 0.5369 + 01 |
| 0.3300 + 01 | 0.5722 + 02 | 0.1800 + 02 | 0.3178 + 01 | 0.5629 + 01 |
| 0.3350 + 01 | 0.6152 + 02 | 0.1896 + 02 | 0.3244 + 01 | 0.5900 + 01 |
| 0.3400 + 01 | 0.6612 + 02 | 0.1996 + 02 | 0.3312 + 01 | 0.6184 + 01 |
| 0.3450 + 01 | 0.7103 + 02 | 0.2101 + 02 | 0.3380 + 01 | 0.6480 + 01 |
| 0.3500 + 01 | 0.7627 + 02 | 0.2211 + 02 | 0.3450 + 01 | 0.6790 + 01 |
| 0.3550 + 01 | 0.8187 + 02 | 0.2325 + 02 | 0.3520 + 01 | 0.7113 + 01 |
| 0.3600 + 01 | 0.8784 + 02 | 0.2445 + 02 | 0.3592 + 01 | 0.7450 + 01 |
| 0.3650 + 01 | 0.9420 + 02 | 0.2571 + 02 | 0.3664 + 01 | 0.7802 + 01 |
| 0.3700 + 01 | 0.1010 + 03 | 0.2701 + 02 | 0.3738 + 01 | 0.8169 + 01 |
| 0.3750 + 01 | 0.1082 + 03 | 0.2838 + 02 | 0.3812 + 01 | 0.8552 + 01 |
| 0.3800 + 01 | 0.1159 + 03 | 0.2981 + 02 | 0.3888 + 01 | 0.8951 + 01 |
| 0.3850 + 01 | 0.1241 + 03 | 0.3129 + 02 | 0.3964 + 01 | 0.9366 + 01 |
| 0.3900 + 01 | 0.1328 + 03 | 0.3285 + 02 | 0.4042 + 01 | 0.9799 + 01 |
| 0.3950 + 01 | 0.1420 + 03 | 0.3446 + 02 | 0.4120 + 01 | 0.1025 + 02 |
| 0.4000 + 01 | 0.1518 + 03 | 0.3615 + 02 | 0.4200 + 01 | 0.1072 + 02 |
| 0.4050 + 01 | 0.1623 + 03 | 0.3791 + 02 | 0.4280 + 01 | 0.1121 + 02 |
| 0.4100 + 01 | 0.1733 + 03 | 0.3974 + 02 | 0.4362 + 01 | 0.1171 + 02 |
| 0.4150 + 01 | 0.1851 + 03 | 0.4164 + 02 | 0.4444 + 01 | 0.1224 + 02 |
| 0.4200 + 01 | 0.1975 + 03 | 0.4363 + 02 | 0.4528 + 01 | 0.1279 + 02 |
| 0.4250 + 01 | 0.2108 + 03 | 0.4569 + 02 | 0.4612 + 01 | 0.1336 + 02 |
| 0.4300 + 01 | 0.2247 + 03 | 0.4784 + 02 | 0.4698 + 01 | 0.1395 + 02 |
| 0.4350 + 01 | 0.2396 + 03 | 0.5007 + 02 | 0.4784 + 01 | 0.1457 + 02 |
| 0.4400 + 01 | 0.2553 + 03 | 0.5239 + 02 | 0.4872 + 01 | 0.1521 + 02 |
| 0.4450 + 01 | 0.2719 + 03 | 0.5480 + 02 | 0.4960 + 01 | 0.1587 + 02 |
| 0.4500 + 01 | 0.2894 + 03 | 0.5731 + 02 | 0.5050 + 01 | 0.1656 + 02 |
| 0.4550 + 01 | 0.3080 + 03 | 0.5991 + 02 | 0.5140 + 01 | 0.1728 + 02 |
| 0.4600 + 01 | 0.3276 + 03 | 0.6261 + 02 | 0.5232 + 01 | 0.1802 + 02 |
| 0.4650 + 01 | 0.3483 + 03 | 0.6542 + 02 | 0.5324 + 01 | 0.1879 + 02 |

续表

| $Ma$ | $\frac{p_0}{p}$ | $\frac{\rho_0}{\rho}$ | $\frac{T_0}{T}$ | $\frac{A}{A^*}$ |
|---|---|---|---|---|
| 0.4700 + 01 | 0.3702 + 03 | 0.6833 + 02 | 0.5418 + 01 | 0.1958 + 02 |
| 0.4750 + 01 | 0.3933 + 03 | 0.7135 + 02 | 0.5512 + 01 | 0.2041 + 02 |
| 0.4800 + 01 | 0.4177 + 03 | 0.7448 + 02 | 0.5608 + 01 | 0.2126 + 02 |
| 0.4850 + 01 | 0.4434 + 03 | 0.7772 + 02 | 0.5704 + 01 | 0.2215 + 02 |
| 0.4900 + 01 | 0.4705 + 03 | 0.8109 + 02 | 0.5802 + 01 | 0.2307 + 02 |
| 0.4950 + 01 | 0.4990 + 03 | 0.8457 + 02 | 0.5900 + 01 | 0.2402 + 02 |
| 0.5000 + 01 | 0.5291 + 03 | 0.8818 + 02 | 0.6000 + 01 | 0.2500 + 02 |
| 0.5100 + 01 | 0.5941 + 03 | 0.9579 + 02 | 0.6202 + 01 | 0.2707 + 02 |
| 0.5200 + 01 | 0.6661 + 03 | 0.1039 + 03 | 0.6408 + 01 | 0.2928 + 02 |
| 0.5300 + 01 | 0.7457 + 03 | 0.1127 + 03 | 0.6618 + 01 | 0.3165 + 02 |
| 0.5400 + 01 | 0.8335 + 03 | 0.1220 + 03 | 0.6832 + 01 | 0.3417 + 02 |
| 0.5500 + 01 | 0.9304 + 03 | 0.1320 + 03 | 0.7050 + 01 | 0.3687 + 02 |
| 0.5600 + 01 | 0.1037 + 04 | 0.1426 + 03 | 0.7272 + 01 | 0.3974 + 02 |
| 0.5700 + 01 | 0.1154 + 04 | 0.1539 + 03 | 0.7498 + 01 | 0.4280 + 02 |
| 0.5800 + 01 | 0.1283 + 04 | 0.1660 + 03 | 0.7728 + 01 | 0.4605 + 02 |
| 0.5900 + 01 | 0.1424 + 04 | 0.1789 + 03 | 0.7962 + 01 | 0.4951 + 02 |
| 0.6000 + 01 | 0.1579 + 04 | 0.1925 + 03 | 0.8200 + 01 | 0.5318 + 02 |
| 0.6100 + 01 | 0.1748 + 04 | 0.2071 + 03 | 0.8442 + 01 | 0.5708 + 02 |
| 0.6200 + 01 | 0.1933 + 04 | 0.2225 + 03 | 0.8688 + 01 | 0.6121 + 02 |
| 0.6300 + 01 | 0.2135 + 04 | 0.2388 + 03 | 0.8938 + 01 | 0.6559 + 02 |
| 0.6400 + 01 | 0.2355 + 04 | 0.2562 + 03 | 0.9192 + 01 | 0.7023 + 02 |
| 0.6500 + 01 | 0.2594 + 04 | 0.2745 + 03 | 0.9450 + 01 | 0.7513 + 02 |
| 0.6600 + 01 | 0.2855 + 04 | 0.2939 + 03 | 0.9712 + 01 | 0.8032 + 02 |
| 0.6700 + 01 | 0.3138 + 04 | 0.3145 + 03 | 0.9978 + 01 | 0.8580 + 02 |
| 0.6800 + 01 | 0.3445 + 04 | 0.3362 + 03 | 0.1025 + 02 | 0.9159 + 02 |
| 0.6900 + 01 | 0.3779 + 04 | 0.3591 + 03 | 0.1052 + 02 | 0.9770 + 02 |
| 0.7000 + 01 | 0.4140 + 04 | 0.3833 + 03 | 0.1080 + 02 | 0.1041 + 03 |
| 0.7100 + 01 | 0.4531 + 04 | 0.4088 + 03 | 0.1108 + 02 | 0.1109 + 03 |
| 0.7200 + 01 | 0.4953 + 04 | 0.4357 + 03 | 0.1137 + 02 | 0.1181 + 03 |
| 0.7300 + 01 | 0.5410 + 04 | 0.4640 + 03 | 0.1166 + 02 | 0.1256 + 03 |
| 0.7400 + 01 | 0.5903 + 04 | 0.4939 + 03 | 0.1195 + 02 | 0.1335 + 03 |
| 0.7500 + 01 | 0.6434 + 04 | 0.5252 + 03 | 0.1225 + 02 | 0.1418 + 03 |
| 0.7600 + 01 | 0.7006 + 04 | 0.5582 + 03 | 0.1255 + 02 | 0.1506 + 03 |
| 0.7700 + 01 | 0.7623 + 04 | 0.5928 + 03 | 0.1286 + 02 | 0.1598 + 03 |
| 0.7800 + 01 | 0.8285 + 04 | 0.6292 + 03 | 0.1317 + 02 | 0.1694 + 03 |
| 0.7900 + 01 | 0.8998 + 04 | 0.6674 + 03 | 0.1348 + 02 | 0.1795 + 03 |
| 0.8000 + 01 | 0.9763 + 04 | 0.7075 + 03 | 0.1380 + 02 | 0.1901 + 03 |
| 0.9000 + 01 | 0.2110 + 05 | 0.1227 + 04 | 0.1720 + 02 | 0.3272 + 03 |
| 0.1000 + 02 | 0.4244 + 05 | 0.2021 + 04 | 0.2100 + 02 | 0.5359 + 03 |

续表

| $Ma$ | $\frac{p_0}{p}$ | $\frac{\rho_0}{\rho}$ | $\frac{T_0}{T}$ | $\frac{A}{A^*}$ |
|---|---|---|---|---|
| 0.1100 + 02 | 0.8033 + 05 | 0.3188 + 04 | 0.2520 + 02 | 0.8419 + 03 |
| 0.1200 + 02 | 0.1445 + 06 | 0.4848 + 04 | 0.2980 + 02 | 0.1276 + 04 |
| 0.1300 + 02 | 0.2486 + 06 | 0.7144 + 04 | 0.3480 + 02 | 0.1876 + 04 |
| 0.1400 + 02 | 0.4119 + 06 | 0.1025 + 05 | 0.4020 + 02 | 0.2685 + 04 |
| 0.1500 + 02 | 0.6602 + 06 | 0.1435 + 05 | 0.4600 + 02 | 0.3755 + 04 |
| 0.1600 + 02 | 0.1028 + 07 | 0.1969 + 05 | 0.5229 + 02 | 0.5145 + 04 |
| 0.1700 + 02 | 0.1559 + 07 | 0.2651 + 05 | 0.5880 + 02 | 0.6921 + 04 |
| 0.1800 + 02 | 0.2311 + 07 | 0.3512 + 05 | 0.6580 + 02 | 0.9159 + 04 |
| 0.1900 + 02 | 0.3356 + 07 | 0.4584 + 05 | 0.7320 + 02 | 0.1195 + 05 |
| 0.2000 + 02 | 0.4783 + 07 | 0.5905 + 05 | 0.8100 + 02 | 0.1538 + 05 |
| 0.2200 + 02 | 0.9251 + 07 | 0.9459 + 05 | 0.9780 + 02 | 0.2461 + 05 |
| 0.2400 + 02 | 0.1691 + 08 | 0.1456 + 06 | 0.1162 + 03 | 0.3783 + 05 |
| 0.2600 + 02 | 0.2949 + 08 | 0.2165 + 06 | 0.1362 + 03 | 0.5624 + 05 |
| 0.2800 + 02 | 0.4936 + 08 | 0.3128 + 06 | 0.1578 + 03 | 0.8121 + 05 |
| 0.3000 + 02 | 0.7978 + 08 | 0.4408 + 06 | 0.1810 + 03 | 0.1144 + 06 |
| 0.3200 + 02 | 0.1250 + 09 | 0.6076 + 06 | 0.2058 + 03 | 0.1576 + 06 |
| 0.3400 + 02 | 0.1908 + 09 | 0.8216 + 06 | 0.2322 + 03 | 0.2131 + 06 |
| 0.3600 + 02 | 0.2842 + 09 | 0.1092 + 07 | 0.2602 + 03 | 0.2832 + 06 |
| 0.3800 + 02 | 0.4143 + 09 | 0.1430 + 07 | 0.2898 + 03 | 0.3707 + 06 |
| 0.4000 + 02 | 0.5926 + 09 | 0.1846 + 07 | 0.3210 + 03 | 0.4785 + 06 |
| 0.4200 + 02 | 0.8330 + 09 | 0.2354 + 07 | 0.3538 + 03 | 0.6102 + 06 |
| 0.4400 + 02 | 0.1153 + 10 | 0.2969 + 07 | 0.3882 + 03 | 0.7694 + 06 |
| 0.4600 + 02 | 0.1572 + 10 | 0.3706 + 07 | 0.4242 + 03 | 0.9603 + 06 |
| 0.4800 + 02 | 0.2116 + 10 | 0.4583 + 07 | 0.4618 + 03 | 0.1187 + 07 |
| 0.5000 + 02 | 0.2815 + 10 | 0.5618 + 07 | 0.5010 + 03 | 0.1455 + 07 |

# 附录 C　正激波特性

| $Ma_1$ | $\frac{p_2}{p_1}$ | $\frac{\rho_2}{\rho_1}$ | $\frac{T_2}{T_1}$ | $\frac{p_{02}}{p_{01}}$ | $\frac{p_{02}}{p_1}$ | $Ma_2$ |
|---|---|---|---|---|---|---|
| 0.1000 + 01 | 0.1000 + 01 | 0.1000 + 01 | 0.1000 + 01 | 0.1000 + 01 | 0.1893 + 01 | 0.1000 + 01 |
| 0.1020 + 01 | 0.1047 + 01 | 0.1033 + 01 | 0.1013 + 01 | 0.1000 + 01 | 0.1938 + 01 | 0.9805 + 00 |
| 0.1040 + 01 | 0.1095 + 01 | 0.1067 + 01 | 0.1026 + 01 | 0.9999 + 00 | 0.1984 + 01 | 0.9620 + 00 |
| 0.1060 + 01 | 0.1144 + 01 | 0.1101 + 01 | 0.1039 + 01 | 0.9998 + 00 | 0.2032 + 01 | 0.9444 + 00 |
| 0.1080 + 01 | 0.1194 + 01 | 0.1135 + 01 | 0.1052 + 01 | 0.9994 + 01 | 0.2082 + 01 | 0.9277 + 00 |
| 0.1100 + 01 | 0.1245 + 01 | 0.1169 + 01 | 0.1065 + 01 | 0.9989 + 00 | 0.2133 + 01 | 0.9118 + 00 |
| 0.1120 + 01 | 0.1297 + 01 | 0.1203 + 01 | 0.1078 + 01 | 0.9982 + 00 | 0.2185 + 01 | 0.8966 + 00 |
| 0.1140 + 01 | 0.1350 + 01 | 0.1238 + 01 | 0.1090 + 01 | 0.9973 + 00 | 0.2239 + 01 | 0.8820 + 00 |
| 0.1160 + 01 | 0.1403 + 01 | 0.1272 + 01 | 0.1103 + 01 | 0.9961 + 00 | 0.2294 + 01 | 0.8682 + 00 |
| 0.1180 + 01 | 0.1458 + 01 | 0.1307 + 01 | 0.1115 + 01 | 0.9946 + 00 | 0.2350 + 01 | 0.8549 + 00 |
| 0.1200 + 01 | 0.1513 + 01 | 0.1342 + 01 | 0.1128 + 01 | 0.9928 + 00 | 0.2408 + 01 | 0.8422 + 00 |
| 0.1220 + 01 | 0.1570 + 01 | 0.1376 + 01 | 0.1141 + 01 | 0.9907 + 00 | 0.2466 + 01 | 0.8300 + 00 |
| 0.1240 + 01 | 0.1627 + 01 | 0.1411 + 01 | 0.1153 + 01 | 0.9884 + 00 | 0.2526 + 01 | 0.8183 + 00 |
| 0.1260 + 01 | 0.1686 + 01 | 0.1446 + 01 | 0.1166 + 01 | 0.9857 + 00 | 0.2588 + 01 | 0.8071 + 00 |
| 0.1280 + 01 | 0.1745 + 01 | 0.1481 + 01 | 0.1178 + 01 | 0.9827 + 00 | 0.2650 + 01 | 0.7963 + 00 |
| 0.1300 + 01 | 0.1805 + 01 | 0.1516 + 01 | 0.1191 + 01 | 0.9794 + 00 | 0.2714 + 01 | 0.7860 + 00 |
| 0.1320 + 01 | 0.1866 + 01 | 0.1551 + 01 | 0.1204 + 01 | 0.9758 + 00 | 0.2778 + 01 | 0.7760 + 00 |
| 0.1340 + 01 | 0.1928 + 01 | 0.1585 + 01 | 0.1216 + 01 | 0.9718 + 00 | 0.2844 + 01 | 0.7664 + 00 |
| 0.1360 + 01 | 0.1991 + 01 | 0.1620 + 01 | 0.1229 + 01 | 0.9676 + 00 | 0.2912 + 01 | 0.7572 + 00 |
| 0.1380 + 01 | 0.2055 + 01 | 0.1655 + 01 | 0.1242 + 01 | 0.9630 + 00 | 0.2980 + 01 | 0.7483 + 00 |
| 0.1400 + 01 | 0.2120 + 01 | 0.1690 + 01 | 0.1255 + 01 | 0.9582 + 00 | 0.3049 + 01 | 0.7397 + 00 |
| 0.1420 + 01 | 0.2186 + 01 | 0.1724 + 01 | 0.1268 + 01 | 0.9531 + 00 | 0.3120 + 01 | 0.7314 + 00 |
| 0.1440 + 01 | 0.2253 + 01 | 0.1759 + 01 | 0.1281 + 01 | 0.9476 + 00 | 0.3191 + 01 | 0.7235 + 00 |
| 0.1460 + 01 | 0.2320 + 01 | 0.1793 + 01 | 0.1294 + 01 | 0.9420 + 00 | 0.3264 + 01 | 0.7157 + 00 |
| 0.1480 + 01 | 0.2389 + 01 | 0.1828 + 01 | 0.1307 + 01 | 0.9360 + 00 | 0.3338 + 01 | 0.7083 + 00 |
| 0.1500 + 01 | 0.2458 + 01 | 0.1862 + 01 | 0.1320 + 01 | 0.9298 + 00 | 0.3413 + 01 | 0.7011 + 00 |
| 0.1520 + 01 | 0.2529 + 01 | 0.1896 + 01 | 0.1334 + 01 | 0.9233 + 00 | 0.3489 + 01 | 0.6941 + 00 |
| 0.1540 + 01 | 0.2600 + 01 | 0.1930 + 01 | 0.1347 + 01 | 0.9166 + 00 | 0.3567 + 01 | 0.6874 + 00 |
| 0.1560 + 01 | 0.2673 + 01 | 0.1964 + 01 | 0.1361 + 01 | 0.9097 + 00 | 0.3645 + 01 | 0.6809 + 00 |
| 0.1580 + 01 | 0.2746 + 01 | 0.1998 + 01 | 0.1374 + 01 | 0.9026 + 00 | 0.3724 + 01 | 0.6746 + 00 |
| 0.1600 + 01 | 0.2820 + 01 | 0.2032 + 01 | 0.1388 + 01 | 0.8952 + 00 | 0.3805 + 01 | 0.6684 + 00 |
| 0.1620 + 01 | 0.2895 + 01 | 0.2065 + 01 | 0.1402 + 01 | 0.8877 + 00 | 0.3887 + 01 | 0.6625 + 00 |
| 0.1640 + 01 | 0.2971 + 01 | 0.2099 + 01 | 0.1416 + 01 | 0.8799 + 00 | 0.3969 + 01 | 0.6568 + 00 |
| 0.1660 + 01 | 0.3048 + 01 | 0.2132 + 01 | 0.1430 + 01 | 0.8720 + 00 | 0.4053 + 01 | 0.6512 + 00 |
| 0.1680 + 01 | 0.3126 + 01 | 0.2165 + 01 | 0.1444 + 01 | 0.8639 + 00 | 0.4138 + 01 | 0.6458 + 00 |

续表

| $Ma_1$ | $\frac{p_2}{p_1}$ | $\frac{\rho_2}{\rho_1}$ | $\frac{T_2}{T_1}$ | $\frac{p_{02}}{p_{01}}$ | $\frac{p_{02}}{p_1}$ | $Ma_2$ |
|---|---|---|---|---|---|---|
| 0.1700 + 01 | 0.3205 + 01 | 0.2198 + 01 | 0.1458 + 01 | 0.8557 + 00 | 0.4224 + 01 | 0.6405 + 00 |
| 0.1720 + 01 | 0.3285 + 01 | 0.2230 + 01 | 0.1473 + 01 | 0.8474 + 00 | 0.4311 + 01 | 0.6355 + 00 |
| 0.1740 + 01 | 0.3366 + 01 | 0.2263 + 01 | 0.1487 + 01 | 0.8389 + 00 | 0.4399 + 01 | 0.6305 + 00 |
| 0.1760 + 01 | 0.3447 + 01 | 0.2295 + 01 | 0.1502 + 01 | 0.8302 + 00 | 0.4488 + 01 | 0.6257 + 00 |
| 0.1780 + 01 | 0.3530 + 01 | 0.2327 + 01 | 0.1517 + 01 | 0.8215 + 00 | 0.4578 + 01 | 0.6210 + 00 |
| 0.1800 + 01 | 0.3613 + 01 | 0.2359 + 01 | 0.1532 + 01 | 0.8127 + 00 | 0.4670 + 01 | 0.6165 + 00 |
| 0.1820 + 01 | 0.3698 + 01 | 0.2391 + 01 | 0.1547 + 01 | 0.8038 + 00 | 0.4762 + 01 | 0.6121 + 00 |
| 0.1840 + 01 | 0.3783 + 01 | 0.2422 + 01 | 0.1562 + 01 | 0.7948 + 00 | 0.4855 + 01 | 0.6078 + 00 |
| 0.1860 + 01 | 0.3870 + 01 | 0.2454 + 01 | 0.1577 + 01 | 0.7857 + 00 | 0.4950 + 01 | 0.6036 + 00 |
| 0.1880 + 01 | 0.3957 + 01 | 0.2485 + 01 | 0.1592 + 01 | 0.7765 + 00 | 0.5045 + 01 | 0.5996 + 00 |
| 0.1900 + 01 | 0.4045 + 01 | 0.2516 + 01 | 0.1608 + 01 | 0.7674 + 00 | 0.5142 + 01 | 0.5956 + 00 |
| 0.1920 + 01 | 0.4134 + 01 | 0.2546 + 01 | 0.1624 + 01 | 0.7581 + 00 | 0.5239 + 01 | 0.5918 + 00 |
| 0.1940 + 01 | 0.4224 + 01 | 0.2577 + 01 | 0.1639 + 01 | 0.7488 + 00 | 0.5338 + 01 | 0.5880 + 00 |
| 0.1960 + 01 | 0.4315 + 01 | 0.2607 + 01 | 0.1655 + 01 | 0.7395 + 00 | 0.5438 + 01 | 0.5844 + 00 |
| 0.1980 + 01 | 0.4407 + 01 | 0.2637 + 01 | 0.1671 + 01 | 0.7302 + 00 | 0.5539 + 01 | 0.5808 + 00 |
| 0.2000 + 01 | 0.4500 + 01 | 0.2667 + 01 | 0.1687 + 01 | 0.7209 + 00 | 0.5640 + 01 | 0.5774 + 00 |
| 0.2050 + 01 | 0.4736 + 01 | 0.2740 + 01 | 0.1729 + 01 | 0.6975 + 00 | 0.5900 + 01 | 0.5691 + 00 |
| 0.2100 + 01 | 0.4978 + 01 | 0.2812 + 01 | 0.1770 + 01 | 0.6742 + 00 | 0.6165 + 01 | 0.5613 + 00 |
| 0.2150 + 01 | 0.5226 + 01 | 0.2882 + 01 | 0.1813 + 01 | 0.6511 + 00 | 0.6438 + 01 | 0.5540 + 00 |
| 0.2200 + 01 | 0.5480 + 01 | 0.2951 + 01 | 0.1857 + 01 | 0.6281 + 00 | 0.6716 + 01 | 0.5471 + 00 |
| 0.2250 + 01 | 0.5740 + 01 | 0.3019 + 01 | 0.1901 + 01 | 0.6055 + 00 | 0.7002 + 01 | 0.5406 + 00 |
| 0.2300 + 01 | 0.6005 + 01 | 0.3085 + 01 | 0.1947 + 01 | 0.5833 + 00 | 0.7294 + 01 | 0.5344 + 00 |
| 0.2350 + 01 | 0.6276 + 01 | 0.3149 + 01 | 0.1993 + 01 | 0.5615 + 00 | 0.7592 + 01 | 0.5286 + 00 |
| 0.2400 + 01 | 0.6553 + 01 | 0.3212 + 01 | 0.2040 + 01 | 0.5401 + 00 | 0.7897 + 01 | 0.5231 + 00 |
| 0.2450 + 01 | 0.6836 + 01 | 0.3273 + 01 | 0.2088 + 01 | 0.5193 + 00 | 0.8208 + 01 | 0.5179 + 00 |
| 0.2500 + 01 | 0.7125 + 01 | 0.3333 + 01 | 0.2137 + 01 | 0.4990 + 00 | 0.8526 + 01 | 0.5130 + 00 |
| 0.2550 + 01 | 0.7420 + 01 | 0.3392 + 01 | 0.2187 + 01 | 0.4793 + 00 | 0.8850 + 01 | 0.5083 + 00 |
| 0.2600 + 01 | 0.7720 + 01 | 0.3449 + 01 | 0.2238 + 01 | 0.4601 + 00 | 0.9181 + 01 | 0.5039 + 00 |
| 0.2650 + 01 | 0.8026 + 01 | 0.3505 + 01 | 0.2290 + 01 | 0.4416 + 00 | 0.9519 + 01 | 0.4996 + 00 |
| 0.2700 + 01 | 0.8338 + 01 | 0.3559 + 01 | 0.2343 + 01 | 0.4236 + 00 | 0.9862 + 01 | 0.4956 + 00 |
| 0.2750 + 01 | 0.8656 + 01 | 0.3612 + 01 | 0.2397 + 01 | 0.4062 + 00 | 0.1021 + 02 | 0.4918 + 00 |
| 0.2800 + 01 | 0.8980 + 01 | 0.3664 + 01 | 0.2451 + 01 | 0.3895 + 00 | 0.1057 + 02 | 0.4882 + 00 |
| 0.2850 + 01 | 0.9310 + 01 | 0.3714 + 01 | 0.2507 + 01 | 0.3733 + 00 | 0.1093 + 02 | 0.4847 + 00 |
| 0.2900 + 01 | 0.9645 + 01 | 0.3763 + 01 | 0.2563 + 01 | 0.3577 + 00 | 0.1130 + 02 | 0.4814 + 00 |
| 0.2950 + 01 | 0.9986 + 01 | 0.3811 + 01 | 0.2621 + 01 | 0.3428 + 00 | 0.1168 + 02 | 0.4782 + 00 |
| 0.3000 + 01 | 0.1033 + 02 | 0.3857 + 01 | 0.2679 + 01 | 0.3283 + 00 | 0.1206 + 02 | 0.4752 + 00 |
| 0.3050 + 01 | 0.1069 + 02 | 0.3902 + 01 | 0.2738 + 01 | 0.3145 + 00 | 0.1245 + 02 | 0.4723 + 00 |
| 0.3100 + 01 | 0.1104 + 02 | 0.3947 + 01 | 0.2799 + 01 | 0.3012 + 00 | 0.1285 + 02 | 0.4695 + 00 |
| 0.3150 + 01 | 0.1141 + 02 | 0.3990 + 01 | 0.2860 + 01 | 0.2885 + 00 | 0.1325 + 02 | 0.4669 + 00 |

续表

| $Ma_1$ | $\frac{p_2}{p_1}$ | $\frac{\rho_2}{\rho_1}$ | $\frac{T_2}{T_1}$ | $\frac{p_{02}}{p_{01}}$ | $\frac{p_{02}}{p_1}$ | $Ma_2$ |
|---|---|---|---|---|---|---|
| 0.3200 + 01 | 0.1178 + 02 | 0.4031 + 01 | 0.2922 + 01 | 0.2762 + 00 | 0.1366 + 02 | 0.4643 + 00 |
| 0.3250 + 01 | 0.1216 + 02 | 0.4072 + 01 | 0.2985 + 01 | 0.2645 + 00 | 0.1407 + 02 | 0.4619 + 00 |
| 0.3300 + 01 | 0.1254 + 02 | 0.4112 + 01 | 0.3049 + 01 | 0.2533 + 00 | 0.1449 + 02 | 0.4596 + 00 |
| 0.3350 + 01 | 0.1293 + 02 | 0.4151 + 01 | 0.3114 + 01 | 0.2425 + 00 | 0.1492 + 02 | 0.4573 + 00 |
| 0.3400 + 01 | 0.1332 + 02 | 0.4188 + 01 | 0.3180 + 01 | 0.2322 + 00 | 0.1535 + 02 | 0.4552 + 00 |
| 0.3450 + 01 | 0.1372 + 02 | 0.4225 + 01 | 0.3247 + 01 | 0.2224 + 00 | 0.1579 + 02 | 0.4531 + 00 |
| 0.3500 + 01 | 0.1412 + 02 | 0.4261 + 01 | 0.3315 + 01 | 0.2129 + 00 | 0.1624 + 02 | 0.4512 + 00 |
| 0.3550 + 01 | 0.1454 + 02 | 0.4296 + 01 | 0.3384 + 01 | 0.2039 + 00 | 0.1670 + 02 | 0.4492 + 00 |
| 0.3600 + 01 | 0.1495 + 02 | 0.4330 + 01 | 0.3454 + 01 | 0.1953 + 00 | 0.1716 + 02 | 0.4474 + 00 |
| 0.3650 + 01 | 0.1538 + 02 | 0.4363 + 01 | 0.3525 + 01 | 0.1871 + 00 | 0.1762 + 02 | 0.4456 + 00 |
| 0.3700 + 01 | 0.1580 + 02 | 0.4395 + 01 | 0.3596 + 01 | 0.1792 + 00 | 0.1810 + 02 | 0.4439 + 00 |
| 0.3750 + 01 | 0.1624 + 02 | 0.4426 + 01 | 0.3669 + 01 | 0.1717 + 00 | 0.1857 + 02 | 0.4423 + 00 |
| 0.3800 + 01 | 0.1668 + 02 | 0.4457 + 01 | 0.3743 + 01 | 0.1645 + 00 | 0.1906 + 02 | 0.4407 + 00 |
| 0.3850 + 01 | 0.1713 + 02 | 0.4487 + 01 | 0.3817 + 01 | 0.1576 + 00 | 0.1955 + 02 | 0.4392 + 00 |
| 0.3900 + 01 | 0.1758 + 02 | 0.4516 + 01 | 0.3893 + 01 | 0.1510 + 00 | 0.2005 + 02 | 0.4377 + 00 |
| 0.3950 + 01 | 0.1804 + 02 | 0.4544 + 01 | 0.3969 + 01 | 0.1448 + 00 | 0.2056 + 02 | 0.4363 + 00 |
| 0.4000 + 01 | 0.1850 + 02 | 0.4571 + 01 | 0.4047 + 01 | 0.1388 + 00 | 0.2107 + 02 | 0.4350 + 00 |
| 0.4050 + 01 | 0.1897 + 02 | 0.4598 + 01 | 0.4125 + 01 | 0.1330 + 00 | 0.2159 + 02 | 0.4336 + 00 |
| 0.4100 + 01 | 0.1944 + 02 | 0.4624 + 01 | 0.4205 + 01 | 0.1276 + 00 | 0.2211 + 02 | 0.4324 + 00 |
| 0.4150 + 01 | 0.1993 + 02 | 0.4650 + 01 | 0.4285 + 01 | 0.1223 + 00 | 0.2264 + 02 | 0.4311 + 00 |
| 0.4200 + 01 | 0.2041 + 02 | 0.4675 + 01 | 0.4367 + 01 | 0.1173 + 00 | 0.2318 + 02 | 0.4299 + 00 |
| 0.4250 + 01 | 0.2091 + 02 | 0.4699 + 01 | 0.4449 + 01 | 0.1126 + 00 | 0.2372 + 02 | 0.4288 + 00 |
| 0.4300 + 01 | 0.2140 + 02 | 0.4723 + 01 | 0.4532 + 01 | 0.1080 + 00 | 0.2427 + 02 | 0.4277 + 00 |
| 0.4350 + 01 | 0.2191 + 02 | 0.4746 + 01 | 0.4616 + 01 | 0.1036 + 00 | 0.2483 + 02 | 0.4266 + 00 |
| 0.4400 + 01 | 0.2242 + 02 | 0.4768 + 01 | 0.4702 + 01 | 0.9948 − 01 | 0.2539 + 02 | 0.4255 + 00 |
| 0.4450 + 01 | 0.2294 + 02 | 0.4790 + 01 | 0.4788 + 01 | 0.9550 − 01 | 0.2596 + 02 | 0.4245 + 00 |
| 0.4500 + 01 | 0.2346 + 02 | 0.4812 + 01 | 0.4875 + 01 | 0.9170 − 01 | 0.2654 + 02 | 0.4236 + 00 |
| 0.4550 + 01 | 0.2399 + 02 | 0.4833 + 01 | 0.4963 + 01 | 0.8806 − 01 | 0.2712 + 02 | 0.4226 + 00 |
| 0.4600 + 01 | 0.2452 + 02 | 0.4853 + 01 | 0.5052 + 01 | 0.8459 − 01 | 0.2771 + 02 | 0.4217 + 00 |
| 0.4650 + 01 | 0.2506 + 02 | 0.4873 + 01 | 0.5142 + 01 | 0.8126 − 01 | 0.2831 + 02 | 0.4208 + 00 |
| 0.4700 + 01 | 0.2560 + 02 | 0.4893 + 01 | 0.5233 + 01 | 0.7809 − 01 | 0.2891 + 02 | 0.4199 + 00 |
| 0.4750 + 01 | 0.2616 + 02 | 0.4912 + 01 | 0.5325 + 01 | 0.7505 − 01 | 0.2952 + 02 | 0.4191 + 00 |
| 0.4800 + 01 | 0.2671 + 02 | 0.4930 + 01 | 0.5418 + 01 | 0.7214 − 01 | 0.3013 + 02 | 0.4183 + 00 |
| 0.4850 + 01 | 0.2728 + 02 | 0.4948 + 01 | 0.5512 + 01 | 0.6936 − 01 | 0.3075 + 02 | 0.4175 + 00 |
| 0.4900 + 01 | 0.2784 + 02 | 0.4966 + 01 | 0.5607 + 01 | 0.6670 − 01 | 0.3138 + 02 | 0.4167 + 00 |
| 0.4950 + 01 | 0.2842 + 02 | 0.4983 + 01 | 0.5703 + 01 | 0.6415 − 01 | 0.3201 + 02 | 0.4160 + 00 |
| 0.5000 + 01 | 0.2900 + 02 | 0.5000 + 01 | 0.5800 + 01 | 0.6172 − 01 | 0.3265 + 02 | 0.4152 + 00 |
| 0.5100 + 01 | 0.3018 + 02 | 0.5033 + 01 | 0.5997 + 01 | 0.5715 − 01 | 0.3395 + 02 | 0.4138 + 00 |
| 0.5200 + 01 | 0.3138 + 02 | 0.5064 + 01 | 0.6197 + 01 | 0.5297 − 01 | 0.3528 + 02 | 0.4125 + 00 |

续表

| $Ma_1$ | $\frac{p_2}{p_1}$ | $\frac{\rho_2}{\rho_1}$ | $\frac{T_2}{T_1}$ | $\frac{p_{02}}{p_{01}}$ | $\frac{p_{02}}{p_1}$ | $Ma_2$ |
|---|---|---|---|---|---|---|
| 0.5300 + 01 | 0.3260 + 02 | 0.5093 + 01 | 0.6401 + 01 | 0.4913 − 01 | 0.3663 + 02 | 0.4113 + 00 |
| 0.5400 + 01 | 0.3385 + 02 | 0.5122 + 01 | 0.6610 + 01 | 0.4560 − 01 | 0.3801 + 02 | 0.4101 + 00 |
| 0.5500 + 01 | 0.3512 + 02 | 0.5149 + 01 | 0.6822 + 01 | 0.4236 − 01 | 0.3941 + 02 | 0.4090 + 00 |
| 0.5600 + 01 | 0.3642 + 02 | 0.5175 + 01 | 0.7038 + 01 | 0.3938 − 01 | 0.4084 + 02 | 0.4079 + 00 |
| 0.5700 + 01 | 0.3774 + 02 | 0.5200 + 01 | 0.7258 + 01 | 0.3664 − 01 | 0.4230 + 02 | 0.4069 + 00 |
| 0.5800 + 01 | 0.3908 + 02 | 0.5224 + 01 | 0.7481 + 01 | 0.3412 − 01 | 0.4378 + 02 | 0.4059 + 00 |
| 0.5900 + 01 | 0.4044 + 02 | 0.5246 + 01 | 0.7709 + 01 | 0.3180 − 01 | 0.4528 + 02 | 0.4050 + 00 |
| 0.6000 + 01 | 0.4183 + 02 | 0.5268 + 01 | 0.7941 + 01 | 0.2965 − 01 | 0.4682 + 02 | 0.4042 + 00 |
| 0.6100 + 01 | 0.4324 + 02 | 0.5289 + 01 | 0.8176 + 01 | 0.2767 − 01 | 0.4837 + 02 | 0.4033 + 00 |
| 0.6200 + 01 | 0.4468 + 02 | 0.5309 + 01 | 0.8415 + 01 | 0.2584 − 01 | 0.4996 + 02 | 0.4025 + 00 |
| 0.6300 + 01 | 0.4614 + 02 | 0.5329 + 01 | 0.8658 + 01 | 0.2416 − 01 | 0.5157 + 02 | 0.4018 + 00 |
| 0.6400 + 01 | 0.4762 + 02 | 0.5347 + 01 | 0.8905 + 01 | 0.2259 − 01 | 0.5320 + 02 | 0.4011 + 00 |
| 0.6500 + 01 | 0.4912 + 02 | 0.5365 + 01 | 0.9156 + 01 | 0.2115 − 01 | 0.5486 + 02 | 0.4004 + 00 |
| 0.6600 + 01 | 0.5065 + 02 | 0.5382 + 01 | 0.9411 + 01 | 0.1981 − 01 | 0.5655 + 02 | 0.3997 + 00 |
| 0.6700 + 01 | 0.5220 + 02 | 0.5399 + 01 | 0.9670 + 01 | 0.1857 − 01 | 0.5826 + 02 | 0.3991 + 00 |
| 0.6800 + 01 | 0.5378 + 02 | 0.5415 + 01 | 0.9933 + 01 | 0.1741 − 01 | 0.6000 + 02 | 0.3985 + 00 |
| 0.6900 + 01 | 0.5538 + 02 | 0.5430 + 01 | 0.1020 + 02 | 0.1635 − 01 | 0.6176 + 02 | 0.3979 + 00 |
| 0.7000 + 01 | 0.5700 + 02 | 0.5444 + 01 | 0.1047 + 02 | 0.1535 − 01 | 0.6355 + 02 | 0.3974 + 00 |
| 0.7100 + 01 | 0.5864 + 02 | 0.5459 + 01 | 0.1074 + 02 | 0.1443 − 01 | 0.6537 + 02 | 0.3968 + 00 |
| 0.7200 + 01 | 0.6031 + 02 | 0.5472 + 01 | 0.1102 + 02 | 0.1357 − 01 | 0.6721 + 02 | 0.3963 + 00 |
| 0.7300 + 01 | 0.6200 + 02 | 0.5485 + 01 | 0.1130 + 02 | 0.1277 − 01 | 0.6908 + 02 | 0.3958 + 00 |
| 0.7400 + 01 | 0.6372 + 02 | 0.5498 + 01 | 0.1159 + 02 | 0.1202 − 01 | 0.7097 + 02 | 0.3954 + 00 |
| 0.7500 + 01 | 0.6546 + 02 | 0.5510 + 01 | 0.1188 + 02 | 0.1133 − 01 | 0.7289 + 02 | 0.3949 + 00 |
| 0.7600 + 01 | 0.6722 + 02 | 0.5522 + 01 | 0.1217 + 02 | 0.1068 − 01 | 0.7483 + 02 | 0.3945 + 00 |
| 0.7700 + 01 | 0.6900 + 02 | 0.5533 + 01 | 0.1247 + 02 | 0.1008 − 01 | 0.7680 + 02 | 0.3941 + 00 |
| 0.7800 + 01 | 0.7081 + 02 | 0.5544 + 01 | 0.1277 + 02 | 0.9510 − 02 | 0.7880 + 02 | 0.3937 + 00 |
| 0.7900 + 01 | 0.7264 + 02 | 0.5555 + 01 | 0.1308 + 02 | 0.8982 − 02 | 0.8082 + 02 | 0.3933 + 00 |
| 0.8000 + 01 | 0.7450 + 02 | 0.5565 + 01 | 0.1339 + 02 | 0.8488 − 02 | 0.8287 + 02 | 0.3929 + 00 |
| 0.9000 + 01 | 0.9433 + 02 | 0.5651 + 01 | 0.1669 + 02 | 0.4964 − 02 | 0.1048 + 03 | 0.3898 + 00 |
| 0.1000 + 02 | 0.1165 + 03 | 0.5714 + 01 | 0.2039 + 02 | 0.3045 − 02 | 0.1292 + 03 | 0.3876 + 00 |
| 0.1100 + 02 | 0.1410 + 03 | 0.5762 + 01 | 0.2447 + 02 | 0.1945 − 02 | 0.1563 + 03 | 0.3859 + 00 |
| 0.1200 + 02 | 0.1678 + 03 | 0.5799 + 01 | 0.2894 + 02 | 0.1287 − 02 | 0.1859 + 03 | 0.3847 + 00 |
| 0.1300 + 02 | 0.1970 + 03 | 0.5828 + 01 | 0.3380 + 02 | 0.8771 − 03 | 0.2181 + 03 | 0.3837 + 00 |
| 0.1400 + 02 | 0.2285 + 03 | 0.5851 + 01 | 0.3905 + 02 | 0.6138 − 03 | 0.2528 + 03 | 0.3829 + 00 |
| 0.1500 + 02 | 0.2623 + 03 | 0.5870 + 01 | 0.4469 + 02 | 0.4395 − 03 | 0.2902 + 03 | 0.3823 + 00 |
| 0.1600 + 02 | 0.2985 + 03 | 0.5885 + 01 | 0.5072 + 02 | 0.3212 − 03 | 0.3301 + 03 | 0.3817 + 00 |
| 0.1700 + 02 | 0.3370 + 03 | 0.5898 + 01 | 0.5714 + 02 | 0.2390 − 03 | 0.3726 + 03 | 0.3813 + 00 |
| 0.1800 + 02 | 0.3778 + 03 | 0.5909 + 01 | 0.6394 + 02 | 0.1807 − 03 | 0.4176 + 03 | 0.3810 + 00 |
| 0.1900 + 02 | 0.4210 + 03 | 0.5918 + 01 | 0.7114 + 02 | 0.1386 − 03 | 0.4653 + 03 | 0.3806 + 00 |

续表

| $Ma_1$ | $\frac{p_2}{p_1}$ | $\frac{\rho_2}{\rho_1}$ | $\frac{T_2}{T_1}$ | $\frac{p_{02}}{p_{01}}$ | $\frac{p_{02}}{p_1}$ | $Ma_2$ |
|---|---|---|---|---|---|---|
| 0.2000 + 02 | 0.4665 + 03 | 0.5926 + 01 | 0.7872 + 02 | 0.1078 − 03 | 0.5155 + 03 | 0.3804 + 00 |
| 0.2200 + 02 | 0.5645 + 03 | 0.5939 + 01 | 0.9506 + 02 | 0.6741 − 04 | 0.6236 + 03 | 0.3800 + 00 |
| 0.2400 + 02 | 0.6718 + 03 | 0.5948 + 01 | 0.1129 + 03 | 0.4388 − 04 | 0.7421 + 03 | 0.3796 + 00 |
| 0.2600 + 02 | 0.7885 + 03 | 0.5956 + 01 | 0.1324 + 03 | 0.2953 − 04 | 0.8709 + 03 | 0.3794 + 00 |
| 0.2800 + 02 | 0.9145 + 03 | 0.5962 + 01 | 0.1534 + 03 | 0.2046 − 04 | 0.1010 + 04 | 0.3792 + 00 |
| 0.3000 + 02 | 0.1050 + 04 | 0.5967 + 01 | 0.1759 + 03 | 0.1453 − 04 | 0.1159 + 04 | 0.3790 + 00 |
| 0.3200 + 02 | 0.1194 + 04 | 0.5971 + 01 | 0.2001 + 03 | 0.1055 − 04 | 0.1319 + 04 | 0.3789 + 00 |
| 0.3400 + 02 | 0.1348 + 04 | 0.5974 + 01 | 0.2257 + 03 | 0.7804 − 05 | 0.1489 + 04 | 0.3788 + 00 |
| 0.3600 + 02 | 0.1512 + 04 | 0.5977 + 01 | 0.2529 + 03 | 0.5874 − 05 | 0.1669 + 04 | 0.3787 + 00 |
| 0.3800 + 02 | 0.1684 + 04 | 0.5979 + 01 | 0.2817 + 03 | 0.4488 − 05 | 0.1860 + 04 | 0.3786 + 00 |
| 0.4000 + 02 | 0.1866 + 04 | 0.5981 + 01 | 0.3121 + 03 | 0.3477 − 05 | 0.2061 + 04 | 0.3786 + 00 |
| 0.4200 + 02 | 0.2058 + 04 | 0.5983 + 01 | 0.3439 + 03 | 0.2727 − 05 | 0.2272 + 04 | 0.3785 + 00 |
| 0.4400 + 02 | 0.2258 + 04 | 0.5985 + 01 | 0.3774 + 03 | 0.2163 − 05 | 0.2493 + 04 | 0.3785 + 00 |
| 0.4600 + 02 | 0.2468 + 04 | 0.5986 + 01 | 0.4124 + 03 | 0.1733 − 05 | 0.2725 + 04 | 0.3784 + 00 |
| 0.4800 + 02 | 0.2688 + 04 | 0.5987 + 01 | 0.4489 + 03 | 0.1402 − 05 | 0.2967 + 04 | 0.3784 + 00 |
| 0.5000 + 02 | 0.2916 + 04 | 0.5988 + 01 | 0.4871 + 03 | 0.1144 − 05 | 0.3219 + 04 | 0.3784 + 00 |

# 附录 D 斜激波特性

| $Ma_1$ | $\theta$ | 弱激波 | | | 强激波 | | |
|---|---|---|---|---|---|---|---|
| | | $\beta$ | $p_2/p_1$ | $Ma_2$ | $\beta$ | $p_2/p_1$ | $Ma_2$ |
| 1.05 | 0.0 | 72.25 | 1.000 | 1.050 | 90.00 | 1.120 | 0.953 |
| | (0.56) | 79.94 | 1.080 | 0.984 | 79.94 | 1.080 | 0.984 |
| 1.10 | 0.0 | 65.38 | 1.000 | 1.100 | 90.00 | 1.245 | 0.912 |
| | 1.0 | 69.80 | 1.077 | 1.039 | 83.57 | 1.227 | 0.925 |
| | (1.52) | 76.30 | 1.166 | 0.971 | 76.30 | 1.166 | 0.971 |
| 1.15 | 0.0 | 60.41 | 1.000 | 1.150 | 90.00 | 1.376 | 0.875 |
| | 1.0 | 63.16 | 1.062 | 1.102 | 85.98 | 1.369 | 0.880 |
| | 2.0 | 67.00 | 1.141 | 1.043 | 81.17 | 1.340 | 0.901 |
| | (2.67) | 73.82 | 1.256 | 0.960 | 73.82 | 1.256 | 0.960 |
| 1.20 | 0.0 | 56.44 | 1.000 | 1.200 | 90.00 | 1.513 | 0.842 |
| | 1.0 | 58.55 | 1.056 | 1.158 | 87.04 | 1.509 | 0.845 |
| | 2.0 | 61.05 | 1.120 | 1.111 | 83.86 | 1.494 | 0.855 |
| | 3.0 | 64.34 | 1.198 | 1.056 | 80.03 | 1.463 | 0.876 |
| | (3.94) | 71.98 | 1.353 | 0.950 | 71.98 | 1.353 | 0.950 |
| 1.25 | 0.0 | 53.13 | 1.000 | 1.250 | 90.00 | 1.656 | 0.813 |
| | 1.0 | 54.88 | 1.053 | 1.211 | 87.65 | 1.653 | 0.815 |
| | 2.0 | 56.84 | 1.111 | 1.170 | 85.21 | 1.644 | 0.821 |
| | 3.0 | 59.13 | 1.176 | 1.124 | 82.54 | 1.626 | 0.832 |
| | 4.0 | 61.99 | 1.254 | 1.072 | 79.38 | 1.594 | 0.852 |
| | 5.0 | 66.50 | 1.366 | 0.999 | 74.63 | 1.528 | 0.895 |
| | (5.29) | 70.54 | 1.454 | 0.942 | 70.54 | 1.454 | 0.942 |
| 1.30 | 0.0 | 50.29 | 1.000 | 1.300 | 90.00 | 1.805 | 0.786 |
| | 1.0 | 51.81 | 1.051 | 1.263 | 88.05 | 1.803 | 0.787 |
| | 2.0 | 53.47 | 1.107 | 1.224 | 86.06 | 1.796 | 0.792 |
| | 3.0 | 55.32 | 1.167 | 1.184 | 83.95 | 1.783 | 0.800 |
| | 4.0 | 57.42 | 1.233 | 1.140 | 81.65 | 1.763 | 0.812 |
| | 5.0 | 59.96 | 1.311 | 1.090 | 78.97 | 1.733 | 0.831 |
| | 6.0 | 63.46 | 1.411 | 1.027 | 75.37 | 1.679 | 0.864 |
| | (6.66) | 69.40 | 1.561 | 0.936 | 69.40 | 1.561 | 0.936 |
| 1.35 | 0.0 | 47.80 | 1.000 | 1.350 | 90.00 | 1.960 | 0.762 |
| | 1.0 | 49.17 | 1.051 | 1.314 | 88.34 | 1.958 | 0.763 |
| | 2.0 | 50.63 | 1.104 | 1.277 | 86.64 | 1.952 | 0.766 |
| | 3.0 | 52.22 | 1.162 | 1.239 | 84.89 | 1.943 | 0.772 |
| | 4.0 | 53.96 | 1.224 | 1.199 | 83.03 | 1.928 | 0.781 |
| | 5.0 | 55.93 | 1.292 | 1.156 | 80.99 | 1.907 | 0.793 |

续表

| $Ma_1$ | $\theta$ | 弱激波 | | | 强激波 | | |
|---|---|---|---|---|---|---|---|
| | | $\beta$ | $p_2/p_1$ | $Ma_2$ | $\beta$ | $p_2/p_1$ | $Ma_2$ |
| 1.35 | 6.0 | 58.23 | 1.370 | 1.109 | 78.66 | 1.877 | 0.811 |
| | 7.0 | 61.18 | 1.466 | 1.052 | 75.72 | 1.830 | 0.839 |
| | 8.0 | 66.91 | 1.633 | 0.954 | 70.02 | 1.711 | 0.908 |
| | (8.05) | 68.47 | 1.673 | 0.931 | 68.47 | 1.673 | 0.931 |
| 1.40 | 0.0 | 45.59 | 1.000 | 1.400 | 90.00 | 2.120 | 0.740 |
| | 1.0 | 46.84 | 1.050 | 1.365 | 88.55 | 2.119 | 0.741 |
| | 2.0 | 48.17 | 1.103 | 1.329 | 87.08 | 2.114 | 0.743 |
| | 3.0 | 49.59 | 1.159 | 1.293 | 85.56 | 2.106 | 0.748 |
| | 4.0 | 51.12 | 1.219 | 1.255 | 83.99 | 2.095 | 0.754 |
| | 5.0 | 52.78 | 1.283 | 1.216 | 82.31 | 2.079 | 0.764 |
| | 6.0 | 54.63 | 1.354 | 1.174 | 80.48 | 2.058 | 0.776 |
| | 7.0 | 56.76 | 1.433 | 1.128 | 78.41 | 2.028 | 0.793 |
| | 8.0 | 59.37 | 1.526 | 1.074 | 75.89 | 1.984 | 0.818 |
| | 9.0 | 63.19 | 1.655 | 1.002 | 72.19 | 1.906 | 0.863 |
| | (9.43) | 67.72 | 1.791 | 0.927 | 67.72 | 1.791 | 0.927 |
| 1.45 | 0.0 | 43.60 | 1.000 | 1.450 | 90.00 | 2.286 | 0.720 |
| | 1.0 | 44.77 | 1.050 | 1.416 | 88.71 | 2.285 | 0.720 |
| | 2.0 | 46.00 | 1.103 | 1.381 | 87.41 | 2.281 | 0.722 |
| | 3.0 | 47.30 | 1.158 | 1.345 | 86.08 | 2.275 | 0.726 |
| | 4.0 | 48.68 | 1.217 | 1.309 | 84.70 | 2.265 | 0.732 |
| | 5.0 | 50.16 | 1.279 | 1.272 | 83.26 | 2.252 | 0.739 |
| | 6.0 | 51.76 | 1.346 | 1.232 | 81.73 | 2.236 | 0.749 |
| | 7.0 | 53.52 | 1.419 | 1.191 | 80.07 | 2.213 | 0.761 |
| | 8.0 | 55.52 | 1.500 | 1.146 | 78.20 | 2.184 | 0.778 |
| | 9.0 | 57.89 | 1.593 | 1.095 | 75.98 | 2.142 | 0.801 |
| | 10.0 | 61.05 | 1.711 | 1.032 | 72.99 | 2.076 | 0.837 |
| | (10.79) | 67.10 | 1.915 | 0.924 | 67.10 | 1.915 | 0.924 |
| 1.50 | 0.0 | 41.81 | 1.000 | 1.500 | 90.00 | 2.458 | 0.701 |
| | 1.0 | 42.91 | 1.050 | 1.466 | 88.84 | 2.457 | 0.702 |
| | 2.0 | 44.06 | 1.103 | 1.432 | 87.67 | 2.454 | 0.704 |
| | 3.0 | 45.27 | 1.158 | 1.397 | 86.48 | 2.448 | 0.707 |
| | 4.0 | 46.54 | 1.216 | 1.362 | 85.26 | 2.440 | 0.711 |
| | 5.0 | 47.89 | 1.278 | 1.325 | 83.99 | 2.430 | 0.717 |
| | 6.0 | 49.33 | 1.343 | 1.288 | 82.66 | 2.416 | 0.725 |
| | 7.0 | 50.88 | 1.413 | 1.249 | 81.25 | 2.398 | 0.735 |
| | 8.0 | 52.57 | 1.489 | 1.208 | 79.71 | 2.375 | 0.748 |
| | 9.0 | 54.47 | 1.572 | 1.164 | 78.00 | 2.345 | 0.764 |
| | 10.0 | 56.68 | 1.666 | 1.114 | 75.99 | 2.305 | 0.785 |
| | 11.0 | 59.47 | 1.781 | 1.055 | 73.44 | 2.245 | 0.817 |

续表

| $Ma_1$ | $\theta$ | 弱激波 | | | 强激波 | | |
|---|---|---|---|---|---|---|---|
| | | $\beta$ | $p_2/p_1$ | $Ma_2$ | $\beta$ | $p_2/p_1$ | $Ma_2$ |
| 1.50 | 12.0 | 64.36 | 1.967 | 0.961 | 68.79 | 2.115 | 0.885 |
| | (12.11) | 66.59 | 2.044 | 0.921 | 66.59 | 2.044 | 0.921 |
| 1.55 | 0.0 | 40.18 | 1.000 | 1.550 | 90.00 | 2.636 | 0.684 |
| | 1.0 | 41.23 | 1.051 | 1.516 | 88.94 | 2.635 | 0.685 |
| | 2.0 | 42.31 | 1.104 | 1.482 | 87.88 | 2.632 | 0.686 |
| | 3.0 | 43.45 | 1.159 | 1.448 | 86.80 | 2.628 | 0.689 |
| | 4.0 | 44.64 | 1.217 | 1.413 | 85.70 | 2.620 | 0.693 |
| | 5.0 | 45.89 | 1.278 | 1.378 | 84.56 | 2.611 | 0.698 |
| | 6.0 | 47.21 | 1.343 | 1.341 | 83.38 | 2.599 | 0.705 |
| | 7.0 | 48.62 | 1.411 | 1.304 | 82.15 | 2.584 | 0.713 |
| | 8.0 | 50.13 | 1.484 | 1.265 | 80.83 | 2.565 | 0.723 |
| | 9.0 | 51.77 | 1.563 | 1.224 | 79.39 | 2.541 | 0.736 |
| | 10.0 | 53.60 | 1.649 | 1.180 | 77.80 | 2.511 | 0.752 |
| | 11.0 | 55.69 | 1.746 | 1.132 | 75.97 | 2.471 | 0.772 |
| | 12.0 | 58.24 | 1.860 | 1.076 | 73.69 | 2.415 | 0.801 |
| | 13.0 | 61.98 | 2.018 | 0.999 | 70.24 | 2.316 | 0.852 |
| | (13.40) | 66.17 | 2.179 | 0.920 | 66.17 | 2.179 | 0.920 |
| 1.60 | 0.0 | 38.68 | 1.000 | 1.600 | 90.00 | 2.820 | 0.668 |
| | 1.0 | 39.68 | 1.051 | 1.566 | 89.03 | 2.819 | 0.669 |
| | 2.0 | 40.72 | 1.105 | 1.532 | 88.05 | 2.817 | 0.670 |
| | 3.0 | 41.80 | 1.160 | 1.498 | 87.07 | 2.812 | 0.673 |
| | 4.0 | 42.93 | 1.219 | 1.464 | 86.06 | 2.806 | 0.676 |
| | 5.0 | 44.11 | 1.280 | 1.429 | 85.03 | 2.798 | 0.681 |
| | 6.0 | 45.34 | 1.345 | 1.393 | 83.97 | 2.787 | 0.686 |
| | 7.0 | 46.65 | 1.412 | 1.357 | 82.86 | 2.774 | 0.693 |
| | 8.0 | 48.03 | 1.484 | 1.320 | 81.69 | 2.758 | 0.702 |
| | 9.0 | 49.51 | 1.561 | 1.281 | 80.45 | 2.738 | 0.712 |
| | 10.0 | 51.12 | 1.643 | 1.240 | 79.10 | 2.713 | 0.725 |
| | 11.0 | 52.88 | 1.732 | 1.196 | 77.61 | 2.682 | 0.741 |
| | 12.0 | 54.89 | 1.832 | 1.148 | 75.90 | 2.643 | 0.761 |
| | 13.0 | 57.28 | 1.947 | 1.094 | 73.82 | 2.588 | 0.789 |
| | 14.0 | 60.54 | 2.097 | 1.023 | 70.90 | 2.500 | 0.832 |
| | (14.65) | 65.83 | 2.319 | 0.919 | 65.83 | 2.319 | 0.919 |
| 1.65 | 0.0 | 37.31 | 1.000 | 1.650 | 90.00 | 3.010 | 0.654 |
| | 1.0 | 38.27 | 1.052 | 1.616 | 89.10 | 3.009 | 0.654 |
| | 2.0 | 39.27 | 1.106 | 1.582 | 88.20 | 3.006 | 0.656 |
| | 3.0 | 40.30 | 1.162 | 1.548 | 87.29 | 3.002 | 0.658 |
| | 4.0 | 41.38 | 1.221 | 1.514 | 86.36 | 2.997 | 0.661 |
| | 5.0 | 42.50 | 1.283 | 1.479 | 85.42 | 2.989 | 0.665 |

续表

| $Ma_1$ | $\theta$ | 弱激波 | | | 强激波 | | |
|---|---|---|---|---|---|---|---|
| | | $\beta$ | $p_2/p_1$ | $Ma_2$ | $\beta$ | $p_2/p_1$ | $Ma_2$ |
| 1.65 | 6.0 | 43.67 | 1.347 | 1.444 | 84.45 | 2.980 | 0.670 |
| | 7.0 | 44.89 | 1.415 | 1.409 | 83.44 | 2.968 | 0.676 |
| | 8.0 | 46.18 | 1.487 | 1.372 | 82.39 | 2.954 | 0.683 |
| | 9.0 | 47.55 | 1.563 | 1.334 | 81.28 | 2.937 | 0.692 |
| | 10.0 | 49.01 | 1.643 | 1.295 | 80.10 | 2.916 | 0.703 |
| | 11.0 | 50.58 | 1.729 | 1.254 | 78.82 | 2.890 | 0.716 |
| | 12.0 | 52.31 | 1.822 | 1.210 | 77.41 | 2.859 | 0.732 |
| | 13.0 | 54.26 | 1.926 | 1.163 | 75.80 | 2.818 | 0.752 |
| | 14.0 | 56.54 | 2.044 | 1.109 | 73.86 | 2.764 | 0.778 |
| | 15.0 | 59.52 | 2.192 | 1.042 | 71.25 | 2.681 | 0.818 |
| | (15.86) | 65.55 | 2.465 | 0.918 | 65.55 | 2.465 | 0.918 |
| 1.70 | 0.0 | 36.03 | 1.000 | 1.700 | 90.00 | 3.205 | 0.641 |
| | 1.0 | 36.96 | 1.052 | 1.666 | 89.16 | 3.204 | 0.641 |
| | 2.0 | 37.93 | 1.107 | 1.632 | 88.33 | 3.202 | 0.642 |
| | 3.0 | 38.92 | 1.164 | 1.598 | 87.48 | 3.198 | 0.644 |
| | 4.0 | 39.96 | 1.224 | 1.564 | 86.62 | 3.193 | 0.647 |
| | 5.0 | 41.03 | 1.286 | 1.529 | 85.74 | 3.186 | 0.650 |
| | 6.0 | 42.14 | 1.351 | 1.495 | 84.85 | 3.178 | 0.655 |
| | 7.0 | 43.31 | 1.420 | 1.459 | 83.92 | 3.167 | 0.660 |
| | 8.0 | 44.53 | 1.491 | 1.423 | 82.97 | 3.154 | 0.667 |
| | 9.0 | 45.81 | 1.567 | 1.386 | 81.96 | 3.139 | 0.675 |
| | 10.0 | 47.17 | 1.647 | 1.348 | 80.91 | 3.121 | 0.684 |
| | 11.0 | 48.61 | 1.731 | 1.309 | 79.78 | 3.099 | 0.695 |
| | 12.0 | 50.17 | 1.822 | 1.267 | 78.55 | 3.072 | 0.708 |
| | 13.0 | 51.87 | 1.920 | 1.223 | 77.21 | 3.040 | 0.724 |
| | 14.0 | 53.77 | 2.027 | 1.176 | 75.67 | 2.998 | 0.744 |
| | 15.0 | 55.98 | 2.150 | 1.122 | 73.84 | 2.944 | 0.770 |
| | 16.0 | 58.79 | 2.300 | 1.057 | 71.43 | 2.863 | 0.808 |
| | 17.0 | 64.63 | 2.586 | 0.932 | 66.00 | 2.647 | 0.905 |
| | (17.01) | 65.32 | 2.617 | 0.918 | 65.32 | 2.617 | 0.918 |
| 1.75 | 0.0 | 34.85 | 1.000 | 1.750 | 90.00 | 3.406 | 0.628 |
| | 1.0 | 35.75 | 1.053 | 1.716 | 89.22 | 3.406 | 0.628 |
| | 2.0 | 36.69 | 1.109 | 1.682 | 88.43 | 3.404 | 0.629 |
| | 3.0 | 37.65 | 1.167 | 1.648 | 87.64 | 3.400 | 0.631 |
| | 4.0 | 38.65 | 1.227 | 1.613 | 86.84 | 3.395 | 0.634 |
| | 5.0 | 39.68 | 1.290 | 1.579 | 86.02 | 3.389 | 0.637 |
| | 6.0 | 40.76 | 1.356 | 1.544 | 85.19 | 3.381 | 0.641 |
| | 7.0 | 41.87 | 1.425 | 1.509 | 84.33 | 3.371 | 0.646 |
| | 8.0 | 43.03 | 1.497 | 1.473 | 83.45 | 3.360 | 0.652 |

续表

| $Ma_1$ | $\theta$ | 弱激波 | | | 强激波 | | |
|---|---|---|---|---|---|---|---|
| | | $\beta$ | $p_2/p_1$ | $Ma_2$ | $\beta$ | $p_2/p_1$ | $Ma_2$ |
| 1.75 | 9.0 | 44.25 | 1.573 | 1.437 | 82.53 | 3.346 | 0.659 |
| | 10.0 | 45.53 | 1.653 | 1.399 | 81.57 | 3.329 | 0.667 |
| | 11.0 | 46.88 | 1.737 | 1.361 | 80.55 | 3.310 | 0.677 |
| | 12.0 | 48.32 | 1.826 | 1.321 | 79.47 | 3.287 | 0.688 |
| | 13.0 | 49.86 | 1.922 | 1.279 | 78.29 | 3.259 | 0.701 |
| | 14.0 | 51.55 | 2.024 | 1.235 | 76.99 | 3.225 | 0.718 |
| | 15.0 | 53.42 | 2.137 | 1.187 | 75.51 | 3.183 | 0.738 |
| | 16.0 | 55.59 | 2.265 | 1.133 | 73.76 | 3.127 | 0.763 |
| | 17.0 | 58.30 | 2.420 | 1.068 | 71.48 | 3.046 | 0.800 |
| | 18.0 | 62.94 | 2.667 | 0.965 | 67.27 | 2.873 | 0.877 |
| | (18.12) | 65.13 | 2.775 | 0.919 | 65.13 | 2.775 | 0.919 |
| 1.80 | 0.0 | 33.75 | 1.000 | 1.800 | 90.00 | 3.613 | 0.617 |
| | 1.0 | 34.63 | 1.054 | 1.766 | 89.26 | 3.613 | 0.617 |
| | 2.0 | 35.54 | 1.110 | 1.731 | 88.52 | 3.611 | 0.618 |
| | 3.0 | 36.48 | 1.169 | 1.697 | 87.78 | 3.608 | 0.619 |
| | 4.0 | 37.44 | 1.231 | 1.662 | 87.03 | 3.603 | 0.622 |
| | 5.0 | 38.44 | 1.295 | 1.628 | 86.26 | 3.597 | 0.625 |
| | 6.0 | 39.48 | 1.361 | 1.593 | 85.48 | 3.590 | 0.628 |
| | 7.0 | 40.56 | 1.431 | 1.558 | 84.69 | 3.581 | 0.633 |
| | 8.0 | 41.67 | 1.504 | 1.523 | 83.86 | 3.570 | 0.638 |
| | 9.0 | 42.84 | 1.581 | 1.486 | 83.01 | 3.557 | 0.644 |
| | 10.0 | 44.06 | 1.661 | 1.449 | 82.13 | 3.542 | 0.652 |
| | 11.0 | 45.34 | 1.745 | 1.412 | 81.20 | 3.525 | 0.660 |
| | 12.0 | 46.69 | 1.834 | 1.373 | 80.21 | 3.504 | 0.670 |
| | 13.0 | 48.12 | 1.929 | 1.332 | 79.16 | 3.480 | 0.682 |
| | 14.0 | 49.66 | 2.029 | 1.290 | 78.02 | 3.450 | 0.696 |
| | 15.0 | 51.34 | 2.138 | 1.245 | 76.76 | 3.415 | 0.712 |
| | 16.0 | 53.20 | 2.257 | 1.196 | 75.32 | 3.371 | 0.733 |
| | 17.0 | 55.34 | 2.391 | 1.141 | 73.62 | 3.313 | 0.759 |
| | 18.0 | 57.99 | 2.552 | 1.077 | 71.42 | 3.230 | 0.796 |
| | 19.0 | 62.31 | 2.797 | 0.977 | 67.58 | 3.063 | 0.867 |
| | (19.18) | 64.99 | 2.938 | 0.920 | 64.99 | 2.938 | 0.920 |
| 1.85 | 0.0 | 32.72 | 1.000 | 1.850 | 90.00 | 3.826 | 0.606 |
| | 1.0 | 33.58 | 1.055 | 1.815 | 89.30 | 3.826 | 0.606 |
| | 2.0 | 34.47 | 1.112 | 1.781 | 88.61 | 3.824 | 0.607 |
| | 3.0 | 35.38 | 1.172 | 1.746 | 87.90 | 3.821 | 0.608 |
| | 4.0 | 36.32 | 1.234 | 1.711 | 87.19 | 3.817 | 0.610 |
| | 5.0 | 37.30 | 1.299 | 1.677 | 86.47 | 3.811 | 0.613 |
| | 6.0 | 38.30 | 1.367 | 1.642 | 85.74 | 3.804 | 0.617 |

续表

| $Ma_1$ | $\theta$ | 弱激波 | | | 强激波 | | |
|---|---|---|---|---|---|---|---|
| | | $\beta$ | $p_2/p_1$ | $Ma_2$ | $\beta$ | $p_2/p_1$ | $Ma_2$ |
| 1.85 | 7.0 | 39.34 | 1.438 | 1.607 | 84.99 | 3.796 | 0.621 |
| | 8.0 | 40.42 | 1.512 | 1.571 | 84.22 | 3.786 | 0.626 |
| | 9.0 | 41.55 | 1.590 | 1.535 | 83.43 | 3.774 | 0.631 |
| | 10.0 | 42.72 | 1.671 | 1.498 | 82.61 | 3.760 | 0.638 |
| | 11.0 | 43.94 | 1.756 | 1.461 | 81.75 | 3.744 | 0.646 |
| | 12.0 | 45.22 | 1.845 | 1.422 | 80.84 | 3.725 | 0.655 |
| | 13.0 | 46.58 | 1.940 | 1.383 | 79.89 | 3.703 | 0.665 |
| | 14.0 | 48.01 | 2.039 | 1.341 | 78.86 | 3.677 | 0.677 |
| | 15.0 | 49.56 | 2.146 | 1.298 | 77.75 | 3.646 | 0.692 |
| | 16.0 | 51.23 | 2.261 | 1.252 | 76.51 | 3.609 | 0.709 |
| | 17.0 | 53.09 | 2.386 | 1.203 | 75.11 | 3.563 | 0.729 |
| | 18.0 | 55.23 | 2.527 | 1.148 | 73.44 | 3.502 | 0.756 |
| | 19.0 | 57.87 | 2.697 | 1.082 | 71.28 | 3.415 | 0.793 |
| | 20.0 | 62.10 | 2.952 | 0.982 | 67.54 | 3.244 | 0.865 |
| | (20.20) | 64.87 | 3.106 | 0.920 | 64.87 | 3.106 | 0.920 |
| 1.90 | 0.0 | 31.76 | 1.000 | 1.900 | 90.00 | 4.045 | 0.596 |
| | 1.0 | 32.60 | 1.056 | 1.865 | 89.34 | 4.044 | 0.596 |
| | 2.0 | 33.47 | 1.114 | 1.830 | 88.68 | 4.043 | 0.597 |
| | 3.0 | 34.36 | 1.175 | 1.795 | 88.01 | 4.040 | 0.598 |
| | 4.0 | 35.28 | 1.238 | 1.760 | 87.34 | 4.036 | 0.600 |
| | 5.0 | 36.23 | 1.304 | 1.725 | 86.66 | 4.031 | 0.603 |
| | 6.0 | 37.21 | 1.374 | 1.690 | 85.96 | 4.024 | 0.606 |
| | 7.0 | 38.22 | 1.446 | 1.655 | 85.26 | 4.016 | 0.610 |
| | 8.0 | 39.27 | 1.521 | 1.619 | 84.53 | 4.007 | 0.614 |
| | 9.0 | 40.36 | 1.600 | 1.583 | 83.79 | 3.996 | 0.620 |
| | 10.0 | 41.49 | 1.682 | 1.546 | 83.02 | 3.983 | 0.626 |
| | 11.0 | 42.67 | 1.768 | 1.509 | 82.22 | 3.968 | 0.633 |
| | 12.0 | 43.90 | 1.858 | 1.471 | 81.38 | 3.950 | 0.641 |
| | 13.0 | 45.19 | 1.953 | 1.432 | 80.50 | 3.930 | 0.650 |
| | 14.0 | 46.55 | 2.053 | 1.391 | 79.56 | 3.907 | 0.661 |
| | 15.0 | 47.99 | 2.159 | 1.349 | 78.56 | 3.879 | 0.674 |
| | 16.0 | 49.54 | 2.272 | 1.305 | 77.46 | 3.847 | 0.688 |
| | 17.0 | 51.23 | 2.393 | 1.258 | 76.25 | 3.807 | 0.706 |
| | 18.0 | 53.10 | 2.526 | 1.208 | 74.86 | 3.758 | 0.727 |
| | 19.0 | 55.24 | 2.676 | 1.151 | 73.21 | 3.694 | 0.755 |
| | 20.0 | 57.90 | 2.856 | 1.083 | 71.06 | 3.601 | 0.793 |
| | 21.0 | 62.25 | 3.132 | 0.979 | 67.22 | 3.414 | 0.869 |
| | (21.17) | 64.79 | 3.280 | 0.922 | 64.79 | 3.280 | 0.922 |

续表

| $Ma_1$ | $\theta$ | 弱激波 | | | 强激波 | | |
|---|---|---|---|---|---|---|---|
| | | $\beta$ | $p_2/p_1$ | $Ma_2$ | $\beta$ | $p_2/p_1$ | $Ma_2$ |
| 1.95 | 0.0 | 30.85 | 1.000 | 1.950 | 90.00 | 4.270 | 0.586 |
| | 1.0 | 31.68 | 1.057 | 1.914 | 89.37 | 4.269 | 0.586 |
| | 2.0 | 32.53 | 1.116 | 1.879 | 88.74 | 4.267 | 0.587 |
| | 3.0 | 33.40 | 1.178 | 1.844 | 88.11 | 4.265 | 0.589 |
| | 4.0 | 34.30 | 1.242 | 1.809 | 87.47 | 4.261 | 0.590 |
| | 5.0 | 35.23 | 1.310 | 1.773 | 86.82 | 4.256 | 0.593 |
| | 6.0 | 36.19 | 1.380 | 1.738 | 86.16 | 4.250 | 0.596 |
| | 7.0 | 37.18 | 1.454 | 1.702 | 85.49 | 4.242 | 0.599 |
| | 8.0 | 38.20 | 1.530 | 1.667 | 84.81 | 4.233 | 0.604 |
| | 9.0 | 39.26 | 1.610 | 1.630 | 84.11 | 4.223 | 0.609 |
| | 10.0 | 40.36 | 1.694 | 1.594 | 83.38 | 4.211 | 0.614 |
| | 11.0 | 41.50 | 1.781 | 1.556 | 82.63 | 4.197 | 0.621 |
| | 12.0 | 42.69 | 1.873 | 1.518 | 81.85 | 4.180 | 0.628 |
| | 13.0 | 43.93 | 1.968 | 1.480 | 81.03 | 4.162 | 0.637 |
| | 14.0 | 45.23 | 2.069 | 1.440 | 80.17 | 4.140 | 0.647 |
| | 15.0 | 46.60 | 2.175 | 1.398 | 79.24 | 4.115 | 0.658 |
| | 16.0 | 48.06 | 2.288 | 1.355 | 78.25 | 4.086 | 0.671 |
| | 17.0 | 49.62 | 2.408 | 1.310 | 77.17 | 4.051 | 0.686 |
| | 18.0 | 51.32 | 2.537 | 1.262 | 75.96 | 4.009 | 0.705 |
| | 19.0 | 53.21 | 2.678 | 1.210 | 74.58 | 3.956 | 0.727 |
| | 20.0 | 55.38 | 2.838 | 1.152 | 72.93 | 3.887 | 0.756 |
| | 21.0 | 58.10 | 3.030 | 1.082 | 70.74 | 3.787 | 0.796 |
| | 22.0 | 62.86 | 3.346 | 0.966 | 66.52 | 3.565 | 0.883 |
| | (22.09) | 64.72 | 3.460 | 0.923 | 64.72 | 3.460 | 0.923 |
| 2.00 | 0.0 | 30.00 | 1.000 | 2.000 | 90.00 | 4.500 | 0.577 |
| | 1.0 | 30.81 | 1.058 | 1.964 | 89.40 | 4.499 | 0.578 |
| | 2.0 | 31.65 | 1.118 | 1.928 | 88.80 | 4.498 | 0.578 |
| | 3.0 | 32.51 | 1.181 | 1.892 | 88.19 | 4.495 | 0.580 |
| | 4.0 | 33.39 | 1.247 | 1.857 | 87.58 | 4.492 | 0.581 |
| | 5.0 | 34.30 | 1.315 | 1.821 | 86.97 | 4.487 | 0.584 |
| | 6.0 | 35.24 | 1.387 | 1.786 | 86.34 | 4.481 | 0.586 |
| | 7.0 | 36.21 | 1.462 | 1.750 | 85.70 | 4.474 | 0.590 |
| | 8.0 | 37.21 | 1.540 | 1.714 | 85.05 | 4.465 | 0.594 |
| | 9.0 | 38.24 | 1.621 | 1.677 | 84.39 | 4.455 | 0.598 |
| | 10.0 | 39.31 | 1.707 | 1.641 | 83.70 | 4.444 | 0.604 |
| | 11.0 | 40.42 | 1.795 | 1.603 | 82.99 | 4.431 | 0.610 |
| | 12.0 | 41.58 | 1.888 | 1.565 | 82.26 | 4.415 | 0.617 |
| | 13.0 | 42.78 | 1.986 | 1.526 | 81.49 | 4.398 | 0.625 |
| | 14.0 | 44.03 | 2.088 | 1.487 | 80.68 | 4.378 | 0.634 |

续表

| $Ma_1$ | $\theta$ | 弱激波 | | | 强激波 | | |
|---|---|---|---|---|---|---|---|
| | | $\beta$ | $p_2/p_1$ | $Ma_2$ | $\beta$ | $p_2/p_1$ | $Ma_2$ |
| 2.00 | 15.0 | 45.34 | 2.195 | 1.446 | 79.83 | 4.355 | 0.644 |
| | 16.0 | 46.73 | 2.308 | 1.403 | 78.92 | 4.328 | 0.656 |
| | 17.0 | 48.20 | 2.427 | 1.359 | 77.94 | 4.296 | 0.669 |
| | 18.0 | 49.79 | 2.555 | 1.313 | 76.86 | 4.259 | 0.685 |
| | 19.0 | 51.51 | 2.692 | 1.264 | 75.66 | 4.214 | 0.704 |
| | 20.0 | 53.42 | 2.843 | 1.210 | 74.27 | 4.157 | 0.728 |
| | 21.0 | 55.64 | 3.014 | 1.150 | 72.59 | 4.082 | 0.758 |
| | 22.0 | 58.46 | 3.223 | 1.076 | 70.33 | 3.971 | 0.802 |
| | (22.97) | 64.75 | 3.651 | 0.922 | 64.75 | 3.651 | 0.922 |
| 2.10 | 0.0 | 28.44 | 1.000 | 2.100 | 90.00 | 4.978 | 0.561 |
| | 2.0 | 30.03 | 1.122 | 2.026 | 88.89 | 4.976 | 0.562 |
| | 4.0 | 31.72 | 1.256 | 1.953 | 87.78 | 4.971 | 0.565 |
| | 6.0 | 33.51 | 1.402 | 1.880 | 86.64 | 4.961 | 0.569 |
| | 8.0 | 35.41 | 1.561 | 1.807 | 85.46 | 4.946 | 0.576 |
| | 10.0 | 37.43 | 1.734 | 1.732 | 84.24 | 4.926 | 0.585 |
| | 12.0 | 39.59 | 1.923 | 1.656 | 82.94 | 4.901 | 0.596 |
| | 14.0 | 41.91 | 2.129 | 1.578 | 81.54 | 4.867 | 0.611 |
| | 16.0 | 44.43 | 2.355 | 1.495 | 80.00 | 4.823 | 0.630 |
| | 18.0 | 47.21 | 2.604 | 1.408 | 78.26 | 4.765 | 0.654 |
| | 20.0 | 50.36 | 2.885 | 1.312 | 76.19 | 4.685 | 0.687 |
| | 22.0 | 54.17 | 3.215 | 1.202 | 73.52 | 4.564 | 0.735 |
| | 24.0 | 59.77 | 3.674 | 1.049 | 69.11 | 4.324 | 0.825 |
| | (24.61) | 64.72 | 4.040 | 0.925 | 64.72 | 4.040 | 0.925 |
| 2.20 | 0.0 | 27.04 | 1.000 | 2.200 | 90.00 | 5.480 | 0.547 |
| | 2.0 | 28.59 | 1.127 | 2.124 | 88.97 | 5.478 | 0.548 |
| | 4.0 | 30.24 | 1.265 | 2.049 | 87.94 | 5.473 | 0.550 |
| | 6.0 | 31.98 | 1.417 | 1.974 | 86.88 | 5.463 | 0.554 |
| | 8.0 | 33.83 | 1.583 | 1.899 | 85.80 | 5.450 | 0.561 |
| | 10.0 | 35.79 | 1.764 | 1.823 | 84.67 | 5.431 | 0.569 |
| | 12.0 | 37.87 | 1.961 | 1.745 | 83.48 | 5.407 | 0.579 |
| | 14.0 | 40.09 | 2.176 | 1.666 | 82.22 | 5.376 | 0.592 |
| | 16.0 | 42.49 | 2.410 | 1.583 | 80.84 | 5.337 | 0.609 |
| | 18.0 | 45.09 | 2.666 | 1.496 | 79.31 | 5.286 | 0.630 |
| | 20.0 | 47.98 | 2.949 | 1.404 | 77.55 | 5.218 | 0.657 |
| | 22.0 | 51.28 | 3.270 | 1.301 | 75.42 | 5.122 | 0.694 |
| | 24.0 | 55.36 | 3.655 | 1.181 | 72.56 | 4.973 | 0.749 |
| | 26.0 | 62.70 | 4.292 | 0.979 | 66.48 | 4.581 | 0.885 |
| | (26.10) | 64.67 | 4.446 | 0.929 | 64.67 | 4.446 | 0.929 |

续表

| $Ma_1$ | $\theta$ | 弱激波 | | | 强激波 | | |
|---|---|---|---|---|---|---|---|
| | | $\beta$ | $p_2/p_1$ | $Ma_2$ | $\beta$ | $p_2/p_1$ | $Ma_2$ |
| 2.30 | 0.0 | 25.77 | 1.000 | 2.300 | 90.00 | 6.005 | 0.534 |
| | 2.0 | 27.29 | 1.131 | 2.221 | 89.04 | 6.003 | 0.535 |
| | 4.0 | 28.91 | 1.275 | 2.144 | 88.07 | 5.998 | 0.537 |
| | 6.0 | 30.61 | 1.434 | 2.067 | 87.09 | 5.989 | 0.541 |
| | 8.0 | 32.42 | 1.607 | 1.990 | 86.07 | 5.976 | 0.547 |
| | 10.0 | 34.33 | 1.796 | 1.912 | 85.03 | 5.959 | 0.554 |
| | 12.0 | 36.35 | 2.002 | 1.832 | 83.93 | 5.936 | 0.564 |
| | 14.0 | 38.51 | 2.226 | 1.751 | 82.76 | 5.907 | 0.576 |
| | 16.0 | 40.82 | 2.470 | 1.668 | 81.51 | 5.870 | 0.591 |
| | 18.0 | 43.30 | 2.736 | 1.580 | 80.13 | 5.824 | 0.609 |
| | 20.0 | 46.01 | 3.028 | 1.488 | 78.58 | 5.763 | 0.633 |
| | 22.0 | 49.03 | 3.351 | 1.389 | 76.77 | 5.682 | 0.663 |
| | 24.0 | 52.54 | 3.722 | 1.279 | 74.51 | 5.565 | 0.706 |
| | 26.0 | 57.08 | 4.182 | 1.143 | 71.26 | 5.368 | 0.774 |
| | (27.45) | 64.70 | 4.878 | 0.933 | 64.70 | 4.878 | 0.933 |
| 2.40 | 0.0 | 24.63 | 1.000 | 2.400 | 90.00 | 6.553 | 0.523 |
| | 2.0 | 26.12 | 1.136 | 2.318 | 89.09 | 6.552 | 0.524 |
| | 4.0 | 27.70 | 1.286 | 2.238 | 88.18 | 6.547 | 0.526 |
| | 6.0 | 29.38 | 1.450 | 2.159 | 87.26 | 6.538 | 0.530 |
| | 8.0 | 31.15 | 1.631 | 2.079 | 86.31 | 6.525 | 0.535 |
| | 10.0 | 33.02 | 1.829 | 1.999 | 85.32 | 6.509 | 0.542 |
| | 12.0 | 35.01 | 2.045 | 1.918 | 84.30 | 6.487 | 0.550 |
| | 14.0 | 37.11 | 2.280 | 1.835 | 83.22 | 6.460 | 0.561 |
| | 16.0 | 39.35 | 2.535 | 1.750 | 82.06 | 6.425 | 0.575 |
| | 18.0 | 41.75 | 2.813 | 1.661 | 80.80 | 6.382 | 0.592 |
| | 20.0 | 44.34 | 3.115 | 1.569 | 79.40 | 6.326 | 0.613 |
| | 22.0 | 47.17 | 3.448 | 1.471 | 77.80 | 6.253 | 0.640 |
| | 24.0 | 50.37 | 3.820 | 1.364 | 75.89 | 6.154 | 0.675 |
| | 26.0 | 54.18 | 4.252 | 1.243 | 73.40 | 6.005 | 0.726 |
| | 28.0 | 59.66 | 4.838 | 1.078 | 69.29 | 5.713 | 0.820 |
| | (28.68) | 64.71 | 5.327 | 0.937 | 64.71 | 5.327 | 0.937 |
| 2.50 | 0.0 | 23.58 | 1.000 | 2.500 | 90.00 | 7.125 | 0.513 |
| | 2.0 | 25.05 | 1.141 | 2.415 | 89.14 | 7.123 | 0.514 |
| | 4.0 | 26.61 | 1.296 | 2.333 | 88.28 | 7.118 | 0.516 |
| | 6.0 | 28.26 | 1.468 | 2.251 | 87.40 | 7.110 | 0.519 |
| | 8.0 | 30.01 | 1.657 | 2.169 | 86.50 | 7.098 | 0.524 |
| | 10.0 | 31.85 | 1.864 | 2.086 | 85.58 | 7.082 | 0.530 |
| | 12.0 | 33.80 | 2.090 | 2.002 | 84.61 | 7.061 | 0.539 |
| | 14.0 | 35.87 | 2.336 | 1.917 | 83.60 | 7.034 | 0.549 |

续表

| $Ma_1$ | $\theta$ | 弱激波 | | | 强激波 | | |
|---|---|---|---|---|---|---|---|
| | | $\beta$ | $p_2/p_1$ | $Ma_2$ | $\beta$ | $p_2/p_1$ | $Ma_2$ |
| 2.50 | 16.0 | 38.06 | 2.604 | 1.830 | 82.52 | 7.001 | 0.562 |
| | 18.0 | 40.39 | 2.895 | 1.739 | 81.35 | 6.960 | 0.577 |
| | 20.0 | 42.89 | 3.211 | 1.646 | 80.07 | 6.908 | 0.596 |
| | 22.0 | 45.60 | 3.556 | 1.548 | 78.63 | 6.841 | 0.620 |
| | 24.0 | 48.60 | 3.936 | 1.443 | 76.94 | 6.753 | 0.651 |
| | 26.0 | 52.04 | 4.366 | 1.327 | 74.86 | 6.627 | 0.693 |
| | 28.0 | 56.33 | 4.884 | 1.189 | 71.95 | 6.425 | 0.757 |
| | (29.80) | 64.78 | 5.801 | 0.940 | 64.78 | 5.801 | 0.940 |
| 2.60 | 0.0 | 22.62 | 1.000 | 2.600 | 90.00 | 7.720 | 0.504 |
| | 2.0 | 24.07 | 1.145 | 2.512 | 89.18 | 7.718 | 0.505 |
| | 4.0 | 25.61 | 1.307 | 2.427 | 88.36 | 7.714 | 0.506 |
| | 6.0 | 27.24 | 1.486 | 2.342 | 87.52 | 7.705 | 0.510 |
| | 8.0 | 28.97 | 1.683 | 2.257 | 86.67 | 7.693 | 0.514 |
| | 10.0 | 30.79 | 1.900 | 2.172 | 85.79 | 7.678 | 0.520 |
| | 12.0 | 32.71 | 2.137 | 2.085 | 84.88 | 7.657 | 0.528 |
| | 14.0 | 34.75 | 2.395 | 1.997 | 83.92 | 7.632 | 0.538 |
| | 16.0 | 36.90 | 2.677 | 1.908 | 82.91 | 7.600 | 0.550 |
| | 18.0 | 39.18 | 2.982 | 1.815 | 81.82 | 7.560 | 0.564 |
| | 20.0 | 41.62 | 3.313 | 1.720 | 80.63 | 7.511 | 0.582 |
| | 22.0 | 44.24 | 3.672 | 1.621 | 79.30 | 7.448 | 0.604 |
| | 24.0 | 47.10 | 4.066 | 1.516 | 77.78 | 7.367 | 0.631 |
| | 26.0 | 50.30 | 4.503 | 1.402 | 75.96 | 7.256 | 0.667 |
| | 28.0 | 54.09 | 5.007 | 1.274 | 73.59 | 7.091 | 0.719 |
| | 30.0 | 59.35 | 5.671 | 1.106 | 69.78 | 6.778 | 0.811 |
| | (30.81) | 64.87 | 6.297 | 0.943 | 64.87 | 6.297 | 0.943 |
| 2.70 | 0.0 | 21.74 | 1.000 | 2.700 | 90.00 | 8.338 | 0.496 |
| | 2.0 | 23.17 | 1.150 | 2.609 | 89.22 | 8.337 | 0.496 |
| | 4.0 | 24.70 | 1.318 | 2.520 | 88.43 | 8.332 | 0.498 |
| | 6.0 | 26.31 | 1.504 | 2.432 | 87.63 | 8.324 | 0.501 |
| | 8.0 | 28.02 | 1.710 | 2.344 | 86.82 | 8.312 | 0.506 |
| | 10.0 | 29.82 | 1.937 | 2.256 | 85.98 | 8.296 | 0.511 |
| | 12.0 | 31.73 | 2.185 | 2.167 | 85.11 | 8.277 | 0.519 |
| | 14.0 | 33.74 | 2.457 | 2.076 | 84.20 | 8.251 | 0.528 |
| | 16.0 | 35.86 | 2.752 | 1.984 | 83.24 | 8.220 | 0.539 |
| | 18.0 | 38.11 | 3.073 | 1.889 | 82.21 | 8.182 | 0.553 |
| | 20.0 | 40.50 | 3.420 | 1.792 | 81.09 | 8.135 | 0.569 |
| | 22.0 | 43.05 | 3.796 | 1.690 | 79.86 | 8.075 | 0.589 |
| | 24.0 | 45.81 | 4.206 | 1.585 | 78.47 | 7.998 | 0.614 |
| | 26.0 | 48.85 | 4.656 | 1.472 | 76.83 | 7.897 | 0.647 |

续表

| $Ma_1$ | $\theta$ | 弱激波 | | | 强激波 | | |
|---|---|---|---|---|---|---|---|
| | | $\beta$ | $p_2/p_1$ | $Ma_2$ | $\beta$ | $p_2/p_1$ | $Ma_2$ |
| 2.70 | 28.0 | 52.33 | 5.163 | 1.349 | 74.79 | 7.753 | 0.691 |
| | 30.0 | 56.69 | 5.773 | 1.202 | 71.91 | 7.519 | 0.759 |
| | (31.74) | 65.01 | 6.821 | 0.945 | 65.01 | 6.821 | 0.945 |
| 2.80 | 0.0 | 20.93 | 1.000 | 2.800 | 90.00 | 8.980 | 0.488 |
| | 2.0 | 22.34 | 1.155 | 2.706 | 89.25 | 8.978 | 0.489 |
| | 4.0 | 23.85 | 1.329 | 2.613 | 88.49 | 8.974 | 0.491 |
| | 6.0 | 25.45 | 1.523 | 2.522 | 87.73 | 8.966 | 0.493 |
| | 8.0 | 27.15 | 1.738 | 2.431 | 86.94 | 8.954 | 0.498 |
| | 10.0 | 28.94 | 1.975 | 2.340 | 86.14 | 8.939 | 0.503 |
| | 12.0 | 30.83 | 2.236 | 2.248 | 85.31 | 8.919 | 0.510 |
| | 14.0 | 32.82 | 2.521 | 2.154 | 84.44 | 8.894 | 0.519 |
| | 16.0 | 34.92 | 2.831 | 2.059 | 83.53 | 8.864 | 0.530 |
| | 18.0 | 37.14 | 3.168 | 1.961 | 82.55 | 8.826 | 0.543 |
| | 20.0 | 39.49 | 3.532 | 1.861 | 81.50 | 8.780 | 0.558 |
| | 22.0 | 41.99 | 3.927 | 1.758 | 80.34 | 8.722 | 0.577 |
| | 24.0 | 44.68 | 4.355 | 1.651 | 79.04 | 8.650 | 0.600 |
| | 26.0 | 47.60 | 4.822 | 1.538 | 77.54 | 8.554 | 0.630 |
| | 28.0 | 50.89 | 5.340 | 1.416 | 75.73 | 8.424 | 0.668 |
| | 30.0 | 54.79 | 5.939 | 1.278 | 73.33 | 8.227 | 0.724 |
| | 32.0 | 69.21 | 7.828 | 0.831 | 69.21 | 7.828 | 0.831 |
| | (32.59) | 65.15 | 7.364 | 0.946 | 65.15 | 7.364 | 0.946 |
| 2.90 | 0.0 | 20.17 | 1.000 | 2.900 | 90.00 | 9.645 | 0.481 |
| | 2.0 | 21.58 | 1.160 | 2.802 | 89.28 | 9.643 | 0.482 |
| | 4.0 | 23.08 | 1.341 | 2.706 | 88.55 | 9.639 | 0.484 |
| | 6.0 | 24.67 | 1.542 | 2.612 | 87.81 | 9.631 | 0.486 |
| | 8.0 | 26.35 | 1.766 | 2.518 | 87.06 | 9.619 | 0.491 |
| | 10.0 | 28.13 | 2.014 | 2.423 | 86.28 | 9.604 | 0.496 |
| | 12.0 | 30.01 | 2.287 | 2.327 | 85.48 | 9.584 | 0.503 |
| | 14.0 | 31.99 | 2.586 | 2.230 | 84.65 | 9.560 | 0.511 |
| | 16.0 | 34.07 | 2.912 | 2.132 | 83.78 | 9.530 | 0.521 |
| | 18.0 | 36.26 | 3.266 | 2.031 | 82.84 | 9.493 | 0.533 |
| | 20.0 | 38.58 | 3.650 | 1.928 | 81.84 | 9.448 | 0.548 |
| | 22.0 | 41.04 | 4.064 | 1.823 | 80.75 | 9.391 | 0.566 |
| | 24.0 | 43.67 | 4.512 | 1.714 | 79.53 | 9.321 | 0.588 |
| | 26.0 | 46.51 | 4.998 | 1.600 | 78.14 | 9.231 | 0.615 |
| | 28.0 | 49.65 | 5.533 | 1.479 | 76.49 | 9.110 | 0.650 |
| | 30.0 | 53.27 | 6.136 | 1.345 | 74.39 | 8.935 | 0.699 |
| | 32.0 | 57.93 | 6.879 | 1.183 | 71.29 | 8.635 | 0.777 |
| | (33.36) | 65.20 | 7.918 | 0.950 | 65.20 | 7.918 | 0.950 |

续表

| $Ma_1$ | $\theta$ | 弱激波 | | | 强激波 | | |
|---|---|---|---|---|---|---|---|
| | | $\beta$ | $p_2/p_1$ | $Ma_2$ | $\beta$ | $p_2/p_1$ | $Ma_2$ |
| 3.00 | 0.0 | 19.47 | 1.000 | 3.000 | 90.00 | 10.333 | 0.475 |
| | 2.0 | 20.87 | 1.166 | 2.898 | 89.30 | 10.332 | 0.476 |
| | 4.0 | 22.35 | 1.352 | 2.799 | 88.59 | 10.327 | 0.477 |
| | 6.0 | 23.94 | 1.562 | 2.701 | 87.88 | 10.319 | 0.480 |
| | 8.0 | 25.61 | 1.795 | 2.603 | 87.15 | 10.307 | 0.484 |
| | 10.0 | 27.38 | 2.054 | 2.505 | 86.41 | 10.292 | 0.489 |
| | 12.0 | 29.25 | 2.340 | 2.406 | 85.64 | 10.273 | 0.496 |
| | 14.0 | 31.22 | 2.654 | 2.306 | 84.84 | 10.248 | 0.504 |
| | 16.0 | 33.29 | 2.996 | 2.204 | 84.00 | 10.218 | 0.514 |
| | 18.0 | 35.47 | 3.368 | 2.100 | 83.10 | 10.182 | 0.525 |
| | 20.0 | 37.76 | 3.771 | 1.994 | 82.15 | 10.137 | 0.539 |
| | 22.0 | 40.19 | 4.206 | 1.886 | 81.11 | 10.082 | 0.556 |
| | 24.0 | 42.78 | 4.676 | 1.774 | 79.96 | 10.014 | 0.577 |
| | 26.0 | 45.55 | 5.184 | 1.659 | 78.65 | 9.927 | 0.602 |
| | 28.0 | 48.59 | 5.739 | 1.537 | 77.13 | 9.812 | 0.635 |
| | 30.0 | 52.01 | 6.356 | 1.406 | 75.24 | 9.652 | 0.678 |
| | 32.0 | 56.18 | 7.081 | 1.254 | 72.64 | 9.399 | 0.743 |
| | 34.0 | 63.67 | 8.268 | 1.003 | 66.75 | 8.697 | 0.908 |
| | (34.07) | 65.29 | 8.499 | 0.953 | 65.29 | 8.499 | 0.953 |
| 3.10 | 0.0 | 18.82 | 1.000 | 3.100 | 90.00 | 11.045 | 0.470 |
| | 2.0 | 20.20 | 1.171 | 2.994 | 89.32 | 11.043 | 0.470 |
| | 4.0 | 21.68 | 1.364 | 2.891 | 88.64 | 11.039 | 0.472 |
| | 6.0 | 23.26 | 1.582 | 2.789 | 87.95 | 11.031 | 0.474 |
| | 8.0 | 24.93 | 1.825 | 2.688 | 87.24 | 11.019 | 0.478 |
| | 10.0 | 26.69 | 2.096 | 2.586 | 86.52 | 11.004 | 0.483 |
| | 12.0 | 28.55 | 2.395 | 2.484 | 85.78 | 10.984 | 0.489 |
| | 14.0 | 30.51 | 2.724 | 2.380 | 85.00 | 10.960 | 0.497 |
| | 16.0 | 32.57 | 3.083 | 2.274 | 84.19 | 10.930 | 0.507 |
| | 18.0 | 34.74 | 3.474 | 2.167 | 83.33 | 10.894 | 0.518 |
| | 20.0 | 37.02 | 3.897 | 2.058 | 82.41 | 10.850 | 0.531 |
| | 22.0 | 39.42 | 4.354 | 1.947 | 81.42 | 10.795 | 0.548 |
| | 24.0 | 41.97 | 4.847 | 1.833 | 80.32 | 10.728 | 0.567 |
| | 26.0 | 44.69 | 5.379 | 1.715 | 79.09 | 10.643 | 0.591 |
| | 28.0 | 47.65 | 5.956 | 1.593 | 77.67 | 10.533 | 0.621 |
| | 30.0 | 50.93 | 6.592 | 1.462 | 75.94 | 10.383 | 0.661 |
| | 32.0 | 54.80 | 7.320 | 1.316 | 73.66 | 10.158 | 0.717 |
| | 34.0 | 60.21 | 8.277 | 1.124 | 69.87 | 9.717 | 0.820 |
| | (34.73) | 65.39 | 9.100 | 0.955 | 65.39 | 9.100 | 0.955 |

续表

| $Ma_1$ | $\theta$ | 弱激波 | | | 强激波 | | |
|---|---|---|---|---|---|---|---|
| | | $\beta$ | $p_2/p_1$ | $Ma_2$ | $\beta$ | $p_2/p_1$ | $Ma_2$ |
| 3.20 | 0.0 | 18.21 | 1.000 | 3.200 | 90.00 | 11.780 | 0.464 |
| | 2.0 | 19.59 | 1.176 | 3.090 | 89.34 | 11.778 | 0.465 |
| | 4.0 | 21.06 | 1.376 | 2.983 | 88.68 | 11.774 | 0.466 |
| | 6.0 | 22.63 | 1.602 | 2.878 | 88.00 | 11.766 | 0.469 |
| | 8.0 | 24.29 | 1.855 | 2.772 | 87.32 | 11.754 | 0.473 |
| | 10.0 | 26.05 | 2.138 | 2.667 | 86.62 | 11.738 | 0.478 |
| | 12.0 | 27.91 | 2.451 | 2.561 | 85.90 | 11.719 | 0.484 |
| | 14.0 | 29.86 | 2.795 | 2.453 | 85.15 | 11.695 | 0.491 |
| | 16.0 | 31.92 | 3.172 | 2.344 | 84.36 | 11.665 | 0.500 |
| | 18.0 | 34.07 | 3.583 | 2.233 | 83.53 | 11.628 | 0.511 |
| | 20.0 | 36.34 | 4.027 | 2.120 | 82.65 | 11.584 | 0.524 |
| | 22.0 | 38.72 | 4.507 | 2.006 | 81.69 | 11.531 | 0.540 |
| | 24.0 | 41.24 | 5.024 | 1.889 | 80.65 | 11.464 | 0.558 |
| | 26.0 | 43.92 | 5.582 | 1.769 | 79.47 | 11.381 | 0.581 |
| | 28.0 | 46.81 | 6.184 | 1.645 | 78.13 | 11.275 | 0.610 |
| | 30.0 | 49.99 | 6.843 | 1.514 | 76.53 | 11.131 | 0.646 |
| | 32.0 | 53.65 | 7.583 | 1.371 | 74.48 | 10.924 | 0.697 |
| | 34.0 | 58.35 | 8.491 | 1.198 | 71.41 | 10.566 | 0.779 |
| | (35.33) | 65.48 | 9.722 | 0.957 | 65.48 | 9.722 | 0.957 |
| 3.30 | 0.0 | 17.64 | 1.000 | 3.300 | 90.00 | 12.538 | 0.460 |
| | 2.0 | 19.01 | 1.181 | 3.186 | 89.36 | 12.537 | 0.460 |
| | 4.0 | 20.48 | 1.388 | 3.075 | 88.71 | 12.532 | 0.462 |
| | 6.0 | 22.04 | 1.622 | 2.965 | 88.06 | 12.524 | 0.464 |
| | 8.0 | 23.70 | 1.886 | 2.856 | 87.39 | 12.512 | 0.468 |
| | 10.0 | 25.46 | 2.181 | 2.747 | 86.71 | 12.496 | 0.472 |
| | 12.0 | 27.31 | 2.508 | 2.636 | 86.01 | 12.477 | 0.478 |
| | 14.0 | 29.26 | 2.869 | 2.525 | 85.28 | 12.452 | 0.486 |
| | 16.0 | 31.31 | 3.264 | 2.412 | 84.52 | 12.422 | 0.495 |
| | 18.0 | 33.46 | 3.695 | 2.297 | 83.71 | 12.386 | 0.505 |
| | 20.0 | 35.71 | 4.162 | 2.181 | 82.86 | 12.342 | 0.518 |
| | 22.0 | 38.08 | 4.666 | 2.064 | 81.94 | 12.288 | 0.533 |
| | 24.0 | 40.57 | 5.208 | 1.944 | 80.93 | 12.223 | 0.551 |
| | 26.0 | 43.22 | 5.792 | 1.822 | 79.81 | 12.141 | 0.572 |
| | 28.0 | 46.06 | 6.421 | 1.696 | 78.54 | 12.036 | 0.599 |
| | 30.0 | 49.16 | 7.106 | 1.564 | 77.03 | 11.898 | 0.634 |
| | 32.0 | 52.67 | 7.866 | 1.422 | 75.15 | 11.704 | 0.680 |
| | 34.0 | 56.96 | 8.762 | 1.257 | 72.50 | 11.390 | 0.750 |
| | (35.88) | 65.56 | 10.364 | 0.959 | 65.56 | 10.364 | 0.959 |

续表

| $Ma_1$ | $\theta$ | 弱激波 | | | 强激波 | | |
|---|---|---|---|---|---|---|---|
| | | $\beta$ | $p_2/p_1$ | $Ma_2$ | $\beta$ | $p_2/p_1$ | $Ma_2$ |
| 3.40 | 0.0 | 17.11 | 1.000 | 3.400 | 90.00 | 13.320 | 0.455 |
| | 2.0 | 18.47 | 1.187 | 3.281 | 89.37 | 13.318 | 0.456 |
| | 4.0 | 19.93 | 1.400 | 3.166 | 88.74 | 13.313 | 0.457 |
| | 6.0 | 21.49 | 1.643 | 3.053 | 88.10 | 13.305 | 0.460 |
| | 8.0 | 23.15 | 1.917 | 2.939 | 87.45 | 13.293 | 0.463 |
| | 10.0 | 24.90 | 2.225 | 2.826 | 86.79 | 13.278 | 0.468 |
| | 12.0 | 26.75 | 2.566 | 2.711 | 86.11 | 13.258 | 0.474 |
| | 14.0 | 28.70 | 2.944 | 2.596 | 85.40 | 13.233 | 0.481 |
| | 16.0 | 30.75 | 3.358 | 2.479 | 84.66 | 13.203 | 0.489 |
| | 18.0 | 32.89 | 3.810 | 2.360 | 83.88 | 13.167 | 0.500 |
| | 20.0 | 35.13 | 4.300 | 2.241 | 83.05 | 13.122 | 0.512 |
| | 22.0 | 37.49 | 4.829 | 2.119 | 82.16 | 13.069 | 0.526 |
| | 24.0 | 39.97 | 5.398 | 1.997 | 81.19 | 13.003 | 0.544 |
| | 26.0 | 42.59 | 6.010 | 1.872 | 80.11 | 12.922 | 0.565 |
| | 28.0 | 45.39 | 6.668 | 1.743 | 78.89 | 12.819 | 0.590 |
| | 30.0 | 48.42 | 7.380 | 1.610 | 77.47 | 12.685 | 0.623 |
| | 32.0 | 51.81 | 8.165 | 1.469 | 75.72 | 12.499 | 0.665 |
| | 34.0 | 55.84 | 9.067 | 1.310 | 73.35 | 12.213 | 0.728 |
| | 36.0 | 61.91 | 10.331 | 1.087 | 68.96 | 11.582 | 0.856 |
| | (36.39) | 65.57 | 11.013 | 0.964 | 65.57 | 11.013 | 0.964 |
| 3.50 | 0.0 | 16.60 | 1.000 | 3.500 | 90.00 | 14.125 | 0.451 |
| | 2.0 | 17.96 | 1.192 | 3.377 | 89.39 | 14.123 | 0.452 |
| | 4.0 | 19.42 | 1.412 | 3.257 | 88.77 | 14.118 | 0.453 |
| | 6.0 | 20.97 | 1.664 | 3.140 | 88.14 | 14.110 | 0.455 |
| | 8.0 | 22.63 | 1.949 | 3.022 | 87.51 | 14.098 | 0.459 |
| | 10.0 | 24.38 | 2.269 | 2.904 | 86.86 | 14.082 | 0.463 |
| | 12.0 | 26.24 | 2.626 | 2.786 | 86.19 | 14.062 | 0.469 |
| | 14.0 | 28.18 | 3.021 | 2.666 | 85.50 | 14.037 | 0.476 |
| | 16.0 | 30.22 | 3.455 | 2.545 | 84.78 | 14.007 | 0.485 |
| | 18.0 | 32.36 | 3.928 | 2.422 | 84.02 | 13.970 | 0.495 |
| | 20.0 | 34.60 | 4.442 | 2.299 | 83.22 | 13.926 | 0.506 |
| | 22.0 | 36.95 | 4.997 | 2.174 | 82.35 | 13.872 | 0.521 |
| | 24.0 | 39.41 | 5.594 | 2.048 | 81.41 | 13.806 | 0.537 |
| | 26.0 | 42.01 | 6.234 | 1.920 | 80.38 | 13.726 | 0.557 |
| | 28.0 | 44.77 | 6.923 | 1.789 | 79.21 | 13.624 | 0.582 |
| | 30.0 | 47.76 | 7.665 | 1.655 | 77.85 | 13.492 | 0.613 |
| | 32.0 | 51.05 | 8.478 | 1.513 | 76.21 | 13.313 | 0.653 |
| | 34.0 | 54.89 | 9.397 | 1.357 | 74.05 | 13.046 | 0.710 |

续表

| $Ma_1$ | $\theta$ | 弱激波 | | | 强激波 | | |
|---|---|---|---|---|---|---|---|
| | | $\beta$ | $p_2/p_1$ | $Ma_2$ | $\beta$ | $p_2/p_1$ | $Ma_2$ |
| 3.50 | 36.0 | 60.09 | 10.572 | 1.159 | 70.54 | 12.540 | 0.810 |
| | (36.87) | 65.65 | 11.696 | 0.965 | 65.65 | 11.696 | 0.965 |
| 3.60 | 0.0 | 16.13 | 1.000 | 3.600 | 90.00 | 14.953 | 0.447 |
| | 2.0 | 17.48 | 1.197 | 3.472 | 89.40 | 14.952 | 0.448 |
| | 4.0 | 18.93 | 1.425 | 3.348 | 88.79 | 14.947 | 0.449 |
| | 6.0 | 20.49 | 1.686 | 3.226 | 88.18 | 14.938 | 0.452 |
| | 8.0 | 22.14 | 1.982 | 3.104 | 87.56 | 14.926 | 0.455 |
| | 10.0 | 23.90 | 2.315 | 2.982 | 86.93 | 14.910 | 0.460 |
| | 12.0 | 25.75 | 2.687 | 2.859 | 86.27 | 14.890 | 0.465 |
| | 14.0 | 27.70 | 3.100 | 2.735 | 85.60 | 14.864 | 0.472 |
| | 16.0 | 29.74 | 3.554 | 2.609 | 84.89 | 14.834 | 0.480 |
| | 18.0 | 31.88 | 4.050 | 2.483 | 84.15 | 14.796 | 0.490 |
| | 20.0 | 34.11 | 4.588 | 2.355 | 83.37 | 14.752 | 0.501 |
| | 22.0 | 36.45 | 5.170 | 2.227 | 82.53 | 14.698 | 0.515 |
| | 24.0 | 38.90 | 5.795 | 2.097 | 81.62 | 14.632 | 0.531 |
| | 26.0 | 41.48 | 6.466 | 1.966 | 80.61 | 14.551 | 0.551 |
| | 28.0 | 44.21 | 7.186 | 1.834 | 79.49 | 14.450 | 0.575 |
| | 30.0 | 47.15 | 7.961 | 1.697 | 78.19 | 14.320 | 0.604 |
| | 32.0 | 50.38 | 8.804 | 1.555 | 76.63 | 14.145 | 0.642 |
| | 34.0 | 54.07 | 9.746 | 1.400 | 74.63 | 13.892 | 0.695 |
| | 36.0 | 58.79 | 10.894 | 1.215 | 71.62 | 13.450 | 0.780 |
| | (37.31) | 65.73 | 12.399 | 0.967 | 65.73 | 12.399 | 0.967 |
| 3.70 | 0.0 | 15.68 | 1.000 | 3.700 | 90.00 | 15.805 | 0.444 |
| | 2.0 | 17.03 | 1.203 | 3.567 | 89.41 | 15.803 | 0.444 |
| | 4.0 | 18.48 | 1.438 | 3.439 | 88.82 | 15.798 | 0.446 |
| | 6.0 | 20.03 | 1.707 | 3.312 | 88.22 | 15.790 | 0.448 |
| | 8.0 | 21.69 | 2.015 | 3.186 | 87.61 | 15.777 | 0.451 |
| | 10.0 | 23.44 | 2.361 | 3.059 | 86.99 | 15.761 | 0.456 |
| | 12.0 | 25.30 | 2.750 | 2.931 | 86.35 | 15.740 | 0.461 |
| | 14.0 | 27.25 | 3.181 | 2.803 | 85.69 | 15.715 | 0.468 |
| | 16.0 | 29.29 | 3.655 | 2.673 | 85.00 | 15.684 | 0.476 |
| | 18.0 | 31.42 | 4.174 | 2.542 | 84.27 | 15.646 | 0.486 |
| | 20.0 | 33.65 | 4.738 | 2.410 | 83.51 | 15.601 | 0.497 |
| | 22.0 | 35.99 | 5.347 | 2.278 | 82.69 | 15.546 | 0.510 |
| | 24.0 | 38.43 | 6.003 | 2.145 | 81.80 | 15.480 | 0.526 |
| | 26.0 | 40.99 | 6.705 | 2.011 | 80.83 | 15.399 | 0.545 |
| | 28.0 | 43.70 | 7.458 | 1.876 | 79.74 | 15.298 | 0.568 |
| | 30.0 | 46.61 | 8.266 | 1.738 | 78.49 | 15.169 | 0.596 |
| | 32.0 | 49.77 | 9.142 | 1.594 | 78.49 | 15.169 | 0.596 |

续表

| $Ma_1$ | $\theta$ | 弱激波 | | | 强激波 | | |
|---|---|---|---|---|---|---|---|
| | | $\beta$ | $p_2/p_1$ | $Ma_2$ | $\beta$ | $p_2/p_1$ | $Ma_2$ |
| 3.70 | 34.0 | 53.34 | 10.112 | 1.440 | 77.01 | 14.998 | 0.632 |
| | 36.0 | 57.76 | 11.260 | 1.262 | 75.14 | 14.754 | 0.681 |
| | (37.71) | 65.80 | 13.121 | 0.969 | 65.80 | 13.121 | 0.969 |
| 3.80 | 0.0 | 15.26 | 1.000 | 3.800 | 90.00 | 16.680 | 0.441 |
| | 2.0 | 16.60 | 1.208 | 3.662 | 89.42 | 16.678 | 0.441 |
| | 4.0 | 18.05 | 1.450 | 3.529 | 88.84 | 16.673 | 0.443 |
| | 6.0 | 19.60 | 1.729 | 3.398 | 88.25 | 16.664 | 0.445 |
| | 8.0 | 21.26 | 2.048 | 3.267 | 87.65 | 16.652 | 0.448 |
| | 10.0 | 23.02 | 2.409 | 3.135 | 87.04 | 16.635 | 0.452 |
| | 12.0 | 24.87 | 2.813 | 3.003 | 86.42 | 16.614 | 0.458 |
| | 14.0 | 26.82 | 3.263 | 2.870 | 85.77 | 16.588 | 0.464 |
| | 16.0 | 28.86 | 3.759 | 2.735 | 85.09 | 16.557 | 0.472 |
| | 18.0 | 31.00 | 4.302 | 2.600 | 84.38 | 16.519 | 0.482 |
| | 20.0 | 33.23 | 4.892 | 2.464 | 83.63 | 16.473 | 0.493 |
| | 22.0 | 35.56 | 5.530 | 2.328 | 82.83 | 16.418 | 0.506 |
| | 24.0 | 37.99 | 6.216 | 2.192 | 81.97 | 16.351 | 0.521 |
| | 26.0 | 40.54 | 6.951 | 2.055 | 81.02 | 16.270 | 0.540 |
| | 28.0 | 43.23 | 7.738 | 1.917 | 79.97 | 16.169 | 0.562 |
| | 30.0 | 46.10 | 8.581 | 1.776 | 78.76 | 16.040 | 0.589 |
| | 32.0 | 49.22 | 9.492 | 1.631 | 77.34 | 15.871 | 0.624 |
| | 34.0 | 52.70 | 10.494 | 1.478 | 75.57 | 15.634 | 0.670 |
| | 36.0 | 56.89 | 11.654 | 1.304 | 73.11 | 15.259 | 0.739 |
| | 38.0 | 64.19 | 13.487 | 1.029 | 67.57 | 14.227 | 0.913 |
| | (38.09) | 65.88 | 13.866 | 0.971 | 65.88 | 13.866 | 0.971 |
| 3.90 | 0.0 | 14.86 | 1.000 | 3.900 | 90.00 | 17.578 | 0.438 |
| | 2.0 | 16.20 | 1.214 | 3.757 | 89.43 | 17.577 | 0.438 |
| | 4.0 | 17.64 | 1.463 | 3.619 | 88.86 | 17.571 | 0.440 |
| | 6.0 | 19.20 | 1.752 | 3.483 | 88.28 | 17.562 | 0.442 |
| | 8.0 | 20.85 | 2.082 | 3.347 | 87.69 | 17.550 | 0.445 |
| | 10.0 | 22.61 | 2.457 | 3.211 | 87.09 | 17.533 | 0.449 |
| | 12.0 | 24.47 | 2.878 | 3.074 | 86.48 | 17.511 | 0.455 |
| | 14.0 | 26.42 | 3.347 | 2.936 | 85.84 | 17.485 | 0.461 |
| | 16.0 | 28.47 | 3.865 | 2.797 | 85.18 | 17.453 | 0.469 |
| | 18.0 | 30.60 | 4.433 | 2.657 | 84.48 | 17.414 | 0.478 |
| | 20.0 | 32.83 | 5.050 | 2.517 | 83.75 | 17.368 | 0.489 |
| | 22.0 | 35.16 | 5.717 | 2.377 | 82.97 | 17.312 | 0.502 |
| | 24.0 | 37.58 | 6.435 | 2.237 | 82.12 | 17.245 | 0.517 |
| | 26.0 | 40.13 | 7.203 | 2.097 | 81.20 | 17.163 | 0.535 |
| | 28.0 | 42.80 | 8.026 | 1.956 | 80.17 | 17.061 | 0.556 |

续表

| $Ma_1$ | $\theta$ | 弱激波 | | | 强激波 | | |
|---|---|---|---|---|---|---|---|
| | | $\beta$ | $p_2/p_1$ | $Ma_2$ | $\beta$ | $p_2/p_1$ | $Ma_2$ |
| 3.90 | 30.0 | 45.65 | 8.906 | 1.813 | 79.01 | 16.933 | 0.583 |
| | 32.0 | 48.72 | 9.854 | 1.667 | 77.64 | 16.765 | 0.616 |
| | 34.0 | 52.13 | 10.890 | 1.513 | 75.96 | 16.533 | 0.660 |
| | 36.0 | 56.15 | 12.072 | 1.343 | 73.68 | 16.177 | 0.724 |
| | 38.0 | 62.09 | 13.690 | 1.111 | 69.50 | 15.402 | 0.853 |
| | (38.44) | 65.95 | 14.631 | 0.972 | 65.95 | 14.631 | 0.972 |
| 4.00 | 0.0 | 14.48 | 1.000 | 4.000 | 90.00 | 18.500 | 0.435 |
| | 2.0 | 15.81 | 1.219 | 3.852 | 89.44 | 18.498 | 0.435 |
| | 4.0 | 17.26 | 1.476 | 3.709 | 88.88 | 18.493 | 0.437 |
| | 6.0 | 18.81 | 1.774 | 3.568 | 88.31 | 18.484 | 0.439 |
| | 8.0 | 20.47 | 2.117 | 3.427 | 87.73 | 18.471 | 0.442 |
| | 10.0 | 22.23 | 2.506 | 3.286 | 87.14 | 18.454 | 0.446 |
| | 12.0 | 24.09 | 2.944 | 3.144 | 86.53 | 18.432 | 0.452 |
| | 14.0 | 26.05 | 3.433 | 3.001 | 85.91 | 18.405 | 0.458 |
| | 16.0 | 28.10 | 3.974 | 2.857 | 85.26 | 18.372 | 0.466 |
| | 18.0 | 30.24 | 4.567 | 2.713 | 84.57 | 18.333 | 0.475 |
| | 20.0 | 32.46 | 5.212 | 2.569 | 83.85 | 18.286 | 0.485 |
| | 22.0 | 34.79 | 5.909 | 2.425 | 83.09 | 18.230 | 0.498 |
| | 24.0 | 37.21 | 6.659 | 2.281 | 82.26 | 18.161 | 0.513 |
| | 26.0 | 39.74 | 7.463 | 2.137 | 81.36 | 18.079 | 0.530 |
| | 28.0 | 42.40 | 8.321 | 1.994 | 80.36 | 17.976 | 0.551 |
| | 30.0 | 45.22 | 9.240 | 1.849 | 79.23 | 17.848 | 0.577 |
| | 32.0 | 48.26 | 10.226 | 1.701 | 77.91 | 17.681 | 0.609 |
| | 34.0 | 51.61 | 11.300 | 1.546 | 76.30 | 17.452 | 0.651 |
| | 36.0 | 55.50 | 12.510 | 1.378 | 74.16 | 17.109 | 0.711 |
| | 38.0 | 60.83 | 14.065 | 1.164 | 70.60 | 16.441 | 0.820 |
| | (38.77) | 66.03 | 15.420 | 0.973 | 66.03 | 15.420 | 0.973 |
| 4.10 | 0.0 | 14.12 | 1.000 | 4.100 | 90.00 | 19.445 | 0.432 |
| | 2.0 | 15.45 | 1.225 | 3.947 | 89.45 | 19.443 | 0.433 |
| | 4.0 | 16.89 | 1.489 | 3.798 | 88.89 | 19.438 | 0.434 |
| | 6.0 | 18.45 | 1.797 | 3.652 | 88.33 | 19.428 | 0.436 |
| | 8.0 | 20.11 | 2.152 | 3.507 | 87.76 | 19.415 | 0.439 |
| | 10.0 | 21.88 | 2.556 | 3.360 | 87.18 | 19.398 | 0.444 |
| | 12.0 | 23.74 | 3.012 | 3.213 | 86.59 | 19.375 | 0.449 |
| | 14.0 | 25.70 | 3.521 | 3.065 | 85.97 | 19.348 | 0.455 |
| | 16.0 | 27.75 | 4.085 | 2.916 | 85.33 | 19.315 | 0.462 |
| | 18.0 | 29.89 | 4.704 | 2.767 | 84.66 | 19.275 | 0.471 |
| | 20.0 | 32.12 | 5.377 | 2.619 | 83.95 | 19.227 | 0.482 |
| | 22.0 | 34.44 | 6.106 | 2.471 | 83.20 | 19.170 | 0.494 |

续表

| $Ma_1$ | $\theta$ | 弱激波 | | | 强激波 | | |
|---|---|---|---|---|---|---|---|
| | | $\beta$ | $p_2/p_1$ | $Ma_2$ | $\beta$ | $p_2/p_1$ | $Ma_2$ |
| 4.10 | 24.0 | 36.86 | 6.889 | 2.323 | 82.39 | 19.101 | 0.509 |
| | 26.0 | 39.38 | 7.728 | 2.177 | 81.51 | 19.017 | 0.526 |
| | 28.0 | 42.03 | 8.625 | 2.030 | 80.53 | 18.914 | 0.547 |
| | 30.0 | 44.83 | 9.583 | 1.883 | 79.43 | 18.785 | 0.572 |
| | 32.0 | 47.84 | 10.609 | 1.733 | 78.15 | 18.618 | 0.603 |
| | 34.0 | 51.13 | 11.722 | 1.578 | 76.60 | 18.392 | 0.643 |
| | 36.0 | 54.92 | 12.966 | 1.410 | 74.58 | 18.059 | 0.700 |
| | 38.0 | 59.86 | 14.502 | 1.207 | 71.41 | 17.453 | 0.796 |
| | (39.08) | 66.08 | 16.221 | 0.974 | 66.08 | 16.221 | 0.974 |
| 4.20 | 0.0 | 13.77 | 1.000 | 4.200 | 90.00 | 20.413 | 0.430 |
| | 2.0 | 15.10 | 1.231 | 4.041 | 89.46 | 20.411 | 0.430 |
| | 4.0 | 16.55 | 1.503 | 3.888 | 88.91 | 20.406 | 0.432 |
| | 6.0 | 18.10 | 1.820 | 3.736 | 88.36 | 20.396 | 0.434 |
| | 8.0 | 19.77 | 2.187 | 3.585 | 87.79 | 20.383 | 0.437 |
| | 10.0 | 21.54 | 2.607 | 3.434 | 87.22 | 20.365 | 0.441 |
| | 12.0 | 23.41 | 3.081 | 3.282 | 86.63 | 20.342 | 0.446 |
| | 14.0 | 25.37 | 3.611 | 3.128 | 86.03 | 20.314 | 0.452 |
| | 16.0 | 27.42 | 4.198 | 2.975 | 85.40 | 20.281 | 0.460 |
| | 18.0 | 29.56 | 4.843 | 2.821 | 84.74 | 20.240 | 0.468 |
| | 20.0 | 31.79 | 5.546 | 2.668 | 84.04 | 20.191 | 0.479 |
| | 22.0 | 34.11 | 6.307 | 2.516 | 83.30 | 20.133 | 0.491 |
| | 24.0 | 36.53 | 7.125 | 2.365 | 82.51 | 20.063 | 0.505 |
| | 26.0 | 39.05 | 8.001 | 2.215 | 81.64 | 19.978 | 0.522 |
| | 28.0 | 41.69 | 8.936 | 2.065 | 80.69 | 19.874 | 0.542 |
| | 30.0 | 44.47 | 9.934 | 1.915 | 79.61 | 19.744 | 0.567 |
| | 32.0 | 47.45 | 11.003 | 1.764 | 78.37 | 19.577 | 0.597 |
| | 34.0 | 50.70 | 12.157 | 1.607 | 76.88 | 19.352 | 0.636 |
| | 36.0 | 54.39 | 13.438 | 1.441 | 74.95 | 19.026 | 0.689 |
| | 38.0 | 59.07 | 14.978 | 1.244 | 72.06 | 18.461 | 0.777 |
| | (39.37) | 66.16 | 17.050 | 0.975 | 66.16 | 17.050 | 0.975 |
| 4.30 | 0.0 | 13.45 | 1.000 | 4.300 | 90.00 | 21.405 | 0.428 |
| | 2.0 | 14.77 | 1.236 | 4.136 | 89.46 | 21.403 | 0.428 |
| | 4.0 | 16.22 | 1.516 | 3.977 | 88.92 | 21.397 | 0.429 |
| | 6.0 | 17.78 | 1.844 | 3.820 | 88.38 | 21.388 | 0.432 |
| | 8.0 | 19.44 | 2.224 | 3.664 | 87.82 | 21.374 | 0.435 |
| | 10.0 | 21.22 | 2.658 | 3.507 | 87.26 | 21.356 | 0.439 |
| | 12.0 | 23.09 | 3.151 | 3.349 | 86.68 | 21.333 | 0.444 |
| | 14.0 | 25.06 | 3.702 | 3.191 | 86.08 | 21.304 | 0.450 |
| | 16.0 | 27.11 | 4.314 | 3.032 | 85.46 | 21.270 | 0.457 |

续表

| $Ma_1$ | $\theta$ | 弱激波 | | | 强激波 | | |
|---|---|---|---|---|---|---|---|
| | | $\beta$ | $p_2/p_1$ | $Ma_2$ | $\beta$ | $p_2/p_1$ | $Ma_2$ |
| 4.30 | 18.0 | 29.26 | 4.986 | 2.874 | 84.81 | 21.228 | 0.466 |
| | 20.0 | 31.49 | 5.719 | 2.716 | 84.12 | 21.179 | 0.476 |
| | 22.0 | 33.81 | 6.513 | 2.560 | 83.39 | 21.120 | 0.488 |
| | 24.0 | 36.22 | 7.366 | 2.405 | 82.61 | 21.048 | 0.502 |
| | 26.0 | 38.74 | 8.280 | 2.251 | 81.76 | 20.962 | 0.518 |
| | 28.0 | 41.37 | 9.255 | 2.099 | 80.83 | 20.857 | 0.538 |
| | 30.0 | 44.14 | 10.295 | 1.947 | 79.78 | 20.726 | 0.562 |
| | 32.0 | 47.09 | 11.406 | 1.793 | 78.57 | 20.558 | 0.592 |
| | 34.0 | 50.30 | 12.604 | 1.636 | 77.12 | 20.334 | 0.629 |
| | 36.0 | 53.92 | 13.925 | 1.469 | 75.28 | 20.013 | 0.681 |
| | 38.0 | 58.40 | 15.482 | 1.277 | 72.61 | 19.477 | 0.761 |
| | (39.64) | 66.22 | 17.898 | 0.976 | 66.22 | 17.898 | 0.976 |
| 4.40 | 0.0 | 13.14 | 1.000 | 4.400 | 90.00 | 22.420 | 0.426 |
| | 2.0 | 14.46 | 1.242 | 4.230 | 89.47 | 22.418 | 0.426 |
| | 4.0 | 15.90 | 1.530 | 4.065 | 88.94 | 22.412 | 0.427 |
| | 6.0 | 17.46 | 1.868 | 3.903 | 88.40 | 22.402 | 0.429 |
| | 8.0 | 19.13 | 2.260 | 3.742 | 87.85 | 22.388 | 0.432 |
| | 10.0 | 20.91 | 2.711 | 3.579 | 87.29 | 22.370 | 0.436 |
| | 12.0 | 22.79 | 3.222 | 3.416 | 86.72 | 22.346 | 0.441 |
| | 14.0 | 24.76 | 3.795 | 3.252 | 86.13 | 22.317 | 0.447 |
| | 16.0 | 26.82 | 4.432 | 3.088 | 85.51 | 22.282 | 0.455 |
| | 18.0 | 28.97 | 5.132 | 2.925 | 84.87 | 22.240 | 0.463 |
| | 20.0 | 31.20 | 5.896 | 2.763 | 84.20 | 22.189 | 0.473 |
| | 22.0 | 33.53 | 6.723 | 2.602 | 83.48 | 22.129 | 0.485 |
| | 24.0 | 35.94 | 7.613 | 2.444 | 82.71 | 22.057 | 0.499 |
| | 26.0 | 38.45 | 8.566 | 2.287 | 81.88 | 21.969 | 0.515 |
| | 28.0 | 41.07 | 9.582 | 2.131 | 80.96 | 21.863 | 0.535 |
| | 30.0 | 43.83 | 10.665 | 1.977 | 79.93 | 21.730 | 0.558 |
| | 32.0 | 46.76 | 11.821 | 1.821 | 78.75 | 21.561 | 0.587 |
| | 34.0 | 49.94 | 13.064 | 1.663 | 77.35 | 21.337 | 0.623 |
| | 36.0 | 53.50 | 14.427 | 1.496 | 75.58 | 21.019 | 0.673 |
| | 38.0 | 57.81 | 16.011 | 1.307 | 73.07 | 20.504 | 0.748 |
| | (39.89) | 66.27 | 18.761 | 0.977 | 66.27 | 18.761 | 0.977 |
| 4.50 | 0.0 | 12.84 | 1.000 | 4.500 | 90.00 | 23.458 | 0.424 |
| | 2.0 | 14.16 | 1.248 | 4.324 | 89.47 | 23.456 | 0.424 |
| | 4.0 | 15.61 | 1.543 | 4.154 | 88.95 | 23.450 | 0.425 |
| | 6.0 | 17.17 | 1.892 | 3.986 | 88.41 | 23.440 | 0.427 |
| | 8.0 | 18.84 | 2.297 | 3.819 | 87.87 | 23.426 | 0.430 |
| | 10.0 | 20.62 | 2.764 | 3.651 | 87.32 | 23.407 | 0.434 |

续表

| $Ma_1$ | $\theta$ | 弱激波 | | | 强激波 | | |
|---|---|---|---|---|---|---|---|
| | | $\beta$ | $p_2/p_1$ | $Ma_2$ | $\beta$ | $p_2/p_1$ | $Ma_2$ |
| 4.50 | 12.0 | 22.50 | 3.295 | 3.482 | 86.76 | 23.383 | 0.439 |
| | 14.0 | 24.48 | 3.890 | 3.313 | 86.17 | 23.353 | 0.445 |
| | 16.0 | 26.55 | 4.553 | 3.144 | 85.57 | 23.317 | 0.452 |
| | 18.0 | 28.70 | 5.281 | 2.975 | 84.94 | 23.274 | 0.461 |
| | 20.0 | 30.94 | 6.077 | 2.809 | 84.27 | 23.223 | 0.471 |
| | 22.0 | 33.26 | 6.938 | 2.644 | 83.56 | 23.161 | 0.482 |
| | 24.0 | 35.67 | 7.865 | 2.482 | 82.81 | 23.088 | 0.496 |
| | 26.0 | 38.17 | 8.858 | 2.321 | 81.99 | 22.999 | 0.512 |
| | 28.0 | 40.79 | 9.916 | 2.163 | 81.08 | 22.891 | 0.531 |
| | 30.0 | 43.54 | 11.043 | 2.006 | 80.08 | 22.757 | 0.554 |
| | 32.0 | 46.45 | 12.245 | 1.848 | 78.92 | 22.586 | 0.582 |
| | 34.0 | 49.60 | 13.535 | 1.688 | 77.56 | 22.361 | 0.618 |
| | 36.0 | 53.10 | 14.943 | 1.521 | 75.85 | 22.046 | 0.665 |
| | 38.0 | 57.29 | 16.560 | 1.335 | 73.47 | 21.547 | 0.736 |
| | 40.0 | 64.34 | 19.028 | 1.052 | 68.25 | 20.214 | 0.909 |
| | (40.13) | 66.33 | 19.651 | 0.978 | 66.33 | 19.651 | 0.978 |
| 4.60 | 0.0 | 12.56 | 1.000 | 4.600 | 90.00 | 24.520 | 0.422 |
| | 2.0 | 13.88 | 1.253 | 4.418 | 89.48 | 24.518 | 0.422 |
| | 4.0 | 15.32 | 1.557 | 4.242 | 88.96 | 24.512 | 0.423 |
| | 6.0 | 16.88 | 1.916 | 4.069 | 88.43 | 24.502 | 0.425 |
| | 8.0 | 18.56 | 2.335 | 3.896 | 87.90 | 24.487 | 0.428 |
| | 10.0 | 20.35 | 2.818 | 3.722 | 87.35 | 24.467 | 0.432 |
| | 12.0 | 22.24 | 3.368 | 3.547 | 86.79 | 24.443 | 0.437 |
| | 14.0 | 24.22 | 3.987 | 3.372 | 86.22 | 24.412 | 0.443 |
| | 16.0 | 26.29 | 4.675 | 3.198 | 85.62 | 24.376 | 0.450 |
| | 18.0 | 28.44 | 5.434 | 3.025 | 84.99 | 24.332 | 0.458 |
| | 20.0 | 30.68 | 6.261 | 2.853 | 84.34 | 24.279 | 0.468 |
| | 22.0 | 33.00 | 7.158 | 2.685 | 83.64 | 24.217 | 0.480 |
| | 24.0 | 35.41 | 8.123 | 2.518 | 82.89 | 24.142 | 0.493 |
| | 26.0 | 37.92 | 9.156 | 2.355 | 82.08 | 24.052 | 0.509 |
| | 28.0 | 40.53 | 10.258 | 2.193 | 81.20 | 23.942 | 0.528 |
| | 30.0 | 43.27 | 11.431 | 2.034 | 80.21 | 23.806 | 0.550 |
| | 32.0 | 46.17 | 12.679 | 1.874 | 79.08 | 23.634 | 0.578 |
| | 34.0 | 49.29 | 14.017 | 1.713 | 77.74 | 23.408 | 0.613 |
| | 36.0 | 52.75 | 15.473 | 1.545 | 76.09 | 23.094 | 0.659 |
| | 38.0 | 56.83 | 17.129 | 1.361 | 73.83 | 22.605 | 0.726 |
| | 40.0 | 63.00 | 19.431 | 1.107 | 69.49 | 21.489 | 0.868 |
| | (40.35) | 66.37 | 20.554 | 0.979 | 66.37 | 20.554 | 0.979 |

续表

| $Ma_1$ | $\theta$ | 弱激波 | | | 强激波 | | |
|---|---|---|---|---|---|---|---|
| | | $\beta$ | $p_2/p_1$ | $Ma_2$ | $\beta$ | $p_2/p_1$ | $Ma_2$ |
| 4.70 | 0.0 | 12.28 | 1.000 | 4.700 | 90.00 | 25.605 | 0.420 |
| | 2.0 | 13.60 | 1.259 | 4.512 | 89.49 | 25.603 | 0.420 |
| | 4.0 | 15.05 | 1.571 | 4.330 | 88.97 | 25.597 | 0.422 |
| | 6.0 | 16.61 | 1.940 | 4.151 | 88.45 | 25.586 | 0.424 |
| | 8.0 | 18.30 | 2.373 | 3.972 | 87.92 | 25.571 | 0.427 |
| | 10.0 | 20.09 | 2.873 | 3.792 | 87.38 | 25.551 | 0.430 |
| | 12.0 | 21.98 | 3.444 | 3.612 | 86.83 | 25.526 | 0.435 |
| | 14.0 | 23.97 | 4.086 | 3.431 | 86.25 | 25.495 | 0.441 |
| | 16.0 | 26.04 | 4.801 | 3.251 | 85.66 | 25.458 | 0.448 |
| | 18.0 | 28.20 | 5.589 | 3.073 | 85.05 | 25.413 | 0.456 |
| | 20.0 | 30.44 | 6.450 | 2.897 | 84.40 | 25.359 | 0.466 |
| | 22.0 | 32.77 | 7.382 | 2.724 | 83.71 | 25.295 | 0.477 |
| | 24.0 | 35.18 | 8.387 | 2.554 | 82.97 | 25.219 | 0.491 |
| | 26.0 | 37.68 | 9.462 | 2.387 | 82.17 | 25.127 | 0.506 |
| | 28.0 | 40.28 | 10.608 | 2.223 | 81.30 | 25.016 | 0.525 |
| | 30.0 | 43.01 | 11.827 | 2.061 | 80.33 | 24.878 | 0.547 |
| | 32.0 | 45.90 | 13.124 | 1.899 | 79.22 | 24.703 | 0.574 |
| | 34.0 | 49.00 | 14.511 | 1.737 | 77.92 | 24.476 | 0.608 |
| | 36.0 | 52.41 | 16.017 | 1.568 | 76.31 | 24.162 | 0.653 |
| | 38.0 | 56.40 | 17.715 | 1.385 | 74.15 | 23.682 | 0.717 |
| | 40.0 | 62.09 | 19.958 | 1.146 | 70.30 | 22.677 | 0.842 |
| | (40.56) | 66.43 | 21.484 | 0.980 | 66.43 | 21.484 | 0.980 |
| 4.80 | 0.0 | 12.02 | 1.000 | 4.800 | 90.00 | 26.713 | 0.418 |
| | 2.0 | 13.34 | 1.265 | 4.605 | 89.49 | 26.711 | 0.419 |
| | 4.0 | 14.79 | 1.585 | 4.418 | 88.98 | 26.705 | 0.420 |
| | 6.0 | 16.36 | 1.965 | 4.232 | 88.46 | 26.694 | 0.422 |
| | 8.0 | 18.04 | 2.412 | 4.047 | 87.94 | 26.679 | 0.425 |
| | 10.0 | 19.84 | 2.929 | 3.862 | 87.40 | 26.658 | 0.429 |
| | 12.0 | 21.74 | 3.520 | 3.676 | 86.86 | 26.632 | 0.433 |
| | 14.0 | 23.73 | 4.186 | 3.489 | 86.29 | 26.601 | 0.439 |
| | 16.0 | 25.81 | 4.928 | 3.304 | 85.71 | 26.563 | 0.446 |
| | 18.0 | 27.97 | 5.747 | 3.120 | 85.10 | 26.517 | 0.454 |
| | 20.0 | 30.22 | 6.642 | 2.940 | 84.45 | 26.462 | 0.464 |
| | 22.0 | 32.54 | 7.612 | 2.762 | 83.77 | 26.397 | 0.475 |
| | 24.0 | 34.95 | 8.656 | 2.589 | 83.05 | 26.319 | 0.488 |
| | 26.0 | 37.45 | 9.773 | 2.418 | 82.26 | 26.226 | 0.504 |
| | 28.0 | 40.05 | 10.965 | 2.251 | 81.40 | 26.112 | 0.522 |
| | 30.0 | 42.78 | 12.231 | 2.087 | 80.44 | 25.972 | 0.544 |
| | 32.0 | 45.65 | 13.578 | 1.923 | 79.35 | 25.796 | 0.571 |

续表

| $Ma_1$ | $\theta$ | 弱激波 | | | 强激波 | | |
|---|---|---|---|---|---|---|---|
| | | $\beta$ | $p_2/p_1$ | $Ma_2$ | $\beta$ | $p_2/p_1$ | $Ma_2$ |
| 4.80 | 34.0 | 48.73 | 15.017 | 1.759 | 78.08 | 25.566 | 0.604 |
| | 36.0 | 52.11 | 16.573 | 1.590 | 76.52 | 25.252 | 0.647 |
| | 38.0 | 56.02 | 18.317 | 1.408 | 74.43 | 24.777 | 0.709 |
| | 40.0 | 61.37 | 20.543 | 1.179 | 70.92 | 23.842 | 0.823 |
| | (40.76) | 66.46 | 22.427 | 0.981 | 66.46 | 22.427 | 0.981 |
| 4.90 | 0.0 | 11.78 | 1.000 | 4.900 | 90.00 | 27.845 | 0.417 |
| | 2.0 | 13.09 | 1.271 | 4.699 | 89.50 | 27.843 | 0.417 |
| | 4.0 | 14.54 | 1.599 | 4.505 | 88.99 | 27.836 | 0.418 |
| | 6.0 | 16.11 | 1.990 | 4.314 | 88.48 | 27.825 | 0.420 |
| | 8.0 | 17.80 | 2.451 | 4.123 | 87.96 | 27.809 | 0.423 |
| | 10.0 | 19.60 | 2.986 | 3.931 | 87.43 | 27.789 | 0.427 |
| | 12.0 | 21.50 | 3.598 | 3.738 | 86.89 | 27.762 | 0.432 |
| | 14.0 | 23.50 | 4.288 | 3.546 | 86.33 | 27.730 | 0.438 |
| | 16.0 | 25.59 | 5.058 | 3.355 | 85.75 | 27.691 | 0.444 |
| | 18.0 | 27.76 | 5.908 | 3.167 | 85.14 | 27.644 | 0.453 |
| | 20.0 | 30.00 | 6.838 | 2.981 | 84.51 | 27.588 | 0.462 |
| | 22.0 | 32.33 | 7.845 | 2.800 | 83.83 | 27.522 | 0.473 |
| | 24.0 | 34.74 | 8.930 | 2.622 | 83.11 | 27.442 | 0.486 |
| | 26.0 | 37.24 | 10.092 | 2.449 | 82.34 | 27.347 | 0.501 |
| | 28.0 | 39.84 | 11.329 | 2.279 | 81.49 | 27.231 | 0.519 |
| | 30.0 | 42.55 | 12.645 | 2.112 | 80.55 | 27.089 | 0.541 |
| | 32.0 | 45.42 | 14.042 | 1.946 | 79.48 | 26.910 | 0.567 |
| | 34.0 | 48.47 | 15.534 | 1.780 | 78.23 | 26.679 | 0.600 |
| | 36.0 | 51.82 | 17.143 | 1.611 | 76.70 | 26.363 | 0.642 |
| | 38.0 | 55.67 | 18.936 | 1.429 | 74.69 | 25.892 | 0.702 |
| | 40.0 | 60.77 | 21.168 | 1.207 | 71.44 | 25.006 | 0.807 |
| | (40.94) | 66.49 | 23.386 | 0.983 | 66.49 | 23.386 | 0.983 |
| 5.00 | 0.0 | 11.54 | 1.000 | 5.000 | 90.00 | 29.000 | 0.415 |
| | 2.0 | 12.85 | 1.277 | 4.792 | 89.50 | 28.998 | 0.416 |
| | 4.0 | 14.30 | 1.613 | 4.592 | 89.00 | 28.991 | 0.417 |
| | 6.0 | 15.88 | 2.016 | 4.395 | 88.49 | 28.980 | 0.419 |
| | 8.0 | 17.57 | 2.491 | 4.197 | 87.97 | 28.964 | 0.422 |
| | 10.0 | 19.38 | 3.044 | 3.999 | 87.45 | 28.942 | 0.425 |
| | 12.0 | 21.28 | 3.677 | 3.801 | 86.91 | 28.915 | 0.430 |
| | 14.0 | 23.29 | 4.392 | 3.603 | 86.36 | 28.882 | 0.436 |
| | 16.0 | 25.38 | 5.191 | 3.406 | 85.78 | 28.842 | 0.443 |
| | 18.0 | 27.55 | 6.073 | 3.212 | 85.19 | 28.795 | 0.451 |
| | 20.0 | 29.80 | 7.037 | 3.022 | 84.56 | 28.737 | 0.460 |
| | 22.0 | 32.13 | 8.084 | 2.836 | 83.89 | 28.670 | 0.471 |

续表

| $Ma_1$ | $\theta$ | 弱激波 | | | 强激波 | | |
|---|---|---|---|---|---|---|---|
| | | $\beta$ | $p_2/p_1$ | $Ma_2$ | $\beta$ | $p_2/p_1$ | $Ma_2$ |
| 5.00 | 24.0 | 34.54 | 9.210 | 2.655 | 83.18 | 28.589 | 0.484 |
| | 26.0 | 37.04 | 10.416 | 2.478 | 82.41 | 28.491 | 0.499 |
| | 28.0 | 39.63 | 11.701 | 2.305 | 81.57 | 28.374 | 0.517 |
| | 30.0 | 42.34 | 13.067 | 2.136 | 80.64 | 28.229 | 0.538 |
| | 32.0 | 45.20 | 14.517 | 1.968 | 79.59 | 28.048 | 0.564 |
| | 34.0 | 48.24 | 16.062 | 1.801 | 78.36 | 27.813 | 0.596 |
| | 36.0 | 51.56 | 17.726 | 1.630 | 76.87 | 27.496 | 0.637 |
| | 38.0 | 55.35 | 19.571 | 1.449 | 74.93 | 27.027 | 0.695 |
| | 40.0 | 60.26 | 21.822 | 1.232 | 71.87 | 26.175 | 0.794 |
| | (41.12) | 66.53 | 24.373 | 0.983 | 66.53 | 24.373 | 0.983 |

# 附录 E　普朗特-迈耶函数和马赫角

| *Ma* | *ν* | *μ* | *Ma* | *ν* | *μ* |
|---|---|---|---|---|---|
| 0.1000 + 01 | 0.0000 | 0.9000 + 02 | 0.1700 + 01 | 0.1781 + 02 | 0.3603 +02 |
| 0.1020 + 01 | 0.1257 + 00 | 0.7864 + 02 | 0.1720 + 01 | 0.1840 + 02 | 0.3555 +02 |
| 0.1040 + 01 | 0.3510 + 00 | 0.7406 + 02 | 0.1740 + 01 | 0.1898 + 02 | 0.3508 +02 |
| 0.1060 + 01 | 0.6367 + 00 | 0.7063 + 02 | 0.1760 + 01 | 0.1956 + 02 | 0.3462 +02 |
| 0.1080 + 01 | 0.9680 + 00 | 0.6781 + 02 | 0.1780 + 01 | 0.2015 + 02 | 0.3418 +02 |
| 0.1100 + 01 | 0.1336 + 01 | 0.6538 + 02 | 0.1800 + 01 | 0.2073 + 02 | 0.3375 +02 |
| 0.1120 + 01 | 0.1735 + 01 | 0.6323 + 02 | 0.1820 + 01 | 0.2130 + 02 | 0.3333 +02 |
| 0.1140 + 01 | 0.2160 + 01 | 0.6131 + 02 | 0.1840 + 01 | 0.2188 + 02 | 0.3292 +02 |
| 0.1160 + 01 | 0.2607 + 01 | 0.5955 + 02 | 0.1860 + 01 | 0.2245 + 02 | 0.3252 +02 |
| 0.1180 + 01 | 0.3074 + 01 | 0.5794 + 02 | 0.1880 + 01 | 0.2302 + 02 | 0.3213 +02 |
| 0.1200 + 01 | 0.3558 + 01 | 0.5644 + 02 | 0.1900 + 01 | 0.2359 + 02 | 0.3176 +02 |
| 0.1220 + 01 | 0.4057 + 01 | 0.5505 + 02 | 0.1920 + 01 | 0.2415 + 02 | 0.3139 +02 |
| 0.1240 + 01 | 0.4569 + 01 | 0.5375 + 02 | 0.1940 + 01 | 0.2471 + 02 | 0.3103 +02 |
| 0.1260 + 01 | 0.5093 + 01 | 0.5253 + 02 | 0.1960 + 01 | 0.2527 + 02 | 0.3068 +02 |
| 0.1280 + 01 | 0.5627 + 01 | 0.5138 + 02 | 0.1980 + 01 | 0.2583 + 02 | 0.3033 +02 |
| 0.1300 + 01 | 0.6170 + 01 | 0.5028 + 02 | 0.2000 + 01 | 0.2638 + 02 | 0.3000 +02 |
| 0.1320 + 01 | 0.6721 + 01 | 0.4925 + 02 | 0.2050 + 01 | 0.2775 + 02 | 0.2920 +02 |
| 0.1340 + 01 | 0.7279 + 01 | 0.4827 + 02 | 0.2100 + 01 | 0.2910 + 02 | 0.2844 +02 |
| 0.1360 + 01 | 0.7844 + 01 | 0.4733 + 02 | 0.2150 + 01 | 0.3043 + 02 | 0.2772 +02 |
| 0.1380 + 01 | 0.8413 + 01 | 0.4644 + 02 | 0.2200 + 01 | 0.3173 + 02 | 0.2704 +02 |
| 0.1400 + 01 | 0.8987 + 01 | 0.4558 + 02 | 0.2250 + 01 | 0.3302 + 02 | 0.2639 +02 |
| 0.1420 + 01 | 0.9565 + 01 | 0.4477 + 02 | 0.2300 + 01 | 0.3428 + 02 | 0.2577 +02 |
| 0.1440 + 01 | 0.1015 + 02 | 0.4398 + 02 | 0.2350 + 01 | 0.3553 + 02 | 0.2518 +02 |
| 0.1460 + 01 | 0.1073 + 02 | 0.4323 + 02 | 0.2400 + 01 | 0.3675 + 02 | 0.2462 +02 |
| 0.1480 + 01 | 0.1132 + 02 | 0.4251 + 02 | 0.2450 + 01 | 0.3795 + 02 | 0.2409 +02 |
| 0.1500 + 01 | 0.1191 + 02 | 0.4181 + 02 | 0.2500 + 01 | 0.3912 + 02 | 0.2358 + 02 |
| 0.1520 + 01 | 0.1249 + 02 | 0.4114 + 02 | 0.2550 + 01 | 0.4028 + 02 | 0.2309 + 02 |
| 0.1540 + 01 | 0.1309 + 02 | 0.4049 + 02 | 0.2600 + 01 | 0.4141 + 02 | 0.2262 + 02 |
| 0.1560 + 01 | 0.1368 + 02 | 0.3987 + 02 | 0.2650 + 01 | 0.4253 + 02 | 0.2217 + 02 |
| 0.1580 + 01 | 0.1427 + 02 | 0.3927 + 02 | 0.2700 + 01 | 0.4362 + 02 | 0.2174 + 02 |
| 0.1600 + 01 | 0.1486 + 02 | 0.3868 +02 | 0.2750 + 01 | 0.4469 + 02 | 0.2132 + 02 |
| 0.1620 + 01 | 0.1545 + 02 | 0.3812 +02 | 0.2800 + 01 | 0.4575 + 02 | 0.2092 + 02 |
| 0.1640 + 01 | 0.1604 + 02 | 0.3757 +02 | 0.2850 + 01 | 0.4678 + 02 | 0.2054 + 02 |
| 0.1660 + 01 | 0.1663 + 02 | 0.3704 +02 | 0.2900 + 01 | 0.4779 + 02 | 0.2017 + 02 |
| 0.1680 + 01 | 0.1722 + 02 | 0.3653 +02 | 0.2950 + 01 | 0.4878 + 02 | 0.1981 + 02 |

续表

| Ma | ν | μ | Ma | ν | μ |
|---|---|---|---|---|---|
| 0.3000 + 01 | 0.4976 + 02 | 0.1947 + 02 | 0.5000 + 01 | 0.7692 + 02 | 0.1154 + 02 |
| 0.3050 + 01 | 0.5071 + 02 | 0.1914 + 02 | 0.5100 + 01 | 0.7784 + 02 | 0.1131 + 02 |
| 0.3100 + 01 | 0.5165 + 02 | 0.1882 + 02 | 0.5200 + 01 | 0.7873 + 02 | 0.1109 + 02 |
| 0.3150 + 01 | 0.5257 + 02 | 0.1851 + 02 | 0.5300 + 01 | 0.7960 + 02 | 0.1088 + 02 |
| 0.3200 + 01 | 0.5347 + 02 | 0.1821 + 02 | 0.5400 + 01 | 0.8043 + 02 | 0.1067 + 02 |
| 0.3250 + 01 | 0.5435 + 02 | 0.1792 + 02 | 0.5500 + 01 | 0.8124 + 02 | 0.1048 + 02 |
| 0.3300 + 01 | 0.5522 + 02 | 0.1764 + 02 | 0.5600 + 01 | 0.8203 + 02 | 0.1029 + 02 |
| 0.3350 + 01 | 0.5607 + 02 | 0.1737 + 02 | 0.5700 + 01 | 0.8280 + 02 | 0.1010 + 02 |
| 0.3400 + 01 | 0.5691 + 02 | 0.1710 + 02 | 0.5800 + 01 | 0.8354 + 02 | 0.9928 + 01 |
| 0.3450 + 01 | 0.5773 + 02 | 0.1685 + 02 | 0.5900 + 01 | 0.8426 + 02 | 0.9758 + 01 |
| 0.3500 + 01 | 0.5853 + 02 | 0.1660 + 02 | 0.6000 + 01 | 0.8496 + 02 | 0.9594 + 01 |
| 0.3550 + 01 | 0.5932 + 02 | 0.1636 + 02 | 0.6100 + 01 | 0.8563 + 02 | 0.9435 + 01 |
| 0.3600 + 01 | 0.6009 + 02 | 0.1613 + 02 | 0.6200 + 01 | 0.8629 + 02 | 0.9282 + 01 |
| 0.3650 + 01 | 0.6085 + 02 | 0.1590 + 02 | 0.6300 + 01 | 0.8694 + 02 | 0.9133 + 01 |
| 0.3700 + 01 | 0.6160 + 02 | 0.1568 + 02 | 0.6400 + 01 | 0.8756 + 02 | 0.8989 + 01 |
| 0.3750 + 01 | 0.6233 + 02 | 0.1547 + 02 | 0.6500 + 01 | 0.8817 + 02 | 0.8850 + 01 |
| 0.3800 + 01 | 0.6304 + 02 | 0.1526 + 02 | 0.6600 + 01 | 0.8876 + 02 | 0.8715 + 01 |
| 0.3850 + 01 | 0.6375 + 02 | 0.1505 + 02 | 0.6700 + 01 | 0.8933 + 02 | 0.8584 + 01 |
| 0.3900 + 01 | 0.6444 + 02 | 0.1486 + 02 | 0.6800 + 01 | 0.8989 + 02 | 0.8457 + 01 |
| 0.3950 + 01 | 0.6512 + 02 | 0.1466 + 02 | 0.6900 + 01 | 0.9044 + 02 | 0.8333 + 01 |
| 0.4000 + 01 | 0.6578 + 02 | 0.1448 + 02 | 0.7000 + 01 | 0.9097 + 02 | 0.8213 + 01 |
| 0.4050 + 01 | 0.6644 + 02 | 0.1429 + 02 | 0.7100 + 01 | 0.9149 + 02 | 0.8097 + 01 |
| 0.4100 + 01 | 0.6708 + 02 | 0.1412 + 02 | 0.7200 + 01 | 0.9200 + 02 | 0.7984 + 01 |
| 0.4150 + 01 | 0.6771 + 02 | 0.1394 + 02 | 0.7300 + 01 | 0.9249 + 02 | 0.7873 + 01 |
| 0.4200 + 01 | 0.6833 + 02 | 0.1377 + 02 | 0.7400 + 01 | 0.9297 + 02 | 0.7766 + 01 |
| 0.4250 + 01 | 0.6894 + 02 | 0.1361 + 02 | 0.7500 + 01 | 0.9344 + 02 | 0.7662 + 01 |
| 0.4300 + 01 | 0.6954 + 02 | 0.1345 + 02 | 0.7600 + 01 | 0.9390 + 02 | 0.7561 + 01 |
| 0.4350 + 01 | 0.7013 + 02 | 0.1329 + 02 | 0.7700 + 01 | 0.9434 + 02 | 0.7462 + 01 |
| 0.4400 + 01 | 0.7071 + 02 | 0.1314 + 02 | 0.7800 + 01 | 0.9478 + 02 | 0.7366 + 01 |
| 0.4450 + 01 | 0.7127 + 02 | 0.1299 + 02 | 0.7900 + 01 | 0.9521 + 02 | 0.7272 + 01 |
| 0.4500 + 01 | 0.7183 + 02 | 0.1284 + 02 | 0.8000 + 01 | 0.9562 + 02 | 0.7181 + 01 |
| 0.4550 + 01 | 0.7238 + 02 | 0.1270 + 02 | 0.9000 + 01 | 0.9932 + 02 | 0.6379 + 01 |
| 0.4600 + 01 | 0.7292 + 02 | 0.1256 + 02 | 0.1000 + 02 | 0.1023 + 03 | 0.5739 + 01 |
| 0.4650 + 01 | 0.7345 + 02 | 0.1242 + 02 | 0.1100 + 02 | 0.1048 + 03 | 0.5216 + 01 |
| 0.4700 + 01 | 0.7397 + 02 | 0.1228 + 02 | 0.1200 + 02 | 0.1069 + 03 | 0.4780 + 01 |
| 0.4750 + 01 | 0.7448 + 02 | 0.1215 + 02 | 0.1300 + 02 | 0.1087 + 03 | 0.4412 + 01 |
| 0.4800 + 01 | 0.7499 + 02 | 0.1202 + 02 | 0.1400 + 02 | 0.1102 + 03 | 0.4096 + 01 |
| 0.4850 + 01 | 0.7548 + 02 | 0.1190 + 02 | 0.1500 + 02 | 0.1115 + 03 | 0.3823 + 01 |
| 0.4900 + 01 | 0.7597 + 02 | 0.1178 + 02 | 0.1600 + 02 | 0.1127 + 03 | 0.3583 + 01 |
| 0.4950 + 01 | 0.7645 + 02 | 0.1166 + 02 | 0.1700 + 02 | 0.1137 + 03 | 0.3372 + 01 |

续表

| $Ma$ | $\nu$ | $\mu$ | $Ma$ | $\nu$ | $\mu$ |
|---|---|---|---|---|---|
| 0.1800 + 02 | 0.1146 + 03 | 0.3185 + 01 | 0.3400 + 02 | 0.1220 + 03 | 0.1685 + 01 |
| 0.1900 + 02 | 0.1155 + 03 | 0.3017 + 01 | 0.3600 + 02 | 0.1225 + 03 | 0.1592 + 01 |
| 0.2000 + 02 | 0.1162 + 03 | 0.2866 + 01 | 0.3800 + 02 | 0.1229 + 03 | 0.1508 + 01 |
| 0.2200 + 02 | 0.1175 + 03 | 0.2605 + 01 | 0.4000 + 02 | 0.1233 + 03 | 0.1433 + 01 |
| 0.2400 + 02 | 0.1186 + 03 | 0.2388 + 01 | 0.4200 + 02 | 0.1236 + 03 | 0.1364 + 01 |
| 0.2600 + 02 | 0.1195 + 03 | 0.2204 + 01 | 0.4400 + 02 | 0.1239 + 03 | 0.1302 + 01 |
| 0.2800 + 02 | 0.1202 + 03 | 0.2047 + 01 | 0.4600 + 02 | 0.1242 + 03 | 0.1246 + 01 |
| 0.3000 + 02 | 0.1209 + 03 | 0.1910 + 01 | 0.4800 + 02 | 0.1245 + 03 | 0.1194 + 01 |
| 0.3200 + 02 | 0.1215 + 03 | 0.1791 + 01 | 0.5000 + 02 | 0.1247 + 03 | 0.1146 + 01 |